바이오에너지 바이오매스

BIOENERGY · BIOMASS

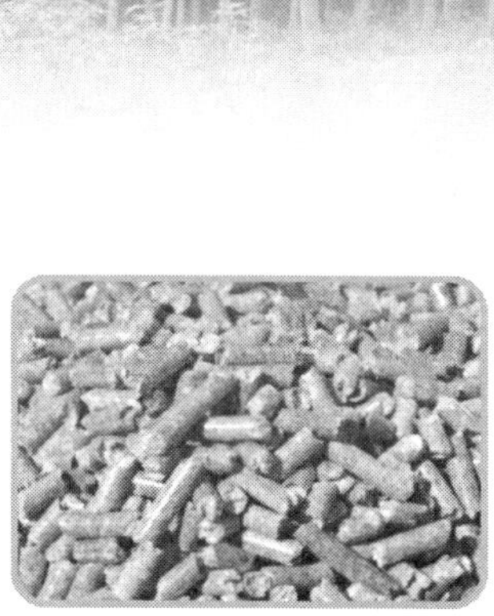

대표저자 백기현 · 최준원 · 김재진

북스힐

집필자 명단(가나다순)

강규영 (동국대학교)
강진하 (전북대학교)
김규혁 (고려대학교)
김남훈 (강원대학교)
김병로 (충북대학교)
김영숙 (국민대학교)
김재진 (고려대학교)
문성필 (전북대학교)
박　헌 (건국대학교)
백기현 (고려대학교)
안병준 (산림과학원)
안세희 (대구대학교)
이형우 (전남대학교)
양재경 (경상대학교)
조성택 (산림과학원)
최돈하 (산림과학원)
최인규 (서울대학교)
최준원 (서울대학교)
한규성 (충북대학교)

서문

바이오매스는 인류 역사 이래 주요한 에너지 자원이었고, 오늘날도 많은 국가에서는 주 에너지 자원이다. 하지만 산업 발전과 더불어 과거 150년은 석탄이, 그리고 최근 50년은 석유가 산업사회의 주 에너지원을 이루어 왔다. 따라서 과거 200년의 산업화는 화석자원에 의존한 성장이라고 말할 수 있다.

본래 바이오매스는 인류에게 에너지, 화학공업 원료, 식량, 사료 등 다양한 산물을 제공해 왔으며, 오히려 산물의 종류로는 석유화학에서 제공할 수 있는 제품들을 능가한다. 그러나 바이오매스는 경제성과 실용화에서 석유에 비하여 불리한 점이 있으며, 더욱이 선진국들의 석유 일변도의 에너지 기술 개발과 정책으로 인하여 에너지원이 석유 위주로 재편되었다.

이렇게 화석자원에 일방적으로 의존한 산업화는 화석자원의 고갈과 지구의 환경문제를 야기시키고 있다. 화석자원의 고갈은 에너지 공급의 안정성 결여 및 자원 분포의 불균형에 따른 가격 상승을 초래하고 있으며, 석유에너지의 과도한 사용은 지구상에 이산화탄소를 축적시켜 지구 온난화에 막대한 영향을 미치고 있다.

현재 이러한 문제의 대안으로 지속 가능한 에너지이며 탄소 배출이 전혀 없거나 낮은 에너지의 이용을 적극 추진하고 있는 실정이다. 여기에 적합한 에너지원으로는 태양열, 태양광 발전, 바이오매스, 풍력, 해양, 지열, 폐기물, 및 소수력 에너지가 이용 또는 연구되고 있으나, 실제로 에너지원으로 커다란 역할을 하는 것은 폐기물과 바이오매스이다. 특히 폐기물도 유기성폐기물이 주종을 이루며 본래의 원료가 바이오매스인 경우가 대부분이다.

주지하는 바와 같이 바이오매스란 태양 에너지를 받아 유기물을 합성하는 식물체와 이들을 식량으로 하는 동물, 미생물 등의 생물유기체를 생사에 관계없이 총칭한다. 한편 바이오에너지란 바이오매스로부터 직접 또는 간접적으로 생산된 바이오연료로부터 생산된 에너지를 의미한다. 따라서 바이오에너지는 바이오매스 원료 자체와 이들 바이오매스를 가공 및 추출한 것들을 포함한다.

바이오에너지는 현대 사회와 경제에서 요구하는 안정성, 효율성 및 확실성을 지닌 연료로서 바이오에너지에 대한 인식과 기술의 성숙 및 긍정적인 결과들은 바이오에너지의 전망을 밝게 하고 있다. 더욱이 최근에는 바이오에너지 기술의 발전과 재생에너지에 투자하기 위한 국가간 협력이 증진되고 있다. 따라서 바이오에너지 분야는 앞으로 커다란 발전이 있을 것으로 예견된다.

바이오에너지는 종류가 다양하고, 기술이 빨리 새롭게 변화하므로 "바이오에너지·바이오매스"에서는 바이오에너지의 토픽에 속한 모든 것을 서술하지는 못하였다. 단지 바이오에너지의 기초와 원리, 기본 기술, 아직 경제성이 없어도 미래에 이 분야에 속한 것을 포함하려고 노력하였다. 또한 우리나라의 경우 바이오매스 자원으로는 나무가 유일하므로 여기서는 목질계 바이오매스에 중점을 두었다.

"바이오에너지·바이오매스"는 모두 8편으로 구성하였으며 1편에서는 바이오매스와 바이오에너지의 정의, 2편은 지구환경과 에너지, 그리고 온실가스 등, 기본적인 학문 저변을 기술하였다. 3편과 4편은 국내외의 바이오매스 자원량, 바이오매스자원 증진 및 바이오매스자원의 생물학적, 화학적 특성 등 자원에 대한 기본적인 특성을 서술하였다. 5편에서는 고체 에너지원으로 화목, 칩, 펠릿 등을, 6편에서는 열화학적 변환을 통한 열분해, 탄화, 가스화, 액화를, 7편에서는 액체연료인 에탄올과 부탄올 생산, 그리고 미래 개발과 개척이 요구되는 부분인 메탄과 수소 생산을 다루었다. 마지막 부분은 바이오디젤 생산으로 원료인 유지가 바이오매스이므로 8편에 포함시켰다.

저자로서 바람이 있다면, 2020년 쯤에는 바이오에너지와 바이오에너지 기술이 국가 및 세계 경제에 크게 기여하기를 염원한다. 또한 이 서적이 바이오에너지 기술개발 및 연구촉진에 일익을 담당하고, 대학원생 및 학부생의 교재 및 연구를 위한 기초 자료가 되기를 기대한다. 앞으로 기회가 있으면 부족한 부분은 보완해 나갈 예정이며, 이 책을 계기로 이 분야에 더 좋은 책이 출판되기를 바란다.

끝으로 원고 정리에 수고한 고려대학교 환경생태공학부 이재정 조교에 감사드립니다. 또한 출판을 허락해 주신 (주)도서출판 북스힐 사장님과 수고하신 편집부 여러분께 감사드립니다.

2011년 8월

저 자 씀

목차

Part 1 서론

Part 2 환경과 에너지

PART 01

서 론

Chapter 01

바이오매스/바이오에너지

Biomass/Biofuels

1.1 바이오매스란?

바이오매스(biomass)란 태양 에너지를 받아 유기물을 합성하는 식물체와 이들을 식량으로 하는 동물, 미생물 등의 생물유기체를 총칭한다. 생태학적 측면에서는 생물유기체에 속하는 모든 종(species)또는 동물과 식물들의 한 종을 서식지의 단위면적 또는 단위부피 내에서 생체량으로 나타낸 것을 바이오매스라 한다. 따라서 바이오매스는 살아있는 것에 국한하며 생물현존량 또는 생물량이라고도 한다[1]. 그러나 일반적으로 바이오매스는 생사에 무관하며 폭 넓은 의미로 사용하고 있다.

바이오매스가 식물에 근거한 것이면 피토매스(phytomass)라고 하며 동물에 연유된 바이오매스는 주매스(zoomass)라고 한다[2]. 이들 생물유기체인 바이오매스는 리그노셀룰로오스 물질(lignocellulosic materials)로 구성되어 있으며 연료, 전기, 화공약품, 식량과 사료 등 여러 가지 물질 생산에 이용한다.

바이오매스 종류는 생산 과정과 이용방법에 따라 다르게 분류하는 경우가 있으며 또한 국가 간에도 주 바이오매스가 어떤 것이냐에 따라 분류가 다양하다. 예를 들면 하수오니, 정수오니, 피트(peat), 매립지 가스, 도시 고형폐기물, 재생가능한 펄프와 종이 등은 국가에 따라 다르게 분류하고 있다. 가장 일반적인 방법으로 분류하면 다음과 같다.

1) 목본식물(woody biomass) [2–4]

(1) 줄기와 큰 가지: 침엽수와 활엽수의 줄기(저등급, 저·미이용 소경목)와 큰

가지

(2) **임지 잔사**(forest residues): 벌채와 간벌로 생긴 잔사, 가지치기와 정상적인 수확이 아닌 관리 차원의 산물(죽은 것, 산불 위험 등)

(3) **가공현장 잔사**(wood product residues): 박피, 제재 및 가공에서 발생하는 부산물, 톱밥, 가지, 불량 칩, 죽더기 등

(4) **에너지 작물**(wood energy crops): 속성수 즉, 신품종 포플러와 버드나무 등 단벌기 임업에서 생산한 나무

(5) **폐재**(waste woods): 건설/사업장폐기물, 목재 팰릿(pallet), 정원의 나무 줄기나 가지, 폐기한 목재품, 버린 나무나 그 조각 등, 폐재의 경우 수은 및 기준 이상의 중금속을 함유한 목재는 제외한다.

2) 초본식물(herbaceous biomass) [2–4]

(1) 곡물(cereal crops): 곡물 특히 옥수수(에탄올 생산)

(2) 농작물 잔사(agricultural residues): 농작물의 잎과 줄기로서 옥수수 스토버(corn stover), 밀짚, 볏짚 등, 가공 후 잔사인 넛트껍질, 감자 및 사탕 무우 잔재 등

(3) 산업작물(industrial crops)

- **에너지작물(energy crops)**: 속성 초본류로서 스위치 그래스(switch grass), 돼지감자, 억새(miscanthus), 사탕수수, 토올페스큐(tall fescue), 밀싹(wheat grass), 대싸리(kochia) 등
- **섬유작물(fiber crops)**: 양마(kenaf), 갈대(reed), 대마(hemp), 아마(flax), 목화 등
- **유지작물(oil crops)**: 대두, 유채, 피마자, 해바라기, 아마, 동백, 유동, 팜, 오리브, 자트로파 등

3) 도시 고형폐기물(municipal solid wastes)

식품 폐기물, 종이, 판지 및 폐목재가 주를 이룬다. 여기서 종이와 판지는 재생이 불가능한 폐기물일 경우를 의미한다[2-3]. 또한 국내의 경우 건설 폐목재도 여기에 분류시키므로 1)의 (5)와 중복된다.

4) 동물배설물 (animal wastes)

소, 돼지, 닭 등의 축분으로 바이오가스 생산용으로 이용한다. 동물의 시체와 그 일부는 바이오매스에서 제외한다[2].

5) 수 · 해서 작물 (aquatic crops)

해조류, 다시마, 미역, 기타 해초류, 및 해양 미소식물

1.2 바이오매스 자원의 특징 [5–9]

바이오매스 자원은 바이오에너지원으로 여러 가지 특징을 지니고 있다. 바이오매스의 주요 장점은 다음과 같다. 물론 바이오매스의 장·단점은 상대적인 것이며 어떤 측면에서 보느냐에 따라 장점이 단점이 되고, 반대로 단점이 장점이 될 수 있다.

1) 재생 가능한 자원이다. 바이오매스는 광합성을 통하여 짧은 재생 기간에 계속적으로 새롭게 생성된다. 한편 화석 자원은 생성되는데 수 만년이 걸리며 최종적으로 고갈된다.
2) 화석 연료를 대체할 수 있는 클린에너지(clean energy)이다. 바이오매스는 생육 당시에는 대기 중에서 CO_2를 흡수하고, 에너지로 사용할 경우에는 자체에 저장된 양의 CO_2만 배출한다. 바이오매스로 전기를 발생할 경우 석탄보다 SO_2, NO_x 및 CO_2를 적게 배출하며, 천연가스와 비교하여 SO_2와 NO_x는 조금 더, 그러나 CO_2는 적게 배출한다.
3) 원유 수입을 감소할 수 있고 국내 에너지 자원을 다양화할 수 있어서 국가 에너지 정책의 안정성을 기할 수 있다.
4) 지역 경제 및 일자리 창출에 큰 도움이 된다. 바이오매스는 부피가 크며 낮은 에너지 밀도를 지니고 있으므로 장거리로 운송할 경우 경제성이 문제된다. 따라서 바이오매스는 생산 지역 근처에서 주로 소비되므로 그 지역의 경제에 도움이 되며 농가에 새로운 일자리도 제공한다.
5) 바이오매스는 화석 자원과 비교하여 지역적으로 보다 균일하게 분포되어 있으며 또한 덜 집약적인 기술로도 개발이 가능하다. 따라서 저개발 국가

에서도 지역이나 국가의 에너지 자급정책을 가능케 한다.

6) 환경을 개선한다. 작물재배가 불가능한 땅이나 유휴지에 단벌기 속성수를 식재할 경우 토양침식을 예방할 수 있으며, 홍수 조절 역할도 하고, 유기질 비료로 잎을 제공해 주어 토양 영양분을 증가시킨다.

이상의 여러 가지 장점과 더불어 몇 가지 불리한 특성도 지니고 있다.

1) 중량과 부피가 크며 에너지 밀도가 낮다.
2) 넓은 지역에 분포되어 있다.
3) 생장량이 기후에 크게 영향을 받는다.
4) 넓은 면적이 필요하므로 환경을 파괴할 가능성이 있다는 지적도 있다.
5) 원료가 다양하여 표준화하기도 어렵고 취급도 어렵다.
6) 특히 목질계 바이오매스로부터 생물학적인 변환 방법을 통하여 바이오에너지를 생산하려면 전처리(pretreatment) 과정이 필수적이다.

1.3 바이오에너지란?

바이오에너지(bioenergy)란 바이오매스로부터 직접 또는 간접적으로 생산된 바이오연료(bio-fuel)로부터 생산된 에너지를 의미한다. 따라서 바이오에너지는 이미 설명한 바이오매스 분류에 속한 것은 물론이고 이들 바이오매스를 가공 및 추출한 것들이 있다. 즉, 브리켓(briquette), 숯, 펠릿(pellet), 칩(chip), 바이오에탄올(bioethanol), 메탄올(methanol), 바이오가스(methane, hydrogen gas), 목가스(wood gas), 바이오디젤(biodiesel) 등이 있다[3-6,8-10].

참고문헌

1. http://www.biology-online.org/dictionary/Biomass 2007.01.07
2. http://www.bmu.de/files/erneurbare_energien/ 2004.09.26
   Biomass ordinance-Biomass
3. http://www.energy.state.or.us/biomass/Resource.htm 2004.09.26
   Oregons Biomass Energy Resources, Oregon Department of Energy
4. http://www.eere.energy.gov/RE/bio_resources.html 2004.09.06

Biomass Resources, U.S. Deartment of Energy
5. http://www.nrel.gov/biomass 2004.09.06
Energy efficiency and renewable energy
6. http://calvin.biotech.wisc.edu/jeffries/bioprocessing/bioprocess_feed... 2007.01.05, Liquid fuels from biomass/feedstocks & biomass feedstocks
7. 황병호 외 목질바이오매스 선진문화사, pp. 11-12, 1998
8. http://www.canren.gc.ca/tech_appl/index.asp?Cald=2&Pgld=62 2006.12.29
CanREN, Bioenergy, Benefits of bioenergy, Applications of bioenergy
9. http://www1.eere.energy.gov/biomass/printable_versioins/biomass_be..., 2007.01.07, Bioenergy benefits
10. http://www.finbioenergy.fi/ACPages/Page.asp?sivuID=14348, 2007.01.22
Bioenergy terms

PART 02

환경과 에너지

Chapter 01

지구의 탄소순환

Earth's Carbon Cycle

1.1 탄소의 생물지구화학적 순환

지구상에 있는 생물은 자체 생물공정을 통하여 생성한 탄소분자로 구성되어 있다. 이 탄소는 대기 중에서 지구 복사열을 흡수하여 대기를 따뜻하게 유지하는 이산화탄소 형태로 약 0.036%의 적은 부피를 차지하고 있다. 이러한 탄소 원자가 지구에서 생물 유지 시스템을 통해 탄소 저장고들 사이에 이산화탄소 형태로 유동하는 것을 탄소순환이라고 한다. 탄소 저장고로는 해양, 토양, 대기층, 생활권, 탄산염 퇴적물 및 유기탄소 퇴적물이 있다[1].

현재 탄소는 차이는 있으나 일반적으로 대기 중에는 이산화탄소로 794GtC, 해양 심해에 38,100GtC 해양 표면에 1,020GtC, 생활권은 주로 산림으로 610 GtC, 토양과 암석에 1,580GtC, 그리고 매장된 화석연료에 5,000GtC이 함유되어 있다[2-4].

IPCC(Intergovernmental Panel on Climate Change; 기후변화에 관한 정부간 패널)를 비롯한 여러 연구기관의 발표에 따른 2000~2006년 동안의 평균 탄소 배란스는 그림 2-1과 같다[4,5]. 즉, 대기로 내어 놓는 이산화탄소 양은 육지의 식·동물의 호흡작용과 산림벌채에 의한 57GtC, 토양과 부식질의 분해로 60GtC, 대양 표면으로부터 해수와 대기의 이산화탄소 교환작용으로 90GtC, 화산 활동으로 0.1GtC, 그리고 화석연료의 연소로 7.2GtC에 이른다. 한편 대기로부터 약 59.4GtC는 식물체들의 탄소동화작용(순 1차생산)에 의해 바이오매스 형태로 식물체에 고정되며, 약 92GtC는 해수 표면으로 이동한다.

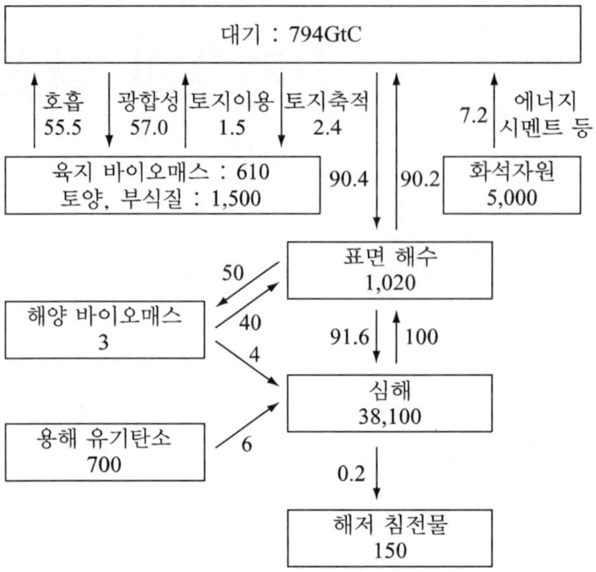

| 그림 2-1 | 지구의 탄소 밸런스

1.2 바이오매스 자원의 특징[5-9]

1.2.1 해양/대기

해양과 대기의 탄소순환은 햇빛이 들어오는 지역(photic zone)인 표면해수(sunlit surface waters)에서는 "물리적 탄소펌프"와 "생물학적 탄소펌프" 이론으로, 그리고 심해의 경우는 탄소가 탄산염으로 침전하고 동시에 유기물에 저장과 재생이 반복하는 과정으로 설명할 수 있다[4].

물리적 탄소펌프(physical carbon pump)에 따르면 해양 표면해류에서 따뜻해진 물이 지구의 낮은 위도에서 높은 위도로 움직이며 냉각된다. 이 냉각된 물은 표면 아래로 가라앉기에 충분히 무겁다. 바다 물이 냉각되는 이유는 증발과 적외선(Infra-red)의 방사로 열을 빼앗기 때문이다. 바닷물이 냉각되면서 밑으로 가라앉을 때에 많은 양의 이산화탄소를 취한다. 냉각된 물이 표면으로 돌아오고 태양에 의해 다시 더워질 때 대기 중으로 이산화탄소를 방출한다. 해저의 유기물과 그 위에 가라앉은 유기물로부터 이산화탄소가 생성되며 산소가 소모된다. 이 과정에서 산소가 완전히 소모되면 NO_3는 산소 대신에 박테리아에 의해 NO_2나 질소로 분해한다.

해양과 대기 시스템에서 유용한 탄소의 비는 비균형적이다. 즉, 대기의 매 한 분자의 이산화탄소에 대양에서는 50 분자의 이산화탄소가 관여한다. 이러한 이유는 이산화탄소가 물 분자 사이에 가스 상태로 끼어 들어가기 보다는 물과 쉽게 반응하여 용해성인 HCO_3^-를 생성하는데 기인하며, 또한 앞에서 설명한 바와 같이 차가운 심해일수록 이산화탄소를 많이 함유하고 있기 때문이다. 이산화탄소가 풍부한 차가운 물이 수직혼합(vertical mixing)으로 더 깊이 들어가서 심해로 분산한다. 즉, 그림 2-2에서와 같이 생물학적 탄소펌프(biological carbon pump)에서는 바다에 햇빛이 들어오면 해수가 따뜻해지고 표면해수에 존재하는 이산화탄소는 따뜻한 물에서 번성한 녹조에 의해 탄소화합물로 녹조에 고정한다. 즉, 물 속에 용해한 이산화탄소가 녹조의 광합성 작용에 의해서 제거된다. 해조류 일부와 죽은 해조는 광선투과 지역(euphotic zone)에서 보다 깊은 차가운 물로 가라앉는다. 어떤 것들은 재광석화가 된다. 또 일부 해조류는 박테리아의 활동으로 썩고 그 과정 중에서 다시 물에 이산화탄소를 방출한다. 이것을 영양분으로 하여 물 상층부에서 다시 광합성을 시작할 수 있는 조건이 만들어진다. 탄소의 고정은 해조류가 광합성에 필요한 영양분이 고갈될 때까지 계속적으로 반복된다. 최종적으로는 이러한 집적은 해양 침전물에 탄소를 집적시킨다.

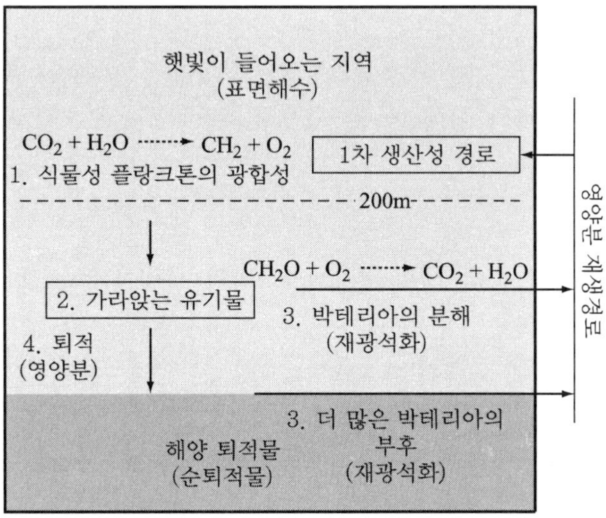

| 그림 2-2 | 해양의 생물학적 탄소펌프

심해에서 탄소순환(marine carbon cycle)은 탄소를 풍부하게 함유한 유기체와 $CaCO_3$의 생산과 재생과정으로 설명되고 있다. 해양의 표면수에서 고형인 $CaCO_3$의 생산($CaCO_3$ 침전)이 유기물에 의해 유기적으로(유기물들이 $CaCO_3$로 껍질 형성), 그리고 아래 화학 방정식에 따라 해양에서 화학적 평형에 의해 무기적으로 생산(탄산염 침전)되어 침전 퇴적물에 저장, 그리고 다시 재생을 반복한다.

$$CO_2 + H_2O \rightarrow HCO_3^- \qquad Ca^{2+} + 2HCO_3^- \rightarrow CaCO_3 + CO_2 + H_2O$$

이 경우 해양 표면으로부터 많은 양의 $CaCO_3$가 침전하면 대기 중의 이산화탄소의 부분압이 증가한다. $CaCO_3$ 순환은 생물학적 순환펌프에 일종의 견인역할로 작용한다. 견인역할의 정도는 유기 순환과 탄산염 순환에 관여하는 각각의 탄소 원자수의 비율을 변화시켜 조절할 수 있다. 탄소 원자수의 비는 해수의 SiO_4 함량을 조절하여 변화시킬 수 있다. 즉, $CaCO_3$ 침전과정 중에 만일 SiO_4가 많다면 해양유기체인 규조류(diatoms)가 잘 번식하며 그들이 유기체 안에 다량의 탄소를 고정시킨다. 그들은 바다에서 침전하는 경향이 있다. 한편, 유용 가능한 SiO_4가 적으면 인편모조류(coccolithophores)가 잘 자라고 이들은 탄산염 내부로 다량의 탄소를 침전시키다. 동시에 유기체를 만들어서 역시 가라앉는다. 그러나 그들은 침전에 의해 표면 해수로부터 $CaCO_3$를 제거하고 이들 표면 해수가 이산화탄소를 거부하도록 만들며 대기 중의 이산화탄소를 증가시키는 경향이 있다. 그러므로 규조류와 같이 규산염으로부터 만들어진 유기물의 성장에 유리하거나, 인편모조류와 같이 탄산염으로 만들어진 유기체에 유리한 어떤 모든 공정들은 대기 중의 농도를 낮추는 경향이 있다.

1.2.2 육지/대기

육지의 탄소는 토양 속과 생활권(biosphere)의 산림에 주로 함유되어 있다. 따라서 토양/대기, 대기/산림, 산림(임목/임지)에서 탄소순환이 성립한다. 육지로부터 이산화탄소가 대기에 배출하는 과정은, 생물의 호흡, 산불, 식물체의 부후, 화산, 해양에서 화산, 산성비 등이며 대기 중의 이산화탄소를 육지가 흡수하는 방법은 유일하게 녹색식물, 해조류 및 광합성 박테리아의 광합성 작용이다.

인간이 대기 중으로 이산화탄소를 배출시키지 않으면 자연계의 이산화탄소 양은 균형을 이룬다. 그러나 현재로서는 화석 연료에서 나오는 이산화탄소 때문에 이산화탄소 균형이 무너지고 있다. 이산화탄소의 균형된 양과 불균형 양(GtC)을

그림 1-1에 근거하여 계산하면 다음과 같다[5].

균형 양: 배출, 화산(0.1) + 강에서 배출(1.0) + 해양 표면(0.6)
흡수, 식물 광합성 작용(1.5) + 강우(0.2)

불균형 양(+4.1) = 화석연료 이산화탄소(7.2) + 토지이용 전환(1.5)
− 토지와 식물에 축적량(2.4) − 매년 해양 저장(2.2)

따라서 매년 4.1GtC 불균형 양이 대기 중으로 배출되어 온도를 상승시킨다.

대기 중의 이산화탄소 농도가 높으면 식물 생육에 양호하다. 왜냐하면 공기 중에 이산화탄소가 많으면 식물이 기공을 적게 열고, 이 경우 기공 내로 물이 적게 들어가서 기공의 역할이 증대되기 때문이다. 물이 적은 지방에서 물은 식물 생장의 제한 인자이다. 이런 곳에서 기공을 적에 열면 물의 증발량이 감소하므로 생육이 왕성해진다. 최근에 온난화로 강수와 증발 양상이 달라지고 있으며 공기 중에 이산화탄소의 증가는 생장과 분해 양쪽을 동시에 촉진시키고 있다. 온대와 한대림의 생장량은 생육기간의 연장으로 점진적으로 증가할 것이다. 관목지대는 그대로 유지되나 임지가 약해지고 곤충 피해와 산불 위험성이 증가할 것으로 본다.

토양과 산림과의 관계는 산림의 낙엽이나 작은 가지들이 토양에 매몰될 것이다. 지구 온난화에 따라 박테리아나 곰팡이들이 토양 부식질들을 더 잘 분해한다. 빙하지역은 툰드라와 피트화할 것이다. 대부분의 학자들에 따르면 토양의 탄소반응을 온난화의 회귀로 보고 있다. 산림과 토양과 대기 관계는 다음 3장에서 설명한다.

참고문헌

1. Bashkin, V. N. and Howarth, R. W., Modern Biogeochemistry, Kluwer Academic Pub., pp. 92-108, 2002
2. Wigley, T. M. L., Schimel, D. S., The carbon cycle, Cambridge Uni. Press, pp. 10-17, 2000
3. http://epswww.unm.edu/facstaff/zsharp/103/lecture...... 2007.02.02
   Introduction to geochemical cycle
4. http://earthguide.ucsd.edu/virtualmuseum/climatechange2/ 2007.02.02
   Climate chage
5. UNESCO, The global carbon cycle, UNESCO-scope, policy Briefs, No. 210, 2006

Chapter 02

기후변화

Climate Change

2.1 지구의 기후변화

금세기에 들어서면서 지구온난화, 온실효과, 온실가스 등 기후 변화에 관한 단어들이 화두를 이루고 있다. IPCC 4차 평가 보고서(2007)에 따르면 자연 본래의 기후변화와 인간의 활동에 연유된 기후 변화가 최근 들어 점점 더 가속화하고 있다.

대기 중 이산화탄소 농도는 과거 65만년 이래 180 ~ 300ppm 수준을 유지해왔고, 특히 산업혁명 직전에 280ppm에서 2005년에는 379ppm까지 증가하였다. 대기온도는 지난 100년간, 즉 1850 ~ 1899년을 기준으로 하여 2001 ~ 2005년 사이에 0.76°C 상승하였으며, 1906년 대비 2005년에는 0.74°C나 상승하였다. 2100년에는 1980 ~ 1999년 기준으로 1.6 ~ 6.4°C까지 상승할 것으로 예측하고 있다.

이러한 지구의 온난화는 세계 여러 지역에서 이상기후와 재해를 초래하고 있다. 북극지역의 온도가 높아져 빙하가 녹아 해수면의 높이가 현재의 상태라면 금세기 말에는 1980 ~ 1999년을 기준으로 0.18 ~ 0.59m 더 상승할 것이다. 또한 대양의 염분 농도가 낮아지며 바람의 패턴이 변화하고, 가뭄, 집중 강우, 및 열대 태풍의 강도를 포함하여 극단적인 기후가 나타날 것이다[1].

이러한 기후 온난화의 주원인은 이산화탄소 농도의 증가이며, 대기의 이산화탄소 농도 증가는 여러 이유 중에서도 화석연료의 사용에 있다는 것에 대부분의 학자들이 동의하고 있다. 화석 연료에서 배출하는 이산화탄소 양은 1990년대 평균 6.4GtC/년이었으나 2004 ~ 2005년에는 7.2GtC/년으로 증가하였다[2]. 이러한 화석 연료의 증가는 지구 온난화를 더욱 재촉한 것이 분명하다. 따라서 재생 가능하며 이산화탄소를 별도로 발생하지 않는 바이오매스를 연료로 사용해야 한다는 주장이 타당성을 갖게 된다.

2.1.1 대기의 이산화탄소

대기 중 이산화탄소 농도는 1% 미만으로 다른 가스에 비하여 낮다. CO_2 증가는 이미 언급한바와 같이 화석 연료의 사용에 기인하며 이것이 지구상의 기후를 급격하게 악화시킬 수 있는 가능성을 지니고 있어서 사회·정치·경제적으로 큰 문제가 되고 있다.

본래 지구의 이산화탄소 농도는 무척 높았으나 시간이 지나면서 지금 인류가 살기 적합한 수준으로 고정되었다고 본다. 빙하 이전 약 5억 년 전에는 이산화탄소 농도가 현재의 약 20배 정도였고, 2억년 전에도 4~5배는 되었으며 그 후 산업혁명 이전까지 서서히 감소하였다고 본다[3]. 이산화탄소가 감소한 이유는 여러 가지가 있다. 화산활동이 잦아지면서 이에 따른 대륙의 융기로 새로운 암석들이 생기고, 여기서 제공된 칼슘(Ca)이 이산화탄소와 작용하여 $CaCO_3$로 퇴적하여 이산화탄소 농도를 낮추었으며, 유기물을 매장시키는데도 일조를 했다. 이 과정에서 늪 속의 유기물은 석탄으로, 그리고 해양의 해조류는 탄화수소가 되었다. 무역풍은 더 왕성해지고 해안 해수에 있는 영양분들의 용승(coastal upwelling)이 증가함에 따라 대륙 해안을 따라 더 많은 유기물들이 매장되었으나, 높은 산이 솟아오르면서 진흙탕이 증가하여 이들이 흘러내리면서 유기물을 매장시켰다. 따라서 이산화탄소 농도는 감소하고 지구는 더 식기 시작하였다[4].

빙하기의 이산화탄소 농도변화는 그 당시 극 지역에 내린 눈 사이의 공간에 잡힌 공기를 얼음기둥(ice core)에서 분석하여 측정할 수 있다. 이 방법을 이용하여 지난 40만년 동안 남극 지역의 이산화탄소와 메탄가스(CH_4)양의 변화를 측정한 결과는 그림 2-3과 같다. 즉, 온난화 과정, 즉 빙하기에서 빙하간기로 넘어감에 따라 이산화탄소와 메탄가스 농도가 증가하였고 이에 따라 온도도 상승하였다. 즉, 이산화탄소 농도는 기후변화와 밀접한 관계가 있다[5].

그 후 석탄을 다량 사용하기 시작한 산업혁명 이후부터 대기 중 이산화탄소 농도는 점차 증가하기 시작하였다. 최근에는 급격히 상승하여 2005년에는 379ppm에 달하였다. 이러한 이산화탄소가 대기 중으로 배출될 수 있는 곳은 해양과 육지가 함유하고 있는 탄소원이다. 우선 해양에 녹아있는 탄소함량과 해양

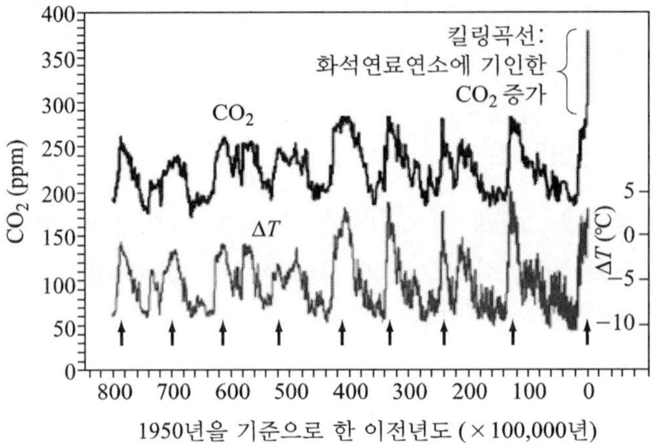

| 그림 2-3 | 남극의 얼음 기둥(코어)에서 유추한 대기의 CO_2 농도와 온도변화

심저에 놓여있는 메탄수화물(methane ice)이다. 이들은 앞 장의 탄소순환에서 설명한 바와 같이 물리적 또는 물리·화학적인 방법으로 대기 중으로 배출한다. 이들 순환은 오랫동안 유지되어온 균형상태이므로 온난화 현상에 직접적인 영향을 주는 이산화탄소 농도 증가의 주원인이라고는 볼 수 없다.

육지에서 발생하는 요인 중에 자연적인 것 이외에 인간들에 의한 이산화탄소 배출은 화석연료의 사용, 탄산염을 가열하는 시멘트 생산을 들 수 있다. 그 외로 초지와 산림의 파괴, 과도한 벌채, 목질연료 사용 등도 대기의 이산화탄소 농도를 증가시킨다고 하지만, 근본적으로 화석연료의 사용이 이산화탄소 농도상승의 주원인이다. 2007년 발표에 따르면 원유의 매장량은 1,120 ~ 1,320Gb로 추정되므로 약 130 ~ 150 GtC이 발생될 수 있다. 2006년 세계 화석 에너지 소비량은 407 $\times 10^{15}$Btu이었고 이산화탄소 발생량은 약 290억t이다[2].

2.1.2 온실 효과 [1,2,4,7,8]

태양의 복사는 태양에너지의 약 50% 정도가 지구에 흡수되고 대부분이 다시 열로 대기 중으로 재 복사한다. 단파인 태양에너지는 대기를 쉽게 통과하여 열로 전환하지만 지구에서 대기로 재 복사하는 에너지는 장파이므로 대기를 통과하지 못하고 특정 기체들에 흡수되어 대기에 갇힌다. 이렇게 대기에 흡수된 에너지의 일부는 지표면의 온도가 태양보다 훨씬 낮으므로 태양보다 더 긴 파장의 복사에너지를 방출한다. 또한 이 복사에너지가 다시 지표에 재 복사한다. 이것이 온실효과이다. 특정 기체들로는 이산화탄소, 메탄가스, 수증기 등 다양하지만 농도가 가장 높은 이산화탄소가 온실효과를 좌우한다.

이러한 온실효과가 없다면 지구 표면의 온도는 −15°C가 되지만 온실효과의 덕택으로 지구 근처의 대기에서 겉 표면온도(apparent temperature surface)는 지상 5,000m 높이의 외곽으로 밀려난다. 온실효과는 인간이 화석연료를 사용하기 오래 전부터 유지되어온 것으로 인류가 생활을 영유하는 한 자연현상이라고 말할 수 있다. 그러나 문제는 지난 100년간 인간의 활동이 온실효과의 증가를 초래하고 결국 기후 체계에 커다란 변화를 야기할 수 있다는 가능성에 놓여있다[4].

북반부의 온도는 1850년 이후 2000년까지 약 1°C가 증가되었으나 최근 들어 최고 온도를 급격히 갱신하고 있다. 또한 최근 150년 간에 이산화탄소 농도는 약 30% 증가하였다[6]. 1958년부터 1993년까지 마우나로아(Mauno Loa)에서 지상 7m와 24m에 타워를 설치하고 공기를 채취하여 이산화탄소를 측정한바, 이산화탄소 함량이 그림 2-4와 같이 진동 선(oscillating line)을 그리며 계속 증가(keeling curve)하였다. 1958년 이산화탄소 농도는 315ppmv에서 2005년에는 379.0ppmv, 2007년에는 383.6ppmv으로 계속 증가하였다[7,8].

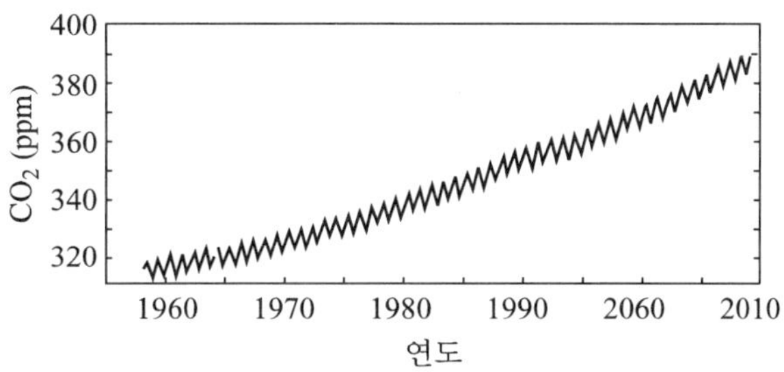

| 그림 2-4 | 킬링곡선(keeling curve)
(마우나로아 천문대에서 측정한 반세기 동안의 CO_2 농도의 변화)

2100년의 경우 이산화탄소 농도가 445 ~ 535ppm이 되면 온도는 2 ~ 2.4°C 증가, 535 ~ 590ppm이면 2.8 ~ 3.2°C 증가, 그리고 이산화탄소 농도가 590 ~ 720ppm일 경우 온도가 3.2 ~ 4.0°C 상승한다고 예측하고 있다[1].

이런 기온의 상승은 지역적으로 커다란 기후변화와 이에 따른 농업 생산성 및 인류의 주거환경을 바꾸어 놓을 것이다. 강우 패턴의 변화와 폭풍의 빈도와 강도 변화는 한편에서 홍수, 다른 한편은 물 부족현상을 초래하고 있다. 또한 극한 기후조건의 출현과 해양해류의 순환변화는 육상식물의 생산성과 해저 미생물의 번식에 영향을 주어 식량생산을 저하시키고 있다. 이미 언급한 바와 같이 북극의 얼음 층이 녹아 해수면이 높아지고 있다. 한편 열대지역의 농지와 산림의 생산성은 낮아지나 높은 위도지역에서는 툰드라가 녹아 농지가 확장되고 생육기간의 연장으로 작물 생산량은 증가할 것으로 예측하고 있다.

IPCC의 평가에 따르면 지구의 평균기온이 1 ~ 3°C 상승하면 고위도에서는 농작물 수확이 증가하지만, 기온이 3°C 이상 오르면 오히려 수확량이 감소할 것으로 예측한다. 건조 열대지역에서는 기온이 조금 상승하여도 수확량이 감소하고, 아시아 지역도 기온상승과 강수량 변화로 농산물 수확량이 역시 감소할 것으로 예견하고 있다[6].

이산화탄소 농도의 증가로 야기되는 사회적, 경제적 문제들을 해결하기 위한 많은 노력들이 진행되고 있다. 하지만 이러한 노력들은 국가간의 마찰과 논쟁을 불러 일으키고 있다. 산업현장에서의 기술적인 방법을 제외하고, 이산화탄소 배출을 규제할 수 있는 방법은 석유 생산국인 OPEC가 석유에너지의 가격을 올리거나, 석유 사용국이 자체 내에서 유류세를 올려서 소비를 억제하는 방법이 있다. 또한 석유 채취량을 제한하여 석유가격을 높여 사용을 억제하므로 배출을 감소시킬 수도 있다. 그러나 많은 논쟁들은 계속 일어나고 있다. 즉, 원유 매장량은 계속 새롭게 발견되고 있으며 현재 사용량을 계속 유지해도 큰 문제가 없으며 오히려 석유사용을 억제하면 석탄과 해저 메탄가스의 사용량을 증가시켜 이산화탄소 배출량을 더 증가시킨다는 주장이다. 한편 선진국들은 화석연료의 혜택으로 이미 발전하였고, 이들 국가들이 과거에 내어 놓은 이산화탄소가 현재 문제가 되는바, 저개발국가들이 이런 책임을 공유하고 또한 국가 발전을 위한 에너지 확보에서 어려움을 겪는다면 불공평하다는 주장도 맞서고 있다.

그러나 최근 들어서는 모든 국가들이 지구온난화에 따른 중요성을 인식하고 기후변화에 적극 대응하고 있다. 즉, 기후변화 현상을 정확히 분석하여 부분별로 적응방법을 모색하고 있다. 기후변화 대응은 온실가스 배출을 감축하는 활동인 완화(mitigation)와 기후변화 영향을 분석하고 피해를 최소화하는 활동인 적응(adaptation)정책을 혼합하여 추진하고 있다. 기존의 완화방법은 개인, 산업분야 및 정책적인 측면에서 계속 추진되고 있으며, 최근에는 개도국의 기후변화에 대한 적응을 위한 지원과 기술이전의 중요성이 부각됨에 따라서 2006년 케냐에서 개최된 기후변화협약 당사국 총회 및 제 2차 교토의정서 당사국 총회에서는 개도국의 기후변화 적응지원을 위한 5개년 작업계획인 나이로비 작업계획을 채택한바 있다[9].

대한민국도 예외가 아니므로 기상변화에 따른 피해를 최소화하기 위한 완화정책을 추진해야 할 것이다. 국내 기상청 등의 보고[10,11]에 따르면 기온은 1912~1920년을 기준으로 1991~2000년에 약 1.5°C 상승하였고, 2020년에는 1.2°C, 2050년에는 2.5°C, 그리고 2080년에는 4.4°C까지 상승할 것이다. 해수면(동해)은 최근 30년간 연평균 3.2mm 상승하였고 2100년에는 한반도 해수면이 40~50cm 상승할 것이다. 이 경우 40cm 상승하면 서울시 면적의 4배가 침수된다. 이에 따라 동·식물의 분포도 크게 변화할 것이다. 현재 우리나라 일부지역에서 아열대 생물들이 출현하고 있으나 앞으로는 아열대 어종과 동식물이 현저히 증가할 것이며, 아열대 곤충의 출현으로 새로운 질병과 병충해도 증가할 것으로 예측된다. 한편 농작물의 경우도 근년 들어 재배한계선이 북상하고 있으며 열대작물 재배도 국내에서 성공하는 경우가 보고되고 있다[9,12].

국가는 기후변화에 국가안보 차원에서 적극적으로 대처해야 한다. 정부는 기후변화를 계속 모니터링하고 그 영향과 전망을 분석하고, 현재 및 미래의 예상피해에 대한 중·장기 대책을 수립해야 한다. 여러 분야에서 이러한 대책이 수립되면 정부, 기업 및 개인들을 비롯한 모든 분야의 사람들이 적극 참여하는 것이 절대적으로 필요하다.

참고문헌

1. http://www.ipcc.ch Climate change 2007, 2009.08.29 IPCC WGI Forth Assesment Report, Summary for Policymakers, pp. 2-18, 2007
2. EIA, International Energy outlook 2007, Chap. 1, 7, Report#: DOE/EIA-0484, 2007
3. Crowley, T. J., Berner, R. A., CO_2 and climate change, Science, vol. 292, no. 292, pp. 870-872, 2001
4. http://earthguide.ucsd.edu/virtualmuseum/climatechange2/ 2007.02.02 Climate chage
5. Luthi, D., Le Floch, M., Bereiter, B., Blunier, T., Barnola, J., U., Raynaud, D., Jouzel, J., Fischer, H., Kawamura, K., Stocker, T. F., Nature, 453, pp. 379-382, 2008
6. Jones, P. D., New, M., Parker, D. E., Martin, S., Rigor, I. G., Structure temperature and its changes over the past 150 years, Rev. Geophys., 37:173-199, 1999
7. http://scrippsco2used.edu/research/atmospheric_CO2.html 2010.01.15 Scripps CO_2 program, Atmospheric CO_2
8. http://cdiac.ornl/gov 2010.01.15

Kelling, R. F., Piper, S. C., Bollenbacher, A. F., Walker, J. S., Atmospheric carbon dioxide record from Mauna Loa, 1958-2007, CDIAC, 2008

9. 정예모, 기후변화, 이제는 적응, pp. 1-36, 2007-134-13, 삼성지구환경연구소, 2007
10. 국립기상연구소, 한반도 기후 100년의 변화와 미래전망, 2004
11. 국립기상연구소, 미래 기후 전망, 2007.04.06
12. 정예모, 07년 4대 기상이변-전망과 대응 방안, pp. 1-5, 2007-134-01, 삼성지구환경연구소, 2007

Chapter 03

산림과 탄소순환

Forest and Carbon Cycle

3.1 서론

산림이 전 세계 육지 표면의 약 65%를 차지하고 있다. 따라서 산림은 육지 생태계에 속한 식물이 함유하고 있는 총 탄소(C)의 약 90%를, 그리고 토양에 함유된 총 탄소의 약 80%를 지니고 있다. 또한 모든 지상 생태계에서 흡수하는 총 이산화탄소 양의 67%를 산림이 담당하고 있다[1].

이렇게 중요한 산림 생태계는 연료 확보, 경지면적 확장, 초지 조성, 산불 및 병충해 발생, 목재를 이용하기 위한 과도한 벌채, 도시 확장 및 직·간접적인 인간 개입에 의해 교란을 받고 있다. 또한 목재 공산품과 종이가 그 본래 상태를 유지, 소각, 재생 및 매몰 처리되느냐에 따라서 탄소가 식물체나 생산품 안에 그대로 저장 되어 있거나 밖으로 배출된다. 이런 과정들이 산림과 대기사이의 이산화탄소 순환에 영향을 준다.

현재 대기의 이산화탄소 농도, 즉 온실가스(green house gas, GHS)는 산업혁명 직전보다 약 30% 증가하였고, 이로 인하여 지구 온난화 현상이 점점 심각해지고 있다. 저위도 지역은 금세기 말에 현재 기온보다 +3°C(1.3 ~ 4.5°C) 더 상승할 것으로 예측하고 있다[2]. 이런 온도 상승은 식물과 토양의 탄소수지(C budget)에 영향을 준다. 그 이외에도 오존(O_3) 농도의 증가, 질소 퇴적, 기타 오염 물질들도 탄소 순환에 영향을 미칠 것이다[3]. 본 장에서는 산림 생태계에서 탄소순환과 온실가스 관리와 산림의 역할에 관해 간단히 논의하고자 한다.

3.2 산림 생태계의 탄소순환

산림과 대기와의 탄소순환은 식물이 대기 중의 이산화탄소를 흡수하여 탄수화물과 산소를 생산하는 광합성(photosynthesis)작용과 생성된 탄수화물이 산화하여 대기 중으로 이산화탄소를 방출하는 호흡(respiration)작용의 관계이다.

그림 2-5에서 총 일차생산(gross primary production, GPP)은 지상의 모든 식물이 동화(assimilation)한 전체 이산화탄소 양이다. 이렇게 식물군에 의해 동화된 이산화탄소의 약 50%는 새로운 조직을 형성하고(성장호흡; growth respiration) 또한 현존하는 조직을 유지하고(유지호흡; maintenance respiration) 회복하는데 사용한다. 유지와 성장 호흡의 총량을 자가영양호흡(autotrophic respiration, R_A) 이라고 하며 여기서 생긴 이산화탄소가 대기 중으로 방출한다. 따라서 GPP에서 R_A를 뺀 것이 순 일차생산(net primary production, NPP)이다[4].

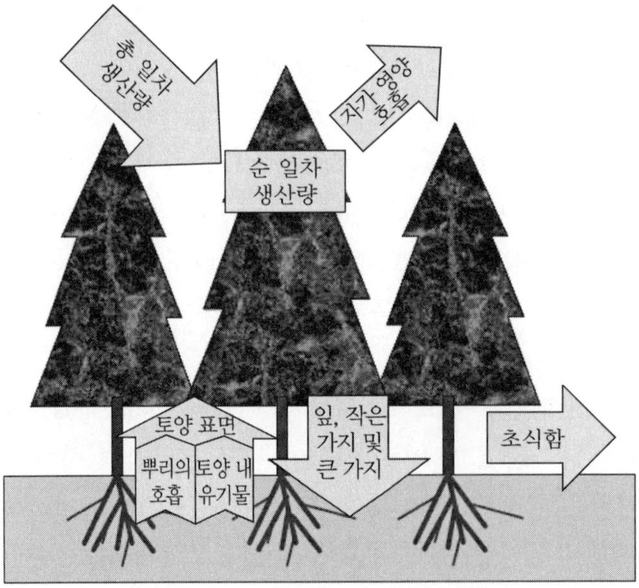

| 그림 2-5 | 산림의 생물학적 탄소순환

보고에 따르면 평균 NPP 값은 한대림의 경우 연간 330gC/m^2, 열대 상록활엽수는 연간 820gC/m^2, 그리고 온대 상록활엽수는 연간 1,000gC/m^2 정도이다[5]. 한대림의 NPP값이 낮은 이유는 봄에 해동이 늦으며, 가을의 차가운 공기로 생육

기간이 짧고, 토양이 척박한데 기인한다. 또한 NPP값은 강우, 온도, 증발량 등의 기후 변화에 따른 물 균형의 변화, 즉 수분 그리고 영양분 등에 영향을 받는다.

토양표면에서 발생하는 이산화탄소 양은 그림 2-5에서와 같이 뿌리의 호흡에 의한 이산화탄소(R_R)와 토양 유기물의 산화에 의한 이산화탄소(R_H)를 합하여 계산한다. 이와 동시에 낙엽과 작은 나무가지(D)가 지표에 떨어져 토양 유기물을 증가시키고 이것이 다시 이산화탄소(R_H)로 방출한다. 물론 산림 토양의 탄소는 유기물에는 적고 대부분이 토양 광물에 함유되어 있다[20]. 토양표면(S)에서 대기로 나오는 이산화탄소는 한대 상록침엽수림이 연간 360gC/m^{2}으로 가장 낮고 열대 상록활엽수가 연간 1,540gC/m^{2}으로 가장 높다[6]. 일반적으로 기온이 높고 강우가 많은 지역에서 토양, 표면의 이산화탄소 유동이 높다.

산림, 토양 및 대기가 관여하는 생태계에서 순 이산화탄소 교환패턴을 잘 설명해주는 것이 순 생태계생산량(net ecosystem production, NEP)이다. 한편 탄소동화작용에서 흡수한 이산화탄소 양에서 호흡(R_A)과 토양표면(S)에서 이산화탄소 방출량을 뺀 NEP 값은 그림 2-6에서와 같이 낮다. GPP와 NEP 모두 열대 지역으로 갈수록 증가한다[4].

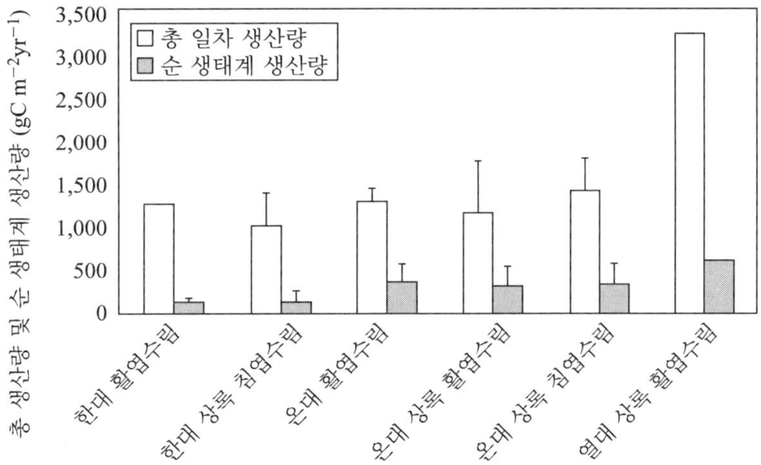

| 그림 2-6 | 산림생태계에 따른 산림의 총 일차 생산량과 순 산림생태계 생산량

산림 생태계의 탄소순환은 여러 가지 교란인자에 영향을 받는다. 즉, 산불, 수확, 충해와 병해 등이 주요 교란인자들이며 이들의 강도는 시간과 공간에 따라 크게 변화한다. 이들 교란인자들은 탄소저장고에 또는 탄소순환과정에 변화를 초

래한다. 예를 들면 적당한 수확은 토양 A층에 탄소함량의 변화에 거의 영향을 주지 않으나 산림 개발은 탄소함량을 약 6% 정도 감소시킨다.

비료를 주거나 질소 고정 수종을 식재할 경우 토양 A층은 물론이고 토양 전체에 탄소함량이 증가한다. 산불은 식생과 낙엽과 잔가지(D)의 유기물을 소모하며 대기 중으로 이산화탄소를 방출한다. 일반적으로 산불은 최상층 광물토양(광물을 많이 함유한 토양)의 탄소함량에는 영향을 주지 않는다[7]. 한편 천이과정 중에도 탄소순환에 변화가 일어난다. 천이과정 동안 NPP와 GPP는 최대에 달하고 감소하나, R_A는 꾸준하게 계속 증가한다. NEP는 최고에 달한 후에 점차 "0"에 가까이 감소한다. 그림 2-7에서와 같이 임령이 증가함에 따라 NEP도 증가한 후에 다시 감소하는 이유는 임목이 오래될수록 동화작용과 호흡작용의 균형 변화가 일어나고, 가용영양분의 흡수가 더 어려워지며 수분 흡수력이 떨어지는 데에 기인한다[8].

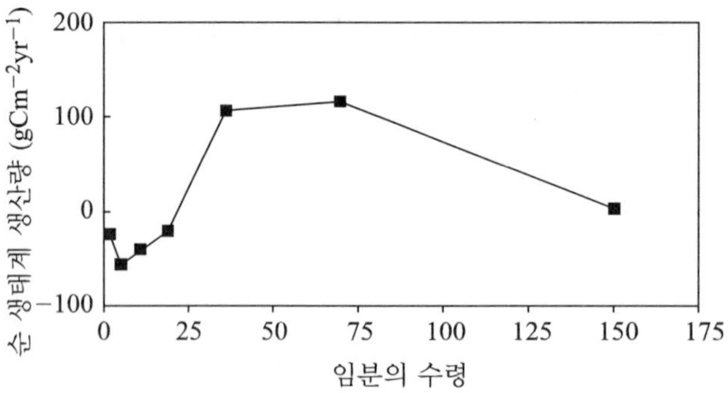

| 그림 2-7 | 임령에 따른 북미산 가문비나무의 순 생태계 생산량

산림의 탄소순환은 대기오염 인자들에서도 영향을 받는다. 인간 활동은 대기로부터 육지 식생까지 질소의 집적을 두 배로 증가시킨다. 특히 산업화 지역에서는 질소가 연간 140Tg 이상 집적하는데, 이 질소함량이 탄소순환을 변화시킨다. 대부분의 온대와 한대지역의 생태계의 생산력은 질소의 이용에 의해 감소한다. 그리고 질소시비는 식생과 토양에 탄소 집적량을 증가시킨다[17,7]. 물론 이에 반대되는 이론도 있다.

지구온난화는 육상식물의 탄소동화작용과 호흡작용과의 비(比)를 크게 변화시키지 않는다. 그러나 지구온난화는 토양표면(S)에서 발생하는 이산화탄소 양을 변화시켜 지구변화와 탄소순환에 영향을 미칠 만큼 중요하다. 그 이유는 토양이 대기보다 두 배의 탄소를 지니고 있어서 토양표면(S)의 작은 변화도 대기 중의 이산화탄소 농도에 큰 영향을 미치기 때문이다[9]. 온난화가 진행되면 토양 표면에서 대기로 내어 놓는 이산화탄소 양, 즉 토양표면(S)에서 발생하는 이산화탄소 양이 증가한다. 대기 중에 이산화탄소 농도가 증가하면 일반적으로 NPP가 증가한다[9].

오존(O_3)은 강한 산화제로 60ppb 이상에서는 식물에 유해 물질로 작용한다. 이런 오존이 30~40년 후에는 지금의 3배 농도가 되며, 2100년에는 거의 모든 온대나 아열대 산림의 약 50%에 영향을 미칠 것으로 예측한다[10]. 오존은 NPP를 감소시키지만, 이산화탄소 농도가 높으면 NPP가 증가되므로 오존과 이산화탄소 농도가 높은 조건에서는 오존에 의한 NPP 감소는 어느 정도 상쇄될 것이다.

3.3 온실가스 관리와 산림의 역할

산림 소유주는 조림, 갱신 및 기존의 관리 방법을 변화시켜서 식생에 탄소를 포집할 수 있으며, 임산물 생산업자들도 대기 중에서 증가하고 있는 이산화탄소 농도를 상쇄시키는 방법을 가지고 있다. 즉, 산림 식생과 토양에 탄소를 포집, 목제품이나 종이류에 탄소를 고정 및 목재나 종이류로 대체하여 화석연료에서 방출되는 이산화탄소를 상쇄하는 방법 등이다.

3.3.1 식생과 토양에 탄소포집

기존의 산림 관리를 개선하면 NPP를 증가시킬 수 있다. 물과 영양분을 충분히 수여한다면 산림의 총 탄소포집율의 증대를 의미하는 NPP가 증가한다. 하지만 수종 간에 차이가 있다[11].

조림, 벌채 및 천연림을 인공림으로 전환과 같은 토지 이용 변화는 지피율(피복율)을 변화시킨다. 이런 지피율의 변화는 토양의 탄소저장고에 영향을 준다. 산림을 농경지로 전환하면 토양의 탄소함량은 42%나 감소하고, 농지에 재조림하면 토양표면의 탄소함량이 53% 증가한다. 또한 천연림을 인공림으로 전환하면 토양의 탄소함량이 13%나 감소한다는 보고도 있다.

광물토양과 낙엽과 가지(D)에 탄소축적이 식생에 축적하는 것보다 더 영구성을 지니므로 온실가스 관리 측면에서는 바람직하다. 전체 생태계에서 탄소축적의

80 ~ 90%는 수목식생에서 이루어지고, 그 다음이 산림 하부층, 광물 토양 순이다[12]. 여러 보고에 따르면 광물 토양에 탄소축적은 40년 후에는 극히 낮아진다[1]. 일반적인 결론은 토양에 많은 양의 탄소를 축적시키기는 적당치 않다. 즉, 토양의 탄소축적량은 임지의 활력기간에 좌우되므로 나무(立木)에 탄소를 집적시키는 것에 목적을 두어야 한다.

3.3.2 임산물에 탄소고정

종이와 목제품에 함유된 탄소 총량을 측정하는 연구가 많이 발표되고 있다. 그 이유는 북미나 유럽의 경우 산림이 지니고 있는 전체 탄소량의 약 20%에 해당하는 탄소량이 현재 사용하거나 지하에 매립된 목재산물이나 종이에 축적되어 있으며 그 양은 계속 증가하고 있기 때문이다. 목재와 종이산물의 수요 증대와 변화된 폐기물 처분방법들에 의하여 임산물에 의한 총 탄소축적율이 증대되었다. 즉, 80년대 후반부터 종이와 목재 폐기물 등이 쓰레기로 버려지거나 소각되었다. 그러나 지금은 땅에 매몰하거나 재생한다. 매몰할 경우에 혐기적 조건에 놓이며 또한 종이와 목재 산물에 함유된 많은 양의 리그닌 때문에 부후하는데 오랜 시간이 걸려서 대기 중으로 배출하는 이산화탄소 양은 아주 적다. 따라서 이산화탄소는 생산품에 거의 고정되어 있다[13].

임산물에 고정된 탄소축적량을 계산할 경우에는 총 탄소축적에 근거하여 수확, 운반, 칩 생산(펄프의 경우), 공장 반출, 산물 운송과 소비자에 배분까지 전부 고려해야 한다. 그럼에도 불구하고 목재로부터 공산품을 생산할 경우 표 2-1에서와 같이 이산화탄소 방출량이 다른 원료에 비하여 현저하게 적고 목재공산품이 유지되는 동안에는 이산화탄소가 그 속에 고정된다[14].

최근에는 산업 생태학, 즉 자원의 소비와 재생, 환경에 미치는 영향, 생물학적 그리고 기술적으로 생태계가 지속성으로 재조합될 수 있는 방법을 연구하는 분야가 급격히 발전하고 있다. 전 과정평가(life cycle assessment, LCA)도 산업 생태학에서 사용하는 유용한 도구이며 또한 요람에서 무덤까지 임산물의 총 이산화탄소 발생량을 정량화하는데 사용할 수 있다. LCA는 목적 및 범위설정(goal and scope definition), 전 과정 목록분석(life cycle inventory analysis), 전 과정 영향평가(life cycle impact assessment), 결과해석(interpretation) 등의 모든 과정에서 온실가스(이산화탄소, 메탄가스)를 정확히 증명·정량해서 임산물의 순 탄소 저장량을 평가할 수 있다[15].

표 2-1 ▸ 각종 재료제조에 소요되는 소비에너지와 탄소방출량

종 류	소비 에너지		제조시 탄소 방출량		제품중의 탄소저장량	±탄소량
	MJ/kg	MK/m^3	kg/t	kg/m^3	kg/m^3	kg/m^3
천연건조제재 (비중: 0.50)	1.5	750	30 (32)	15 (16)	250[a)]	−235 −234
인공건조제재 (비중: 0.50)	2.8	1,390	56 (201)	28 (100)	250[a)]	−222 −150
합 판 (비중: 0.55)	12	6,000	218 (283)	120 (156)	248[b)]	−128 −92
파티클보드 (비중: 0.65)	20	10,000	308 (345)	200 (224)	260[c)]	−60 −36
철 재	35	266,000	700	5,320	0	5,320
알루미늄	435	1,100,000	8,700	22,000	0	22,000
콘크리트	2.0	4,800	50	120	0	120
종 이	26	18,000		360		

주. 1) ( )내는 폐재 연소에 의한 열에너지의 이용을 고려한 경우임. 또 폐재로부터의 조달에너지는 천연건조재 20MJ, 인공건조재 1,820MJ, 합판은 인공건재의 1/2, 파티클보드는 1/3로 함.
2) a), b), c): 탄소함유율을 각각 50%, 45%, 40%로 함.
3) ±탄소량: 목재가 생육시에 대기중으로부터 흡수해 고정된 탄소량

3.3.3 임산물 이용에 의한 화석연료의 이산화탄소 배출 상쇄

종이나 목제품을 생산하는 대부분의 공장들은 수확 또는 생산 과정 중에 발생한 폐목재와 종이를 공장 내부의 필요한 에너지원으로 사용한다. 폐목재와 종이가 타면 여기서 발생되는 이산화탄소 양은, 그 나무가 성장하고 유기 화합물을 합성하는데 필요해서 대기 중으로부터 흡수한 이산화탄소 양과 일치한다. 그러므로 대기 중의 이산화탄소 증가에 영향을 주지는 않는다. 따라서 목제품과 종이류는 탄소중립(carbon dioxide neutral)으로 간주한다[16]. 공장에서 에너지원으로 화석 기름 대신에 폐목재를 사용하는 것도 바람직하다. 그 이유는 목질계 바이오매스는 탄소중립 에너지원이기 때문이다.

세계적으로 매년 약 270×10^6t의 종이가 소비되고 있으며[17], 펄프·제지산업은 에너지소비가 세계 산업 중에서 5번째로 에너지소비가 큰 집약산업이다. 또한 원료와 펄프 생산 방법에 따라 에너지 요구, 물질 효율 및 종이특성이 다르다. 크라프트(kraft)를 포함한 화학펄핑 공장은 외부전력을 사용하지 않고, 필요 에너지의 94% 이상을 공장에서 나오는 목질 폐재나 펄프폐액으로부터 생산한다. 기계

펄프인 쇄목기계펄핑(stone ground wood, SGW)과 열기계펄핑(thermomechanical pulping, TMP)에서는 폐재나 폐액 발생량이 없으므로 다량의 에너지가 요구된다. 하지만 펄프 수율이 크라프트보다 높으므로 외부로 배출시키는 오염물질이나 이산화탄소 발생량이 근본적으로 적다. 그러므로 현재 상황에서는 목재 공산품, 펄프 및 종이 생산 책임자 그리고 최고 결정자는 화석 연료를 대신하여 바이오매스의 사용을 고려해야 할 입장에 놓여있다.

참고문헌

1. Landsberg J. J., Gower S. T., Applications of physiological ecology to forest management, San Diego, C.A.: Academic, p. 354, 1997
2. Crowley, T. J., Berner, R. A., CO_2 and climate change, Science, vol. 292, no. 292, pp. 870-872, 2001
3. Pye J. M., Impact of ozone on the growth and yield of trees: A review, J. Environ. Qual., 17:347-60, 1988
4. Gower, S. T., Patterns and mechanisms of the forest carbon cycle, Annu. Rev. Evniron Resour., 28:169-204, 2003
5. Gower, S. T., Kucharik, C. J., Norman. J. M., Stow, T., Direct and indirect estimation of leaf area index, faPAR, and net primary production of terrestrial ecosystems, Remote Sens. Environ., 70:29-51, 1999
6. Wang, C., Bond-Lamberty, B., Gower, S. T., Soil surface CO_2 flux in a boreal black spruce fire chronosequence, J. Geophys. Res., 108(D3) art. no. 8224, 2003
7. Amiro, B. D., Todd, J. B., Wotton, B. M., Logan, K. A., Flannigan, M. D., Direct carbon emissions from Canadian forest fires, 1959-1999. Can J. For. Res., 31:512-25, 2001
8. Ryan, M. G., Binkley, D., Fownes, J., Age related decline in forest productivity: Pattern and process. Adv. Ecol. Res., 214-52, 1966
9. Schimel, D. S., Terrestrial ecosystems and the carbon cycle, Glob. Chang. Biol., 1:77-91, 1995
10. Chameides, W. L., Kasibhatla, P. S., Yienger, J., Levy, H. I., Growth of continentalscale metro-agro-plexes, regional ozone pollution, and world food production. Science, 264:74-77, 1944
11. Snowdon, P., Benson, M. L., Effects of combinations of irrigation and fertilization on the growth and above-ground biomass production of *Pinus radiata*, For. Ecol. Manag., 53:87-116, 1992

12. Richter, D. D., Markewitz, D., Trumbore, S. E., Wells, C. G., Rapid accumulation of soil carbon in re-establishing forest, Nature, 400:56-58, 1999
13. Winjum, J. K., Brown, S., Schlamadinger, B., Forest harvests and wood products: sources and sinks of atmospheric carbon dioxide, For. Sci., 44:272-84, 1998
14. http://www.jawic.or.jp/tech/qanda/002.php 2010.09.21
Buchanan, A. H., Timber engineering and the greenhouse effect, ITEC Proceedings, pp. 931-937, 1990
15. Consoli, F., Allen, D., Boustead, I., Fava, J., Franklin, W.(edi.). Guidelines for Life-Cycle Assessment: A code of practice, brussels: Soc. Environ. Toxicol Chem., p. 13, 1993
16. http://www.ghgprotocol.org/standard/ghg.pdf 2010.09.21
World Resourc. Inst., World Bus, Counc. Sustain. Dev., 2001, The Greenhouse Gas Protocol: a Corporate Accounting and Reporting Standard. Washington, DC: WRI.
17. Ruth, M., Harrington, T. Jr., Dynamics of material and energy use in U.S. pulp and paper manufacturing, J. Ind. Ecol., 1:147-68, 1988

Chapter 04

에너지 사용과 온실가스 배출

Energy Use and Green House Gas Emissions

4.1 세계의 에너지 소비 및 온실가스 배출

본 장에서는 최근 세계와 한국의 일차 에너지 소비량과 장기예측에 따른 에너지 소비량의 추이를 이산화탄소 배출량과 연관하여 설명하고자 한다.

4.1.1 세계의 에너지 소비 [1-3]

세계의 에너지 소비량을 설명하기 전에 먼저 지구에 매장되어 있는 주요 에너지원인 석유, 석탄 및 천연가스의 양을 살펴보면 표 2-2와 같다.

표 2-2 ▸ 세계 에너지 자원의 매장량

자원의 종류		매장량	비 고
석 탄	역청탄	411,321	
	갈 탄	414,680	
	계	826,001(백만 쇼트t)	BP Statistic Review(2009)
석 유		1,237.900(십억 배럴)	BP Statistic Review(2009)
		1,317.447(십억 배럴)	Oil & Gas Jour.(2007)
		1,119.615(십억 배럴)	World Oil(2005. 12)
천연가스		$185 \times 10^{15}m^3$	BP Statistic Review(2009)

석탄은 역청탄과 갈탄을 합하여 약 826,001백만쇼트(short ton)t이 매장되어 있다. 석유는 최고 1317.4십억 배럴(barrel) 내지 최저 1,119.6십억 배럴 정도 매장되어 있다. 석유매장량은 2007년도 석유소비량($170,400 \times 10^{15}$Btu)을 기준으로 소비

량을 고정한다면 36~43년 동안 사용이 가능한 매장량이다. 가스 매장량은 새로이 발견되는 가스량으로 인해 조사할 때마다 그 매장량이 계속 증가하고 있다. 어떻든 화석 자원의 매장량은 발표자에 따라 차이가 있으며 그 오차범위도 넓다.

에너지 종류에 따른 세계 일차에너지 소비량은 표 2-3과 같다[4,5].

표 2-3 ▸ 에너지 종류에 따른 세계 에너지 소비량 (10^{15}Btu)

에너지 종류	1990	1995	2000	2005	2006
석 유	136.157	142.383	155.377	169.878	171.723
천연가스	75.195	81.014	91.373	107.048	107.998
석 탄	89.388	89.066	94.048	121.736	127.548
수 력	22.353	25.340	27.007	28.975	29.728
원자력	20.357	23.260	25.661	27.541	27.758
재 생[1)]	3.872	4.520	5.296	6.892	7.517
세 계	347.322	365.583	398.762	462.060	472.272

주. [1)] 재생에너지

표 2-3에서와 같이 총 에너지 소비량은 1990년에 347.7×10^{15}Btu에서 2000년에 3979.9×10^{15}Btu, 그리고 2005년에는 462.1×10^{15}Btu로 증가하였다. 1985년에서 1990년, 그리고 2000년에서 2005년 사이에는 세계 경제가 발전함에 따라 에너지 생산량도 10%를 상회하였으나, 1991년부터 1999년에서는 단지 4% 초반대의 상승률을 나타내었다.

그림 2-8은 총 에너지 소비의 장기예측을 나타내고 있다. 총 에너지 소비는 2007년 495×10^{15}Btu이었고 총 에너지 소비량은 점진적으로 계속 증가하여 2015년에는 543×10^{15}Btu, 2035년에는 739×10^{15}Btu를 예측하고 있다. 즉, 2007년 기준으로 2035년에는 총 에너지 소비량이 약 49.3% 더 성장할 것 이다. 물론 이러한 증가량은 세계 경제발전과 밀접한 관계를 지니고 있다. 한편 2007년을 기준으로 하여 OECD 국가의 에너지 소비는 비OECD 국가들의 소비보다 낮아진다. 2007년부터 2035년 까지 OECD 국가와 비OECD 국가의 GDP 성장률을 각각 매년 2.0%, 4.4%로 간주할 경우, 비OECD 국가가 OECD 국가보다도 2007년 15%, 2020년 32%, 그리고 2035년에는 65%나 더 많은 에너지를 소비할 것이다. OECD 국가에서 상대적으로 에너지 소비량이 낮은 것은 인구 증가율과 경제 개발이 성숙하여 발전 속도가 느린데 기인한다.

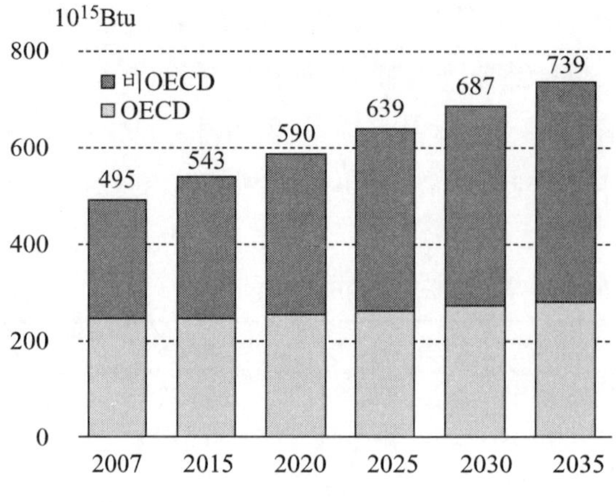

| 그림 2-8 | 세계 에너지 소비량과 장기예측

에너지별 소비특성과 장기예측은 표 2-3과 그림 2-9에 나타난 바와 같다. 석유(원유와 LPG)는 1990년 136.4×10^{15}Btu가 소비되었고 2007년에는 174.71×10^{15}Btu로 증가하였다. 이 열량은 하루에 87백만 배럴의 석유를 소비하는 것과 동일하다. 석유 소비량은 2007년부터 2035년까지 매년 0.7%씩 증가하여 2035년에는 223.57×10^{15}Btu가 되며 2007년에 비하여 64% 더 증가할 것이다. 석유는 주 에너지원이지만, 가격이 높고 환경문제가 부각됨에 따라 전체 소비에너지에서 차지하는 몫은 감소할 것으로 예측한다. 그러나 차량연료를 근본적으로 대체할 연료가 아직은 없으므로 원유소비 감소 폭은 미미할 것이다.

천연가스는 석유 가격이 높아짐에 따라 반사적으로 그 수요량이 증가하였다. 그러나 천연가스 가격이 어느 정도 오르자 최근에는 석탄과 가격 경쟁을 시작하고 있다. 대부분 가스를 발전용으로 사용하는데 석탄의 경우 공해를 발생시킴에도 불구하고 가격이 낮아 경쟁력이 있다. 현재 발전용으로 가스와 석탄을 비슷한 비율로 사용한다. 천연가스는 다른 화석연료와 비교하여 탄소함량이 낮으므로 이산화탄소 배출량도 낮다. 천연가스는 2007년에는 112.13×10^{15}Btu, 그리고 매년 1.7%씩 증가하여 2035년에는 162.03×10^{15}Btu에 도달할 것으로 예측한다.

석탄은 2007년부터 2035년까지 매년 1.6%씩 증가할 것이다. 석탄은 2007년에는 132.45×10^{15}Btu가 소비되었고 2035년에는 206.26×10^{15}Btu가 예측된다. 석탄 소비의 증가는 중국과 인도에서 천연가스 대신에 값이 저렴한 석탄을 발전에 이용했기 때문이다. 석탄은 2005년에 2015년까지 약 37×10^{15}Btu를, 그리고 2030까지는 약 85×10^{15}Btu를 더 소비하게 될 것이다.

원자력에너지는 2007년에 38.72×10^{15}Btu, 2015년에는 32.19×10^{15}Btu, 그리고 2035년에는 47.08×10^{15}Btu로 증가할 것으로 보인다. 특히 유럽의 경우 원자력에너지의 의존도가 떨어지고 있으나 아시아의 경우는 원자력이 자국의 에너지원으로 꾸준히 부상하고 있다.

재생에너지는 1990년 38.72×10^{15}Btu에서 2007년 48.83×10^{15}Btu로 증가하였다. 그러나 2007년 총 에너지의 비율은 9.86%로 아직은 미약하다. 2015년에는 63.81×10^{15}Btu, 그리고 2035년에는 99.78×10^{15}Btu의 재생에너지가 소비될 것으로 예측한다. 재생에너지는 풍력, 태양, 지열, 바이오매스 등을 이용한 것으로 친환경적이라 최근 들어 모든 국가에서 그 소비가 증가하고 있다.

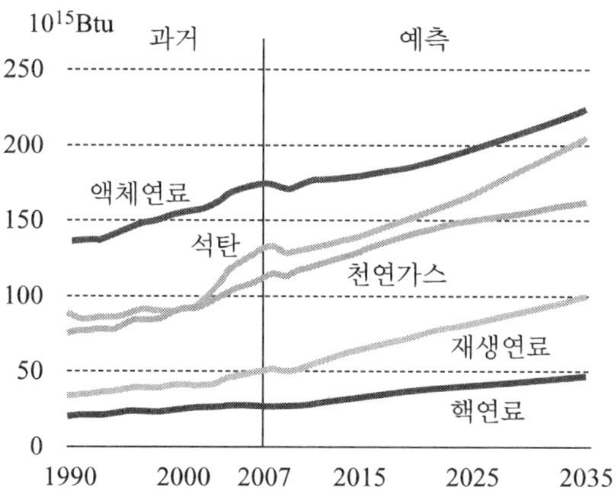

| 그림 2-9 | 에너지 종류에 따른 세계 소비량과 예측

4.1.2 화석연료에 의한 이산화탄소 배출 [4,5]

세계의 화석 연료 사용에 의한 지역별 이산화탄소 배출량은 표 2-4와 같다.

IEO(International Energy Outlook) 2007년 보고에 따르면 화석연료 사용에 의한 세계 이산화탄소 배출량은 1990년대에는 5년간에 약 10억t씩 증가하였으나, 2000년에 들어와서는 매년 10억t씩 증가하고 있다.

이산화탄소 발생량은 북미, 유럽과 아시아에서 높다. 유럽의 경우는 1985년 이후 이산화탄소 배출량이 오히려 감소하다가 2000년에 조금 증가한 44억2천t으로 나타났다. 이러한 이유는 유럽의 경우 1990년 이후 환경 위해에 대한 논의와 대책을 꾸준히 준비해왔기 때문이다. 그러나 개도국들이 다수 포함된 아시아/오세아니아는 1990년에서 2005년 사이에 147%나 증가하였다.

표 2-4 ▸ 세계 화석연료 사용에 의한 이산화탄소 배출량 (십억 MT)

지 역	1985	1990	1995	2000	2005	2006
북 미	5,291	5,793	6,117	6,765	7,000	6,900
중남미	617	696	852	991	1,000	1,100
유 럽	4,564	4,500	4,260	4,427	4,400	4,400
유럽/유러시아	3,497	3,792	2,469	2,322	2,900	2,900
중 동	594	731	900	1,086	1,400	1,700
아프리카	641	718	817	876	1,000	1,000
아시아/오세아니아	4,208	5,196	6,619	7,385	10,400	11,200
세 계	19,413	21,426	22,034	23,856	28,100	29,000

화석연료 종류에 따른 이산화탄소 배출량은 그림 2-10에서 보는 바와 같다. 석유에서 배출한 이산화탄소 양은 1990년 91억1천t에서 2007년 112억7천t으로 23.7%가 증가하였다. 2015년에는 115억5천t, 그리고 2035년에는 143억7천t으로 예측하고 있다. 석유에 의한 이산화탄소 배출량은 세계 에너지에 연유된 이산화탄소 배출량은 1990년 42%에서, 2007년 38% 그리고 2035년에는 34%로 상대적으로 점점 감소한다.

석탄에서는 1990년 83억5천t에서 2007년에는 49.6% 증가한 124억9천t의 이산화탄소가 배출되었으며, 2015년에는 131억1천t, 2035년에는 194억2천t으로 예측된다. 2007년 기준 세계 이산화탄소 발생량의 42%가 석탄에 기인한다. 석탄 사용에 기인한 이산화탄소 배출량은 2035년 46%로 계속 증가할 것이다. 특히 중

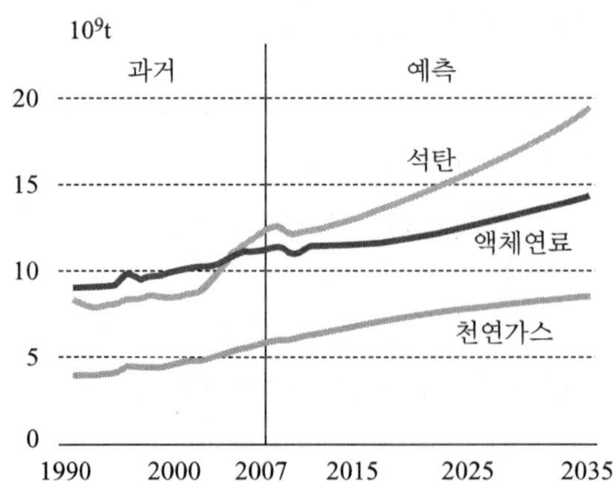

| 그림 2-10 | 에너지 종류에 따른 세계 이산화탄소 배출량 및 장기예측

국과 인도의 경우 경제발전과 더불어 석탄 소비량이 급격히 증가하고 있다. 중국과 인도에서 배출하는 이산화탄소 배출량은 1990년 전 세계 배출량의 13%, 2007년에는 26% 그리고 2035년에는 37%를 차지할 것이다. 중국은 2035년에는 단독으로 세계 이산화탄소 배출량의 31%를 차지할 것으로 예측된다.

천연가스도 1990년 기준으로 40억7천t에서 2007년에는 45.7%가 증가한 59억 3천t의 이산화탄소가 배출되었다. 이 배출량은 세계 이산화탄소 배출량의 20%이다. 2015년에는 68억8천t 그리고 2035년에는 85억9천t의 이산화탄소를 배출할 것으로 예측되며 전체 비율은 20% 수준으로 동일하다.

OECD국가들과 비OECD국가들 간의 이산화탄소 장기배출 예상은 그림 2-11과 같다. 2004년부터 2005년 동안 비OECD국가들에서 배출하는 이산화탄소 배출량은 6%가 증가한 141억t을, 그리고 OECD국가들은 1% 이하가 증가한 140억t을 배출하였다. 이러한 차이는 점점 더 확대할 것으로 예측한다. 2005년부터 2030년까지의 연년 평균율은 OECD국가들은 0.5% 그리고 비OECD국가들은 2.5%씩 배출량이 증가할 것이다.

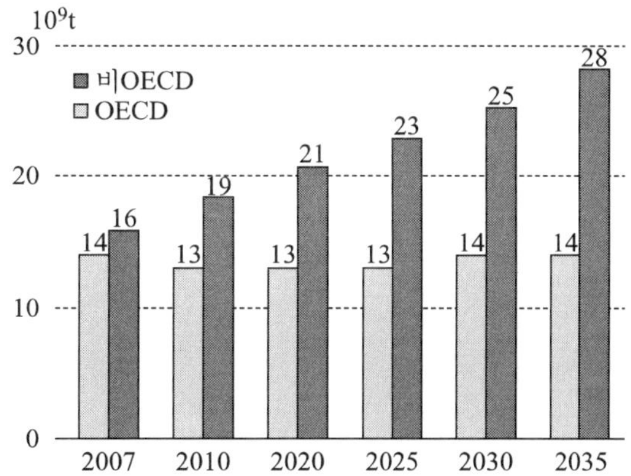

| 그림 2-11 | OECD국가들과 비OECD국가들 간의 이산화탄소 장기배출 예상

4.2 대한민국의 에너지 소비 및 온실가스 배출

4.2.1 총 에너지 소비동향 [6]

총 에너지 소비는 표 2-5에서와 같이 1980년에는 43.8백만TOE였고, 1990년 93.2백만TOE 그리고 2000년에는 192.9백만TOE로 증가하였다. 또한 2010년에는 263.7백만TOE로 추정 예측하고 있다.

표 2-5 ▸ 1차 에너지 소비 추이 (백만TOE)

연 도	총 에너지	석 탄	석 유	LNG	수 력	원자력	신탄/기타
1980	43.8	13.2(30.1)	26.8(61.1)	–	0.5(1.1)	0.9 (2.0)	2.5(5.7)
1990	93.2	24.4(26.2)	50.2(53.8)	3.0 (3.2)	1.6(1.7)	13.2(14.2)	0.8(0.9)
1995	150.4	28.1(18.7)	94.0(62.5)	9.1 (6.2)	1.4(0.9)	16.8(11.1)	1.1(0.7)
2000	192.9	42.9(22.3)	100.3(52.0)	18.9 (9.8)	1.4(0.7)	27.2(14.1)	2.1(1.1)
2005	228.6	54.8(24.0)	101.5(44.4)	30.4(12.4)	1.3(0.6)	36.7(16.1)	4.0(1.7)
2008	240.8	66.1(27.5)	100.2(41.5)	35.7(16.2)	1.2(0.6)	36.5(15.2)	5.2(2.2)
2010	263.7	66.5(22.9)	107.8(40.9)	39.0(14.8)	1.4(0.5)	41.7(15.8)	7.3(2.9)

에너지별 소비추이를 보면 석탄의 경우 1970～1980년대에는 가정용, 상업용 무연탄 그리고 그 후에는 발전 및 산업용 유연탄 소비가 증가하여 전체 에너지의 20～30% 이상을 점하고 있다. 2010년에도 지금과 같은 상황이 계속되리라 예측한다.

석유는 국내 에너지원의 주종을 이루고 있다. 석유소비량은 1995년도 94.0백만TOE였고 그 후 1997년에는 총 에너지 비율로 최고에 달하였다. 그 후 외환위기와 유가의 강세 및 환경규제 등으로 인해 석유 소비가 감소하기 시작하였다. 2000년대에 들어서는 석유의 소비량이 다시 증가하였으나 에너지 비율로는 상대적으로 낮아지고 있다. 따라서 2010년에는 40.9%로 감소할 것으로 추정한다.

LNG는 도시가스 제조용 및 발전 연료용 수요가 증가함에 따라 그 비중이 점점 확대되고 있다. 2008년의 경우 35.7백만TOE을 소비하였고 전체 에너지에 점하는 비율이 12.4%이다. 석유 의존도를 낮추고 에너지원을 다변화하려는 의도에 따라 LNG는 더욱 증가할 것으로 예측하고 있다.

수력은 1990년대부터 큰 변화 없이 1.4백만TOE를 생산하고 있다. 그러나 총 에너지 양의 증가로 에너지별 소비 점유율은 감소하고 있다. 원자력은 발전용 에너지원으로 1990년 이후 계속 증가하여 2000년에는 36.7백만TOE에 이르렀고 에너지 점유율은 16.1%이다. 한편 2010년까지는 새로운 원전계획이 없으므로 큰 변화가 없을 것이다. 그러나 최근 들어서 이산화탄소 배출이 없으며 상대적으로 가격이 저렴한 원자력 에너지의 이용이 다시 부각되고 있다.

신탄 및 기타 연료는 60년대 후반부터 70년대 중반까지는 신탄 및 기타 연료가 전체 에너지원의 30 ~ 70%를 점하였다. 1970년에 4.3백만TOE로서 전체 에너지원의 21.6%를 차지했다. 그 후 산업화가 진행되면서 석탄 그리고 석유로 에너지원이 전환되었다. 이 당시 신탄 및 기타 연료는 주로 목질계 바이오매스였다. 그러나 2000년 이후 석유 가격의 급등과 불안정 공급 그리고 특히 석유에너지의 환경문제 야기 등으로 재생에너지의 이용이 초두의 관심사가 되고 있다. 2008년 재생에너지는 5.2백만TOE로서 에너지자원의 2.2%에 해당한다. 물론 현재는 주로 폐기물에너지와 바이오에너지이다. 2010년에는 2.9%로서 7.3백만t의 재생에너지가 이용될 것으로 예측한다.

4.2.2 온실가스 배출과 흡수 [7]

오늘날 온실가스로는 이산화탄소, 메탄가스, NO_2, HFCs, PFCs 및 SF_6가 있다. 이들 가스 중에서 이산화탄소가 차지하는 비율이 87 ~ 88%에 달하므로 온실가스는 이산화탄소 가스로 일괄 계산하여 비교한다. 또한 이산화탄소 가스의 82 ~ 83%는 석유와 석탄 등 에너지원에서 초래한다. 표 2-6은 우리나라의 온실가스 배출과 흡수 추이를 나타내고 있다.

표 2-6 ▸ 온실가스 배출/흡수 추이 (백만t 이산화탄소)

연 도	에너지	산업공정	농 업	토지이용변경 및 임업	폐기물	총 배출량	순 배출량	가스/인 (CO_2 t)
1990	247.4	19.9	15.2	−23.7	22.5	305.4	281.6	7.24
1995	372.1	47.1	22.4	−21.2	19.5	461.2	440.0	10.04
2000	438.8	58.3	20.6	−37.2	16.7	534.4	497.1	11.25
2005	498.9	64.8	18.2	−32.0	14.7	596.7	564.7	12.24
2007	525.4	60.9	18.4	−36.3	15.3	620.0	583.7	12.79

에너지에서 발생하는 이산화탄소 양은 매년 계속 증가하여 2007년에 525.4백만t에 달하였다. 산업공정에서 배출되는 이산화탄소 양은 2000년 이후 조금 감소하고 있다. 그러나 농업 및 폐기물에서 발생하는 이산화탄소 양은 큰 변화가 없다. 한편 토지이용 변경 및 임업, 즉 산림만이 이산화탄소 가스 흡수원으로 작용한다. 2007년의 경우 총 배출량 620백만t에서 산림에서 흡수한 이산화탄소 36.3백만t을 제외한 583.7백만t이 순배출량이다. 1인당 이산화탄소 가스 배출량은 1990년 1인당 7.24t에서 생활수준이 향상됨에 따라 2007년에 1인당 12.79t으로 증가하였다.

참고문헌

1. www.bp.com/liveasserts/bp 2009.04.13
   BP Statistical Review of World Energy 2008
2. www.worldoil.com 2006.12.1
3. www.ogi.com/index.cfm 2007.04.15
   Oil & Gas Jour., 1. 2007
4. www.eia.doe.gov/iea 2009.04.13
   Energy Information Administration, International Energy Outlook 2008, 12. 2008
5. www.eia.doe.gov/pula/international/ 2009.04.13
   International Energy Annual 2007, 2010, 2008,12.30, 2010.12.09
6. 방기열, 에너지수요전망(제7권), 에너지경제원, 상문상사 인쇄, pp. 3-15, 2006
7. http://211.35.27/keei/stat/statview.nsf/ 2009.04.13
   에너지경제연구원, 1차에너지소비, 국가온실가스배출통계추이

온실가스 저감 대책

Measures for Green House Gas Reduction

5.1 대한민국

지구 온난화를 막기 위해 대기 중의 이산화탄소 농도를 규제하자는 1992년 리오 기후변화협약 이후, 1997년에는 선진국에 법적 구속력이 있는 이산화탄소 배출삭감목표가 부여된 교토의정서(Kyoto protocol)가 채택되고 2005년에는 의정서가 발효되었다. 이에 따르면 선진국은 2008~2012년 기간 동안 온실가스 배출량을 1990년 대비 평균 5.2%를 감축해야 한다. 이 감축량은 구속적인 의무사항이며 아울러 공동이행(joint implementation, JI), 청정개발체제(clean development mechanism, CDM), 배출권거래제(emission trading, ET) 등 시장원리에 입각한 국제적인 온실가스 감축수단이 도입되었다.

CDM은 선진국(부속서 1 국가)이 개도국에서 온실가스 저감사업을 수행하여 발생한 저감분을 선진국의 저감 실적으로 인정하는 제도로서, 선진국은 저비용으로 저감 목표를 달성할 수 있으며 개도국에는 기술 이전을 통해 지속가능한 발전에 기여한다. JI는 부속서 1 국가 간에 온실가스 저감사업을 수행하여 발생한 저감분을 공동의 저감실적으로 인정하는 제도로서 러시아와 동구권에 집중되고 있다.

그 후 2005년 몬트리올에서 마라케시 합의문을 승인하였는데 그 내용에 산림부분 인정 활동 및 수준 최종결정, 즉 산림 활동에 의한 탄소축적 변화 인정(신규조림, 재조림 및 산림경영) 및 해외 공동 프로젝트에 의한 산림활동(CDM, JI)이 포함되어 있다. 2006년 나이로비에서는 기후변화협약 제12차 당사국총회, 교토의정서 제2차 당사국회의 및 부속서 1 국가 추가의무 공약 특별작업반회의 등이 개최되었다. 특히 개도국들의 의무 감축 참여는 당사국 총회에서 결정하며,

또한 개도국들의 산림전용 방지에 관해서도 논의하였다. 2007년 발리에서는 2012년 이후 개도국과 선진국의 의무분담 그리고 선진국 및 개도국들은 측정, 기록, 검증 가능한 방법으로 온실가스 감축을 수행할 수 있도록 발리로드맵을 채택하였다[1,2].

한국의 경우 협약 상 개도국으로 분류되어 온실가스 감축의무부담은 받지 않고 국가보고서 제출 등 협약의 일반적 의무만 수행하면 된다. 그러나 대의적으로 볼 때, 우리나라는 OECD국가이고 이산화탄소 배출량이 세계 10위 국가라는 것을 고려한다면, 제2차 공약기간이 시작하는 2013년에는 의무부담을 지게 될 가능성이 높다. 따라서 온실가스 감축을 위한 여러 가지 대책이 필요하다. 특히 경제 및 산업구조를 저탄소 구조로 전환하고, 기업들은 기후변화 대응을 도전의 기회로 인식하여 온실가스 절감 대책에 만전을 기해야 할 것이다. 또한 현재 제1차 공약기간 동안 온실가스 감축의무가 없는 우리나라가, 교토의정서 체제에서 유일하게 참여할 수 있는 제도인 CDM을 적극 활용해야 한다.

본 절에서는 산림분야에서 가능한 대책으로 탄소흡수량 향상을 위한 숲 가꾸기와 해외조림에 관해 설명하고 국가에너지 담당부서의 계획도 첨부하고자 한다. 특히, 숲 가꾸기는 바이오매스 자원 측면에서도 설명하였으므로 여기서는 간단히 부언한다.

5.1.1 탄소흡수량 증대를 위한 숲 가꾸기[1,2]

산림의 탄소흡수량을 증가시키는 방법은 탄소흡수원을 확충하는 것이다. 즉, 숲 가꾸기 사업확장, 신규조림, 재조림 및 지속적인 산림보전을 통하여 산림 흡수원을 확충하는 것이다.

2005년의 경우 국내 산림의 탄소배출권 규모는 이산화탄소로 연간 548만 tCO_2/년이다. 이 양은 현재 부속서 I 국가와 같이 1990년 대비 이산화탄소 양을 5.2% 감축한다고 가정하면, 의무 감축량 1,616만tCO_2/년의 34%를 매년 감축할 수 있는 물량에 해당한다. 정부의 보고에 따르면 2004년에서 2008년까지의 숲 가꾸기 5개년 계획서에서는 100만ha를, 그리고 2022년까지 산림경영에 제약이 없는 490만ha의 숲 가꾸기를 계획하고 있다. 이렇게 되면 2022년에는 650만ha의 산림경영지에서 875만tC의 순 흡수원을 확보할 수 있다. 따라서 숲 가꾸기 사업을 계속되고 점차 확장되어야 한다.

경작이 어려운 산간지역의 한계농지 및 유휴토지에 신규조림을 적극적으로 시행할 필요가 있다. 또한 도시 숲을 늘리고 생활 주변의 작은 공간에도 식수하여 최대한 식수면적을 넓혀야 한다. 특히 전국에 약 21만ha에 달하는 한계농지의 경우 임업 분야로 환원하여 다시 조림을 해야 한다. 그러나 토지 소유주들은 한계농지를 임지로 환원할 경우 지가가 하락할 것을 염려하여 조림을 원하지 않는다. 따라서 법적 조치와 경제적 지원으로 이 문제를 해결할 필요가 있다. 또한 유휴토지 약 2,500ha에도 신규조림을 실시해야 한다.

산지전용도 억제해야 한다. 왜냐하면 임지전용은 이산화탄소 가스배출로 인정하기 때문이다. 최근 5년간 평균 7천ha의 임지가 도로, 택지, 공장 등의 타용도로 전용되었다. 이러한 전용을 최소화하기 위해서는 498만ha에 달하는 보존산지는 어떠한 경우에도 유지되어야 하며, 약 148만ha인 준보전산지도 엄격한 심사로 산지훼손과 난개발을 방지해야 한다.

산림을 탄소흡수원으로 계속 유지하기 위해서는 산불, 병충해와 같은 재해방지에 최선을 다할 필요가 있다. 우리나라는 매년 500여 건의 산불이 발생하여 연평균 6천ha의 산림이 소실된다. 또한 최근의 소나무 재선충과 참나무 시들음병 등 병충해 면적도 상당하다. 최근 10년간 병충해 발생면적은 연평균 337천ha이다. 또한 집중 호우 및 태풍으로 산사태와 임도 유실이 자주 발생하고 있다. 따라서 이런 문제들로부터 탄소흡수원을 보호하기 위해 사전 예방을 강화해야 한다. 또한 바이오에너지 이용과 목제품의 활성화로 탄소저장효과를 높여야 한다.

5.1.2 해외조림 [1-3]

에너지를 많이 소비하는 업체, 즉 온실가스를 다량으로 배출하는 산업체에서 온실 가스 배출량을 낮추는 방법으로 에너지를 적게 사용하거나 에너지효율을 높여 온실가스배출을 적게 하는 방법과, 발생되는 온실가스를 효과적으로 흡수하여 보관 또는 전환시키는 방법을 생각할 수 있다. 자원이 빈약한 우리나라의 산업구조를 고려한다면 후자를 선택할 방법이 효과적일 것으로 보인다. 그리고 온실가스 흡수원으로는 수목뿐이며 이를 위해서는 조림을 확대하는 방법이다. 또한 국내조림으로 이 문제가 해결되지 않으면 탄소흡수원 확충방법으로 해외조림을 적극 확대해야 한다.

우리나라는 본격적인 해외조림을 1993년부터 시작하여 2009년까지 총 20만7천ha를 조림하였으며 당년에는 12개 국내 기업이 127개국에서 2만8천ha를 조림하였다. 주요 해외 조림지는 호주, 뉴질랜드, 베트남, 인도네시아, 캄보디아, 솔로몬, 중국, 파라과이 등이며 조림수종은 주로 속성수인 유칼립투스, 아카시아, 라디에타 소나무, 고무나무 등이다. 2000년 해외 조림목이 베트남에서 국내에 처음 반입된 이래, 호주, 중국, 솔로몬으로부터 계속 들여오고 있다. 현재까지는 주로 목재자원 확보를 위한 상업적 조림이었으나 이제는 탄소흡수원 확충이라는 측면이 한층 고려되어야 한다. 즉, 조림 CDM 사업은 배출권과 목재수익을 결합한 경제적모델(인도네시아)과 최소한의 수익성과 기업의 사회적 책임성을 결합한 환경적모델(중국사막, 몽고 및 북한)이 조화를 잘 이루어야할 것이다. 또한 CDM 사업을 확대하여 신규조림과 재조림 이외에 REDD(Reducing Emissions from Deforestation and Degradation, 산림개간 및 훼손 방지를 통한 온실가스 감축)에도 적극 참여할 필요가 있다.

앞으로도 온실가스를 다량 사용하는 업체는 목재자원확보 또는 탄소흡수원 확보라는 측면에서 해외조림에 적극적으로 참여해야 한다. 이렇게 함으로써 지구온난화 가스배출의 의무저감 노력에도 기여하고 그린 마케팅을 통한 기업 이미지 제고 및 목재가공회사인 경우 폐잔재를 바이오에너지원으로 사용하는 장점을 지닐 수 있다.

특히 정부가 아래 사항들을 고려해 준다면 개인 사업자들 적극적으로 참여할 것으로 보인다.

i) 투자자에게 융자금의 이자 인하 및 융자조건 개선
ii) 청정개발체제/공동이행제도(CDM/JI), 해외조림의 컨설팅제도 확립 및 민간조림 펀드 조성 권장
iii) 조림 투자 손실비 처리, 손해공제제도 등 해외조림 투자를 확대하기 위한 법 제정 및 정비

5.1.3 재생에너지 확대 [4]

2007년도 한국의 이산화탄소 순 배출량은 이미 언급한 바와 같이 584백만t, GDP당 배출량은 0.77t/백만원, 1인당 배출량도 12.79t으로 상당히 높은 수준이다. 이러한 상황에서 이산화탄소 배출을 감축하려는 여러 가지 시도를 진행하고 있다. 그 대책으로는 에너지 절약 및 효율향상, 연료의 청정화, 협약대응 기반구축 그리고 대체에너지 개발 및 이용확대를 거론하고 있다. 우선적으로 화석연료

를 적게 사용하기 위하여 이산화탄소 배출이 적은 재생에너지 사용량을 높여야 한다.

신·재생에너지(new & renewable energy)란 기존의 화석자원과 원자력을 제외한 에너지로서 에너지를 생산하고 이용하는 과정이 친환경적이며, 이산화탄소 발생이 없거나 적으며, 재사용이 가능한 에너지를 총칭한다. 한국의 「신·재생에너지개발및이용보급촉진법」에 따르면 재생에너지는 태양열, 태양광발전, 바이오매스, 풍력, 소수력, 지열, 해양에너지, 폐기물 에너지로 8개 분야다. 또한 연료전지, 석탄액화 및 가스화, 수소에너지의 신에너지 3개 분야가 있다. 한국의 신·재생에너지 비중은 총 에너지의 1.8% 정도이며 2011년까지 5%가 목표이다. 현재 신·재생에너지의 92.9%가 폐기물 에너지이며 순수 신·재생에너지는 6.1%에 불과하다. 정부는 재생에너지개발 및 이용확대방안으로 재생에너지 성능평가센터 지정·운영, 재생에너지 시범마을조성, 재생에너지 기자재의 조세특례제한법에 의한 관세감면 등의 제도와 정책을 시행하고 있다.

5.2 일본의 온실가스 저감 대응[3]

교토의정서에 따르면 일본은 2008년부터 2012년까지 5년 동안 온실가스 평균 배출량을 1990년 배출량과 비교하여 6% 감축을 약속하였다. 일본의 삭감비율 6% 가운데 흡수원 대책에 의하여 달성해야 할 흡수량 목표는 3.9%로서 여러 가지 삭감수단에서 가장 높은 비율이며 국내 산림정비 등으로 달성할 계획이다.

2002년 12월 농림수산성은 “지구 온난화 방지 산림흡수와 10개년 대책”을 책정하여 3단계별 추진 방안을 채택하였다. 1단계는 추진 체계정비, 2단계는 확실한 이행을 통해 흡수량 3.9%를 달성할 목표를 세워 놓고 있다. 구체적인 추진내용에는 건전한 산림으로 정비, 보안림 제도 등에 의한 운용규제 및 벌채규제 등에 의한 산림보전, 순환형 사회의 형성과 지속가능한 사회의 실현을 통하여 목질 바이오매스의 이용촉진, 국민 참가에 의한 산림조성 및 산림흡수량의 보고 및 검증체제의 정비를 포함하고 있다.

일본은 그 동안 국내외에서 CDM 관련 사업을 계속해 왔다. 국내 사업으로는 동남아 열대수종의 인공 생장량의 데이터베이스 작성, 탄소환산계수 등의 기초데이터 정비, 조림목과 토양의 탄소흡수량 계측수법개발, 인증기관의 유효화·검증을 실시하는 조직운영 평가를 검토 하였으며, 국외 사업으로는 아시아, 중남미, 아프리카 지역의 CDM 조림 베이스라인 조사사업, 조림기술 지침조사사업, 조림 인재육성사업을 계속하고 있다.

CDM 사업 관련 기금도 설립 또는 참여하고 있다. 일본 탄소기금(Japan Carbon Fund)을 에너지 다량 소비 산업체로부터 출자 받아서 에너지 생력화사업에 저리융자 하거나 바이오매스 발전 및 발전소의 보수 등에 관한 사업을 계획하고 있다. 또한 종합상사인 닛쇼이와이(日商岩井)는 몇 개 회사들과 공동출자하여 그린펀드(Green Fund)를 시작했다. 그리고 세계은행의 바이오탄소기금(Bio Carbon Fund)에도 참여하고 있다. 이 기금은 조림, 산림 보전, 토양 보전, 지속 가능한 농업, 바이오매스 연료이용 등 대기 중의 이산화탄소를 고정하는 사업을 지원하고 있다.

한편 해외조림사업에도 적극 지원하고 있다. 볼런티어 조림활동에 대한 조치로서 국제녹화추진센터에 기부를 통한 조림, 자금조성, 기술지도, 인재육성 등을 지원 협력하고 있다. 또한 자원확보 측면에서 산업체에 기술지도, 정보제공, 융자, 투자 리스크 대책으로 손실 준비금제도와 무역 보험제도를 운영하고 있다.

참고문헌

1. 윤영균, 기후변화협약 대응 산림정책방향, 교토의정서 발표 2주년 학술심포지엄, 「기후변화협약협상동향 및 산림부문 대응방향」, 국립산림과학원, pp. 27-44, 2007
2. 이경학, 탄소흡수원 기술 정책 및 인벤토리 연구, 교토의정서 발효 2주년 학술심포지엄, 「기후변화협약협상동향 및 산림부문 대응방향」, 국립산림과학원, pp. 55-96, 2007
3. 김의경, 조남석, 윤여창, 일본의 해외조림투자 및 임업분야 온실가스 저감동향분석, 산림청 2004 연구용역최종보고서, pp. 121-164, 2004
4. http://www.mke.go.kr/community/future/future0106.jsp 2008.12.2
   재생에너지개요, 에너지경제연구원

PART 03

바이오매스 자원

Chapter 01

바이오매스 자원
Biomass Resources

세계의 바이오매스 자원량을 정확하게 평가하는 것은 단순한 작업이 아니다. 특히 대기 중의 이산화탄소량의 축적과 연관하여 바이오매스 자원량을 추정하는 것은 더욱 어렵다. 또한 바이오 에너지 자원 측면에서 보면 현재 조사와 보고되고 있는 내용이 좀 더 구체적이지 못한 점이 있다. 즉, 바이오 에너지 자원은 각 국가의 정책적, 사회적 상황에 따라 다르다. 예를 들면 미국의 경우는 옥수수(corn)와 옥수수대/잎의 양이 중요하며, 덴마크는 곡물짚 자원 그리고 핀란드, 독일 및 대한민국 등은 목질계 바이오매스양이 에너지 자원으로서의 의미를 갖기 때문이다.

본 절에서는 FAO, IPCC(intergovernment panel on climate change) 및 당사국 통계 등을 재조합하여 세계와 국내 바이오매스 자원량을 조사하였다. 우선 탄소 축적 면에서 바이오매스양을 추정하고 그 다음에 실제 바이오 에너지로서 이용 가능한 자원 양을 설명하고자 한다.

1.1 세계의 바이오매스 자원

지금까지의 통계자료에 의하면 세계의 지상 바이오매스 자원량은 표 3-1에서와 같이 466GtC로 추정한다. 이 중에서 산림(열대, 온대, 한대) 바이오매스양이 차지하는 비율은 전체의 77%인 359GtC에 이른다[1].

다른 보고에 따르면 지구면적의 약 26%가 육지이며 여기에 바이오매스의 99%가 집중되어 있으며 지상 바이오매스양을 480~1,080GtC로 추정하였으며, 최근 들어 약 610GtC이라고 발표한 통계도 있다[2].

표 3-1 ▸ 지구상에서 식생과 토양에 축적된 탄소량 (GtC)

바이오매스	면적 (10^9ha)	탄소축적		계
		식 생	토 양[1)]	
열대림	1.76	212	216	428
온대림	1.04	59	100	159
한대림	1.37	88	471	559
열대사바나	2.25	66	263	330
온대초원	1.25	9	295	304
사막과 극지	4.55	8	191	199
툰드라	0.95	6	121	127
습 지	0.35	15	225	240
작 물	1.60	3	128	131
계	15.12	466	2,011	2,477

주. [1)] 토양은 깊이 1m 이내

1.1.1 산림 자원[3]

2007년도 기준 세계의 산림 면적과 총 축적은 표 3-2와 같다. 총 임야면적은 육지면적의 30.3%인 3,952,025천ha이며 대체로 유럽과 남미가 임야면적/육지면적 비가 높은 편이다. 세계 산림자원의 총 축적은 4,342억m^3이며, ha당 임목 축적은 남미의 경우가 155m^2/ha로서 가장 높다.

표 3-2 ▸ 세계 각 지역별 임야면적 및 축적

지 역	육지면적 (천ha)	각지역비 (%)	임야면적 (천ha)	각지역비 (%)	축 적 (m^3/ha)	총 축적 (백만m^3)
아프리카	2,962,656	21.4	635,412	16.1	102	64,957
아시아	3,097,913	18.5	571,577	14.5	82	47,111
유 럽	2,260,180	44.3	1,001,394	25.3	107	107,264
북중미	2,143,910	32.9	705,849	17.9	111	78,582
오세아니아	849,116	24.3	206,254	5.2	36	7,361
남 미	1,753,646	47.7	831,540	21.2	155	128,944
세 계	13,067,421	100.0	3,952,025	100.0	110	434,219

산림자원의 변화를 설명하기 위해 기존 통계를 재구성하여 표 3-3을 작성하였다.

표 3-3 ▸ 세계 산림의 변화 동력

	1990	2000	2005
총 산림면적 (천ha)	4,077,291	3,988,610	3,963,429
축적 (m^3/ha)	109	110	110
천연림 (천ha)	1,324,549	1,281,612	1,256,266
보안림 (천ha)	296,598	335,541	347,217
보존림 (천ha)	792,018	889,481	972,990
보안조림 (천ha)	19,772	24,227	25,727
생산조림 (천ha)	76,826	97,061	109,352
재해 (천ha)	80,877	73,111	–
벌채 (천ha)	3,041	2,899	2,993

산림의 변화 동력(forest change dynamics)은 그 가치 측면, 즉 산림 면적의 감소와 증가로 설명할 수 있다. 산림 면적의 감소는 벌채와 산림 재해에 기인하며 산림 면적 증가는 새로운 조림과 갱신에 의한다. 표 3-3에서와 같이 1990~2000년 기간 중에 산림 면적은 매년 약 89백만ha, 그리고 2000년에서 2005년 사이에는 매년 평균 약 73백만ha씩 감소하였다. 산림 면적의 감소는 주로 벌채에 의한 것이 대부분이며, 벌채된 임지는 농경지 또는 산업 기반시설 구축 등으로 전용되고 있다. 또한 산림 재해를 겪은 지역을 복구하지 않고 다른 용도로 전용하고 있다. 이러한 현상이 남미에서는 브라질, 아시아에서는 인도네시아와 미얀마, 그리고 아프리카는 전역에서 공공연히 일어나고 있다.

보안림과 보존림의 면적은 점차 조금씩 확대 되고 있다. 산림 면적의 증가를 가져오는 보안조림의 경우 아주 적게 시행되고 있으나 시업지 조림은 매년 현저히 증가 하고 있다. 생산조림을 2000년 이후 매년 평균 109백만ha씩 실시하였으며 중국이 가장 적극적이다. 산림재해 중 하나인 산불이나 병해충을 포함한 총 재해면적은 1990년 이후 큰 변화가 없다. 벌채량도 거의 비슷한 수준을 유지하고 있다. 그러나 벌채량이 일부 지역에 집중되는 현상이 문제로 제기되고 있다. 정확한 통계자료 확보를 위해 산림 바이오매스의 매년 증가량을 측정하는 것이 바람직하나 사실 이러한 측정은 거의 불가능하다. 세계 산림을 일괄 통제할 수 없으며 산림 면적이 타용도로 계속 전용되고 있기 때문이다.

1.1.2 농업 부산물 바이오매스 자원

작물(1년생, 다년생)로부터 생산할 수 있는 바이오매스양은 작물의 종류, 기후 조건, 토지의 생산성 등 다양한 인자들에 영향을 받는다. 따라서 바이오매스양은 현재 주어진 통계에 국한하여 작물의 생산량을 조사하고 여기에 바이오매스로 전환시키는 인자를 곱하여 구하였다[4,5]. 2005년 FAO 통계에 의하면 조사에 응답한 국가들의 총 곡류 생산량은 표 3-4와 같다[6].

표 3-4 ▸ 세계 곡류 생산량

곡 류	생산량 (천t)	인 자	바이오매스 (천t)
밀	629,873	1.5	944,810
쌀	608,368	1.3	790,878
미도정 곡류	1,032,119	1.5	1,548,179
보 리	153,850	1.2	184,620
옥수수	724,515	2.0	1,449,030
호 밀	17,650	2.0	35,300
귀 리	25,828	1.3	33,576
기 장	27,767	4.0	111,068
수 수	57,924	2.0	115,848
계	3,277,894		5,213,309

표 3-4에서와 같이 곡류 총 생산량은 2,270백만t이며 전환 인자를 곱할 경우 짚과 옥수수대의 바이오매스 건물량은 5,213백만t이다 콘, 사탕수수와 옥수수의 경우는 표 3-5에서와 같이 1.777백만t, 그리고 표 3-6의 유지 작물은 888백만t이었다. 표 3-7의 근경류, 채소 및 과일류는 수분을 함유한 상태의 통계이므로 건물량은 30%로 계산하여 212백만t으로 집계 되었다. 따라서 농업부산물로부터 총 8,091백t의 바이오매스 건물량을 획득할 수 있다.

표 3-5 ▸ 두류 및 사탕수수와 무우 생산량

종 류	생산량 (천t)	인 자	바이오매스 (천t)
두 류	61,210	1.5	91,815
콩(건조)	18,335	2.1	38,503
잠두(건조)	4,434	1.5	6,651
사탕수수	1,328,217	1.16	1,540,731
사탕무우	248,016	0.40	99,446
계			1,777,146

표 3-6 ▸ 유지 작물의 생산량

종 류	생산량 (천t)	인 자	바이오매스 (천t)
대 두	206,418	2.1	433,457
땅 콩	36,421	2.0	77,842
해바라기	26,171	4.0	105,864
유 채	46,171	4.0	184,684
목화씨	43,334	2.0	86,068
계			887,915

표 3-7 ▸ 근경류, 채소 및 과일 생산량

종 류	생산량 (천t)[1]	인 자	바이오매스 (천t)
감 자	330,125	0.2	66,025
고구마	127,619	0.4	50,867
카사바	203,018	0.2	40,603
채소류	1,383,849	0.25	345,912
과일류	511,044	0.45	204,417
계			707,824[1)]/212,347

주. [1)] 수분이 함유된 생체중량이며 30%가 전건중량이다.

1.1.3 가축의 분뇨

가축의 분뇨는 발효 등 생물학적 공정에 의해 메탄가스와 같은 가스 상의 에너지를 생산하는 데 이용된다. 가축 분뇨의 바이오매스양은 가축 수에 따른 하루 배설량과 수분 함유율을 고려하여 구하였다. 배설량은 가축의 종류, 사축의 성장단계 및 사료 조합이 지역적으로 조금씩 다르게 보고 되고 있다[5,7]. 그 결과 표 3-8에서와 같이 2005년도 가축의 분뇨 총 건중량은 2,257백만t이다[6].

표 3-8 ▸ 가축의 분료 생산량

동물류	두, 수 (천)	분뇨kg/년, 건조	분뇨량 (전건 천t)
소, 버펄로	1,522,000	30×356×0.1	1,666,590
돼 지	945,096	3×365×0.1	103,488
양, 염소	1,851,394	2×365×0.2	270,304
닭	17,438,412	0.17×365×0.2	216,411
계			2,256,793

1.2 대한민국의 바이오매스 자원 [8,9]

1.2.1 국내 산림 자원 현황

국내의 산림 면적은 표 3-9와 같다. 남한의 임야면적은 2009년 기준 637만ha로서 남한 면적의 63.6%에 달한다. 총 임야면적에 대한 침엽수 면적은 41.9%, 활엽수 면적은 26.0% 그리고 혼효림의 면적은 29.6%에 해당되며, 그 비율은 최근 10년간 큰 변화는 없다.

표 3-9 ▸ 임상별 임야면적

	국토면적 (천ha)	임야면적 (천ha)	침엽수	활엽수	혼효림	무임목지	죽 림
2001	9,953	6,510	2,681	1,671	1,996	150	6
2003	9,960	6,494	2,719	1,659	1,876	144	6
2005	9,964	6,480	2,698	1,659	1,874	154	7
2007	9,972	6,382	2,687	1,662	1,862	165	7
2008	9,983	6,375	2,680	1,659	1,853	150	6
2009	10,021	6,370	2,672	1,657	1,884	190	7

표 3-10 ▸ 임상별 임목 축적과 바이오매스양

	침엽수축적 (천m^3)	활엽수축적 (천m^3)	혼효림축적 (천m^3)	총 축적 (천m^3)	지상 바이오매스 (천t)	지상 · 지하 바이오매스 (천t)
2001	182,452	116,024	129,870	428,346	299,842	385,511
2003	201,063	124,774	142,330	468,167	327,717	421,350
2005	216,660	136,451	153,264	506,376	354,463	455,738
2007	273,081	165,729	185,588	624,398	437,079	561,958
2008	290,441	173,421	195,259	659,120	461,384	593,208
2009	309,790	181,629	205,419	696,828	487,780	627,145

주. 지상바이오매스 전환인자: 0.7
지상/지하 바이오매스 전환인자: 0.9

국내 임목 총 축적은 표 3-10에서 보는 바와 같이 2009년 기준 697백만m^3을 나타내고 있다. 이 축적을 지상 바이오매스 전건량과 지상/지하 바이오매스 전건량으로 환산하면 각각 488백만t과 627백만t에 달한다.

이상의 산림 자원과 숲 가꾸기 현황 및 임목 벌채 허가량을 근거로 하여 연간 생산 가능한 물질 바이오매스양을 계산하면 표 3-11, 3-12와 같다.

표 3-11 ▸ 벌채 및 숲 가꾸기에 근거한 연간 생산 가능한 바이오매스양

	간벌면적	천연림 보육면적	면적 계	m^3/ha	총 축적	인 자[1]	인 자[2]
2005	62,541	121,537	184,078	79.2	14,578,978	× 0.3	× 0.64
2006	56,287	122,937	179,224	81.2	14,552989	× 0.3	× 0.64
2007	47,173	128,927	176,100	97.8	17,222,580	× 0.3	× 0.64
2008	49,627	166,966	216,593	103.4	22,395,716	× 0.3	× 0.64

인 자[3]		II	III	합계 (천m^3)	인 자[4]	전건바이오매스 (천t)
× 0.36	4,373,693	2,239	315	2,554	× 0.5	1,247
× 0.36	4,365,897	2,235	313	2,549	× 0.5	1,274
× 0.36	5,266,774	2,645	661	3,307	× 0.5	1,654
× 0.36	6,718,715	3,440	484	3,924	× 0.5	1,962

주. 인자 1) 간벌과 천연보육용 벌채량은 전체의 30% [10]
인자 2), 3) II, III 영급의 비(0.64/0.36) [11]
인자 4) 침활엽수 평균 밀도 0.5

표 3-11에서 2008년을 들어 설명하면, 현재 숲 가꾸기 사업은 어린 나무 가꾸기, 덩굴 제거, 풀베기, 간벌, 천연림 보육 등을 포함한다. 그러나 연료용으로 사용할 수 있는 숲 가꾸기 재(材)는 간벌과 천연 보육에서만 생성된다. 간벌면적과 천연림 보육면적을 합치면 216,593ha가 된다. 여기에 ha당 평균 축적 102.4m^3를 곱하면 총 축적은 22,395,716m^3가 된다. 그런데 총 축적 중에서 간벌과 천연보육에서 벌채되는 양은 약 30% 정도이다. 이렇게 계산된 6,718,715m^3를 현장의 II 영급과 III 영급의 비(比)인 64%와 36%로 수정하여 계산한다. 최종적으로 이 각각의 양 중에서 II 영급의 80%, 그리고 III 영급의 20%를 연료용 바이오매스로 계산한다[12]. 그 결과 2008년의 숲 가꾸기에서 생산된 에너지용 바이오매스양은 3,924천m^3이다. 여기에 목재 비중을 0.5로 간주할 경우 2008년도에 바이오매스 생산량은 1,962천t에 달한다.

한편 임목을 정상적으로 벌채한 경우에도 표 3-12에서와 같이 임지 잔존 바이오매스가 배출된다. 임목 벌채에서 주벌과 수종 갱신은 존재율을 (1 - 0.85)/0.85, 그리고 간벌과 전용 임지의 재적은 존재율을 (1 - 0.6)/0.6로 계산 하였다. 이들 각각에서 발생된 임지 잔존 바이오매스는 48만m^3이다. 숲 가꾸기에서 생산된 양 1,962천m^3과 합쳐서 2,442천m^3가 바이오 에너지로 이용 가능한 양이다.

표 3-12 ▸ 임목 벌채 허가량에 근거한 임지잔존 바이오매스양

	주 벌		간 벌		수종 갱신		전용 임지		임지잔존 바이오매스 (천t)
	재적 (천m^3)	조재율[1] 계산	재적 (천m^3)	조재율 계산	재적 (천m^3)	조재율 계산	재적 (천m^3)	조재율 계산	
2005	590	104	439	293	423	75	267	178	325
2006	557	98	554	369	478	84	167	111	331
2007	685	121	765	510	504	89	205	137	429
2008	795	140	740	493	523	92	352	235	480

주. [1] 조재율은 주벌과 수종갱신의 경우 (1 - 0.85)/0.85, 간벌과 전용임지는 (1 - 0.6)/0.6를 적용[13].

1.2.2 농산 부산물 바이오매스 [8]

농산 부산물 바이오매스양은 2008년도 농산물 생산량에 전환 계수를 곱하여 산출하면 표 3-13과 같다.

표 3-13 ▸ 농산물 바이오매스양 (다음 페이지에 계속)

	재배면적 (천ha)	생산량 (천t)	인 자	바이오매스양 (천t)
쌀	936	4,844	1.2	5,813
맥 류	56	180	1.2	216
옥수수	18	93	3.0	279
두류전체	87	147	2.0	294
				6,602
유 채	1.0	1.2	4.0	4.8
참 깨	28.8	19.5	4.0	78.0
들 깨	23.9	18.1	4.0	72.4
땅 콩	3.4	7.5	1.0	7.5
				163
감 자 (생)	21	605	0.2	121
고구마 (생)	19	329	0.2	66

표 3-13 ▸ 농산물 바이오매스양

	재배면적 (천ha)	생산량 (천t)	인 자	바이오매스양 (천t)
채소류 전체 (생)	275	9,935	0.25	2,484
과일류 전체 (생)	154	2,698	0.4	1,079
				3,750의 30%는 1,126
합 계				7,891

2008년 표에 인용된 재배면적은 1.623천ha로서 총 7,891천t의 농산 바이오매스가 생산되었다. 일부 품목은 수분을 지닌 상태에서의 무게이므로 30%만 건물중량으로 인정하여 계산하였다. 특히 볏짚의 경우 5,813천t으로 계산하였으나, 농진청에서는 2007년 벼 재배면적 942,223ha에 10a당 594kg으로 계산하여 볏짚 생산량을 5,598천t으로 예측한바 있다[14]. 그러나 대부분의 볏짚은 논에 환원되거나 사료로 이용되므로 바이오에너지용으로 전환될 수 있는 바이오매스양은 거의 없다고 보는 것이 타당하다.

1.2.3 가축 분뇨 [8]

2005년 기준 가축 분뇨의 전건량은 표 3-14와 같고 총 5,063천t이다. 소의 전건 분뇨가 하루 3kg으로 가장 많고 닭은 34g으로 가장 적으나 개체수가 많으므로 전체 분뇨량이 비교적 많은 편이다.

표 3-14 ▸ 축산 분료 바이오매스양

	두, 수	분뇨 (kg/두수, 일)×전건량	전건 분뇨량 (천kg)
소	2,876,000	30kg×365일×0.1	3,149,220
산양, 면양, 사슴	348,064	2.0×365×0.2	50,817
닭, 오리	812,906,700	0.17×365×0.2	10,088,172
돼 지	9,087,000	3×365×0.1	995,026
마 필	27,881	15×365×0.2	30.530
합 계			14,313,765

1.2.4 폐목재 [15]

폐기물에 포함된 폐목재 발생량은 표 3-15와 같다. 생활 폐기물에 포함되어 배출되는 폐목재 양은 약 887t이고, 사업장 폐기물에서 배출되는 폐목재 양은 694t, 그리고 건설 폐기물에는 약 337t의 폐목재가 발생하여 총 1,918천t의 목재가 폐목재로 분류되고 있다.

표 3-15 ▸ 폐목재 발생량

	2003	2005	2007	2008	(연간 t)	비 고
생활 폐기물	2,454/일	2,261/일	2,425/일	2,430/일	887천	재활용(5%), 소각 (95%)
사업장 폐기물	1,692/일	1,368/일	2,069/일	1,901/일	694천	재활용(50%)
건설 폐기물	2,534/일	3,676/일	727/일	923/일	337천	재활용(50%)
계				1,918(천t)		

이상의 조사 결과 등을 근거로 하여 국내에서 연간 조달 가능한 바이오매스양을 측정하면 표 3-16과 같다.

1차 슬러지는 대부분 섬유와 수피이며 이들은 전건 펄프 생산량의 1% 그리고 종이와 판지에서는 생산량의 0.5 ~ 1%가 발생한다[16]. 국내의 경우 폐지의 사용률이 높으므로 지종에 관계없이 총 생산량의 1%를 슬러지로 계산하였다. 2009년 판지, 신문용지, 인쇄용지, 포장용지 및 위생용지의 총 생산량은 10,480천t이므로 그의 1%인 104,806t의 슬러지를 방출한다[17]. 발생된 슬러지의 대부분은 자체 에너지원으로 사용하며 나머지는 폐기물 처리 업자를 통하여 처분한다. 슬러지

표 3-16 ▸ 국내에서 연간 조달 가능한 바이오매스양 (2008년 기준)

항 목	국내생산량	조달 가능량
임산 바이오매스		
지상	461,384천t	2,442천t(침활엽수)
지상/지하	(593,208천t)	
농작물잔재	7,891천t	(2,000천t)
가축 분뇨	14,314천t	–
폐목재	1,918천t	1,000천t
슬러지	111천t	–
음식 폐기물	837천t	–
계	373,002천t	3,442천t

양은 바이오에너지 발생용으로 새롭게 사용될 것은 없다고 본다. 물론 농축산물 가공 공장의 유기물 슬러지들도 있으나 소량이므로 여기서는 생략한다.

음식물 쓰레기는 2008년의 경우 1일에 14,026t씩 배출하여 1년에 총 5,119천t이 발생하였다. 음식물 쓰레기의 수분량은 75~85%에 해당되며[15], 본 장에서는 수분량 80%를 기준으로 건물량을 계산하면 연간 총 1,024천t을 배출한다. 이들 중에서 81.3%가 사료화 및 퇴비화로 재활용 되었고 나머지는 소각이나 매립되었다. 따라서 지금까지 실질적으로 에너지 생산용으로 사용할 여지가 없었다.

농산물과 가축 분뇨의 경우 국내 실정에서는 사료 또는 지력 증강용으로 거의 대부분 사용되며 에너지 발생용으로 배정하기는 어려운 실정이다.

결국 바이오 에너지 생산 자원으로는 목질계 자원뿐이다. 우리나라의 경우 숲 가꾸기 사업과 벌채에서 생성되는 물질 바이오매스와 폐목재 이외에는 다른 자원이 없다. 현재 폐목재는 약 50% 이상이 재활용되며 나머지를 회수하여 일부를 목재 발전소에 이용하고 있다. 여러 가지 면을 고려할 경우 연간 1,000천t의 폐목재는 회수하여 열 및 전기 발생용으로 사용할 수 있으리라 본다.

목질계 바이오매스의 경우 가격적인 면은 배제하고 원료 생산량 측면에서만 고려한다면, 바이오에너지 생산용으로 활용 가능한 목질바이오매스 원료량은 충분하다. 더욱이 III 영급에서 80%, 그리고 IV 영급에서는 20%만 연료용으로 고려했으므로 다른 소경재 이용분야에는 전혀 피해를 주지 않을 것으로 추정한다.

참고문헌

1. http://www.grida.no/climate/ipcc/land_use/003.htm 2007.03.02
   Land use, land-use change and forestry, Part 1, 2. Global carbon cycle overview
2. Karjalainen, T., Global forest resources, In: Forest resources and sustainable management, (edi.) Kellomaki, S., Chapter 3, pp. 89-95, Papermaking science and technology, books 2, Tappi Press, 1998
3. http://fao.org/forestry/fra/2620/en/ 2007.03.02
   FAO, Global forest resources assesment 2005, Progress towards sustainable forest management, FAO Forestry Paper 147, pp. 11-94, FAO, Rome, 2005
4. Kossila, V. L., Location and potential feed use, In: Straw and other fibrous by-products as feed, (edi.) Sundst, F., Owen, E., Chapter 2, pp. 4-20, Elsevier, 1984
5. 한정대, 가축분뇨 발생량 및 주요성분 파악, 가축분뇨 자원화 및 이용기술 심포지엄, pp. 21-50, 농촌진흥청, 축산기술연구소, 2000

6. http://www.fao.org./es/ess/yearbook/vol 1, 2, 2009.05.13
FAO Statistical yearsbook, A Resources, 2005/2006, B. Production, 2007
7. Detroy, R. W., Bioconversion of agricultural biomass to organic chemicals, (edi.) Goldstein, I. S., Organic chemicals from biomass, Chapter 2, pp. 19-43, CRC Press, Inc., 1983
8. http://www.ebook.malf.go.kr/home/index.php 2010.03.05
농림통계연보 2009, 농림수산부 통계정보, 인쇄(주)동양피엔씨, 2009
9. http://www.foe.go.kr/html/kor/ 2009.04.21
2009 임업통계연보, 제 39호, 2009
10. 장철수, 석현덕, 민경택, 손철호, 장우환, 한상윤, 산림내 폐잔재의 현지 활용화를 위한 한국형 조립식 탄화장치 기술개발 및 실용화 연구, pp. 29-44, 한국농촌경제원, C 2004-A3, 농림부, 2004
11. 최돈화, 최준원, 목질연료의 지역 에너지 이용과 그 효과, 화천 바이오에너지, 국내 목질 바이오에너지 자원과 목질펠릿 및 산림바이오매스 심포지엄, ppt. 발표자료, 2006
12. 오민영, 이홍균, 김영환, 주요수종의 최적 벌기령에 관한 연구, 임업연구원 사업보고서 (1987), pp. 24-44, 1987
13. 석현덕, 민경택, 손철호, 장우환, 목질바이오매스 열에너지 개발의 경제성분석과 에너지용 산림폐재의 지속적 확보방안, pp. 35-41, 한국농촌경제원, C 2005-30, 농림부, 2005
14. http://www.kosis.kr/OLAP/Analysis/ 2009.04.20
논벼 볏짚생산량, 농촌진흥청, 국립식량과학원, 벼육종재배과
15. http://www.library.me.go.kr/ 2009.04.21
(2007)전국폐기물 처리현황, 환경부, 2008
16. Hynnien, P., Oy, E. D., Environmental control, pp. 111-115, Papermaking science and technology, books 19, Tappi Press, 1998
17. http://www/paper.or.kr 2009.04.20
한국제지기술협회

바이오매스 자원의 확대 방안

Study on the expansion of biomass resources

2.1 숲 가꾸기 사업 확대 및 영속성

이미 언급한 바와 같이 에너지로 사용가능한 숲 가꾸기 산물은 간벌과 천연림 보육에서 발생한다. 표 3-17에서와 같이 이들 면적은 2003년부터 2008년 사이에 매년 172~216천ha였다. 2008년의 경우 에너지용 천연보육과 간벌재만 고려하면 연간 약 392만m^3 정도에 달한다. 정부는 2004~2008년까지는 100ha, 그리고 2020년까지 490만ha로서 전체 625만ha의 산림경영지에 숲 가꾸기를 계획하고 있다. 이 계획이 실현되려면 매년 20~40만ha의 임지에서 숲 가꾸기가 이루어져야 하고 간벌에서 오는 것을 제외한 순수 천연림보육에 의한 숲 가꾸기 산물이 연간 400만m^3 이상에 달해야 한다. 이러한 바이오매스 자원의 확보는 국가가 숲 가꾸기의 취지를 살려 사업을 계획대로 추진하느냐에 달려있다[1,2].

표 3-17 ▸ 간벌 및 숲 가꾸기 면적과 재적 (이용 가능한 산림 폐잔재)

	면 적 (ha)			재 적 (천m^3)
	간 벌	천연림보육	계	계
2003	68,432	103,312	171,742	2,710
2004	68,349	110,838	179,187	2,957
2005	62,541	121,537	184,078	3,149
2006	56,287	122,937	179,224	2,549
2007	47,173	128,927	176,100	3,307
2008	49,627	166,966	216,593	3,924

주. 재적은 인자를 면적에 곱하여 계산(3편 1장의 표 3-11 참조)

이러한 바이오매스 자원 확보에도 불구하고 활용까지에는 아직 여러 가지 문제점들이 산재하고 있다[3-5].

첫째로 바이오매스 수집, 운반비용이 너무 비싸다. 숲 가꾸기 현장 규모가 적고 산재되어 있으므로 반출 장소 및 반출량이 불안정해서 수집비용이 많이 든다. 숲 가꾸기 산물은 수분함량이 높아 무겁고 부피가 많이 나가며 임도와 같은 산림관리 인프라도 부족한 실정이라 수집·반출에 어려움을 더한다. 특히 기계적 벌채, 집재 및 운반은 더욱 어렵다.

국가 보조 사업으로 진행하고 있는 숲 가꾸기 사업에서는 산물의 수집 대상을 재해발생 우려지역에서 사면거리 30m 이내로 한정하고 있다. 따라서 임도로 나오는 수집산물의 양은 아주 적은 편이다. 2007년 정부는 보조금과 인원을 투자하여 8만m^3을 수집할 계획으로 알려졌다. 물론 임산업 부분의 발전과 바이오에너지자원의 원활한 조달을 위해서는 숲 가꾸기 산물의 대부분을 운반이 쉬운 지역까지 배출해야 한다. 그러나 이것은 정부보조금 없이는 불가능한 것이 현실이다. 한편 정부 보조로 숲 가꾸기 산물을 임도까지 운반할 경우 목재 원료를 사용하는 보드와 펄프 생산업체는 숲 가꾸기 산물을 경쟁성 있는 원자재로 접근할 것이다. 또한 최근에 여러 업체에서 목질계 열병합 발전소를 계획하거나 가동하고 있다. 이렇게 되면 아마도 바이오에너지 생산업계와 보드 업계 간의 원료 경쟁도 일어날 수도 있다.

둘째로 숲 가꾸기 산물의 활용도를 높여야 한다. 우선 연료장치와 시스템의 자동화가 필요하다. 현재의 산물은 부피가 커서 원료를 저장할 면적이 필요하며 열효율도 낮다. 더욱이 연료장치에 자동입재가 되지 않는 불편도 있다. 따라서 연료를 칩(chip)이나 펠릿(pellet)으로 고밀화 할 필요가 있다. 물론 톱밥, 칩, 펠릿 및 장작 등 어느 원료를 선택하는 것이 보다 경제적인가는 국가마다 상황이 다르므로 비교 연구가 필요할 것이다.

숲 가꾸기 산물의 활용도를 높이는 또 다른 방법은 산물을 연료로 사용하는 지역과 사용 방법 측면에서 생각해 볼 수 있다. 즉, 숲 가꾸기 산물은 발생지역 내의 목재 산업체에서 에너지 생산에 사용하거나 또는 발생지역 내에서 수집, 유통, 가공 처리 및 에너지 생산과 이용이 동시에 한 지역 내에서 사용할 수 있도록 유도해야 한다. 또한 원료의 분산성을 고려한다면 산물 생산지역 내에서 보일러나 열병합발전(Combined Heat and Power, CHP)에 적용하는 것이 바람직하다.

2.2 단벌기 임업(short rotation forestry, SRF)

2.2.1 단벌기 임업이란?

속성수(fast-growing trees)를 단 기간 동안 밀식(密植)으로 재배하여 여러 번에 거쳐 개별 수확하는 방법이다. 기존 벌기령이 40~120년인데 비하여 단벌기 임업은 25~30년간이다. 3~4년 주기로 최소 5회 이상의 윤벌기를 지닌다. 묘목으로도 식재하지만, 주로 맹아(coppice)와 같은 그루터기로 새로운 숲을 만든다.

단벌기 임업은 1970년대부터 연구되어 왔다. 미국의 경우 펄프 생산을 위한 섬유 자원의 확보와 바이오에너지 확보 측면에서 시행하였고, 유럽은 지속적인 에너지자원 생성 목적에서, 그리고 최근에는 기후 변화에 대응하는 방법으로도 시행하고 있다[6-9]. 80년대 초부터 국내에서도 바이오에너지 자원 확보를 위해 포플러류의 단벌기 바이오매스 생산량에 관한 연구를 수행해 왔다[10].

단벌기 임업의 장점은,

① 일반 바이오에너지원과 마찬가지로 재생 가능하고 깨끗하다.

② 화석연료를 적게 사용하여 기후 변화에 유리하게 대처할 수 있다.

③ 대부분의 수종은 맹아로 갱신(regeneration)하므로 다시 식재하는 비용을 절약할 수 있다.

④ 농업용 유휴농지를 이용할 경우에 나무의 성장도 좋고 지대를 별도로 지불할 필요가 없다.

단벌기 임업의 단점은,

① 큰 면적을 작업하므로 생물다양성이 감소한다.

② 경관패턴의 다양성이 떨어진다.

③ 어떤 수종은 많은 물을 소비하며 비료도 많이 요구된다.

④ 에너지원으로 이용할 경우 새 기술에 새 자본이 필요하다.

한편 단벌기 임업은 농작물 재배 보다는 여러 가지로 유리한 점이 있다[9].

① 작물보다는 벌채기간이 길어서 수확기간에 유연성이 있고 수확량을 현장에서 조절할 수 있다.

② 작물에 비하여 병·충해 피해가 적어서 자원의 안정적 공급이 가능하다. 또

한 비료 요구도가 낮고 토양침식을 보호하는 효과도 크다.

③ 활엽수로서 대부분 맹아갱신이 용이하고, 자원을 저장할 경우 농작물보다 훨씬 덜 부후한다.

단벌기 임업에 선택된 수종은 속성수이며 유전적으로 우수한 품종이어야하며 특히 병충해에 강하고 바이오매스 생산량이 많아야 한다. 주로 버드나무류, 포플러류, 유칼립투스, 아카시아류, 네군도단풍나무 등 주로 활엽수들이다[10].

2.2.2 버드나무, 포플러류의 단벌기 임업

여러 수종들 중에서 가장 많이 식재되고 있으며 국내에서도 가능성이 있는 수종은 포플러와 버드나무이다. 그러나 주로 포플러에 대하여 연구가 되어있고 버드나무는 거의 연구가 없다. 버드나무는 물을 많이 요구하므로 재배면적이 적다. 이 두 수종은 단벌기 수확용으로 여러 가지 장점을 지니고 있다. 현재 국내에서 식재하고 있는 육성 신품종 포플러들은 아래와 같다[10-13].

이태리포플러 1호 *Populus euramericana* I-214와 I-476클론

이태리포플러 2호 *Populus deltoides* (미류나무)

현사시 *Populus alba* × *p. glandulosa*

양 황철나무 *Populus nigra* × *p. maximowiczii*

수원포플러 *Populus koreanar* × *p. nigra var. italica*

사시나무 *Populus davidiana*

버드나무류로서 주로 유럽과 미국 지역에서 식재되고 있는 품종은 아래와 같다[9,14].

Salix alba	*Salix nigra*	*Salix viminalis*
S. caerulea	*S. humboldtiana*	*S. dasyclados*
S. koreensis	*S. daphnoides*	*S. pentandra*
S. sericans		

한편 국내 자생 버드나무는 아래와 같은 대표적인 품종 이외에 약 50여 종이 더 있다[15].

Salix koreensis, *S. stipularis*, *S. viminalis*, *S. glandulosa*

포플러와 버드나무는 온대지방 수종으로서 pH 5.5 ~ 8.0 범위인 비옥한 하천 부지나 평지의 사질양토 그리고 양토에서 잘 생육한다. 이들은 수분을 많이 요구하는 수종들이며, 특히 버드나무류에서는 수분량이 더욱 중요하다. 처음 식재에서는 25 ~ 35cm의 삽수를 삽목 한다. 경우에 따라서는 버드나무는 1.2 ~ 1.8m의 회초리 같은 가지(whips)를 식재할 수도 있다. 갱신은 맹아로 하고 2 ~ 4년 주기로 벌채하며 목적에 따라서 20 ~ 30년까지도 계속 새롭게 유지할 수 있다[6,16]. 맹아갱신을 하면 어떤 식물의 경우 더 왕성해지고 이론적으로 최대생장을 이루는 경우가 많다. 그 이유는 뿌리와 그 근처에 수분과 영양분이 있고, 새로운 모(母)뿌리 형성이 필요 없으며, 직경 생장량이 좋아지고 다시 빨리 자랄 수 있는 탄수화물이 있기 때문이다[18].

이들 두 수종의 장점은 유전변이가 큰 것이다. 즉, 선발육종이나 교잡육종을 통해 유전적 개선이 가능하며 유전 사이클이 짧다. 삽목 및 맹아갱신이 가능하며 바이오매스양이 많다.

포플러와 버드나무를 식재한 단벌기 임업에서의 바이오매스 수확량은 표 3-18과 같다. 수종, 품종, 벌기령 그리고 식재밀도, 관수, 비료 등의 생육인자들에 의해 수확량이 큰 차이가 있다.

표 3-18 ▸ 포플러와 버드나무의 바이오매스 생산량 (다음 페이지에 계속)

수 종 (클론)	본수/ha	수확기간 (연)	바이오매스 전건무게 (t/ha)	문 헌
현사시(72-16)		1	11.05	
		2	13.82	[12]
		3	25.44	
수원포플러(Suwon)		1	9.64	
		2	14.28	[12]
		3	30.21	
활철나무(62-62)		1	9.6	
		2	16.2	[12]
		3	36.18	
현사시나무	10,000	1	3.97	[12]
	20,000	1	1.89	[13]
양 활철나무	10,000	1	2.73	[12]
	20,000	1	3.63	[13]

표 3-18 ▸ 포플러와 버드나무의 바이오매스 생산량

수 종 (클론)	본수/ha	수확기간 (연)	바이오매스 전건무게 (t/ha)	문 헌
이태리포플러	10,000	1	5.9	[16]
	10,000	2	14.6	
포플러		1	3.6 ~ 4.6	[14]
		2	13.0 ~ 14.2	
		3	23.1 ~ 27.0	
버드나무	–	2	5.5	[17]
		4(1차맹아)	9.8	
		6(2차맹아)	10	
		8(3차맹아)	12	
버드나무	–	3	25.2	[18]
		3(질소 200kg/ha)	31.5	
		3(도시폐수슬러지)	32.7	
		3(칠면조분뇨)	38.4	
버드나무	–	1	3.4 ~ 7.1	[14]
		2	12.2 ~ 18.2	
		3	21.3 ~ 29.4	

일반적으로 벌채는 생육 휴면기인 12 ~ 2월에 실시한다. 벌채할 경우 맹아 상부 표면이 수평이 되도록 자르는 것이 다음 세대를 위하여 좋다. 독일의 경우 다단계별 수확법 또는 단단계별 수확법으로 벌채 후 곧 칩(chip)을 제조한다. 전자는 벌채-수집-운반-치핑 단계를 분리하여 실시하는데 이 경우는 나무의 직경에 따라 다른 장비를 투입한다. 후자는 벌채-수집-치핑을 한 장소에서 동일한 기계로 마친다. 여기서 생성된 칩은 약 50%의 수분을 지니고 있으므로 건조 과정을 거쳐 저장한다. 건조된 버드나무 바이오매스 1t은 약 5MWh의 에너지에 해당하며, 1ha당 15t 정도 생산한다면 이것은 연료용 기름 6t에 해당하는 에너지양이다[6].

국내의 경우 버드나무에 관한 바이오매스 자료는 거의 없다. 주로 포플러에 관한 연구이다. 1960년대 중반에 이태리로부터 이태리포플러(I-214, I-413)를 직접 배로 수입하여 식재한 경우도 있다. 산림통계에 따르면 1973년 전에는 이태리 포플러를, 1973 ~ 1986년에는 이태리포플러와 현사시, 1987년부터는 양황철나무 그리고 1989년 이후에는 수원포플러를 식재한 것으로 조사되었다. 1973년 이후 현재까지 식재면적은 총 935,162ha이다. 포플러 소비량은 1995년 13,803m^3로서 국내재가 61.9%인 8,550m^3 그리고 나머지 38.1%인 5,253m^3은 수입재였다. 2005년 포플러 조림 면적은 61,687ha이며 축적은 57,413m^3로서 조림 면적이 현저히 감소하였다[1].

특히 버드나무는 지하수와 지표수를 정화하는 능력이 있으며 특히 카드뮴과 세슘 등의 중금속을 잘 흡착한다. 또한 이들 수종은 도시하수를 정화시킬 뿐만 아니라 하수에서 영양분을 흡수하여 바이오매스 생산량을 높인다[18]. 국내에서도 축산폐기물을 정화하기 위하여 포플러를 식재하고 있으며 쓰레기 매립지에도 포플러 조림이 활성화되고 있다[19, 20]. 최근 보고에 따르면, 축산폐수 1,550m^3/ha.년을 살포할 경우 4년생 현사시 줄기 바이오매스가 대조구에 비하여 65% 증가하였으며 이태리포플러는 연간 단위 정보에서 32.7t의 바이오매스가 생산되었다. 또한 가축분뇨 액비처리를 매주 1L씩 2개월 간 실시한 경우 삽목묘 지상부의 바이오매스가 미처리구보다 28%나 증가하였다[15].

여러 가지 방법으로 오래 전부터 포플러를 식재해 왔지만, 현재로서는 조림면적과 조림위치가 부정확한 실정이다. 그 이유는 포플러가 생육하기 좋은 마을 주변의 임지는 도시와 산업시설로 임지전용이 일어났기 때문이다. 또한 하천부지에는 홍수 시에 물의 흐름을 막기 때문에 다량 식재한 포플러를 제거하였으며, 한때 적재적소를 잘못 판정하여 식재하였던 포플러류, 관리부족, 벌채 후에 재조림 등으로 면적과 위치가 부정확하다.

어떻든 현재 포플러가 식재되어 있는 조림지의 일부, 그리고 쓰레기 매립지의 나대지 419ha와 초지 141ha를 합한 560ha(2002년 조사), 유휴지(2005에는 3,068 ha), 특히 농산물 경쟁 약화로 인하여 발생할 것으로 예측되는 유휴지 등 단벌기 임업으로 포플러를 식재할 수 있는 면적을 최대한 이용해야 한다[20].

2.2.3 바이오순환림 조성

최근에 바이오순환림이라는 용어가 자주 회자되고 있다. 현재로서 기존의 단벌기 임업과 바이오순화림과의 차이점을 명확하게 설명하기는 어렵다. 일반적으로 속성수를 25 ~ 30년간 육림하는 것은 동일하지만, 바이오순환림에서는 간벌(1 ~ 2회)과 주벌로 1회 윤벌기를 택하는 것이 기존의 단벌기 임업과의 큰 차이이다.

기존의 리기다소나무 조림지나 기타 수종 갱신지의 입목을 순차적으로 벌채하여 산업용재와 바이오에너지를 생산하고, 그 벌채지들을 단지화하여 속성수인 백합나무를 식재할 것으로 알려져 있다. 백합나무를 25~35년간 육림하면서 간벌과 주벌을 통하여 산업용재와 바이오에너지 원료를 지속적으로 생산하고자 한다. 백합나무의 단위 면적당 수확량은 표 3-19와 같다[21].

표 3-19 ▸ 백합나무의 단위 면적당 수확량

지위지수	시업체계	간벌						주벌		
		1차			2차					
		임령(연)	평균직경(cm)	재적(m^3)	임령(연)	평균직경(cm)	재적(m^3)	임령(연)	평균직경(cm)	재적(m^3)
22	중경재	15	18	36.5	–	–	–	25	24	197.4
	중·대경재	15	18	37.5	25	30	87.7	35	33	248.9

참고문헌

1. http://www.foe.go.kr/html/kor/ 2009.04.21
   2009 임업통계연보, 제 39호, 2009
2. 윤영균, 기후변화협약 대응 산림정책 방향, 교토의정서 발표 2주년 학술심포지엄, 기후변화협약협상 동향 및 산림부분 대응방향, 국립산림과학원, pp. 55-96, 2007
3. 석현덕, 민경택, 손철호, 장우환, 목질바이오매스 열에너지 개발의 경제성분석과 에너지용 산림폐재의 지속적 확보방안, pp. 35-41, 한국농촌경제원, 2005-30, 농림부, 2005
4. 송태영, 바이오에너지 원료 수집을 위한 기계화 작업, pp. 27-40, 2010목재펠릿산업 육성전략 심포지엄, 산림청-산림과학원, 2010
5. 김재환, 박상준, 산림바이오매스의 수집공정 및 비용분석, pp. 171-187, 한국 산림바이오학회 학술발표지, 2010.06.03, 국립산림과학원, 2010
6. Golob, T. B., Machinery for shoot rotation forestry, In: Biomass·Regenerable Energy, Chapter 3, pp. 145-171, (edi) Hall, D. O., Overend, R. P., John Willey & Sons, 1987
7. http://www.forestry.gov.uk/newsrele.nsf/ 2007.03.15
   Potential seen to develop short-rotation forestry for wood fuel
8. http://www.woodcrops.org/mechconf/culshaw.html 2007.03.15
   Mechanization of shoot rotation intensive culture forestry(in the UK)
9. http://www.bioenergy.ornl.gov/reports/iea/ 2007.03.15
   Ledin, S., Wright, L., Short rotation foresry production systems, IEA End of Task Report, pp. 1-24
10. Hyun, S. K., Lee, D. G., The importance of intensive forestry management for fiber and energy in korea, Jour. Korean For. Soc., 44:43-47, 1978

11. 현영일, 김재헌, 한영창, 이경준, 12수종에 대한 단벌기 맹아림의 Biomass생산, 한국임학회지, No. 55, pp. 30-36, 1982
12. 구영본, 노의래, 이성규, 김장수, Biomass생산에 적합한 우수 포플러 클론 선발, 임목육종연보, 28; 90-95, 1995
13. 노의래, 이성규, 신품종 포플러류 현사시, 수원포플러, 양황철나무 적지판정에 관한 연구, 임목육종연보 21:37-52, 1985
14. http://www.forestry.gov.uk/srcsite 2007.03.15
Yield models for energy coppice of poplar and willow, predicted yields-UK average, Forest Research
15. 여진기, 구영본, 신한나, 포플러와 버드나무를 이용한 바이오매스 생산, pp. 75-92, 한국산림바이오학회 학술발표지, 2009.05.14, 국립산림과학원, 2009
16. Zsuffa, L., Hybrid poplar pulpwood production trials in south-eastern Ontario, For. Chron., 49:125, 1973
17. Larsson, S., Genetic improvement of willow for short rotation coppice, Biomass Bioenergy, 15:23-26, 1998
18. http://www.est.edu/willow/pdf/Presentations/Sustainability, pdf 2007.08.29
Volk, T. A., The sustainability df short-rotation willow biomass crops
19. 구영본, 여진기, 포플러 연구현황과 전망, 임산에너지, 22(2), pp. 1-17, 2003
20. 배정환, 우드 에너지 경제적·사회적 타당성과 제도개선, 생명의 숲 숲에너지 포럼, 신재생에너지: 목질바이오매스의 가치와 가능성, pp. 5-25, 2007
21. 원현규, 바이오순환림 단지화 방향 및 경영전략 pp. 9-26, 2010 목재펠릿산업 육성전략 심포지엄, 산림청-산림과학원, 2010

PART 04

바이오매스의 생물학적·화학적 특성

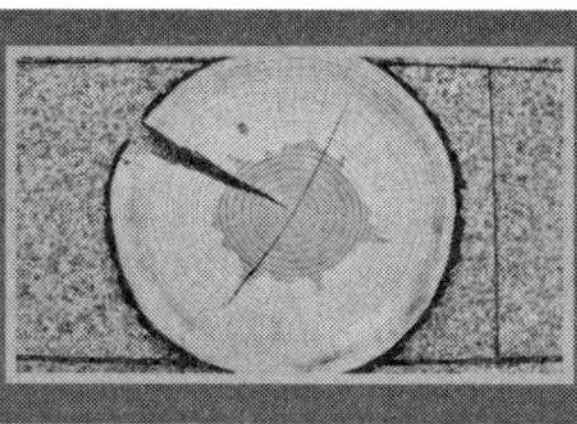
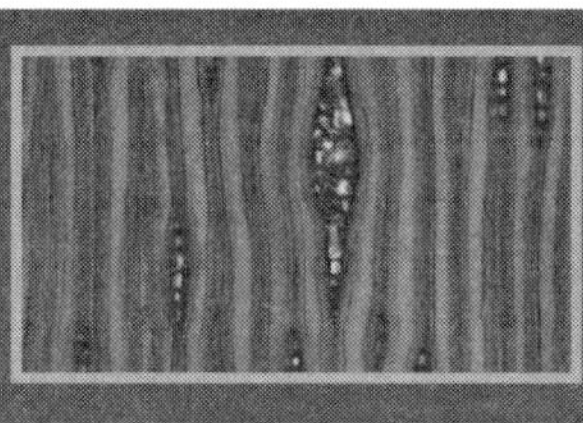
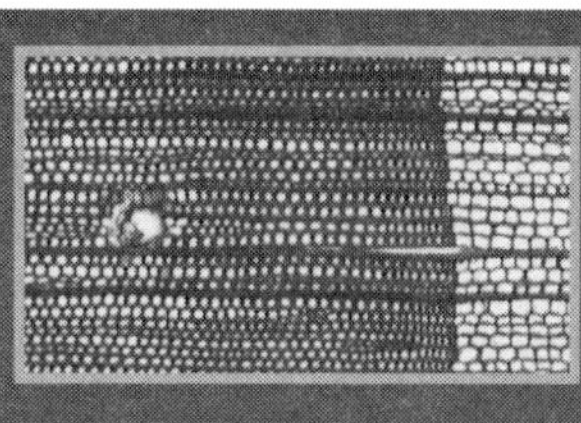

Chapter 01

바이오매스의 구조

Biomass Structure

식물계의 종자식물은 나자식물(gymnosperm)과 피자식물(angiosperm)로 구분한다. 전자는 배주가 씨방에 싸여있지 않고, 즉 과실이 없이 종자만이 밖으로 들어난 식물이며, 후자는 배주가 씨방 안에, 즉 열매 내에 종자가 생성되는 식물이다.

나자식물은 바늘모양의 잎을 지닌 침엽수(conifer)가 주종을 이룬다. 즉, 소나무, 가문비나무, 전나무, 잎갈나무, 세코이아, 솔송나무, 주목, 낙우송, 미송, 향나무, 편백나무, 측백나무 등이 있다.

피자식물은 단자엽식물(monocotyledoneal)과 쌍자엽식물(dicotyledoneal)로 나누어진다. 단자엽식물은 배에서 처음 형성된 떡잎이 한 개인 식물로서 바이오에너지 자원인 짚(벼, 보리, 밀 등), 옥수수, 억세풀, 수수, 대나무, 야자수 등이 있다. 이들의 잎은 가늘고 잎자루가 없고 나란히 맥을 지니고 있다. 특히 줄기의 속은 비어있고 유관속에는 목부와 사부가 불규칙하게 배열되어 있다. 또한 형성층이 없어서 직경생장이 일어나지 않는다. 쌍자엽식물은 배에서 처음 형성된 떡잎이 2개이며 초본류, 관목류 및 활엽수(broad-leaved)가 여기에 포함된다. 잎은 그물망이며 유관속이 주위에 규칙적으로 배열되어 있고, 사부와 목부 사이에 형성층(cambium)이 있어서 비대성장이 이루어진다. 대표적인 바이오매스 자원인 버드나무, 백합나무, 포플러, 자작나무, 참나무, 단풍나무 및 열대수종인 유칼립투스, 맹그로브 및 아카시아 등이 여기에 속한다.

한편 일반적으로 침엽수를 연재(softwood), 그리고 활엽수를 경재(hardwood)라고 칭하지만 실제로 활엽수재 중에는 침엽수재보다 밀도가 더 낮은 수종도 다수 있다.

1.1 산림바이오매스의 구성

산림바이오매스를 설명할 경우는 편의상 나무(tree)의 구성부위를 구분해서 명명할 필요가 있다. 왜냐하면 공장에서는 최종 생산품의 종류에 따라 나무의 일정 부분만을 선택해서 이용하기 때문이다. 그러나 나무의 일정 부분들을 자세하게 분류하기는 어렵다. 따라서 적당히 폭넓게 받아들일 수 있는 명칭이 그림 4-1에서 제시되었다[1]. 전수체(whole tree, full tree)는 입목(立木)을 벌채한 그루터기 이상의 모든 부분, 즉 줄기와 수관을 총칭하며, 완전수체(complete tree)는 전수체에 그루터기와 지하의 근부까지의 바이오매스 구성부분을 포함한다. 그 후에 이러한 명칭도 산림바이오매스의 각 부분을 명확하게 규정하지 못하였으며 너무 일방적이라며 기존의 분류를 일부 수정하여 아래와 같이 재분류하였다[2]. 여기서 줄기(stem)는 다른 산업부분에 이용되므로 산림바이오에너지용 산림바이오매스에서는 제외된다. 그러나 단벌기 순환림이 강조되는 현실에서는 직경이 작은 줄기는 산림바이오매스에 그대로 적용시키는 것이 옳다고 본다.

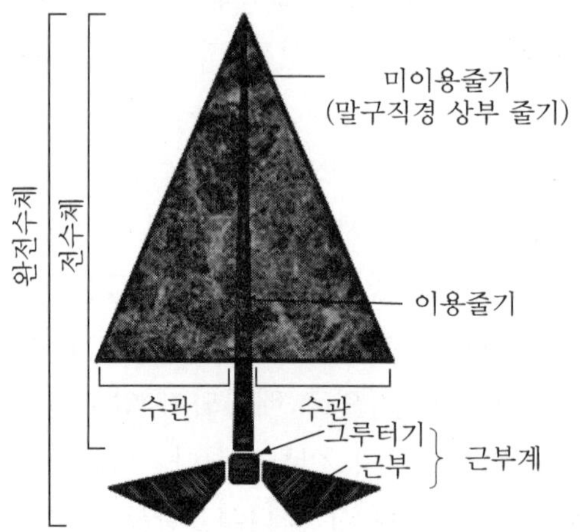

| 그림 4-1 | 입목의 바이오매스 조성분

1) **상부**(top): 벌채 현장에 남겨두는 나무의 윗부분으로서 판매가 불가능한 부분으로 말구직경이 15 ~ 20cm(캐나다), 유럽에서는 5 ~ 8cm이다. 그러나 산림바이오에너지 측면에서는 이들 부위는 상당히 가치가 있으며 주요 산림바이오에너지 자원이다.

2) **가지양**(branch mass): 살아있거나 죽은 가지의 모든 목부와 수피를 칭하며 잎, 아조, 맹아는 제외된다. 가지의 직경에 따라 세분하는 경우도 있다.

3) **잎**(foliage): 가지에 붙은 모든 잎과 신초를 포함한다. 러시아의 경우 직경이 0.6cm 이하인 작은 가지도 잎에 포함하여 용도에 따라 세분한다.

4) **수관**(crown): 살아있거나 죽은 가지들, 잎 및 맹아를 포함한 부분이다. 어떤 경우에는 죽은 가지는 제외된다.

5) **벌목잔재**(logging slash): 벌목지에 남겨둔 수목 상부의 잔재, 수관, 작은 직경의 나무들, 불량목, 결점이 있거나 파손된 줄기 부분, 그루터기와 근부를 제외하고 벌목지에 남겨둔 이용되지 않은 바이오매스를 총칭한다.

6) **그루터기**(stump): 줄기 바로 밑부분으로서 지제부의 미이용 바이오매스이다.

7) **근부**(roots): 근부는 모든 측근(lateral root)을 포함한다. 그러나 줄기의 연장선상에 있는 그루터기의 일부분인 주근(tap root)은 제외한다.

8) **그루터기-근부계**: 그루터기와 근부를 합친 부분이다.

이상의 분류 이외에도 건설/사업장에서 벌채된 전수체와 재이용 가능 목재, 생활폐기물에서 발생하는 목재자원도 산림바이오매스로서 간주한다.

산림바이오매스양은 과거에는 전통적으로 부피로 결정하였으나 수종, 밀도, 형태 및 수분도 등에 따라 너무 부정확하다. 따라서 바이오매스양을 결정하는 데는 부피보다는 전건상태의 중량단위가 주로 사용한다.

표 4-1은 침엽수와 활엽수의 전수체 양을 비교한 것이다. 활엽수는 침엽수에 비하여 살아 있는 가지와 수피 양이 많고 줄기가 차지하는 비율은 조금 낮다. 또한 활엽수는 낙엽이 지므로 잎 양이 적다[3].

표 4-1 ▸ 침엽수와 활엽수의 전수체량의 비교 (전건무게, %)

	흉고직경 (cm)	잎	살아있는 가지	죽은 가지	줄기 수피	줄기 목부	전수체량
침엽수	16 ~ 28	8.5	14.5	1.8	8.8	66.4	100
활엽수	13 ~ 18	4.5	19.6	1.4	11.0	64.1	100

주. 침엽수는 18수종, 활엽수는 4수종의 각각의 40본 이상의 평균치

활엽수의 직경변화에 따른 각 부분의 바이오매스양은 표 4-2와 같다[3].

표 4-2 ▸ 직경변화에 따른 활엽수 수종의 전수체량과의 비교 (전건무게, %)

흉고직경	잎	가 지	줄 기	전수체량
1.0	16.8	42.3	40.9	100
2.5	11.2	26.5	62.3	100
5.0	7.3	16.5	76.2	100
7.5	5.6	12.0	82.4	100
11.0	4.5	9.5	86.0	100
12.5	3.8	7.8	88.4	100
15.0	3.3	6.7	90.0	100

가슴 높이의 수목 직경인 흉고직경이 증가함에 따라 잎과 가지량은 감소하고 줄기량은 증가한다. 이러한 경향은 작은 직경에서 뚜렷하다. 수피 함량도 바이오매스 총량에 영향을 준다. 표 4-3은 구주적송과 가문비나무 가지에서 직경에 따른 수피 비율을 나타내고 있다[4].

표 4-3 ▸ 구주적송과 가문비나무 가지에서 직경에 따른 수피비율 (전건무게, %)

직 경 (cm)	구주적송	가문비나무
~ 10	55.0	57.0
10 ~ 20	26.9	28.1
20 ~ 40	15.7	20.9
40 ~ 60	10.8	14.7
60 ~ 80	7.9	–

직경이 커지면 수피 비율은 감소한다. 직경이 10 ~ 20cm 범위에서 수피량이 급격히 감소한다. 한편 수피율은 수종 간에 차이가 있다.

1.2 농작물 잔사 바이오매스의 구성

본 절에서는 농작물 잔사는 벼, 보리, 밀, 귀리 및 호밀과 같은 화본류의 짚과 옥수수(corn, maize)에 국한하여 설명하고자 한다.

짚은 낟알을 제거한 곡류작물의 지상부를 총칭한다. 그림 4-2에서와 같이 짚의 줄기 속은 비어 있으며 가느다란 형태이다. 줄기는 절(node)로 분리된 절간(internode)으로 구성되어 있다. 잎은 절에서 생기며 엽초(leaf sheath)와 엽신(leaf blade)으로 구성되어 있다. 엽초는 절간의 아래 부분을 감싸고 있다. 잎은 최대 크기로 성장한 후에 일정 기간 유지되고 최종적으로 죽어서 마른다. 화두(flower heads)는 벼와 귀리 짚은 원추화서의 자투리를, 그리고 보리, 호밀과 밀짚은 화두의 잔사부분인 화축(rachis)이 붙어 있다. 화두는 수확하는 동안 상실되기 때문에 일반적으로 농작물 잔사에 포함하지 않는다[5].

짚의 길이는 일반적으로 짧고 뻣뻣하여 수종간에, 그리고 수종 내에서도 차이가 있다. 보리짚과 밀짚은 50 ~ 100cm, 귀리짚과 호밀짚은 50 ~ 200cm, 그리고 볏짚은 30 ~ 500cm로 변화가 크다. 관수시설에서 재배하는 볏짚은 길이가 작다. 귀리짚, 호밀짚 및 볏짚의 폭은 3mm 정도이다. 볏짚의 절간은 10 ~ 20개이며 보리짚, 밀짚 및 호미짚의 절간은 5 ~ 6개로 구성되어 있다[6].

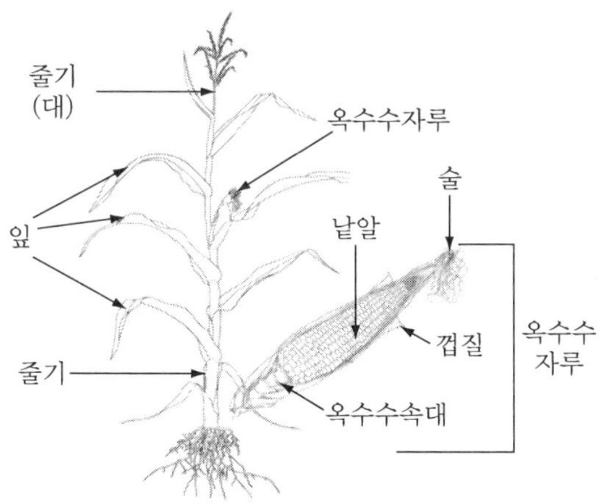

| 그림 4-2 | 옥수수의 식물학적 조성

| 그림 4-3 | 볏짚의 식물학적 조성

화본과 곡물작물의 부위별 바이오매스양은 표 4-4와 같다[7].

표 4-4 ▸ 곡물짚의 부위별 바이오매스양 (g/kg 전건무게)

작 물	절 간	절	잎
보 리	585	66	349
호 밀	528	36	436
벼	396		609
귀 리	722	50	228
밀(봄)	576	44	380
밀(겨울)	736		274

주. 벼와 밀(겨울)은 절간과 절을 구분하지 않은 것임.

귀리와 밀(겨울)은 절간 비율이 높으며, 보리, 호밀 및 밀(봄)은 절간 비율이 중간 정도이다. 그러나 벼는 절간 비율이 가장 낮고 잎의 비율이 가장 높다. 우리나라의 2009년 논 볏짚 생산량은 약 552만t이다[8].

옥수수(zea mays)의 식물학적 조성은 그림 4-3과 같다. 옥수수의 지상부는 줄기, 잎, 옥수수 열매(ear) 및 화두, 그리고 근부는 지주근과 뿌리로 구성되어 있다. 열매는 껍질(husk), 낟알(kernels, seed) 및 술(silk)로 구성되어 있으며 껍질이 낟알을 덮고 있다. 낟알을 제거한, 즉 옥수수 열매의 중심축을 옥수수속대(corn cob)라고 한다. 옥수수 지상부 바이오매스(corn stover)는 옥수수를 추수하여 낟알을 제거한 후에 농지에 잔존시키는 부위를 총칭한다. 즉, 뿌리를 제외한 지상부 전체의 바이오매스를 일컫는다.

콘스토버 수확량은 표 4-5에서와 같이 15.6t/ha이다 옥수수 알까지 포함하면 콘스토버가 전체 바이오매스양의 54.1%를 차지한다. 한편 콘스토버 중에서는 옥수수 줄기가 50.9%를 점한다[9].

표 4-5 ▸ 옥수수 부위별 바이오매스 생산량

부 위	수확량 (t/ha)	비 율 (%)	비 율 (%)
낟 알	13.0	45.9	0
줄 기	7.9	27.5	50.9
잎	3.3	11.4	21.0
속 대	2.4	8.2	15.2
껍 질	2.0	7.0	12.9

주. 식재 후 118일이며 낟알이 생리학적으로 성숙한 시점

생리적 성숙기 이후에 물질의 물리적 손실이 일어난다. 옥수수대나 껍질에는 변화가 적으나, 잎은 바람 및 강우에 따라 74%(건중)나 손실이 일어난다. 낱알의 수분함량이 15.5% 정도 되면, 그 이후에는 글루코오스, 자일로오스 및 리그닌 함량에 변화가 없다. 생리적 성숙기 이후에는 껍질과 줄기의 화학적 조성분의 변화는 거의 비슷한 경향을 나타낸다. 잎이 시기에 따라서 변화가 가장 크다.

바이오매스의 생물학적 특징

Biological Characteristics of Biomass

2.1 짚과 옥수수

짚의 횡단면과 절간(internode)부가 포함된 종방향의 단면은 그림 4-4와 같다. 중앙부분은 큰 관을 이루는 동공이며, 그 주위를 목질화가 되지 않은 커다란 수(pith)로 채워져 있다. 수 외부층은 목질화된 유세포로 구성되어 있으며 커다란 유관속들이 산재한다. 이 유세포는 엷은 세포벽을 지닌 살아있는 세포들이다. 그러나 유관속들의 바깥층은 목질화되었다. 절간의 가장 외층은 표피이며 주로 두터운 세포벽에 강하게 목질화된 후막조직으로 작은 유관속을 많이 지니고 있다[5].

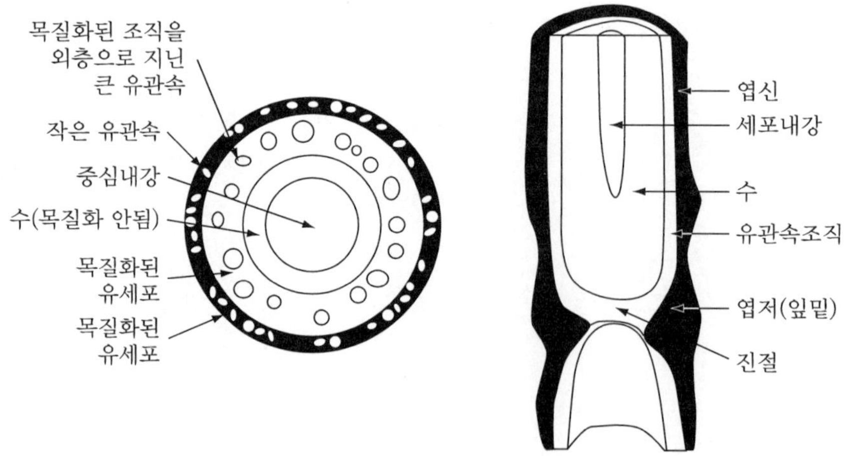

| 그림 4-4 | 볏짚의 횡단면과 길이 방향의 단면도

짚 절간의 목질화된 조직은 주로 외층에 위치하고 있다. 따라서 절간의 중앙 빈 공간(lummen)이나 짚의 파손된 부분을 통하여 일어나는 짚의 미생물 분해는 어렵다. 그러나 절(node)은 절간보다 쉽게 분해한다. 잎은 목질화된 부분이 서로 흩어져 있으며 엽육(mesophyll)세포는 쉽게 분해되기 때문에, 잎의 미생물 분해는 쉽게 일어난다[10].

짚의 섬유구조는 표 4-6과 같다[11].

표 4-6 ▸ 짚의 섬유 구조

종 류	길 이 (mm)	폭 (mm)	결정화도 (%)
볏 짚	0.4 ~ 3.4	4 ~ 16	40
밀 짚	0.4 ~ 3.2	8 ~ 34	55 ~ 65
보리짚	0.7 ~ 3.1	7 ~ 24	–

3종류의 짚의 섬유 길이나 폭은 서로 거의 비슷하다. 밀짚의 섬유 세포벽은 조금 더 두꺼우나 호밀, 보리 및 볏짚의 세포벽 두께와 거의 비슷하다. 밀짚은 인피섬유와 후막조직이 50%, 유세포 30%, 표피 15%, 그리고 5%의 도관으로 구성되어 있다.

옥수수의 절간 횡단면은 그림 4-5와 같다. 후막조직이 사부속(束) 주위를 둘러 쌓고 있으며, 유세포 사이와 또한 표피 아래 3 ~ 4층에도 위치하고 있다[12].

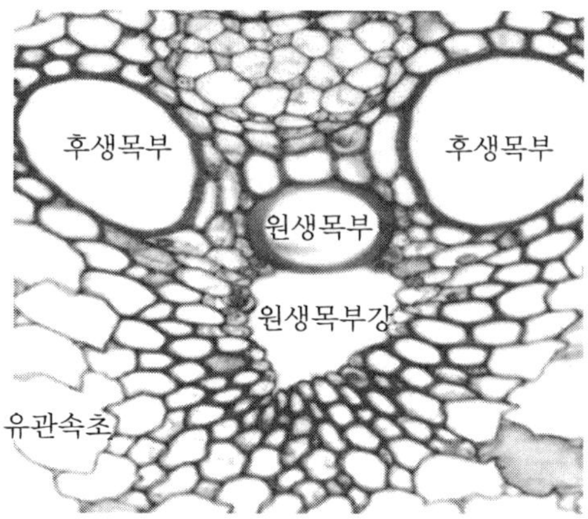

| 그림 4-5 | 옥수수 절간 횡단면

옥수수 절간 섬유는 표 4-7과 같이 짧고 가늘며, 짚이나 갈대보다 길이가 짧다. 평균길이는 1.23 ~ 1.39mm이며 섬유폭은 14 ~ 17mm이다[11,13].

표 4-7 ▸ 옥수수 섬유 구조

부 위	길 이 (mm)	폭 (mm)	결정화도 (%)
옥수수껍질	0.5 ~ 1.5	10 ~ 20	48 ~ 50
옥수수대[1)]	1.23 ~ 1.39	15 ~ 17	–
버거스	0.8 ~ 2.8	10 ~ 34	–
수단글라스	0.8 ~ 1.2	30 ~ 80	–

주. [1)] 절간 부위 섬유의 평균 수치

2.2 산림바이오매스

바이오에너지를 생산하기 위해서는 원료인 바이오매스의 거시구조, 세포벽 구조 및 세포의 종류를 설명할 필요가 있다. 바이오 순환림은 주로 유령림이고, 채취한 산림바이오매스는 가지 부분을 많이 함유하고 있으므로 미성숙재와 이상재가 많다. 따라서 바이오매스를 최적으로 이용하기 위해서는 산림바이오매스의 육안적 구조의 특성을 이해해야 한다. 또한 바이오매스를 생물학적인 방법으로 이용할 경우에는 세포벽의 구조를 이해하는 것은 필수적이라고 본다.

2.2.1 목재의 육안적구조 [14–17]

줄기의 횡단면을 보면 그림 4-6에서와 같이 중앙부에 수(pith)가 있고, 그 주위를 목부(xylem)가 둘러싸고 있다. 목부 외부에는 수피가 있는데 이 수피는 안쪽에 내피(inner bark)와 가장 바깥에 외피(outer bark)로 구성되어 있다. 또한 내피인 사부(phloem)와 목부사이에 형성층(cambium)이 있어 이들의 세포분열로 수목의 비대생장이 이루어진다.

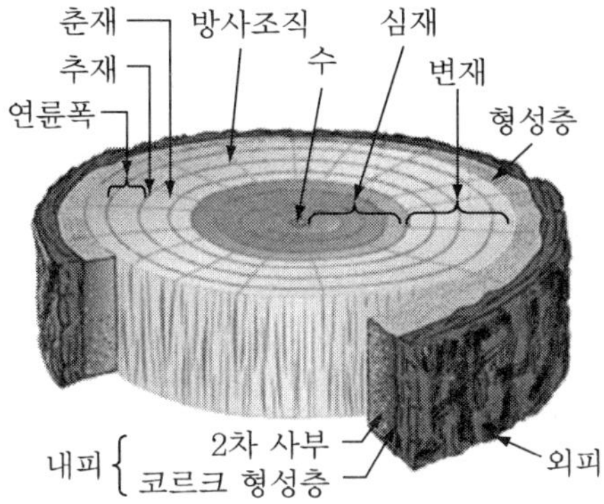

| 그림 4-6 | 목재의 육안적 구조

1) 연륜과 연륜폭

수목의 생장증가는 수종간, 개체간 및 재배방법에 따라 다르다. 그 중에서도 특히 생장시기에 따라서 세포의 크기, 모양, 배열방법, 등에 큰 차이를 나타낸다. 수목은 온·난대지방에서는 낮은 기온에서는 휴면기에 들어가나 건·우기의 구분이 없는 열대지방에서는 연중 생육을 한다. 휴면 및 건·우기의 구분이 있는 지역에서 생육하는 수목은 생육기간에 형성된 세포 조직이 횡단면상에 동심원상으로 층을 이루는데 이것을 연륜(annual ring, growth ring)이라고 한다. 연륜이 발생하는 근본 원인은 생장초기와 말기에 있어서 세포 크기와 모양의 차이에 기인한다. 침엽수의 경우 생장초기에는 생장호르몬인 옥신(auxin)의 분비가 왕성하므로 세포의 방사방향의 직경이 크고, 넓은 내강과 얇은 세포벽을 지닌 세포가 형성되는데 이 부분을 춘재(spring wood, early wood)라 한다. 한편 광합성 생성물의 공급이 많은 세포분열 말기에는 세포가 작고 세포벽이 두꺼워 어두운 색을 나타내는데 이 지역을 추재(summer wood, late wood)라고 한다. 이렇게 춘·추재의 반복에 의하여 연륜이 형성된다. 활엽수는 횡단면의 방사방향의 세포 배열과 춘·추재의 교호가 덜 특징적이다. 예를 들면 참나무, 물프레나무 및 너도밤나무 등은 직경이 큰 도관이나 관공이 생장 초기 부분에 모여 있어서 환공재(ring-porous wood)라고 하는데, 이 경우에는 춘·추재의 구별이 일반적으로 명료하다. 그러나 대부분의 활엽수는 산공재(diffuse-porous wood)로서 크기가 거의 비슷한 관공이 거의 균일하게 분포되어서 춘·추재의 구별이 불명확한 경우가 많다.

고령의 수목과 피압목에 간혹 생장호르몬이 결핍되거나 또는 늦게 전달되어 형성층의 일부가 생육기에도 휴면에 들어가는 경우나 또는 생육이 너무 지나치게 성숙한 나무에 형성된 연륜은 앞서가는 연륜의 추재부쪽으로 끼어 들어간다. 이러한 연륜을 불연속연륜(discontinuous ring)이라고 하며 가뭄, 만상, 해충 또는 우박에 의한 낙엽, 과도한 가지치기, 이식 등에 의하여 생육 초기에도 추재의 세포가 형성되어 1개의 연륜 내에 두 개의 연륜이 형성된다. 이러한 연륜을 위연륜(false ring)이라 부른다. 경우에 따라서는 1개의 연륜 내에 2개 혹은 그 이상의 연륜이 형성되는 경우도 있는데 이러한 연륜을 총칭하여 중연륜이라고 한다.

연륜과 그 다음 연륜과의 거리를 연륜폭이라고 하는데 이것은 침엽수재 재질에 큰 영향을 미친다. 즉, 연륜폭이 넓으면 추재율이 낮으므로 목재의 강도가 떨어진다. 활엽수 환공재에서는 연륜폭의 영향을 받으나 산공재는 거의 무관하다. 연륜폭은 수종, 개체목, 수고, 횡단면상의 위치 등에 따라 차이가 있다. 일반적으로 포플러나 오동나무 같은 속성수종은 연륜폭이 넓다. 또한 음수는 양수보다 연륜폭이 넓다. 지위도 영향을 주며 동일한 지위, 동일한 수령일 경우에 연륜폭은 수관급에 따라 좌우된다. 건조한 지역에서 생육하는 습윤성 수종은 좁은 연륜폭을 지니고 있다.

2) 방사조직

방사조직(ray)은 수액이 나무의 축과 수직이 되는 방향으로 이동하는 통로작용을 한다. 방사조직은 모든 목재에 있으나 침엽수와 대부분의 활엽수에는 매우 좁게 나타난다. 참나무와 같은 일부 활엽수는 매우 넓은 방사조직을 지니고 있으므로 방사단면이나 접선단면에서 특징적인 문향을 나타낸다. 방사조직은 수로부터 수피 방향으로 비교적 일정한 간격으로 배열되어 있어서 목재는 방사방향으로의 강도가 약하다. 나무를 장작으로 쪼갤 경우 방사방향으로 날을 집어 넣으면 작업이 쉬운 이유도 방사조직의 배열 때문이다.

3) 변재와 심재

식물조직은 여러 해 생육하면 기능을 상실하고 다른 새로운 세포들이 분열 증식하여 생체가 유지된다. 일반적으로 살아 있는 세포는 전체적의 1% 정도이다. 또한한 수목을 횡단면상에서 보면 일반적으로 가운데 부분은 죽은 세포들로서 빛깔을 띠고 있으며 단지 기계적 작용만을 한다. 그러나 가장자리 부분은 물과 영양분을 유통시키는 살아 있는 밝은 세포들로 구성된다. 이 경우 전자를 심재(heartwood), 후자를 변재(sapwood)라고 부른다.

변재에서 심재로 변하는 과정을 심재화라고 부르고 있는데 이러한 심재화는 나무의 나이가 약 15년 정도 되면 일어나지만, 어떤 수종은 그보다 더 빨리 또는 더 늦게도 일어난다. 심지어는 심재화가 전혀 일어나지 않는 수종도 있다. 심재화가 일어나는 과정은 세포형성 도중에 형성된 2차 대사물질인 다가페놀성 물질들이 줄기의 중앙부쪽으로 이동하여 중앙부쪽의 세포를 먼저 고사시키고 그 면적을 확대시킨다는 설과 중앙부에 수분이 감소되면 당이 수분으로 가수분해되므로, 세포 내의 이산화탄소 압력은 증가되나 산소량이 감소되므로 호흡과정이 불리하여 고사한다는 설이 있다. 심재화 과정에서는 타일로시스(tylosis)와 토루스편재현상(pit aspiration)이 잘 일어난다.

심재와 변재의 구분은 수종에 따라서 차이가 있다. 잎갈나무, 소나무, 참나무, 벚나무 등은 심재와 변재의 구별이 명확한데 이러한 수종을 심재수라고 하며, 자작나무, 너도밤나무, 서나무 등은 심재와 변재의 구분이 없으므로 변재수라고 부른다. 특히 변재와 심재에서 색깔 차이는 없으나 심재부의 수분이 현격하게 낮은 수종을 숙재수라고 하며, 전나무, 가문비나무가 여기에 속한다.

일반적으로 심재가 명확하지 않은 수종이 균류의 침입을 받으면 심재형성이 촉진되어 부분적으로 갈색을 띠어 심재처럼 보이게 되는데 이것을 위심재라고 한다. 심재 주위에 또 다른 심재가 둥근 모양으로 형성되는 경우도 있는데 이것을 중심재 또는 중변재라고 한다.

심재는 변재와 달리 전분, 당, 수지, 유지, 왁스, 검 물질, 탄닌, 폴리페놀류의 색소 등을 함유하고 있으므로 변재보다 항상 어두운 색을 띠고 있으며 목재 이용상 여러 가지 특징을 지니고 있다. 즉, 심재 내에서는 추출물질과 유독물질이 함유되어 있어 균이나 곤충이 침입하기 어려우므로 목재내구성이 높다. 또한 추출물이 세포막의 작은 관공들을 막고 있으므로 약제 주입이 곤란하고, 한편으로는 내부에 함유되어 있는 수분을 건조시키기가 어렵다. 수종에 따라서는 역겨운 냄새를 내는 경우도 있다. 그러나 강도에는 큰 차이가 없다.

2.2.2 미성숙재와 이상재

2.2.2.1 미성숙재

어린나무나 성목의 어린 시절 생장부인 줄기 중심부는 성숙한 후의 줄기와 차이가 있다. 즉, 10 ~ 20년 동안 발달되는 성목의 줄기 중심부의 실린더코어 모양의

2차 목부를 미성숙재(juvenile wood, core wood, crown-formed wood)라고 한다.

줄기의 신장생장은 정단분열조직의 세포분열과 관련이 있다. 정단분열조직의 생장점이 있는 부위의 수관 정점에서는 형성층이 비정상적인 구조를 지닌 세포를 생성한다. 정단부 생장점에서의 세포분열이 형성층에 계속적으로 영향을 미치면 미성숙재가 형성되지만, 수관이 신장생장 방향으로 올라감에 따라 형성층에 미치는 영향이 적어지므로 정상적인 2차목부인 성숙재(mature wood, adult wood, stem formed wood)가 생성된다.

미성숙재는 성숙재보다 재질이 열약하다. 특히 침엽수재의 경우 더 열약하다. 그림 4-7에서와 같이 미성숙재는 성숙재에 비하여 가도관과 목섬유의 길이가 짧고, 세포벽의 두께는 얇으며 비중, 강도, 목리직각 방향으로의 수축율 및 추재율은 낮다. 미성숙재의 가도관은 성숙재보다 3～4배 더 짧으며 목섬유의 길이는 정상재의 절반정도이다. 한편 S_2층의 마이크로피브릴 경사각, 목리방향의 수축율 및 함수율은 미성숙재가 성숙재보다 높다[18].

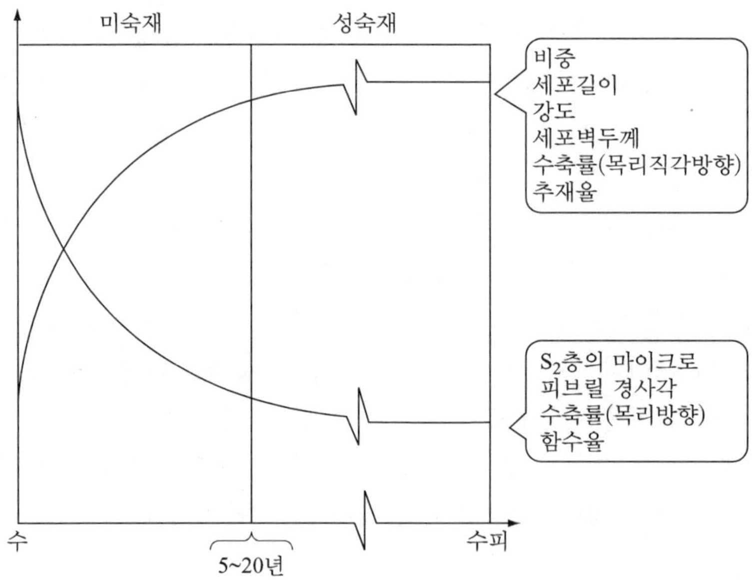

| 그림 4-7 | 침엽수 미숙재로부터 성숙재로의 성질변화

속성수에서는 미성숙재 부위가 넓다. 단벌기 순환림, 열대나 아열대 지역의 인공조림지 나무에서도 미성숙재 부위가 넓다. 이러한 미성숙재의 형성은 나무의 성육 초기에 지정학적 위치, 유전적 차이 및 조림기술 등에 따라 달라질 수 있다.

미성숙재는 성숙재에 비하여 셀룰로오스 함량이 낮고 리그닌 함량은 높다. 정유와 수지 함유량도 미성숙재의 경우 낮다[16].

2.2.2.2 이상재

바람, 눈, 경사지 식재, 무보육 및 기타 여러 가지 요소들에 의해 줄기가 굽거나 휠 경우, 그 나무는 본래의 곧은 상태로 다시 돌아오려고 한다. 즉, 수직성장 패턴을 유지하기 위해서 목리방향으로 압축응력과 인장응력을 동시에 발휘하므로 비정상적인 세포조직이 생성된다. 이것을 이상재 또는 반응재(reaction wood)라고 하며, 그와 상반된 방향의 부분을 대응재(opposite wood, side wood)라고 한다.

그림 4-8에서와 같이 침엽수는 줄기나 가지의 아랫부분, 즉 압축된 곳에 이상재가 발달하여 압축이상재(compression wood), 활엽수는 줄기나 가지의 위쪽에 반응재가 발달되어 인장이상재(tension wood)라 칭한다. 특히 가지들은 줄기에 대한 적당한 가지각도를 유지시키기 위해 거의 대부분 이상재를 형성하고 있다.

(a)

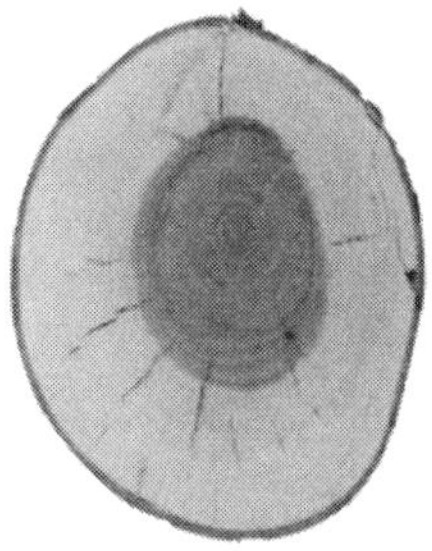

(b)

| 그림 4-8 | 이상재의 횡단면(a. 인장이상재, b. 압축이상재)

1) 압축이상재

압축이상재는 정상재에 비하여 표 4-8과 같이 상당히 특이한 성질을 지니고 있다[19].

표 4-8 ▸ 침엽수 압축이상재, 정상재 및 대응재의 몇 가지 특성비교

특 성	압축이상재	정상재	대응재
연륜폭	넓 다	중 간	좁 다
측재비율	대단히 크다	중 간	작 다
가도관 배열	불규칙	규 칙	추재는 대단히 규칙, 추재는 자주 불규칙
가도관의 길이	짧 다	중 간	길 다
가도관의 윤곽	둥글다	모가남	사각, 장방형, 모가남
S_2층의 Mf각	30 ~ 50°	10 ~ 30°	다양함
S_3층	없 다	엷 다	두껍다
헤리칼비후	희 귀	가 끔	추재에 자주
인장강도	낮 다	중 간	높 다
압축강도	높 다	중 간	낮 다

압축이상재는 정상재에 비하여 동일질량에서 단단하고 밀도가 높다. 횡단면상이 어둡고 약간 붉은색을 띠고 있다. 압축이상재는 연륜폭이 넓으며 속성수의 경우 추재율이 현저히 크다. 가도관의 길이도 짧으며 횡단면상에서 배열도 불규칙하고 둥근편이다. 따라서 세포간극이 뚜렷이 나타난다. 세포벽의 S_2층의 마이크로피브릴 각은 30 ~ 50°로 정상재보다 크다. 특히 S_3층이 존재하지 않는다. 압축이상재의 인장강도는 낮으나 압축강도는 높다.

2) 인장이상재

인장이상재와 정상재는 재색에서 큰 차이는 없다. 인장이상재의 대부분이 밝거나 은빛을 띤다. 또한 인장이상재의 재면이 솜털모양(wolly grain, fuzzy grain)을 드러내는 것이 특징적이다.

인장이상재에서는 정상재에 비하여 진정목섬유의 비율이 높으며 길이가 길다. 세포의 내강이 좁고 세포벽은 두껍고 둥글다. 도관은 지름이 작고 더 많다. 한편 방사조직은 변화가 없다. 특히 S_2층이 느슨하게 부착되어 있으며 젤라틴층(G층, gelatinous layer)이 있다. G층의 마이크로피브릴은 5° 정도로 배열되어 있으며, 젤라틴층은 S_2층이나 S_3층이 없어도 S_1층 다음에 직접 나타날 수 있다[3,20].

2.2.3 세포의 종류

목재는 각각 특수한 기능을 수행하는 여러 형태의 세포를 함유하고 있다. 이들 세포는 통로작용, 지지작용 및 저장작용을 담당한다. 통로와 지지작용을 하는 세포는 줄기의 축방향으로 신장하는 세포들이고, 저장세포는 유세포로 축방향으로 성장하는 것도 있으나 대부분이 방사방향으로 성장하며 짧고 두껍다.

목재의 직경생장은 목부와 사부 사이에서 한 개의 세포층인 형성층의 분열에 의하여 일어난다. 이 형성층은 분열 기능을 가지고 있는 형성층시원세포에 근거하며, 이들은 방추형시원세포와 방사조직세포의 두 종류로 구분된다.

형성층 세포의 직경은 약 10 ~ 50μm이며 길이는 500 ~ 5,000μm로서 이것이 분열하여 목재 내에 존재하는 모든 세포를 생성시킨다. 그림 4-9는 형성층시원세포의 분열에 의하여 생성된 세포들로서 도관(a-1 ~ 5), 활엽수 가도관(b-1,2), 진정목섬유(c-1,2,3), 격막 섬유(d-2), 교질 섬유(d-3), 대용 섬유(d-4), 가도관(e-1,2), 단열 방사 조직(f), 다열 방사 조직(d-1)을 나타내고 있다[16].

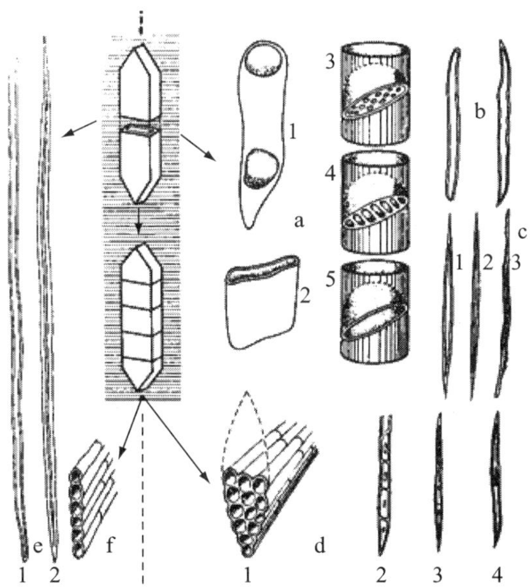

| 그림 4-9 | 목재 구성 세포의 종류

2.2.3.1 침엽수를 구성하는 세포 [3,14-17]

침엽수를 구성하는 세포는 매우 단순하다. 대부분의 수종은 2 ~ 3종류의 세포들로 구성되어 있고 배열도 비교적 규칙적이다.

1) 가도관(tracheid)

침엽수 구성 세포의 약 90 ~ 95%를 차지하며 양 끝은 뾰족하고 중앙부가 굵다. 길이는 약 3 ~ 5mm이며 접선단면의 폭은 25 ~ 45μm이다. 춘·추재간에 크기의 차이가 뚜렷하다. 춘재가도관은 주로 수분통로를, 추재가도관은 수체를 지지하는 기능을 담당하고 있다. 가도관의 방사벽에는 가도관과 가도관 사이의 통로역할을 수행하는 막공(pit)이 있다. 이들 막공을 통하여 가도관과 인접 가도관 사이에 유연막공대가 형성된다. 이 유연막공대의 막공막은 두껍게 비후되어 있는 중앙부의 토러스(torus)와 그 가장자리를 둘러싸고 있는 마이크로피브릴 집합체인 마르고(margo)로 이루어져 있다 토러스가 어떤 이유든 간에 자주 막공강 내부에서 한쪽 막공대로 이동하여 막공구를 막아 버리는 경우가 있는데 이런 상태를 막공폐쇄(pit aspiration)라고 한다. 막공폐쇄는 목재 이용에 여러 가지 문제점을 야기한다.

2) 방사조직(ray cell)

방사조직은 방사유세포(ray parenchma cell)와 방사가도관(ray tracheid)으로 구성되어 있는데, 접선단면에서 관찰하면 대부분의 단열방사조직으로 그리고 방사단면에서 보면 직립세포와 평복세포가 나타난다. 방사조직은 입목에 대하여 횡방향으로 놓여져 있는 유조직으로서 전체 조직의 1 ~ 15%에 해당한다.

방사유세포는 벽돌 모양을 지닌 세포로서 세포벽이 얇은 경우는 대부분 막공이 없으나, 세포벽이 두꺼우면 일반적으로 단문공을 지닌다. 가도관과 유세포가 마주치는 곳을 직교분야(crossfield)라고 하며 수종 간에 특유한 공구 및 막공연을 나타내므로 침엽수재 식별에 이용된다. 특히 소나무 속의 연재, 경재를 구별하는 좋은 인자이다.

방사가도관은 길이가 0.1 ~ 0.2mm 정도이며 한 쪽은 뾰족하다. 세포벽이 두껍고 유연막공이 발달되어 있다. 일부 수종에만 존재한다.

수지구(resin canals): 에피델리움(epithelium)이라고 칭하는 특수한 유조직에 의하여 둘러싸여 있는 세포 사이의 틈새로서, 여기서 수지가 분비된다. 소나무, 가문비나무, 잎갈나무, 미송에는 정상수지구가 있으며, 전나무, 솔송나무, 세코이아 등에는 외상에 의하여 우발적으로 생기는 상해수지구가 자주 발생한다.

2.2.3.2 활엽수 구성 세포 [3, 14–17]

활엽수재 구성 세포는 침엽수재보다 복잡하다. 즉, 도관, 목섬유, 및 축방향과 방사방향 방사조직이 다양한 분포와 함량을 지니고 있다.

1) 도관(vessel)

축방향으로 0.2 ~ 0.5mm 정도의 크기를 지닌 짧고 큰 직경의 통모양의 도관절(vessel elements)이 상하로 연결되어 도관을 형성한다. 도관은 주로 수분 통로 역할을 하며 전체 조직의 약 10 ~ 40%를 차지한다.

도관을 횡단면에서 보면 관공이 나타나는데 이 관공의 배열로서 활엽수를 환공재, 산공재, 무공재로 구분한다. 도관절 상하의 세포막을 천공판이라고 하며 그 모양은 수종 간에 나는데 있다. 즉, 단일천공판, 다공천공판, 계단상천공판 등으로 구분된다.

도관과 도관이 마주치는 곳에 중문공이 생기며 이들 중문공의 배열도 수종간에 차이가 있으므로 수종식별에 이용된다. 중문공의 배열 모양에 따라 교호상막공, 대상막공, 계단상막공 등으로 나눈다.

도관 내에는 자주 타일로시스(tylosis)가 일어난다. 이것은 유세포가 도관 내부로 침입하여 도관을 막는 현상으로 심재화 과정에서 자주 일어난다. 타일로시스의 내용물질은 주로 전분, 수지, 고무질이며 목재이용상에 있어서 불리하다. 그러나 타일로시스가 일어난 참나무재는 술통으로 사용할 수 있다.

2) 목섬유(fiber)

전체 세포의 약 40 ~ 75%를 차지하며 수체유지 기능을 한다. 목섬유의 종류로는 진정목섬유, 다실목섬유, 교질목섬유 및 대용목섬유가 있다. 그러나 일반적으로 목섬유라하면 진정목섬유(libriform fiber)와 섬유상가도관을 통틀어 일컫는다.

진정목섬유는 가늘고 길며 막이 두껍다. 길이는 0.6 ~ 1.6mm이며 막공은 거의 없으나 있을 경우에는 아주 작은 단막공이다. 한편 섬유상가도관의 측벽에는 유연막공이 발달되어 있다. 목섬유 함량이 높으면 밀도가 높고 활엽수재의 강도도 증가한다.

3) 축방향 유세포

이들 세포는 세포벽이 얇으며 길이가 축방향으로 길고 선단부가 뾰족한 것, 또는 검구 주위의 짧고 부서진 모양의 에피델리움 및 방사세포들이다. 여러개의 작은 세포들이 연결되어 축방향으로 길이가 긴 유세포를 형성한다. 축방향유세포는 탄수화물의 저장과 운반 역할을 하며 전체 세포의 약 1~2%를 차지한다. 그러나 어떤 수종에는 전혀 없으며 유칼립투스재는 15% 정도, 그리고 어떤 열대 활엽수재는 50% 이상을 함유한 경우도 있다.

축방향 유세포들의 집합체인 축방향 조직이 횡단면상에서 톡특한 모양의 배열을 나타내는데 이것을 수종 식별에 이용할 수 있다. 축방향 유조직의 양과 배열에 따라 독립유조직, 수반유조직, 연륜계유조직 배열 형태가 있다.

일부 활엽수에도 에피델리움 세포에 둘러싸인 유세포에서 검물질을 분비하는 검구가 있다.

기타 축방향의 세포로서 도관상가도관과 주위상가도관이 있다.

4) 방사조직

활엽수의 방사조직은 구성 유세포의 형태, 집합상태, 크기 등의 차이가 심하다. 방사단면에서 보면 평복세포와 직립세포가 보인다. 접선단면에서는 대부분의 경우 2열 이상의 세포폭을 지닌 다열방사조직으로 나타난다. 횡단면에서 관찰하면 거의 같은 크기의 방사조직이 비교적 균등하게 분포되어 있는 산재방사조직, 또는 1개소에 다량 집적되어 있는 집합방사조직, 폭이 좁은 방사조직과 넓은 것이 혼합되어 있는 복합방사조직이 있다.

2.2.4 세포벽

세포의 분화와 확대 과정을 거쳐 세포가 분열한 후에 1차벽 안에 존재하던 원형질이 소실된다. 그와 동시에 세포 안에서 새롭게 생물고분자 물질이 생성되면서 이것들이 벽 안 쪽에 쌓인다. 즉, 세포 비후가 일어난다. 다음 단계로 세포의 발생인 목질화가 일어난다. 한편 2차벽은 목질화와 동시에 아직도 형성되고 있다. 목질화는 중간층과 1차벽에서 비교적 빠르게 일어나며, 2차벽의 목질화는 보다 점진적으로 일어난다.

세포 안에서 생성된 생물고분자 물질은 주로 셀룰로오스, 헤미셀룰로오스 및 리그닌이며 이들 성분이 세포벽에 매우 정교한 방법으로 쌓인다. 특히 글루코피란노오스의 연결체인 셀룰로오스는 일정한 길이를 지니고 평행하게 꾸러미를 이루는 셀룰로오스 피브릴을 형성한다.

그림 4-10은 단일 셀룰로오스 체인(a~d)으로부터 세포와 조직을 거쳐 세포벽(e,f)까지의 결합 과정을 자세히 설명해 주고 있다[16].

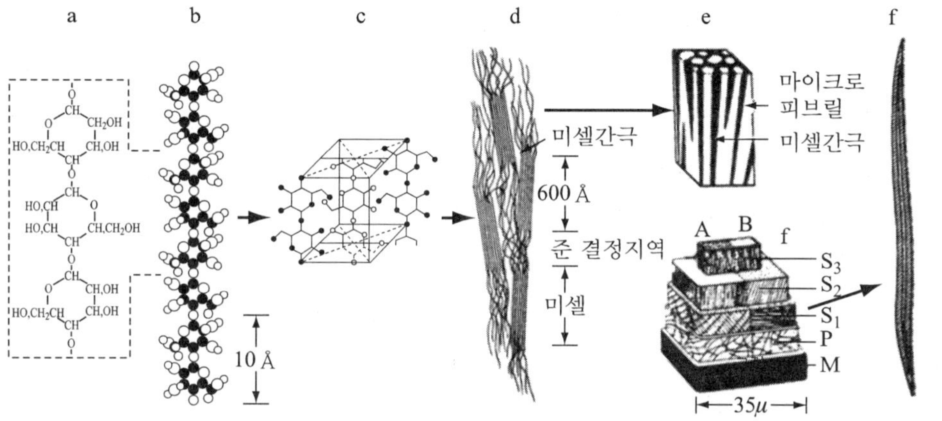

| 그림 4-10 | 셀룰로오스 분자로부터 세포벽을 형성하는 과정(A. 자작나무, B. 가문비나무)

세포벽은 중간층(ML), 1차벽(P), 2차벽(S)으로 구성되어 있다. 중간층은 세포간 층으로서 인접세포 사이의 접착층이다. 생성 초기에는 주로 펙틴(pectine)질로 구성되어 있으나 목질화함에 따라 리그닌으로 침적한다. 이들 각각의 특성은 표 4-9와 같다[15].

표 4-9 ▸ 목재 섬유의 세포벽 두께, 마이크로피브릴 각 및 벽을 형성하는 피브릴층 수

세포벽 층	두 께 (μm)	피브릴층 수	마이크로피브릴각
P	0.05 ~ 0.2	불규칙 배열	–
S_1	0.1 ~ 0.3	3 ~ 6	50 ~ 70
S_2	1 ~ 4(춘재), 3 ~ 8(추재)	30 ~ 150(춘,추재)	5 ~ 30
S_3	<0.1	<6	60 ~ 90
ML	0.2 ~ 1.0	–	–

1차벽은 중간층에서 세포 내강 쪽으로 붙어 있는 얇은 벽으로 중간층과 구별이 어렵다. 1차막의 두께는 약 0.05 ~ 0.2μm이며 세포벽 부피의 약 7 ~ 14%를 차지하고 있다. 마이크로피브릴은 무방향성이며 주로 펙틴과 리그닌을 함유하고 있다.

2차벽은 세포막에 부가 혹은 진충(塡充)생장에 의하여 형성된 비후부분이다. 2차벽은 외층, 중층, 내층으로 세분한다. 외층은 S_1층이라고 하며 마이크로피브릴의 배열이 세포축에 50 ~ 70°로 배열되어 있으며 그 두께는 0.1 ~ 0.3μm 정도이다. 세포벽의 약 5 ~ 10% 양을 차지하고 있으며 S_2층에 비하여 셀룰로오스 함량이 극히 적다. 중층은 S_2층이라고 하며 마이크로피브릴의 경사각은 약 5 ~ 30°이고 두께는 1 ~ 8μm으로서 가장 두꺼운 층이다. 세포벽 무게의 약 75 ~ 80%를 점하고 있으며 대부분 셀룰로오스로 구성되어 있다. 내층은 S_3층 혹은 T층(tertiary wall)으로서 < 0.1μm 정도의 폭을 지닌 얇은 층이다. 세포벽의 약 2 ~ 4%를 점하고 있으며 마이크로피브릴은 60 ~ 90°로 세포축에 거의 직각으로 배열되어 있다. S_3층은 갈색부후균에 강하며 산, 알칼리 및 효소분해에도 강하다. S_3층 표면, 즉 세포 내강 안쪽에 사마귀 모양을 한 돌기가 대부분의 침엽수와 약간의 활엽수에서 관찰되는데 이것을 W층(warty layer)이라고 부른다[15].

참고문헌

1. Young, H. E., Hoar, L., Ashley, M., Weight of wood substance for components of seven tree species, Tappi, 48:466-469, 1965
2. Keays, J. L., Whole-tree utilization studies: selection of tree components for pulping research. Can. Dep. For. Rural Devel. For. Prod. Lab. Inf. Rep. VP-X-35, p. 31, 1968
3. Hakkila, P., Utilization of Residual Forest Biomass, Springer, Heidelberg, Germany, pp. 70-177, 1989
4. Hakkila, P., Weight and compositions df the branches of large Scots pine and Norway spruce trees, Commun. Inst. For. Fenn., 66:6, p. 37, 1969
5. Theander, O., Aman, P., Anatomical and chemical characteristics, In: Straw and other fibrous by-products as feed, Elsevier, pp. 45-78, 1984
6. Cobley, L. S., Steel, W. M., An introduction to the botany of tropical crops, London, pp. 371, 1977
7. Theander, O., Aman, P., Chemical composition of some Swedish cereal straws, J. Agric. Res., 8, pp. 189-194
8. http//meta.kosis.kr/ 2010.05.15

통계청 사회통계국 농어업통계과, 논 벼짚의 생산량(2009)

9. Pordesimo, L. O., Hames, B. R., Sokhansanj, S., Edens, W. C., Variation in corn stover composition and energy content with crop maturity, Biomass & Bioenergy, 28: 366-374, 2005
10. Harper, H. S. T., Lynch, J. M., The chemical components and decomposition of wheat straw leaves, internodes and nodes, J. Sci. Food Agric., 32, pp. 1057-1062, 1981
11. Reddy, N., Yang, Y., Biofibers from agricultural byproducts for industrial applications, TRENDS in Biotechnology, 23:22-26, 2005
12. Esau, K., Anatomy of seed plants, John Wiley & Sons, Inc., p. 235, 1960
13. McGovern, J. M., Coffelt, D. E., Hurter, A. M., Ahuja, N. K., Wiedermann, A., LX. Other Fibers, In: Pulp and paper manufacture, vol. 3, Secondary fibers and non-wood pulping, Tappi press, pp. 110-121, 1987
14. Hakkila, P., Structure and properties of wood and woody biomass, In: Forest resources and sustainable manad ment, vol. 2, Papermaking Scien2, and Technology, Tappi press, Fapet Oy, pp. 116-159, 1998
15. Alén, R., Structure and chemical compositions of wood, In: Forest products chemistry, vol. 3, Papermaking Science and Technology, Tappi press, Fapet Oy, pp. 24-54, 2000
16. Knigge, W., Schulz, H., Grundriss der Forstbenutzung, Verlag Paul Parey, Hamburg und Berlin, pp. 60-110, 1966
17. Bowyer, J. L., Shumulsky, R., Haygreen, J. G., Forest products and wood Science, 2nd edn., Iowa State Press, pp. 15-140, 1989
18. Bendtsen, B. A., Properties of wood from improved and intensively managed trees. For. Prod. J. 28(10):61-72, 1978
19. Timell, T. E., Studies on opposite wood in conifers.. II. Histology and ultrastructure, Wood. Sci. Technol. 7:79–91, 1973
20. Côté, W. A. Jr., Day, A. C., Anatomy and ultrastructure of reaction wood. In: Cellular Ultrastructure of Woody Plants, Syracuse, N.Y., Syracuse Univ. Press, pp. 391-418, 1965

바이오매스의 화학적 특성
Chemical Characteristics of Biomass

3.1 화학적 조성분과 분포

나무를 기계적으로 유지하는 구조물질은 셀룰로오스, 헤미셀룰로오스 및 리그닌의 3대 성분이다. 그 외의 고분자로는 적은 양이 함유되어 있는 펙틴질, 전분, 단백질 등이 있다. 비구조 물질로는 추출물질, 수용성 무기물 및 무기물이 있다.

정상적인 나무의 주요 화학적 조성분은 그림 4-11 및 표 4-10과 같다[1,2,3].

표 4-10 ▸ 주요 수종의 화학적 조성분 (%)

수 종	셀룰로오스	헤미셀룰로오스	리그닌	추출물	회 분
스트로브스소나무	41.0	27.0	29.0	3.0	–
전나무	42.0	26.0	29.0	2.0	0.3
낙엽송	42.3	24.7	28.8	4.2	–
졸참나무	45.5	25.0	26.0	3.5	0.5
자작나무	42.0	38.0	19.0	1.0	0.4
포플러	48.0	27.0	21.6	3.7	0.4
버드나무	47.2	25.9	23.7	3.2	0.4
너도밤나무	44.5	30.2	22.2	1.2	–

표 4-10과 그림 4-11에서 보는바와 같이 셀룰로오스 함량은 침·활엽수 모두 40 ~ 45% 정도이다. 헤미셀룰로오스는 침엽수에는 25 ~ 30%, 그리고 활엽수에는 30 ~ 35%가 함유되어 있다. 활엽수의 리그닌 함량은 침엽수의 35 ~ 30%보다 낮은 20 ~ 25% 정도이다. 그러나 열대 활엽수의 경우는 리그닌 함량이 30 ~ 35% 이상인 수종도 있다.

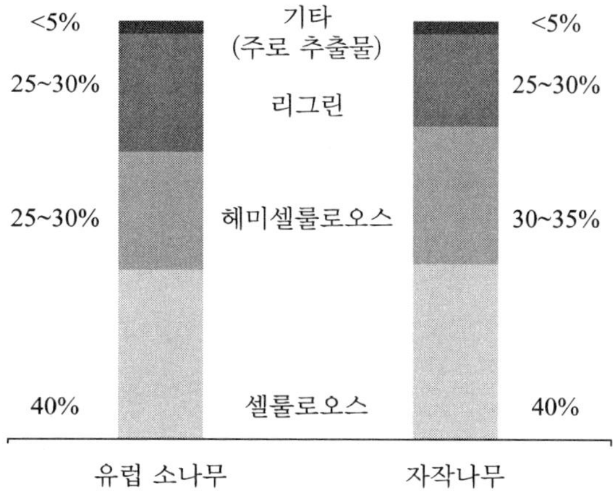

| 그림 4-11 | 침엽수와 활엽수의 화학적 조성분

추출물은 수종에 따라 추출물의 종류 및 함량에 큰 차이가 있다. 동일 수종이라도 부위에 따라 함량 차이가 있다. 심재는 변재보다 추출물이 많으며 심재와 변재 경계선 부위에 추출물 함량이 가장 높다.

회분 함량은 나무의 침엽, 광엽, 수피, 가지, 뿌리가 줄기보다 높다. 회분은 토양에서 흡수되어 즙액을 통해 줄기와 수관으로 이동한다. 무기물 농도가 가장 높은 조직은 살아있는 조직 부위이며 수종 간에도 차이가 크다. 일반적으로 활엽수가 침엽수보다. 그리고 미성숙재가 성숙재보다 회분 함량이 높다.

압축이상재의 특이성은 표 4-11과 같이 화학적 조성분에서도 나타난다[1].

표 4-11 ▸ 압축이상재와 정상재의 화학적 조성분

조성분	정상재	압축이상재
	추출물을 제거한 시료기준 (%)	
리그닌	30	30
셀룰로오스	42	30
라리시난	–	2
갈락토글루코만난	18	9
갈락탄	–	10
자일란	8	8
기타 다당류	2	2

압축이상재는 정상재에 비하여 셀룰로오스와 글로코만난 함량이 낮으며 갈락

탄과 리그닌 함량은 높다. 또한 압축이상재에는 1,3-β-글루칸이 존재한다. S_2의 외층, 즉 S_3와의 연결부위는 리그닌 농도가 상당히 높다. 압축이상재의 리그닌은 메톡실기 함량이 극히 낮으며 정상재에 비하여 높게 축합되어 있다.

인장이상재의 화학적 조성분은 표 4-12와 같다[1].

표 4-12 ▸ 정상재와 인장이상재의 화학적 조성분

조성분	정상재	인장이상재
	추출물을 제거한 시료기준 (%)	
리그닌	23	19
셀룰로오스	42	53
글루코만난	4	2
갈락탄	2	5
자일란	28	21

미 동북부에서 생육하고 있는 활엽수 10종의 평균 함유량이다. 셀룰로오스 함량이 인장이상재의 경우 정상재에서 보다 높다. 특히 G층은 높은 결정화도를 지닌 순수 셀룰로오스로만 구성되어 있다. 자일란 함량은 거의 비슷하거나 인장이상재에서 조금 낮다. 인장이상재와 정상재의 리그닌 절대량은 동일하지만, 상대적인 리그닌함량은 인장이상재에서 낮다. 그 이유는 인장이상재는 부수적으로 비목질화된 G층을 포함하고 있기 때문이다.

인장이상재는 정상재보다 밀도가 높다. 인장강도를 제외한 압축강도 및 곡강도는 인장이상재에서 낮다. 또한 재면이 거칠기 때문에 제재용 톱에 자주 무리가 간다.

짚의 화학적 조성분은 표 4-13과 같다[4].

표 4-13 ▸ 짚의 화학적 조성분 (%)

종 류	셀룰로오스	헤미셀룰로오스	리그닌	회 분
볏 짚	26 ~ 36	23 ~ 28	12 ~ 14	14 ~ 20
밀 짚	33 ~ 38	26 ~ 32	17 ~ 19	6 ~ 8
보리짚	31 ~ 45	27 ~ 38	14 ~ 19	2 ~ 7

짚의 셀룰로오스 함량은 목재보다 낮다. 또한 리그닌 함량도 목재에 비하여

현저히 낮다. 헤미셀룰로오스 함량은 활엽수의 함량과 거의 비슷하다. 그러나 회분은 목재에 비하여 현저히 높으며 특히 볏짚의 경우는 15% 이상인 경우도 있어서 여러 가지 문제점을 야기한다.

짚을 구성하고 있는 당은 표 4-14와 같다[1].

표 4-14 ▸ 밀짚과 보리짚의 부위별 구성당 (%)

당 종류	밀			보 리		
	절 간	절	잎	절 간	절	잎
글루코오스	62.5	52.6	55.7	64.1	50.0	55.3
자일로오스	31.5	30.0	35.8	29.6	31.4	32.6
아라비노오스	2.6	6.7	4.1	2.7	8.1	5.0
우론산	3.4	6.6	4.4	3.6	7.0	5.0
만노오스	t	1.7	t	t	1.4	t
갈락토오스	t	2.3	t	t	2.1	1.9

주. t는 미량

짚은 활엽수와 같이 헤미셀룰로오스가 주로 자일란으로 구성되어 있으며 아라비노오스와 우론실산도 함유되어 있다. 절간의 경우 글루코오스와 자일로오스가, 그리고 절의 경우는 아라비노오스와 우론실이 짚의 다른 부위보다 상대적으로 높다.

짚의 무기물량은 표 4-15와 같다[4].

표 4-15 ▸ 짚의 무기물 함량 (다음 페이지에 계속)

금속류	단 위	벼	보 리	봄 밀	겨울밀	귀 리	호 밀
회 분	g/kg	189	60	61	50	59	39
Si	g/kg	130	15	31	32	11	34
Ca	g/kg	2.4	2.9	3.2	2.1	3.9	2.8
Mg	g/kg	1.2	1.0	0.9	1.1	1.5	0.9
Na	g/kg	–	–	0.5	0.5	–	0.5
K	g/kg	13.2	14.0	11.8	10.0	21.9	9.8
P	g/kg	0.9	0.8	0.8	0.8	0.9	1.0
Cl	g/kg	–	7.7	6.1	3.5	8.1	2.5
S	g/kg	1.3	1.4	1.4	1.6	2.5	1.4
Fe	mg/kg	347	305	420	230	214	300

표 4-15 ▶ 짚의 무기물 함량

금속류	단 위	벼	보 리	봄 밀	겨울밀	귀 리	호 밀
Mn	mg/kg	–	27	–	36	89	44
Zn	mg/kg	–	60	–	54	138	25
Cu,Mo,I,Co	mg/kg	–	5.0	0.8	4.2	7.4	3.4
F	mg/kg	–	–	–	4.5	–	–

볏짚은 회분 함량이 가장 높고, 그 대부분이 Si로 구성되어 있다. 실리카는 뿌리에 의해 $Si(OH)_3$로 흡수되고 세포벽에 실리카로 집적한다. 표피의 세포벽에 있는 실리카는 젓빛유리같은 형태로 존재한다. 실리카 함량이 높으면 미생물 분해가 느리다. 규소 함량이 높은 짚을 사료로 장기간 사용할 경우는 소의 위장장애를 일으킬 수 있다.

한편 짚은 K, Cl 및 S함량이 목재보다 현저히 높다. 이들 성분의 함량이 높으면 짚을 연소할 경우 연소장비와 공해에 영향을 준다.

옥수수의 화학적 조성분은 표 4-16 및 표 4-17과 같다.

표 4-16 ▶ 3대 화학적 조성분 (%)

종 류	셀룰로오스	헤미셀룰로오스	리그닌	회 분
옥수수 지상부[1]	38 ~ 40	28	7 ~ 21	3.6 ~ 7.0
버거스	32 ~ 48	19 ~ 24	23 ~ 32	1.5 ~ 5.0
수단글라스	27	25	11	–

주. [1] 뿌리를 제외한 옥수수의 지상부 전체(corn stover)

화학적 조성분은 옥수수 품종, 성숙도, 지위 및 분석방법에 따라 차이가 있다. 옥수수 지상부 전체(낟알 제외)를 분석한바, 셀룰로오스와 헤미셀룰로오스 함량은 침엽수재와 비슷하다. 그러나 리그닌 함량이 목재에 비하여 현저히 적고 회분 함량은 많다[5]. 또한 버거스에 비하여 헤미셀룰로오스와 무기물 함량이 많으나, 리그닌 함량은 적다.

표 4-17 ▶ 옥수수 지상부 부위의 당조성분 (%)

추출물	글루칸	자일란	갈락탄	아라반	만 난	리그닌	회 분	단백질	아세틸기	기 타	계
17.9	31.9	18.9	1.5	2.8	0.3	13.3	3.9	3.7	2.2	3.6	100
0	40.2	21.7	0.7	2.6	0.6	20.6	7.1	2.9	2.2	1.4	100

주. NIR/PLS 조성분 분석

표 4-17은 추출물을 제거한 무게 기준[6]과 추출물도 포함한[7] 옥수수 지상부의 3대 조성분 및 구성 당이 분석되었다. 자일란, 아라반, 갈락탄 및 아세틸기 함량을 합계하면 27.2%로 표 4-16의 헤미셀룰로오스 함량과 비슷하다. 리그닌 함량은 추출물을 제거한 기준으로 20.6%인데 이것은 국내 활엽수재가 함유한 리그닌 함량보다 조금 낮은 수준이다.

표 4-18은 옥수수 지상부 전체부위가 함유한 무기물 함량을 나타내고 있다.

표 4-18 ▶ 옥수수 지상부의 무기물 함량

무기물	함 량 (g/kg)	무기물	함 량 (mg/kg)
Ca	2.2	Fe	109.8
Mg	1.1	Mn	23.8
P	1.4	Zn	15.7
K	6.9	Cu	8.9

옥수수 지상부의 K 함량은 6.9g/kg, 그리고 Fe는 109.8ppm으로서 짚류에 비하여 현저히 낮다. 한편 그 외의 경금속과 중금속의 함량은 짚류와 거의 비슷하다(표 4-15 참조)[8].

3.2 세포벽 분포

3대 조성분이 목재 조직에 균일하게 분포되어 있는 것은 아니다. 이들 조성분 함량은 나무의 부위 및 수령에 따라서도 차이가 있다. 세포벽을 구성하는 층 두께의 부피와 무게를 기준으로 한 리그닌과 당 함량의 변화는 표 4-19, 4-20과 같다[7,9,10]. 침엽수의 M+P층은 리그닌 농도가 높으나 부피가 엷으므로 조성분의 총량은 낮다. 성장초기에 중간층(M)은 주로 펙틴물질로 구성되어 있으며 곧 목질화 한다. 이런 근거로 펙틴다당류(galactaromans, galactans, arabinans)가 침엽수와 활엽수의 M+P에 높다. 침엽수에서 아라비노글루코만난(galactoglucomannan)은 세포벽 바깥쪽에서(P) 루멘(S_3)쪽으로 증가한다. 아라비노글루쿠노자일란(arabinoglucuronoxylan)은 세포벽 전체에 균일하게 분포되어 있다. 셀룰로오스는 S_2층에 가장 많다. 활엽수의 자일란은 중간층보다도 S층에서 높으며 S_1에서 S_3로 갈수록 자일란 함량이 낮아진다. 활엽수 셀룰로오스는 반대로 S_1에서 S_3로 갈수록 증가한다.

표 4-19 ▸ 가문비나무의 세포벽에서 농도와 질량에 따른 조성분 분포

조성분	농 도 (%)		질 량 (%)	
	(ML + P)	($S_1 + S_2 + S_3$)	(ML + P)	($S_1 + S_2 + S_3$)
리그닌	65	25	21	79
탄수화물	35	75	5	95
셀룰로오스	12	45	3	97
글루코만난	3	20	2	98
자일란	5	10	5	95
기 타[1]	15	<1	75	25

주. [1] 주로 펙틴 물질

표 4-20 ▸ 자작나무의 세포벽의 탄수화물 조성분 분포

조성분	세포벽층			
	ML/P	S_1	S_2 + 외층	S_3 + T
셀룰로오스	41.4	49.8	48.0	60.0
자일란[1]	25.2	44.1	47.7	35.1
글루코만난	3.1	2.8	2.1	5.1
아라반	13.4	1.0	1.5	0.0
갈락탄	16.0	1.2	0.7	0.0

주. [1] 4-O-메틸글루쿠로노자일란

세포 구성 요소와 세포벽 층에 따른 리그닌 농도와 함량은 표 4-21과 같다[9].

표 4-21 ▸ 자작나무의 세포 구성요소의 리그닌 분포

세포 구성요소	세포벽 층	조직의 양적비율 (%)	리그닌함량 (g)	리그닌농도 (g/g)
목섬유	ML/P	5.2	8.9	0.34 ~ 0.40
	CC	2.4	8.8	0.72 ~ 0.85
	S	73.4	59.9	0.16 ~ 0.19
도 관	ML/P	0.8	1.5	0.35 ~ 0.42
	S	8.2	9.4	0.22 ~ 0.27
방사유세포	S	10.0	11.4	0.22 ~ 0.27

활엽수 리그닌 농도는 중간층과 세포 간극에서 높으나, 리그닌 량은 2차벽에서 많다. 그 이유는 2차벽은 리그닌 농도는 낮지만, 그 두께가 현저히 더 두꺼우므로 리그닌 량이 높다. 2차벽 중에서도 S_2층이 가장 두꺼우므로 리그닌 량이 세포벽 중에서 가장 많다. 한편 세포 구성 요소들 중에서는 목섬유가 조직의 81%, 도관이 9%, 방사유세포가 10%의 양적 비율을 차지한다. 리그닌 함량도 목섬유가 77.6%, 도관이 10.9%, 방사유세포가 11.4%로 세포 구성요소가 차지하는 양적 비율과 리그닌 함량과 거의 유사하다.

3.3 바이오매스 조성분 화학

3.3.1 셀룰로오스

3.3.1.1 분자구조 [2,3,11,12]

셀룰로오스는 목질화된 세포벽의 구성 물질이며 광합성에 의하여 생성된 글루코오스(glucose)분자가 쇄상으로 연결되어 있는 고분자 화합물이다. 셀룰로오스 분자는 그림 4-12와 같이 글루코오스 분자가 β-1,4 위치에서 직선상으로 결합되어 있다. 각 글루코오스 분자는 C_2, C_3, C_6위치에 각각 -OH기를 지니고 있으며, 1차 알코올과 2차 알코올 화학반응이 대부분 이들 기(基)에서 일어난다. 인접한 2차 -OH기는 전형적인 글라이콜(glycol)구조이다.

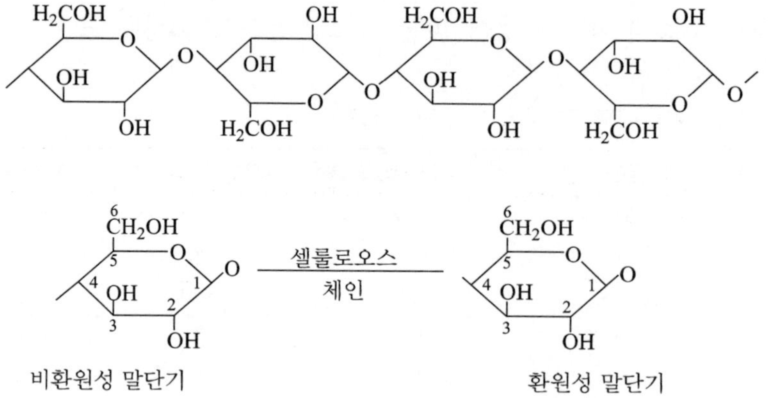

| 그림 4-12 | 셀룰로오스의 화학구조

셀룰로오스의 기본단위를 글루코오피란노오스(glucopyranose) 2개가 β-1,4 결합을 한 셀로바이오스(cellobiose)로 고려한다면, 셀룰로오스는 셀로바이오스의 등방성고분자로 간주될 수 있다. 셀룰로오스 체인의 양쪽 말단부의 -OH기는 서로 다른 거동을 보인다. C_1-OH에서 헤미아세탈(hemiacetal)구조는 아노모(anomer)현상이 일어나는 -OH기로서 환원성 특징을 가진다. 한편 셀룰로오스 체인의 다른 쪽 마지막 글루코오스의 C_4-OH기는 알코올성 -OH기이므로 비환원성이다.

셀룰로오스 분자의 크기는 셀룰로오스가 균일한 단위와 결합을 지닌 직선상 고분자이고, 체인분자의 크기가 일정하지 않으므로 일반적으로 DP(Degree of Polymerization)로 나타낸다. DP는 셀룰로오스 분자량/1개 글루코오스의 분자량으로 표시되며 글루코오스 분자량은 약 162로 나타낼 수 있다. DP에는 수평균분자량($\overline{DP}n$)과 중량평균분자량($\overline{DP}_W$)이 있다. 일반적으로 $\overline{DP}n < \overline{DP}_W$이며, 셀룰로오스의 경우 $\overline{DP}n/\overline{DP}_W$은 2 이하로 $\overline{DP}n$와 $\overline{DP}_W$은 서로 크게 차이가 나지 않는다.

목재의 천연 셀룰로오스의 $\overline{DP}n$은 10,000 내외로서 1.6백만 Da의 분자량을 지니며 분자 길이는 5.2μm이다. 목면은 $\overline{DP}n$가 15,000, 분자량은 2.4백만 Da, 분자 길이는 7.7μm로 보고되고 있다. 한편 화학펄프는 약품처리로 인하여 DP가 500 ~ 2,000으로 감소된다. 몇 가지 셀룰로오스의 DP는 표 4-22와 같다[2].

표 4-22 ▸ 점도법에 의한 셀룰로오스의 평균중합도

시 료	중합도	용액 종류
면(미개화), 미국	15,300	질산 셀룰로오스
면(개화), 미국	8,100	
린터면, 미국	1,000 ~ 5,000	
가문비나무	8,000	
방크스소나무	7,900	
백자작나무	9,400	
사시나무	10,300	
표백크라프트펄프[1)]	965	카도센 (cadoxene)
미표백크라프트펄프[1)]	975	
표백아황산펄프[2)]	1,225	
화학펄프[3)]	715	
레이온 섬유	305	

주. [1)] 가문비나무, 소나무, [2)] 가문비나무, [3)] 너도밤나무

셀룰로오스의 DP는 셀룰로오스의 출처와 용해방법(탈리그닌)에 따라 큰 차이가 있다. 목재 DP는 수령이 높을수록 감소한다. 즉, 형성층 인접부위에서 가장 높고 수방향으로 갈수록 DP는 감소한다.

글루코오스 단위가 6개 정도 결합한 탄수화물은 물에 용해된다. 그러나 30개 이상으로 결합하면 셀룰로오스의 특성을 지녀 물에 용해되지 않는다. 셀룰로오스의 용해는 결정구조와 비결정구조의 셀룰로오스 체인들이 밀집된 집단과 엉키고 휘말린 영역을 지닌 네트워크 상태에서 적당히 엉킨 망(entangled network) 상태와 분리된 집합(isolated association)을 통해 묽은 농도로 전환되는 것을 의미한다[13]. 셀룰로오스를 용해시키는 용제로는 동암모니아(Cuoxam, Cu/NH_4OH), 동에틸렌다이아민(Cuene, $Cu(OH)_2/H_2N\text{-}(CH_2)_2\text{-}NH_2$), 카독센($CdO/H_2N\text{-}(CH_2)_2\text{-}NH_2$) 등이 주로 이용된다. 한편 셀룰로오스의 유도체인 에스텔화합물이나 에텔화합물을 제조하여 각종 용매에 용해시켜 사용할 수도 있다[2].

셀룰로오스 체인들은 각각 또는 서로 간에 인접 글루코오스의 -OH기(group)에 의해 수소결합(H-bond)을 유지하고 있다. 이들 수소결합은 그림 4-13에서와 같이 분자 내 결합(intramolecular linkages)과 분자 간 결합(intermolecular linkages)이 있다. 전자는 동일 셀룰로오스 분자 체인에서 인접한 글루코오스 단위의 -OH간

에 결합이며, 후자는 인접한 셀룰로오스 분자 체인의 -OH기 간의 결합을 의미한다. 셀룰로오스 I의 분자간 결합은 OH-3′ … O-5와 OH-2…O-6′, 그리고 분자간 결합은 OH-3…OH-6를 예를 들 수 있다[14]. 수소결합이란 액체 상태에서 화합물 분자간에 센 인력이 작용하여 한 분자의 부분적으로 양성인 수소원자가 다른 분자의 전기음성적인 원자의 비공유전자쌍에 끌려 결합하는 것이다. 특히 O, N, F에 결합된 수소원자 즉 NH, OH, FH결합을 갖고 있는 화합물이다. NH-기나 OH-기가 서로서로 또는 O-, N-, 및 S-기와 서로 작용하여 O-H...O, N-H...N 등의 수소결합을 형성한다. 수소결합으로 형성된 최소단위는 피브릴(fibril)이고 이것들이 모여 세포층이 되고 최종적으로 전체 세포벽을 형성한다. 섬유와 섬유 사이에 결합을 형성하는 수소결합은 바이오매스의 강도 특성에 커다란 영향을 미친다[2].

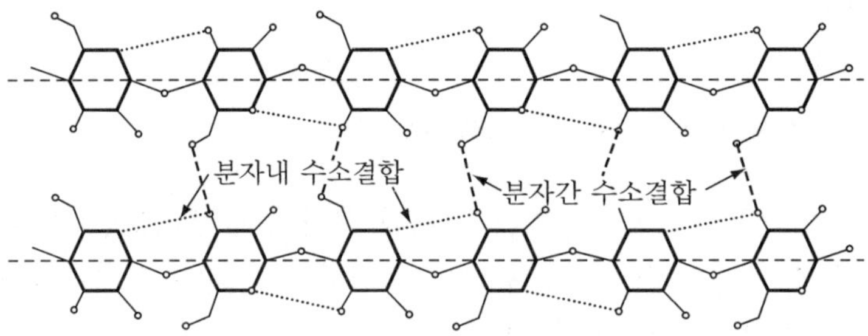

| 그림 4-13 | 2개의 인접한 셀룰로오스 체인들에서 형성되는 수소결합

수소결합은 셀룰로오스의 -OH 간에 또한 셀룰로오스의 -OH와 물의 -OH 사이에 존재한다. 물은 1분자 또는 여러 개 분자가 셀룰로오스 표면에 결합할 수 있다. 물 함량에 따라 한 분자 또는 여러 분자의 물이 그림 4-14에서와 같이 셀

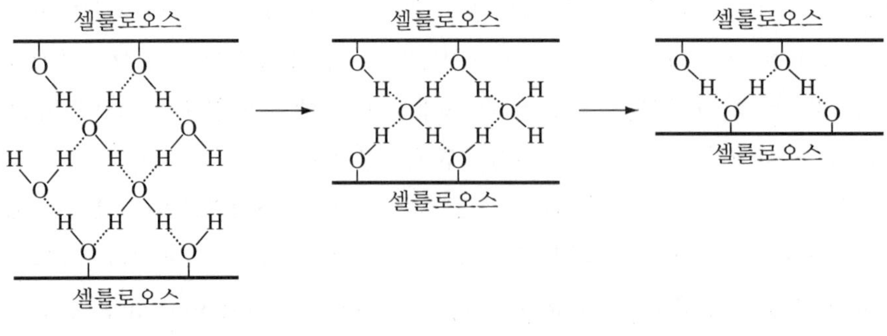

| 그림 4-14 | 2개의 인접한 셀룰로오스 표면에서 수분이 제거되면서 일어나는 수소결합의 변화

룰로오스 표면에 결합할 수 있다. 셀룰로오스가 물을 흡착(adsorption)할 경우는 물분자가 수소결합을 형성하면서 셀룰로오스가 팽윤(swelling)한다. 반면에 물이 제거되면 셀룰로오스는 수축한다. 바이오매스의 수분 함량은 효소 가수분해에도 영향을 준다[2].

셀룰로오스의 물의 수착은 자유 -OH기의 개수 혹은 서로 결합하지 않는 셀룰로오스의 -OH기에 의존한다. 셀룰로오스 섬유의 팽윤은 결정간 팽윤(intercrystalline swelling)과 결정 내 팽윤(intracrystalline swelling)으로 구분한다. 전자는 팽윤제가 마이크로피브릴의 비결정 영역과 피브릴 간에 침투하여 일어나는 팽윤이며, 후자는 마이크로피브릴의 결정 영역에서 일어나는 팽윤을 의미한다. 결정간 팽윤에서는 팽윤제에 의해 섬유의 부피와 무게가 증가하고, 팽윤제가 포어를 채우므로 팽윤제의 침투로 결정 간 결합이 파괴된다. 결정 내 팽윤에서는 결정영역의 결정격자의 치수변화가 일어난다. 즉, 격자 3면의 길이 중 한 곳의 길이가 증가한다[12].

표 4-23은 섬유가 물에서 팽윤할 경우 섬유의 치수변화를 나타내고 있다[15].

표 4-23 ▸ 물에서 팽윤에 의한 셀룰로오스 섬유들의 치수변화

종 류	횡단면 (%)	길 이 (%)	폭 (%)
목 면	48.6	+0.1	14
목면린터	21	–	–
코드레이온	50	–	–
섬유레이온	65	–	–
레이온	65	3 ~ 5	26

물에 의한 셀룰로오스 섬유의 팽윤은 수초 내에 이루어지는데 주로 횡단면에서 일어난다. 즉, 섬유의 횡단면과 폭의 증가가 크며 섬유의 길이 방향은 극히 적게 변화한다. 물에서 셀룰로오스의 팽윤은 건조에 의해 다시 수축된다. 수축정도는 침윤된 물의 양에 따라 건조시간에 크게 영향을 받는다.

3.3.1.2 미세구조

섬유에서 셀룰로오스 체인이 어떤 구조로 되어 있는가는 이론이 다분하다. 합성고분자에 단결정의 분자가 접힌체인(folded chain)구조를 지니므로 셀룰로오스 체인도 고분자이므로 당연히 이와 동일한 구조로 되어 있다고 인정되어 왔다. 그러나 접힌체인 구조로는 셀룰로오스의 특성을 잘 설명할 수 없으므로 근년에는 총상미셀설(fringe micellar theory)로 셀룰로오스 체인의 구조를 설명한다. 총상미셀설에 의하면 그림 4-15와 같이 1개의 셀룰로오스 분자가 수직방향으로 결정지역(crystalline regions)을 지나면 결정과 비결정지역의 명확한 구분이 없는 준결정지역(para-crystalline regions), 그리고 비결정지역(amorphous regions)으로 이어지며 이런 과정이 교대로 일어난다. 이들 영역간에는 명확한 경계가 없고 결정지역에서는 셀룰로오스 분자가 규칙 바르게 배열되며 비결정지역에서는 분자배열이 흐트러진다[16,17].

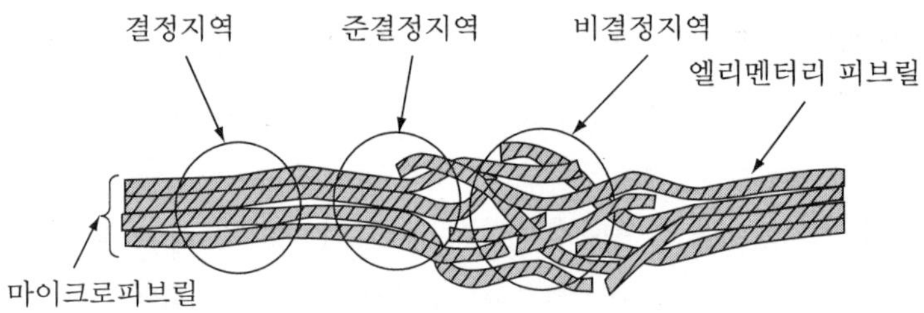

| 그림 4-15 | 피브릴 단위에서 셀룰로오스 체인의 배열

결정지역을 미셀(micelle)이라고도 하며 그 길이는 600 Å, 폭은 50 ~ 70 Å 정도이다. 셀룰로오스 체인이 다량 합쳐져서 두께가 5 ~ 6nm, 폭이 10 ~ 12nm인 마이크로피브릴(microfibril)을 이루는데, 이 마이크로피브릴은 몇 개의 엘리멘터리 피브릴(elementary fibril) 구조로 나누어 질 수 있다. 엘리멘터리 피브릴의 폭은 약 3.5nm이며 마이크로피브릴의 폭은 엘리멘터리 피브릴의 집합수에 따라 다르므로 일정하지 않다. 그러나 마이크로피브릴은 4개의 엘리멘터리 피브릴이 접합하여 이루어진다는 보고도 있다[3,18].

이미 언급한바와 같이 셀룰로오스 섬유는 결정지역과 비결정지역으로 구성되어 있는데 결정지역량을 결정화도(degree of crystallinity, crystallinity index)라고 한다. 결정지역을 측정하는 방법은 여러 가지가 있으나, 일반적으로 X선 회절도를 이용하는 방법과 묽은 산으로 셀룰로오스 섬유를 가수분해 시켜 잔사곡선으로부터 측정하는 방법이 이용된다.

목화, 마, 레이온 및 표백 목재펄프의 주성분인 셀룰로오스의 결정지역의 결정화도는 표 4-24와 같다[19,20].

표 4-24 ▸ 여러 종류의 셀룰로오스의 결정화도

셀룰로오스	결정화도 (%)
모시(라미, 저마)	72.0
목화린터(잔솜털)	71.3
표백아황산펄프(가문비나무)	67.8
표백아황산펄프(자작나무)	67.9
표백크라프트펄프(자작나무)	65.1
표백크라프트펄프(구주적송)	68.0
표백크라프트펄프(대나무)	59.9
레이온(인조견사)	45.0

셀룰로오스 섬유들의 결정영역의 크기는 수종에 관계없이 대부분 비슷하며, 편평한 리본 모양을 띠고 있다. 이미 언급한바와 같이 목재섬유의 경우 X선 측정법에 의한 결정영역의 길이는 60nm, 폭은 6nm이며 비스코스레이온은 각각 30nm, 4nm로 알려졌다[3]. 결정영역의 길이는 평형중합도(한계중합도, leveling-off degree of polymerization)를 측정하고 여기에 × 0.5nm하여 계산하는 방법도 있다. 이 방법에 의한 목면과 목재 섬유 셀룰로오스의 결정영역 길이는 150nm로서 X선 측정법에 의한 측정치보다 현저히 높다.

결정화도는 셀룰로오스 섬유의 화학적, 물리적 및 기계적 특성에 큰 영향을 미친다. 결정화도의 크기, 형상, 배향성, 배열도 등에 따라 약간의 차이는 있으나, 일반적으로 결정화도가 증가하면 경도, 밀도, 치수안전성, 강도 등이 함께 증가한다. 한계중합도가 높으면 결정화도(crystalinity)가 높으며 미생물 분해도 어렵다[21]. 결정화도가 감소하면 강인성과 유연성이 감소한다. 기계적인 방법으로 결정지역을 파괴하면 결정화도는 감소하나 수분에 노출시키면 재 결정화 한다. 결정지역에서는 효소 또는 산 가수분해가 느리게 일어난다.

3.3.1.3 포어 구조와 내부표면적

섬유 세포벽에서는 피브릴구조와 더불어 포어(pore), 모세관, 공극, 틈새 등도 매우 중요하다. 이들 포어는 크기와 모양이 일정하지 않다. 전체 포어부피와 평균 포어크기 이외에 크기 분포, 포어의 모양까지 파악해야 포어크기를 완전하게 이해할 수 있다. 왜냐하면 그런 인자들이 셀룰로오스의 불균일 화학반응에서 결정적인 역할을 하기 때문이다.

표 4-25는 SAXS(소각 X-ray 산란법, small angle X-ray scattering)에 의한 몇 가지 셀룰로오스의 포어에 관한 수치들이다[22,23].

표 4-25 ▶ 몇 가지 셀룰로오스 시료의 포어에 대한 데이터

종 류	포어의 부피 (%)	포어의 내부 표면적 (m^2/g)	평균 포어크기의 파라미터 (nm)
린터 목면	1.7 ~ 1.8	5.3 ~ 6.0	11.6 ~ 13.1
용해용펄프[1)]	0.7 ~ 1.5	1.7 ~ 3.2	10.1 ~ 25.4
크라프트펄프[2)]	1.2	3.7	13.1
셀룰로오스분말[3)]	1.4	5.2	10.4
셀룰로오스분말(알칼리화)	1.7	15.8	4.4
셀룰로오스분말(효소처리)	2.5	6.2	15.9

주. [1)] 아황산펄프로 제조, [2)] 전가수분해 처리된 펄프
[3)] 가문비나무 아황산 펄프를 부분 가수분해와 기계적 처리로 제조

아황산펄프로 제조한 용해용펄프와 전 가수분해한 후에 크라프트 펄핑을 하여 제조한 용해용펄프 모두 폭 넓은 포어 범위를 지니고 있다. 셀룰로오스 분말을 알칼리로 처리할 경우 미세포어 표면은 현저히 증가하나 포어의 직경은 감소하였다. 한편 효소처리는 현존하는 포어를 확장시켰다. 즉, 포어의 부피와 포어의 직경이 증가하였다.

포어분포와 전체 포어부피는 셀룰로오스 섬유 시료의 건조와 팽창처리에 민감하게 변화한다. 셀룰로오스를 첫 번째 건조할 경우, 포어부피가 현저히 감소하고 건조 이전 상태로 돌아가지 못한다. 왜냐하면 피브릴 단위의 견고한 응집력에 의해 각질화(hornification)가 일어나기 때문이다. 물, 에탄올 및 아민과 같은 용액 내에서 셀룰로오스 섬유의 결정 내 팽윤과 결정간 팽윤은 포어의 부피를 증가시킨다. 이렇게 증가된 포어부피는 동결건조나 용액치환과 같은 적당한 건조처리에도 유지된다.

포어와 공극이 존재하기 때문에 셀룰로오스 섬유의 전체 표면적은 실제 치수에 의한 면적을 훨씬 초과한다. 내부 표면적은 시료의 종류, 출처, 측정방법 등에 따라 1 ~ 1,000m^2/g로 폭이 넓다. 표 4-26은 BET방법에 의한 몇 가지 셀룰로오스 시료들의 내부 표면적이다[24].

표 4-26 ▸ BET측정에 의한 셀룰로오스들의 내부 표면적

종 류	전처리	표면적 (m^2/g)
가문비나무 아황산펄프	–	0.35
가문비나무 아황산펄프	물로 팽창, 동결 건조	5.3
목 면	–	0.60 ~ 0.72
비스코스레이온(짧은 섬유)	–	0.3 ~ 0.4

물로 팽창시킨 후에 동결건조시킨 것이 내부 표면적이 가장 크다. 셀룰로오스 섬유를 건조시키면 내부 표면적이 상당히 감소하며, 다시 팽윤시켜도 일부만 회복된다. 목면이나 목면린터는 목재펄프보다 내부 표면적이 적다. 비스코스레이온과 레이온(staple)은 목면보다 내부표면적이 넓다.

3.3.2 헤미셀룰로오스

헤미셀룰로오스(hemicellulose)는 셀룰로오스 다음으로 자연계에서 천연으로 다량 존재하는 다당류이다. 일반적으로 헤미셀룰로오스를 셀룰로오스와 펙틴계 다당류를 제외한 식물의 세포벽을 구성하는 다당으로 정의한다.

헤미셀룰로오스와 셀룰로오스 차이점은 표 4-27과 같다.

표 4-27 ▸ 헤미셀룰로오스와 셀룰로오스의 차이

항 목	헤미셀룰로오스	셀룰로오스
구성 당 단위	헤테로다당류(여러 종류의 당)	글루코피라노오스(1종)
측 쇄	있다	없다
결정지역	없다(측쇄 제거 후 생성)	있다
$\overline{DPn}$	100 ~ 200	7,000 ~ 15,000
알칼리 용해	묽은 알칼리에 용해	용해하지 않는다
물에 용해	아라비노갈락탄은 용해	용해하지 않는다

3.3.2.1 침엽수의 헤미셀룰로오스 [1–3,9]

침엽수재는 그림 4-16에서와 같이 글루코오스와 만노오스가 주쇄이며 아세틸기와 갈락토오스 잔사가 측쇄로 결합되어 있는 O-아세틸-갈락토글루코만난(O-acetyl-galactoglucomannan)을 20 ~ 25% 함유하고 있다.

갈락토오스가 적은 부분에서 만노오스, 글로코오스, 갈락토오스의 비는 약 3 ~ 4

: 0.2 ~ 1 : 0.1이며, 갈락토오스 양이 많은 부분에서는 이들 비율이 3 : 1 : 1이다. 일반적으로 적은양의 갈락토오스 부분을 글루코만난이라고 한다. 아세틸기 함량은 전체 글루코만난의 6% 정도이며 헥소스당 3 ~ 4개에 1개의 아세틸기가 결합되어 있다. 글루코오스와 만노오스의 C-2와 C-3의 위치에 아세틸기가 치환되어 있다. α-D-갈락토피라노오스 단위는 α-1→6 결합으로 주쇄에 연결되어 있다.

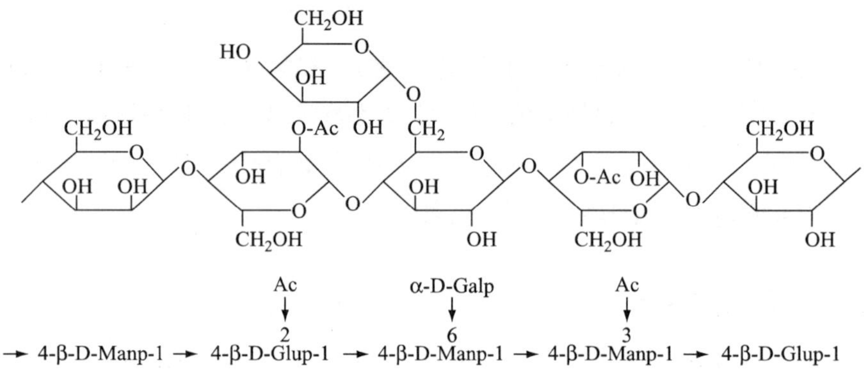

| 그림 4-16 | 침엽수재의 O-아세틸-갈락토글루코만난의 화학구조

침엽수재는 헤미셀룰로오스 성분으로 그림 4-17과 같이 아라비노-4-O-메틸글루쿠로노자일란(arabino-4-O-methylglucuronoxylan)도 5 ~ 10% 정도 함유하고 있다. β-1 → 4 결합의 D-자일로피라노오스가 주쇄를 이루며 C-2 위치에 자일로오스 단위 10개에 평균 2개의 4-O-메틸글루쿠론산이 결합되어 있다. 또한 α-L-아라비노퓨라노오스(α-L-arabinofuranose)는 자일로오스 단위 10개에 평균 1.3개 정도로 결합되어 있다.

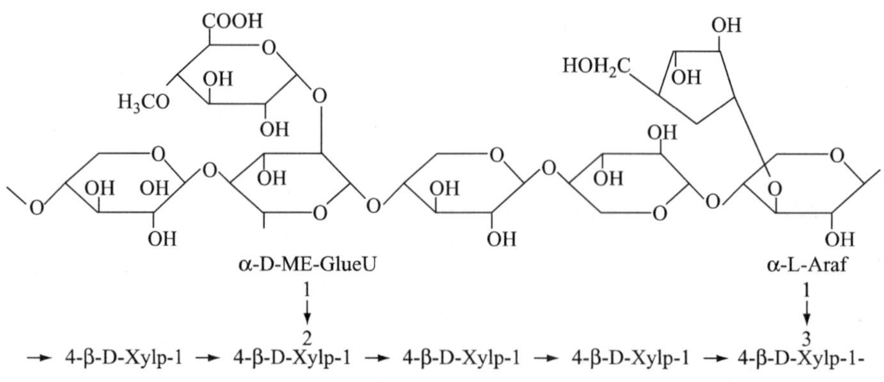

| 그림 4-17 | 침엽수재의 아라비노-4-메틸글루쿠노자일란의 화학구조

압축이상재의 자일란은 아라비노오스의 비율을 제외하고는 정상재의 자일란과 비슷하다. 아라비노오스 함량은 압축이상재에서 낮다.

3.3.2.2 활엽수의 헤미셀룰로오스 [1,2,3,11]

활엽수재의 자일란은 그림 4-18과 같이 β-1→4 글리코시드 결합으로 연결된 자일로오스가 주쇄를 이루고 있다. 4-O-메틸글루쿠론산이 자일로오스에 α-1→2 결합을 하고 있으며, 자일로오스 단위의 C-2와 C-3위치의 대부분의 -OH기에 O-아세틸기가 치환되어 있다. 따라서 활엽수재의 자일란을 O-아세틸-4-O-메틸글루쿠로노자일란(O-acetyl-4-O-methylglucuronoxylan)이라 부르며 목재에 약 20 ~ 30% 함유되어 있다. 아세틸기는 자일로오스 단위 10개에 7개가 치환되어 있으며, 우론산은 1개가 α-(1→2) 결합으로 연결되어 있다. 또한 활엽수재 자일란은 작은 양의 람노오스와 갈락우론산을 함유하고 있다.

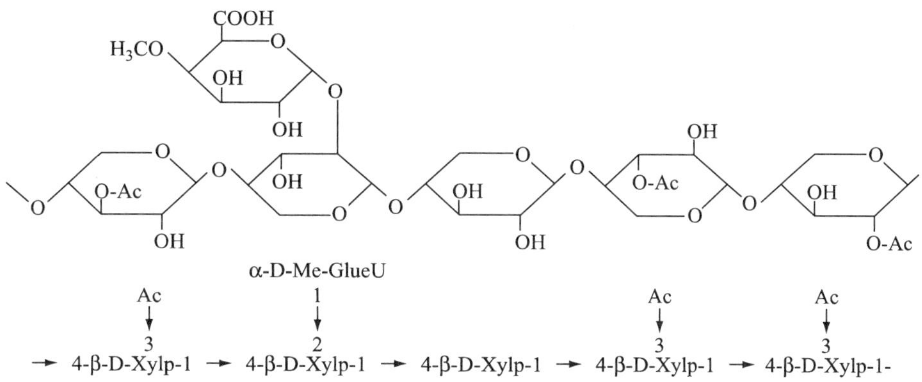

| 그림 4-18 | 활엽수재의 O-아세틸-4-O-메틸글루쿠로노자일란의 화학구조

활엽수재의 글루코만난은 글루코오피라노오스와 만노피라노오스가 글시코시드 결합을 하여 주쇄를 이루며 측쇄는 극히 적다. 글루코오스와 만노오스의 비율은 수종에 따라 다른데 일반적으로 1 : 2와 1 : 1범위이다. 한편 만노오스와 만노오스의 연결부위가 만노오스와 글루코오스의 결합보다 산 가수분해에 더 강하다. 이러한 글루코만난은 활엽수재에 약 3 ~ 5% 함유되어 있다.

아라비노갈락탄(arabinogalactan)은 수용성 다당으로 침엽수재와 활엽수에는 0.5 ~ 3.0% 정도 함유되어 있으나 Larix속 수종의 심재에는 10 ~ 25% 정도 존재한다. 한편 변재에는 거의 함유되어 있지 않다.

일반적으로 갈락탄은 수많은 측쇄로 연결되어 있다. 그림 4-19와 같이 일본잎갈나무의 경우 주쇄로는 갈락토오스 단위가 β-(1→3)결합을 하고 있으며 측쇄로서는 갈락토오스 단위, 갈락토오스와 아라비노오스의 단위, 아라비노오스 단위 및 글루쿠론산 단위가 β-(1→6) 결합으로 주쇄에 결합되어 있다. 갈락토오스 단위와 아라비노오스 단위의 비율은 6 : 1이며 아라비노오스 단위들의 1/3은 피란노오스형이며 나머지 2/3는 퓨라노오스형이다. 낙엽송류의 아라비노갈락탄의 $\overline{DP}n$은 2,000 정도이며 $\overline{DP}_W$는 75,000 정도이지만 개체 간에 차이가 크다.

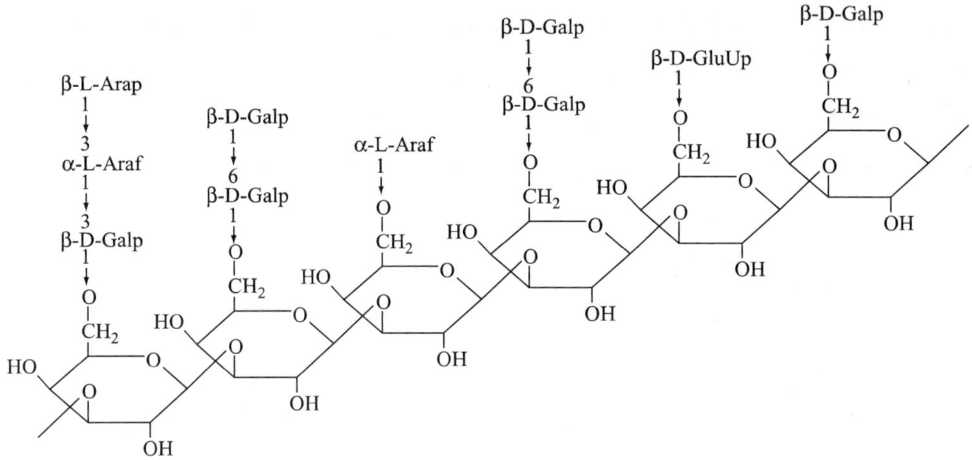

| 그림 4-19 | 일본잎갈나무재의 아라비노갈락탄의 화학구조

일본잎갈나무에서 갈락탄함량은 줄기 하부에 상부로 올라갈수록 증가하고 또한 횡단면에서는 수에서 변재부로 진행할수록 높다. 압축이상재와 인장이상재 모두 갈락탄함량이 정상재보다 높다.

이상에 언급한 다당류 이외에도 글루칸(glucans)으로 전분, 칼로오스(callose), 라리시난(laricinan), 자일로글루칸(xyloglucan) 및 후코자일로글루칸(fucoxyloglucan)이 있으며, 갈락탄(galactans)으로는 전술한 아라비노갈락탄 이외에 아라비난(arabinan), 활엽수의 아라비노갈락탄(arabinogalactan), 갈락투로난(galacturonan), 람노갈락투로난(rhamnogalacturonan) 등이 있다.

3.3.2.3 헤미셀룰로오스의 특성 [2,11]

목질화가 적게 일어난 활엽수재나 초본류에서는 알칼리추출로 헤미셀룰로오스의 상당량을 추출할 수 있다. 그러나 침엽수재와 대부분의 활엽수재에서는 탈리그닌화 과정을 거쳐 홀로셀룰로오스를 제조한 후에, KOH나 NaOH같은 알칼리로 추출하여 헤미셀룰로오스를 회수한다. 추출한 헤미셀룰로오스를 gel여과, 착염형성, 이온교환수지 등을 통하여 정제한다.

천연 자일란과 만난에는 결정영역이 없다. 그러나 자일란의 경우 아세틸기와 우론산을 제거하면 재결정화하고, 만난도 측쇄가 제거되면 재결정화한다. 자일란의 재결정은 두께가 0.5nm인 작은 육각형이 여러 층으로 겹쳐있다. 물이 결정체에 영향을 주며 체인 간 수소결합이 형성된다.

자일란은 CH_2OH가 없으므로 셀룰로오스보다 유연성이 높은 피브릴을 형성하고 있다. 피브릴은 글루코만난의 경우 1.2nm, 자일란은 2~3nm의 직경을 지닌 피브릴 소단위(subunits)로 구성되어 있다.

헤미셀룰로오스의 $\overline{DPn}$은 100~200 정도이다. 한편 아라비노갈락탄은 천연상태에서는 상당히 높을 것으로 유추되나 추출과 정제과정에 단리되어 $\overline{DPn}$이 낮아졌다고 본다. 헤미셀룰로오스의 용매는 셀룰로오스 용해에 사용하는 것과 동일하다. 일반적으로 DP는 수종과 분리방법에 따라 좌우된다.

헤미셀룰로오스는 결정영역이 없으므로 화학반응이 셀룰로오스에 비하여 쉽게 일어난다.

침엽수재의 아라비노-4-O-메틸글루쿠로노자일란의 측쇄 구조인 아라비노오스는 산에 의해 쉽게 가수분해 된다. 아라비노오스가 제거되거나 우론산이 있는 주쇄 부분은 알칼리 분해에 안정성이 있다. 한편 활엽수재에서 자일란의 자일로시드(xylosic bond)결합은 산에 쉽게 가수분해 되지만, 우론산과 자일로오스 결합부위는 산에 강하다. 자일란에 결합한 아세틸기는 알칼리 조건에서 쉽게 단리되어 초산염을 형성하며, 열수에서는 아세틱산을 형성하여 가수분해를 유도한다. 이러한 방법을 바이오매스 전처리 방법에서도 응용하고 있다.

3.3.3 리그닌

리그닌은 셀룰로오스 다음으로 자연계에서 가장 많이 존재하는 고분자 물질이다. 리그닌은 유관속을 지닌 고등식물의 세포벽에 존재하여 식물의 목질화를 유도하며 지지작용을 한다. 침엽수재에는 약 25~30%, 활엽수재는 20~25% 정도의 리그닌을 함유하고 있다. 리그닌의 구성원소는 탄소, 수소 및 산소이며 갈색을 띠는 무정형의 고분자 화합물이다.

3.3.3.1 리그닌의 구조

리그닌의 생합성은 글루코오스가 쉬킴산(shikimic acid)과 프리펜산(prephenic acid)을 거쳐 2 종류의 방향성 아미노산, 즉 L-페닐알라닌(L-phenylalanine)과 L-타이로신(L-tyrosine)을 생성하며 시작한다. 특히 초본류는 주로 L-타이로신 생성 과정을 거친다. L-페닐알라닌은 탈아미노산 반응과 히드록실기를 받아 신남산(cinnamic acid)을 거쳐 p-쿠마르산(p-coumaric acid)로 전환되며, L-타이로신에서는 탈아미노산 반응이 일어나 p-쿠마르산(p-coumaric acid)로 전환된다. 그 다음으로 히드록실기와 메톡실기를 얻는 과정, 그리고 카르복실기가 1차알코올로 환원하는 과정을 거쳐 그림 4-20과 같은 리그닌 합성의 전구물질이 생성된다. 이 과정의 모든 반응은 효소에 의하여 진행된다[2].

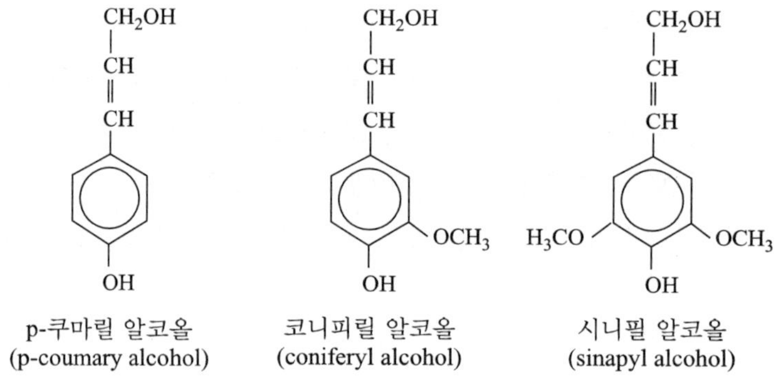

| 그림 4-20 | 리그닌의 구성단위(단량체)

리그닌 분자는 이상의 3 종류의 단량체(monomer)가 그림 4-21에서와 같이 페록시레이스(phenoxtlase)에 의한 과산화수소, 또는 리게이스(lyase)에 의한 산소 분자가 존재하는 조건에서 반응하여 프리라디칼(free radicals)을 형성한다. 이들 단량체의 페놀 수산기가 직접, 혹은 이온 상태를 거쳐서 페녹시라디칼(phenoxy radicals)화 한다[25].

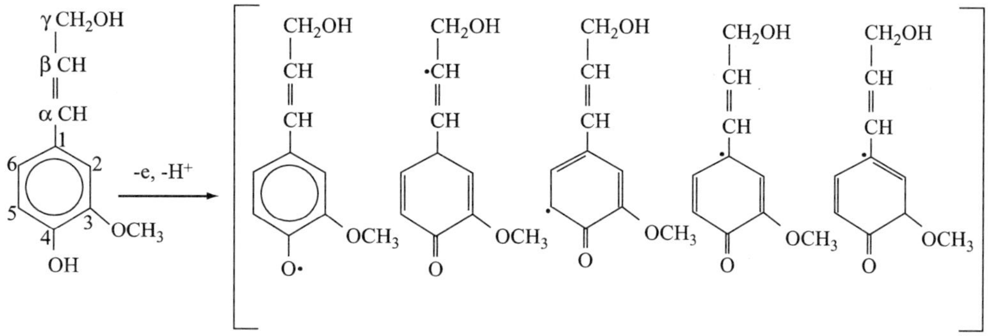

| 그림 4-21 | 리그닌 모노머가 탈수소화 효소에 의해 공명 안정화된 페녹시라디칼 생성 반응

이 라디칼들이 에테르결합, 또는 탄소-탄소결합 방식을 통해 그림 4-22와 같은 이합체(이량체, dimer)를 생성한다. 이합체들의 생성 비율은 표 4-28과 같이 침엽수와 활엽수 간에 차이가 있다. MWL(milled wood lignin)을 산 가수분해하여 생성된 이합체를 분석한바에 따르면 β-O-4 결합이 가장 많으며, 그다음으로 침엽수재에는 β-5와 5-5결합이, 활엽수재는 α-O-4와 5-O-4결합이 각각 높다. 리그닌 구조에서 페닐프로판(phenylprophan) 단위의 2/3 이상이 에테르결합이며 나머지가 탄소-탄소결합으로 이루어져 있다[26].

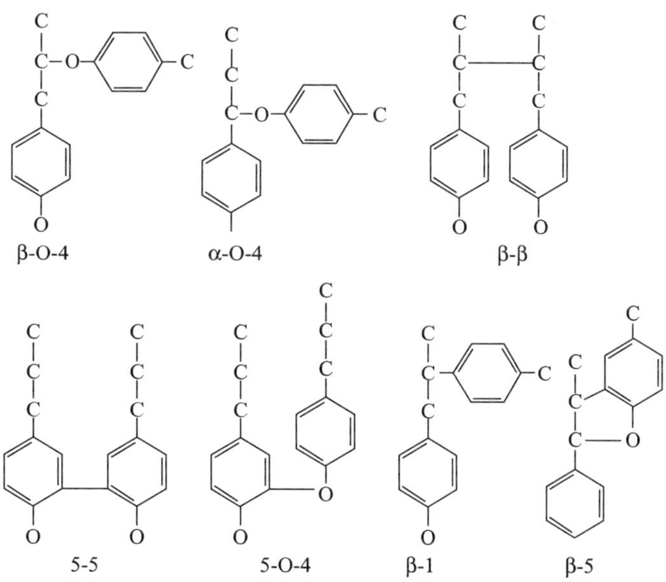

| 그림 4-22 | 페닐프로판 구조 사이에 생성되는 결합구조(이량체)

표 4-28 ▸ MWL에 존재하는 이량체들의 비율 (%)

	이량체	침엽수	활엽수
A	β-O-4	48	60
B	4-O-C	2	2
C	α-O-4	6 ~ 8	6 ~ 8
D	β-5	9 ~ 12	6
E	β-2, β-6	2.5 ~ 3	1.5 ~ 2.5
F	5-5	9.5 ~ 11	4.5
G	5-O-4	3.5 ~ 4	6.5
H	β-1	7	7
I	β-β	2	3

주. 가문비나무와 자작나무

그 다음 이량체들의 커플링(coupling)반응과 생성된 올리고 중합체의 끝 부분에 계속적으로 엔드와이스 중합반응(end wise polymerization)을 일으켜서 그림 4-23과 같이 이합체 또는 삼, 사합체를 구성하며, 이들이 대량중합반응(bulk

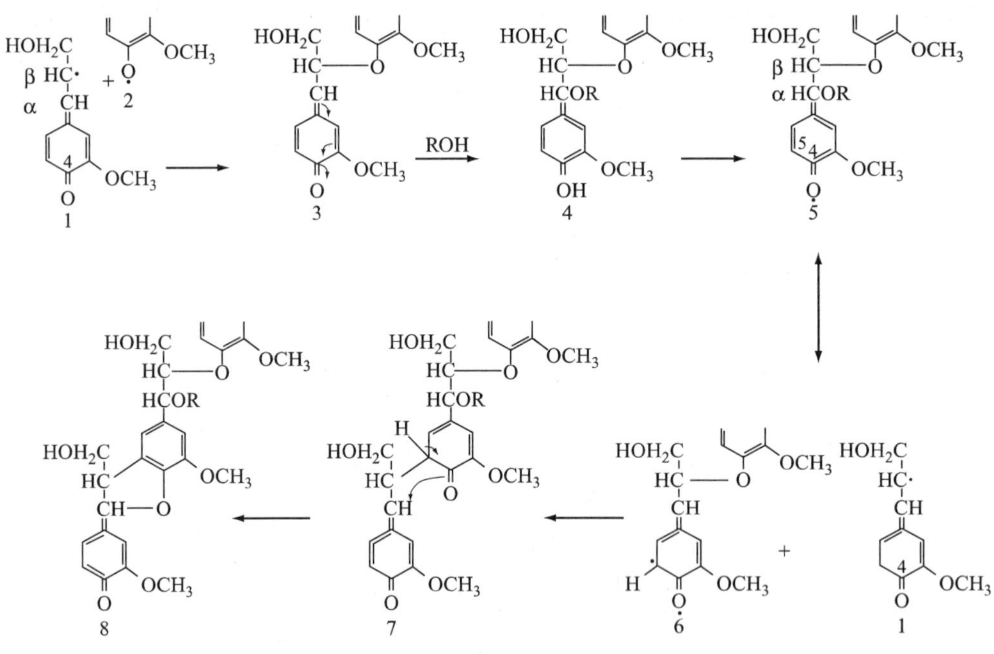

| 그림 4-23 | 단량체라디칼의 커플링과 엔드와이스 (1.과2. 단량체라디칼, 3. β-O-4 커플링의 중간 생성물질인 퀴논메타이드, 4. β-O-4 이량체, 5와 6은 β-O-4 커플링의 라디칼화, 7. β-O-4 이량체의 퀴놀메타이드화 및 α-O-4 커플링 형성, 토오토메리반응으로 내부에 환형성, 8. 삼량체인 페닐쿠마란 구조 형성)

polymerization)에 의해 거대한 고분자체를 형성한다[26]. 리그닌의 분자식은 일정하지 않으며 단지 여러 가지 화학적인 방법에 의하여 분리한 리그닌으로부터 추정할 따름이다.

3.3.3.2 리그닌의 정색, 단리 및 정량 [2,27,28]

리그닌의 정색반응(color reaction)은 식물의 목질화의 진행을 연구하고 리그닌의 분포를 파악하는 데 중요하다. 리그닌의 정색반응은 수많은 방법들이 있으나 그 중에서도 가장 간편하고 정확한 방법은 Mäule 반응이다. 시료를 과망간산칼륨 및 묽은 염산으로 처리한 후에 암모니아수로 세척하면, 시린질(syringyl)핵에 메톡실가 많은 활엽수 리그닌은 적자색으로, 침엽수 리그닌은 엷은 주황색으로 각각 변한다. 이 방법은 침·활엽수재를 구별하는데도 이용할 수 있다.

리그닌의 단리는 리그닌 연구에 매우 중요하다. 특히 바이오매스를 산 또는 효소로 가수분해할 경우 잔존하는 리그닌의 이용을 위해서는 더욱 필요하다. 리그닌을 단리하는 방법은 리그닌을 제외한 다른 성분을 용해시키고 리그닌을 불용성 잔사로 얻는 방법과, 리그닌을 용매로 반응시켜 가용성 리그닌으로 단리하는 방법이 있다. 시료가 함유한 리그닌의 일부만을 분리하면 단리라고 하지만, 함유 리그닌을 전부 단리한다면 여기서 단리는 정량과 같은 의미가 된다.

불용성 리그닌으로 단리하는데는 주로 진한 산이 사용되므로 정량 방법과 거의 같다. 가용성 리그닌은 산, 일칼리 및 유기용매로 펄핑한 후에 폐액에서 분리하거나, 유기용매로 추출, 및 효소 및 기계적 처리를 병합하여 단리한다. 목질계 바이오매를 전처리할 경우 약품과 처리 방법에 따라 이들 리그닌을 회수할 수 있다.

리그닌의 종류도 무수히 많은데, 그 이유는 어떤 약품과 방법으로 단리하느냐에 따라 명칭이 붙여지기 때문이다. 정량적 단리에서는 황산 리그닌(klason lignin)과 염산 리그닌(willstätter lignin), 산업용의 소오다 리그닌, 크라프트 리그닌(kraft lignin), 알코올 리그닌 등이 있으며, 연구용으로는 초산 리그닌, 아세톤 리그닌, 페놀 리그닌, 천연 리그닌(brauns/native lignin), Björkman 리그닌(MWL) 등이 있다. 이들 리그닌 중에서도 화학적으로 가장 적게 변화된 MWL이 리그닌 연구에 가장 많이 이용된다.

리그닌을 정량하는 방법도 여러 가지가 있으나 가장 일반화된 방법은 황산 리그닌 정량 방법이다. 황산으로 산 이외의 물질을 가수분해시켜 용출시키고 찌꺼기로 남는 부분을 리그닌으로 한다. 즉, 추출물이 제저된 시료를 72% 황산으로 1차 가수분해를 시키고, 이것을 3% 용액으로 희석한 다음, 일정 시간 동안 가열하여 리그닌 이 외의 성분인 탄수화물과 기타 성분들을 용해시켜 제거한다. 리그닌은 글라스필터에 잔사로서 남는다(Tappi Standard T 22-os-74 참조). 그러나 이 방법도 리그닌의 일부가 산에 용출되는데에 문제점이 있다. 특히 시린길(syringyl)핵이 많은 활엽수 리그닌이 침엽수 리그닌보다 더 많은 가용성 리그닌을 함유하고 있다. 침엽수재에서는 산 가용성 리그닌(acid soluble lignin)이 0.5% 미만이지만 활엽수재는 2 ~ 5%를 함유한다.

산 가용성 리그닌은 리그닌의 자외선 흡수 스펙트라가 205nm와 280nm에서 최대 수치를 나타낸다는 것을 근거로 하여 정량한다. 스펙트라 205nm로부터 280nm 범위의 어느 지점에서도 리그닌 농도와 흡수치는 일직선 상에 있다. 따라서 황산 리그닌 정량에서 여과된 용액을 회수하여 흡수치를 구하고, 주어진 리그닌의 흡수 상수(extinction coefficient)를 이용하여 산 가용성 리그닌을 계산한다.

3.3.3.3 리그닌의 특성

리그닌의 원소구성은 침엽수 리그닌의 경우 C : H : O 비가 64:6:30, 그리고 활엽수 리그닌은 59 : 6 : 39이다. 리그닌을 구성하는 페닐프로펜 단위(phenylpropane unit)는 방향핵의 C_6와 C_3의 측쇄구조를 지니고 있다. 이들 방향핵과 측쇄에는 특징적인 관능기를 지니고 있다. 표 4-29에서 보는바와 같이 침엽수 리그닌은 페놀성 수산기와 카르보닐기가 활엽수 리그닌보다 많다. 한편 활엽수 리그닌은 메톡실 함량이 뚜렷이 높다[1].

표 4-29 ▸ 천연 리그닌의 관능기(100개의 C_6C_3 기준)

관능기	침엽수 리그닌	활엽수 리그닌
메톡실기	90 ~ 95	140 ~ 160
페놀성 수산기	20 ~ 30	10 ~ 20
측쇄(알리파틱) 수산기[1)]	115 ~ 120	110 ~ 115
카르보닐기	20	15

주. [1)] 1차와 2차 수산기의 합

리그닌에 결합된 페닐프로펜 단위(C_6-C_3 구조)의 방향핵의 기본 구조는 구아이아실(guaiacyl)핵, 시링길(syringyl)핵, 및 p-히드록시페닐(p-hydroxyphenyl)핵이다. 이들 명칭은 그림 4-24와 같이 전술한 리그닌 전구물질 3종류 단량체에서 알릭파틱 체인(C_3 구조)의 어떤 변화에도 관계 없이(예외 측쇄 있음) 방향핵의 메톡실기의 수와 위치에 따라 결정한 것이다. 표 4-30과 같이 침엽수 리그닌은 주로 구아이아실 리그닌과 소량의 시링글 리그닌과 p-히드록시페닐 리그닌로 구성되어 있다. 활엽수 리그닌은 주로 구아이아실 리그닌과 시링글 리그닌으로 그리고 소량의 p-히드록시페닐 리그닌이 함유되어 있다. 한편 초본류는 목본식물에 비교하여 상당량의 p-히드록시페닐 리그닌을 함유하고 있다[27].

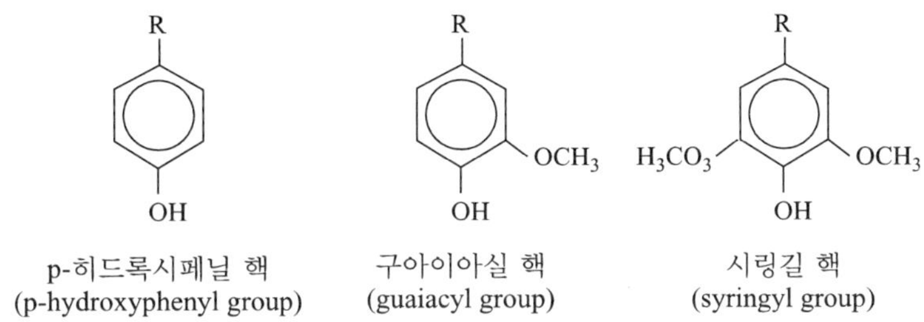

| 그림 4-24 | 리그닌을 페닐프로펜 단위의 방향핵의 기본구조

표 4-30 ▸ 방향핵의 구조에 따른 초본과 목본 식물의 리그닌 비교 (%)

리그닌 종류	침엽수	활엽수	초본류
구아이아실 리그닌	80	53	27
시링글 리그닌	6	43	43
p-히드록시페닐 리그닌	14	4	30
계	100	100	100

리그닌의 가수분해와 알칼리 펄핑 과정 중에 일어나는 리그닌의 분해는 바이매스 전처리 과정에서 매우 중요하지만, 이 분야는 다른 커다란 영역이므로 여기서는 생략하고자한다. 이 분야에 관한 다른 서적들을 참조하기를 바란다.

식물 자체에 존재하는 천연 상태의 리그닌 중합도는 정확하게 알 수 없다. 그러나 침엽수 MWL 리그닌을 여러 가지 방법으로 측정한바 $\overline{DP}_W$은 7,000 ~ 21,000이며, 활엽수 리그닌은 이 수치보다 약간 적다. $\overline{DPw}/\overline{DPn}$은 2.3 ~ 3.5 정도로 셀룰로오스나 셀룰로오스 유도체와 비교하여 약간 높다. 그러나 리그닌의 중합도는 분리 방법에 따라 너무 다양하다.

전자현미경 상에서 리그닌은 구형 입자이며, 크기는 10 ~ 100nm 범위로 리그닌 종류에 따라서 서로 다르다[2].

리그닌은 열가소성이며 유리전이점(glass transition point)은 127 ~ 235°C로서 비교적 높다. 리그닌이 수분을 흡수할 경우에는 유리전이점이 낮아진다. 그러나 리그닌의 유리전이점은 수종, 단리 방법, 분자량 등에 따라 차이가 크다.

리그닌에도 수산기가 존재하므로 분자 내 및 분자 간의 수소결합이 존재한다. 리그닌 내에 수소결합이 많을수록 용제에 대한 리그닌의 팽윤성과 용해성이 증가한다. 리그닌의 비중은 1.35 ~ 1.50 범위이다[3].

3.3.3.4 리그닌과 탄수화물의 결합

리그닌은 세포벽 탄수화물 사이에 집적되어 있는 것이 아니라 그들의 일부와 회합(association)되었거나 결합되어 있다는 주장이 오래 전부터 알려져 왔다. 이러한 사실은 수많은 연구로서 증명되었고, 현재는 리그닌과 탄수화물의 결합을 리그닌-탄수화물 복합체(lignin-polysaccharide complex, LPC; lignin-carbohydrate complex, LCC)라고 부른다.

일반적으로 리그닌은 헤미셀룰로오스와 물리/화학적 결합을 이루고 있으나, 셀룰로오스와는 어떠한 결합도 형성하지 않는다고 알려져 왔지만, 최근 들어 리그닌이 셀룰로오스와 결합하고 있다는 증거들이 드물게 제시되고 있다. 대표적인 리그닌-탄수화물 결합 양식은 그림 4-25와 같이 헤미셀룰로오스의 측쇄를 구성하고 있는 아라비노오스, 갈락토오스 및 메틸글루쿠론산(methylglucuronouronic acid)이 리그닌의 Cα 위치에서 이루는 에테르 또는 에스테르결합 방식, 그리고 리그닌 방향환의 4번 위치의 수산기와 글루코만난의 C-1번의 수산기의 페닐 글리코시드(phenyl glucosidic)결합을 예로 들 수 있다. 이러한 리그닌-탄수화물 결합으로 인하여 목질바이오매스의 산 가수분해 과정에서 탄수화물과 리그닌이 완전하게 분리 되지 않는 이유이다[29,30].

탄수화물의 수소결합, 그리고 리그닌과 탄수화물의 결합을 근거로 하여 목재 내부에서 이들 성분 사이의 결합을 그림 4-26에서와 같이 리그닌-헤미셀룰로오스 브럭(block)에 의해 방사방향과 접전방향으로 단리된 셀룰로오스-헤미셀룰로오스 층으로 구성된 모델이 제시되었다[31]. 이 모델을 그림 4-27에서 좀 더 자세히 보면 셀룰로오스는 헤미셀룰로오스의 체인의 수산기 사이에 수소결합을 형성하고 헤미셀룰로오스의 측쇄는 리그닌과 화학적으로 결합한 형태를 나타내고 있다[32].

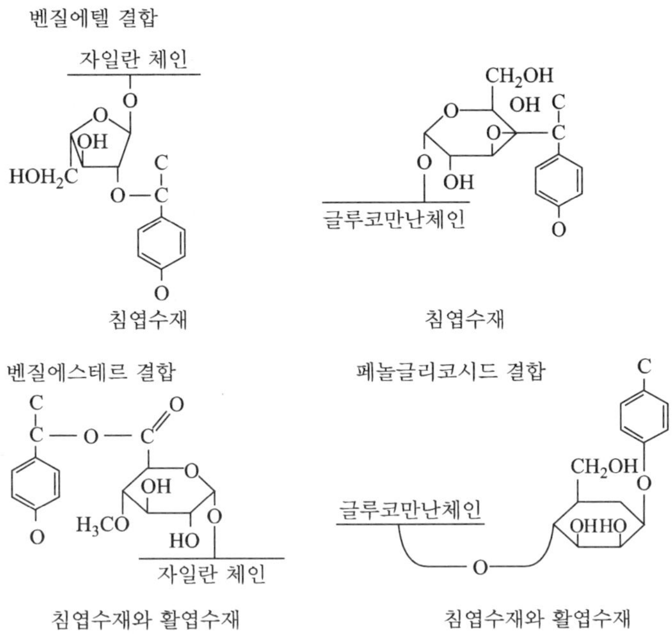

| 그림 4-25 | 주로 제시되고 있는 리그닌-탄수화물 결합

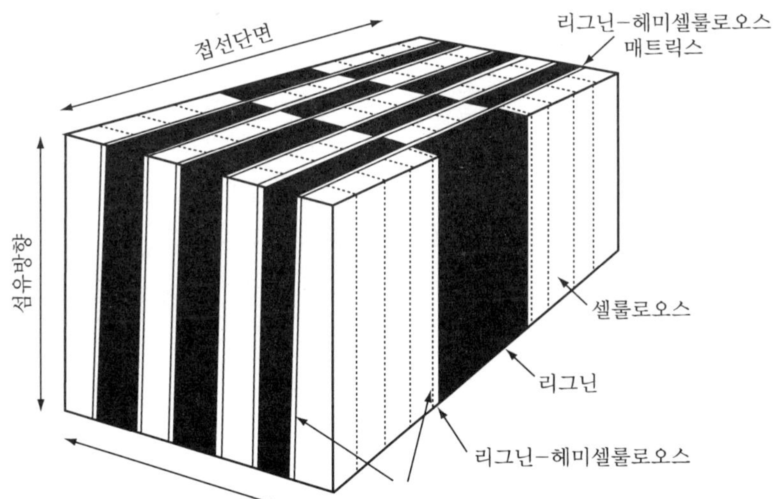

| 그림 4-26 | 세포벽의 화학적 조성분들 간에 결합 모델

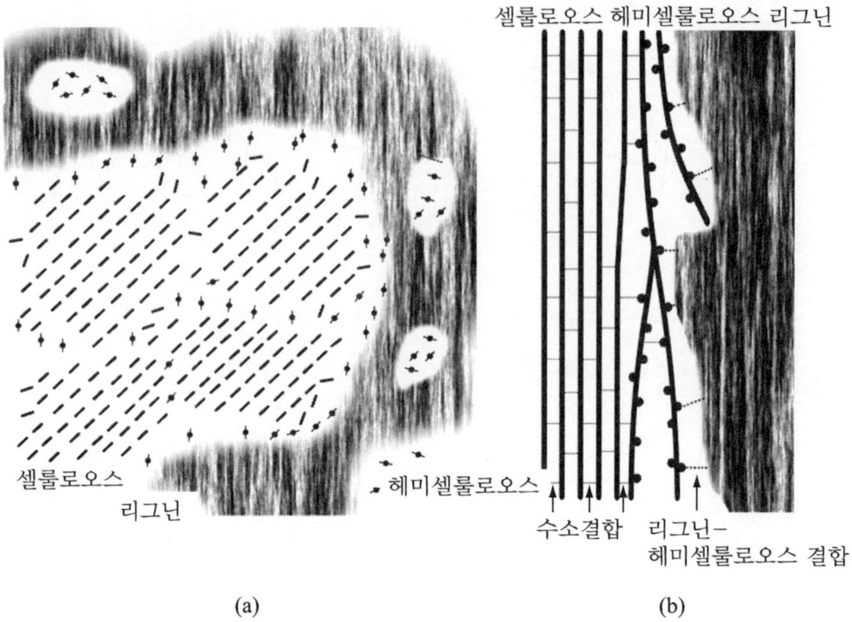

| 그림 4-27 | 세포벽에서 리그닌, 헤미셀룰로오스 리그닌의 결합모델(a. 횡단면, b. 섬유방면)

3.3.4 추출물

목질계 바이오매스는 주성분 이외에도 여러 종류의 부성분들을 함유하고 있다. 이러한 성분들은 수증기 또는 중성용매에 용해되므로 추출성분이라고도 한다. 추출성분들의 일부는 식물 영양분으로 세포벽의 형성을 도와주며 다른 일부는 생화학적 반응에 관여한다. 농작물 잔사와 목재의 추출물 함량은 앞에서 이미 열거하였으므로 여기서는 추출물 종류에 중점을 두고자 한다.

추출물 함량은 일반적으로 2 ~ 5% 정도이지만, 타닌 성분을 다량 함유한 수종들은 35%까지 상회하는 경우도 있다. 이들 추출물 함량은 수직방향에서는 수목의 상부로 갈수록 적고, 수평방향에서는 변재에서 심재로 갈수록 많으나 특히 많은 곳은 변재와 심재의 경계부분이다.

목재의 추출물 종류를 크게 나누면 표 4-31과 같다. 이들 중에서 보다 중요한 것은 수지, 정유 및 페놀성 화합물이다[1].

표 4-31 ▶ 목재 추출물의 분류

지방족 및 지환식 화합물	페놀성 화합물	기타 화합물
테르펜류와 테르페노이드류 (수지산과 스테로이드류 포함) 지방산의 에스테르 화합물 (지방과 왁스류) 지방산과 알코올류 알칸류	페놀류(C_6-OH) 스틸벤류(C_6-C_2-C_6) 리그난류(C_6-C_3)$_2$ 이소플래본류(C_6-C_3-C_6) 축합형타닌류 플래보노이드류(C_6-C_3-C_6) 가수분해형 타닌류	당류 단백질류 알카로이드류 트로폴론류(tropolones) 쿠머린류(coumarins) 사이클리톨류(cyclitols) 퀴논류(quinones)

수지와 정유가 추출물의 대표적인 성분이다. 수지는 소나무류의 수지구와 수지세포에 함유되어 있으며, 정유는 침엽에 함유되어 있다. 이들의 함량, 성분 및 성질은 수종, 부위, 수령 및 입지 조건 등에 따라 차이가 있다. 수지와 정유의 주성분은 이소프렌(isoprene)단위로 이루어진 테르펜노이드(terpenoid)계통의 화합물로서 테르펜의 80%이상이 α-피넨(pinen)으로 구성되어 있다[33]. 한편 짚 등의 농작물 바이오매스에는 왁스 성분 등의 추출물들이 존재한다.

전분과 유지는 목재의 가장 중요한 저장 물질들이다. 이들은 주로 목재의 유조직에 함유되어 있으며 봄철에는 나무의 생장에 직접 관여하고 휴지기에는 저장물질로 존재한다. 전분은 홀로셀룰로오스와 마찬가지로 탄수화물로 분류되며 디아스타제(diastase)에 의하여 발효되어 포도당으로 전환한다. 유지는 상온에서 액체인 지방산과 고체인 지방을 총칭하는 내용으로서 목재 내에서는 지방산과 글리세린에스터(glycerine ester)로 존재한다.

타닌(tannin)은 폴리페놀(polyphenol)성 물질로서 물, 알코올, 아세톤에 용해되고, 단백질을 침전시키는 성질을 지니고 있으며 가죽을 부드럽게 하므로 경제적으로도 큰 가치가 있다. 타닌은 축합형 타닌과 가수분해성 타닌으로 구분하며, 전자는 가수분해에 의해서도 분해하지 않는 분자량이 매우 높은 타닌류이며 후자는 갈산(gallic acid)과 엘라그산(ellagic acid)으로 분해되는 성질을 지니고 있다. 타닌은 목질부의 유세포와 수피에 함유되어 있으며 수령이 높을수록 많고, 수고 상부로 올라갈수록 적게 함유되어 있다. 국내 수종으로는 밤나무, 참나무류, 아카시아나무에, 외국 수종으로는 맹그로브, 유칼립투스, 쿠베브란코에 다량 함유되어 있다[34].

목질계 바이오매스에 함유된 페놀성 성분 중에서 중요한 것은 플래바논

(flavanone)이다[35]. 이 물질들은 심재 추출물로서 무색 결정이며 배당체 또는 유리상태로 분포한다. 최근에는 접착제 제조, 의약품, 및 중금속 이온 흡착 등에 이용하고 있다. 피노실빈(pinosylvin)도 소나무 심재에서 추출되는데 이것은 곤충, 미생물, 박테리아에 독성물질로 작용하며 펄프를 생산할 때에는 리그닌 용해를 억제한다[36]. 그 외에도 목재는 페놀성질을 가진 색소물질들을 여러 종류 함유하고 있다.

3.3.5 회분

짚과 옥수수의 회분 함량은 앞에서 자세히 설명하였으므로 여기서는 나무의 회분에만 국한한다. 온대지방의 목재는 0.1 ~ 0.5%의 회분을 함유하고 있으며, 열대나 아열대 목재는 회분 함량이 높을 경우에는 5%까지 이른다.

이러한 무기물은 나무를 벌채하여 운반, 조재하는 과정에 오염되기도 하지만, 대부분이 세포벽과 루멘에 집적된 염 및 펙틴 물질과 자일란의 카르복실산과 같은 세포벽 물질과 결합한 일부 무기물에 기인한다. 전형적인 집적물은 주로 탄산염, 규산염, 수산염, 황산염, 인산염 상태로 존재한다.

대부분의 침엽수와 활엽수의 무기물의 80% 정도는 K, Ca, Mg과 같은 알칼리 금속과 알칼리 토금속에 속하는 금속들이다. 표 4-32는 침·활엽수의 줄기 부분의 무기물 함량 수준을 보여주고 있다[37].

표 4-32 ▸ 침·활엽수의 무기물 함량

수 종	Ca	K	Mg	Mn	Na	Cl	P	Al	Fe	Zn
전나무	830	770	270	127	–[1)]	–	–	–	13	11
가문비나무	820	200	70	144	–	–	50		14	8
소나무	764	39	110	97	28	48	–	6	–	–
측백나무	750	400	110	145	–	–	30	2	11	29
자작나무	740	270	180	34	–	–	150	33	10	28
포플러	1,130	1,230	270	29	–	–	100	–	12	17
참나무	674	780	11	2	3	8	–	6	–	–
백합나무	1125	543	117	11	74	93	–	15	–	–

주. [1)] 미측정

이들 회분 중에는 K와 Ca 농도가 가장 높으며, 그 다음이 Mg와 P이다. 일반적으로 경금속의 농도가 높으며 중금속의 농도는 낮다.

참고문헌

1. Alén, R., Structure and chemical compositions of wood, In: Forest products chemistry, vol. 3, Papermaking Science and Technology, Tappi press, Fapet Oy, pp. 24-54, 2000
2. Fengel, D., Wegener, G., Wood-chemistry, ultrastructure, reactions, Walter de Gruyter, Berlin, Germany, pp. 6-238, 1989
3. 조남석, 이종윤, 윤병호, 황병호, 목재화학(번역서), 영남대출판부, pp. 30-47, 194-195, 1987
4. Theander, O., Aman, P., Anatomical and chemical characteristics, In: Straw and other fibrous by-products as feed, Elsevier, pp. 45-78, 1984
5. Reddy, N., Yang, Y., Biofibers from agricultural byproducts for industrial applications, TRENDS in Biotechnology, 23:22-26, 2005
6. Kim, T-H., Kim, J-S., Sunwoo, C-S., Lee, Y-Y., Pretreatment of corn stover by aqueous ammonia, Bioresour Technol., 90:39-47, 2003
7. Templeton, D. W., Sluiter, A. D., Hayward, T. K., Hames, B. R., Thomas, S. R., Assessing corn stover composition and sources of variability via NIRS, Cellulose, 16:621-639, 2009
8. Duguid, K. B., Montross, M. D., Radtke, C. W., Crofcheck, C. L., Wendt, L. M., Shearer, S. A., Effect of anatomical fractionation on the enzymatic hydrolysis of acid and alkaline pretreatment corn stover, Bioresour Technol., 100:5189-5195, 2009
9. Fergus, B. J. and Goring, D. A I., The distribution of lignin in birch wood as determined by ultraviolet microscopy. Holzforschung, 24:118-124, 1970
10. Fergus, B. J., Procter, A. R., Scott, J. A. N. and Goring, D. A. I., The distribution of lignin in sprucewood as determined by ultraviolet microscopy, Wood Sci. Technol., 3:117-138, 1969.
11. Sjöström, E., Wood chemistry–fundamentals and applications, 2nd edn., Academic Press, San Diego, USA, pp. 75-130, 1993
12. Klemm, D., Philipp, B., Heinze, T., Heinze, U., Wagenknecht, W., Comprehensive cellulose chemistry, Vol. 1, Fundamentals and analytical methods, Wiley-VCH, pp. 9-50, 1998
13. Schurz, J., Cellulose solution of the network type: characterization and properties, Cell. Chem. Technol., 11:3-28, 1977
14. Kroon-Batenburg, L.M.J., Kroon, J., Nordholt, M.G., Chain modulus and intramolecular hydrogen bonding in native and regenerated celulose fibres, Polym. Commun., 27:290-

292, 1986

15. Götze, K., Chemiefasern nach dem Viskoseverfahren, Springer-Verlag, Berlin-Heidelberg-New York, pp. 150-157, 1967.
16. Hakkila, P., Structure and properties of wood and woody biomass, In: Forest resources and sustainable manad ment, vol. 2, Papermaking Scien2, and Technology, Tappi press, Fapet Oy, pp. 116-159, 1998
17. Kollmann, F. F. P., Côté, W. A., Jr., Principles of wood science, Springer, Berlin, pp. 18-64, 160-172, 1968
18. Knigge, W., Schulz, H., Grundriss der Forstbenutzung, Verlag Paul Parey, Hamburg und Berlin, pp. 60-110, 1966
19. Jayme, G., Determination of cellulose crystallinity and its importance, Cell. Chem. Technol., 9:477-492, 1975
20. Hindeleh, A. M. and Johnson, D. J., Crystallinity and crystallite size measurement in cellulose fiber: 1. ramie and fortisan, Polymer 13:423-430, 1972
21. Vorher, W. and Schweers, W. H. M., Lignin-polymer systems and some applications, Appl. Polym. Symp. 28:277-284, 1975
22. Fink, H.-P., Philipp, B., Zschunke, C., Hayn, M., Structural change of LODP cellulose in the original and mercerized state during enzymetic hydrolysis, Acta Polym., 43:270-274, 1992
23. Fink, H.-P., Walenta, E., X-ray-diffraction investigations of cellulose supermolecular structure at processing, Papier (Darmstadt), 48:739-748, 1994
24. Jacobasch, B., Oberflächenchemie faserbildender Polymerer, Akademie-Verlag, Berlin, pp. 113-139, 1984
25. Kobayashi, T., Suzuki, M., Taguchi, H., Shigematsu, M. and Tanahashi, M., Analysis of rate-determining factors in the oxidative reaction of monolignols by eroxidase-H_2O_2 system, JCPE Journal 13:183-186, 2001
26. Adler, E., Lignin-chemistry-past, present and future, Wood Sci. Technol., 11:169-218, 1977
27. Sarkanen, K. V., Ludwig, C. H., Lignin, Wiley(Interscience), N.Y., pp. 1-18, 43-94, 1971
28. Tappi test methods, Tappi press, Tappi Standard, T 22-os-74, T 222-om-83
29. Eriksson, Ö. and Lindgren, B. O., About the linkage between lignin and hemicellulose in wood, Sven. Papperstidn, 80:59-63, 1977
30. Bolker, H. I. and Wang, P. Y., Acid-and-alkali-labile bonds in lignin-carbohydrate complexes, Tappi, 52:920-923, 1969
31. Kerr, A. J. and Goring, A. D. I., The ultrastructual arrangement of the wood cell wall,

Cell. Chem. Technol., 9:563-573, 1975
32. Fengel, D., Ultrastructual behavior or cell wall polysaccharides, Tappi, 53:497-503, 1970
33. Zavarin, E. and Snajberk, K., The chemistry of the natural phlobaphenes, Tappi 48:612-616, 1965
34. Hillis, W. E.(ed), Wood extractives and their significance to the pulp and paper industry, Academic press, New York, pp. 167-198, 1962
35. Roux, D. G., Ferreira, D., Hundt, H. K. and Malan, E., Structure stereochemistry, and reactivity of natural condensed tannins as basis of their extended industrial application, Appl. Polym. Symp., 28:335-353, 1975
36. Hemingway, R. W. and Hillis, W. E., Behavior of ellagitannins, gallic acld, and ellagic acid under alkaline conditions, Tappi 54:933-936, 1971
37. Young, H. E., Guinn, V. P., Chemical elements in complete mature treea of seven species in Maine, Tappi, 49:190-197, 1966

PART **05**

고체 바이오에너지

고체 바이오에너지(solid biofuels)에는 장작(화목; fire wood), 칩(chip) 및 고밀도 목재연료(densified wood fuels)가 있으며, 고밀도 목재연료는 로그(logs), 펠릿(pellets) 및 브리켓(briquettes)을 포함한다. 또한 농작물 잔재로도 고밀도 연료를 제조할 수 있다.

장작(화목)
Fire Wood

1.1 장작의 특성

장작(화목)은 재생에너지이며, 깨끗하다는 장점과 함께 여러 가지 단점도 동시에 지니고 있다. 다른 연료와 비교하여 열량이 비교적 낮고, 부피가 커서 저장성이 떨어지며, 자체에 지니고 있는 수분을 증발하는 데도 열량의 약 15%를 소비한다. 또한 연소할 경우 굴뚝을 통한 불완전 연소물의 배출로 화재의 위험성이 있고, 가열방법과 장비가 비효율적이라 열효율을 떨어뜨리는 문제점도 있다[1].

장작의 특성을 결정하는 인자는 장작의 재질과 건조 상태이다. 장작이 견고하고 비중이 높을수록 열량이 높고 연소시간도 길다. 따라서 일반적으로 활엽수가 침엽수보다 장작으로 유리하다. 침엽수는 너무 쉽게 불이 붙고 빨리 탄다. 그러나 표 5-1에서와 같이 활엽수에도 불이 잘 붙지 않거나 빨리 연소하는 수종도 있다.

표 5-1 ▸ 연료 장작의 선발 기준

수 종	열 량	연소성	활렬성	연 기	스파크	평 가
물푸레나무, 참나무, 자작나무, 너도밤나무	+++	+++	+++	−−−	−−−	+++
벚나무, 호두나무	++	+++	+++	−−−	−−−	++
백합나무, 사시나무, 포플러류, 참피나무	++	+++	+++	−−	−−−	+
느릅나무, 플라타너스	+	++	+	−−	−−−	+
소나무류	+++	+++	+++	−	−−−	++
삼나무	++	++	+++	−−	−−−	+

주. +++: 높다, 좋다, 최우수, ++: 중간, 우수, +: 낮다, 나쁘다, 보통, −−−: 없다, −−: 중간, −: 있다

장작을 연료로 사용하려면 수분 함량은 25% 이하여야 하며 일반적으로 20% 정도면 난로에도 사용할 수 있다. 생재일 경우, 가문비나무의 수분함량은 55~60%, 그리고 너도밤나무의 수분은 약 45%이다. 특히 포플러는 수분함량이 높으며 물푸레나무는 수분함량이 낮다. 그러나 늦가을부터 겨울 사이에 벌채하여 그 해 겨울까지 바람이 통하고 지붕이 덮인 곳에서 천연건조 시키면 약 15~20%까지 건조시킬 수 있다. 수분함량이 25% 이하에서는 수피가 쉽게 벗겨지고 결을 따라 잘 쪼개진다. 이렇게 재질과 건조 상태에 따라 장작의 연료 특성, 즉 발열성, 연소성, 잘 쪼개짐, 연기 발생, 스파크 발생 등을 결정한다[2,3].

1.2 장작의 생산 및 조제

장작의 생산, 조제 및 이용 방법은 다음과 같다[1,4].

1) 정상적으로 경영하는 경영림, 또는 맹아 갱신을 목적으로 하는 단벌기 임업림(약 20년 수확)을 선택
2) 벌채: 맹아의 경우는 전면 벌채(개벌), 경영림에서는 정상 벌채목의 상부와 큰가지, 병·충해목, 굽거나 불어진 줄기, 도장목, 졸장목, 수관 과다 팽창목(woly trees), 불필요한 수종을 벌채, 견고하고 비중이 높은 활엽수가 유리하다.
3) 일정한 길이로 횡절
4) 기계를 이용하여 쪼갠다(割). 장작의 길이는 약 35~45cm이며 직경은 10cm 이내로 한다. 천크(chunk)는 두께를 6~8cm 정도로 한다.
5) 수분함량 25%까지 천연건조
6) 운반, 7) 이용, 8) 남은 재(灰)를 토양에 비료로 이용한다.

1.3 장작의 판매

장작의 판매 방법은 무게보다는 주로 부피로 거래한다. 미국의 경우 코드(cord), 페이스 코드 (face cord) 및 묶음(bundle)으로 거래한다. 1코드는 $4 \times 2 \times 16ft^3$

의 층적(stacked volume)이며 실적(solid volume)으로는 65 ~ 90ft^3(평균 80ft^3)이다. 생재 상태의 코드를 건조하면 체적 축소는 8% 정도 일어난다. 페이스 코드는 4ft×8ft×18 ~ 24in.이며, 묶음은 건조된 참나무 1코드가 3,600 파운드임을 감안하여 1/100 코드(36파운드)나 1/64 코드로 묶어 판매한다[1].

한편 유럽에서는 m^3 단위로 판매한다. 즉, 1×1×1=1m^{3}나 2×1×0.5=1m^3 층적으로 판매한다. 층적 m^{3}을 실적 m^{3}로 계산할 경우 표 5-2와 같이 장작의 길이에 따라 변화한다. 예를 들면 너도밤나무 장작의 길이가 1m이면 층적 1m^{3}는 실적 0.65m^3, 그런데 길이가 3m이면 층적 1m^{3}이 실적으로는 0.55m^{3}이 된다[2]. 장작도 직경, 길이, 수분 함량, 수종(침엽수, 활엽수, 혼효), 발열량 등을 고려하여 품질 기준이 정해져 있다(CEN/TS 14961)[5].

일본의 경우 일정한 수분 함량을 지닌 장작을 상자에 넣어 무게 또는 부피단위로 판매하고 있다. 최근 국내에서도 야외활동과 주말 나들이가 증가함에 따라 장작 판매가 늘고 있다. 이에 따라 장작의 판매 기준이 필요한 실정이다.

표 5-2 ▸ 층적 1m^{3}을 장작의 길이를 달리할 경우의 실적계수

장작 길이 (m)	너도밤나무 실적계수	가문비나무 실적계수
0.40	0.70	0.88
1.00	0.65	0.75
2.00	0.60	0.70
3.00	0.55	0.65

한편 장작의 열량을 계산할 경우에는 전건무게를 기준으로 한다. 수종간에 열량 차이는 거의 없으나 실적 m^{3}당 전건무게는 표 5-3과 같이 다양하다[2].

표 5-3 ▸ 몇 수종들의 1m^{3}의 전건무게

수 종	kg (전건)/m^3	너도밤나무 기준 (%)
너도밤나무, 참나무	580	100
포플러	380	65
가문비나무	390	67
자작나무	510	88
구주적송	480	83

폐목재나 큰 통나무 형태로 장작용 나무을 구입할 경우에는 전건무게(t)로 계산한다. 장작용 나무를 트럭에 상차한 후의 무게와 트럭 무게를 감하여 계산한다. 이 경우 수분 함량을 정량하거나, 경험상 함량으로 계산하여 실제 전건무게로 거래한다. 국내 수종의 비중은 침엽수재 0.47, 활엽수재 0.80, 그리고 혼효림에서 생산된 목재의 경우 평균치인 0.64로 계산한다.

1.4 고체 바이오에너지의 연소 특성

고체 바이오에너지가 높은 효율성으로 완전하게 연소하는 데는 여러 가지 요인들이 관여한다. 그 중에서도 고체 바이오에너지의 화학적·물리적 특성 그리고 연소 과정과 연소 메커니즘이 주요하다. 연소 메커니즘은 에너지 효율증대 및 최소의 환경부하라는 측면에 초점을 맞추고 있다. 본 절에서는 원료적인 측면인 고체 바이오에너지의 화학적·물리적 특성이 연소에 미치는 영향을 설명하고 나머지 인자들은 다음의 각 항목에서 자세히 설명하고자 한다.

1.4.1 고체 바이오에너지의 화학적 특성

바이오에너지의 화학적 특성은 휘발성 성분, 고정탄소, 회분, 각 원소, 화학적 조성분, 관능기 및 발열량으로 평가한다. 표 5-4는 몇 가지 바이오매스 연료들의 화학적 특성을 나타내고 있다[6].

표 5-4에서와 같이 휘발성 성분은 목질계 바이오에너지의 경우 약 80% 정도로 석탄보다 현저히 높다. 여기서 휘발성 성분량이란 연소할 때에 가스 상태로 전환하는 부분이며 고정탄소는 숯으로 잔존하는 부분의 전건무게를 의미한다. 바이오에너지가 석탄보다 휘발성 성분량이 높은 것은 바이오에너지를 구성하고 있는 원자와 분자들에 산소결합이 많고 방향환이 적게 존재하기 때문이다. 즉, 바이오에너지는 셀룰로오스, 헤미셀룰로오스, 리그닌 및 추출물로 구성되어 있으나 석탄은 주로 방향환으로 구성되어 있다. 이렇게 바이오에너지는 휘발성 성분이 높으므로 연소시킬 때에 가스가 연소할 수 있도록 화격자(grate) 위쪽에서 연소공기(2차공기)를 넣어주어야 한다. 한편 바이오에너지의 경우 O/C와 H/C 원소비가 석탄보다도 높다.

표 5-4 ▸ 몇 가지 고체 바이오에너지 연료 등의 화학적 특성

	분석항목 (wt%, 전건무게 기준)				
	휘발성 물질	고정 탄소	회 분	휘발성분/고정탄소	고위열량 (HHV, MJ/kg)
전나무 목부	87.3	12.6	0.1	6.9	20.37
전나무 수피	73.6	25.9	0.5	2.8	21.93
미서부 솔송나무 목부	87.0	12.7	0.3	6.8	19.89
미서부 솔송나무 수피	73.9	24.3	0.8	3.0	21.98
연필향나무 목부	87.1	12.5	0.4	7.0	19.30
연필향나무 수피	77.3	19.7	3.0	3.9	19.44
떡갈나무 목부	85.6	13.0	1.4	6.6	18.65
떡갈나무 수피	81.0	16.9	2.1	4.8	17.09
씨아찌꺼기	75.4	15.4	9.2	4.9	15.58
포도박	74.4	21.4	4.2	3.5	21.81
올리브 속씨	80.0	16.9	3.1	4.7	19.37
복숭아 씨	79.1	19.8	1.1	4.0	19.42
왕 겨	63.6	15.8	20.6	4.0	14.89
호도 껍질	81.2	17.4	1.4	4.7	19.51
역청탄	6.2	79.4	11.9	0.08	34.9
갈 탄	40.7	54.4	4.9	0.75	23.3

회분은 연료에 함유된 무기성분으로서 주로 토양, 수피에 흡착된 모래 및 식물체가 생육하면서 흡수한 염(salts)에 기인한다. 볏짚과 목화 꼬투리는 회분 함량이 상당히 높다. 석탄도 종류에 따라 회분량이 5 ~ 12%에 달한다. 그러나 목재의 경우는 대부분 0.5% 이하이며 수피의 경우도 3% 미만이다. 특히 농업 부산물은 수종과 부위에 따라 회분 함량에 큰 차이가 있다.

회분에는 긍정적인 면도 있다. 회분은 열을 보존하는 특성이 있다. 목재난로에서 난로 밑바닥에 있는 회분층은 열표면을 형성하고 숯이 완전히 연소하도록 열을 전달한다. 또한 화격자를 보호하는 역할을 해서 화격자의 수명을 연장시킨다.

회분은 간혹 환경 문제를 야기할 수 있는 중금속을 함유하고 있으나 대부분의 정상적인 경우에는 중금속 농도가 낮아 문제되지 않는다. 질소와 나트륨의 농도가 높은 경우에는 연소할 때에 보일러구역에서 점착을 야기하는 끈끈한 회분이 생성될 수 있으나, 정상적인 경우에는 이들 농도가 낮아 문제가 되지 않는다[2].

목질계 바이오에너지의 고위발열량(HHV)은 장작과 수피의 경우 17.09 ~ 21.98 MJ/kg, 그리고 볏짚은 14.88MJ/kg로 비교적 낮다. 침엽수의 경우 20MJ/kg 이상으로서 활엽수보다 높다. 수피는 일반적으로 목질부보다 높은 고위발열량을 지니고 있다. 그러나 역청탄은 34.9MJ/kg으로 목질계 바이오에너지보다 열량이 높다.

표 5-5는 몇 국내 수종의 원소분석과 발열량이다[7].

표 5-5 ▸ 몇 가지 국내 수종의 원소분석과 발열량

수 종	원소분석				발열량 (MJ/kg)
	C (%)	H (%)	N (%)	O (%)	
소나무	48.2	6.30	t	45.5	20.83
리기다소나무	50.9	6.60	0.14	42.3	19.77
잣나무	49.0	6.38	t	44.6	21.49
일본잎갈나무	49.2	6.50	t	44.4	20.39
백합나무	48.0	6.35	0.19	45.5	18.85
현사시나무	46.8	6.19	t	46.9	19.58
플라터너스	47.5	6.32	0.18	46.0	19.77
오리나무	48.9	6.33	0.16	44.6	19.09
느티나무	48.9	6.13	0.26	44.7	18.87
밤나무	50.0	6.07	0.15	43.8	19.05

표 5-5와 같이 삼대원소인 C, H 및 O 함량은 수종 간에 차이가 없다. 발열량은 침엽수재가 활엽수보다 조금 높다. 리기다소나무와 백합나무가 다른 수종과 비교하여 조금 낮은 편이다.

표 5-6은 몇 가지 국내 수종의 횡단면 부위별 열량을 나타내고 있다.

표 5-6 ▸ 몇 수종들의 심재, 변재 및 수피의 발열량(cal/g)

수 종	변 재	심 재	수 피
소나무	4,828	4,898	4,666
잣나무	4,425	4,941	4,758
낙엽송	4,340	4,751	4,608
누운향나무	4,756	4,932	4,344
굴참나무	4,461	4,604	4,826
신갈나무	4,452	4,614	4,754
자작나무	4,664	4,609	4,244
양황철나무	4,132	4,492	4,364

주. 1 kcal은 4.186 kJ이다.

표 5-6에서와 같이 침엽수가 활엽수보다, 심재가 변재보다 각각 발열량이 높다. 한편 목질부와 수피부 간에는 발열량의 차이가 거의 없다[8].

고체 바이오에너지의 열량은 아래 식으로도 예측할 수 있다[9].

$$HHV_d = 0.475C - 2.28 \quad \cdots\cdots (1)$$

HHV_d: 전건상태를 기준으로 한 열량(MJ/kg)

C: 연료에 존재하는 C(%)

예 신갈나무의 C 함량이 49%이면,

$0.475 \times 49 - 2.28 = 20.995$MJ/kg

$$HHV_d = h \times 17.54 + (1 - h) \times 26.75 \quad \cdots\cdots (2)$$

h: 연료에 존재하는 홀로셀룰로오스 함량

예 홀로셀룰로오스 함량이 70%이면,

$0.7 \times 17.54 + (1 - 0.7) \times 26.75 = 20.301$MJ/kg

1.4.2 고체 바이오에너지의 물리적 특성

고체 바이오에너지의 물리적 성질, 즉 비중, 수분함량 및 입자 크기도 연소에 영향을 준다. 물리적 성질의 차이가 입자 가열율, 열방출 및 열수력학적 효율을 결정한다.

고체 바이오에너지의 수분 함량은 원료의 채취 시기, 저장 방법, 목재의 경우 박피방법 및 건조 정도에 따라서 서로 차이가 있다. 일반적으로 질이 낮은 목질 연료와 임지 칩의 함수율은 50%(전건무게기준), 대패밥은 약 15%, 농업 부산물은 15 ~ 25%, 그리고 식품가공에서 발생하는 폐기물에는 함수율이 약 75%에 달한다[10].

이러한 수분 함량은 바이오에너지의 열량에 영향을 준다. 즉, 바이오에너지를 연소할 경우에 발생하는 에너지의 일부를 바이오에너지가 함유한 수분을 증발시키는데 소비한다. 일반적으로 함수율이 55 ~ 60% 이상인 고체 바이오에너지는 연소시키기 어렵다[2]. 따라서 수분이 열량에 미치는 영향을 고려하여 순열량(net heating value, NHV)으로 바이오에너지의 열량을 표시할 수 있다.

수분 함량은 비중에도 영향을 준다. 즉, 수분 함량의 증가로 전체 무게가 증가하여 비중도 증가한다[10]. 비중(specific gravity)은 매우 중요한 물리적 특성으로 생재비중, 기건비중 및 전건비중이 있다. 목재의 기건비중, 즉 상대부피에 대한 전건무게 비(比)는 일반적으로 0.4 ~ 0.6범위이다. 이러한 비중은 수종, 수고와 횡단면에서의 위치, 수령 등에 따라 조금씩 변이가 있다. 한편 세포벽의 비중(진비중)은 1.46 ~ 1.54 정도이다. 수종에 따른 비중과 진비중의 차이는 목재 내부의 공극량의 차이를 의미하며 이것은 연소 메커니즘에도 영향을 준다. 또한 이러한 공극에 수분이 들어가면 수분량의 약 25%는 세포벽의 주성분인 홀로셀룰로오스의 수산기(-OH)와 수소결합을 이루며, 고형 바이오에너지의 건조에 어려움을 유발한다.

참고문헌

1. http://muextension.missouri.edu/xplor/ 2007.01.19
   Slusher, J. P., Wood Fuel for Heating
2. Serup, H.(edi.); Wood for energy production, technology environment economy, The centre for biomass technology, Chap. 3 Production of wood fuels, Chap. 4 Purchase and sale of wood for energy production, pp. 14-59, 2002
3. http://www.nef.org.uk/logpile/woodfuel/ 2007.01.19
4. http://maki-sumi.com/maki/ 2007.01.19
   開東燃料, 燃料屋, 薪の 一生
5. http://www.foex.fi/bioenergy/fep2/ 2010.02.22
   Alakangas, E., VTT, New European Pellet Standard EN14961-1, -2
6. Rossi, A., Fuel Characteristic of wood nonwood biomass fuels, 1984, In: Hall, D. O. and Over end, R. P.(Edi.), Biomass regenerable energy, pp. 204-205, John Wiley & sons, New-York, 1987
7. 조성택, 이오규, 이수민, 최석환, 안병준, 산림바이오에너지 이용기술, 산림과학원, 연구보고 09-05, pp. 3-90, 2009
8. 장재혁, 권구중, 권성민, 김남훈, 미활용 목질계 바이오매스 자원에 대한 연료로서의 가치 평가, 한국산림바이오에너지학회, 2010학술발표회지, pp. 145-154, 2010
9. Tillman, D. A., Fuels from waste. In: Kirkothmer, Encyclopedia of chemical technology, vol.II, pp. 393-340, John wiley, New-York, 1980
10. Hall, D. O. and Overend, R. P., Biomass regenerable energy, pp. 206-207, John Wiley & Sons, New-York, 1987

Chapter 02

칩
Chip

2.1 칩이란?

연료용 목재칩이란 연소 및 가스화 등 에너지 생산을 위해 고안된 기계를 이용하여 목재를 비교적 균일 한 크기의 작은 입자로 파쇄(comminution)한 것이다. 파쇄작업을 거치는 주 목적은 산림 바이오매스의 벌크밀도(bulk density)를 개선하고, 조성을 균일화하고 입자 크기를 감소시켜 운반, 취급, 저장, 분류 및 그 외의 작업을 원활하게 하기 위함이다.

파쇄 장비로는 치퍼(chipper), 천커(chunker) 및 호그(hog)를 생산하기 위한 해머(hammer)나 쉬레더(shreder)가 있다[1]. 파쇄 장비에 따라 연료용 목재칩은 그림 5-1, 5-2와 같이 목재연료칩과 호그(A, B)로 구분할 수 있다. 전자는 원목 및 산림부산물(줄기부, 가지, 뿌리 등)을 디스크 치퍼나 드럼 치퍼 등과 같은 장비를 이용하여 비교적 일정한 형상으로 생산한 연료이며 수피를 포함하거나 포함하지 않을 수 있다. 호그는 해머나 롤러와 같은 장비를 이용하여 생산한 부정형의 연료용 목재칩으로써 너비, 길이 및 두께가 일정하지 않다. 제조원료의 종류에 따라 호그A와 호그B로 구분한다.

칩을 연료로 사용하면 화석연료를 적게 사용하여 이산화탄소 배출량을 감소시킬 수 있으며, 원료를 산림 생태계에서 지속적으로 얻을 수 있는 장점이 있다.

| 그림 5-1 | 목재칩

호그A 호그B

| 그림 5-2 | 호그 연료

2.2 칩의 원료

입목(立木)은 줄기, 수관 및 뿌리로 구성되어 있고, 그 어느 부분에서나 칩을 생산할 수 있다. 그 구성 비율은 침·활엽수 및 수종에 따라 차이가 있다. 그러나 일반적으로 줄기와 굵은 가지를 지닌 수관으로 칩을 생산한다. 또한 경제성을 고려하여 산업용 목재나 펄프용재를 제외한 아래와 같은 나무가 칩의 원료가 된다.

한편 1차 생산지 이외에서 발생하는 목질원료, 즉 제재 잔재 및 폐목재로 부터도 칩과 비슷한 호그를 생산할 수 있다.

1) 미성숙 임지에서의 간벌목

침엽수의 경우 ha당 3,500 ~ 5,000본을 식재하여 수고가 8m 정도에 달하며 1

차 간벌을 한다. 여기서 전체 임목의 20 ~ 25%를 제거하여 ha당 2,000 ~ 2,500본을 임지에 남겨둔다. 그리고 2차 간벌을 수고 10m 정도에서 실시한다. 여기서 생산된 직경이 적은 나무들을 연료용 칩 생산에 이용한다[2]. 미성숙 임지에서 간벌은 칩 생산이 목적이 아니며 질이 좋은 용재 생산에 그 목적이 있다.

2) 상업용 간벌목의 잔재

간벌에서 생산된 줄기들이 모두 상업 용재에서 요구하는 직경과 질을 충족시키는 것은 아니다. 북유럽 침엽수의 경우 간벌목의 20 ~ 30% 정도 그리고 최종 개벌에서는 4 ~ 5% 정도가 직경이 적거나 졸장목 등의 이유로 임지에 남는다. 핀란드의 경우 최근에는 잔사 줄기의 직경이 10cm에서 6cm로 낮아졌다. 나무가 클수록 임지 잔재량은 적다[3]. 국내의 숲가꾸기에서 발생한 목재를 직경급에 따라 연료용 칩 및 산업용재로 구분하여 이용한다.

3) 최종 벌채지에 발생한 바이오매스 잔재

맹아갱신 또는 수종갱신으로 개벌이 이루어 질 경우 산업용재 이외의 많은 바이오매스가 잔사로 임지에 남는다. 이들 잔사는 직경이 작은 나무의 상부(top) 부분과 가지와 잎이 서로 붙어 있는 수관(crown)이 주종을 이룬다[4,5]. 벌도목을 조제한 후에 발생한 꼭대기 부분과 수관을 섞어 생산한 칩을 조제 잔사칩(logging residue chips)이라고 한다.

4) 그루터기와 뿌리

그루터기와 뿌리를 연료로 사용하기 위한 연구는 지속적으로 수행되어 왔고 북유럽에서는 현재 에너지로 이용하고 있다. 직경 5cm 이하의 뿌리를 제외한 그루터기-뿌리의 건중량은 줄기 건중량의 23 ~ 25% 정도이다. 한편 그루터기-뿌리 굴취는 개벌지에서 직경이 큰 나무에만 가능하고 더욱이 모래나 작은 돌이 칩 생산 장비에 들어가 파쇄에 영향을 준다. 그러나 그루터기의 제거는 뿌리 부후균의 번식과 감염을 억제하는 장점도 있다. 국내의 경우는 급경사가 많고 강우가 여름철에 집중되므로 그루터기-뿌리 제거는 토사 유출을 촉진시킬 위험성이 있다고 본다. 보고에 따르면 흉고직경 30cm인 구주 가문비나무의 그루터기-뿌리는 0.40Mwh의 열량을 지니고 있다. 임지 ha당 400본을 벌채한다면, 생산 가능한 에너지량은 160Mwh/ha나 된다[5].

5) 단벌기 수확의 전수체

단벌기 임업에서 생산된 나무 전체로 전목재칩(whole tree chips)을 생산하여 연료에 사용한다. 이 부분은 3편 2장에서 이미 언급하였으므로 여기서는 생략한다.

6) 제재 잔재

제재 후에 남는 죽데기 등을 칩으로 생산할 수 있다.

7) 개발현장의 임지잔재

골프장 및 대단위 시설에 따른 개발현장의 임지 잔재에서 선발된 것은 목재칩으로 간주하고, 나머지는 호그로 취급한다.

8) 재 이용 목재

건설/사업장에서 나오는 합판, 각재, 포장박스 및 팰릿(pallet) 등, 그리고 각종 생활 폐가구를 호그로 만들어 에너지원으로 사용한다. 호그는 목재 치퍼와는 다르게 전면이 무딘 해머 밀이나 롤러로 목질원료를 분쇄하여 만들며, 목질칩에 비하여 길이와 폭이 넓으며 모양도 크고 다양하다.

한편 연료용 목재칩 제조 원료로서 제한되는 것들도 있다.

① 목재연료칩 제조에는 산림 사업 및 임산업에서 생산된 원목 및 산림부산물을 기계적으로 가공 처리한 상태의 것으로서 처리과정 중에 페인트, 기름, 방부제 등 화학물질에 오염된 목재는 원료로 사용할 수 없다.

② 호그A는 산림 사업 및 임산업에서 생산된 원목 및 산림부산물을 기계적으로 가공 처리한 상태의 것으로서 처리과정 중에 접착제, 페인트, 기름, 방부제, 콘크리트 등에 오염된 목재를 원료로 사용할 수 없다.

③ 호그B는 원목 및 산림부산물을 가공, 처리, 사용과정 중에 접착제, 페인트, 기름, 방부제, 콘크리트 등이 처리된 목재를 원료로 사용한 것이나, 할로겐 유기화합물이나 방부제로 처리 및 오염된 목재를 원료로 사용할 수 없다. 그러나 한편에서는 호그 원료의 이상의 엄격한 기준보다는 연소 시에 최종적인 고체연료 배출기준으로 판단하자는 의견도 대두되고 있다.

2.3 칩의 생산

2.3.1 칩 수요 및 생산량

국내의 목재칩 총 생산량은 2007년 기준으로 292~475만t이며, 총수요량은 237만t으로 보고되고 있다. 수요량은 대부분이 검토와 계획 수준의 수요로서 주로 국가 또는 사기업의 바이오 열병합발전소 운영에 국한되어 있다[6].

목재 칩의 총생산량과 수요량을 비교적 충실하게 예측하기는 무척 어렵다. 여기서는 국내에서 생산 가능한 목재 칩의 총생산량에 한해서만 정부[7], 관변단체, 연구소 및 학계의 예측을 참조하여 정리하고자 한다.

목재칩의 예상 총 생산량은 아래 계산에서와 같이 숲가꾸기에서 83만t, 피해목에서 23만t, 폐목재에서 40만t, 리기다 조림지 갱신으로 45만t 그리고 수변지역 조림으로 83만t, 유휴지에서 85만t, 간척지 37만t, 그리고 쓰레기 매립장에서 2만t으로 이론상 최대 398만t 정도이다. 한편 농업 및 환경분야와 상충되는 지역을 제외하면 193만t을 산림 영역에서 공급이 가능하다. 그러나 실제 현실적으로는 최대한 100만t을 상회하지는 못할 것으로 본다.

1) **숲가꾸기(간벌, 갱신, 용도전환)**: 387만m^3(2007)
   펄프 및 MDF로 130만m^3 사용, 소경재 사용처 40만m^3,
   387만 − 130만 − 40만 = 217만m^3
   217만 × 60% 수집 × 0.64 = (83만t)

2) **산림피해목(수해, 설해, 풍해, 산불, 병충해**(2007): 863,035m^3(23만t)
   소나무 재선충 피해목: 6,865ha(2007) × 80m^3/ha = 549,200m^3
   549,200m^3 × 0.47 × 50% 수집 = (13만t)
   피해목 313,835m^3 × 0.64 × 50% 회수율 = (10만t)

3) **폐목재(개발현장 포함)**: 100만t × 40% 칩 이용 = (40만t)

4) **기존 리기다 조림지**: 총 41만ha을 매년 1/10씩 벌채 후 단벌기 조림
   4만ha × 80m^3 = 320만m^3 × 30%(칩으로 이용) = 96만m^3
   96만m^3 × 0.47 = (45만t)

5) **수변지역**: 113,058ha(2003)/7년(단벌기) × 80m^3/ha = 129만m^3

129만m^3 × 0.64 = (83만t)

6) **유휴지**: 160,000ha(2003)/7(단벌기) × 80m^3/ha = 133만m^3
133만m^3 × 0.64 = (85만t)

7) **간척지**: 51,000ha/7(단벌기) × 80m^3/ha × 0.64 = (37만t)

8) **쓰레기 매립지**: 2,857ha(2005)에서 300ha × 80m^3/ha = (2만t)

현재 목재칩 총생산 가능량을 398만t으로 예측하였지만 여기에도 많은 문제가 있다. 특히 숲가꾸기 산물과 피해목의 경우 반출 비용이 상당히 높아 어려움이 많고, 정부 지원금으로 반출할 경우 인접산업인 펄프 및 MDF 산업과의 경쟁이 일어날 것이다. 폐목재도 연료로 사용하는 것과 산업재로 재사용하는 범위와 규정이 필요하다. 수변지역을 단벌기 임업림으로 전환하는 문제는 과거의 포플러 식재를 참고할 필요가 있다. 과거 수변지역에 다량의 포플러를 식재하였으나 강의 유속 장애, 물 막음, 홍수 피해, 강 상류 및 주변 정리 등으로 거의 제거되었고, 현재 야산에 식재한 포플러 만이 생육하고 있는 실정이다. 한편 유휴지의 경우 절대임지와 농지의 경계 부위, 그리고 밭도 장기간 경작하지 않는 유휴지가 많다. 이런 토지에 의무적으로 단벌기 속성수 연료림을 조성시키고, 또한 전국의 쓰레기 매립지에 정화용 수목으로 연료림을 조성한다면 상당한 효과가 있을 것이다.

최근에는 외국에 목재칩 생산 전용림을 조성하자는 의견도 있으나 무게와 부피가 큰 칩은 비경제적이라는 의견이 지배적이다. 그렇다면 유일한 방법은 국내 벌채량을 조금 더 늘려 마련되는 임지에 속성수 연료림을 조성하는 방법이다. 이 방법도 산림을 환경정책에만 중점을 두는 경우, 의견상 충돌이 클 것이다. 그러나 임업도 하나의 업(業)으로 사회에 기여할 수 있는 길이 계획 확대되어야 한다고 본다.

이상의 2007년도 칩 생산량과 수요량이 예측되었으나 실제와는 차이가 있다. 목재 칩의 총생산량과 수요량을 비교적 충실하게 예측하기는 무척 어렵다. 2009년말 국내 목재칩(호그 포함) 유통량은 아래와 같이 564만t으로 추정된다.

1) 수입 목재칩	침엽수(라디에타소나무)	4만t
	활엽수(아카시아, 유칼립투스 등)	100만t
2) 국내 목재칩	침엽수(소나무)	140만t

소나무 피해목	5만t
활엽수(참나무, 밤나무, 아카시아 등)	80만t
3) 피해목 목재칩	5만t
4) 개발 현장의 임지 잔재	20만t
5) 제재 잔사로부터 목재칩	130만t
6) 건설/사업장의 폐목재로부터 호그	60만t
생활 폐가구로부터 호그	25만t

이상의 총계 564만t 중에서 수입 활엽수 목재칩, 국내 침엽수 목재칩 및 국내 활엽수 목재칩은 합계 320만t으로 펄프생산에 이용된다. 수입 침엽수 목재칩과 제재 잔사 목재칩은 목재칩 생산용으로 134만t에 이른다. 나머지 110만t을 에너지용으로 잔사할 수 있으나, 실제로는 이 중에서도 일부는 목재, 파티클보드 및 비료 생산에 이용되고 있다.

2009년말 국내 에너지용 칩 소요량은 약 65만t으로 추정하고 있다. 현재 주로 제지공장, 케미컬공장, 열병합발전소, 지역난방, 시멘트 공장 등에서 건설/사업장의 폐목재와 생활 폐가구로부터의 호그, 그리고 개발현장의 임지 잔재를 연료로 사용하고 있다. 일본의 경우도 열병합발전소 및 화력발전소에서 칩을 석탄과 함께 혼소하고 있다. 국내에서도 이산화탄소 발생량을 감소시키기 위해 화력발전소에 칩이 이용될 경우 칩의 소모는 급격히 증가할 것이다.

2.3.2 수확 작업 [11,12]

산림에서 목질칩 생산 과정은 바이오매스를 상업용 연료로 만들고 그것을 현장에서 공장까지 운반하는 각개 작업의 연속으로 구성되어 있다. 일반적으로 칩 생산 위치에 따라 몇 가지로 구분한다.

1) 벌목지에서 칩생산(terrain)

이동형 치퍼(chipper)를 벌목지에서 가동하면서 치핑(chipping)을 한다. 바닥에 돌이 많거나 부드러운 곳이거나 비탈진 곳은 칩 생산에 부적당하다. 소규모 임지에 주로 적용하며 개벌일 경우는 치퍼를 자유롭게 그루터기까지 운반해가면서 작업하다. 그러나 택벌작업에서 발생한 바이오매스는 소로(strip road)에서 치핑한다.

2) 1차 또는 상부 토장(upper landing)이나 길가(roadside)에서 생산

치퍼를 일정한 장소에 고정시키고 바이오매스를 그루터기에서 토장으로 운반하여 치핑하거나, 또는 그루터기 벌채지(logging site)에서 임도변으로 운반(off-road transport)하여 치핑한다. 그러나 소로에서는 치핑할 수 없다. 1)보다 큰 치핑 규모이며 트랙터나 해머 밀을 동반한 운반형 치퍼로 디스크(disk)나 드럼(drum) 치퍼를 주로 사용한다. 줄기를 포함한 1차 간벌재나 개벌작업에서 발생한 직경이 작은 상부와 수관(가지/잎)도 치핑한다.

3) 최종 토장(lower landing, secondary landing, terminal landing) 또는 공장(mill)에서 생산

가지가 제거된 전간 생산물(delimbed tree length) 또는 전목 생산목(full tree)을 최종 집결지(terminal)까지 운반하여 조재하고 여기서 발생한 가지, 수피 및 수관을 연료로 사용한다. 펄프재로 사용할 수 있는 원목을 집결지로 운반한 후 수관과 줄기 꼭대기 부분을 칩으로 생산한다. 또한 벌채 후 임지 잔사물인 저직경급의 전목 생산목, 조재한 산물, 그루터기 및 뿌리를 집결지로 운반하여 칩으로 제조한다. 특히 원료의 집결지에는 칩으로 열 및 열/전기를 생산하는 공장을 설립할 수도 있다.

현재 국내에서는 기계톱을 사용하여 벌도, 가지자르기와 원목 절동작업 등의 조재를 하며 그 다음 트랙터 부착형 윈치나 썰매형 윈치(또는 수라)로 집재하여 트럭으로 운재한다. 지형상 급경사가 많은 관계로 기계화 작업은 한계가 있다. 따라서 완경사지에서는 간벌목이나 임지 잔사를 트랙터 부착형 윈치나 스키더로 임도 변까지 운반한 후에 그곳에서 칩을 생산하여 목적한 곳으로 이송하는 것이 바람직하다고 본다. 급경사지에서는 타워야더로 전목집재한 후에 토장이나 임도변에서 기계톱이나 프로세서로 조재 또는 칩을 생산할 수 있다[8].

한편 기존 방법인 가선계 집재기계를 사용하지 않고 굴삭기에 부착한 우드그랩으로 벌목, 조재된 단목 및 임지 잔재를 상부에서 하부의 집재로까지 끌어 내려서 집적할 수도 있다. 이 경우 소운재작업은 영운기를 이용하여 토장까지 운재하고 토장에서 이동식 파쇄기로 칩을 생산할 수 있다

숲가꾸기 사업에서 발생하는 임지잔재를 집·운재작업을 통해 수집한 다음, 칩을 생산한 보고에 따르면, 154m^3/ha의 축적을 지닌 리기다소나무 임지(활엽수 2

종 포함)를 벌채하여 얻은 생산물 중에 원목이 68.9% 그리고 임지잔재가 31.1%를 차지하고 있다. 또한 이들 임지잔재는 가지 부분이 95%, 뿌리 부분이 5%로 구성되어 있다. 임지잔재를 칩으로 생산할 경우 칩생산은 94.2%(목재칩 82%와 톱밥 18%로 구성)이며 5.8%의 손실이 일어났다. 이 손실은 주로 가지 부분의 수분 증발과 뿌리 부분의 토분에 기인한다[9].

4) 단벌기 수확

단벌기 수확 연료목은 농작물 수확과 마찬가지로 벌도하며, 칩 생산은 앞에서 설명한 1), 2), 3) 방법 모두가 가능하다. 단벌기 수확은 이미 3편 2장에 자세히 설명되어 있다.

5) 제재소 및 수집 장소에서 칩 생산

제재 죽데기는 제재소나 에너지 사용처에서 목재칩으로 생산하고, 건설/사업장의 폐목재와 생활 폐가구는 수집 산지나 에너지 사용처에서 호그로 생산하여 이용한다. 한편 개발현장에서 나오는 가지목과 뿌리목은 토사를 많이 함유하고 있으므로 현장에서 해머 밀로 파쇄하여 호그를 생산한다.

2.3.3 치퍼(chipper)

목질 바이오매스를 분쇄하기 위해서 치퍼, 천커 및 해머나 롤러(hammer, roller) 등을 이용한다. 이들 중에서 주종이 되는 치퍼는 가볍고 사용할 장소로 용이하게 옮길 수 있는 운반용 디스크 치퍼와 드럼 치퍼가 가장 널리 사용된다. 디스크 치퍼는 구조가 비교적 단순하고, 단단하며, 가격이 저렴하고 유지비가 적게 들기 때문에 드럼 치퍼보다 널리 이용되고 있다[1].

1) 디스크 치퍼

그림 5-3에서와 같이 디스크 치퍼에서는 회전하는 무거운 디스크에 방사방향으로 볼트로 고정된 2~4개의 날카로운 직선 방향의 치퍼날에 의해 분쇄가 일어난다. 디스크가 회전할 때, 치퍼날이 고정된 수평과 수직으로 연결된 모루(밑날)을 짧은 거리에서 지나간다. 따라서 치퍼날의 위치와 밑날 간의 간격을 조절하여 칩의 크기를 결정한다. 디스크의 회전 속도는 400~1,000rpm이다. 입재(立材) 방법은 인력에 의한 것과 수압 크레인에 의한 방법이 있다[2,4]. 치퍼날이 통나무를

자를 때 이 날들은 통나무를 치퍼 디스크 방향으로 당겨주는 힘을 제공한다. 이 힘은 날 표면 쪽에서 일어나므로 날이 날카로울수록 이 힘이 계속 작용한다. 한편 반작용력으로는 입재 입구의 마찰력, 칼날 후면의 작용, 및 디스크 집(외판)의 반응이 있다[1].

유효작업 시간당 10 ~ 40m^{3}의 루스(loose)칩이 생산된다. 디스크 치퍼에서는 균일한 질의 칩 생산이 가능하며 에너지 소비도 드럼 치퍼보다 적다. 한편 통나무나 전목재 칩 생산에서는 성능이 우수하나 조재목 잔사를 치핑할 경우에는 불리하다[2,10]. 디스크 치퍼는 구조가 비교적 단순하며 단단하여 유지비가 적게 든다.

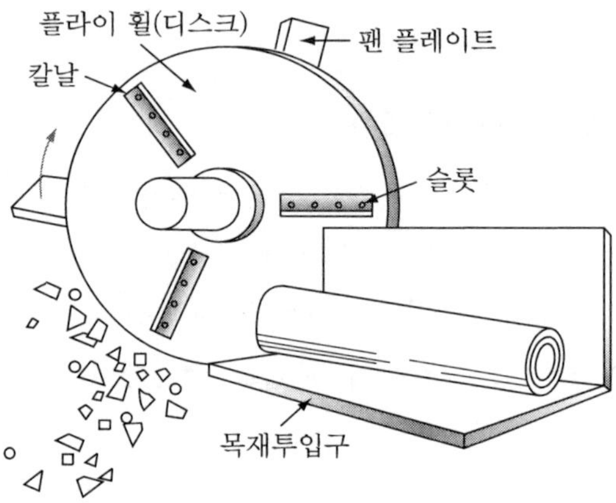

| 그림 5-3 | 디스크 치퍼의 원리

2) 드럼 치퍼

그림 5-4는 실린더형 드럼 치퍼(cylindrical end-feed drum chipper)를 보여주고 있다. 회전하는 드럼의 바깥쪽에 드럼축과 평행하게 2 ~ 4줄의 슬리트가 있으며 여기에 치퍼날이 부착되어 있다. 칼날의 크기와 간격을 조정하여 칩의 길이를, 그리고 칼날의 높이를 조절하여 두께를 결정한다. 절삭된 칩은 드럼이 회전하면서 하부 스크린으로 빠져나간다. 입재는 수압 클레인으로 하며 목재의 결에 직각 방향으로 넣어준다.

한편 입재한 원목의 결과 칼날이 평행해지고, 절삭된 칩을 슬리트 사이를 통과시켜 드럼 내부로 들어가서 측면으로 배출하는 치퍼(side-feed drum chipper)도 널리 사용하고 있다[1]. 이 치퍼에서도 입재를 결이 칼날에 직각이 되게 하고 칼날이 밑날 근처를 통과하면서 칩이 생산되고 원목도 아래로 밀려 연속 생산이 가능하다. 이 방법으로 생산한 칩은 디스크 치퍼 칩보다 칩의 크기가 균일하지 못하다. 조대(粗大)칩의 생산은 적으나 미세칩 생산 비율은 높다. 유효시간당 생산량은 40 ~ 80m^3이다[2].

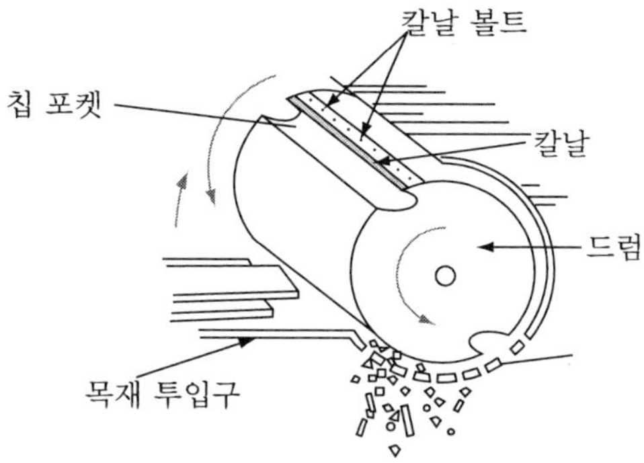

| 그림 5-4 | 실린더형 드럼 치퍼

3) 해머 밀(hammer mill)

해머 밀은 그림 5-5와 같이 회전하는 해머로 원료를 분쇄하여 스크린의 구멍 밖으로 밀어낸다. 입구에 마그네트를 설치하여 못 같은 금속물질을 제거할 수 있다. 입자의 크기는 해머의 모양과 개수, 스크린 또는 모루(앤빌)로 부터의 거리, 로터 속도, 및 스크린의 직경에 좌우된다. 주로 호그 생산에 이용한다.

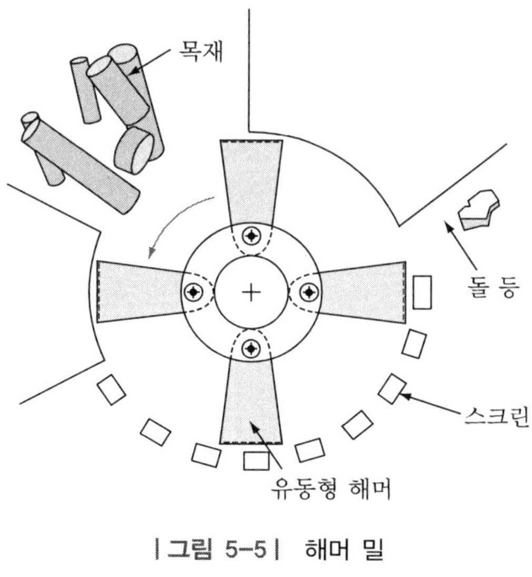

| 그림 5-5 | 해머 밀

2.4 칩의 건조

바이오매스의 수분 함량은 수종 간, 동일 수종의 개체간, 개체 내의 부위간, 그리고 계절에 따라서 차이가 있다. 한대 침엽수의 수분 함량은 휴면시기에 가장 높고, 활엽수의 수분 함량은 잎이 나오기 직전 봄에 가장 높으며 잎이 떨어질 때까지 계속 감소한다. 한편 늦은 가을부터 겨울 동안 수분 함량은 다시 증가한다. 몇 수종의 벌채 직후의 수분 함량은 표 5-7과 같다[3].

표 5-7 ▸ 주요 수종별 벌채 직후 수분함량 범위

수 종	벌채직후 수분함량 (%)
구주 적송	50 ~ 60
전나무	50 ~ 60
오리나무	45 ~ 55
자작나무	40 ~ 50
참나무	40 ~ 50
물프레나무	35 ~ 45

칩의 수분 함량이 높으면 칩의 유효열량과 연소효율이 떨어진다. 그 결과 이용 가능한 열량도 낮아진다. 어느 한계 이상의 수분을 함유하면 연소가 중지되는데 연소로를 설계할 경우에 일반적으로 연소효율을 약 50%로 설정하여 설계한다. 연소효율은 바이오매스의 수분 함량을 낮추면 개선된다. 수분 함량이 낮으면 운반비와 저장비를 절약할 수 있으며, 칩 처리 시스템의 확실성을 개선하고, 연소로의 유지를 촉진할 수 있다. 더욱이 미생물의 활동도 어느 한도 이하의 수분 함량에서는 억제된다.

열 에너지는 주로 겨울에 필요하므로 칩의 수분 함량은 여름보다도 겨울이 더욱 중요하다. 칩더미의 수분은 화학적·미생물학적 활동에 기인하여 연통처럼 상부로 움직이며 증발한다. 이른 아침 시간과 겨울에 칩더미가 안개로 덮여 있을 경우 수증기의 이동이 중요시 된다. 이 경우 덮개가 없는 칩더미나 더미 표면의 칩은 수분 함량이 높다[11].

칩의 수분을 감소시키는 방법은 칩 생산용 바이오매스를 사전에 건조시키거나, 또는 칩을 생산한 후에 건조하는 방법이 있다. 전자의 방법으로서는 천연건조나 임지에서 증발건조(transpiration drying)가 있다. 천연건조는 주로 용재에 적용하는 방법이고, 칩 생산에서는 증발건조가 적합하다. 증발건조는 벌채한 소경목을 수관이 붙은 상태로 임지에 그대로 남겨두어 천연조건에서 수분을 증발시키는 방법으로서 그 효과가 표 5-8에서와 같이 입증된다[12].

표 5-8 ▸ 가을과 겨울 동안 임지 천연건조에 의한 테다소나무와 상수리나무 심·변재의 수분 변화

수 종	부 위	수분 함량 (%)					
		벌채 후 저장기간 (주)					
		0	1	2	3	6	9
테다소나무	변 재	56.7	54.0	51.2	48.4	40.5	35.6
	심 재	41.1	38.7	36.3	34.1	28.7	25.8
상수리나무	변 재	42.0	41.3	40.6	39.9	38.2	36.9
	심 재	41.7	41.6	41.5	41.4	41.0	40.7

일반적으로 목질보드의 경우 두께와 밀도에 따라 차이는 있겠지만, 생산 에너지의 약 66%가 건조비용이다. 칩을 인공 건조할 경우도 이와 마찬가지로 상당량의 비용이 필요하다. 칩을 열가스로 건조하는데 이 경우 높은 에너지가 소비되며 약간의 공해물질도 배출한다. 건조시스템은 연속 건조시스템과 순환식가스 건조시스템이 이용되는데 후자의 경우 에너지 소비와 공해물질 배출이 적다.

2.5 칩의 저장

연료 칩의 저장은 연소 시스템을 가동하는 공장에 칩을 안정적으로 계속 공급하며, 저장 기간 중에 자체 수분 감소로 칩의 질을 개선한다는 측면에서 매우 중요하다. 겨울철에 연료용 칩이 필요하나 눈으로 교통이 통제되어 칩 이송이 어려울 경우도 있고, 목재 공장에서 나오는 잔사로 칩을 제조할 경우 연휴로 인한 칩 생산량이 감소한다던지, 또는 소규모의 칩생산 공장에 의존하고 있을 경우 노동력 부족이나 기계 고장으로 칩 생산이 중단될 경우도 있다. 더욱 다급한 것은 다른 연료와 칩을 혼합 사용하여 열 또는 전력을 생산하는 공장의 경우는 더욱 난감하다. 따라서 일년간 칩 소비량의 10 ~ 20%를 더 저장해 놓는 것이 필요하다. 한편 벌채 당시의 칩은 수분 함량이 높으므로 장기간 저장하면 수분이 증발하여

칩의 질이 개선된다[1,3,10].

저장 기간은 몇 주에서 1년 정도이며 저장 장소는 주로 도로변이나 공장 내부가 적합하다. 연료 칩은 벌채 시기, 저장 기술, 저장 장소의 지형 등에 영향을 받는다. 특히 저장 장소는 트럭의 진입이 원활하도록 바닥이 항상 건조해야 한다.

칩 야적은 도로 위치보다 높고, 바닥에 그루터기나 큰 돌 및 장애물이 없는 곳이어야 한다. 또한 배수가 좋으며 공기 순환이 원활하고 지붕이 있어야 한다. 칩 야적 높이는 7 ~ 8m 이하가 적당하며, 2주 이상 저장하거나 건조가 목적일 경우는 반드시 지붕을 설치해야 한다. 지붕 아래에서 4 ~ 6개월 동안 천연건조시키면 초기 함수율 45%가 25 ~ 30%로 감소된다[11].

표 5-9는 단벌기 전목재 칩(whole tree chips)의 경우 저장기간, 지붕의 유무 및 야적 형태에 따른 칩의 수분 함수율을 나타내고 있다[1].

표 5-9 ▸ 단벌기 전수체 칩의 저장기간, 지붕의 유무 및 야적형태에 따른 칩의 수분 함수율 변화

저장기간 (월)	평균 수분 함량 (%)		
	지붕 없음 평평한 저장방식	지붕 있음 평평한 저장방식	지붕 없음 원뿔형 저장방식
0	43.8	44.4	42.2
3	54.5	41.9	51.9
6	62.0	39.8	54.8
9	63.1	33.8	53.7

표 5-9에서와 같이 비막이가 없으며 평평(flat)하게 야적할 경우, 저장 기간이 늘어나도 오히려 칩의 수분 함량은 크게 증가하였다. 또한 원추상으로 야적하더라도 지붕 차단막이 없으면 벌채 당시보다 수분량이 증가하였다. 그러나 지붕이 있는 경우는 평평하게 쌓아도 수분 함량이 감소하였다. 칩을 저장할 경우에는 지붕을 설치하는 것이 필요하다.

칩 저장 과정 중에 칩에서 여러 가지 생물학적, 미생물학적 그리고 화학적 변화가 일어난다. 즉, 미생물에 의한 칩의 분해, 연료의 열에너지 감소, 함유 성분의 변화 등이 일어난다. 이 중에서도 가장 문제가 되는 것은 미생물에 의한 분해이다.

칩을 저장할 경우 사이로나 칩 더미에서 온도가 상승하여 화재의 위험성이 있으며 칩의 미생물 분해도 자주 일어난다. 이러한 이유는 칩 내부의 온도 상승이 칩에 살아있는 유세포와 미생물의 호흡작용에 의해 칩의 조성분(영양분)을 계속

소모하면서 이산화탄소, 물 그리고 열을 방출하기 때문이다. 이 호흡작용은 0°C 이상에서 일어나며 40°C까지 계속 증가한다. 그리고 약 60°C에서는 호흡작용이 더 이상 일어나지 않는다.

칩 분해에 관여하는 미생물은 변색균(stain and mold fungi), 목재 부후균(wood decay fungi), 연부후균(soft-rot fungi) 및 세균으로서 20 ~ 30°C에서 가장 활발하게 증식하며 40°C까지 생육한다. 더욱이 미생물의 호흡작용과 더불어서 칩의 유세포 내의 불포화 추출물이 대기 중의 산소와 유기화학 반응이 일어날 경우 칩 더미의 내부 온도가 50°C 이상으로 올라갈 수가 있다[16]. 소나무 칩을 밀집하게 쌓아 보관할 경우 초기 2주에 54 ~ 63°C, 4주에 49°C로, 그리고 6개월 후에 38°C로 안정화 된다[13]. 참나무 칩의 경우 덜 밀집하게 보관해도 1개월 후에 57°C로 상승하고, 6개월 후에는 다시 38°C로 낮아졌다. 활엽수 칩은 수종 간에 온도 차이가 크다[14]. 특히 칩에 인화점이 낮은 특수 추출물이 함유되어 있거나 철(못)과 같은 촉매 가능 물질이 있다면 온도가 더 상승할 수도 있다[15].

전목재 칩의 경우 칩의 열량은 칩 더미 내부의 위치나 칩 더미 높이에는 관계가 없다. 또한 1개월 동안 저장 시에는 열량 감소가 없으나, 4 ~ 6개월 후부터는 급격히 감소하여 1년 저장 후 열량이 약 9% 감소하였다. 전목재 칩은 수피를 벗긴 기존 칩에 비하여 더 빨리 분해를 일으킨다. 저장 기간 동안 건중의 감소는 깨끗한 박피 칩, 전수체 칩, 수피, 잎 순으로 크다. 그러나 건중 감소는 수종에 더 좌우된다. 예를 들면 아스펜 칩은 대단히 빨리 분해되지만 참나무류 분해속도는 매우 느리다[16].

칩 저장 기간 동안 칩에 함유된 추출물들의 조성과 함량에도 변화가 일어난다. 특히 소나무 칩의 경우 칩에 함유된 올레오레진(oleoresin)이 효소나 자가산화반응에 의해 쉽게 산화되어 휘발한다. 따라서 칩의 전건 무게가 감소한다[16]. 라디에타소나무재의 경우 12 ~ 18개월 동안 중량감소가 9 ~ 21%나 일어났으며, 미국산 활엽수들도 6개월에 6% 감소하였는데, 셀룰로오스와 헤미셀룰로오스 함량에는 변화가 없고 추출물만 감소하였다는 보고도 있다[17].

2.6 칩의 질

산림에서 생산하는 목질 칩의 질은 목질 바이오매스의 출처와 분쇄, 취급 및 저장 기술에 따라 차이가 있다. 크기 규모가 균일하고 수분과 잎 함량이 적고 회분 함량도 낮은 칩은 공장 가동율을 증가시키고 연소효율과 경제성을 개선한다. 그리고 보일러의 종류에 따라 서로 다른 특성을 지닌 칩이 요구된다. 일반적으로 공장 규모가 크면 연료 특성의 변이에 따른 적응도가 높다.

칩의 질은 수분 함량, 열량, 에너지 밀도, 잎 함량, 회분 함량, 이산화탄소 배출량 및 칩 크기와 분포 등의 여러 가지 화학적·물리적 특성에 영향을 받는다. 특히 중요한 것은 공장에 입고되는 칩의 질이 계절적으로, 그리고 입고되는 차량 간에도 더욱이 한 차량 내에서도 변이가 없어야 한다.

2.6.1 칩의 크기

칩의 크기와 분포는 칩을 연소로에 자동 입재할 때에 마찰각, 스라이드 구배 및 걸림현상 등의 불리한 문제와 관계가 있다. 또한 연소효율과 스모크 발생에도 영향을 준다. 따라서 가열 시스템에 따라 칩의 최적 형태가 다르다. 국가 또는 지역 간에 칩의 크기와 분포가 규정되어 있다. 여기서는 덴마크의 기준을 설명하고자 한다[2].

표 5-10 ▸ 크기 분포에 따른 5등급의 칩 (중량 %)

종 류	크 기	칩의 등급				
		미세 칩 (fine)	중간 칩 (medium)	굵은 칩 (coarse)	가벼운 칩 (air spout)	가스화용 (gasifier)
목분(dust)	3.15mm	<10%	<8%	<8%	>2%	<4%
작은(small)	3.15 < 8mm	<35%	<30%	<20%	>5%	<8%
중간(medium)	8 < 16mm	[1]	[1]	[1]	>60%[2]	<25%
큰(large)	16 < 45mm	<60%	[1]	[1]	>60%[2]	>60%[3]
특대(extra large)	45 < 63mm	<2.5%	<6%	[1]	<15%	>60%[3]
더큰특대(overlarge)	>63mm	<1.5%	<0.6%	<3%	<3%	>60%[3]
특장(overlong 10)	100 ~ 200mm	0%	<3%	<6%	<4.5%	<6%
특장(overlong 20)	>200mm[4]		<0.5%	<1.5%	<0.8%	<1.5%

주. 칩의 사이즈를 분류하는 회전체(sieve)의 구멍 사이즈는 ISO Standard 3310/l2와 일치.
[1] 없어도 된다, [2] 두 등급 칩의 합은 최소 60% 이상, [3] 세 등급 칩의 합이 최소 60% 이상,
[4] 직경 10mm 보다 크고 길이 500mm 이상, 그리고 30 × 50 × 200mm보다 큰 칩은 해당 없음.

표 5-10에서와 같이 칩을 질에 관계없이 사이즈 등급에 따라 5종으로 나누었다. 즉, 미세칩(fine), 중간칩(medium), 굵은칩(coarse), 가벼운칩(air spout), 그리고 가스화용(gasifier)이다. 미세칩(fine)은 스크루컨베이어를 이용하여 사이로에서 보일러로 이동하는 작은 보일러에 적합하다. 여기서 사용하는 스크루컨베이어는 규모가 작고 큰 입자나 작은 조각에 매우 민감하다. 굵은칩은 큰 칩을 다루기 쉬운 큰 보일러에 적합하다. 한정된 양의 미세칩을 함유한 굵은칩은 화상(火床, grate)이 있는 보일러가 장착된 열에너지 생산 공장에 적합하다. 가벼운칩은 공기에 의해 칩을 연소로 안으로 넣는 설비에 적합하다. 이들 설비는 일정한 량의 목분을 필요로 하며 작은 조각에 민감하다. 가스화용 칩은 목분과 다른 미립자가 제한된 량으로 함유된 특별히 굵은칩이다. 이런 칩은 작은 가스화장치의 연료에 특히 적합하다.

독일을 포함한 EU의 경우 목재 칩의 크기 분포를 P < 16mm, P < 45mm, P < 63mm, P < 100mm로 4 등급으로 나누었고, 호그는 P < 45mm, P < 63mm, P < 100mm, P < 300mm로 나누어 큰 사이즈의 형상도 포함하였다. 국내 열병합보일러의 경우 직경이 50mm 이하, 길이가 75mm 이하, 그리고 6mm 이하가 5% 이하인 호그 연료를 사용하는 것으로 알려져 있다.

2.6.2 수분함량

칩의 수분함량은 칩의 가격을 좌우한다. 즉, 칩의 열량, 저장특성 및 운송비용에 영향을 준다.

1) 수분함량에 따른 칩의 등급

칩의 수분함량은 칩의 등급을 나누는데 결정적인 인자이다. 왜냐하면 수분함량은 칩의 무게와 다음에 설명하는 열량과 가장 밀접한 관계를 지니고 있기 때문이다. 일반적으로 칩의 수분함량은 10%에서 55%%까지 매 5% 단위로 등급이 결정된다. 국내는 습량무게 기준으로 칩과 호그 모두 20% 이하, 30% 이하 및 40% 이하로 구분한다.

2) 열량(발열량; heating value, heat of combustion, calorific value)

열량이란 연료의 단위질량이 완전하게 연소할 때 고체나 액체연료 단위무게(kg) 또는 기체연료 단위부피(Nm^3)당 얻어지는 열단위의 수(Kcal)를 의미한다. 열량에는 고위발열량(gross calorific value, higher heating value)과 저위발열량(net calorific value, lower heating value)이 있다. 전자는 연료 중의 수분 그리고 연소에 의해 생성된 수분의 응축열(증발잠열)을 함유한 발열량이고, 후자는 응축열을 함유하지 않은 발열량이다. 실제 연소 중에는 연소가스 중의 수분은 연소에 사용되지 않고 수증기 상태로 배출되므로 응축열은 실제 연소에 이용되지 않는다.

목재 연료는 항상 수분을 함유하고 있으며 연소 초기에 열량의 일부가 연료에 함유한 수분을 증발시키는 데 소모된다. 따라서 실제적으로 사용할 수 있는 에너지량은 감소한다[3].

발열량에 미치는 수분 함량의 역할은 아래 식으로 구할 수 있다[2]. 유럽의 경우 표 5-11의 건조시료의 고위발열량을 이용한다.

$$H_{m.v} = H_n \left(\frac{100 - F}{100}\right) - \frac{2.442 \times F}{100} \quad \cdots\cdots (1)$$

여기서 $H_{m.v}$: 함수율을 고려한 저위발열량, GJ/tonne

H_n: 건조시료의 저위발열량

F: 수분함량(%)

2.442: 15°C에서 물의 증발잠열(GJ/tonne)

표 5-11 ▶ 바이오매스 형태에 따른 발열량[2]

바이오매스 유형	고위발열량 (GJ/tonne)
목 재	19.5
목재 칩	19.2
수 피	18.0
목질펠릿	19.0

한편 전건된 시료의 저위발열량은 식(2)로도 계산할 수 있다.

$$H_{nd} = H_n - 212.2 \times w(H) - 0.8 \times [w(O) + w(N)] \quad \cdots\cdots (2)$$

여기서 H_{nd}: 전건된 시료의 저위발열량(GJ/tonne)

W(H): 시료의 수소함량(%)

W(O): 시료의 산소함량(%)

W(N): 시료의 질소함량(%)

특히 수분 및 회분 함량(3% 이상)을 고려한 목재의 저위발열량 계산은 아래 식(3)과 같다.

$$H_{m.v} = \left[\left\{\frac{H_{ma} \times (100 - A_d)}{100}\right\} \times \left\{\frac{100 - F}{100}\right\}\right] - \frac{2.442 \times F}{100} \cdots\cdots (3)$$

여기서 H_{ma}: 회분이 제외된 전건된 상태에서 총발열량(GJ/tonne)

A_d: 전건된 상태에서 회분(w%)

북유럽의 경우 구주적송이 주종이고 가문비나무와 자작나무로 구성된 칩의 경우는 식(4)을 사용한다.

$$H_{m.v} = 19.2 - 0.2164 \times F(\text{GJ/tonne}) \cdots\cdots (4)$$

F: 시료의 수분함량(%)

한편 활엽수림에서 생산된 혼합수종 칩은 식(5)를 적용한다.

$$H_{m.v} = 19.0 - 0.2144 \times F(\text{GJ/tonne}) \cdots\cdots (5)$$

칩의 가격은 칩의 질과 열량으로 결정한다. 따라서 이상의 식을 적용하여 칩 1t의 고위발열량(GJ/tonne)을 계산하고 여기에 에너지 가격을 곱하여 칩 가격을 결정한다. 전체 칩의 무게는 공장에 입고할 때에 차량과 칩을 합한 무게와, 퇴차 시에 빈 차량 무게를 측정하여 수분이 함유된 칩의 전체 무게를 구하고, 그 후에 칩에 함유된 수분을 실험실에서 정량하여 전체 칩의 전건무게를 계산한다. 간혹 부피로 판매하는 경우도 있다. 이 경우는 수분함량 및 원목의 밀도 등을 고려한 상수를 곱하여 구하기도 한다. 수분 정량과 시료 채취 방법은 다른 시험서를 참조하기 바란다.

3) 연료효율

수분을 많이 함유한 칩은 불완전 연소를 한다. 따라서 연소 열에너지의 일부를 상실한다. 이런 현상은 작은 보일러에서 특히 문제가 된다.

4) 가스 방출

불완전 연소는 일산화탄소, 탄화수소 및 미립자의 배출을 초래한다.

5) 저장 특성

칩에 미생물의 영양원이 될 수 있는 잎이 많이 함유되어 있다면 저장기간 동안 화학적·생화학적 반응이 일어날 수 있다. 수분함량이 25% 이하이면 건중량의 손실은 막을 수 있다.

6) 취급상의 문제

겨울철에 수분을 많이 함유한 칩은 운반트럭이나 사이로에서 얼어서 칩의 통과 구멍을 막거나 공장의 연료취급 시스템을 손상시킨다. 공장 규모에 따라 칩의 수분 함량의 허용한계가 다르다. 일반적으로 큰 공장은 칩의 수분 함량이 50% 이하, 그리고 작은 공장은 수분 함량이 40% 이하를 유지한다[11]. 또한 지역 난방시스템에서는 수분 함량이 30~35%인 칩을, 그리고 가정용 난로(stoker)를 지닌 보일러에는 20~50%의 수분을 지닌 칩을 이용한다[2].

2.6.3 에너지 밀도[3]

에너지 밀도란 단위부피당 목재 칩이 보유하고 있는 에너지 양을 의미한다. 목재 칩의 에너지 밀도는 당해 연도의 기후조건, 수종, 공장의 규모에 따라 차이가 있으나 북유럽에 위치한 비교적 규모가 큰 3곳의 전력생산 공장에서 조사한 바에 따르면 약 0.77 MWh/m^3(loose vol.)으로 나타났다. 목질 연료의 에너지 밀도는 아래의 여러 가지 인자에 영향을 받는다.

1) 목재, 수피 및 침엽의 밀도(전건중 kg/m^3 고형상)

목재의 밀도는 1.3의 표 5-3에서와 같이 활엽수재가 침엽수재보다 높다. 즉, 활엽수 칩이 침엽수 칩에 비하여 단위무게에 대한 부피가 적다. 한편 소나무 수피는 약 270kg/m^3 정도로 상당히 낮다. 일반적으로 목재 1m^3(1t, BDT, ODT)으로 활엽수재의 경우 2.2m^3, 그리고 침엽수는 2.7m^3의 칩을 생산하다. 따라서 침·활엽수 혼합 칩의 경우는 2.4m^3로 간주한다.

2) 벌크밀도(bulk density, kg/m^3)

벌크밀도란 칩의 부피(공간 있음)와 칩 제조 이전의 원료 무게의 비율이다. 따라서 원료에 따라서 차이가 있다. 조재잔재의 벌크밀도는 150~200kg/m^3이며,

이것을 칩으로 제조할 경우 벌크밀도는 300 ~ 460kg/m^{3}으로 증가한다. 일반적으로 평균 벌크밀도는 400kg/m^3 정도이다.

3) 순발열량(kWh/kg연료)

순발열량은 연료의 수분 함량과 화학적 조성분에 좌우된다. 리그닌은 탄수화물보다 더 높은 열량을 지녔으므로 침엽수는 활엽수보다 더 높은 열량을 나타낸다. 물론 순발열량에 미치는 영향은 리그닌 함량보다는 수분함량이 더 크다.

2.6.4 잎의 첨가량

임지 목재칩은 상당량의 잎을 포함하고 있다. 산림에서 목재를 수확할 때에 침엽의 손실이 전혀 없다고 고려하면, 전수체 칩의 경우 구주적송 칩에는 5 ~ 9%, 가문비나무 칩에는 10 ~ 18%의 잎이 함유되어 있다. 임지잔재 칩은 소나무와 가문비나무의 경우 각각 15 ~ 20%와 20 ~ 35%의 잎을 포함하고 있다. 작은 가지와 침엽들은 여러 단계의 구입과정을 거치면서 시들어 떨어질지라도, 아직 남아있는 침엽은 연소과정에 지장을 초래한다.

한편 잎은 금속 알카로이드와 염소화합물들을 상당히 높게 함유하고 있다. 특히 연소할 때에 염화물은 보일러의 열 이동 표면에 응축하여 열 이동을 늦추므로 높은 온도에 의한 부식을 초래할 위험을 지니고 있다[18]. 또한 잎은 다른 부위에 비하여 상당량의 질소를 지니고 있다. 이 성분이 연소로에서 지장을 초래할 수 있다. 따라서 질소 함량은 칩의 등급을 결정하는 하나의 인자로 작용한다.

2.6.5 회분

목재의 회분 함량은 일반적으로 0.5% 이내이며 가지와 수피는 약 3% 정도이다[1]. 그러나 전건목재 칩의 회분(순수회분, pure ash) 함량은 약 1%, 그리고 조재잔재 칩은 2% 정도이다. 즉, 각각의 회분량은 전자는 4 ~ 6kg/m^3 그리고 후자는 8 ~ 12kg/m^{3}이다. 그러나 벌채와 임지 내 운반과정에서 모래, 흙 등에 오염되어 조회분(crude ash)량은 순회분량보다 훨씬 높다. 특히 스키더(skidder)를 사용하여 임도변까지 나무전체나 줄기를 운반할 경우에는 조회분 함량이 더욱 높다. 그루터기와 뿌리 칩에는 오염물질량이 특히 높다[3]. 회분도 연소로에 큰 영향을 끼치므로 칩의 등급을 결정하는 수분 함량 다음으로 큰 인자이다. 유럽 규정에 따른 칩의 등급에서는 회분 함량을 최고 10%로 산정하고 5 등급으로 구분하였다. 한편 질소 함량은 화학적 처리가된 원료로부터 생산된 칩과 호그에 국한하여 최고 3.0%로 산정하고 4 등급으로 나누었다[19].

국내 열병합보일러의 경우 회분은 5% 이하이며, 그 중에 수은 1.0mg, 카드뮴과 비소 각각 2.0mg, 납 30.0mg 이하인 호그를 자체 내부 연료기준으로 정하고 있다.

2.6.6 이산화탄소 배출

칩이 완전히 연소할 때 탄소는 산소와 결합하여 이산화탄소(CO_2)와 에너지인 일산화탄소(CO)를 방출하고, 수소는 산소와 결합하여 에너지(H_2)와 물을 생성한다. 기후변화의 관점에서 보면 에너지가 탄소로부터 생성되는지, 아니면 수소에 기인하는지는 매우 중요하다. 만일 연료에서 탄소/수소비가 높으면 역시 이산화탄소 배출량도 높다. 물론 목질계 연료가 연소할 경우에 이산화탄소를 방출한다. 그러나 여기서 방출한 이산화탄소 양은 나무가 탄소동화작용으로 생육하면서 흡수한 양을 다시 방출하는 것이므로 실제 방출량은 0(zero)이다. 따라서 바이오매스를 탄소중립 연료(carbon-neutral fuel)라고 한다[3].

2.7 칩과 호그의 품질규격

칩과 호그의 유럽 규격인 EN 14961-4에 따르면 칩을 Class A와 B, 그리고 호그도 Class A와 B로 구분하여 모두 4종류로 크게 나누었다. Class A 칩과 호그는 천연림, 인공림 및 화학적으로 처리되지 않은 재 이용 목재로부터 생산한 것이고, 칩과 호그의 Class B는 화학적으로 처리된 목재산업의 부산물과 잔재 및 재 이용 목재로부터 생산한 칩이다. 그 다음에 칩은 크기, 수분, 회분 함량, 호그의 경우는 질소함량도 포함하여 품질규격을 세분하였다[20].

한편 국내의 경우 목재연료칩과 호그A와 B의 품질 규격은 표 5-12와 같이 준비되고 있다.

표 5-12 ▸ 목재연료칩과 호그의 품질 규격

구 분		목재연료칩	호그	
			A	B
크 기	균일성 습량무게의 80%	16 ~ 45mm 이하 16 ~ 63mm 이하 16 ~ 100mm 이하	45 ~ 63mm 이하 45 ~ 100mm 이하 45 ~ 200mm 이하	
미세분	5mm 이하 입자	습량 무게 기준 5% 미만		
회 분	건조무게 기준	0.7% 이하 1.5% 이하 3.0% 이하 6.0% 이하	0.7% 이하 1.5% 이하 3.0% 이하 6.0% 이하, 10.0% 이하	
함수율	습량무게 기준	20% 이하 30% 이하 40% 이하		
겉보기밀도	습량무게 기준	200kg/m^3 이상 300kg/m^3 이상 450kg/m^3 이상	250kg/m^3 이상 350kg/m^3 이상 450kg/m^3 이상	
발열량	저위발열량	1,900kcal/kg 이상 2,700kcal/kg 이상 3,500kcal/kg 이상 4,300kcal/kg 이상		
질 소	건조무게 기준	1.0% 이하	3.0% 이하, 6.0% 이하	
유 황	건조무게 기준	0.05% 미만	1.2% 미만	
염 소	건조무게 기준	0.05% 미만	0.30% 미만	
무기금속	수 은	–	1.0mg/kg 이하	
	납	–	30.0mg/kg 이하	
	카드뮴	–	2.0mg/kg 이하	
	비 소	–	2.0mg/kg 이하	
	크 롬	–	30.0mg/kg 이하	

참고문헌

1. Hakkila, P., Utilization of residual forest biomass pp. 261-290, Springel-Verlag, Berlin Heidelberg, 1989
2. Serup, H.(edi.); Wood for energy production, technology environment economy, The centre for biomass technology, Chap. 3 Production of wood fuels, Chap. 4 Purchase and sale of wood for energy production, pp. 14-59, 2002

3. Hakkila, P., Developing technology for large-scale production of forest chips, Technology Programme Report 6/2004, pp. 22-57, Helsinki, 2004
4. 장재혁, 권구중, 권성민, 김남훈, 미활용 목질계 바이오매스 자원에 대한 연료로 서의 가치 평가, 한국산림바이오에너지학회, 2010학술발표회지, pp. 145-154, 2010
5. Tillman, D. A., Fuels from waste. In: Kirkothmer, Encyclopedia of chemical technology, vol. II, pp. 393-40, John Wiley, New-York, 1980
6. 배정환, 목질계 바이오에너지 보급확대방안, pp. 3-21, 2006 목질계 바이오에너지 학술심포지엄 2006.12.14, 목질 바이오에너지 이용 및 보급 촉진, 국립산림과학원, 2006
7. http://kosis.kr/nsi_cps/index.jsp?in_orgid=136001&in_empid=A13601, 2009.12.10, 통계블로그
8. http://www.forest.go.kr/foahome/user.tdf
   http://152.99.197.65:8080/EzBookViewer/prt_img.asp 2007.04.05
   임업기계화의 활용과 상황, 산림청용역과제, pp. 33-49, 국유림경영과, 2005
9. 엄영근, 김영선, 신은기, 이미림, 신산림사업 부산물 처리 방법 개선 시범사업 실증연구, -임지잔재 자원화 시범사업을 중심으로-, pp. 37, 132-134, 국민대학교, 산림과학연구소, 북부산림청, (사)한국목재재활용협회, 동화기업(주), 2010
10. www.tekes.fi/opet/... 2007.01.26
    Production of forest chips in Finland, OPET Report 6, pp. 1-35, VTT Energy, 2001
11. Hajny, G. J., Outside storage of pulpwood chips, A review and Bibliography, Tappi 49:97A-105A, 1966
12. Roger, K. E. Prehavest drying of logging residues, For. Prod, J., 31(12):32-36, 1989
13. Somsen R. A., Outside storage of southern pine chips, Tappi, 45:623, 1962
14. Bois, P. J. Flick, R. A., Gilmer, W. D., A study of outside storage of hardwood pulp chips in the southeast, Tappi, 45:609, 1962
15. Casey, J. P., Pulp and Paper, vol Ⅰ. pp. 126-129, John Wiley & Sons, Inc., 1980
16. Sjöström, E., Wood Chemistry, pp. 107-108, Academic Press, Inc., 1993
17. Hajny, G. J., Jorgensen, R. N, Ferrigan, J. J., Outside storage of hardwood chips in the northeast to physical and chemical effects, Tappi, 50:92-96, 1967
18. Hall, D. O. and Overend, R. P., Biomass regenerable energy, pp. 206-207, John Wiley & Sons, New-York, 1987
19. http://www.fu.fh-goettingen.de/cnt/personen/nelles_neu/7821d.ht 2010.08.21
    Neff, A., Use of wood as firewood and the European efforts for an European standard for solid biofuel, Presentation given at the NTFP-workshop at the University of Gottingen on Nov. 1t, 2004
20. http://www.astandis.at/shopV5/Preview 2010.08.21
    Draft EN 14961-4, 2010-07-15, Solid-biofuel specification and classes, Part 4: Wood chips for non-industrial use

Chapter 03

고밀도 목질연료

High-density Wood Fuel

목재의 고밀도화란 죽데기, 칩, 톱밥 수피 등과 같은 임산물 공장의 부산물 또는 임지의 조재 잔사를 균일한 크기의 입자로 분쇄한 후에 압착시켜 목재연료를 제조하는 것이다. 목재잔사를 연료화하는데 고밀도화 과정을 거치는데는 다음과 같은 장점이 있다[1].

- 단위체적당 순에너지값(에너지 밀도)이 증가한다.
- 연기와 잔사가 적은 클린 연료이며 기존 장작보다 더 오래 탄다.
- 운반과 저장이 쉽다.
- 생산된 연료는 질과 크기가 균일하다.

고밀도 목재 연료는 일반적으로 연료의 크기나 모양에 따라 표 5-13에서와 같이 펠릿(pellets), 브리켓(briquettes), 및 로그(logs)로 구분한다[1,2,3].

표 5-13 ▸ 고밀도 연료의 크기와 모형

종 류	직 경 (인치)	길이	모 형	기 타
펠 릿	1/2 ~ 1½	1 ~ 2	실린더	평판형, 링형, 톱니바퀴형
브리켓	2 ~ 4	2 ~ 4	디스크	스크루압출기, 피스톤 프레스, 롤프레스
로 그	2 ~ 4	12 ~ 16	실린더	실린더 다이(펀치)

3.1 펠릿 (pellets)

연료 펠릿은 식물계 바이오매스를 작고 균일한 크기의 입자로 분쇄한 후에 높은 압력으로 압축하여 일정한 크기로 성형한 목질계 연료로서 아래와 같은 여러 가지 장점을 지니고 있다[4,5,6].

1) 화석연료 사용을 감소시켜 친환경적이다. 즉, 이산화탄소 배출량이 0(zero)이며 분진 배출량이 적다. 또한 아황산가스와 같은 유해가스를 배출하지 않는다.
2) 재생이 가능한 원료를 사용한다. 또한 폐자원을 주로 이용하므로 원자재를 절약할 수 있다.
3) 깨끗한 연료이며, 난방장치가 작고 연료공급이 자동화되어 다루기도 쉽고, 연료의 저장도 편리하다.
4) 고밀화된 목질연료로서 목질 칩과 비교하여 에너지 함량이 높다. 펠릿 1t의 열량은 목재의 1.5배 코드(cord)에 상당한다.

3.1.1 펠릿의 원료

목질펠릿의 주원료는 대패밥과 톱밥이다. 전자는 목제품 가공공장에서 주로 배출되며 거의 건조된 상태이다. 한편 후자는 산림이나 제재소에서 생산되며 수분 함량이 약 50%까지도 된다. 따라서 펠릿화를 하기 전에 여러 가지 방법으로 사전에 조절 과정을 거쳐 건조시킨다.

연료 펠릿을 제조할 수 있는 다른 원료로는 수피, 목재칩, 농작물의 줄기(짚, 초본류), 분류된 가정 폐기물, 종이, 재이용목재가 있다. 원료의 종류와 상태에 따라 사전에 조절 과정과 펠릿화 기술에 차이가 있다. 현재는 톱밥 원료를 가장 많이 이용하지만, 앞으로는 목재칩 과 단벌기 수확에 의해 생산된 에너지 목재가 주원료로 활용될 것이다.

한편 방부제가 처리된 목재, 접착, 도색, 침지 등의 화학물질이 처리된 목재, 건축물로부터 해체된 목재, 이력이 불분명한 목재는 원료가 될 수 없다.

3.1.2 펠릿 제조 방법

펠릿은 기본적으로 원료의 선별 → 건조 → 분쇄/마쇄 → 펠릿화 → 냉각 → 미세분 제거 → 포장/저장 과정에 의해서 생산한다. 몇 가지 펠릿 제조 기술을 소개하면 다음과 같다.

1) 건조

원료인 톱밥이나 대패밥에 수분 함량이 높으면 펠릿화가 되지 않는다. 따라서 건조기(드럼, 스팀, 열풍건조기)에서 함수율을 10% 미만으로 건조시킨다. 한편 건조 기술은 에너지 소비 및 펠릿의 특성에도 영향을 준다[7]. 예를 들면 소나무 톱밥을 건조할 경우, 건조 후에 톱밥에 남아 있는 휘발성탄화수소 함량은 건조 매체, 온도 및 처리 시간 등의 건조 기술에 좌우한다. 휘발성탄화수소가 적게 휘발하면 펠릿의 열량이 높고 환경 오염도 적다[8].

목재 칩으로 펠릿을 제조할 경우 건조와 분쇄 과정에 필요한 에너지량은 생산된 펠릿이 지닌 에너지(100%)의 약 18 ~ 35%에 해당되며, 수분을 지닌 톱밥은 건조 과정만 필요하므로 펠릿이 지닌 에너지의 10 ~ 25%의 에너지에 버금 간다. 4t/h 규모의 펠릿 공장에서 조습을 포함한 펠릿 생산(압밀화)에 80 ~ 130kWh/t가 필요하다. 펠릿 생산에 투여된 전체 에너지를 기준으로하면 건조부분에서 총 에너지의 70%가 소요된다[6,9].

2) 분쇄

원료를 주로 해머 밀(hammer mill)을 사용하여 펠릿 제조장치에 적합하도록 균일한 크기로 분쇄한다. 스크린 사이즈는 생산할 펠릿의 직경에 따라 다르다. 해머 밀은 전기모터로 구동하며, 이 에너지가 열로 전환되고 열에 의해 원료의 수분을 증발시키므로 분쇄와 건조를 동시에 할 수도 있다. 즉, 밀러 건조기(mill dryer)에서 분쇄기(crusher)가 입자 크기를 변화시키며 건조과정을 상당히 쉽게 한다. 입자가 균일한 크기를 지니며 균일한 수분 함량을 지니게 한다. 모든 입자의 수분 함량이 균일할 경우 펠릿의 내구성이 증가한다[9].

3) 펠릿화

펠릿 제조는 분쇄기 롤 압력을 이용하여 성형하는 방법과 톱니바퀴(기어)압력을 이용하는 방법으로 크게 구분할 수 있다. 전자의 경우 분쇄된 원료를 컨베이어를 통하여 펠릿 제조기로 운반한다. 여기서 펠릿은 실린더 모형의 천공이 있는 다이(die) 위에서 작동하는 롤러(roller)에 의해 원료를 높은 압력에서 밀어낸다. 다이 반대 쪽에는 칼로 펠릿을 필요한 길이로 절단한다. 이렇게 분쇄기 롤 압력을 이용하는 펠릿 제조기에는 평판형다이(flat die)와 링다이(ring die)형이 있다.

평판형은 그림 5-6에서 보는 바와 같이 천공이 있는 회전하는 디스크(disk)와 그 위를 회전하는 2 또는 여러개의 롤러로 구성되어 있으며 이 롤러들이 원료를 실린더 모형의 천공 속으로 높은 압력(50MPa 이상)으로 밀어 넣어 성형한다[10]. 평판형은 7~8개의 베어링이 필요하며 가격이 비싸다. 또한 2~3일마다 계측기를 사용하여 기어를 조정할 필요가 있다. 따라서 에너지 손실이 일어난다. 원료의 수분 함량에 민감하며 3mm 이하는 제조할 수 없다.

링 다이형에서는 그림 5-8 그리고 그림 5-7, 5-8과 같이 회전하는 천공된 링 위에 2~3개의 롤이 원료를 링 다이 내부 둘레 주위로 압착하여 천공에 넣어 밀어 낸다. 안전을 위한 파손방지 전단핀(shear pin)이 있으며, 베어링이 2개이므로 주 베어링을 교환하기 쉽다. 또한 각 롤러를 분리하여 교환할 수 있다. 일반적으로 직경 1.2~30mm 범위의 펠릿을 제조한다[9,11,12].

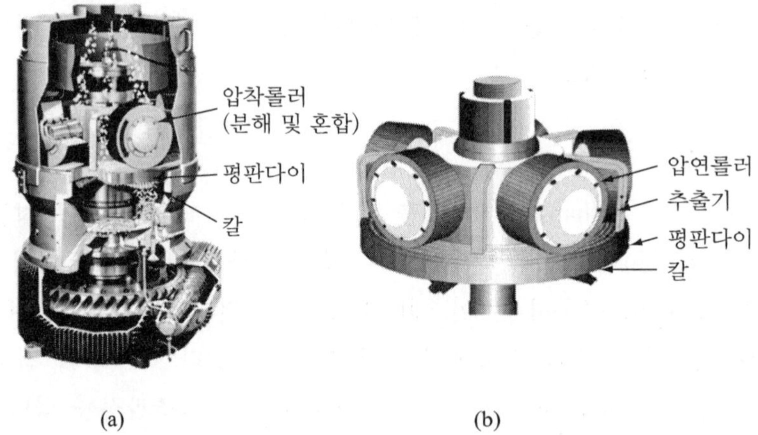

| 그림 5-6 | 평판형 다이에 의한 펠릿 생산장비(a)와 평판형 다이와 압연롤러(b)

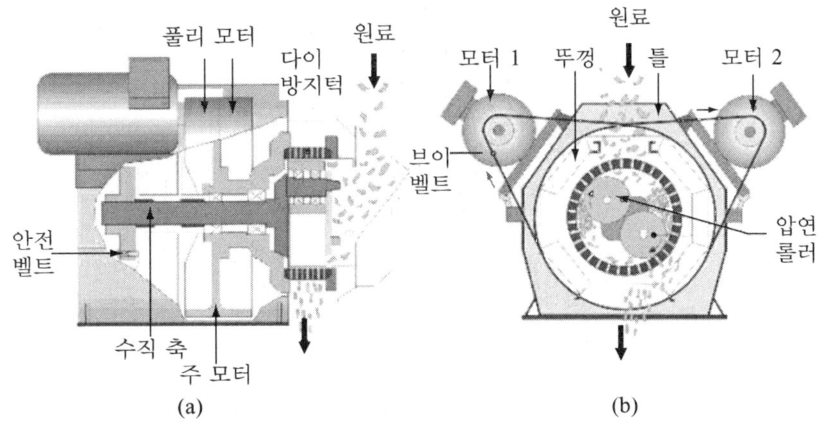

| 그림 5-7 | 링 다이를 지닌 압연롤러 프레스에 의한 펠릿 생산장비(a. 측면도, b, 평면도)

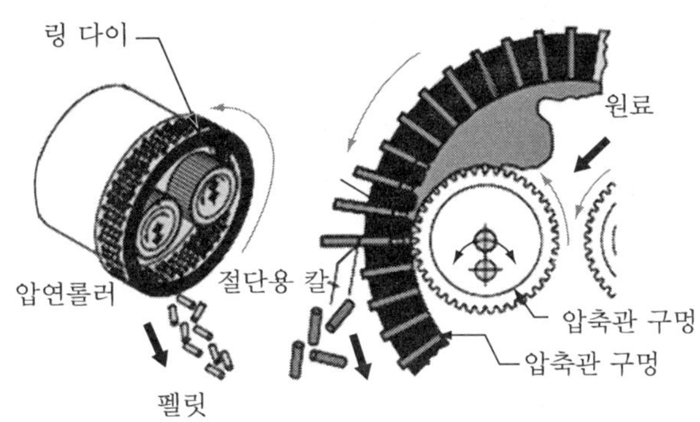

| 그림 5-8 | 링 다이를 지닌 압연롤러 프레스의 세밀도

펠릿 성형의 또 다른 방법은 그림 5-9와 같다. 여기서는 톱니바퀴(기어) 압력을 이용하여 펠릿을 성형한다. 원료를 세분화하고 스크루로 예비 농축하여, 마주보고 서로 반대 방향으로 회전하는 톱니바퀴로 운송한다. 운송된 시료를 실린더 모형으로 다이에 장착되어 있는 프레스운동 틀에 넣어서 압축한다. 여기서 톱니바퀴의 압력에 의해서 압축이 일어난다. 모든 작업이 연속적이며 프레스운동 틀에서 직경 8mm, 길이 30 ~ 100mm 정도의 펠릿을 제조할 수 있다. 이 방법은 독일에서 주로 농작물 바이오매스를 펠릿화할 경우 사용하고 있다[13].

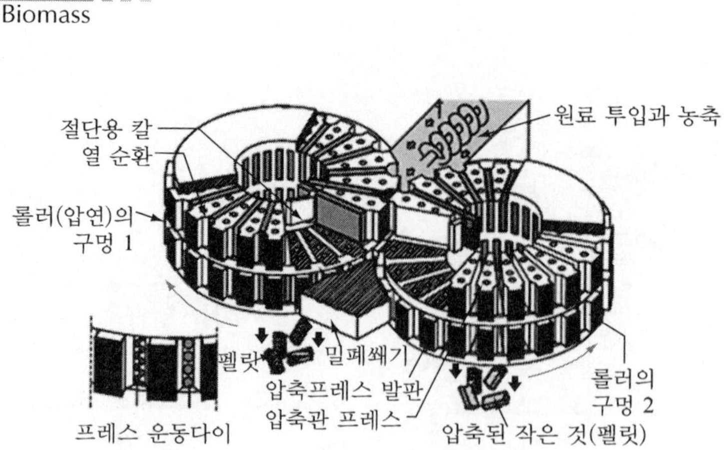

| 그림 5-9 | 기어 프레스를 이용한 펠릿

4) 냉각

제조된 펠릿의 초기 온도는 90～95°C 정도이다. 펠릿화 과정에서 수분은 열과 함께 제거된다. 실온까지 냉각시키는 과정을 통해 펠릿은 안정화되고 견고한 형상을 지닌다. 펠릿을 급히 냉각하여 외부에 노출하면 열스트레스가 일어나서 펠릿의 품질을 하락시킨다. 또한 충분한 냉각은 이송 취급 과정 중에 생기는 미세분의 발생을 감소시킨다[7,12].

5) 미세분 제거

냉각 후에 펠릿의 생산 과정 후에 형성된 미세분과 미세입자를 진동식 체를 통하여 분리한다. 이렇게 분리한 잔사 미립자를 생산 초기로 되돌려 재사용한다[7].

이상의 과정을 통해 제조한 펠릿은 그림 5-10, 5-11과 같다. 목부펠릿(A)은 절단부가 비교적 균일하고 색이 엷다. 한편 일반펠릿(B)은 수피의 함량에 따라 색도 농후하고 절단부가 불규칙한 펠릿이 많다.

| 그림 5-10 | 목부펠릿

| 그림 5-11 | 일반펠릿

6) 포장/저장

펠릿을 루즈한 상태로 저장하거나 일정량을 자동적으로 포장하여 백이나 사이로에 저장한다. 펠릿의 작은 백의 크기는 15~25kg 정도이며 큰 백은 500~1,000kg에 달한다[9].

펠릿의 운반과 저장은 펠릿의 질과 생산비용에 큰 영향을 미친다. 구미의 경우 육로 운송은 200~300km거리를 넘지 않는다. 이보다 먼 거리를 운송하면 펠릿 생산비에서 운송비가 차지하는 비용이 너무 높아 비경제적이다. 따라서 펠릿 산업은 원료가 생산되는 지역에 공장을 세우고 생산자와 소비자가 동일한 경제권에 속한 경우 가장 유리하다. 가정 난로용 펠릿은 15~25kg의 작은 종이봉투나 마대에 넣어 판매한다. 좀 더 큰 규모에서는 1~1.5cm^3의 펠릿을 커다란 마대에 담아 트럭, 트랙터, 크레인 등 운반 장비를 이용하여 이송한다. 사이로나 저장탱크에 대규모로 채울 경우에는 기름 배송과 유사한 방법으로 이루어지며 이 경우 루즈 펠릿을 사용한다. 펠릿저장은 펠릿의 수분 흡수를 억제하고 질을 유지할 수 있는 곳이어야 한다.

- 저장 장소는 밀폐된 방, 창고나 사이로가 최적이다. 지붕만 있는 옥외저장은 수분 보호상 불리하다.
- 저장할 때에 특히 루스펠릿과 저장 중인 다른 목질연료(목재 칩)와 섞이지 않게 유의한다. 일부가 혼합되면 연료입재 과정, 이송 및 연소 과정에서 어려운 문제점을 야기한다.
- 저장 중에 화재 위험에 대비한다.
- 저장실은 건조하고, 벽 내부의 응축수로부터 격리되어야 한다.
- 루스펠릿의 경우 저장실의 문이 펠릿의 압력에 견딜 수 있어야 한다.
- 특히 루스펠릿은 먼지가 들어가지 않도록 잘 보관해야 한다.
- 펠릿이 저장실(hopper)로부터 스크루를 통하여 직접 버너에 유입되는 시스템이 가장 좋다.

3.1.3 펠릿 제조에 영향을 미치는 인자

펠릿 제조에 영향을 미치는 인자는 다양하지만 크게 나누어,

(1) 원료: 원료의 종류, 수분 함량, 밀도, 입자 크기 및 분포

(2) 제조기: 다이와 롤의 압력

(3) 첨가제: 결합제, 특성 부여 첨가제 등을 고려할 수 있다.

1) 원료

펠릿의 질은 원료의 종류, 즉 톱밥, 임지 잔재 및 수피에 따라 제조된 펠릿 간에 차이가 있다. 열량은 임지 잔재로부터 제조한 펠릿이 가장 높고, 회분 함량은 수피, 임지 잔사, 톱밥 순으로 낮다. 펠릿의 강도는 수피펠릿이 가장 높다. 따라서 회분 조절만 잘되면 펠릿용으로는 수피나 임지 잔재가 톱밥보다 적당하다[14]

원료에 수분 함량이 15% 이상이면 펠릿화가 되지 않는다. 따라서 건조기에서 함수율을 10% 미만으로 건조시킬 필요가 있다[7].

입자 크기는 펠릿의 내구성과 밀접한 관계가 있다. 일반적으로 입자기 작을수록 내구성이 높지만 비용이 많이 들며 수분 흡수력이 높은 단점이 있다. 질이 양호한 펠릿을 제조하려면 입자의 크기는 0.6 ~ 0.8mm 정도로 조절하는 것이 좋다[15].

2) 압력

원료가 롤의 압력에 의해 천공에 들어 가는데는 여러 가지 인자가 작용한다. 원료는 그림 5-12에서와 같이 압력 롤 전면에 깔려 있으며 이 압력 롤이 움직이며 원료를 다이 안으로 밀어 넣는다. 압력 롤이 한 번 더 구멍 위를 압착할 때에 새로운 원료가 천공 속으로 밀려 들어 가고 여기서 원료를 펠릿으로 압착한다. 성공적인 압착이 펠릿의 질을 좌우하는데 이것은 여러 가지 인자에 영향을 받는다. (1) 원료의 질, 펠릿 제조기의 압력(K), 압축 과정들 간의 관계, (2) 다이의 마찰력(R), (3) 압력 롤과 다이의 표면 및 재료, (4) 천공의 직경과 길이(D,L), (5) 다이 위의 원료 높이(A)와 압착 후 다이에 잔존하는 원료의 높이(B), (6) 압축 빈도(회전 속도) 등이 주요 인자들 이다. 특히 압력 롤과 다이 사이의 거리는 에너지 소비, 제조기의 수명 및 펠릿의 질에 큰 영향을 미친다. 이 간격을 0에서 1mm로 증가시키면 에너지 소비가 약 20% 증가하지만 동시에 미세분 부피는 30%가 감소한다[7,9].

다이의 천공에 미치는 압력 정도는 원료의 종류에 따라 다르다. 일반적으로 활엽수 원료는 더 높은 압력을 필요로 한다. 일반적으로 필요한 압력보다 더 높은 압력을 요구하는 원료들은 다이의 천공을 막아서 펠릿 생산을 방해하는 경우도 있다. 가문비나무 톱밥 펠릿의 경우 수분 함량 6.3 ~ 14.7%, 압력을 46 ~ 114

MPa를 적용하여 실험한바, 원료 톱밥의 수분 함량은 6.3% 그리고 다이에서 압력은 50MPa 정도면 충분하였다. 펠릿이 90°C에서 제조될 경우 수분 흡수가 최소이며, 이 경우 펠릿의 강도와 밀도가 가장 높았다[16].

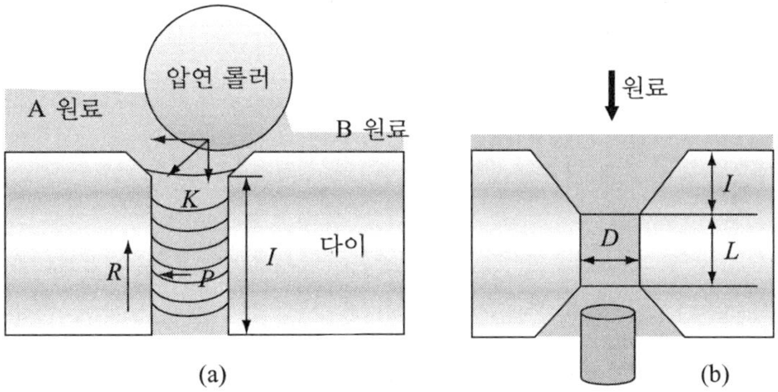

| 그림 5-12 | 다이와 롤러에서 펠릿화 과정(a)와 압축관계, 압축조건들 = $D/L + 2 \cdot I$ (b)

3) 리그닌과 추출물 함량

바이오매스 원료가 다이의 천공 안에서 압밀화하는 결합 메커니즘은 일반적으로 ① 접착력과 응집력, ② 인력 및 ③ 서로 간의 연동식 결합(interlocking bond)으로 설명한다. 접착력은 원료 입자와 유체 접촉면, 그리고 응집력은 입자와 입자의 접촉면에서 이루어 진다. 즉, 고온 고압의 조건에서 리그닌이 연화되어 입자의 표면에 흡착층을 형성하고, 계속적인 압력 증가로 접촉 면적이 증가하면 흡착층 간의 결합도 증가한다. 흡착 상대 간에 서로 충분히 가까이 있다면 근거리력(반데르발스의 힘, 수소결합)에 의해 서로 접착하도록 이끄는데 이러한 인력은 입자가 작을 수록 크다. 또한 압착 과정 중에 섬유, 편평한 모양의 입자 및 벌키한 입자들은 서로 서로 엉켜 포개져서 일정한 형태의 결합을 만든다. 이러한 메커니즘이 서로 동시에 일어나면서 펠릿이 단단하게 성형된다[15,17].

이상의 여러 가지 이론 중에서도 리그닌과 추출물의 영향이 가장 크다. 표 5-14는 리그닌과 추출물 함량에 따른 펠릿의 내구성을 나타내고 있다. 이들 함량이 높으면 펠릿 내구성도 증가한다. 그러나 리그닌과 추출물의 함량이 너무 높으면 오히려 펠릿의 내구성은 하락한다[18].

표 5-14 ▸ 펠릿의 내구성에 미치는 리그닌과 추출물의 함량

수 종	85%톱밥/15%수피			65%톱밥/35%수피		
	리그닌 (%)	추출물 (%)	내구성 (%)	리그닌 (%)	추출물 (%)	내구성 (%)
루브라참나무	19.9	6.12	98.5	21.59	7.63	99.2
떡갈나무	20.74	7.88	99.0	22.51	8.51	99.4
백합나무	18.75	5.79	99.0	18.34	8.63	99.2
테다소나무	27.3	8.81	97.2	31.59	9.31	93.6

4) 첨가제의 영향

펠릿화 과정 중에 별도의 결합제와 같은 첨가제는 일반적으로 사용하지 않는다. 유럽 6개국의 30개 제품을 조사한 바에 따르면 오스트리아에서 생산된 펠릿에서만 첨가제가 발견되었다[19]. 이미 언급한바처럼 원료의 수분과 압력을 최적으로 조절하면 첨가제 없이 단단한 펠릿 제조가 가능하다. 그러나 원료의 건조비용상 수분 함량이 높거나 압밀화 압력이 조금 낮을 경우, 또는 농작물 바이오매스와 같이 펠릿을 운반과 저장하는 기간 동안 과도한 량의 미세분을 발생시키지 않게 하기 위하여 결합제를 첨가하는 경우도 있다. 혹은 특수 목적으로 다이의 윤활제 또는 방습제를 첨가하는 경우도 있다. 그러나 이 경우 펠릿의 제조 비용이 증가하고 연소에 문제를 일으키는 경우도 있다.

첨가제를 사용할 경우 공장에서는 일반적으로 스팀(1 ~ 2% 물)이나 전분을 주로 사용한다. 스팀은 원료를 건조한 상태에서 약간 고온(70°C)으로 가열할 목적으로 넣는다. 스팀 처리를 적당하게 유지하면 다이의 수명을 연장 시킬 수 있으며 보다 강하고 단단한 펠릿을 생산할 수 있다. 스팀 이외에는 전분이 가장 일반적으로 사용되는데 그 첨가량은 0.5 ~ 2% 정도이다. 전분 외에도 당밀, 천연파라핀, 식물성 기름, 리그노 설페이트(lignosulphate), 합성약품 등을 첨가할 수 있다. 리그노 설페이트는 펄프를 생산하는 과정 중에 폐액으로부터 회수하며 접착능력도 양호하다. 그러나 유황과 회분 함량이 높아 연소장비에 영향을 주며 아황산가스를 배출한다.

이러한 결합제는 초본류(농작물, 마초류)에서는 거의 필수적이다. 초본류를 펠릿화할 경우 결합제를 첨가하면 펠릿의 물리적 성질이 개선된다. 또한 펠릿의 화학적 조성분의 특성을 개선하기 위하여 첨가제를 넣는 경우도 있다. 예를 들면 마초류에 SiO_2나 MgO 또는 CaO를 첨가하여 펠릿화하면 연소 후에 발생하는 슬

레그(slag)를 억제할 수 있다[6,9].

3.1.4 펠릿 생산량

전 세계 펠릿 생산량은 표 5-15와 같이 2006년말 기준 약 1천만t을 상회한다[20]. PFI 연간 보고서(2010)에 따르면 표 5-16과 같이 2009년말 북미의 펠릿 생산량이 6백만t에 이른 것으로 미루어보아, 현재의 세계 생산량은 2천5백만t을 상회하는 것으로 짐작된다[21]. FAO '08은 전세계 펠릿 생산량이 연간 30% 이상 확대되어 2020년에는 1억5천만t에 달할 것이라고 보고한바 있다[22].

표 5-15 ▸ 주요 펠릿 생산국의 생산량 (2007년)

지 역	생산량 (Mil.t)
미 국	1.40
캐나다	1.60
유 럽	6.15
중 국	0.70
일 본	0.10
뉴질랜드	0.15

표 5-16 ▸ 북미의 펠릿 생산량 추이 (백만)

	2007	2008	2009
생 산	3.4	4.4	6.1
소 비	2.0	2.4	2.7
수 출	1.4	2.1	3.4

펠릿 주요 생산국은 북미의 미국과 캐나다, 유럽의 독일과 스웨덴이다. 주요 소비국은 미국과 유럽 국가들이다. 펠릿 생산량의 약 80%가 유럽에서 소비된다. 특히 덴마크는 펠릿 생산량은 적으나 소비량이 많다. 유럽의 경우 펠릿을 난방(63%)과 발전(37%)에 이용하는데, 독일, 오스트리아 및 이태리는 주로 난방에, 네덜란드와 벨기에는 주로 발전에, 그리고 스웨덴, 덴마크 및 핀란드는 난방과 발전에 겸용하고 있다[23].

우리나라의 펠릿 수급 계획은 표 5-17과 같다[23].

표 5-17 ▸ 국내 펠릿 수급 계획 (만t)

	수 요	공급	국내	수입
2009	9	2	1	1
2010	18	18	11	7
2011	40	40	25	15
2012	75	75	40	35
2020	500	500	100	400

국내의 경우 2010년 펠릿 생산량은 약 18만t으로 11만t은 국내에서 생산하고 나머지 7만t은 수입에 의존한다. 수입량의 80%를 중국에서 수입하는데 중국산 펠릿은 원료가 왕겨, 농작물의 줄기와 껍질, 짚, 톱밥 등으로 혼합되어 있다. 2010년부터 개인업체, 지방자치단체 및 산림조합 등에서 펠릿 공장을 증설할 계획이므로 국내 펠릿 생산량은 급격히 증가할 것이다. 2020년에는 수요량이 500만t으로 증가하고, 이 중에 100만t은 국내에서 나머지 400만t은 해외(현지 공장)에서 충당할 예정이다.

펠릿 수요가 이렇게 급격히 증가하는 데는 여러 가지 이유가 있다. 목재펠릿의 소비자 가격은 동일 발열량당 가격에서 경유나 보일러등유보다 저렴하기 때문이다. 또한 더욱이 정부도 에너지안보 및 기후변화에 대응하기 위하여 저탄소녹색성장을 추구할 수 밖에 없는데 기인한다. 이러한 이유로 농가 난방용 보일러 및 시설원예용 난방기 설치비 보조가 이루어지고 있다. 더욱이 2012년부터 신·재생에너지 의무할당제(renewable portfolio standards, RPS)의 도입, 2020년 10% 이상의 일정규모 이상(1,000m^3)의 공공시설은 에너지사용량의 10% 이상을 신·재생에너지로 사용 의무화(신재생에너지법)를 실시하면 펠릿 소비는 더욱 증가할 것이다.

목제펠릿 수요가 계속적으로 증가함에 따라 펠릿의 안정적 공급, 이용기반 구축 및 소비자 신뢰확보가 중요한 문제로 대두되고 있다. 첫째로 펠릿의 지속적 공급이 이루어져야 한다. 이미 언급한바와 같이 2020년에는 국내 펠릿 소비량의 80%를 해외에서 조달해야 한다. 따라서 펠릿의 안정적 공급을 위한 여러 가지 준비에 만전을 기해야 한다. 둘째로 펠릿의 품질관리가 필요하다. 펠릿의 유통망을 개선하고, 이미 고시된 펠릿 규격에따라 관리를 강화해야 한다. 이렇게 함으로써 저급 펠릿의 유통에 의한 소비자 불만을 근원적으로 제거할 수 있다. 셋째로 철저한 수요 조사와 관리가 중요하다. 농촌에는 보일러와 난방기 구입 보조가 계속되어야하며, 펠릿 사용 시범단지를 조성할 필요도 있다. 펠릿 산업 선진국들의 성공도 강력한 온실가스 감축의지와 화석연료에 탄소세 부과는 물론이고, 정부 주도의 보조금 및 부가가치세 감면 등의 방법으로 초기 수요를 창출한데 기인한다. 마지막으로 기술개발이 중요하다고 본다. 즉, 펠릿 생산의 원천기술 개발, 숲가꾸기 산물의 경제성 있는 수집시스템 개발, 펠릿 성형장비의 국산화 및 연소효율을 향상시키기 위한 연소기 개발이 필요하다고 본다[24].

3.1.5 펠릿의 품질과 기준

3.1.5.1 펠릿의 품질

펠릿의 질은 펠릿의 화학적 특성, 조성분의 구성 특성 및 물리적 특성에 좌우된다. 이러한 특성들은 펠릿에 여러 가지 영향을 미친다.

1) 화학적 및 구성성분의 특성에 따른 영향[11]

- 수분함량: 저장성, 열량, 수율, 인화점
- 열량: 연료이용, 연소장치설계(plant design)
- 원소 Cl: 염산가스, 다이옥신/푸란 배출, 히터 부식
  N: NO_x, HCN과 N_2O 배출
  S: SO_x 배출
  K: 히터 부식, 회분 용융점 하락
  Mg, Ca, P: 회분 용융점 상승, 회분에 존재하는 오염물질의 보류 및 회분 사용에 영향
- 중금속: 오염물질 배출, 회분의 사용과 폐기
- 회분 함량: 분진 배출, 회분 사용과 보일러 청소 비용을 상승
- 회분 연화거동: 작업의 안정성, 오염물질 배출 수준
- 균 포자: 연료취급 중에 건강위험

펠릿의 수분 함량은 매우 중요하다. 특히 수분은 열량에 큰 영향을 준다. 펠릿의 열량은 4.7 ~ 5.0Mh/t로서 변이가 크지 않다. 그 이유는 원료의 수분 함량이 15% 이상이면 펠릿이 잘 성형되지 않기 때문이다. 펠릿은 수분에 노출되면 팽창하고 더 나아가서 분해된다[30]. 주위의 습도 범위가 11 ~ 80%일 경우 펠릿의 팽

창율과 평형함수율(EMC) 사이에는 정상관($R^2 = 0.972$)이 이루어지며, 습도 93%에서는 펠릿이 거의 100%까지 붕괴한다[25].

2) 물리적 특성에 따른 영향[11]

- 저장과 벌크밀도: 운반과 저장비용, 보관저장, 벌크밀도가 높을수록 많은 양을 보관할 수 있다.
- 단위밀도: 연소특성(비열전도도, 가스화율)
- 입자 크기 분포: 급재하는 능력, 펠릿들 사이의 공간 형성, 연료 전송과정 중에 안정성, 건조 특성, 먼지 생성
- 미세분량: 벌크밀도, 운송 손실, 먼지 형성
- 내구성: 펠릿을 이송할 때 칩의 질 변화, 풍화(붕괴) 및 연료 손실, 내구성이 높으면 운송과 보관이 용이하다.

미세분(dust)은 펠릿의 생산 과정, 공장에서의 취급 과정 및 운반 과정 중에 발생한다. 생산 과정 중의 미세분은 생산업자가 수거 처리하지만, 취급과 운반 중에 발생하는 미세분은 문제를 야기한다. 즉, 펠릿이 스크루컨베이어에 의해 펠릿사이로에서 버너로 이동하는데 지장을 주며, 불균일한 연료 공급을 일으키는 장애 인자로 작용한다. 영국의 경우 펠릿의 미세분 양은 8% 이하를 기준으로 하고 있다[7].

펠릿은 운반, 소비 과정 중에 기계적 스트레스에 특히 예민하고 그 결과 미세분이 발생한다. 펠릿의 내구성(durability)은 원료가 함유한 리그닌과 수분 함량 그리고 압밀화에 적용한 압력에 좌우한다. 특히 펠릿의 수분 함량이 제일 중요하다[7].

가문비나무와 소나무의 혼합 원료를 일정 기간 비닐백에 저장한 후에 펠릿을 제조하여 조사한바, 저장은 펠릿의 내구성을 하락시켰으며 특히 임지 생재잔재를 저장하여 펠릿화한 경우 내구성이 가장 낮고 심지어 미생물의 생육이 관찰되기도 하였다[26].

펠릿의 질은 원료의 종류 즉 톱밥, 임지 잔사 및 수피에 따라 제조된 펠릿 간에 차이가 있다. 펠릿의 내구성은 수피, 임지 잔사, 톱밥 순으로 낮아진다. 또한 펠릿의 밀도는 내구성과 관계가 없으며 원료가 함유한 리그닌 함량과 밀접한 관계가 있다[14].

3.1.5.2 품질 기준

우리나라의 목재펠릿의 품질규격은 제조 원료로 침엽수와 활엽수 톱밥이나 이을 분쇄한 것으로서, 방부제, 접착, 도색, 침지 등 화학적 물질에 의해 처리된 목재, 건축물로부터 해체된 목재 및 이력이 불분명한 목재는 제외된다. 목재 펠릿의 종류는 수피함량에 따라 목질부를 원료로한 목부펠릿(수피 5% 이하), 수피를 주원료로한 수피펠릿(수피 50% 이상) 및 수피함량이 5%를 초과하나 50% 미만인 일반펠릿으로 구분한다. 품질 표시 방법으로 원산지표시 시행령에 따라 펠릿 포장 표면에 상품명(각 회사의 고유 상품명), 등급(1 ~ 4급), 종류(목부, 수피, 일반), 원산지, 품질, 무게, 생산자(수입자)의 주소와 회사명 및 제조 일자를 표시해야 한다. 목재펠릿의 품질규격은 표 5-18에서와 같이 1급, 2급, 3급 및 4급으로 구분하고 12개의 품질항목이 포함되어 있다[27].

표 5-18 ▸ 국내의 목재 펠릿 품질규격

특 성	단 위	1급	2급	3급	4급
크기, 지름	mm	6 ~ 8	6 ~ 8	6 ~ 8	6 ~ 25
크기, 길이	mm	≤32	≤32	≤32	≤32
겉보기밀도	kg/m^3	≥640	≥600	≥550	≥500
함수율	%	≤10	≤10	≤15	≤15
회 분	%	≤0.7	≤1.5	≤3.0	≤6.0
미세분	%	<1.0	<1.0	<2.0	<2.0
내구성	%	≥97.5	≥97.5	≥95	≥95
발열량	kcal/kg (MJ/kg)	≥4,300 (≥18.0)	≥4,300 (≥18.0)	≥4,040 (≥16.9)	≥4,040 (≥16.9)
유황분	%	<0.05	<0.05	<0.05	<0.05
염소분	%	<0.05	<0.05	<0.05	<0.05
질소분	%	<0.3	<0.3	<0.3	<0.3
기타첨가물	%	<2.0	<2.0	<2.0	<2.0

한편 유럽연합국가와 미국의 연료 펠릿에 대한 품질 기준은 표 5-19와 같다[28,29]. 유럽연합은 EN14961-2(고체바이오연료－연료의 사양 및 분류 최종안)에 따라 원료를 구분하고 펠릿의 직경과 길이, 수분, 회분, 황, 기계적 내구성, 미세분 및 첨가제에 따라 품질을 규격화하였다. 미국은 PFI(pellet fuels institute)에서 가정용 펠릿연료를 고급(premium)과 표준급(standard)으로 나누어 표준을 결정하

였으나, 최근에는 최고급(super premium), 고급, 표준, 및 보통(utility)으로 4단계로 나누어 품질 규격을 추진 중에 있다.

표 5-19 ▸ 주요 국가들의 펠릿 품질 규격

특 성		미 국	유 럽		일 본	중 국
		최우수 - 보통[1]	A Class[2]	B Class	일본연소기검사협회	북경시 지방표준[5]
원 료		–	[3] 1.1.3,1.2.1 [4] 1.1.1,1.1.3, 1.1.4..,1.1.6. 1.2.1,	1.1, 1.2, 1.3	수피(90% 이상) 목부(90% 이상) 혼합(수피, 목 부혼합원료)	보릿대, 옥수수대, 대두줄기, 목화줄기, 땅콩껍질, 왕겨, 톱밥
치수	직경(mm)	6.35 ~ 7.25	6±1, 8±1	6±1, 8±1	6 ~ 8	≤25
	길이(mm)	–	3.15≤L≤40	3.15≤L ≤40	3.15≤L≤30	≤100
수분(%)		<6 ~ <10	≤10	≤10	≤12	≤10
회분(%)		0 ~ 6.0	≤0.7, 1.5	≤ 3.5	≤1.0 ~ ≤8.0	0.7
내구성(%)		95 ~ 97.5	≥97.5	≥96.5	–	97.5
미세분(%)		≤0.5	≤1.0	≤1.0	≤1.0, ≤2.0	≤1.0
벌크밀도 (kg/m^3)		≥610 ~ 740	≥600	≥600	≥550	≥600
저위발열량		–	≥16.5,16.3 ≤19.0MJ/kg	≥16.0 ≤19.0MJ/kg	≥3,900, ≥4,300kcal/kg	≥18.0MJ/kg
첨가제		–	≤2	≤2	–	–
질소(%)		–	≤0.3, ≤0.5	≤1.0	–	–
유황(%)		–	≤0.03	≤0.04	–	≤0.01
염소(%)		–	≤0.02	≤0.03	–	–

주. [1] 최우수, 우수, 표준, 보통(유틸리틱)
[2] A Class는 1과 2로 세분
[3] 1.1.3: 줄기목, 1.2.1: 화학적 처리가 안된 목재,
[4] 1.1.1: 전수체(뿌리 제외), 1.1.4: 조재잔재, 1.1.6: 수피, 1.2.1: 화학적으로 처리 안된 목재잔재, 1.1: 천연림, 인공림, 기타 처음 사용목, 1.2: 목재산업의 부산물과 잔재, 1.3: 사용된 목재
[5] 목재펠릿을 생물질성형연료(biomass pellet fuel)에 속하는 입상(입자)로 분류

일반적으로 규제 항목을 벌크밀도, 단위밀도, 회분량, 수분량, 열량, S, N, Cl 함량으로 국가간 거의 비슷하다. 특히 유럽의 경우 A1, A2 및 B로 3 등급으로 나누었으며 펠릿의 치수, 수분 및 미세분 함량에는 차이를 두지 않고, 회분, 내구성, 저위발열량 및 S, N, Cl 함량에 따라 구분하였다. 특히 최종 결정 전에는 포

함되지 않았던 비소, 카드뮴, 크롬, 수은, 납과 같은 중금속의 규제를 엄격하게 정하였다. 비소는 1.0mg/kg(전건시료) 이하, 카드뮴은 0.5mg/kg 이하, 수은은 0.1 mg/kg, 크롬, 구리, 납, 니켈은 10.0mg/kg 이하, 그리고 아연은 100mg/kg 이하로 규정하고 있다. 미국은 중요한 몇 가지 특성만 규제하고 대부분의 특성을 풀어 놓았다. 일본은 펠릿클럽, 이와테현 및 일본연소기검사협회의 3개 단체규격이 있다. 중국은 농작물 잔사로 펠릿을 생산하고 있으며 펠릿의 치수가 크며 발열량도 낮다.

유럽의 통일된 펠릿 규격을 제정하기 위하여 유럽 6개국의 30 종의 펠릿 제품을 분석한 결과는 표 5-20과 같다[19].

표 5-20 ▸ 유럽의 시판 목재 펠릿의 분석 결과

항 목	단 위	평균수치	최소치	최대치	표준편차	기준치
직경(D)	mm	7.1	5.9	10.2	1.2	4 ~ 10
길이(L)	mm	16.1	8.6	29.6	5.2	$<5 \times D$
벌크밀도	kg/m^3	591	520	640	39	>600
수 분	wt%(w.b)	7.7	5.7	9.0	0.9	<10
회 분	wt%(d.b)	0.51	0.17	1.61	0.30	<0.5
마 찰	wt%(w.b)	4.05	0.58	12.53	3.52	<2.3
전분함량	wt%(d.b)	0.22	0.0	1.225	0.42	–
저위발열량	MJ/kg(d.b)	19.0	18.6	19.4	0.2	–
질 소	wt%(d.b)	0.22	52	1922	454	<0.3
유 황	wt%(d.b)	278	10	126	27	<400
염 소	wt%(d.b)	48	302	1180	252	<200

주. 기준치는 DIN, SS 및 ÖNORM M에 의함.

펠릿의 직경은 6 ~ 10mm 범위로 조사되었으나 대부분은 6mm이다. 직경 보다도 길이/직경 비가 중요하다. 공기로 펠릿을 연소실까지 운반하는 시스템에서는 이 수치가 크면 운반 파이프를 막을 수도 있다. 원료 입자의 크기 그리고 입자의 변이 범위는 펠릿의 연소 거동 및 운반 시스템의 선택에도 영향을 준다.

펠릿의 벌크 밀도는 520 ~ 640kg/m^3 범위로서 기준치 600kg/m^{3}보다 낮은 것이 많다. 오히려 짚펠릿의 경우 660kg/m^{3}로 가장 높다. 낮은 벌크 밀도는 에너지 밀도, 운반 비용과 저장 능력에 부정적인 영향을 준다.

입자 밀도는 기준치가 1.03 ~ 1.30kg/dm^{3}이지만 간혹 1.0 이하도 있다. 입자

밀도는 벌크 밀도에 영향을 준다. 또한 치밀한 입자들은 탄화 시간이 연장되므로 연소 거동에도 영향을 준다.

펠릿의 마모는 일부 지역의 극소수 제품(1% 이하)에서만 기준 수치 이하이다. 짚펠릿은 두 시료 사이에 차이가 크다. 마모가 심하여 미세분 생성량이 많으면 펠릿 이송 체제에 문제가 일어나고, 연소하는 동안 분진 오염도 증가한다.

전분 함량은 주로 오스트리아 펠릿에서 발견되었다. 전분은 주로 옥수수나 귀리가루로서 0.16 ~ 1.25wt%를 첨가하였다. 오스트리아 펠릿 기준에는 전분을 2wt% 범위 내에서 사용이 가능하다. 전분을 첨가하는 이유는 압밀화하는 비용을 절약할 수 있고, 마모 저항을 높일 수 있기 때문이다.

목질펠릿은 모두 기준치인 10% 이하이지만 짚펠릿은 그 이상인 경우도 있다. 이미 언급한바와 같이 수분은 열량, 연소 효율 및 연소 온도에 영향을 미친다.

회분량은 원료의 회분 함량과 직접적인 관계가 있다. 짚펠릿은 회분 함량이 높으며, 그 다음이 활엽수, 침엽수 순이다. 평균적으로 침엽수재는 회분 함량이 0.4 ~ 0.8% 정도이며, 활엽수재는 1.0 ~ 1.3%범위로서 침엽수재에 비해 조금 높다. 회분은 주기적인 연소실 청소, 연소실 내의 위험한 슬래그와 침지물 형성, 및 분진 오염의 증가를 초래한다.

톱밥과 수피펠릿의 고위열량은 19.8 ~ 20.7MJ/kg이며 짚펠릿은 18.6 ~ 19.0MJ/kg으로서 전형적인 범위에 놓여 있다. 목질펠릿의 에너지 밀도는 8.9 ~ 11.5GJ/m^3로서 변이 폭이 크다. 에너지 밀도가 높아지면 필요되는 펠릿의 저장과 운송 용량은 감소한다. 즉, 운송과 저장이 더 효과적이며 비용이 더 저렴하다.

결합제로 리그노 설페이트를 첨가한 펠릿은 S 함량이 높다.

짚펠릿은 주택 난방이나 소규모 연소실에는 부적합하다. 왜냐하면 주기적인 회분 처리, 짚에 다량 함유된 K, Cl, 및 N에 의한 오염, 부식, 퇴적물 형성 및 높은 마모율 때문이다. 그러나 중간 또는 대규모 공장에서는 사용할 수 있다.

3.2 브리켓(briquettes)

앞 절에서 이미 언급한바와 같이 브리켓은 그림 5-13과 같이 고밀도 바이오연료로서 펠릿보다 직경과 길이가 크며 칩에 비하여 몇 가지 상대적 장점을 지니고 있다[30].

- 시간당 생산량이 많다.
- 톤(t)당 투자 비용이 펠릿보다 저렴하다.
- 노무비와 전기 소모가 톤(t)당 펠릿보다 낮다.
- 유지비(보수비)가 낮다.
- 적용 원료 범위가 넓다.
- 원료에 수분 함유량은 비슷하나 원료의 크기가 크다.
- 운반, 상차 및 저장 시스템은 서로 비슷하다.
- 벌크 밀도와 열량도 비슷하다.

| 그림 5-13 | 브리켓

3.2.1 브리켓 제조 방법

1) 원료 조제

브리켓 제조 방법은 전술한 칩의 제조 방법과 비슷한 절차로 이루어진다. 즉, 원료를 일정한 크기로 분쇄하여 필요하다면 건조 과정을 거쳐 성형한다.

브리켓의 바이오매스 원료는 톱밥, 수피, 숯 및 농작물 잔재 등이 있다. 이들 원료의 크기가 1/4in(0.635mm)보다 크면 치퍼(chipper)와 해머 밀(hammer mill)에서 분쇄하여 균일한 크기로 조제한다. 수분 함량은 10% 이하가 최적이며, 그 이상일 경우는 생산 속도가 늦어지며 내부 장치(부품)가 쉽게 소모되는 경향이 있다. 따라서 이런 경우에는 원료를 건조하여 수분을 조절한 후에 사용한다[2,15].

2) 브리켓 성형

성형기계로는 스크루압력(screw press)을 이용하는 스크루압출기(screw-type extruder)와 피스톤 프레스(piston press)를 적용한 유압식 피스톤 프레스와 기계식 피스톤 프레스가 있다. 이와는 별도로 롤러(roller) 프레스를 이용한 방법도 있다.

스크루압출기는 그림 5-14에서 보는 바와 같이 스크루를 이용하여 원료를 약 20,000psi 압력에서 점점 전방이 좁아지는 다이(conic die)에 밀어 넣어 브리켓을 생산한다. 이미 언급한바와 같이 성형 과정 중에 온도가 약 400°F까지 상승하므로 원료에 함유된 리그닌이 연화되어 입자 사이에 또한 입자 내의 결합력을 증가시킨다. 따라서 별도의 첨가제는 필요 없다.

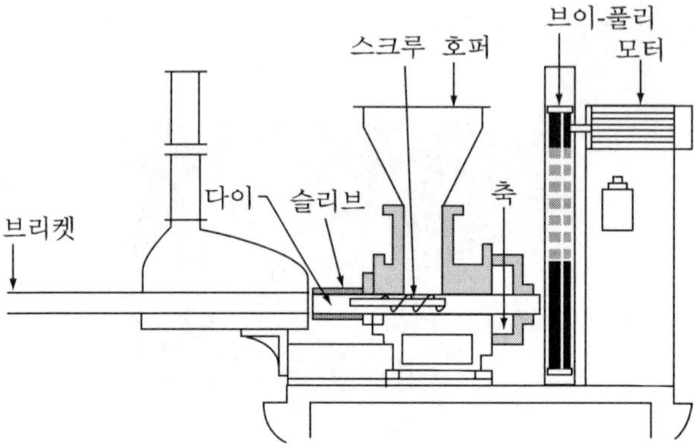

| 그림 5-14 | 스크루압출기에 의한 브리켓 제조장치

스크루압출기는 피스톤 프레스 방법보다 작업이 간단하고 소음이 적으며 냉각 유도터널이 필요 없다. 즉, 생산되어 나온 브리켓을 바로 일정한 길이로 절단할 수 있다. 브리켓의 질이 우수하고, 중심부에 구멍이 있는 제품도 가능하며 표면을 탄화시킬 수도 있다. 또한 기계가 가볍고 유지비가 적게 든다. 그러나 높은 마찰에 의해 전력 소비가 높고 스크루가 쉽게 소모되는 단점이 있다[1,31].

한편 스크루압출기로 브리켓을 성형하기 전에 뜨거운 공기로 전처리한 후에 성형하는 방법도 있다. 즉, 원료를 페들컨베이어가 장착된 통(jacate)에 넣고 뜨거운 공기로 조절한 생산(연소) 가스로 열처리한 후에, 스크루를 이용하여 가열된 다이에 넣어 압출하는 방법이다. 이 경우 전처리 열은 폐기 브리켓이나 다른 바이오매스를 연소시켜 얻으며 전처리 통의 출구 온도는 약 210°C 정도이다[31].

피스톤 프레스를 이용한 방법은 원료를 피스톤으로 압축하여 다이를 통과시켜 브리켓을 제조한다. 피스톤 프레스는 기계식프레스(mechanical press, eccentric press, ram press)와 유압(수압)식프레스(hydraulic press)가 있으나 유럽이나 동남아에서는 주로 전자를 사용하고 있다.

그림 5-15와 같이 기계식프레스에서는 피스톤은 작업하는 플라이휠(flywheel)로 구성되어 있으며, 이 플라이휠이 원뿔 모양의 다이를 통해 원료를 압축한다. 즉, 고압을 지닌 왕복하는 램(ram)에 의해 압축이 이루어진다. 피스톤은 약 8,500 psi 압력으로 작용하므로 브리켓의 밀도를 증가시키기 위해서 후압을 가할 필요가 있다. 따라서 다이를 빠져나온 브리켓을 100 ~ 150ft 정도 유도한 후에 일정한 길이로 이루어 진다. 원료의 압밀화는 리그닌의 연화보다는 입자들 간에 기계적 작용으로 결합한다. 이 방법은 전술한 스크루압출기보다는 브리켓이 덜 단단하고 탄화시킬 수가 없다. 유지 보수비용이 높으나 다이와 램의 마모는 스크루에 비하여 적다[1,15,30].

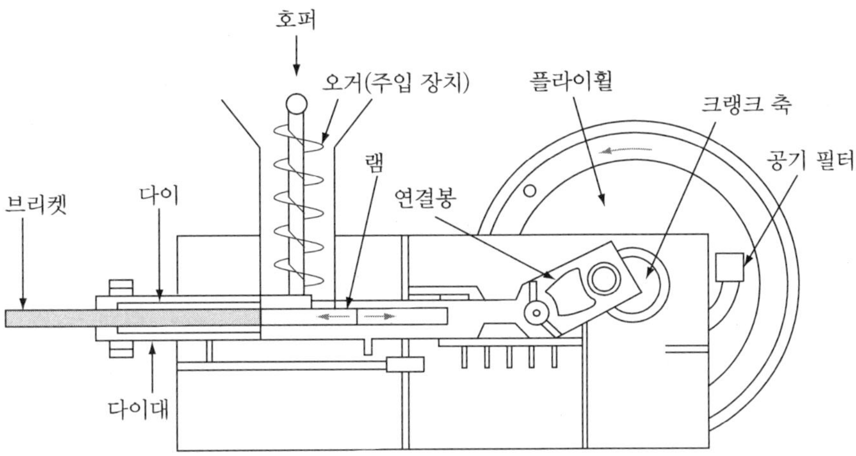

| 그림 5-15 | 램 프레스에 의한 브리켓 제조장치

유압식프레스는 기계식프레스보다 소규모 공장에 적용하며 유압력은 전기모터를 이용한다. 유압실린더는 요구된 압력에 도달하면 주실린더가 압축된 브리켓을 배출하도록 설계되어 있다. 매번 압력이 조정장치를 통하여 이루어지므로 모든 브리켓에 동일한 압력이 가해져서 생산품의 질이 균일하다. 이 방법은 기계식보다 투자회수가 늦다[30].

롤프레스 브리켓 제조에서는 2개의 맞 회전하는 롤 사이의 압축에 의해 브리켓을 생산하다. 1단계로 진행 방향이 좁아지는 오거(auger)로 원료를 압축하면 원료와 원료 사이의 공기가 제거되고 벌크 밀도를 높이는 압밀화가 일어난다. 2단계로 원료가 2 롤 사이를 지날 때 생기는 고압으로 더욱 단단하게 압밀화 된다.

롤 표면은 원료가 롤을 통과할 때 일정한 모양과 크기를 지닌 브리켓을 형성하는 포켓을 지니고 있다. 주로 베개 모양의 10~40mm의 브리켓을 생산한다[15].

3.2.2 압밀화에 영향을 주는 인자[17]

질이 좋은 브리켓을 제조하기 위해서는 원료가 중요하다. 브리켓에 영향을 주는 원료의 몇 가지 특성은 아래와 같다.

1) 바이오매스의 입자 크기

원료의 입자 크기가 매우 중요하다. 일반적으로 4메쉬 이하가 10~20% 함유된 6~8mm 크기의 입자가 가장 적합하다. 스크루압출기에서는 고압(1,000~1,500 bar)을 사용하므로 비교적 조금 큰 입자도 브리켓으로 전환할 수 있으나, 작업이 원만하지 못하고 다이로의 원료 이전이 정체되어 다이 입구가 막히는 경우가 있다. 스크루에 의해 운반될 수 없는 큰 입자들은 입구 지점에 모이기 시작하고, 기계의 성형관 내부의 높은 온도로 생성된 스팀이 새로이 유입되는 신선하고 차가운 원료에서 응축한다. 그 결과 덩어리를 형성하고 막힘현상을 유발한다. 따라서 큰 입자는 더 분쇄하여 사용한다. 여러 종류의 크기 분포가 혼재하는 것이 유리하다. 그러나 1mm 이하의 입자는 불리하다. 왜냐하면 너무 작은 입자들로 제조한 브리켓은 덜 치밀하고, 응집성이 더 높으며 기계로부터 순간적으로 잘 빠져 나오지 못하는 경우가 있기 때문이다.

2) 바이오매스의 수분 함량

바이오매스 원료의 수분 함량이 8~10%일 경우, 생산된 브리켓의 수분 함량은 약 6~8%가 된다. 원료 수분 함량이 8~10%에서 제조된 브리켓은 강하고 부서지지 않으며 제조 과정이 원활하다. 그러나 수분 함량이 10% 이상일 경우는 브리켓이 약하고 나쁘며 작업도 산만하다. 원료에 수분 함량이 높으면 과도한 스팀이 생성되어 원료 저장 탱크로 들어오는 원료의 유입을 막는다. 그리고 가끔 스팀이 다이로부터 브리켓을 밀어내는 경우도 있다.

수분은 브리켓에서 결합을 강화하는 얇은 막 형태의 결합제로 작용한다. 즉, 물은 입자 간의 접촉 면적을 증가시켜 반데어발스 힘에 의한 결합을 촉진시킨다. 따라서 적당량의 수분은 브리켓 기계의 고온 고압 조건에서는 리그노셀룰로오스 물질의 자기결합 특성을 증가시킨다. 브리켓의 수분 함량이 평형함수율보다 높으면 저장과 운반 과정 중에 브리켓이 팽창하고 습한 대기 조건에 놓이면 부서진다.

바오매스의 수분 함량과 입자 크기는 스크루압출기와 피스톤 프레스 제조 방법 모두에 거의 비슷하게 영향을 미친다.

3) 바이오매스의 온도

스크루압출기의 내외부에서 마찰이 생기며 온도가 올라감에 따라 원료의 조성분인 리그닌과 헤미셀룰로오스의 일부가 가수분해되고, 다이에 열과 압력이 전달되면 이들 물질이 접착제와 같은 효과를 나타낸다. 높은 온도에서는 바이오매스가 분해하므로 300°C 이상은 피해야 한다. 피스톤 프레스에서는 원료의 열 전처리를 시행하지 않는다.

4) 다이의 온도

스크루압출기에서는 열이 실린더의 다이부시(bush) 부분에 적용되므로 기계를 적은 동력으로 가동할 수 있으며 다이의 수명도 길다. 더욱이 브리켓의 표면이 갈색으로 탄화되어 저장 기간 동안 대기 중의 수분 흡수가 억제된다. 그러나 다이의 온도는 280~290°C를 유지해야 한다. 그 이상의 온도가 되면 원료와 다이 벽 간의 마찰이 감소하고, 그 결과로 압밀화가 낮은 압력에서 일어나서 브리켓의 밀도와 강도가 낮아진다.

피스톤 프레스에서 다이는 가열되지 않으며, 오히려 브리켓의 원만한 생산을 위해서는 다이를 냉각시키는 것이 필요하다. 피스톤 프레스에서 제조된 브리켓은 탄화시킬 수 없다.

5) 첨가제의 영향

브리켓의 비열량과 연소성을 개량하기 위하여 브리켓의 질에 영향을 주지는 않는 범위에서 미세분의 숯이나 석탄을 10~20% 첨가하는 경우가 있다. 그 이상을 첨가하면 표 5-21에서와 같이 내구성(durability)이 떨어진다.

표 5-21 ▸ 혼합 원료로 생산한 브리켓의 내구성[32] (다음 페이지에 계속)

원료 조합	내구성 (%)
톱밥 44.4%/수피 33.3%/석탄 22.2%	98.4
톱밥 22.2%/수피 33.3%/석탄 44.4%	96.6

표 5-21 ▸ 혼합 원료로 생산한 브리켓의 내구성[32]

원료 조합	내구성 (%)
톱밥 0%/수피 33.3%/석탄 66.7%	91.9
톱밥 33.3%/수피 50.0%/석탄 16.7%	98.3
톱밥 16.7%/수피 50.0%/석탄 33.3%	97.4
톱밥 0%/수피 50.0%/석탄 50.0%	95.2

주. 원료는 사시나무 톱밥과 수피

3.2.3 브리켓의 물리적 성질과 화학적 조성

유럽의 6개국 30개 제조회사에서 생산한 브리켓을 분석한 결과는 표 5-22와 같다[19].

표 5-22 ▸ 유럽의 시판 브리켓의 분석 결과

항 목	단 위	평균수치	최소치	최대치	표준편차	기준치
직경(D)	mm	79	52	93	18	40 ~ 120
길이(L)	mm	250	74	313	77	<400
입자밀도	kg/dm^3	1.08	0.81	1.26	0.14	>1.0
수 분	wt%(w.b)	8.0	6.4	10.4	1.2	<10
회 분	wt%(d.b)	0.88	0.21	1.88	0.63	<0.5
저위발열량	MJ/kg(d.b)	18.0	18.3	19.4	0.3	>18.0
질 소	wt%(d.b)	0.33	0.20	0.95	0.27	<0.3
유 황	wt%(d.b)	134	35	271	76	<400
염 소	wt%(d.b)	153	37	384	120	<200

주. 기준치는 DIN, SS 및 ÖNORM M에 의함.

표 5-22에서 톱밥브리켓의 회분 함량을 제외한 모든 분석 결과가 기준치 범위 안에 있다. 또한 톱밥펠릿과 분석 결과도 거의 비슷하다. 수피브리켓의 경우는 수분 함량과 중금속 함량이 기준치보다 조금 높다. 그러나 중금속 함량은 시료 간에 분석 결과의 차이가 있다[19].

유럽의 경우 EN 14961-3에 근거하여 브리켓의 품질 기준을 규정하고 있다. 직경은 25 ~ 125+mm로 7 등급으로 세분하고, 길이는 50 ~ 400mm+로 6 등급, 수분은 10 ~ 30%로 3 등급, 회분은 0.7 ~ 1.0%로 5 등급, 유황은 0.05 ~ 0.20%에

5 등급, 입자밀도는 0.8 ~ 1.2 kg/dm^{3}로 4 등급, 질소 함량은 0.3 ~ 3.0%로 5 등급으로 나누고 있다. 한편 첨가제를 넣을 경우에는 첨가제의 종류 및 양을 표시해야 되며, 저위발열량, 벌크밀도 및 염소 함량을 기제할 것을 추천한다[33].

3.3 성형신탄

일본에서는 고밀도 목재연료로 성형·제조한 브리켓을 탄화를 시킨 것은 성형탄(成型炭), 탄화과정을 거치지 않은 것을 성형신(成型薪)이라고 하여 구분한다.

3.3.1 성형신(薪)

성형신은 톱밥, 왕겨, 수피 등을 성형하여 가공한 것이다. 모양은 6각형, 8각형, 난형 등이 있다. 유럽의 경우 목재나 수피를 분쇄한 후에 틀에 넣어 예비 압착을 하고 그 다음에 118Mpa의 높은 압력으로 재 압착하여 브리켓을 제조한다. 이 브리켓의 직경은 80mm, 두께 15 ~ 25mm, 비중 1.2 ~ 1.2, 회분은 0.8% 정도며 열량은 16.5 ~ 18.7KJ/kg이다[34].

일본의 경우는 성형 신재탄으로 톱밥을 압축기에 넣고 압축시킨 오가리트(ogalite)를 제조한다. 즉, 톱밥, 수피 등을 압축 실린더에 넣고 외부에서 약 150°C부터 300 ~ 320°C까지 가열한다. 이 온도는 원료의 리그닌을 연화시켜 결합제로 작용시키기에는 충분하다. 외부에서 가열하므로 내부의 오갈리트 표면이 가볍게 탄화되어 갈색을 띠고 있다[35].

오갈리트의 직경은 5 ~ 7cm, 길이는 40cm 정도이며 단면형상이 원통, 6각 및 8각이 있다. 또한 횡단면 가운데는 0.5 ~ 1.5cm인 천공이 있다[36]. 비중은 1.2 ~ 1.3이며 열량은 4,700kcal/kg이다. 장작에 비하여 용적중과 발열량이 높으며 연소시간도 길고 연소성도 양호하다. 오갈리트의 연소 최고온도는 침엽수(800°C)와 활엽수(720°C)의 중간인 780°C 정도이다[36]. 가정용, 업무용, 공업용 및 오가탄 원료로도 사용한다.

3.3.2 성형탄

성형목탄은 숯을 가루로 내어 타피오카 전분, 당밀, 리그닌, 식물 점질성 물질

같은 점결제를 넣고 성형·건조시켜 제조한다. 또는 타르(tar)나 피치(pitch)를 넣고 성형하여 2차 소성을 시키는 경우도 있다.

제조 과정은 다음과 같다. 미세한 숯을 크기별로 구분하고 큰 숯은 해머 밀(mill)에서 다시 분쇄하여 선별한다. 선별한 숯에 결합제(10%)와 증량제를 넣고 잘 혼합한 후에 프레스에 넣고 성형 압착을 한다. 프레스는 압력과 속도를 잘 조절할 수 있는 롤러(roller)형이다. 그다음 800°C 정도의 연속 터널건조기에서 건조시킨다. 브리켓을 냉각 시킨 후에 종이 또는 플라스틱 백에 포장한다. 성형목탄의 모양은 6각, 8각, 타원형, 계란형 등 다양하다. 크기는 50mm × 50mm가 일반적이며 열량은 22,000 ~ 25,000kJ/kg이다[34].

결합제로는 호화된 전분(4 ~ 8%), 연소에 도움을 주는 왁스나 Na_2NO_3을 사용한다. 점토나 규소를 사용할 경우에는 약 15% 정도를 첨가한다. 가격은 저렴하지만 열량이 낮다. 타르, 피치 및 당밀도 결합제로 사용한 수 있다. 그러나 결합제는 악취가 나지 않고 발효되지 않아야 한다. 필러(filler)는 석회석, 석회 및 조개껍질 가루에서 생산한 $CaCO_3$ 등을 주로 사용하는데 이것은 연소 속도를 조절하고 연료의 중량을 높여준다.

일본의 경우 톱밥 브리켓인 오가리트를 400 ~ 1,000°C의 탄화로에서 탄화시켜 오가탄(ogatan)을 제조한다. 오가탄 생산 수탄율은 전건원료 중량기준으로 약 35% 정도이다[37]. 오가탄과 목탄의 성질을 비교하면 표 5-23과 같다[36].

표 5-23 ▸ 오가탄과 숯(백탄, 흑탄)의 특성 비교

구 분	수 분 (%)	회 분 (%)	휘발분 (%)	고정탄소 (%)	길 이 (cm)	중심구멍 (cm)	용적중 (g/cm³)	압축강도 (종)(kg/cm²)
오가탄[1)]	4.0	1.6	26.6	67.8	4.5	1.0	0.88	20.6
	5.9	1.5	13.7	78.9	4.0	1.2	0.96	15.5
흑탄(丸)	7.9	2.6	16.5	73.0	4.0	–	0.57	17.5
백탄(丸)	8.4	2.6	9.1	79.9	4.0	–	0.77	226.7

주. [1)] 흑탄요사용 오갈리트는 5.5cm × 8각형

오가탄의 비중은 0.7이며 흑탄에 비하여 용적중이 크며 백탄과 유사한 화력을 유지한다. 또한 점화가 쉬우며 스파킹(sparking)이 없고 장기간 연소한다. 오가탄의 발열량은 7,700kcal/kg이다. 따라서 난방, 어육의 훈제, CS_2원료, 취사용, 제빵업소, 난로, 스토브 등에 다양하게 사용한다[35].

국내에서도 현사시, 일본잎갈나무, 잣나무, 소나무, 졸참나무의 수피와 톱밥으로 펠릿을 제조하고, 600°C에서 탄화시킨바 수율은 약 30%, 밀도는 0.5 ~ 0.7 g/cm^3, 발열량은 31 ~ 35MJ/kg이며 흡착 특성은 목재와 비슷하다[38].

3.4 로그(logs)

로그는 직경이 5 ~ 10cm 그리고 길이가 30 ~ 40cm 정도인 고밀도 바이오연료이다. 로그도 취급이 쉬우며 깨끗하게 연소하고, 장작보다 더 오래 동안 연소하는 장점이 있다.

로그 제조의 원료 및 원료 조제방법은 기존의 펠릿과 브리켓 원료 조제과정과 비슷하다. 건조된 원료를 실린더 모형의 다이에 넣어 아래 위로 움직이는 고압 피스톤으로 압착하여 압밀화(punche-and-die)한다. 피스톤은 주로 유압식(수압)을 사용한다. 이 방법에서는 균일한 고압을 발생시킬 수 있으므로 열과 결합제를 첨가하지 않고 실온에서 치밀하고 강도가 높은 로그를 생산할 수 있다. 시판 로그의 열량은 16.5 ~ 18.5MJ/kg 정도이다.

로그의 밀도, 내충격성 및 강도 등은 원료의 종류, 함수율, 압밀화 압력에 영향 받는다. 표 5-24는 원료의 종류, 함수율, 압밀화 압력에 따른 로그의 밀도 및 내충격성을 실험한 결과이다[39]. 시료는 직경 48.5mm, 길이는 300mm로서 실린더 다이와 유압프레스에서 펀치로 생산하였다. 멀치는 직경 40mm, 길이 7mm로서 멀치 생산기(mulchers)에서 생산하였고 수종은 포플러(cottonwood)였다.

표 5-24 ▸ 원료의 종류, 함수율, 및 압력에 따른 로그의 밀도 및 내충격 지수 (다음 페이지에 계속)

원료	함수율 (%)	압력 (MPa)	밀도 (g/cm^3)	내충격 지수	원료	함수율 (%)	압력 (MPa)	밀도 (g/cm^3)	내충격 지수
참나무톱밥	8.9	138	0.915	133	소나무톱밥	6.9	138	0.874	< 20
	8.9	103	0.882	100		8.4	138	0.971	45
	8.9	69	0.812	80		8.4	103	0.938	40
	12.7	138	0.820	100		8.4	69	0.871	30
	12.7	103	0.775	57		8.4	37	0.730	< 20
	15.1	138	0.761	67		11.0	138	0.919	43

표 5-24 ▸ 원료의 종류, 함수율, 및 압력에 따른 로그의 밀도 및 내충격 지수

원 료	함수율 (%)	압 력 (MPa)	밀 도 (g/cm^3)	내충격 지수	원 료	함수율 (%)	압 력 (MPa)	밀 도 (g/cm^3)	내충격 지수
참나무멀치	9.7	69	0.831	200	포플러톱밥	8.2	103	0.841	84
참나무수피	8.6	103	1.020	200		14.8	103	0.673	54
	8.6	69	0.945	200	포플러멀치	8.8	103	0.910	200
참나무 칩	8.5	138	0.874	< 20		8.8	69	0.829	200

로그 원료로는 수분 함량이 8%가 최적이며, 압력은 칩은 138MPa, 톱밥은 100MPa, 그리고 멀치는 70MPa 정도가 최소한 유지되어야 한다. 적당한 조건에서 생산된 로그는 밀도가 $1g/cm^3$ 정도이다. 내충격 지수가 높은 로그는 단위 부피당 높은 에너지를 보유한다.

바이오매스 원료 이외의 도시 생활폐기물(municipal solid waste, MSW)을 원료로하여 로그도 생산할 수 있다. MSW는 종이, 판지, 플라스틱, 섬유물질, 및 목재 등이 주성분이다. MSW로 로그를 제조하려면 수분 함량 15% 이하에서 목재가 없는 경우 78MPa 이상의 압축이 필요하다. 그러나 목재가 혼합되어 있으면 100MPa 이상의 압력이 요구된다. 이 과정 중에 종이는 결합제로서 일부 역할을 한다[40].

종이로만 구성된 폐기물을 로그로 제조할 경우에는 수분 15%, 그리고 압력은 70MPa가 최적이며 100MPa로 압축하려면 수분을 10% 이하로 낮추어야 한다. 제조된 로그의 밀도는 $1g/cm^3$ 이상이며 발열량은 역청탄과 비슷하다[41].

참고문헌

1. Sims, H. C., Hassler, C. C., Bean, T. H., Wood densification, West Virginia Uni. Extension Service, Publication No. 838, 1988
2. Serup, H.(edi.); Wood for energy production, technology environment economy, The centre for biomass technology, Chap. 3 Production of wood fuels, Chap. 4 Purchase and sale of wood for energy production, pp. 14-59, 2002
3. http://www.germanpellets.de/de/pellets.htm 2007.01.19
   DIN plus - Holzpellets Nach Norm
4. http://www.pellets.org/facts.html 2003.06.12
   Reasons to choose pellet fuel
5. http://www.pelletheat.com/advantages/index.php 2007.01.19
   New England wood pellet, Ltd.

6 http://www.seai.ie/Renewables/Bioenergy/wood.../woodpellets 2005.04.08
Woodpellets in Europe, Gugler print & media, GmbH, pp. 36-47, 2000

7. http://www.woodeneravbusiness.co.uk/en/default.aspx 2009.04.15
Hanson, M. T., Jein, A. R., Hayes, S., and Bateman, P., English handbook for wood pellet Combustion, pp. 13-27, 2009

8. Ståhl, M., Granström, K., Berghel, J., Renström, R., Industrial processes for biomass drying and their effects on the quality properties of wood pellets, Biomass & Bioenergy, 27, pp. 621-628, 2004

9. http://www.tekes.fi/opet/ 2005.04.18
Alakangas, E., and Paju, P., Wood pellets in Finland, OPET Report 5, pp. 13-24, 43, VTT Processes, 2002

10. http://www.akahl.de/akahl/files/new/1326-p... 2008.02.23
KAHL, Wood pelleting plants

11. Hartman, H., Umweltrelevante Eigenschaften naturbelassener biogener Festbrennstoffe, pp. 13, In: Anforderunger des Immissionsschutzen an die energetische Nutzung fester Biomasse, Dokumentation der Fachtagung 12. Dez. 2001, BangLfU, 2001

12. www.pelletcentre.info/resources/1097.pdf 2005.06.24
Pellets for Europe, 2002

13. Hartman, H., Analyse und Bewertung der Systeme zur Hochdruckverdichtung von Halmgut. Hrsg.: Bayerisches Staatsministerium für Ernährung, Landwirtschaft und Forsten. München: Selbstverlag, 63 S. (Schriftenreihe, "Gelbes Heft", 60), 1966

14. Lehtikangas, P., Quality properties of pelletised sawdust, logging residues and bark, Biomass & Bioenergy, 20, pp. 351-360, 2001

15. Kaliyan, N., M, R. V., Factors affecting strength and durability of densified biomass products, Biomass & Bioenergy, 33, pp. 337-359, 2009

16. Rhén, C., Gref, R., Sjöström, M., Wösterlund, I., Effects of raw material moisture content, densification pressure and temperature on some properties of Norway spruce pellets, Fuel Processing Technology, 87, pp. 11-16, 2005

17. Grover, P. D., Mishra, S. K., Biomass quality: Technology and Practices, FAO Field Document No. 46, pp. 7-14, 1996

18. Bradfield, J., Levi, M. P., Effect of species and wood to bark ratio on pelleting of southern woods, For. Prod. J., 34, pp. 61-63, 1984

19. Obernberger, I., Thek, G., Physical characterization and chemical composition of densified biomass fuels with regard to their combustion behavior, Biomass & Bioenergy, 27, pp. 653-669, 2004

20. http://www.canbio.ca/documents/publication/pdf 2010.04.21
IEA(2007) Global wood pellets markets and industry, 2008

21. http://www.pelletheat.org/pdfs/2010-PFI-Annual-Conference/ 2010.08.18
Thiessen, J., PFI Annual Report, 2010
22. http://www.aebiom.org/IMG/pdf/wild_EBES.pdf 2010.04.21
Wild, M., The pellets markets in europe status 2008 targets for the future, European pellets roadmap upto 2020 workshop, 2008
23. 산림청, 목재펠릿의 에너지 활용대책, 정책자료, pp. 2-51, 2009
24. 백기현, 친환경에너지 산림사랑, 파이낸셜 뉴스, 2010.07.22(목), 2010
25. Hartley, I. D., Wood, L. J., Hygroscopic properties of densified softwood pellets, Biomass & Bioenergy, 32, pp. 90-93, 2008
26. Lehtikangas, P., Storage effects on pelletised sawdust, logging residues and bark, Biomass & Bioenergy, 19, pp. 287-293, 2000
27. 이수민, 안병준, 이오규, 최석환, 조성택, 목재펠릿 품질규격, 산림과학원, pp. 2-51, 2009
28. http://www.foex.fi/bioenergy/fep2/ 2010.02.22
Alakangas, E., VTT, New European Pellet Standard EN14961-1, -2
29. 조성택, 목재펠릿 규격 및 품질인증, 2010목재펠릿 산업 육성 전략심포지엄, 산림청-산림과학원, pp. 105-130, 2010
30. www.cfnielsen.com/briquetting 2009.03.20
Briquetting processes, C. F. Nielsen A/S, Exhibitions 2009
31. Grover, P. D, Mishro, S. K., Proceeding of the international of biomass briquetting, India New Delhi, 4. 3-6, RWEDP Report No.23, pp. 14-17, FAO UN Bangkok, 1996
32. Chin, O. G., Siddiqui, K. M., Characteristics of some biomass briquettes prepared under modest die processes, Biomass & Bioenergy, 18, pp. 223-228, 2000
33. http://www.astandis.at/shopV5/Preview 2010.08.21
Draft prEN 14961-3, 2010-06, Solid-biofuel specification and classes, Part 3: Wood briquettes for non-industrial use
34. 황병호 외 12인, 목질바이오매스, 선진문화사, pp. 78-77, 1998
35. 彬浦銀治, オガライトの 炭化物の 耐水性よび 耐濕性ついて, 木材工業, 21, pp. 113-120, 1966
36. 栗山 旭, オガライトと オガタソの生産, 木材工業, 23, pp. 423-427, 1968
37. 栗山 旭, 廢材を 原料とする 薪炭の 再生産, 木材工業, 19, pp. 458-462, 1964
38. 한규성, 김병로, 목질펠릿으로 제조한 탄화물의 특성, 목재공학 34(3):15-21, 2006
39. Li, Y., Liu, H., High pressure densification of wood residues to form an upgraded fuel, Biomass & Bioenergy, 19, pp. 177-186, 2000
40. Li, Y., Liu, H., Zhang, O., High-pressure compaction of municipal solid waste to form densified fuel, Fuel processing Technology, 74, pp. 81-91, 2001
41. Li, Y., Liu, H., High-pressure binderless compaction of waste paper to form useful fuel, Fuel processing Technology, 67, pp. 11-21, 2000

Chapter 04

고체 바이오연료와 공해

Solid Biofuels and Pollution

4.1 공해물질과 그 영향

이미 앞에서 여러 번 설명한바와 같이 고체 바이오연료는 공해물질을 거의 배출하지 않는다. 본 절에서는 단지 고체 바이오연료와 기존 화석연료의 공해물질 배출량과 종류를 비교하고자 한다. 연료의 공해물질 배출량과 종류는 원료의 구성 성분, 특성 및 연소방법에 크게 좌우된다.

바이오매스의 연소는 이미 언급한 바와 같이 바이오매스의 건조, 열분해, 숯의 연소로 발생한 가스의 산화와 환원을 거치는 가스화 단계의 복잡한 과정이다. 각각의 반응에 필요한 시간은 연료 입자의 크기와 특성, 반응온도와 연소조건 등에 의존한다. 일단 가스화에 접어들면서 연소할 수 있는 가스는 주로 반응온도에 따라 좌우된다. 여기서 생성된 제조가스는 주로 일산화탄소(CO), 수소(H_2), 메탄가스(CH_4) 및 여러 가지의 탄화수소로 구성되어 있다.

가스가 연소할 때 산소(O_2)가 충분하게 공급되면 완전한 연소가 일어나서 잔사물로 이산화탄소(CO_2)와 물이 생성된다. 그러나 산소가 불충분하게 공급되면 일산화탄소, 검댕(soot), 타르(tar) 및 불연소 탄화수소들이 생성된다. 최종적으로 숯이 탄 후에는 더 이상 연소할 수 없는 무기물인 회분이 남는다. 연소가 불완전하면 덜 탄 유기물을 함유할 수 있다. 연소의 질은 보일러의 디자인, 연료의 종류, 공기 공급, 보일러의 운용 등에 좌우한다. 그러나 실제적으로 아래와 같은 여러 형태의 공해물질을 생성한다[1,2].

- 미탄화 공해물질: CO, 미탄화 C_xH_y, PAH, H_2, HCN, NH_3, N_2O, 타르, 검댕

- 완전연소를 할 경우 공해물질: NO, NO_2, CO_2
- 회분과 오염물질: 회분입자(KCl 등), SO_2, HCl, PCDD/F, Cu, Pb, Zn, Cd 등

이상의 공해물질들에 의한 영향은 표 5-25와 같다[3].

표 5-25 ▸ 몇 가지 공해물질과 그들의 영향

배출물질	영 향
이산화탄소(CO_2)	온실가스, 목질계 칩과 펠릿 그리고 농업부산물 펠렛의 이산화탄소 발생량은 없거나(zero) 또는 중립(neutral)
질소산화물(NO_x)	3종류의 가스; 일산화질소(NO, nitric oxide), 이산화질소(N_2O, nitrous oxide) 및 산화질소(NO_2, nitrogen dioxide), 스모그 형성, 기관지염, N_2O는 온실가스
황산화물(SO_x)	주로 SO_2(이산화황; sulphur dioxide), 대기 산성화
탄화수소(C_xH_y)	오존 형성에 관여, 일부 C_xH_y 물질은 발암물질로 분류
염소화합물(Cl)	HCl-, PCDD/F 형성, 발암물질
입자상 물질 (particulate matter)	심장혈관에 영향, 기관지염, 천식

4.2 이산화탄소

바이오연료와 기존 화석연료의 이산화탄소 배출량의 비교는 표 5-26과 같다. 이산화탄소 배출량은 측정 조건에 따라 차이가 있으므로 상대적인 비교만이 가능하다.

표 5-26 ▸ 각종 연료에서 배출하는 이산화탄소량의 비교

단 위	석 탄	연료오일	천연가스	목질칩	목질펠릿	짚	문 헌
kg/GJ	95	74	57	0	0	0	66
g/MJ	106	87	58	–	0.42	–	37
kg/t	86	–	–	–	0	0	36

표 5-26에서와 같이 바이오매스에 근거한 연료는 연소할 때 온실가스 배출량을 영(zero), 또는 중립(neutral)으로 간주한다. 바이오매스도 연소과정에서 당연

히 이산화탄소를 발생한다. 그러나 이는 바이오매스가 생장하면서 광합성 과정에 의해 대기 중에서 이산화탄소를 흡수하여 바이오매스 구성성분의 형태로 변환하여 보유하고 있다가, 연소 시에 공기 중으로 다시 배출하는 것이다. 따라서 이산화탄소 배출수치는 논리상 영이 되기 때문이다. 이러한 이유로 바이오매스는 재생 가능한 청정에너지 자원으로 주목을 받고 있으며 온실가스 배출을 감소하는데 크게 공헌하고 있다. 한편 화석자원은 연소 시에 상당량의 이산화탄소를 배출한다.

4.3 공해물질 배출량

4.3.1 화석연료와의 비교

공해물질 배출은 원료가 함유하고 있는 조성분과 밀접한 관계를 지니고 있다. 따라서 우선적으로 화석연료와 바이오연료의 조성분을 비교하고자 한다. 여기서는 공해물질과 관계가 큰 몇 가지 물질만 열거한다.

표 5-27 ▸ 몇 가지 연료의 조성분 및 특성[2]

	단 위	칩	짚	석 탄	천연가스
휘발성분	%	<70	<70	25	100
회 분	%	0.6 ~ 1.5	4.0	12	0
열 량[1)]	MJ/kg	19.4	18.2	32	48
Cl	%	0.02	0.75	0.08	–
N	%	0.30	0.35	1.0	0.9
S	%	0.05	0.63	0.8	0
회분 연화점	°C	1,000 ~ 1,400	850 ~ 1,000	1,100 ~ 1,400	–

주. [1)] 수분과 회분을 제외한 시료의 열량

표 5-27에서와 같이 석탄은 회분 함량이 높으며, N과 S의 함량도 바이오연료보다 높다. Cl 함량은 목질 칩에서는 낮으나, 짚은 석탄보다도 약간 높다. 천연가스는 N을 제외하고는 공해 유발물질의 함유량이 가장 낮다. 이러한 조성분의 차이는 공해물질 배출량에도 영향을 준다.

바이오연료와 기존 화석연료의 공해물질 배출량의 비교는 표 5-28과 같다. 이 결과는 덴마크의 13개 CHP(열병합 발전소)에서 얻어진 결과의 평균이다[4].

표 5-28 ▸ 연료들로부터 생산된 열량(MJ)에 대한 몇 가지 공해물질의 배출량

공해 물질	단 위	석 탄	연료 오일	천연 가스	목질 펠릿	짚	임지 잔재
NO_x	mg/MJ	78	130	64	62	90	93
SO_x	mg/MJ	79	210	0.22	40	130	40
CO	mg/MJ	46	19	12	290	600	300
N_2O	mg/MJ	13	0.58	0.53	4.7	–	4.7
CH_4	mg/MJ	1,200	2.9	2.8	5.2	–	4.7
미립자	mg/MJ	29	0.4	0.02	0.94	40	3.7
NH_3	mg/MJ	1.0	0.66	0	2.4	–	2.4
VOC	mg/MJ	2.3	47	2.8	19	–	23
잔사	mg	–	12	20	–	–	1,600

화석연료인 오일과 석탄은 NO_x와 SO_x 배출량이 바이오연료에 비하여 현저히 높다. 이러한 현상은 연료오일에서 더욱 뚜렷하다. 한편 CO 발생량은 바이오연료의 경우 높다. 이것은 바이오연료의 불완전 연소가 많은데 기인한다. 짚이 목질 칩보다 공해 물질인 NO_x, SO_x 및 미립자 배출량이 현저히 높다. 임지잔사의 경우 NO_x와 잔사의 함량이 높은데 이것은 임지잔사에는 잎, 작은 가지, 수피 등이 포함되어 있기 때문이다.

4.3.2 바이오연료 종류 및 연소방법에 따른 비교[5]

바이오연료의 종류, 보일러 종류 및 연소방법에 따른 공해 물질 배출량을 비교하였다. 우선적으로 표 5-29는 연료 원료의 조성분을 열거하고 있다. 목재의 경우 짚 종류에 비하여 K, N, S 및 Cl 함량이 현저히 낮다. 이러한 결과는 보일러에서 연료로 사용할 경우 배출가스의 조성분에도 영향을 미칠 것이다.

표 5-29 ▸ 몇 가지 바이오연료의 환경에 관계되는 성분들의 함량

	목 재	곡물 짚	호밀 짚	밀 짚
회분(%)	0.7	5.7	2.0	2.7
회분용융점(°C)	1,330	960	740	710
K(%)	0.2	1.1	0.7	0.5
N(%)	0.32	0.47	1.91	2.28
S(mg/kg)	318	740	1,100	1,200
Cl(mg/kg)	125	2,500	1,610	430

표 5-29에 제시된 연료들을 각각의 보일러(A, B, C)에서 연소할 경우 배출하는 공해물질량은 표 5-30과 같다. 연소장치 A는 목질칩으로는 42 ~ 46kW, 연소장치 B는 목질펠릿에서 44kW, 호밀짚으로 36kW, 그리고 연소장치 C는 목질펠릿에서 47kW, 밀짚으로 40kW열량을 각각 생산한다.

표 5-30 ▸ 3종의 연소장치에서 연료 종류에 따른 공해물질 배출 비교[5]

생산자/모델		A Heizomat/ HSK Ra 50	B Ökotherm 1/ Compakt CO		C Ökotherm 2/ Compakt CO	
연 료		칩	목재펠릿	호밀짚	목재펠릿	밀 짚
O_2	Vol.-%	9.5	12.3	11.3	14.8	13.0
배기가스온도	°C	303	135	146	14.3	155
CO	mg/m^3	114	134	153	273	318
NO_x (NO_2)	mg/m^3	76	100	581	148	621
SO_2	mg/m^3	25	–	–	–	–
전체-C	mg/m^3	< 2	6	11	7	[1]
HCl	mg/m^3	0.9	14	46	22	64
미립자	mg/m^3	34	12	108	11	248
PCDD/F	ng/m^3	< 0.02	–	–	–	–
PAK	μg/m^3	33[2]	–	–	–	–

주. [1] 측정장비의 누락, [2] 나프탈린은 제외

표 5-30에서와 같이 짚을 연료로 사용할 경우 NO_x 발생량이 현저히 높다. 연소장치(노) A에서 낮은 NO_x와 CO는 기술적 이유에 기인한다. 여기서 SO_x는 원료에 함유된 S에 좌우되며 따라서 짚의 S함량이 높으므로 SO_x도 증가하였다.

짚은 칩이나 목질계 펠릿보다 배기가스 중에 미립자 농도가 높은데, 이것은 짚이 많은 양의 K를 함유한데 기인한다. 즉, K_2O와 KOH는 연소실에서 가스 상태로 넘어가지만 보일러에서 냉각 시에 다시 응축하기 때문이다.

모든 연소장치에서 짚을 사용할 경우 HCl도 증가하였다. 연소로 A의 경우 배기가스에 함유한 HCl의 농도가 전체적으로 낮은데, 이것은 조업자들에 따르면 여러 해 전부터 개간지의 곡물에는 염소(Cl)를 함유한 비료(축분)를 시비하지 않아서 원료 연료에도 염소가 적게 함유한데 기인한다. 한편 목질칩이 목질펠릿보다 HCl 함량이 높은데 이것은 연소로 B와 C는 오랜 기간 동안 짚을 이용하여 보일러 입구에 염소침전물이 형성된 것이 목재 연소에서 높은 HCl 농도로 나타난 것으로 사료된다.

연소로 A에서 배기가스 중의 PCDD/F 농도는 검출한계 아래에 놓여있다. 연료에 염소농도가 낮은 것을 고려하면 당연하다.

표 5-31도 바이오연료의 종류 및 보일러의 조건에 따른 공해물질 배출량을 비교한 것이다[6].

표 5-31 ▸ 연소로의 차이에 따른 공해물질의 배출량 비교 (다음 페이지에 계속)

연소장치	E	C	A
보일러종류	수관보일러	보통보일러	보통보일러
연소열 출력	11MW	950kW	600kW
생산물	증기, 11.6t/h (59bar, 500°C)	온수 (0.5bar, 120°C)	온수 (0.6bar, 120°C)
순열 출력	8.4MW	950kW	640kW
배기가스 세정	–	사이클론	멀티사이클론
회분분리	화실, 백하우스필터	화실, 사이클론회분, 백하우스필터	화실, 사이클론회분, 백하우스필터
연 료	**장 작**	**장 작**	**짚 (곡물)**
원료 (mg/kg)			
N	670	670	1,750
S	~40	~40	470
Cl	44	44	1,400
배출가스 (mg/m^3)			
NO_x	125	161	232
SO_x	8	12	94

표 5-31 ▸ 연소로의 차이에 따른 공해물질의 배출량 비교

연 료	장 작	장 작	짚 (곡물)
HCl	0.5	1.3	37.5
미립자	4.6	61	187
CO	242	817	973
전체-C	6	2	10
PCDD/F (ng TE/m^3)	0.007	0.050	0.048

원료에서 짚(곡물)이 목재(칩)보다 S, N, 및 Cl 함량이 현저히 높다. 이러한 원소함량이 높은 원료는 더 높은 공해물질을 배출한다.

연료의 염소함량 차이는 HCl 배출에 큰 영향을 미친다. 화곡류 짚에는 장작에 비하여 질소함량이 높으므로 NO_x 배출이 2배로, 그리고 SO_x는 약 10배 정도 높다. 짚이 연소과정에서 발생하는 NO_x와 SO_x 배출량은 독일의 기술적 지도(Technische Anleitung, technical instruction) 한계치인 TA500mg/m^3에는 충족하지만, HCl은 한계치인 30mg/m^3을 초과한다. 미립자는 짚의 경우 기준치 150 mg/m^3를 상회하고 있다. 이 경우 배출가스 세정장치는 필수적이다.

동일 원료의 경우 용량이 큰 수관보일러(E)가 보통보일러(C)보다 공해물질 배출량이 낮다. 특히 미립자와 CO배출량이 현저히 높다. PCDD/F는 모든 보일러와 원료에서 기준치인 0.1ng TE/m^3 이하로서 안전하다. 그러나 보통보일러 A에서 짚의 경우 정제하지 않은 가스에 PCDD/F 함량이 0.105ng TE/m^3인 것을 미루어 보아 연소가스의 정제장치는 필수적이라고 본다.

참고문헌

1. http://www.woodeneravbusiness.co.uk/en/default.aspx 2009.04.15
   Hanson, M. T., Jein, A. R., Hayes, S., and Bateman, P., English handbook for wood pellet combustion, pp. 13-27, 2009
2. Nikolaisen, L.(edi.): Straw for energy production, 2. Straw as energy resource, The centre for biomass technology, 2nd., pp. 9-12, 1998
3. Hartman, H., Umweltrelevante Eigenschaften naturbelassener biogener Festbrennstoffe, pp. 13, In: Anforderunger des Immissionsschutzen an die energetische Nutzung fester Biomasse, Dokumentation der Fachtagung 12. Dez. 2001, BangLfU, 2001
4. www.pelletcentre.info/resources/1097.pdf 2005.06.24

Pellets for Europe, 2002

5. Huber, S., Friess, H., Emissionen bayerischer Biomassefeuerungen Ergebnisse einer Grundsattzuntersuchung, Bayerisches Landesamt für Umweltschutz, CARMEN-Symposiums, 1997.06.06., Würzbürger Residenz, pp. 1-22, 1997
6. Schmoeckel, G., Emissionsmessungen im Abgas von Getreidefeuerungen, Bayerisches Landesamt für Umweltschutz, Beric Nr. 54 537/1, Zusammenfassung der Messergebniss, LfU-1/3-3/3, 2003

PART 06

바이오매스의 열화학적 변환

   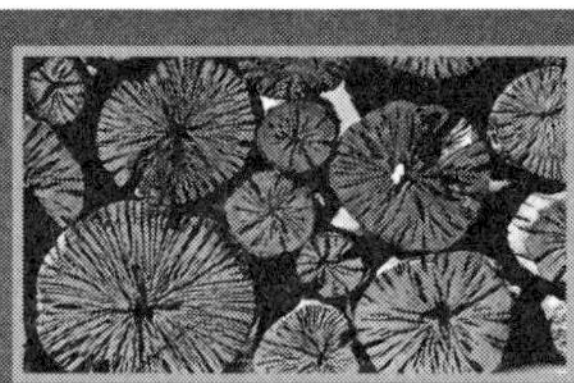

바이오매스의 열화학적 변환은 열분해(pyrolysis), 가스화(gasification), 액화(liquefaction) 및 연소(combustion)를 포함한다. 이들 방법들은 열화학적 변환 파라미터, 즉 반응온도, 압력 및 반응시간 등에 따라 다르게 나타난다. 연소는 바이오매스의 가열, 건조, 열분해 및 가스화 반응의 전체 과정을 포함하는 열화학적 변환이지만, 여기서는 직접 가열하여 얻은 열 및 보일러를 거치는 열병합발전(combined heat and power, CHP)에 국한한다. 본 장에서는 열분해, 가스화 및 액화에 관하여 집중 논의한다.

Chapter 01

열분해
Pyrolysis

1.1 열분해란?

열분해(pyrolysis)란 엄격한 의미로 산소가 전혀 없는 조건에서 열에 의한 분해(thermal degradation)를 의미한다. 그러나 가스화라고 감지할 수 없을 정도나, 또는 부분적인 가스화로 설명할 수 있는 극히 제한된 양의 산소가 함유되었을 경우도 열분해로 간주한다. 열분해 반응온도는 400 ~ 500°C로서 연소와 가스화 과정 중의 첫 단계이다. 한편 반응온도를 800 ~ 1,200°C까지 높이면 가스화이며, 반응 온도가 400°C 정도이며 반응시간을 장기간 유지하면 탄화(carbonization)라 한다[1,2].

바이오매스 열분해 산물은 응축성 액체오일, 숯 및 가스이며 이들 생성량은 표 6-1에서와 같이 열분해 방법, 원료 특성 그리고 반응 조건에 따라 큰 차이가 있다[1,3,4].

표 6-1 ▸ 열화학적 변환에 따른 생성물질의 변화 [3,4]

반응 조건	액 체	고체 (숯)	가 스
급속열분해 반응온도; 400 ~ 650°C, 반응시간; < 2초	75% (25%H_2O)	12%	13%
탄 화 반응온도; 350 ~ 500°C, 반응시간; 여러 시간	30% (70%H_2O)	35%	35%
가스화 반응온도; 800 ~ 1,300°C 반응시간; 10초 ~ 30분	5% 타르	10%	85%

열분해 산물의 주성분인 액체(liquid)는 조(粗)바이오-오일(crude bio-oil), 바이오오일(bio-oil), 열분해오일(pyrolysis oil), 저스트오일(just oil)이라고도 칭하는 완전한 유동성 오일이다. 이 바이오오일은 연료, 전력 생산 및 제오라이트(zeolite)나 수소 첨가 열분해의 정련 과정을 통해 가솔린이나 디젤 혼합유로서 부가 가치를 높일 수 있다[1,5].

한편 이러한 액체 산물은 연소 과정에서 취급하기가 용이하고, 기존에 다른 용도로 제작된 연소 장비들을 크게 변화시키지 않고 그대로 사용할 수 있는 장점이 있다. 또한 바이오오일은 이동과 저장에서 고체연료보다 훨씬 용이하다.

열분해 산물인 가스는 생산 규모가 큰 경우 바이오매스 원료를 건조시키거나 전기 발생용으로 이용할 수 있다. 숯은 브리켓이나 럼프(lump)로 직접 에너지를 얻거나 또는 가스화용으로 사용할 수 있다. 산업적으로는 숯가루를 물 또는 오일과 섞은 슬러리(slurry)를 중유나 석탄가루 연료를 대체하여 사용할 수 있다.

1.2 열분해의 종류

이미 언급한 바와 같이 과거에는 400°C 이하의 비교적 낮은 온도에서 장시간 반응시켜 고체인 숯 생산을 목적으로 하는 탄화(carbonization)가 주종을 이루었다. 그러나 근년에 들어서는 열분해 반응온도, 시간 및 가열율을 변화시켜 열분해 생성물인 숯, 가스 및 바이오오일 생산량의 변화를 유도하고 있다. 따라서 표 6-2와 같이 여러 종류의 열분해 방법이 시도되고 있다.

표 6-2 ▸ 급속열분해에 인접한 열분해기술 변이 [1]

열분해 기술	반응시간	가열율	반응온도 (°C)	주 생성물
급속(fast)	0.5 ~ 5s	매우 급속	650	바이오오일
순간(flash)-액체	< 1s	급속	< 650	바이오오일
순간(flash)-가스	< 1s	급속	< 650	화공약품, 가스
한외(ultra)	< 0.5	매우 급속	1,000	화공약품, 가스

열분해 산물 중에서 액체연료인 바이오오일을 획득하는 것이 주목적이며, 바이오오일의 수율을 극대화하기 위해서는 높은 가열율, 높은 물질 전달율, 좁은

온도 범위, 빠른 냉각이 필수적이다. 이러한 조건을 충족하고 있는 방법이 급속열분해와 순간열분해이다. 이들 방법들 간에는 분명한 구분은 어렵다. 실험결과에 따르면 500°C 부근, 1,000 ~ 10,000°C/s의 높은 가열율, 2초 정도의 짧은 반응시간, 반응산물을 급히 냉각시켜 원료 대비(전건중량) 약 75%까지 오일 수율을 높일 수 있다[1,2,5]. 여기서는 바이오오일 생산이 가장 많기 때문에 연구가 집중되고 있는 급속열분해에 관해서만 설명한다.

1.3 급속열분해(fast pyrolysis)

바이오매스의 급속열분해는 1980년대 주로 미국과 캐나다에서 발전되었다. 그 당시는 기존의 것을 대체할 수 있는 새로운 바이오연료로 평가되었다. 그러나 생산과 이용 기술의 경제적 불확실성 및 상업적 공장이 아직 가동된 경우가 없다는 불확실성이 남아 있다.

급속열분해의 장점으로, 1) 가장 저렴한 액체연료이다. 2) 소규모 전기 발생에 이용 가능하며, 대규모로는 경유나 석탄과의 혼소(cofiring)가 가능하다. 3) 이용 시에 자본과 조업 비용이 낮다. 4) 바이오오일은 저장과 운반이 수월하다. 5) 가스화의 합성가스보다 에너지 밀도가 높다는 점, 등이 거론되고 있다.

현재는 여러 종류의 보일러, 내부 연소엔진, 및 가스 터빈의 인젝터와 시스템에서 연소시험을 마쳤으며, 이 바이오오일이 기존 장비와 개선된 장비에서 효과적으로 연소한다는 것이 증명되었다[6].

1.3.1 급속열분해 과정

급속열분해는 아래와 같은 순서로 진행한다[5,7-9].

1) **원료**: 칩(SRF, 목재 산업체의 부잔재, 임지), 에너지 작물, 농작물 잔사 등
2) **수집과 저장**
3) **건조**: 원료의 수분 함량을 10%까지 건조한다. 최종 바이오오일에 수분 함량이 20 ~ 25%가 되도록 원료의 수분 함량을 낮추어야한다. 생재는 수분함량이 50 ~ 60%이며 여름 기간 동안 30%까지 그리고 계속된 천연건조로

12%까지 감소시킬 수 있다. 더 이상 감소시키거나 단시간에 건조시키려면 열분해할 때에 발생하는 가스를 에너지원으로 사용하여 건조기에서 건조시킬 수 있다.

4) **마쇄**: 입자가 작을수록 열전달은 빨리 이루어지나 처리 비용이 높다.
   ~2mm (기포식유동층; bubbling, stationary fluid bed, BFB)
   ~6mm (회전식유동층; circulating fluidized bed, CFB)
   ~ ∞ (용융제거; ablation)
5) **열분해**: 반응로(reactor)가 여러 종류 있으나 아직 가장 좋은 방법으로 설정된 것은 없다. 400~450°C의 증기상 온도와 500°C 주위에서 특히 조심스럽게 반응시켜야 한다. 반응 체류시간은 2초 이하가 적당하다. 생산물 중에서 휘발성 가스는 냉각장치와 전기집진장치를 거치면서 액상의 오일로 상 변화를 일으킨다. 아래 항목에서 좀더 자세히 설명한다.
6) **숯과 회분 분리**: 사이클론(cyclone)장치나 필터를 통해 효과적으로 분리 가능하다. 그러나 어쩔 수 없이 약간의 숯이 오일에 혼합될 경우도 있다. 이러한 슬러리는 CFB나 BFB에서 공정 과정에 열로 사용할 수 있다. 한편 회분은 거의 대부분이 숯에 남아 있으므로 숯을 잘 분리하면 회분 제거도 이루어진다.
7) **바이오오일 회수**: 응축과 유착 방법으로 회수한다. 대규모에서는 탄화수소와 냉각된 바이오오일과 같은 비혼합용액(immiscible)으로 급냉각(quenching)시킨다. 연무질(aerosols)회수는 어렵지만 정전형침전기(electrostatic precipitation)로 상당한 성공을 이루고 있다.
8) **저장과 운송**: 탱크(tank)에 담아 저장, 혼합, 운송한다.

1.3.2 급속열분해 반응로

반응로(爐)는 급속열분해 공정의 핵심이다. 반응로는 전 공정 시스템에 투여한 전체 자본비의 약 10~15%를 차지하지만, 대부분의 연구와 발전은 반응로에 집중되어 있다. 더불어서 오일 수집 공정의 개선 및 오일 질의 개선과 조절에도 관심이 집중되고 있다. 기타 공정으로는 바이오매스 수급, 저장 및, 취급, 바이오매스의 건조와 마쇄 그리고 생산품인 오일의 수집, 저장, 필요하다면 다른 생산물로 개질할 수 있다.

이미 언급한 바와 같이 여러 종류의 열분해로가 제작되어 여러 분야에서 연구 및 적용하고 있으나 아직까지 최적의 열분해로는 결정되지 않았다. 현재 연구되고 있는 급속열분해 반응로들을 그림 6-1에서와 같이 요약할 수 있다[7].

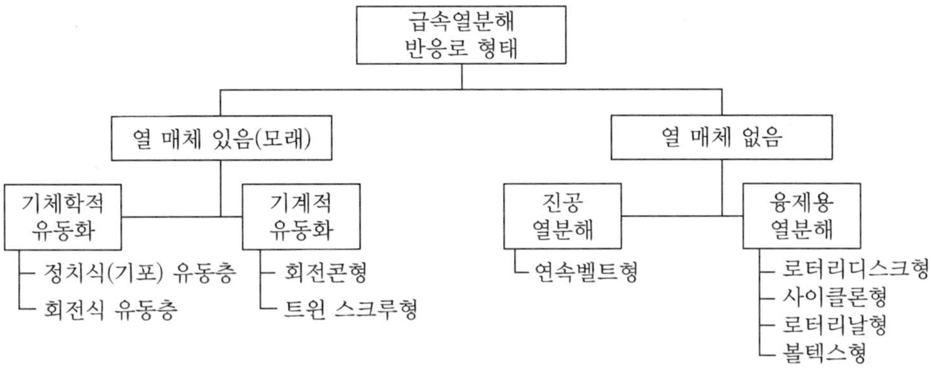

| 그림 6-1 | 급속열분해 반응로의 종류

현재 큰 규모의 열분해 공장이 없으므로 반응로들을 직접 비교하기는 어려우나, 주어진 조건에서 기술력과 시장성을 고려하여 BFB, CFB 그리고 용융제거 반응로에 관하여 자세히 설명하고자 한다[1,5,7-9].

1) 기포식 유동층(bubbling fluid beds, BFB)

1980년 이래 기술이 잘 정립된 유동상의 연소로이다. 회전식 유동층과 구별하기 위하여 기포식이라는 이름을 붙였다. 연소로 건설과 조업 공정이 간단하며 온도를 조절하기도 쉽고 높은 고형밀도 때문에 바이오매스 입자로 열전달이 대단히 효과적으로 일어나는 잘 알려진 기술이다. 또한 생산 규모 확장도 쉬운 편이다. 현재 여러 대학과 기업 연구소들이 실험용 및 산업용으로 건설하여 연구 및 실용화를 거두고 있다. 대표적인 예로는 Dynamotive가 100t/일 생산 규모를 400t/일으로 확장하였으며, 아르헨티나의 Tecna도 200t/일 규모 처리 공장을 계획하고 있다. 반면에 대학들은 소규모 연소로를 제작하여 연구하고 있다.

전형적인 처리 과정은 그림 6-2와 같다. 즉, 바이오매스의 건조, 마쇄, 열분해, 오일의 냉각과 수집 과정을 거친다. 열분해용 바이오매스 원료의 수분 함량은 10% 정도가 적절하며 입자의 크기가 1 ~ 2mm가 되도록 조절한다. 그 이유는 바이오매스의 열 전달율을 높여 주기 위해서이다. 바이오매스 입자에 대한 열 전달율(rate of particle heating)은 일반적으로 열분해 공정의 반응속도를 제어하는 단계(rate-limiting step)이다.

대기압에서 모래의 유동층을 함유한 400 ~ 500°C의 고온의 연소로 안으로 바이오매스를 넣는다. 바이오매스는 발화하여 뜨거운 프라이 팬으로 발산하는 작은 물방울처럼 증기화 되며, 여기서 생긴 가스가 사이클론장치를 통과하면서 초미세 입자와 숯이 대부분 제거된다. 급속열분해 공정에서 숯과 증기의 체류시간은 유동가스의 속도를 조절하는데, 이러한 체류시간은 증기보다 숯이 더 길다. 숯은 열분해가 일어나는 반응온도에서 증기를 분해하는 촉매로 작용하기 때문에 숯을 빨리 분리해 주어야 한다.

가스는 냉각탑으로 이동하여 바이오오일로 변환된다. 실험실용은 정전형 침전기를 부착한 공정을, 그리고 상업적 공장은 비록 연무질(aerosol) 제거가 극히 어려울지라도 박무(mist) 제거 장치를 포함하는 일련의 오일 수집 단계에 의존하는 공정을 취하고 있다. 바이오오일이 응축되면 탱크에 모으고 응축되지 않은 가스는 공정 과정에 열을 유지하기 위해 연소로로 돌려 보낸다. 바이오매스를 연소로에 넣어 급 냉각까지 전체 반응이 2초 이내에 일어난다. 바이오오일 수율은 70 ~ 75% 정도이다.

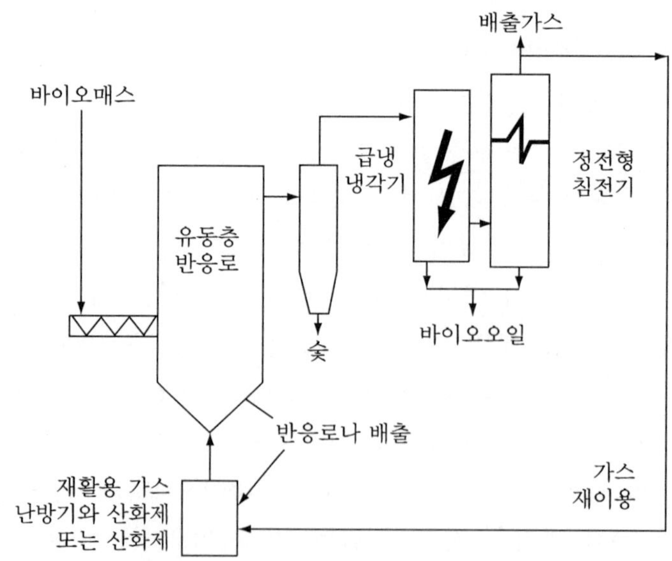

| 그림 6-2 | 기포식 유동층 반응로에서 금속 열분해 과정

2) 순환식 유동층(circulation fluid beds, CFB)

그림 6-3에서와 같이 CFB는 BFB와 비슷하다. 원료 입자는 조금 커도 무관하지만, 열 공급이 2차 숯 연소로에서 뜨거운 모래를 순환시켜 이루어지는 것이 큰 차이점이다. 반응로 이후의 설비 장치는 BFB와 동일하다.

BFB와의 차이점은 숯의 체류 시간이 증기와 가스 체류 시간과 비슷한 점이다. 따라서 숯은 더 높은 가스속도 때문에 바이오오일 속에 끼어 들어가서 더 많은 숯 성분을 남긴다. CFB는 유체역학적으로 더 복잡하지만 큰 규모의 생산에는 적합하다. 현재 이 기술은 석유화학 공업에서 폭 넓게 이용하고 있다. 그러나 높은 생산의 급속열분해 조건에서의 열 전달 연구가 구명되지 않았으므로 약간의 문제는 있다고 본다.

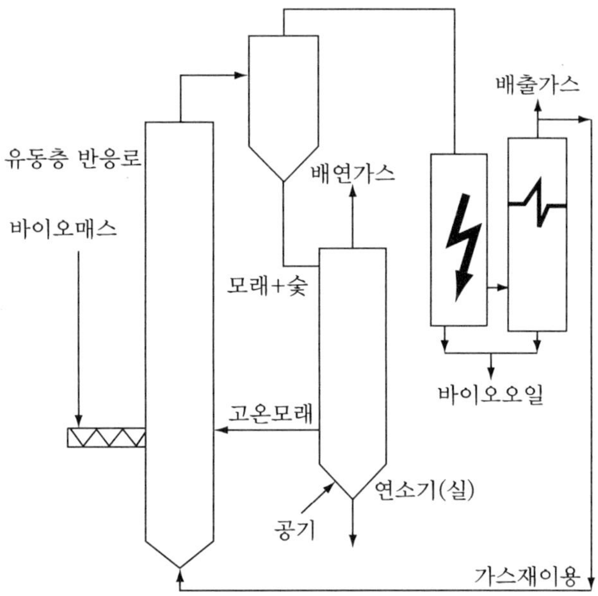

| 그림 6-3 | 순환식 유동층 반응로에서 급속열분해과정

3) 용융제거 열분해(ablative pyrolysis, AP)

AP급속열분해는 그림 6-4와 같이 전술한 방법들과 개념이 다르다. AP의 반응 양식은 프라이팬에서 버터를 녹이는 것과 비슷하다. 즉, 버터의 용해율은 버터를 눌러 압착시키고 그것을 뜨거운 프라이팬 표면으로 이동시키면 현저하게 증가한다. AP에서는 열에너지는 뜨거운 원판형 반응로 벽에서 압력에 의해 반응로 벽과 밀착되어 있는 목질바이오매스까지 전달된다. 여기서 원판형 반응로가 회전하고 목질바이오매스가 압력에 의해 밀착되면서 발생하는 마찰열에 의해서 열분해가 일어난다. 이 과정에서 생성되는 열분해 산물의 수집과정은 다른 공정과 동일하다.

반응율은 뜨거운 반응 벽에 입자의 높은 압력, 원료 입자와 반응로 벽 간의 높은 열교환 상대속도 및 600°C보다 조금 낮은 반응로 벽의 온도에 강하게 영향을 받는다. 반응로에서 높은 압력은 원심력이나 기계적인 방법을 이용한다.

한편 반응율은 입자를 통한 열전달과 무관하므로 커다란 입자도 가능하다. 이론적으로 사용할 수 있는 바이오매스 입자 크기는 제한이 없다. 이 방법은 열분해되고 있는 바이오매스에 의한 열 흡수율보다 반응로의 열 공급율이 반응을 좌우한다. 따라서 불활성 기체(공기)를 넣어줄 필요가 없다. 작업장비 규모가 작고 상대적으로 비용도 저렴하다. 그러나 이 방법은 표면적이 제한되므로 생산 시설을 FB만큼 경제적으로 확대하기가 어렵다. PyTec사는 북부 독일에 50t/일 규모의 공장을, 그리고 Aston 대학은 연구용 반응로를 건설한 바 있다.

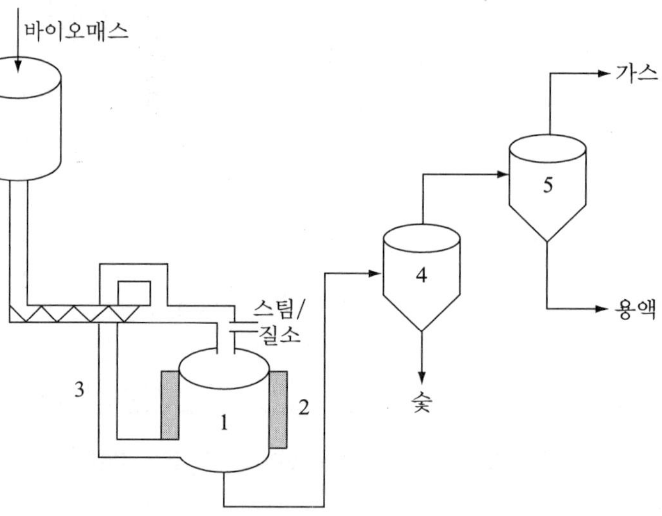

| 그림 6-4 | 융제용 열분해 장치(1. 반응로, 2. 실린더, 3. 고형물 재순환, 4. 사이클론(숯제거), 5. 사이클론(용액분리))

일반적으로 유동층(流動床; fluid bed, FB) 반응로는 견고하고 열전달율이 높으며 공정 확장도 용이하다. 반면에 1 ~ 3mm 정도의 작은 입자를 투입하며 대단위 규모에서 열전달 문제는 아직 미확인 상태이고 생산된 오일도 농도가 낮다.

특히 순환식 유동층(circulating fluid bed, CFB) 반응로는 열전달 문제는 극복하였으나 공정 규모를 확장하기가 어렵고 숯 마찰 문제가 발생한다. 융제용(ablative)반응로는 공정 규모 확장과 고온에서 물질 이동 부분에 관련된 문제들이 발견되었다. 반면에 디자인이 간결하고 직접 접촉에 의한 열전달과 유동가스가 필요 없는 장점이 있다. 또한 원료 입자가 커도 좋고 바이오오일 분리 비용도 적게 든다. 결국 유리한 조건을 모두 갖춘 최적 반응로는 없다[10,11].

1.4 급속열분해 산물

열분해 산물은 바이오오일, 숯 및 가스로 구성되어 있으나 목적하는 주산물은 이미 언급한 바와 같이 바이오오일이다. 산물들의 생산량은 그림 6-5에서와 같이 반응 온도에 따라 큰 차이가 있다. 열분해 온도가 500°C 주위에서 바이오오일 생산량이 가장 높다. 온도가 더 높으면 가스 생산량이 증가하고 더 낮으면 탄화가 일어나 숯 생산량이 증가한다[12]. 또한 반응시간도 열분해 산물의 구성에 영향을 준다. 그림 6-6에서와 같이 1.9초 동안 반응을 시킬 경우 바이오오일 생산량이 가장 많았다[12].

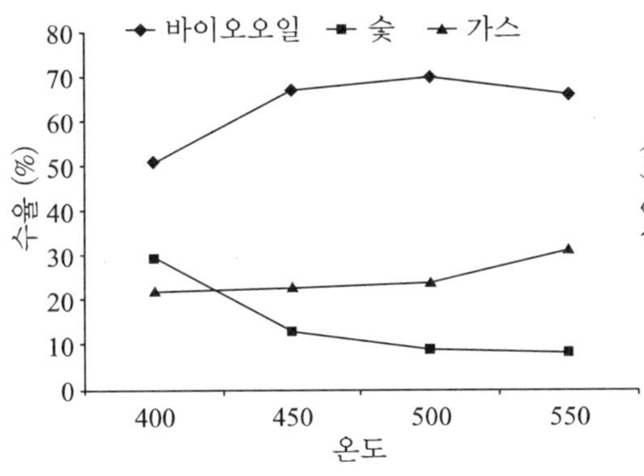

| 그림 6-5 | 열분해온도에 따른 열분해 산물의 변화(백합나무 목분, 1.9초)

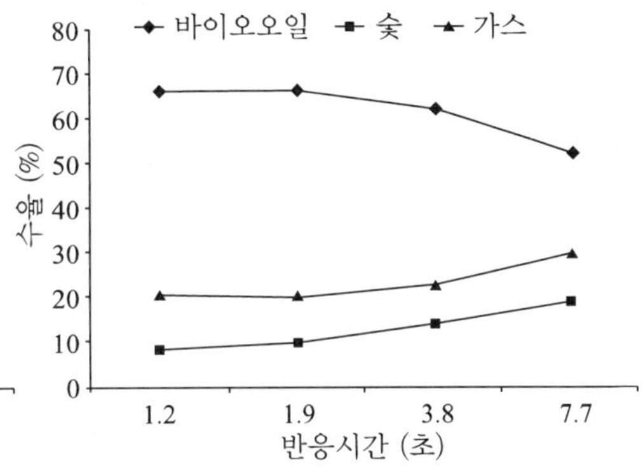

| 그림 6-6 | 열분해시간에 따른 열분해 산물의 변화(백합나무 목분, 500°C)

한편 열분해 산물의 조성은 동일한 조건에서 반응시킬 경우에도 원료의 종류에 따라서 약간의 차이가 있다. 표 6-3과 같이 리기다소나무나 사고 야자나무에서는 삼나무와 유칼립투스보다 바이오오일 생산량이 더 많다[12].

표 6-3 ▸ 수종에 따른 열분해 산물의 조성 (wt.%)

	참나무	유칼립투스	리기다소나무	삼나무	사고 야자
바이오오일	67.4	62.2	70.4	63.8	70.3
숯	13.4	13.8	10.9	14.0	12.3
가스	19.2	24.0	18.7	22.2	17.3

최적 온도조건에서 급속열분해시켜 생산한 바이오오일과 기존 경유 및 중유의 물리적 특성을 비교하면 표 6-4와 같다.

표 6-4 ▸ 바이오오일, 경유 및 중유의 물리적 특성 비교 [12-16]

분석 항목	바이오 오일[1)]	바이오 오일[2)]	경 유 (tempera 15)	중 유
수분, wt%	20 ~ 30	25.4	0.025	0.1
고형분, wt%	<0.5	–	0	0.2 ~ 1.0
회분, wt%	<0.2	–	0.01	0.03
C, wt%	32 ~ 48	40.2	86.0	85.6
H, wt%	7 ~ 8.5	6.8	13.6	10.3
N, wt%	<0.4	0.3	0.2	0.6
O, wt%	44 ~ 60	52.8	0	0.6
S, wt%	<0.05	–	<0.18	2.5
Cl, ppm	80	–	–	3
점도, cSt(40°C)	15 ~ 35	20.0	3.0 ~ 7.5	(50°C)351
밀도(15°C), kg/dm^3	1.10 ~ 1.30	–	0.89	0.94 ~ 0.96
인화점, °C	40 ~ 110	–	60	100
유동점, °C	−10 to −35	–	−15	+21
저위열량, MJ/kg	13 ~ 18	14.6	40.3	40.7
pH	2 ~ 3	2.3	중성	–

주. [1)] 여러 종류의 목질계바이오매스의 평균 범위, [2)] 백합나무; 500°C, 1.9초 반응

바이오오일은 검은 갈색을 띠며 냄새(산, 연기냄새)가 나서 장기 노출될 경우 눈을 자극한다. 바이오오일의 수분 함량은 20 ~ 30%로 기존 석유 연료에 비하여 절대적으로 높다. 이 수분은 원료와 반응물에 연유된 것이며 유산소화합물(oxygenated compounds)의 혼합 상태를 만든다. 또한 분리가 잘 안되며 탄화수소 용액과 혼합되지도 않는다. 이러한 높은 수분 함량으로 인하여 열량도 16 ~

19MJ/kg(수분함량 25%)로서 중유, 경유에 비하여 35 ~ 45% 정도에 지나지 않는다. 이러한 차이는 탄소함량이 낮고 산소함량이 높은 데 기인한다. 그러나 보일러, 엔진 및 터빈에서 기존 연료를 대용할 가능성은 충분하다.

바이오오일은 숯 함량과 회분 함량이 기존 연료보다 조금 높다. 이것은 생산방법 및 원료의 차이에 기인한다. 그러나 공해 물질인 황의 함량은 바이오오일에서는 전혀 발견되지 않는다.

바이오오일은 이미 언급한 바와 같이 물과 혼합하지 않으며 메탄올, 아세톤과 같은 극성물질과는 혼합한다. 그러나 석유 연료와는 전혀 혼합하지 않는다. 또한 바이오오일은 복잡한 혼합물이므로 안정성이 석유 연료보다 낮다.

바이오오일의 밀도는 1.10 ~ 1.30 kg/dm^{3}로서 경유와 중유보다 높다. 따라서 기존 석유 연료를 사용하는 보일러와 엔진을 그대로 사용할 경우 장비의 설계와 디자인에 참고해야 한다.

바이오오일의 점도는 15 ~ 35cSt(40°C)로서 수분 함량, 원료 상태, 수집 방법, 저장 기간 등에 영향을 받는다. 점도는 오일을 연료로 사용할 경우 매우 중요하다.

바이오오일을 100°C까지 가열하거나 수분을 제거할 목적으로 건류시키면 열분해나 고분자화 반응을 일으켜서, 생성된 오일의 약 50% 정도가 숯 잔사, 물과 유기화합물을 함유한 건유물을 생산한다.

바이오오일은 철 또는 플라스틱 통에 아무 부패 없이 여러 해 동안 저장할 수 있다. 그러나 저장 기간이 길어지거나 온도 변화가 크면 점도는 천천히 증가한다. 그리고 상(相) 분리가 일어날 수 있다.

표 6-5는 바이오오일을 생산할 경우에 원료 종류에 따른 오일의 특성을 보여주고 있다[7,17,18].

표 6-5 ▸ 원료에 따른 바이오오일의 특성 [6,17,18] (다음 페이지에 계속)

원료 측정 항목	소나무/가문비나무 100% 목재	소나무/가문비나무 53%목재, 47% 수피	버거스
원 료			
수분, wt%	2.4	3.5	2.1
입자크기, mm	<1.2	<1.2	<1.2
회분, wt%	0.42	2.6	2.9
바이오오일			
수분, wt%	23.3	23.4	20.8

표 6-5 ▸ 원료에 따른 바이오오일의 특성 [6,17,18]

원료 측정 항목	소나무/가문비나무 100% 목재	소나무/가문비나무 53%목재, 47% 수피	버거스
고형분, wt%	<0.1	<0.1	<0.1
회분, wt%	<0.02	<0.02	<0.02
N, wt%	<0.1	0.3 ~ 0.4	0.7
S, wt%	<0.01	<0.05	<0.1
점도(20°C), cSt	73	78	57
점도(80°C), cSt	4.3	4.4	4
밀도(15°C), kg/dm^3	1.20	1.19	1.20
고위열량, MJ/kg	16.6	16.4	15.4
pH	2.3	2.4	2.6
물에 불용해물, wt%	25	25	24

주. 생산자: Dynamotive Morris 2000

목부, 목부/수피 및 버거스 간에 바이오오일에 미치는 영향은 크지 않다. 버거스 바이오오일의 경우 수분 함량이 2 ~ 3% 정도 낮고 열량도 1MJ/kg 정도 낮다. 한편 질소 함량과 공해와 관계되는 황 함량은 목재나 목재/수피보다 버거스오일에서 높으나 점도는 그 반대로 낮다.

1.5 바이오오일의 이용

바이오오일은 그림 6-7에서 보는 바와 같이 여러 분야에 이용하고 있다. 바이오오일은 전기를 발생하기 위하여 보일러, 소각로, 엔진 및 터빈을 포함하는 정적(static)인 이용에서 기존 연료오일이나 디젤을 대용할 수 있다[19]. 또한 식품향료, 하이드로아세트알데히드, 레진, 농약, 비료 그리고 냄새 제거 약품 등을 바이오오일에서 추출 또는 유도할 수 있다[20].

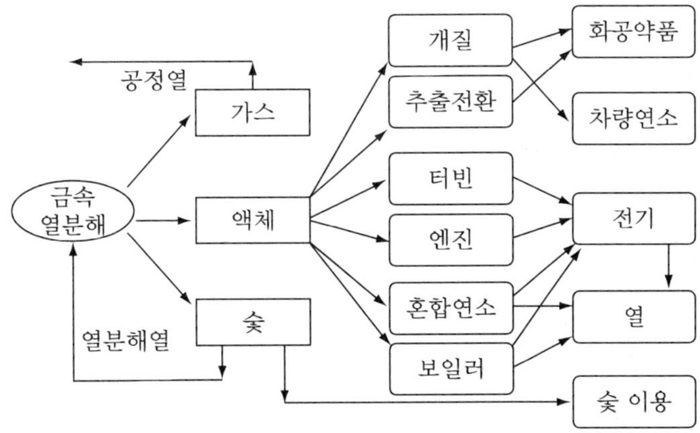

| 그림 6-7 | 열분해 산물의 적용

1.5.1 차량연료

1.5.1.1 가스화 및 연료 합성

바이오오일을 가스화하여 합성가스(syngas)인 CO와 H_2를 제조하고, 피셔-트로프슈(Fischer-Tropsch)방법이나 메탄올을 거쳐 MTG(methanol to gasoline)나 MTO(methanol to olefins)방법을 통해 가솔린과 디젤로 전환시킨다. 이 방법들은 바이오매스 액화연료 제조에서 자세히 설명한다.

합성가스에는 CO와 H_2와 함께 CO_2, CH_4 및 고가 탄화수소(ethylene, ethane, propane, propylene)가 포함되어 있다. 이들 이물질 가스들은 미량일 경우 일반적으로 큰 문제가 되지 않지만 어떤 경우에는 공정에 문제를 야기하는 경우도 있다. 한편 바이오오일 가스화에서는 H_2S, HCl, COCl, NH_3와 같은 오염물질도 생산된다. 알코올이나 탄화수소를 합성할 경우에는 이런 오염 물질은 단지 몇 ppm 정도로 낮아야 한다. 촉매의 종류에 따라 오염 물질의 허용 농도가 다르다.

차량 연료 합성은 소규모일 경우 비경제적이다. 그러나 바이오오일을 여러 곳에서 수집하여 상업적인 규모로 확장할 수 있다. 최근에는 화석 자원의 가격 인상, 고갈, 환경 문제 등과 동시에 바이오오일을 기존 정제 원료로 부분적으로 개질하는 분야의 연구가 다시 촉진되고 있다.

1.5.1.2 바이오오일의 개질

바이오오일을 탄화수소로 전환시킬 경우에는 오일 중에 함유된 산소를 제거해야 한다. 산소 제거 방법은 수소를 넣어주어 산소와 반응하여 물로 제거하는 방법과 일산화탄소로 제거하는 방법이 있다.

1) 수소화처리(hydro-processing, hydrotreatment)

이 개질 방법은 석유화학의 정유과정의 기술과 시설을 적용하므로 정제라고도 한다. 고압 조건에서 수소와 촉매 또는 여기에 수소 이온을 주는 용매(tetralin, decalin) 등을 함께 넣어주거나, 수소와 일산화탄소에 촉매 또는 수소-기증용매를 넣고 반응시켜 물을 제거한다. 즉, 반응 중에 페놀은 탄화수소로 전환되고 -OH 기에 있는 산소는 물로 제거된다[1,5]. 사용되는 촉매는 NiMo, CoMo 및 NiW과 같은 전이금속이 주성분이다. 바이오오일은 수분함량이 높고 생산된 탄화수소의 수율도 낮아서 비경제적이다[21].

2) 기타 개질 방법

열분해 증기를 산성 제오라이트에 통과시켜 상압 조건에서 촉매 열분해를 유도한다. 이 과정에서 탈수와 탈 카르복실화가 일어나서 바이오오일은 탄화수소를 생산한다. 촉매의 모양과 크기가 방향족산물의 크기를 결정한다. 일반적으로 C_7-C_{10} 탄화수소가 생성되나 수율은 17% 정도로 낮다. 또한 제오라이트의 재생도 복잡한 단점이 있다[22]. 한편 상압에서 반응시키므로 비용이 절약된다.

1.5.2 화공약품

바이오오일 그 자체, 바이오오일에서 전환된 물질, 전환 과정에서 생산된 부산물과 폐기물을 추출, 분획 및, 유도체 형성 등을 통해 여러 가지 화공약품으로 전환시킬 수 있다. 표 6-6에 생산 가능한 약품을 열거하였다[23].

표 6-6 ▸ 바이오오일을 근거로 한 화공약품

바이오오일	분획과정을 거친 오일	특수 약품
연료(상업용), 차량연료	목초액의 일종(상업용)	초산(상업용) 레보글루코산(levoglucosan)
수소, 지효성 비료	제빙(서리)제,	레보글루코세논(levoglucosenone)
냄새제거, 제빙(서리)제	수소, 연료첨가제	하이드록시아세트알데히드 (hydroxyacetaldehyde)
보존제, 레진 전구물질	레진 전구물질	말톨(maltol)

최근에는 오일 정제(oil refining)에 비교되는 생물정제(bio-refining)라는 용어를 일반적으로 사용한다. 전술한바와 같이 바이오오일로부터 고부가 화공약품 및 연료와 에너지를 통합 생산하는 정제 과정을 생물정제라고 하며 자원의 최적 이용, 최대 유익성, 최대 이익, 최소 폐기물 배출을 목적으로 한다. 즉, 화공약품과 연료를 기술적, 경제적, 환경적, 사회적 기준에 따라 적당하게 생산하는 공정과정이다. 한편 생물 정제에 대한 또 다른 폭넓은 정의도 있다. 생물정제란 바이오매스를 처리 또는 개질하여 여러 가지 시장성 있는 생산물, 주로 연료와 화공약품을 생산하는 것이며 최근 이 분야에 많은 연구와 실용화가 진행되고 있다[24].

1.5.3 혼소(co-firing)

혼소란 기존 연료와 바이오매스 연료를 함께 사용하는 것이다. 즉, 바이오오일/숯/물, 바이오오일/숯/중유no.6, 바이오오일/석탄가루/기존 연료, 숯/물/기존연료/분산제/안정제, 숯/물/분산제/안정제로 조합하여 슬러리를 만들어서 연료로 사용한다[8].

혼합 연소는 연료의 이송이 쉽고, 비용이 절감되며 저장과 취급이 쉽다. 또한 연소 기술이 단순하며 오염도 상대적으로 낮은 장점이 있다[25]. 혼합연소는 80년대 초반에 많은 연구가 이루어졌으며, 그 당시 원유 가격의 하락으로 중단되었다가 원유가 상승과 함께 최근 들어 다시 관련 연구들이 진행되고 있다. 특히 유럽의 경우 최근 석탄을 사용하는 화력 발전소 여러 곳에서 이 방법을 적용하고 있다.

1.5.4 연소에 의한 열과 전기 생산[6]

바이오오일은 전기나 열을 생산하기 위한 보일러, 터빈 및 엔진에 적용하는 기존 연료오일(fuel-oil)이나 디젤을 대체할 수 있다.

바이오오일 10 ~ 70%를 유화제(계면활성제)와 함께 디젤에 혼합하여 디젤 대체연료로 연구하고 있다. 네델란드의 BTG 그리고 캐나다의 Dynamotive는 이 혼합연료로 디젤엔진 시험을 성공적으로 완결하였다. 시험에 따르면 혼합연료는 효과적으로 연소되는 것으로 판명되었고 초기 주입 문제도 어느 정도 해결되었으나 아직 관련된 연구는 계속 수행될 필요가 있다.

이와 함께 바이오오일을 직접 보일러 연료로 이용하는 연구도 활발히 진행되고 있다. 보일러 연소 테스트 결과 보일러와 오일버너는 구조적으로 약간의 변형이 필요하다. 또한 불꽃이 크며, 연소기간이 디젤보다 길다. 바이오오일의 경우 분진 발생량, CO 및 NO_x는 디젤보다 높지만 SO_x와 CO_2배출량은 낮다.

바이오오일은 가스터빈 연소로에도 사용할 수 있다. 바이오오일이 산성이므로 장비를 내산성으로 제작하고 또한 회분과 고형물을 걸러주기 위한 필터장치를 부착할 필요가 있다. 바이오오일은 70 ~ 90°C에서 예열하여 점도(<10cSt)를 낮추어 주어야한다. 바이오오일의 특성에 따라 가스터빈 연소실을 개조할 필요가 있다. CO_2, NO_x 및 SO_x의 배출량은 온타리오 배출기준에 적당하다.

바이오오일로 스터링 엔진(stirling engine)에서 전력과 열을 생산하는 연구도 여러 기관에서 실시하였다. 적당한 예열을 거치면 바이오오일을 스터링 엔진에 성공적으로 적용할 수 있다. 공해물질 배출은 동일한 동력 조건에서 디젤엔진의 독일 기준에 적합하다. 그러나 연료 공급과 분무기의 막힘 현상이 보고되고 있다. 또한 예열되지 않은 연소 공기를 사용하기 때문에 효율이 낮다.

참고문헌

1. www.fao.org/docrep/T4470E/t4470eOa.htm. 2007.01.10
   Integrated Energy Systems. Chap. 7. The research progress of biomass pyrolysis process. pp. 1/14-14/14, 1994
2. Deglise, X., Magne, P., Chap. 10 Pyrolysis and industrial charcoal, pp. 221-232, 262-269. In. Hall, D. O., Overend, R. P., Biomass regenerable energy, John Wiley & Sons. 1987
3. Bridgwater A. V., Renewable fuels and chemicals by thermal processing of biomass, Chem. Eng. J., 91:87-102, 2003
4. Bridgwater, A. V., Peacocke, G. V. C., Fast pyrolysis processes for biomass, Renewable and Sustainable Energy Reviews, 4:1-73, 1999
6. www.pyne.co.uk/?_id=10. 2007.01.05
   IEA Bioenergy, Pyrolysis Principles, Reactors, System, Application.
7. www.elsevier.com/locate/rser. 2007.01.05
   Chiaramonti, D., Oasmaq, A., Solantausta, Y., Power generation using fast pyrolysis liquids from biomass, Renewable & Sustainable Energy Reviews, pp. 5-7, 2005
8. Meier, D., Fast pyrolysis of biomass-Technologies, Chemistry, and Utilization of Bio-oil, Pro. of the 2007 Inter. Symp. on Bioenergy from Lignocellulosics, pp. 3-26, Oct. 19, 2007, Korea Forest Research Institute, Seoul, Korea, 2007
9. www.ieabioenergy.com. 2007.01.05

IEA Bioenergy, Biomass Pyrolysis, pp. 4-17, 2007

10. Meier, D., Pyrolyeöle als Zwischenprodukte bie der Kraftstofferzeugung, Fachtagung "Regenerative Kraftstofe", Stuttgart, 13-14. Nov. 2003
11. Peacocke, G. V. C., Bridgwater, A. V., Ablative plate pyrolysis of biomass for liquids, Biomass and Bioenergy, 7:147-154, 1994
12. Meier, D., Schoell, S., Klaubert, H., New developments in ablative fast pyloysis at PYTEC, Germany, Aston University Birmingham, TehrmalNet Newsletter 1:4, 2005
13. 최준원, 김광호, 여환명, 최인규, 이수민, 백합나무로부터 바이오오일 및 바이오 탄 생산을 위한 유동형 급속열분해 장치 최적화 및 생성된 바이오오일, 바이오 탄의 특성 분석, 한국산림바이오에너지학회, 2010학술발표회지, pp. 79-88, 2010
14. Czernik, S., Bridgwater, A., Overview of application of biomass fast pyrolysis oil, Energy Fuels, 18:590-598, 2004
15. Oasmaa, A., Peacocke, C., Gust, S., Meier, D., McLellan, R., Norms and standards for pyrolysis liquids. End-user requirements and specifications, Energy Fuels, 19:2155-2163, 2005
16. http//:www.thernalnet.co.uk/docs/ 2008.09.15
    Oasmaa, A., Thermalnet-WP2A, Characterisation and analysis focus on standadisation, Finland; VTT, 2007
17. Oasmaa, A., Peacocke, C. A., Guide to physical property characterisation of biomass-derived fast pyrolysis liquids, Espoo, Finland: VTT, 65p+appendices pp. 34, 2001
18. Diebold, J., Milne, T., Czernik, S., Oasmaa, A., Bridgwater, A., Cuevas, A., Gust, S., Huffman, D., Piskorz, J., Proposed specifications for various grades of pyrolysis oils. In: Bridgwater A, Boocock, D.(edi), Developments in thermochemical biomass convert-sion, Banff, 20-24 May, 1996, vol. 1., London: Blackie Academic & Professional, pp. 433-47, 1997
19. Shaddix, C. R., Hardesty, D. R., Combustion properties of biomass fast pyrolysis oils, Final project report, SAND99-8238, April, 1999
20. Czernik, S., Bridgwater, A. V., Applications of biomass fast pyrolysis oil, Energy and Fuel, 18:590-598, 2004
21. Amen-Chen, C., Pakdel, H., Roy, C., Production of monomeric phenols by thermo-chemical conversion of biomass: a review, Bioresource Technology, 79:277-299, 2001
22. Maggi, R., Elliott, D., Upgrading overview, In: Develpments in thermochemical biomass conversion, Bridgwater, A. V., Boocock, D. G. B.(edis.), Blackie Academic & Professional, London, pp. 575-588, 1997
23. Diebold, F. P., Scahill, J. W., Conversion of wood to aromatic gasoline with zeolite catalysts, Energy Progress, 8:59-65, 1998

24. www.docstoc.com/docs/4094068/fast Pyrolysis 28-10-05 2007.11.23
Bridgwater, T., Gyftopoulou, E., Fast pyrolysis of biomass: Technology and Applications, Aston Uni. Bio-Energy Research Group
25. Kamm, B., Gruber, P. R., Kamm, M., Biorefineries-Industrial Processes and Producers, Wiley-VCH, Germany, vol. 2, pp. 110-139, 2006
26. http://www.ensyn.com 2008.09.21
Sturzl, R., The commercial co-firing of RTPTM bio-oil at the Manitowoc public utilities power generation station

Chapter 02

탄 화

Carbonization

탄화(carbonization)란 이미 6편 1장에서 언급한 바와 같이 유기화합물, 특히 목질 바이오매스를 열분해(pyrolysis)시켜 숯(木炭; charcoal, char)으로 전환시키는 화학적 변환이다. 따라서 숯은 나무를 숯가마(charcoal kiln)와 같은 밀폐된 공간에서 제한된 조건으로 공기를 유입시켜서 탄화 또는 열분해가 일어난 후에 잔사로 남은 검은 고형물이다. 물론 열분해 과정에서는 공기(O_2)는 실제로 요구되지 않는다.

2.1 탄화의 역사

인류가 언제부터 숯을 이용해 왔는지는 정확히 알 수 없다. 그러나 인간이 불을 발견하여 난방과 화식(火食)을 하면서 부터일 것이다. 아마도 BC 30000년 이전에 동굴 그림에 숯을 이용하였으며, 그후 프랑스에서 발견된 맘모스 그림도 BC 15000년에서 BC 9000년으로 추정되는 것으로 보아 숯의 사용은 그 훨씬 이전일 것이다.

농경시대로 접어들면서 처음에는 소탄(消炭) 정도의 목탄이었으나 청동과 철기를 사용하면서 양질의 목탄을 제조하였으리라 유추된다. 왜냐하면 광물로부터 금속을 녹여 분리하는데는 높은 온도가 필요하기 때문이다. BC 3000년경에 이미 사용된 산화 구리의 환원은 1,100°C, 그리고 BC 1200년경의 철기시대에 무쇄를 작업하기 위해서는 1,200°C의 높은 온도가 요구되었으므로 양질의 숯을 사용하였으리라 짐작된다[1]. 이렇게 제철산업에 사용하던 숯은 약 1700년에서야 역청탄으로 대치되었다.

한편 고대 이집트인들은 목탄을 제조할 때에 생성되는 탄화 액상추출물인 타르(tars)를 시체보존용(미라)으로 사용하였으며, 그리스나 로마인들도 이것을 목선의 방부 처리용으로 사용하였다. 또한 BC 1500년경 악취 제거 및 물 정제에 숯을 사용한 기록이 남아 있다. 1658년에는 액상추출물(목초액)로부터 아세틱산을, 그리고 1912년에는 목정(木精,메탄올)을 생산하였으나 곧이어 1930년대 말 인공합성 방법의 개발로 목정 생산은 막을 내렸다[2].

우리나라의 경우도 선사시대 주거지에서 화덕, 온돌 구조, 및 숯 부스러기가 발굴된 것으로 미루어 보아 숯을 사용한 것으로 생각된다. 한반도내에 벼 농사가 시작된 BC 1000년 이후부터 철의 사용에 따른 숯의 사용은 자연스러울 것이다. 또한 3 ~ 4C경의 숯 가마터가 경주와 대전 지역에서 발견되었고 삼국시대 신라의 경주 지역에서는 숯으로 밥을 지었다는 기록으로 보아 숯의 사용은 일반적이었다[3]. 최근에도 숯을 취사, 난방, 화공약품 제조, 활성탄, 연마용, 의약품, 흡수제, 공기 청정제, 사료첨가제, 토양 개량제, 등에 널리 이용하고 있다.

2.2 목탄 제조 방법

목탄 제조 방법은 시대별 그리고 지역별로 약간의 차이가 있다. 또한 탄화 최종 산물로 숯과 응축용액(목초액) 중에서 어느 것을 최종 산물로 설정하느냐에 따라서도 제조 방법에 차이가 있다. 여기서는 외국의 목탄 제조 방법에 대해서는 약술하고 한국, 일본, 및 중국에서 주로 이용해온 목탄 제조 방법에 대해서 집중적으로 설명하고자 한다.

2.2.1 갱내제탄

갱내제탄(坑內製炭; making charcoal pits)은 그림 6-8에서와 같이 깔때기 또는 구덩이모양으로 굴을 파고 이곳에 탄재를 넣은 다음 낙엽과 흙으로 각각 20cm 정도로 지붕을 한다. 경우에 따라서는 지붕을 철판과 흙으로 지으며 작은 구멍의 연기 탈출구를 만들기도 한다. 점화는 갱내 밑에서 시작하여 구멍을 통하여 하부로부터 통풍시켜 탄화시킨다. 탄화가 완전히 일어난 후 냉각시켜 2일 정도 후에 출탄한다. 또는 갱을 허물지 않고 갱위에 물을 부어 소화하는 경우도 있다.

이 방법에서는 공기가 과잉으로 주입되어 탄재가 너무 많이 연소하므로 회분이 너무 많이 생겨 숯 생산량이 낮다. 또한 숯의 질이 균일하지 못하고 떨어진다. 비가 올 경우 목초액이 낙엽이나 흙에 오염되는 경우가 있고 숯에 재흡착하는 단점도 있다. 숯 수율에 비하여 목재 자원 소비가 크나 자본 투자가 적은 장점도 있다[4,5].

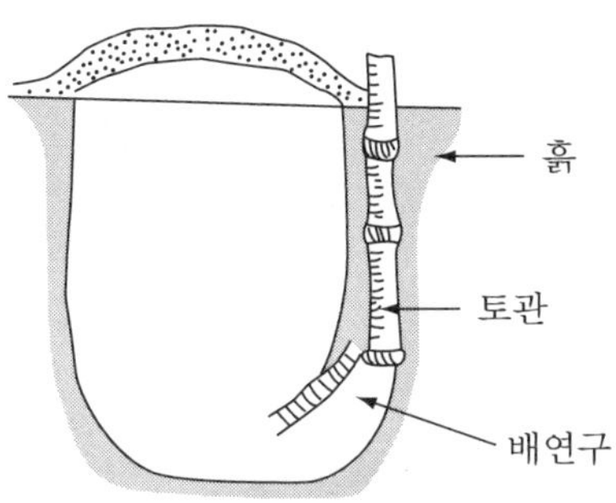

| 그림 6-8 | 갱내제탄(전통횡열식) 가마

2.2.2 퇴적제탄

퇴적제탄(堆積製炭; making charcoal in mound or earth kiln) 방법에서는 지상부에 탄재를 퇴적한다. 직경이 3 ~ 5m 정도되는 원형 기저부에 직경 약 10cm 정도의 탄재로 석쇄(grate)를 만들고 그 위에 탄재를 퇴적한다. 중심부에 2m 정도의 큰 탄재를 세워 놓고 주위로 갈수록 작은 탄재를 넣어 전체적으로 반원형 구체를 형성한다. 탄재 위를 짚, 낙엽, 풀 등으로 덮고 그 위에 건조기에 수축이 적은 사토나 양토로 덮고 최종적으로 점성이 높은 점토로 덮어 지붕 표면의 균열과 열수축을 막는다. 지붕의 두께는 10 ~ 20cm 정도가 된다. 지붕 중심에는 약 20cm 정도의 구멍을 만들고 기저 부분에도 6 ~ 10개 정도의 구멍을 만든다. 점화는 지붕에 만든 구멍 속으로 점화용(쏘시개)을 넣어 점화하며 짙은 흰색 연기가 나오면 착화된 것이다. 탄화가 종결된 후 2 ~ 3일 후에 가마를 열어 출탄한다. 숯수율은 탄화 기술에 따라 차이는 있으나 일반적으로 기건 탄재 4 ~ 6t당 1t 정도이다.

이 제탄법보다 좀 더 발전된 것으로 카자망스(casamance)가마와 그림 6-9에서와 같이 스웨덴 철강산업에서 주로 이용하던 밀러(miller)가마가 있다. 카자망스 가마는 기저부에 공기 유통을 보다 원활하게 유도하기 위하여 통나무로된 석쇄를 2층으로 설계하였다. 아래층 석쇄는 가마 중심부에 방사 방향으로 놓고 위층은 아래층 석쇄를 가로 질러 접선 방향으로 석쇄를 배치한다. 그 외에 배연구를 반원형 구체의 맨 뒤부분으로 옮긴 것 이외에는 전자와 동일하다.

밀러방법은 가마 중심부의 탄재에서 연결되는 연도를 가마 외부의 굴뚝으로 연결한 것과, 가마의 열 감소를 줄이고 가스 순환을 개선하기 위하여 연기를 석쇄 밑으로 유도하여 세워둔 탄재를 타고 다시 위로 순환하는 방법을 채택한 것이 특이하다. 그 이외 부분은 전자와 동일하다. 이 방법은 시간이 지나면서 벽돌가마로 전환되었다. 숯 생산 주기는 약 24일 정도 걸리며 수탄율은 16 ~ 18%이다. 높은 온도에서 탄화하고 반응이 느리므로 숯의 질은 좋다. 따라서 고정 탄소 함량은 많고 휘발성 성분은 적다[4].

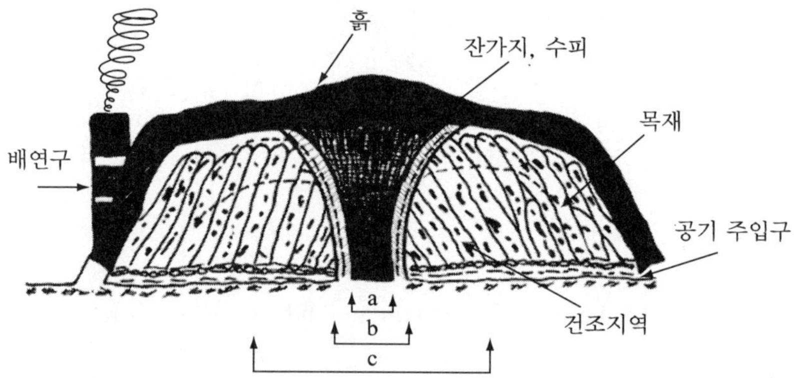

| 그림 6-9 | 밀러식 퇴적제탄가마(a. 숯, b. 탄화지역, c. 건조지역)

2.2.3 축요제탄 [3,5,6]

축요제탄(築窯製炭; kiln)법은 가장 일반적이며 가장 효과적이 제탄 방법이다. 축요제탄법의 장점은 다음과 같다.

1) 수십년 사용해온 방법으로 자본 투자 비용이 적고,
2) 노동 요구도가 낮고,
3) 숯 수율과 탄질이 양호하고,
4) 축조가 비교적 쉽고,
5) 가열과 냉각 시에 열 스트레스를 덜 받고,
6) 강우에 영향을 덜 받고,
7) 6 ~ 8년생의 원목도 사용 가능한 장점이 있다.

축요제탄법은 지역에따라 다양하다. 한국, 일본, 중국은 오래 전부터 사용해온 백탄요와 흑탄요에서 숯을 굽는다. 흑탄요와 백탄요는 가마 만드는 방법, 숯 생산하는 방법, 및 숯의 질에서 서로간 약간의 차이가 있다. 여기서는 우선적으로 국내 전통 숯 가마에 대하여 자세히 설명하고 그 다음에 외국의 숯 가마에 관하여 약술하고자한다.

2.2.3.1 백탄 및 흑탄 가마

1) 숯 가마의 위치 선정

숯 가마 위치를 선정할 경우에는 다음 몇 가지를 고려해야 한다.

(1) 원료를 구하기 쉬운 곳,
(2) 강우나 강설에 피해가 적은 곳,
(3) 지하가 암반 지대가 아닌 곳,
(4) 지하수가 지표면으로 올라오지 안는 곳,
(5) 숯 가마 축조용 재료(흙 과 돌)를 구하기 쉬운 곳,
(6) 일상 바람의 방향이 가마 입구를 향하도록하여 위치를 선정한다.

2) 숯 가마 재료

숯 가마 재료는 흙과 돌인데 돌은 내열성이며 열전도율이 낮은 것으로 철분기가 없으면 더욱 좋다. 흙은 열전도성이 높고 점질토와 사토가 6 : 4로 섞인 사질양토가 양호하다. 흙의 점성이 너무 높으면 가마의 균열이 일어나기 쉽고 모래가 많으면 결합력이 약해 가마가 붕괴하기 쉽다.

3) 숯 가마 설계 및 만들기

흑탄과 백탄 숯 가마의 설계는 그림 6-10, 6-11과 같다.

(1) 선정된 위치에 새끼줄로 가마 형태를 만들고 실제 너비보다 조금 넓게 판다.
(2) 가마 바닥이 된 위치보다 좀 더 깊이 파서 약 12cm 정도 높이를 진흙으로 다져 바닥을 만든다. 바닥은 가마 입구에서 굴뚝 지표면보다 약 8cm 정도 낮게 한다. 또한 배출구도 만든다.
(3) 배언구(배연구)와 연도는 연기를 유도하고 집중적으로 연기가 지나가는 통로이므로 고열에 강한 돌로 만든다. 배연구(개자리)의 너비는 40cm 그리고

높이는 8cm가 되게 좌우로 베개돌을 높고 그 위에 수평으로 돌을 놓는다.

(4) 굴뚝은 돌과 흙으로 쌓는데 외부 바람이 숯 가마 안으로 역류하는 것을 막게 끔 하부를 넓게 그리고 상부를 좁게 만든다.

(5) 가마 입구는 나무를 넣고 숯을 꺼내는 입구이다. 따라서 작업이 편리하도록 높이와 위아래 너비는 180 × 60 × 70cm 정도는 되어야 한다. 아궁(점화실)은 가미 입구 밑쪽에 만들거나 아궁이 옆에 따로 만들기도 한다. 아궁이의 크기 는 표면이 60 × 60cm이며 80cm 정도의 내부 깊이를 확보하여 쏘시개 불이 위로 올라갈 수 있도록 한다. 가마 입구와 아궁이를 막을 경우에는 내화 벽돌과 흙으로 공기가 들어가지 못하도록 조처한다.

(6) 가마벽은 천정을 유지할 수 있어야하며 밑에서부터 큰돌과 흙을 반죽하여 쌓고 위로 올라갈수록 작은 돌로 쌓는다. 그다음 안쪽 벽을 점토를 희석한 물로 발라 노출되 석재 부분을 가리고 진흙으로 공간을 메워서 열팽창에 대한 간극을 방지한다.

(7) 천정은 둥근 형태이며 가운데는 얇고 벽 쪽으로 갈수록 두껍게 한다. 천정을 두꺼운 철판으로 덮고 그 위에 흙으로 덮어 지붕을 만드는 경우도 있다. 경우에 따라서는 가마에 나무를 넣은 후에 두꺼운 나무 조각으로 상부를 덮고 그 위에 흙으로 지붕을 만든다. 그러나 내화벽돌이나 규조토로 둥근 지붕을 만드는 것이 반영구적으로 가장 좋다.

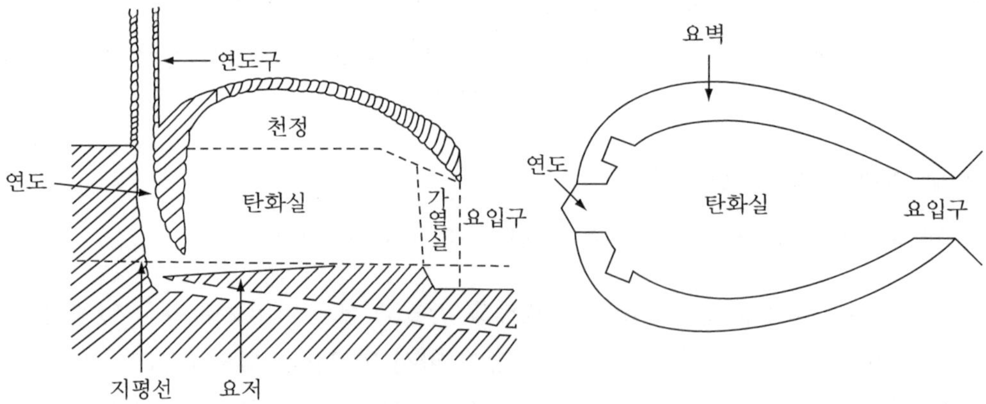

| 그림 6-10 | 흑탄 가마의 구조

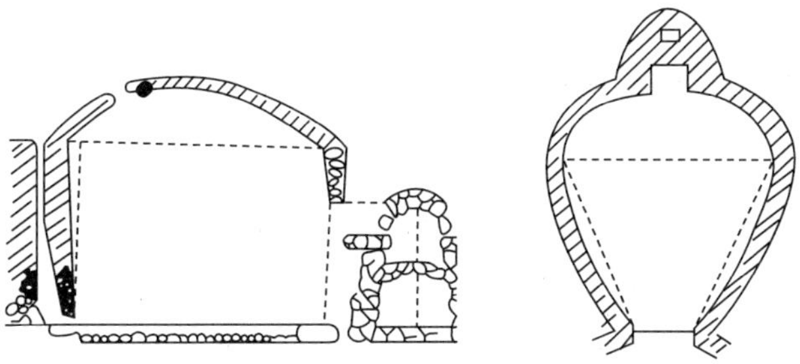

| 그림 6-11 | 백탄 가마의 구조

4) 숯 제조

(1) 나무 및 나무 쌓기

숯 제조에 적당한 나무는 직경이 10 ~ 20cm 정도가 적당하며 지름이 너무 크면 건조가 어렵고 정련이 균일하게 되지 않아 숯의 질이 저하한다. 백탄 가마는 생재, 그리고 흑탄 가마에서는 생재 또는 기건재를 사용한다.

나무를 높이로 세워서 넣는데 가마 양쪽 벽에는 직경이 작은 나무, 벽안 쪽에는 두꺼운 나무, 가마 입구에는 마디가 많은 나무나 굽은 나무르 넣고 그 뒤에 갈라진 나무를 세운다. 나무의 실적은(實積)은 가마의 용적에 0.5, 그리고 나무의 층적(層積)은 가마 용적에 0.8을 곱한 것에 해당한다.

① 건조

나무를 가마에 넣은 후에 아궁이에 불을 붙인다. 백탄 가마에는 천천히 점화 시키며 흑탄 가마에서는 보조 배연구나 연도구를 모두 열어 일시에 점화시키는 것이 좋다. 연도의 온도가 80 ~ 90°C로 1h 동안 계속 유지되면 배연에 갈색 악취가 나는데 이 경우 점화되었다고 본다.

숯 가마에 불을 붙이면 최초로 가마에 들어간 나무들이 건조하기 시작한다. 가마 내의 온도 및 공기를 적절히 순환시켜야 목재의 형상이 손상되지 않고 건조한다. 급속히 건조시키면 표면경화가 일어나서 숯에 딱딱한 부분(箐節)이 생긴다. 상이 천천히 연소시키고 연도구에서 연기량을 조절하여 습기를 가마 내에 일정한 한도로 정체시키는 것이 좋다. 가마 온도가 150°C 정도에서는 수분이 증발하여 나무가 건조되며, 200°C 범위에서는 수분 증발이 현저히 감소하고 나무에 함유된 성분 중에 휘발하기 쉬운 것부터 분해하기 시작한다. 이 경우 흡열반응의 종결을 의미한다.

② 탄화 [3,7]

탄화 과정은 3단계로 일어난다. 각 탄화 단계의 온도 변화 폭은 다소의 차이가 있다.

- 초기(270 ~ 300°C): 자발(발열)반응이 시작 되며, 배연량이 많고 연기가 농갈색이다. 셀룰로오스와 헤미셀룰로오스가 분해하기 시작한다.
- 중기(300 ~ 400°C): 분해 생성물이 감소하고 배연량도 적어지며 연기도 담황색 내지 미백색을 띤다. 300°C 부근에서 발생하던 CO, CH_4, H_2, CO_2, 아세트산, 메탄올 등이 높은 온도가 계속되면서 점차 감소한다.
- 종기(400 ~ 500°C): 배연량이 천천히 감소하며 청색 내지 담색으로 변한다. 탄재에 고정탄소가 70% 이상, 그리고 무게가 30% 이하로 감소하면서 숯이 생성되어 간다.

③ 정련

정련(refining)이란 탄화가 끝날 무렵 통풍구를 열어주어 가마 안으로 다량의 공기를 불어 넣어 주어서 가마 안의 숯이 백열하여 탄소 분자가 결합하면서 숯의 질을 개량한다. 이 과정에서 흑탄은 500 ~ 700°C로, 그리고 백탄은 보다 높은 온도인 900 ~ 1,000°C로 가열한다.

④ 소화

숯을 소화(cooling)시키는 방법이 백탄과 흑탄 사이에 차이가 있다. 백탄은 정련이 끝난 숯을 가마 밖으로 조금씩 끌어내어 미리 준비한 흙, 탄분 및 회분이 혼합된 소분(消粉)으로 덮어 소화 냉각시킨다. 따라서 가마(窯)외소화법이라고 한다. 이러한 소화 방법은 숯이 소분에서 분리된 후에도 숯 표면에 소분이 하얗게 붙어 있어서 백탄이라고 한다.

한편 흑탄은 정련을 마친 후 가마 입구, 통풍구 및 연도구를 밀폐시키고 그대로 방치시켜 냉각시키며 가마내소화법이라고 한다. 흑탄은 백탄에 비하여 탄화 온도가 낮으므로 휘발성 물질의 잔존량이 높고 표면이 검기 때문에 흑탄이 라고 한다.

이상과 같이 소화하고 냉각시킨 숯을 저장 및 이송한다. 최종 숯의 수율은 표 6-7과 같다. 숯 수율은 탄재의 밀도, 수분함량, 조업 조건, 원료의 모양, 크기, 가마 내 탄재 충전 밀도 등에 따라 차이가 있다. 일반적으로 탄화온도가 높으면 수탄율이 낮다. 또한 흑탄이 백탄보다 수율이 높다.

표 6-7 ▸ 탄화 온도에 따른 수탄율의 변화 [3,7]

수 종	탄화 온도 (°C)								
	350	400	500	600	700	800	950	1,000	1,100
유칼립투스	49.7	46.8	40.7	36.2	31.5	30.1	30.1	–	–
남양재활엽수[1)]	47.4	44.1	37.8	34.1	30.0	28.7	28.5	–	–
온대활엽수[2)]	–	34.0	29.5	27.7	25.8	25.6	–	25.1	24.7

주. [1)]과 [2)]는 각각 15 수종들의 평균 수치이다.

2.2.3.2 알젠틴 가마 (argentine kiln) [2,4]

벽돌을 사용하여 숯 가마를 축조한다. 숯 가루나 진흙을 모르타르로 사용하고 철판이나 철근은 이용하지 않는다. 가마의 모양은 하부 직경이 5m인 반원구체이다. 가마 전면과 후면에 문을 설치하는데 높이는 1.6 ~ 1.m 정도이며 폭은 1.1m 그리고 상부는 0.7m로 차이를 둔다. 한 쪽 문으로 탄재를 넣고 마주 보는 문으로 출탄한다. 가마 맨 윗부분에 0.22 ~ 0.25m 직경의 구멍(눈)을, 그리고 가마 바닥에는 6cm 정도의 구멍을 10개 정도 만든다. 하부 구멍으로는 공기가 들어가고 상부 구멍으로는 연기를 배출한다.

탄재는 4 ~ 5주 정도 천연건조를 시킨 후에 사용하는 것이 좋다. 탄재 길이가 1.0 ~ 1.5m이고 비중이 0.85이며 수분 함량이 25%인 탄재를 세워서 적재하면, 직경 5m인 가마에 30t의 탄재를 넣을 수 있다. 점화는 상부 눈을 통해 불이 붙은 숯이나 건조 낙엽, 작은 가지 및 작은 건조된 나무에 불을 붙여 넣는다. 처음 며칠은 흰 연기가 나며 점차 푸른색으로 변하면 점화가 잘 일어난 것을 의미한다. 이렇게 점화가 되면 진흙으로 양 쪽을 단단히 밀폐한다. 탄화 속도는 하부 구멍을 열거나 닫아서 조절한다. 탄화기 끝나면 먼저 하부를 막고 숯을 냉각시킨다. 냉각시키는 과정에 물과 진흙 슬러리를 하루에 3회 정도 가마벽에 뿌려주어 균열을 막는다. 냉각이 끝나면 출탄한다.

2.2.3.3 브라질 벌집형가마 (brazilian beehive kiln) [2,4]

브라질 벌집형가마는 그림 6-12와 같이 내부직경이 5.0m이며 벽 높이는 1.8m로서 그 위에 1개의 철근밴드를 언지고 지붕을 돔(dome) 모양의 원형으로 축조한 것이다. 원형벽을 진흙 벽돌로 쌓고 외부 공기와 맞닿게 한다. 굴뚝은 둥근 벽에 붙여 6개를 설치하고 그사이에 공기구멍(7 × 7cm)을 3개씩 총 18개를 만든다. 돌 가운데에 점화 구멍(10 × 10cm)을 만든다. 이러한 가마를 7개씩을 1개조(組)로 하여 5 ~ 6개 조를 벌집모양으로 좁은 간격으로 늘어놓는다. 약간의 경사가 있으면 좋고 2 ~ 3개 조를 2 ~ 3열로 놓기도 한다. 벌집가마의 장점으로는 유지가 쉽고 비용이 적게 들며 또한 전기가 필요 없고 물도 적게 사용하는 점이다. 한편 가마 둘레가 흙으로 덮여서 외부 공기와 직접 맞닿지 않은 경사형 벌집형 가마(slope type beehive kiln)도 있다.

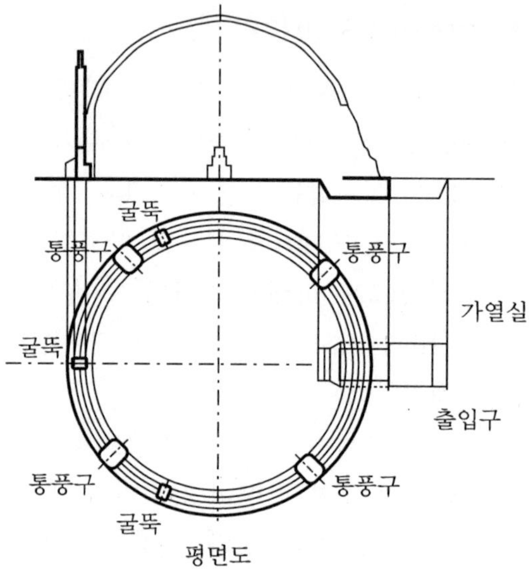

| 그림 6-12 | 벌집형 가마

탄재는 수직으로 쌓고 벽 주위에는 직경이 작은 것 그리고 가마 중심부에는 직경이 큰 탄재를 넣는다. 점화는 상부 구멍으로 하며 점화 후에 진흙으로 구멍을 메운다. 탄화는 중심부에서 시작하며 탄화에서 발생한 가스가 탄재 주위를 통과하면서 탄재를 건조시키고 연소를 촉진한다. 하부의 18개 구멍으로 연소를 조절하므로 탄화가 균일하게 일어난다. 탄화는 9일 정도 일어나며 균일하다. 벽이 외부 공기와 균일하고 완전하게 접촉하므로 숯의 냉각도 균일하다. 가마는 약 6년간 사용할 수 있으며 숯탄율은 탄재 부피의 약 62%이다.

2.2.3.4 미주리 가마(missouri kiln) [2,4]

미국 미주리주의 활엽수대에서 주로 이용한다. 땅과 물이 결빙하는 추운 겨울을 나는 곳으로 시멘트와 철근만 사용하여 가마 축조비용이 높으나 탄재와 출탄 작업을 기계로 할 수 있는 장점도 있다.

가마의 형태는 그림 6-13과 같다. 가마 폭은 7m, 길이 11m, 벽 높이 2.5m, 벽 두께 25cm, 지붕 최고 높이 4m로서 탄실은 일반적으로 150 ~ 180m^3 정도이다. 1개의 탄실 체적은 브라질 벌집형가마의 4개에 버금간다. 벽, 바닥 및 지붕을 시멘트로 축조하고, 입구문도 철제로 하며 2중일 경우 더욱 좋다. 굴뚝은 직경 15cm 그리고 높이가 4.5m로서 벽 양쪽에 8개를 설치한다. 탄화는 가마 중심에서 시작하며 탄재를 넣기 전에 타다 남은 불씨를 확보해야 한다. 또한 공기가 하부로부터 위로 올라올 수 있도록 탄재 층을 괴어서 공기 유동층을 확보해 둔다. 탄화는 약 1주일 정도 계속되며 냉각은 20여 일이 소요된다. 1회 회전하는 데 약 25 ~ 30일 정도가 필요하다.

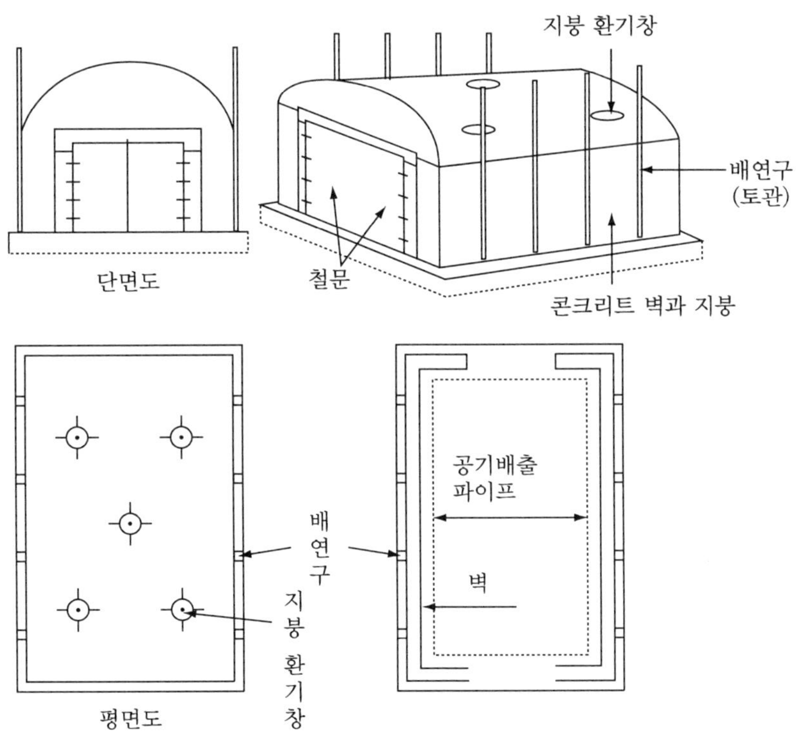

| 그림 6-13 | 미국 미주리가마의 구조 [2]

2.2.4 메탈 가마

유럽의 메탈가마(metal kiln)는 영국에서 개발하여 아프리카에 전수한 TPI (tropical products institute)형 가마이다. 이 가마는 2개의 분리된 층(통)으로 구성되어 있으며 바닥과 지붕은 각각 3mm, 2mm 철판을 사용한다. 아래 통의 최상부 둘레에는 윗 통을 놓을 수 있는 5cm 정도의 선반이 있다. 최하부에는 8개의 공기 구멍과 지붕에는 스팀이 나가는 구멍도 설치한다. 점화는 바닥 중심부에서 시작하며 하부에 공기 유동층을 확보할 수 있도록 탄재를 괴어 쌓는다.

메탈 가마의 장점은 2~3일에 1회전이 가능하며 기후에 영향을 덜 받고 가마를 쉽게 운반할 있다. 수탄율은 약 24%로 우수하다. 단점은 탄재를 일정한 크기 이하로 조재할 필요가 있고 탄화 전에 3주 정도는 천연 건조시켜야 한다. 가마 수명이 2~3년 정도이고 축조 비용이 비싸다[29].

2.2.5 이동식탄화로 제탄

그림 6-14와 같이 이동식 탄화로는 전술한 메탈 가마와 비슷하다. 구조는 스테인리스 4단 원통으로 구성되어 있다. 이동식 탄화로는 가벼우며 해체와 조립이 용이하다. 따라서 탄화로를 이동하면서 임지 폐잔재를 탄화하는데 편리하다. 제탄시간은 1~2일이며 수탄율은 원료 기준으로 약 20%이다[5].

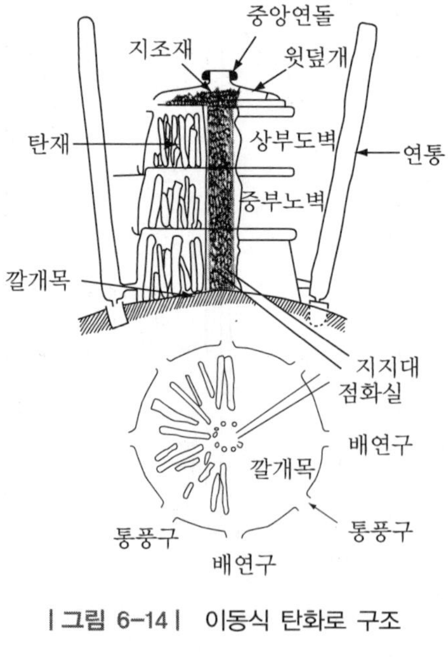

| 그림 6-14 | 이동식 탄화로 구조

2.2.6 트레이 사용 벽돌가마

탄재를 트레이에 넣고 내화벽돌로 축조한 가마에서 탄화시킨다. 탄화 후에 철재의 트레이를 꺼내서 위에서 피복하여 숯을 소화한다. 벽돌가마를 일정한 장소에 고정시킬 수도 있고, 차량에 싣고 옮기면서 작업할 수도 있다. 일본의 경우 오가라이트를 탄화시키면 수탄율이 32%, 그리고 일반 숯은 15 ~ 16%에 이른다[4].

2.2.7 평요 제탄

수분이 많은 톱밥, 수피, 대패밥 및 분(粉)상의 공장 폐재를 탄화하는데 적합하다. 평요는 건설비용이 저렴하고 동력을 사용하지 않고 작업하는 장점도 있으나 대량의 연기가 발생하고 탄분이 비산하는 공해 위험성도 있다. 그림 6-15에서와 같이 대량 생산 탄화요는 가마 하부에 연도를 설치하고 이곳으로 배연하여 굴뚝으로 흡인하여 내보낸다. 특징적인 것은 탄화가마에 지붕이 없다. 탄화 온도는 낮은 편이지만 부분적으로는 400°C를 넘기도 한다. 연돌 입구 온도는 100°C 이하이며 수탄율은 10 ~ 20%이다[5]. 이 방법으로 연탄착화탄(번개탄) 및 활성탄 제조용 숯을 제조한다.

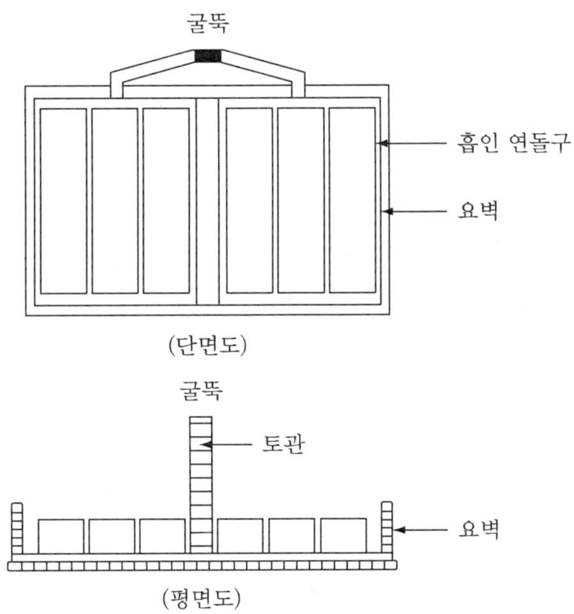

| 그림 6-15 | 평요제탄로 구조

2.2.8 건류기(retort)

연속적으로 숯을 생산하기 위한 장비로서 오래 전부터 건류기가 이용되어 왔다. 여기에 그 대표적인 몇 가지 방법을 소개하고자 한다.

2.2.8.1 헤레숍(Herreshoff) 건류기[7]

헤레숍은 회전노상건류기(rotary hearth retort)라고도하며 미국에서 한때 널리 이용하였다. 원료는 폐재, 수피, 톱밥 및 농업 부산물을 작게 절단하여 사용하며 가루탄 생산을 목적으로 한다.

헤레숍건류기는 실린더 모양인 4 ~ 6개의 다단식 회전노상(화덕; hearth)으로 구성되어 있으며 노의 직경은 6 ~ 8m 정도이다. 각 노를 가스나 오일버너로 가열하여 노의 온도가 정상적인 조업 온도인 900 ~ 1,000°C가 되면 가열을 중지한다. 원료 주입은 상부에서하며 탄화 속도는 공기 유입으로 조절한다. 생산된 가스들은 목가스, 타르, 응축 가능한 목초산, 그리고 수증기로 구성된 혼합물이다. 목가스는 보일러에서 스팀과 동력 생산에 이용하며 일부 폐가스는 태워서 날려 보낸다.

2.2.8.2 람비오트 SIFIC/CISR 건류기(Lambiotte retort)[3,7]

람비오트 건류기는 연속 탄화 건류기로서는 가장 성공적인 기술로 평가받고 있다. 람비오트 건류기는 SIFIC 공정을 개선한 것으로서 프랑스에서 시작하여 유럽 전역에 널리 퍼져있다. SIFIC형 람비오트 건류기와 CISR형 람비오트 건류기는 각각 그림 6-16, 6-17과 같다.

CISR형 람비오트 건류기는 SIFIC형 람비오트 건류기의 높이 20m, 직경 2m를 높이 18m, 직경 3m로, 그리고 탄화로와 부속장비를 간략화하였다. 또한 응축물에 의한 장비의 부식이 일어나지 않으며 내부 고열이 외부로 완전 차단되는 장점이 있다.

CISR형 람비오트 건류기에서는 원료가 통나무나 죽데기로 길이가 35cm 이하, 두께가 10cm 이하인 것을 이용하며 덩어리 숯 생산을 목적으로 한다. 수분이 30% 이하인 원료를 건류기 상부로 자동 입재하여 탄화시키면서 건류기 하부로 천천히 내려 보낸다. 한편 원료를 건조시켜 탄화 온도까지 올리는 고온의 가스를 위로 올려 보낸다. 따라서 역류형(countercurrent) 건류시스템의 일종이다. 원료가 건류기를 빠져나와 숯이 되는 데는 약 11시간이 걸린다. 숯이 건류기를 떠날 때에 차가운 불활성 기체나 연소 가능한 가스를 건류기 밑으로 불어 넣어 냉각시킨다.

람비오트 건류기의 특징은 가스 순환에 있다. 고온 가스는 일반적으로 공기와 함께 스토브에서 연소 가능한 가스를 태워 생산한다. 약 900°C인 이 고온의 중성(불활성)가스를 냉각가스 흐름의 배출구 바로 위로 불어 넣어준다. 이 과정에서 숯에 남아있던 타르 성분이 빠져나오며 탄화 과정이 완결된다. 이 가스는 건류기 위로 올라가고, 그 열을 내려오는 원료에게 준다. 그리고 건류기 밑으로 하강하는 원료에서 내어 놓는 휘발성분을 취하여 세정한다. 즉, 고온 가스의 일부는 원료를 건조시키는데 사용하고, 또 다른 일부는 냉각되어 타르를 제거하기 위한 세정작업을 거쳐 건류기 안에서 하강하는 숯을 냉각시키기 위하여 밑으로 통과시킨다.

건류기 상부로 나오는 가스는 건류기 최상부와 이에 연결된 파이프에서 타르와 휘발성분의 축합을 막을 수 있도록 충분한 온도를 유지해야 한다. 람비오트 건류기의 열효율은 상당히 높은 편이다.

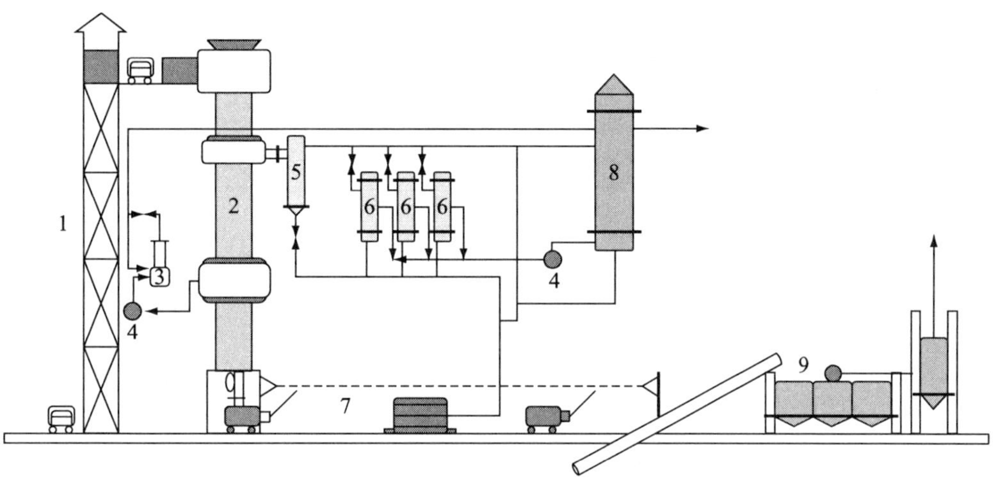

| 그림 6-16 | SIFIC형 람비오트 건류장치(1. 탄재승강기, 2. 건조과정, 3. 고온가스열스토브, 4. 가열가스팬, 5. 냉각과정, 6. 목초액냉각기, 7. 목초액탱크, 8. 고열스토브가스, 9. 목탄저장)

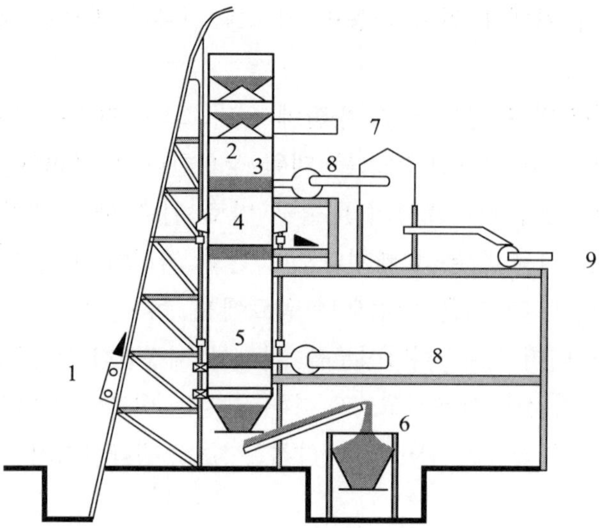

| 그림 6-17 | CISR형 람비오트 건류장치(1. 탄재승강기, 2. 건조과정, 3. 건류과정, 4. 연소과정, 5. 냉각과정, 6. 목탄, 7. 건류가스, 8. 고온스토브가스, 9. 냉가스유입)

현재 국내에는 SIFIC형 람비오트 건류기를 개량한 목재 칩 건류가마를 여러기 운용하고 있다. 이 건류기는 불 붙이기와 끄기가 용이하여 직화식 연속탄화로라고도 칭한다. 탄화온도는 500°C이며 목초액 채취온도는 80 ~ 120°C 정도이다. 한편 CISR형 람비오트 건류기를 개량한 간접가열식 연속탄화로도 국내에 도입하여 운용하고 있다. 이 탄화로는 불 끄기가 어려워서 한 번 정화하면 1주일 정도 가동한다. 탄화온도는 800°C 이상이므로 분회구 주위를 내화벽돌로 쌓아야 한다. 수탄율은 직화식보다 현저히 높으나 목초액 생산량은 적다[3].

2.2.8.3 라이헐트(Reichert) 건류기[7]

건류기 외부에서 열을 가할 경우 건류기 내부에 있는 목재에 열 전달이 잘 일어나지 않는 문제점을 처음으로 해결한 성공적인 건류기이다. 그러나 건류기의 투자와 유지비용이 너무 비싸 비경제적이며 따라서 전술한 연속적으로 가스 세정이 용이한 람비오트 건류기에 자리를 내주었다.

건류기 본체는 약 100m^{3}에 달하는 커다란 수직 스틸건류통이다. 원료 목재는 길이가 30cm 이하, 그리고 두께는 10cm 이하로서 건류기 안에서 유동성을 가질 수 있고 가스의 순환에 지장을 주지 않도록 작어야 한다. 가스를 공기와 함께 스토브에서 연소시킨 450 ~ 550°C의 고온 가스를 건류기 안으로 넣어주어서 원료의 건조와 탄화를 유도한다. 탄화 과정 중에 목재에서 발생하는 가스와 건조 및 열분해에서 나온 수증기가 건류기에서 순환하는 고온 가스에 첨가된다. 이런 이유로 순환 가스를 일정하게 유지시키기 위하여 일부 가스를 외부로 폐기하는 경우도 있다. 탄화가 완결되면 건류기 하부를 열고 숯을 냉각시키기 위하여 바닥에 위치한 밀폐된 금속 통으로 떨어뜨린다.

2.2.8.4 유동층 탄화로 (Fluidised bed carboniser) [2,7]

연속작업이 가능하고 회전노심 건류기보다 규모가 적은 탄화로의 필요성, 부산물 획득, 폐열 이용 및 열과 전기 생산도 가능한 탄화로를 개발하기 위하여 이 방법을 개발하였다. 현재 크게 실용화는 되지 못하였으나 연구는 계속하고 있다.

1장에서 설명한 바와 같이 수분이 조절된 원료를 일정한 입자로 세분한 목분을 유동노에서 일정한 온도로 가열하여 부유상태에서 탄화시킨다. 원료를 하부 측방향에서 넣고 공기를 하부로 넣어 탄화를 도우며 탄화된 것을 집진기로 보낸다. 여기서 숯을 분리하고 가스를 연소로에서 밖으로 유도하여 원료 건조나 내부 보조열로 사용한다.

문제점은 아직 숯이 안 된 것으로부터 숯을 분리하는데 큰 어려움이 있다. 즉, 회분화하기 전에 분리하지 않으면 남는 것이 전혀 없다. 여기서 생산한 숯은 가루 숯이며 전부 브리켓 공장으로 보내진다.

2.2.8.5 기타 수평형 연속 탄화로 [7]

전술한 건류기는 수직형 건류기들이었으며 여기서는 몇 종류의 수평형 탄화로를 예로 들고자 한다.

1) 회전형 탄화로(rotary kiln)

프랑스에서 개발한 필라드(pillard)형 회전형 탄화로가 대표적이다. 국내에서도 이 탄화로를 개량한 것을 도입하여 운용하고 있다.

그림 6-18에서와 같이 필라드형 회전형 탄화로에서는 회전형로가 원료 진행방향으로 약간 경사지게 가로로 놓여 있고 원료는 상부에서 노(爐)의 중심부로 넣는다. 노 내부에는 원료를 섞어주는 교반판과 내부 압력을 일정하게 유지하는 압력 팬도 있다. 외부에서 열을 가하여 내부에서 스스로 탄화가 진행되도록 유도한다. 노에서 발생하는 목가스는 일부 배기하기도 하지만 대부분을 노의 연료 가스

로 이용한다.

시간당 생산량은 숯이 170 ~ 200kg, 타르가 240 ~ 300kg, 목가스는 탄화로에서 연료로 사용하므로 회수량이 없다. 목초액 생산량은 직화식보다 현저히 낮다. 수탄율은 18 ~ 27%이다. 회전형 탄화로의 경우 에너지 소비가 많고 타르가 회전부분에 붙는 단점도 있다.

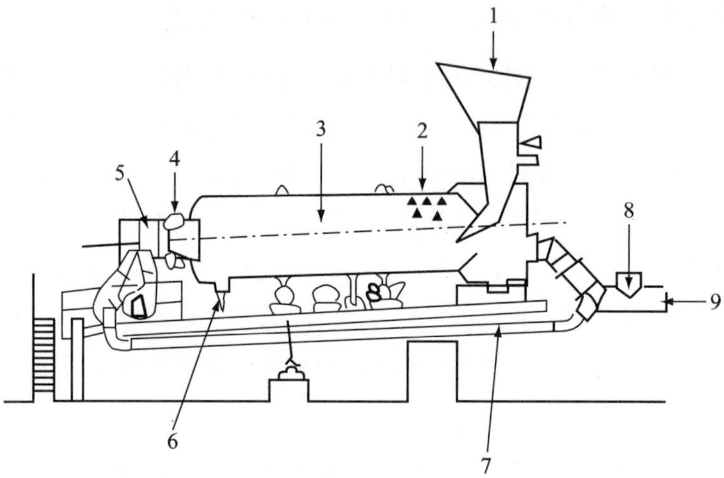

| 그림 6-18 | 필라드형 로터리 킬른장치(1. 탄재, 2. 탄화조절구멍, 3. 탄화실, 4. 환기구멍, 5. 목가스연소로, 6. 숯회수, 7. 연료용목가스 송입관, 8. 배기통, 9. 목가스)

2) 나선형 축 탄화로(screw shaft kiln)

일본에서 목분을 연속적으로 탄화하려고 개발한 톱밥 YK형 탄화로가 있다. 목분의 수분 함량을 40% 이하로 조절한 후에 8 ~ 60매슈로 분별하며 동시에 이물질도 제거한다. 선별된 목분의 수분 함량을 10% 이하로 건조시켜 탄화로에 넣는다. 탄화로에서 발생하는 목가스는 일부 배기하여 외부에서 합당하게 사용할 수 있으나 대부분은 원료 건조와 탄화로 내부의 열에 이용한다. 생산된 숯은 가루탄(소탄; 素炭)이다.

이상에서 설명한 것 이외에 여러 건류기가 있다. 예를 들면 수직형으로 웨이곤-알칸사스 건류기(Waggon-Arkansas resort), 토마스(Thomas)건류기, 송근류 건류기 등이 있다.

2.3 탄화 생성물

탄화 생성물로는 고체인 숯(목탄), 액체인 목초액과 타르 및 목가스가 있다. 과거에는 탄화 생성물로부터 많은 화공약품을 회수하였으나 지금은 경제성이 맞지 않아 큰 의미가 없다. 최근에 들어 숯과 목초액이 웰빙문화와 어울려 널리 이용되고 있다.

2.3.1 목탄 [3-8]

숯의 질이 숯의 여러 가지 특성을 좌우한다. 숯은 아래와 같은 특성을 지니고 있다. 이들 특성들 간에는 어느 정도 서로 관계가 있다. 각국의 숯을 분석한 결과는 표 6-8과 같다.

표 6-8 ▸ 각 국의 목탄 분석 결과 [3,7,8]

국 명	수 종	탄화법	목탄 종류	수분 (%)	회분 (%)	휘발성 물질 (%)	고정 탄소 (%)	경 도 (miura)	열 량 (kcal/kg)
일 본	참나무	이동메탈요	–	3.5	2.1	13.3	81.1	–	–
일 본	졸참나무	축요제탄	흑 탄	6~8	2	6~20	–	9	7,300
일 본	참나무	축요제탄	백 탄	8~10	3	5	–	16	6,900
중 국	산다화	축요제탄	백 탄	9.3	2.3	5.9	82.5	–	–
인 도	–	횡혈식	흑 탄	6	5~10	20~30	–	10	7,200
인 지	고무나무	축요제탄	흑 탄	8	3~4	12~18	–	1	7,100
브라질	활엽수	용광노	–	5~25	3~10	15~26	60~80	–	–
미 국	히커리	미조리요	흑 탄	6	3	20~30	–	18	7,500

1) 수분

가마에서 나온 직후 숯의 수분은 1% 이하이다. 자연 상태에서 수분 함량은 15%까지 증가한다. 수분 함량이 높으면 숯의 열량이 낮다. 숯은 무게로 판매하는데 구입할 때에 수분을 측정해서 전건상태의 무게로 가격을 결정하여 구매한다. 숯의 수분 함량 기준은 5 ~ 15% 범위이다.

2) 휘발성 물질

숯을 진공상태 또는 비활성 가스 상태에서 900°C로 가열할 경우 손실되는 물질로서 숯의 휘발성 물질량은 5~40% 범위이다. 탄화 온도가 낮고 건류기에서 체류 시간이 짧으면 수탄율과 휘발성 물질량은 증가한다. 휘발성 물질이 많으면 점화하기는 쉬우나 연기가 나면서 타며, 반대의 경우에는 점화가 어렵고 깨끗하게 탄다. 상업용 숯은 전건상태에서 약 30%의 휘발성 성분을 함유하고 있다.

3) 고정탄소 함량

고정 탄소 함량은 건조 목탄에서 휘발성 물질과 비연소 물질을 뺀 것을 의미한다. 숯의 고정탄소 함량은 50% 전 후에서 약 95% 범위이다. 낙엽송의 탄화온도(흑탄)를 300°C에서 900°C로 증가함에 따라 탄소 함량은 66.28%에서 91.17%로 증가하였다. 또한 상수리나무의 경우는 61.64에서 85.87%로 증가하였다[9]. 탄소 함량이 높으면 숯이 연약하고, 낮으면 강도가 높다. 철광산업에 사용할 경우에는 고정탄소량이 낮고 휘발성 물질량이 높은 것이 유리하다.

4) 회분 함량

회분량은 수종과 수피 함유 정도에 따라 차이가 있으나 일반적으로 0.5~5.0%이다. 질이 양호한 덩어리 숯은 약 3%의 회분을 지니고 있다.

5) 비중

숯의 진비중은 1.4~1.9이며 참나무 흑탄은 1.509 그리고 백탄은 1.749로서 흑탄보다 약간 높다. 탄화 온도가 높을수록 비중도 높다. 한편 다른 동소체인 흑연의 비중은 2.1~2.3이며 다이아몬드는 3.5이다.

목탄의 비중은 목탄 중량과 그 목탄의 실적과 같은 물의 중량과의 비를 의미한다. 목탄은 작은 공간을 많이 지니고 있으므로 용적중이 비중과 큰 차이가 있다. 목탄의 용적중은 흑탄의 경우 $0.56g/m^3$이며, 백탄의 용적중은 $0.70g/m^3$ 전후이다. 침엽수와 연질 활엽수는 용적중이 적고 경질 활엽수의 숯은 용적중이 크다.

6) 전기 저항

탄화 온도가 낮을수록 전기 저항이 크다. 왜냐하면 탄화 과정 중에 탄소 결정의 크기와 배열이 불규칙하게 흐트러지며 주위에 잔기 및 미분해 물질이 존재하기 때문이다.

7) 발열량

숯의 발열량은 7,000 ~ 8,000cal/g이며 백탄이 흑탄보다 열량이 조금 더 높다. 또한 500 ~ 600°C에서 탄화한 숯이 발열량이 가장 높다. 목재의 발열량은 4,500 ~ 5,000cal/g이다. 낙엽송과 상수리나무의 흑탄도 600°C에서 탄화한 경우 발열량이 최고였다[9].

8) 착화 온도 및 시간

탄화 온도가 높은 숯일수록 착화 온도가 높다. 그림 6-19와 같이 흑탄의 착화 온도(250 ~ 450°C)보다 백탄의 착화 온도(350 ~ 520°C)가 높다. 흑탄의 경우는 불을 붙이기 쉽고 단시간에 최고온도에 도달하지만 착화 시간이 짧다. 한편 백탄은 불을 붙이기가 어렵고 서서히 최고 온도에 도달하나, 착화 시간이 흑탄보다 길다[10].

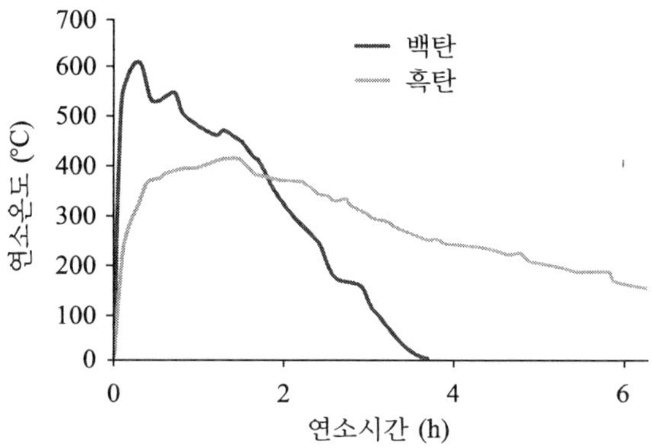

| 그림 6-19 | 목탄의 종류에 따른 연소시간과 온도와의 관계

9) 비표면적과 흡착성

숯은 다공성이므로 다른 물질에 비하여 흡착성이 높다. 흑탄은 350 ~ 400m^2/g, 백탄은 200 ~ 250m^2/g의 표면적을 지니고 있다. 비표면적은 탄화온도에도 영향을 받는데, 600°C에서 탄화한 낙엽송과 상수리나무 흑탄의 비표면적은 약 370m^2/g 정도이다[9]. 한편 활성탄은 일반적으로 1,500 ~ 2,000m^2/g의 표면적을 지니고 있다. 타르 성분이 숯의 미세한 구멍을 막고 있어서 활성탄보다 활성이 낮다.

숯의 비표면적과 흡습성이 높아서 숯가마에서 숯을 꺼내자마자 공기 중의 습기를 흡수하여 5 ~ 10% 정도 중량이 증가한다. 또한 숯을 물에 넣으면 물을 흡수하여 자체 무게의 수 배에 달한다.

10) 이용

(1) 가정 연료

숯 덩어리나 숯 브리켓 형태로 난방, 숯불 구이, 바비큐 및 기타 조리에 이용한다.

(2) 산업용

산업용 숯은 유황 함량이 낮고 회분에 대한 탄소 함량이 높은 비율을 차지해야 한다. 반응성이 없는 유기 불순물이 적고, 비표면적은 크며, 환원력이 높으며 연기가 거의 없는 숯을 산업용으로 사용한다.

- 농업용: 토양 개량제, 식물 선도 보존제, 수세 회복과 생장 촉진 효과, 용설제(골프장, 농경지 지온 상승)
- 축산용: 사료 첨가제,
- 수산용: 양어장 수질 정화, 조류 등 먹이 증진 촉진
- 화학산업: CS_2, NaCN, 금속카바이드(CaC_2, carbids)제조, 실리콘카바이드
- 철강: 철광석 녹임, 고순도 철생산, 소결화(sintering), 규소철(ferro silicon)과 순수실리콘 생산,
- 야금: 주물 작업, 구리와 주석 용해, 특수금속 용해 전기노 전극, 소결작업
- 시멘트 산업: 연료
- 활성탄 대용: 물 정화, 염소 제거, 가스 정제, 용매 회수, 폐수 처리, 필터
- 가스 발생: 차량용 가스, 제조 가스 등
- 기타: 화약, 유기농업, 미술과 인쇄분야 등

숯은 다공성이므로 비표면적이 넓어서 용액 중의 중금속과 기체상 환경 오염물질을 효과적으로 흡착한다. 그림 6-20, 6-21과 같이 탄화온도, 수종 및 중금속의 종류와 농도에 따라서 흡착 제거율에 차이가 있다[11].

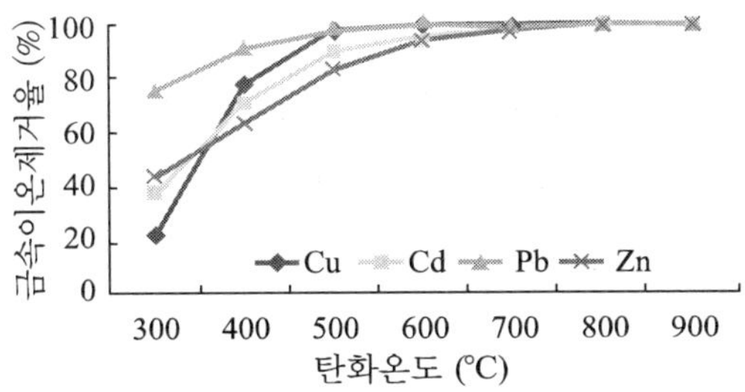

| 그림 6-20 | 탄화온도에 따른 낙엽송 수피탄의 금속이온 제거율

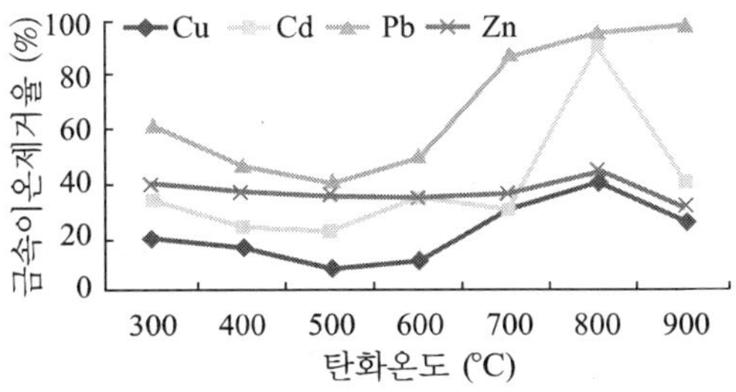

| 그림 6-21 | 탄화온도에 따른 리기다 소나무 목탄의 금속 이온 제거율

표 6-9는 숯에 의한 악취물질, 휘발성 유기화합물 및 황과 질산화물의 흡착능을 나타내고 있다[11].

표 6-9 ▸ 숯에 의한 가스 최대 흡착량 (mg/g)

화합물	신갈나무 600°C탄	신갈나무 900°C탄	낙엽송수피 600°C탄	낙엽송수피 900°C탄
암모니아	0.46	0.80	0.43	0.75
트리메틸아민	34.11	46.89	34.66	46.30
아세트알데히드	2.13	2.26	1.94	2.58
메틸메르캅탄	1.04	2.65	0.91	2.46
황화수소	0.87	1.70	0.81	1.68
벤 젠	80.26	83.85	79.17	86.28
톨루엔	81.94	85.17	81.05	86.19
자일렌	80.43	83.74	74.04	85.56
아세틸렌	1.99	4.44	2.57	4.53
SO_2	3.17	5.31	2.66	5.06
NO_2	1.54	2.09	1.42	2.03

탄화온도가 높으면 가스 흡착량이 높다. 동일한 탄화온도에서 생성된 수피탄과 목부탄은 가스 단위 최대 흡착량에 차이가 거의 없다. 5종의 악취물질 중에서 트리메틸아민, 아세트알데히드 및 아세트알데히드의 흡착량은 높으나, 암모니아와 황화수소의 흡착량은 낮다. 따라서 이들의 제거율은 상대적으로 매우 낮을 것이다. 4종의 VOC물질 중에서 아세틸렌을 제외한 벤젠, 톨루엔 및 자일렌의 흡착량은 상당히 높다. SO_2와 NO_2의 흡착량은 낮으며 특히 NO_2의 경우 제거율이 매우 낮을 것이다.

(3) 활성탄으로 전환

활성탄이란 흡착 특성을 증가시키기 위하여 숯이 함유한 타르 성분을 제거한 탄소체이다. 활성탄의 비표면적은 최소한 450m^2/g 이상이다. 활성탄은 가루, 입자 및 펠릿 형태가 있으며 용액과 가스의 흡착에 사용한다.

① 활성탄 제조 방법

현재 산업화 방법은 다음과 같다. 톱밥, 수피, 코코넛 껍질 등을 다단 회전노심 연소노에서 숯을 만든 후에 약 800°C의 스팀으로 처리하여 숯의 마이크로공을 막고 있는 타르를 제거 시킨다. 스팀 이외에 여러 가지 다른 가스를 사용할 수도 있으나 가장 일반적인 것이 스팀이다. 탄화로에서 나온 고온의 숯을 실온까지 냉각시킨 후에 분쇄하여 흡착 면적을 넓힌다. 입상 활성탄은 탄화 전에 성형하여 탄화시킨다.

② 이용

- 용액 처리: 음용수 처리, 청량음료의 정선, 수 및 폐수 처리, 지방과 기름의 정선, 탈색, 용액이 들어 있던 병과 탱크의 세척 등
- 가스와 증기 처리: 오염, 냄새 및 공기 정화·응축, 휘발성 성분 회수, 가스 마스크
- 기타: 필터, 화학반응의 촉매, 식품에 첨가, 고무산업 등

2.3.2 목초액 [3,5,7,12]

1) 목초액(pyroligneous acid)이란?

목초액이란 탄화 과정 중에 발생하는 연기를 냉각하여 응축시킨 물질이다. 탄화로의 연통구의 온도가 약 80 ~ 150°C 범위에서 목초액을 채취한다[12]. 목초액은 물이 주성분이며 적은량의 타르(수용성, 비수용성), 아세틱산, 메탄올, 아세트 및 기타 복잡한 화학 물질로 구성되어 있다. 목초액의 성분들 중에서 주요 구성 성분 종류와 확인된 구성 성분량은 각각 표 6-10, 6-11과 같다[3,12,13].

표 6-10 ▸ 침엽수와 활엽수 목초액의 주요 성분

	침엽수 (소나무, 잣나무)	활엽수 (신갈나무, 자작나무)
리그닌 분해물	아세틱산, 2,6-디에톡시페놀, 바닐린, 구아야콜, 3-메틸페놀, 아세토구아야콜, 1,2-벤젠다이올, 에틸구아야콜, 피로카테콜 등	아세틱산, 메탄올, 2-메톡실페놀, 2,6-디에톡시페놀, 1-(4-메톡실-3-메톡시페닐)에탄온, 3-메톡실-4-하이드록시벤질알코올, 1-(4-하이드록시-3,5-디메톡시페닐)-에탄온 등
탄수화물 분해물	아세틱산, 메탄올, 3,4-디메틸-3-헥센-2-일, 2-하이드록시-3-메틸-2-사이클로펜텐-1-일, 메틸-3-(1-메틸에틸)-2-일, 등	아세틱산, 메탄올, 2-하이드록시-3-메틸-2-사이클로펜텐-1-일, 메틸-4-티-부틸-2-플로에이트, 등

표 6-11 ▸ 목초액의 구성 성분량 (목초액 기준, %)

구 분	재래식		기계식
	상수리나무	소나무	참나무
유기산류	9.10	4.16	4.80
페놀류	2.77	1.06	0.48
알코올류	1.95	1.27	0.06
중성물질	1.28	0.90	0.53
염기류	–	–	1.04
계	16.2	8.1	6.90

목초액의 화학적 구성 조성분은 수종, 목초액 채취 방법, 및 분석 방법에 따라 차이가 크다. 분석 방법에 따라 약 300여 종의 화합물이 보고되고 있다. 표 5-11과 같이 활엽수 목초액이 침엽수 목초액보다 많은 물질과 함량을 함유하고 있으며, 또한 기계식보다 재래식 목초액에 유기성분이 다량 함유되어 있다. 유기성분 중에서 유기산이 주종을 이루며 그 중에서도 아세틱산이 가장 높다.

표 6-11에 따르면 재래식 목초액에서 유기산은 아세틱산(상수리, 7.99%; 소나무, 3.89%), 알코올류는 메탄올과 사이클로덴 함량이 뚜렷하게 높으며, 페놀류는 소나무에서는 2,5디메톡시페놀이, 그리고 상수리나무에서는 구아야콜, 올소크레졸, 2,5디메톡시페놀이 상대적으로 많다.

기계식 목초액에서 유기산 중에는 크로톤산(2.2%)과 아세틱산(1.0%), 페놀류 중에서는 페놀, 중성물질로는 포름알데히드, 염기류로는 피리딘(0.99%)이 상대적으로 높다.

2) 수율 [6]

목초산 수율은 수종, 오탄당의 함량, 건류기 또는 탄화로의 형태, 연기 응축 효율, 부산물 정제율, 기타 조건들에 따라 차이가 있다. 목초액(Baume 비중: 2.0) 생산량은 탄재 중량의 2% 또는 목탄량의 1/3 정도이다. 기건 활엽수재 1,000kg을 탄화하여 아세틱산 50kg, 메탄올 16kg, 아세톤계 8kg 및 타르를 생산할 수 있다.

3) 정제 [6]

정제는 목초액이 함유한 여러 가지 화공약품을 분리하는 과정을 의미한다. 조목초액(crude condensed liquid, pyroligneous acid)을 정치시켜 침전타르를 분리한다. 현재 시중에 판매되고 있는 것이 이 상태의 조목초액이다. 침전타르를 제거한 액상은 메탄올-아세톤(methanol-acetone), 아세틱산(acetic acid) 및 용해용 타르로 구성되어 있다. 이 용액을 스팀으로 가열하여 증류시켜 메탄올/아세톤과 아세틱산을 용해용 타르로부터 분리한다. 그다음 증류탑을 거쳐 아세톤과 아세틱산을 조금 함유한 약 85%의 메탄올(목정)을 생산한다. 아세틱산은 에텔이나 에틸아세테이트(ethyl acetate)와 같은 용매를 이용하여 용매/용매 추출로 분리한다. 분리한 용액을 분획 칼럼에서 증류하여 약 70%의 아세틱산을 생산한다. 이 상태로도 판매가 가능하며 필요에 따라서는 분획 증류를 거쳐 90% 이상으로 아세틱산의 순도를 높일 수 있다.

4) 품질기준

국내에서 생산, 판매되는 목초액은 표 6-12의 품질기준을 합격해야 한다.

표 6-12 ▸ 목초액의 품질기준[14]

구 분	원 료	보메 비중 (°Be)	산 량 (%)	pH	용해타르 (%)	굴절률 (%Brix)	육안 판별
전통식	침엽수	0.6~5.5	1.5~5.0	3.5 이하	2.0 이하	3.5 이상	적갈, 투명
숯가마	활엽수	0.6~2.5	3.0~6.5	3.5 이하	1.5 이하	3.5 이상	적갈, 투명
응용식	침엽수	1.0~5.5	2.0~5.0	3.5 이하	2.0 이하	5.0 이상	적갈, 투명
숯가마	활엽수	1.0~5.5	4.0~7.0	3.5 이하	1.5 이하	5.0 이상	적갈, 투명
기계식	침엽수	2.5~5.5	2.3~5.5	3.5 이하	5.0 이하	7.0 이상	적갈, 투명
탄화로	활엽수	2.5~5.5	4.5~9.0	3.5 이하	5.0 이하	7.0 이상	적갈, 투명
증류	침엽수	0.0~2.5	0.8 이상	3.5 이하	0.3 이하	0.8 이상	담황, 투명
목초액	활엽수	0.0~2.5	1.0 이상	3.5 이하	0.3 이하	0.8 이상	담황, 투명

5) **용도** [3,7,8,15]

- 조 목초액: 유기농업, 어업, 식품 보존, 생선훈제, 향료와 향수 등
  특히 유기농업에서 농약 절감(토양, 병충해)과 식물 생육 양호, 수량 증가 효과가 크다.
- 용해용 타르: 보일러, 연소로 및 야금에서 연료, 내화성 블록 제조, 화학 공업 산업에서 원료, 전극 등
- 목 타르: 로프 생산, 동물 약품, 아스콘에 혼합, 피치(pitch), 크레오소트(creosote) 등
- 조목정: 용매, 메틸아세테이트(methyl acetate)생산, 변성제 등
- 목정: 셀루로오즈 에스터스(esters)와 접합제, 합성 원료, 래커 등
- 조 아세틱산: 화공약품, 의약품, 식품, 레이온(rayon), 섬유와 필름 산업, 식초 등

2.2.3 목타르 (tar)

목타르는 점질성의 흑색의 유(油)상 물질로 목초액에 용해되어 있다. 새로 채취한 목초액을 2~3일 정치하면 일부 타르가 침전한다. 이렇게 침전한 타르를 침강타르 또는 침저타르라고 한다. 그러나 일부 타르는 침전하지 않고 그대로 용해되어 있다. 이러한 타르를 용해타르라고 한다. 기건 목재 1,000kg으로 용해용 타르 190kg, 그리고 불용성 타르 50kg을 생산할 수 있다.

목타르를 대량으로 사용하는 방법은 아직 개발되지 않았다. 따라서 대부분의 전통식 숯 생산 공장에서는 공해물질로 취급하며 통에 넣어 보관하고 있는 실정이다. 조(粗)타르는 연탄이나 아스팔트에 콜타르와 혼합하여 사용하거나, 종이에 사이징제로 내첨시켜 과일 봉지나 장기 저장용 포대지에 사용할 수 있다. 또한 내수 합판용 페놀수지 제조나 방오제 사용이 권장되고 있다. 현재 목타르는 정로환의 주성분으로 이용되고 있으며 또 다른 의약분야에 응용하려는 연구가 시도되고 있다.

일부 목타르를 온도에 따라 분획하여 여러 분야에 응용해 오고 있다. 180°C 이하, 180~230°C, 및 230°C 이상에서 분획하여 경질유, 중질유 및 증류 잔사인 피치를 분리한다. 경질유는 연료로, 피치는 아스팔트나 절연제에 사용할 수 있다. 특히 180~230°C에서 분획한 중질유는 크레오소트 유분을 다량 함유하고 있어서 오래 전부터 방부제로 이용하였다[7].

2.2.4 목가스(wood gas)

목탄을 생산하는 과정 중에 얻는 부산물인 가스와 증기는 연기로 대기 중으로 나온다. 이 연기를 찬물로 응축시키면 목초액이고, 응축시키지 않은 비응축 부분은 목가스(wood gas)이다. 따라서 주로 목탄과 목초액을 생산할 경우에는 비응축 가스가 적으므로 목가스는 큰 의미가 없다.

목가스는 전환기(converter)나 건류기(retort)에서 생성될 경우 이용할 가치가 있다. 기존 연소로를 적용하는 전환기에서 생성된 목가스는 조성분의 변화가 심하다. 그러나 건류기에서 배출된 목가스는 열량과 조성이 비교적 균일하다. 전형적인 건류기 목가스의 구성은 표 6-13과 같다[7].

표 6-13 ▸ 목가스의 구성 및 생산량

가스 종류	CH_4	H_2	CO	CO_2	O_2	N_2
구성비 (vol. %)	17	2	23	38	2	18
생산량비 (%)	3.5~10	1~5	28~35	45~55	–	–

주. 생산량 비율은 $1m^3$의 가스가 함유한 목가스만의 비율

일반적으로 원료 실적 $1m^3$에서 80 ~ $100m^3$의 가스를 생산한다. 혹은 목탄 1t 생산 시에 목가스 약 0.25t이 생성된다. 목가스 생산량은 수종, 건류나 탄화 방법 및 측정법에 따라서 차이가 크다. 목가스의 열량은 $10.8MJ/m^3$로서 천연가스의 약 1/3 정도이다. 그러나 가스 세정작업을 거치면서 목가스의 농도가 낮아지므로 열량도 절반 이하로 낮아진다. 목가스를 콘덴서로 통과시켜 스팀 생산을 위한 열 발생용으로 연소시키거나, 건류기 자체에서 순환시켜 열로 사용한다.

참고문헌

1. www.personal.rdg.ac.uk/ ~ scshaip/charcoal.htm, 2004.05.03
   Harris, P. J. F., On Charcoal
2. Deglise, X., Magne, P., Chap. 10 Pyrolysis and industrial charcoal, pp. 221-232, 262-269. In. Hall, D. O., Overend, R. P., Biomass regenerable energy, John Wiley & Sons. 1987
3. 구자운, 숯과 목초액, 한국숯연구회자료 제 1집, 한국숯연구회, pp. 11-85, 2003
4. www.fao.org/docrep/x5328e/x5328e0.1.htm, 2006.12.31

Simple technologies for charcoal making, FAO Corporate Document Repository, Chap. 5-12, 1983

5. 山井 三郎(edi.), 木材工業ハンドブック, 14木材, pp. 871-910, 木材工業, 1982
6. 김광은, 박상범, 안경모, 숯과 목초액, 한림저널사, pp. 5-278, 1988
7. www.fao.org/docrep/X5555E/X5555EOO.htm, 2005.12.31, Industrial charcoal making, FAO Corporate Document Repository, FAO Forestry paper 63, 1985
8. 황병호 외, 목질 바이오매스, 선진문화사, pp. 72-75, 40-47, 1998
9. 조태수, 이오규, 안병준, 최준원, 국산수종으로 탄화한 목탄의 물성 및 흡착성, 임산에너지, 25(1):9-17, 2006
10. 三浦伊八郎, 日本山林學會, 484号, pp. 20-21, 1923. In: 木材工業 Handbook, pp. 893-894, 1982
11. 안병준, 조성택, 이오규, 이수민, 목탄의 환경유해물질 흡착능 평가 및 이용, 국립산림과학원, pp. 28-29, 2010
12. 황병호, 김남훈, 문성필(번역), 목초액의 신비, 강원대 출판부, pp. 21-33, 86-122, 2006, Sumihakase Ni Kiku Mokusakueki No Shinpi by Tsuneyuki Ikeshlma, 1994
13. 황병호, 조재현, 배영수, 주요 침 활엽수 목초액의 성분분석, 임산에너지 21(2):69-76, 2002
14. 국립산림과학원, 임산물품인증지침, 삼성종합인쇄, pp. 96-104, 2004
15. 안병준, 조성택, 조태수, 이성재, 이윤수, 탄화물이 토양미생물 및 고추 생육에 미치는 영향, 임산에너지 22(3):49-56, 2003

가스화

Gasification

3.1 가스화란?

가스화란 나무, 숯 및 기타 바이오매스를 높은 온도의 가스화장치(reactor, gasifier; 반응로)에서 부분적 산화를 시켜 얻은 가스를 환원반응으로 CO, H_2 및 CH_4로 전환시키는 것을 의미한다. 가스화 시스템은 가스화장치, 가스 세정과 에너지 변환기, 그리고 버너와 엔진 부분으로 구성되어 있다. 가스화에서 생성된 에너지용 제조가스(produce gas)는 직접 열을 얻는데 사용하거나 동력을 생산하는데 적용한다. 후자의 경우는 가스 엔진에 이용하여 디젤 엔진이나 가솔린 엔진으로 차량에 이용할 수 있고, 가스 터번을 거쳐서 전기 발생과 콤프레셔, 펌핑과 같은 기계에도 적용한다[1].

가스화는 오래된 기술이며 오늘날에도 기존 연료를 대체할 부분을 지니고 있다. 현재 가스화 기술은 일부 지역에서 실제 이용하고 있으며 많은 연구가 계속 진행되고 있다. 18C 말부터 19C에 걸쳐 가스화의 첫 번째 특허(1788년) 이후, 목재로부터 숯 제조 시에 발생하는 가스의 이용 가능성 제시(1801년), 최초의 가스 발생 장치 제작(1840년), 가스공장 설립(1850년) 및 동력 발생의 엔진에 적용(1878년)이 성공적으로 이루어졌다. 그러나 이러한 발전은 주로 석탄과 피트(peat)를 이용한 가스에 근거하였다.

1900년대 초 제조가스를 차량에 적용하기 시작하였으며 1930년 독일, 영국, 불란서 등은 목탄가스를 이용한 목탄차 개발을 서둘렀다. 1930년 말 스웨덴의 경우 등록된 차량 250,000대 중에서 90%가 제조가스를 사용하였고 20,000트랙터의 거의 대부분은 제조가스로 가동되었으며 여기에 사용된 연료의 40%가 나무와 숯이었다[1,2,3].

2차대전 이후 가솔린과 디젤이 이 부분을 차지하면서 가스화 공정은 사양길에 접어들었다. 1970년대 후반과 1980년대에 걸친 2차 오일쇼크로 가스화가 반짝 빛을 보다가 오일 가격이 안정되면서 다시 수면 아래로 갈아 앉았다. 그러나 1990년대에 들어서면서 석유 에너지의 가격 및 공급불안, 그리고 환경문제가 부각됨에 따라 화석 에너지를 대체하는 기술 중의 하나로 다시 관심이 고조되고 있다.

3.1.1 왜 가스화?

이미 언급한 바와 같이 가스화는 오래된 기술로서 산업화와 연구 분야가 번성과 쇠퇴를 반복해왔다. 최근 들어 석유 연료의 공급 안정에 대한 불안과 환경의 악화에 대한 우려로 다시 가스화가 관심의 대상이 되고 있다. 가스화는 바이오매스로부터 화석 연료에서 얻는 에너지를 대체하는 여러 기술 중의 단지 한 가지 방법이다. 그래서 여기서는 여러 기술을 직접 비교하여 가스화의 필요성을 설명하는 것이 아니고, 단지 가스화의 장점을 열거하여 가스화의 가능성을 부여하고자한다[2,3].

1) 가스화의 장점

① 에너지 전환 시스템을 분산화 할 수 있다. 즉, 가스 발생 장치가 구조, 구성장비, 자재 측면에서 비교적 간단하여 소규모로, 그리고 경제적인 가동이 가능하다.

② 원료 구입과 폐기가 용이하고, 토지 가격이 저렴한 지방에 공장을 설치할 수 있다.

③ 가스화에서 제조된 가스를 연소하기 전에 간단한 장치를 거쳐 타르와 분진을 제거하는 세정작용이 용이하다.

④ 가스화장치는 다른 장비에 비하여 쉽게 이동시킬 수 있는 장점도 있다.

2) 가스화의 단점

① 직접 연소보다 기술이 복잡하다. 즉, 세정, 안전, 고온가스 취급이 연소 장비보다 더 엄격해야 한다.

② 장비 유지나 가스 발생장치-보일러 조합의 작동은 직접연소 시스템에 비하

여 복잡하고 일반적으로 더 많은 작동상의 주의를 요구한다.

③ 바이오매스를 가스로 전환할 경우 열효율이 낮다. 왜냐하면 모터와 송풍장치를 위한 전기소비와 열손실이 크기 때문이다.

3.2 가스화의 원료

3.2.1 원료 [1,3]

원칙적으로 수분 함량이 30% 정도 이내인 모든 바이오매스를 가스화 공정의 원료로 활용할 수 있지만 모두 가능한 것은 아니다. 즉, 1편 1장에서 설명한 바이오매스는 전부 원료로 가능하지만 주로 목탄(숯), 칩 및 펠릿을 이용한다. 간혹 농작물 잔사와 폐기물도 사용한다.

1) 숯

목재를 탄화(carbonization)시켜 생산한 숯은 열량이 목재의 2배이고 광물질 함량이 낮다. 숯을 가스화하면 천천히 연소하고 스모크가 발생하지 않으며 제조된 가스에 타르(tar)도 거의 없다. 숯은 모든 형태의 가스화장치에 아주 적합하다. 그러나 가격이 비싼 것이 단점이다.

2) 칩

목재는 셀룰로오스, 헤미셀룰로오스, 리그닌, 추출물, 회분 및 물로 구성되어 있다. 이 중에서 가스화에 문제가 되는 것은 수분 함량이다. 생재의 경우 수분 함량은 50% 정도되므로 가스화에 지장을 준다. 회분 함량은 일반적으로 1% 미만이므로 문제가 되지 않는다. 물론 화석 연료에 비하여 산소함량이 높으므로 목재의 열량은 상대적으로 낮다. 목재는 숯 다음으로 고정상 가스화에 잘 적용할 수 있다. 목재는 높은 휘발성 물질을 함유하고 있으므로 상승유동(updraft gasifier, 상승통풍) 가스화장치에서는 타르 함량이 높은 가스를 생산하지만, 하향유통가스화장치(down draft gasifier)에서는 타르가 없는 가스를 생산한다. 따라서 전자는 직접 열 획득에 적용하고 내부연소 엔진에 사용하려면 반드시 세정과정을 거쳐야한다. 후자는 직접 엔진에 적용해도 가능하다.

3) 톱밥

가루 상태의 톱밥을 가스화하면 타르 발생량이 높아지고, 급격한 압력하강과 연료 흐름의 결핍에 문제가 생긴다. 톱밥을 펠릿과 같이 고밀도화하여 사용하면 좋다. 톱밥 펠릿을 유동상에서 가스화하여 이것을 버너에서 연소시켜 직접 열 획득에 이용하는 것이 일반적이다. 이 가스를 내부연소 엔진에 사용하려면 세정 작업을 철저히 거쳐야 한다.

4) 농업부산물

목재자원이 적거나 비싼 지역에서 주로 농업부산물을 이용한다. 농업부산물은 여러 종류가 있으나 주로 짚 종류를 이용한다. 여기서 가장 문제시 되는 것은 회분 함량이다. 특히 볏짚은 회분함량이 약 10 ~ 15% 정도이다. 회분량이 5% 이상이면 많은 슬래그(slag)가 형성되는데 특히 하향유동 가스화장치에서 이런 현상이 뚜렷하다.

3.2.2 바이오매스의 영향 [1,3]

바이오매스의 여러 가지 특성은 가스화에 영향을 미친다.

1) 수분 함량

수분 함량은 바이오매스의 종류와 운반 및 취급 과정에 따라 차이가 있다. 일반적으로 가스화장치에 들어가기 전에 건조한다. 수분 함량이 15% 정도이면 무리없이 가스화에 적용할 수 있다. 원료에 수분이 많으면 가스화장치의 열효율을 감소시켜 열량이 낮아진다. 또한 수분이 많은 원료는 점화가 어렵고 가스의 질과 수율도 낮다.

2) 열량

수분이 함유된 상태의 열량인 고위열량(higher heating value, HHV)이 높으면 가스화에 유리하다. 열량은 수분과 회분 함량에 영향을 받는다. 표 6-14는 몇 가지 연료의 특성을 나타내고 있다.

표 6-14 ▸ 몇 가지 에너지원의 특성[4]

종 류	열 량 (MJ/kg)	밀 도 (kg/m^3)	겉밀도 (kg/m^3)	수 분 (%)	회 분 (%)
디젤(자동차)	45.7	842	–	< 1	< 1
천연가스	37.2/l	–	–	< 1	< 1
석탄(NSW)	24.0	1450	940	8	22
목 재	19.0~21.0	–	–	–	–
톱 밥	17.06	800	267	10	< 1
목질펠릿	18.0	1300	650	< 1	–
임지잔재	11.6	–	340	50	< 1

주. 열량은 저위열량(LHV)

3) 입자의 크기와 분포

원료의 크기는 가스화장치의 내부 압력과 공기 유입 및 가스 배출에 소요되는 힘(동력)에 영향을 준다. 압력 감소가 크면 하향유동 가스화장치에서 가스압의 감소를 초래하고 그 결과 장치 내부의 저온화와 타르 생산을 촉진한다. 과도하게 큰 입자는 원료의 반응성을 감소시켜 점화할 때에 문제를 일으키고 제조가스의 질도 하락시킨다.

적당한 원료, 즉 원료의 크기는 가스화장치의 설계에 어느 정도 의존한다. 일반적으로 목재는 80 × 40 × 40mm 정도, 그리고 칩은 10 × 5 × 5mm ~ 30 × 30 × 30mm가 최적 크기 조건이다.

4) 벌크밀도

벌크(겉)밀도는 연료 원료의 입자 크기와 수분 함량에 크게 영향 받는다. 저장된 연료의 용적은 연료의 겉밀도 뿐만 아니라, 연료를 쌓는 방법에도 의존한다. 벌크밀도는 화실(火室)에서 연료 체류시간, 연료속도 및 가스유속에 영향을 주기 때문에 가스 질에도 상당한 영향을 미친다. 석탄과 몇 가지 바이오매스의 벌크밀도는 표 6-14와 같다.

5) 원료 형태

가스화장치에 넣는 바이오매스 연료는 가스화에 경제적인 적재량으로 조절해야 한다. 즉, 벌크밀도가 너무 낮으면 화실에 넣은 원료(바이오매스)의 실제 중량이 적으므로 가스 발생량도 적다. 따라서 바이오매스 원료를 고밀도화하여 밀도를 높여야 한다.

6) 휘발성 물질

바이오매스가 함유한 휘발성 물질과 수분은 100 ~ 150°C의 열분해 영역에서 물, 타르, 오일과 가스로 구성된 증기를 형성한다. 휘발성 물질의 함량이 높으면 제조가스에 타르 함량이 높아지며 내부연소 엔진에 사용하는데 문제를 야기한다. 휘발성 물질량이 많을 경우에는 타르를 제거하기 위한 가스화장치를 선택해야 한다. 휘발성물질 함량은 목재의 경우 약 72 ~ 78%, 농업부산물은 63 ~ 80%, 피트는 70%, 석탄은 40%까지, 그리고 숯은 3 ~ 30% 정도이다.

7) 회분량

바이오매스가 연소한 후에 산화된 형태로 남는 광물이 회분이다. 회분량과 회분의 조성분은 가스화장치의 원활한 가동에 영향을 준다. 가스화 과정 중에 회분의 용융과 응집은 광물 찌꺼기(slagging, clinker)를 형성한다. 바이오매스 중에 회분 함량이 5% 이하이면 광물 찌꺼기는 남지 않는다. 이미 언급한바와 같이 바이오매스의 회분량은 다양하다. 목재칩의 회분량은 0.5%이내, 볏짚은 10 ~ 15%, 보리짚과 밀짚은 6 ~ 7%, 숯은 2 ~ 5%, 그리고 석탄의 회분량은 5 ~ 17% 범위이다.

8) 반응성

바이오매스의 반응력은 가스화장치 안에서 이산화탄소를 일산화탄소로의 환원율을 좌우한다. 반응력은 바이오매스 종류에 따라 다르다. 목재와 숯은 석탄보다 반응성이 더 높다. 반응력과 숯 표면의 활성지역의 수와는 정상관의 관계가 있다. 숯 표면의 반응력은 스팀처리(활성탄제조), $CaCO_3$, 및 Na_2CO_3를 포함하는 여러 종류의 처리과정을 통하여 개선할 수 있다. 촉매처럼 작용하는 여러 종류의 원소들도 있는데 이들이 가스화 과정에 영향을 준다. K, Na 및 Zn 첨가는 소량이라도 바이오매스의 반응성에 영향을 준다.

3.3 가스 생성 이론

가스화에서는 바이오매스의 탄소가 일산화탄소로 열화학적 전환을 이루는 것이다. 이 가스화는 이미 언급한 바와 같이 바이오매스가 건조, 가스화장치에서 가스화 반응, 가스 세정, 적용(가스엔진, 터빈엔진, 열) 순서로 이루어진다. 그러나 가스 생성 과정은 가스화장치에서의 가스화 반응을 의미한다. 가스화 반응은 그림 6-22에서와 같이 4단계로 나누어 설명할 수 있다. 실제로 가스화 반응은 서로 다른 여러 반응이 거의 동시에 일어나기 때문에 가스화 반응을 단계별로 엄격하게 구분하는 것은 실제로 불가능하다[2,3,4].

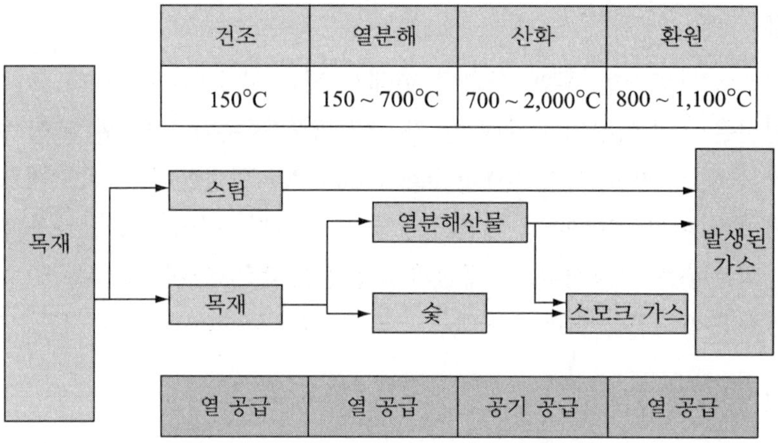

| 그림 6-22 | 바이오매스로부터 발생된 가스로의 전환

1) 건조

바이오매스는 특히 생재인 경우 수분을 약 50% 정도 함유하고 있다. 칩은 제조 후에 건조 과정을 거치므로 수분 함량이 감소된다. 일반적으로 원료로 사용할 바이오매스의 경우 수분량을 약 30% 이하로 조절해야 한다. 가스화장치에 넣은 바이오매스는 100°C 이상에서 물이 수증기화하여 제거되기 시작한다. 바이오매스에 수분량이 높으면 산소나 공기가 더 필요하다. 왜냐하면 물이 가열되어 증기화하기 때문이다. 젖은 상태의 바이오매스로부터 제조한 가스는 건조된 바이오매스의 가스보다 비교적 수분, 수소 및 질소를 많이 함유하고 있는데, 그 이유는 바이오매스의 탄소 : 수소 : 산소 비율은 거의 비슷하므로 가스 비율은 바이오매스의 수분 함량에 크게 좌우된다.

2) 열분해

바이오매스를 공기가 없는 상태에서 열분해하면 숯, 목초액과 오일(타르) 및 가스를 생성한다. 열분해 산물은 원료의 크기, 온도, 압력, 가열율, 반응시간, 촉매 등에 영향을 받는다.

3) 산화

산화단계에 넣어주는 공기는 산소, 수증기, 및 불활성 가스(질소 + 아르곤)도 함유하고 있다. 여기서 불활성 가스는 바이오매스 조성분자와 반응하지 않는다고 알려져 있다. 산화는 700 ~ 2,000°C에서 일어나며 공기 중의 산소와 바이오매스 사이에 불균일반응이 일어난다.

$$C + O_2 + 3.79N_2 \rightarrow 3.79N_2 + CO_2 + 395[MJ/kmol] \quad (1)$$

바이오매스의 수소도 공기 중의 산소와 반응하여 수분을 생산한다.

$$H_2 + \frac{1}{2}O_2 \rightarrow H_2O + 242[MJ/kmol] \quad (2)$$

4) 환원

환원지역은 산소가 없고 산소지역보다 온도가 낮으나 가스는 고온상태(800 ~ 1,100°C)를 유지하고 있다. 환원단계에서 일어나는 반응은 다음과 같다.

Boudouard 반응

$$C + CO_2 \rightarrow 2CO - 172.6[MJ/kmol] \quad (3)$$

900°C 이상에서 (1)의 CO_2는 약 90%가 CO로 환원된다.

스팀 가스화반응

900°C 이상에서,

$$C + H_2O \rightarrow CO + H_2 - 131.4[MJ/kmol] \quad (4)$$

500 ~ 600°C 범위에서,

$$C + 2H_2O \rightarrow CO_2 + 2H_2 - 88[MJ/kmol] \quad (5)$$

스팀 전환반응

900°C 이상에서,

$CO_2 + H_2 \rightarrow CO + H_2O + 41.2[MJ/kmol]$ ………… (6)

스팀이 과다하면 불리하다.

$CO + 2H_2O \rightarrow CO_2 + H_2 + 42[MJ/kmol]$ ………… (7)

메탄화반응

약 500°C에서

$C + 2H_2 \rightarrow CH_4 + 75[MJ/kmol]$ ………… (8)

$CO + 3H_2 \rightarrow CH_4 + H_2O - 49.3[MJ/kmol]$ ………… (9)

가스화가 완전하게 일어나면 탄소가 완전히 연소하여 일산화탄소로 환원한다. 약간의 광물들은 증기화하고, 덜 연소한 회분과 숯이 조금 남는다. 주요 에너지원인 가스는 일산화탄소, 수소, 그리고 메탄이다. 그러나 제조가스는 열량이 없는 질소, 이산화탄소 및 수증기도 함유하고 있다.

3.4 가스화장치

가스화에서 가장 보편적으로 사용하고 있는 가스화장치(gasifiers, gasifier reactors)는 고정상(fixed bed)과 유동상(fluidized bed)이다. 고정상(床)은 공기 유입의 방향에 따라 여러 행태로 구분한다.

3.4.1 고정상 가스화장치

1) 상승유동형 가스화장치(updraft gasifier) [1–6]

그림 6-23a와 같이 가스화장치 중에서 가장 간단한 형태이다. 바이오매스 연료를 반응기의 상부로 넣고 공기와 스팀은 하부 화격자를 통하여 상부로 불어넣어준다. 생성된 가스는 상부로 빠져나간다. 연료를 넣는 방향과 가스의 흐름이 서로 반대가 되므로 역류형(countercurrent)이라고도 한다.

건조지역에서 바이오매스가 건조하며 열분해(건류)지역에서 바이오매스가 휘발성가스와 차르(숯)로 분해한다. 바이오매스 건조와 열분해를 위한 열은 주로 반응기 하부에서 상부로 올라오는 것과 부분적으로는 산화(중심, 연소)지역으로부터 방사에 의해 전달된 것이다.

환원지역에서는 차르, 이산화탄소 및 수증기가 일산화탄소와 수소로 환원된다. 산화지역에서는 남아있는 차르가 연소하여 열, 수증기, 이산화탄소로 전환하여 환원지역으로 보낸다. 즉, 생성된 가스는 환원지역을 지나 열분해와 건조지역을 통하여 배출된다. 이때의 제조가스는 이차적인 분해반응이 일어나지 않았기 때문에 많은 양의 타르와 오일을 함유하고 있다. 또한 제조된 가스의 온도는 바이오매스를 사용할 경우 80~300°C 정도이다. 하부의 회분(재)은 안전하게 산화되어 미연소 탄소를 지니고 있지 않다. 제조된 가스에 함유된 분진도 적다. 그 이유는 가스속도가 느리고 건조지역과 열분해 지역을 거치면서 가스가 여과되었기 때문이다.

이 방법의 장점은 시스템이 단순하고, 배출 가스온도가 낮으며, 가스효율이 높은 것이다. 또한 수분 함량이 높은 연료도 가능하다. 왜냐하면 연료는 하부로 그리고 가스는 상부로 올라옴에 따른 내부 열교환이 원활하여 연료의 건조가 원활하기 때문이다. 연료 크기의 균일성에도 유연하다. 그러나 열분해산물이 완전히 연소하지 않기 때문에 가스에 타르와 열분해 산물 함량이 높은 것이 단점이다. 또한 가스를 직접 열 획득에 사용할 경우는 문제가 되지 않지만 엔진에 사용할 경우에는 반드시 세정이 필요하다.

2) 하향유동형 가스화장치(downdraft gasifier) [1-3,5,6]

가스화장치에서 생성된 타르를 가스 상태로 전환시킬 목적으로 개발하였고 2차대전 중에 목탄차에 적용하였다. 바이오매스를 가스화장치 상부에 넣고 하부로 자연 이동시킨다. 공기는 상부 또는 중간부에 넣어 하부로, 그리고 가스는 화격자 밑으로 유도하여 배출시킨다.

바이오매스는 건조 지역과 열분해 지역을 거쳐 하향한다. 열분해에 필요한 열은 차르의 일부가 타는 산화지역으로부터 열의 복사(일부는 대류)로 얻는다. 산화지역에서 공기와 접촉하여 본격적인 연소가 일어나며 산화 이후에 남아있는 차르와 연소산물인 이산화탄소와 수증기는 환원지역을 통과한다. 여기서 환원반응이 일어나 일산화탄소와 수소를 생성한다.

독일과 스위스는 기존 방법을 조금 변형시킨 앵베르(Imbert)형과 로트(Roth)형

하향유동 가스화장치를 각각 개발하였다. 이 방법은 그림 6-23b에서와 같이 공기를 넣어주는 입구 바로 상하의 산화지역 내에 깔때기 모양의 구조물을 설치한다. 깔때기 모양의 구조물로 이 지역에서 공기 속도가 증가되고 조업 온도도 급히 증가되며, 타르를 가스 조성분으로 전환시켜 준다. 따라서 제조된 가스는 타르 함량이 낮다.

장점으로는 가스에 타르 함량이 낮아서 엔진에 사용이 가능한 점이다. 그러나 타르 성분이 전혀 없는 가스를 얻기는 어렵다. 이러한 이유는 제조된 모든 가스가 제일 높은 온도지역을 통과하는 것도 아니며, 연소지역에 체류시간이 너무 짧기 때문이다. 또한 점화시간이 짧고, 가스발생 온도에 도달하는데 20 ~ 30분 걸리므로 상승유동 가스화장치보다 짧다. 단점으로는 가스에 회분과 분진이 많은 것이다. 왜냐하면 가스가 작은 회분 입자를 낳는 산화지역을 통과하기 때문이다. 원료의 크기가 4 ~ 10cm로 비교적 균일한 크기여야 한다. 따라서 펠릿이나 브리켓이 가장 적합한 연료이다. 연료의 수분 함량이 25%이어야 한다. 배출되는 가스온도가 높은 것도 단점이다. 이것은 가스화 효율이 낮음을 의미한다.

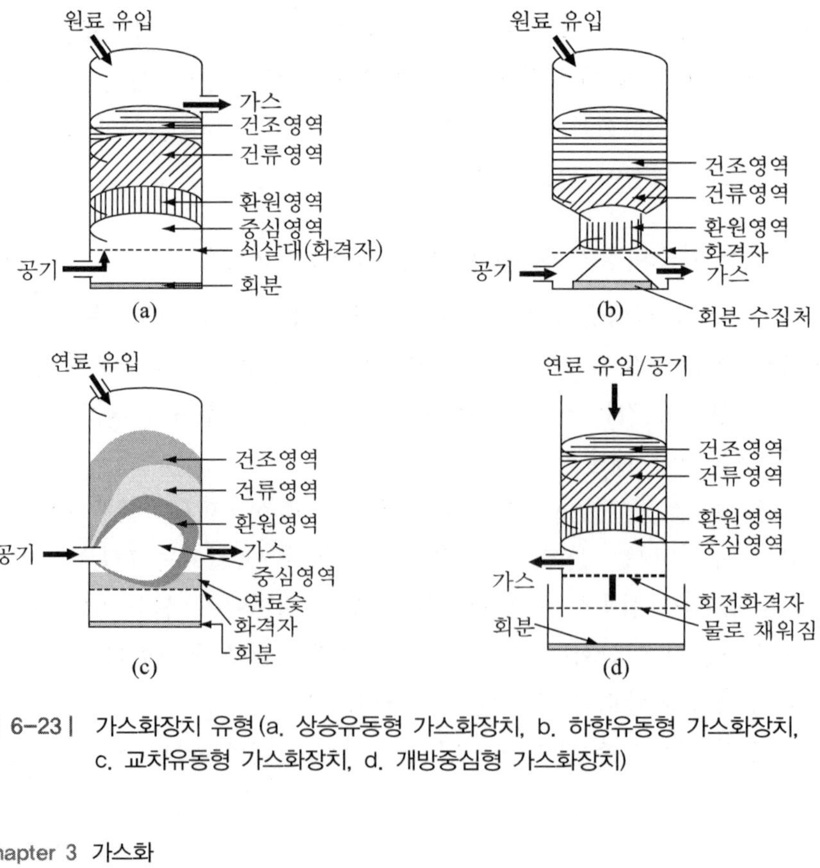

| 그림 6-23 | 가스화장치 유형(a. 상승유동형 가스화장치, b. 하향유동형 가스화장치, c. 교차유동형 가스화장치, d. 개방중심형 가스화장치)

3) 교차유동형 가스화장치(cross-draft gasifier) [1,3,4]

그림 6-23c에서와 같이 공기와 가스가 반응기 옆(높이의 중간부)으로 들어가고 반대쪽으로 나온다. 공기는 노즐을 사용하여 80m/s의 속도로 산화지역(연소 중심지역)에 넣어준다.

연료로 목재, 차르 및 코르크와 같이 회분 함량이 적은 것만 적용 가능하지만, 주로 차르를 사용하므로 중심지역 온도가 1,500°C 이상이고 경우에 따라서는 2,000°C까지 상승하므로 주철이나 강철로 만든 용광로의 송풍구는 물로 냉각시키는 것이 필수적이다. 교차유동 가스화장치에서는 건조한 연료와 건조한 공기를 유입할 때 조업이 양호하다. 따라서 차르를 주로 사용하는데 이 경우 CO는 많이 생산되고 H_2와 CH_4는 적게 제조된다.

이 방법의 장점은 작은 규모도 가능(10kWe 이하)하다는 점이다. 즉, 간단한 가스 세정과정(사이클론과 상 필터)만으로도 충분하기 때문이다. 또한 조업 개시 시간이 상승유동이나 하강유동 가스화장치보다 5 ~ 10분 더 빠르다. 단점은 타르 전환능력이 낮아 주로 질 좋은 차르만을 연료로 사용해야 되며, 생산된 배출 가스의 온도와 속도가 높은 것이다.

4) 개방중심(open core)형 가스화장치 [1]

연료로 볏짚과 같이 밀도가 낮은 원료를 가스화하기 위해 개발한 장치이다. 그림 6-23d에서와 같이 입구가 넓어 원료 유입시에 막히는 현상이 없다. 또한 회전화격자가 설치되어 있으므로 연료를 저을 수 있고 재도 제거할 수도 있다. 최하부에 물을 넣어두어 이것으로 재를 제거한다.

고정상 가스화장치의 여러 가지 변형이 연구 개발되어 왔으나 근본적인 가스화장치는 위에 설명한 4종 정도이며 이들의 특징을 비교하면 표 6-15와 같다. 고정상 가스화장치의 변형이 너무 많으므로 수치가 절대적이라고는 말할 수는 없으나 어느 정도 가스화장치 종류에 따른 특성을 나타내고 있다. 즉, 이미 언급한 내용들을 집약해 주고 있다.

표 6-15 ▶ 몇 가지 고정상 가스화장치의 특성[7,8]

	하향유동형	상승유동형	개방중심형
연 료			
수분 (% 습윤 기준)	12(최대 25)	43(최대 60)	7 ~ 15(최대(15)
회분 (% 전건 기준)	0.5(최대 6)	1.4(최대 25)	1 ~ 2(최대 20)
크기 (mm)	20 ~ 100	5 ~ 100	1 ~ 5
가스 출구온도 (°C)	700	200 ~ 400	250 ~ 500
타르 (g/Nm^3)	0.015 ~ 0.5	30 ~ 150	2 ~ 10
원료 투입량에 따른 변이	예민	무관	무관
턴다운 비	3 ~ 4	5 ~ 10	5 ~ 10
열가스 효율 (%)	85 ~ 90	90 ~ 95	70 ~ 80
냉가스 효율 (%)	65 ~ 75	40 ~ 60	35 ~ 50
제조가스 열량 LHV (kJ/Nm^3)	4.5 ~ 5.0	5.0 ~ 6.0	5.5 ~ 6.0

주. 열가스 효율은 열 이용에, 그리고 냉가스 효율은 가스가 가스장치를 떠난 후 상온으로 냉각하였으며 엔진과 전력에 이용시 효율임.

이상의 고정화 가스장치에서 발생하는 제조가스는 연소할 수 있는 일산화탄소, 수소, 메탄, 아세틸렌(C_2H_2), 에틸렌(C_2H_4), 부타디엔(C_4H_6)과 연소가 불가능한 이산화탄소, 타르증기, 수증기, 광물증기, 및 탄소와 회분으로 구성된 분진들이 혼합되어있다. 이들 가스 중에서도 연료에 함유된 질소와 황은 가스화 반응에서 H_2S, HCN, NH_3 등으로 전환되어 장비를 오염, 부식시키며 오염물질을 방출시켜 환경오염을 야기한다.

이러한 가스를 실제 적용하기 위해서는 유해한 성분들을 제거해야 한다. 특히 타르, 분진, 산들을 제거해야 한다. 가스 냉각과 세정은 그림 6-24에서와 같이 사이클론(cyclone), 세정작용을 지닌 가스 냉각기 그리고 여러 가지 물질로 채워진 필터로 구성되어 있다. 세정기(scrubber)는 가스를 냉각시킴과 동시에 가스 상태의 오염물질과 고체 분진을 제거한다. 특히 다층세정기(packing bed scrubber)는 철사, 물, 목재칩, 코르크, 자갈 등으로 채워져 있고 가스는 하부에서 상부로, 한편 물과 같은 용액을 최상부에서는 밑으로 분산시켜 가스를 세정한다. 또한 필터는 차량에 적용시키기에 적합한 것으로서 사이클론 바로 다음 단계에 배치한다. 또한 300°C에 견딜 수 있도록 유리섬유 천으로 만든 필터박스로 가스를 통과시킨다. 가스 유속율은 65m^3/h를 초과해서는 안된다[3].

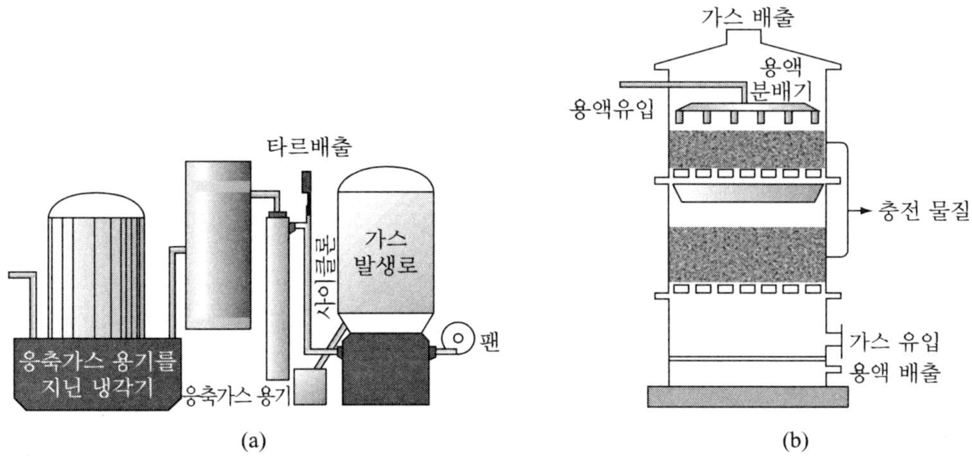

| 그림 6-24 | 가스 세정장치(a. 가스 냉각과 세정기, b. 다층 세정기)

5) 개선된 상승유동형 가스화장치

현재 핀란드와 스웨덴에서는 기존 방법을 조금 개량한 바이오니어(bioneer) [9,10]와 나블(novel)고정상[11] 가스화장치를 산업에 적용하고 있다. 바이오니어 가스화장치는 기존 화격자와 다르게 회전식 원추체모양의 화격자와 고온에 용해되기 어려운 철제용기로 구성되어 있다. 바이오매스 연료를 상부에서 넣고 하부로 내려가면서 건조, 열분해, 가스화와 연소 지역을 거치면서 가스화가 완료된다. 잔사 회분은 회전화격자에 의해 밑으로 빼서 처리한다. 연소지역의 온도는 가스화한 공기에 물로 흡습시켜 조절한다. 가스화 매체로 공기와 스팀을 화격자를 통해 넣어준다.

현재 일부 지역에서 바이오니어 가스화장치에서 생산한 가스를 보일러에서 연소시켜서 지역난방을 위한 온수를 생산하고 있다. 그러나 이 가스는 타르 함량이 높으므로 직접 IC 엔진에는 사용할 수 없다. 수분 함량이 41%인 목재칩을 가스화한 결과 30% CO, 11% H_2, 3% CH_4, 7% CO_2, 49% N_2였고, HHV는 6.2 MJ/m^3, 한편 제조한 제조가스에 타르 함량은 $50 \sim 100 g/m^3$였다. 원료로는 목재, 목재/피트, 피트를 사용한다.

새로운 나블고정상은 상승유동 가스화장치로서 타르 함량을 낮추기 위해 개발되었다. 그림 6-25와 같이 본 가스화장치는 저 타르 함량을 지닌 하향배출식과 기존 상승유동(상향배출식) 가스화장치의 기술을 조합한 것이다. 즉, 바이오니어 가스장치에서 생성된 가스를 직접 연결된 반응로에서 재차 연소시킨 후에 가스 세정과정을 통하여 타르 함량을 낮춘다.

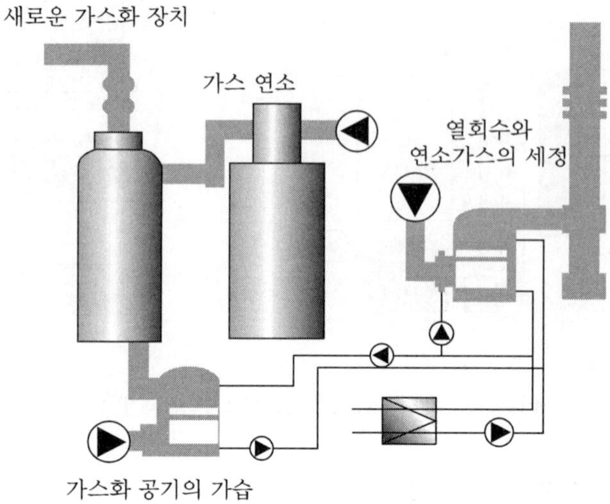

| 그림 6-25 | 나블 상승유도화 장치에 의한 가스 처리과정

3.4.2 유동형 가스화장치

1) 상압유동형 가스화장치

유동층 가스화장치는 고정형 가스화장치에서 과량의 회분으로 야기되는 조업상 문제를 해결하기 위해 개발되었다. 유동형 가스화장치는 유동형 연소와 비슷하다. 이 방법은 큰 규모(10MWth 이상)의 설비에 적합한 형태이다

상압유동층 가스화는 부유(suspension)상태이거나 순환상태인 고온의 모래상(床)에 바이오매스 입자를 넣고 모래와 빨리 섞여 급속하게 열분해를 일으켜 열분해 가스를 유도한다. 모래상은 다소간 용액처럼 거동하고 높은 맥동을 일으킨다.

장점은 수분과 회분량과 같은 연료 특성의 변화에 유연하다는 점이다. 작은 연료 입자를 사용하기 때문에 회분 함량이 높거나 벌크밀도가 낮은 연료로 가능하다. 또한 반응 온도가 낮기 때문에 비교적 낮은 회분 융점을 지닌다. 단점으로는 제조된 가스에 타르와 분진 함량이 높고. 가스 온도가 높으며 증기 상태에서 알칼리 금속을 함유하며, 불완전한 탄소연소, 복잡한 조업(공기/연료 공급비 조절 요망), 및 가스 흐름을 압축하기 위한 동력소비가 필요한 점이다.

(1) 순환유동층 가스화(circulating fluidized bed, CFB) [4]

6편 1장에서 설명한바와 같이 CFB 장치는 매우 간단하다. 이 장치는 가스화가 일어나는 주된 반응로, 가스로부터 순환물질을 분리하는 단류사이클론(uniflow cyclone) 및 가스화장치의 하부로 순환물질을 되돌리는 회수로로 구성되어 있다.

반응로 내의 조업온도는 연료나 최종 이용에 따라 차이가 있으나 일반적으로 800 ~ 1,000°C 범위이다. 연료는 공기를 분배하는 화격자로부터 약간 윗부분의 가스화장치 아랫부분으로 주입된다. 가스화장치에 유입된 바이오매스 입자는 급히 건조되고 열분해를 시작한다. 원료인 숯의 일부는 유동층의 아래 부분인 환원지역으로 내려가고, 한편 다른 일부는 순환식 매체와 함께 단류 사이클론으로 올라간다.

고체물질(숯)의 대부분은 사이클론에서 가스와 분리되어 상(床; bed)의 하부로 돌아온다. 여기서 숯은 격자 노즐을 통해 유동층에 유입되는 공기로 인해 연소한다[53].

(2) 기포식유동층 가스화(bubbling fluidized bed, BFB) [1,2,4]

CFB기술은 생산규모가 40 ~ 100MW일 경우 가장 경제적이지만, BFB기술은 이보다 적은 중간 규모인 15 ~ 40MW에 가장 적합하다[12]. 여기에도 건조가스 세정기술을 적용할 수 있다. 기포식유동층의 설비 및 내용은 이미 전술한 것과 차이가 없으므로 생략한다.

2) 가압유동층 가스화(pressurised fluidized bed, PFB) [13]

PFB 장치는 세정된 가스를 직접 엔진에 적용하려고 개발된 방법이다. 따라서 환경적, 경제적 측면에서 가스화 과정 중에 생성되는 오염물질, 즉 분진, 알칼리, 타르, 질소함유 화합물을 제거하여 압력조건에서 직접 엔진에 사용할 수 있다. 이러한 오염 물질들은 가스터빈 날개를 오염 또는 부식시킨다. 타르 성분은 검댕같은 침착물로 폴리머화하거나 축합하여 가스냉각기와 세라믹 필터를 막기도 한다.

PFB는 바이오매스를 BFB나 CFB에서와 같이 온도 800 ~ 1,000°C 그리고 2.5 MPa의 압력조건에서 가스화시킨다. 제조된 가스는 우선 350 ~ 550°C로 냉각되고 압축되어진 후에 가스터빈의 연소실로 보낸다.

PFB는 가압유동층에 연료를 넣는 것이 복잡하며 고온의 가스를 세정하여 분진, 알칼리, 타르 및 질소 함유물질과 같은 오염물질을 완전히 제거하는 기술이 좀 더 진화해야 한다. 이러한 공해 물질은 가스터빈의 회전날을 부식시킨다. 또한 장비가 복잡하므로 투자비가 높은 단점도 있다. 현재 산업화를 위한 많은 연구개발이 진행되고 있다.

3.5 최근의 가스화 방법

기존의 가스화 방법들에서 생산한 가스는 직접 열을 얻기 위한 방법으로는 가능하다. 그러나 오염 물질을 다량 함유하고 있으므로 액체연료나 화공약품을 생산하기 위한 합성가스로는 부적당하다. 따라서 이런 문제를 극복하기 위하여 기존의 유동상에 촉매 개질처리(catalytic reformer)로 공기 대신에 산소나 스팀을 넣어 주거나, 또는 간접가스화 방법을 이용한다. 이와 동시에 석탄 가스화에서 이용하고 있는 분류층 가스화장치(entrained flow gasifier)에 바이오매스를 가스화 시키는 연구가 집중 연구되어 왔다[12,13].

3.5.1 개질된 순환유동식 가스화

개질이 포함된 순환유동식 가스화(CFB with catalytic reformer)는 여러 국가에서 개발하였다. 유럽의 경우 합성가스를 생산하기 위하여 공기 대신에 산소/스팀을 넣어주며 고온 필터, 개질 처리, 및 변속 반응장치가 설비된 CBF 가스화 장치를 가동하고 있다. 스웨덴의 한 공장은 10 bar에서 H_2와 CO를 3,500m_n/h 생산하는 것으로 알려졌다[14,15].

핀란드 정부기술연구센터(VTT)는 바이오매스로부터 깨끗한 연료와 합성가스를 생산하는 연구를 진행하고 있다. 이 장비는 가압유동층 가스화장치에 촉매 개질, 가스 세정, 및 조절로 구성되어 있다. 촉매 개질로 탄화수소는 거의 완전히, 그리고 메탄은 95% 이상 제거된다. 제조된 가스는 보일러에서 연소하기 전에 가스화 공기의 예열과 고압 보일러에 넣어주는 물로 일차적으로 냉각시키고, 그다음 약 400°C의 가스를 봉투필터(bag filter)를 통해 세정한다. 이렇게 세정된 건조한 가스를 주 보일러에서 연소시킨다[13,14].

독일에서도 개질 장치가 연결된 산소를 넣어주는 CFB 가스화장치가 건설되었다. 여기서 생산된 가스의 일부는 압축되어 직접 피셔-트로프슈(Fischer-Tropsch) 반응기로 보내진다[5].

3.5.2 분류층 가스화

분류층 가스화(entrained flow gasification)에서는 연료 입자(고체, 액체)가 100 μm 이하로 미세하며 산소와 함께 20 ~ 30bar의 압력이 유지되는 가스화장치 안으로 넣어진다. 반응시간은 1초 이내가 전형적이며 온도는 1,300 ~ 1,500°C 정도이다[16,17].

연료 입자가 미세하므로 고체 연료는 마쇄 비용이 많이 요구된다. 따라서 현재는 연료 주입과 전 과정에 걸친 경제성 연구에 초점을 두고 있다. 이러한 문제의 일환으로 원료의 전처리가 연구되고 있다. 가장 가능성이 있는 전처리로는 200 ~ 300°C의 열로 처리(torrefaction)한 후에 미세하게 분쇄하거나, 저속열분해 산물인 열분해 슬러리가 주목 받고 있다[17].

분류층 가스화에는 2종류가 있다. 즉, 슬래그(slagging)분류층 가스화와 비슬래그분류층 가스화가 있다. 바이오매스는 슬래그분류층 가스화 장비를 이용한다. 그림 6-26에서와 같이 연료는 산소와 함께 상부로 넣으며 여기서 회분을 형성하는

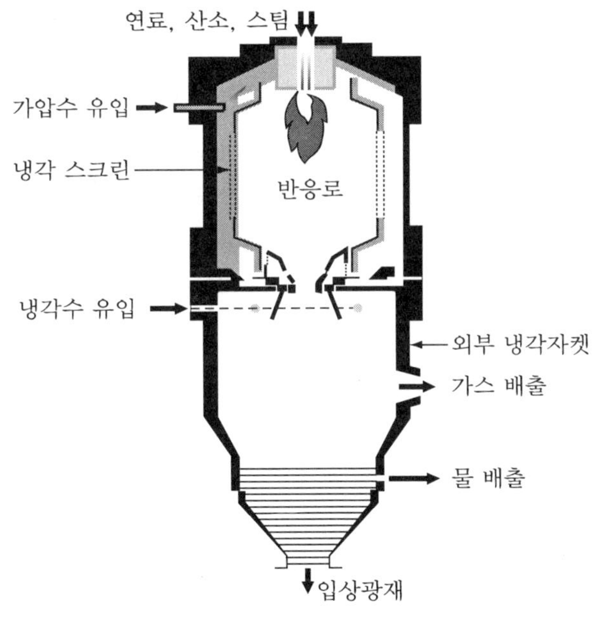

| 그림 6-26 | 분류층 가스화장치의 모식도

조성분(CaO, SiO_2, 기타 산화물)은 가스화 반응로에서 용해한다. 용해된 입자는 상대적으로 차가운 벽에 응축해서 벽 근처에 고체 층을, 그리고 안쪽으로 용액을 형성한다. 이 슬래그 층이 반응로의 벽을 보호하며 액체 슬래그는 반응로의 급속 냉각수(quench water)를 거쳐 밑바닥으로 떨어진다.

독일의 미래 에너지사(Future energy Co.)는 바이오매스, 폐기물, 및 기타 연료를 사용하는 슬래그분류층 가스화 기술을 개발하였고[18], 그리고 폐기물을 주 원료로하는 상업용 시설을 가동하였다[19]. 네델란드에서는 바이오매스와 석탄을 함께 넣는 슬래그분류층 가스화 장비를 운영하고 있다. 여기에 사용한 바이오매스는 하수슬러지, 계분, 및 목분의 혼합으로 약 34%(무게기준)가 가스화 되었다[20].

3.5.3 초임계수에 의한 바이오매스 가스화

3.5.3.1 초임계수와 바이오매스

초임계유체(supercritical fluid, SCF)는 액체와 기체가 공존할 수 있는 온도와 압력을 넘어선 유체로서 액체와 가스의 두 특성을 지녀서 두 형태로 전부 거동한다. 초임계 조건에서 유체들은 본래의 특성과 다르게 작용한다. 즉, 기존의 용액과 가스에 비하여 독특한 용해력과 유동특성을 지닌다. 또한 초임계유체는 액체와 같은 밀도, 가스와 같은 확산성, 그리고 정상적인 가스 거동에서 크게 다르게 작용한다.

순수한 물이 374°C, 22.1Mpa(3,191psi)을 넘어서면 초임계수(supercritical water, SCW)가 된다. 초임계수는 높은 용해력과 반응율을 나타내며 낮은 점도와 높은 확산력을 지닌다. 특히 초임계수는 정상적으로 물이나 수증기에 녹지 않는 물체를 용해시킬 수 있는 능력을 지녔으며, 또한 여러 종류의 화학반응을 촉진시킨다고 알려졌다. 따라서 초임계수는 많은 유기화합물과 가스도 용해시킬 수 있다[21,22]. 이러한 특성에 의해 초임계수는 바이오매스를 부가 가치가 있는 산물로 전환시키는 대단히 가망성 높은 반응 매체로 인정되고 있다.

초임계수는 바이오매스의 주성분인 셀룰로오스의 결합을 쉽게 끊어서 가스 산물을 생성한다. 한편 강산이나 염기 촉매가 존재하지 않는 한 전혀 반응하지 않는 많은 유기약품들도 스팀과 열 조건에서는 쉽게 반응한다. 이러한 두 가지 특성, 즉 초임계수의 특성과 스팀/열 조건에서는 바이오매스를 쉽게 분해시킬 수 있을 것이라는 이론에 근거하여 바이오매스의 조성분 중에서 가장 많은 양을 차지하는 셀룰로오스의 구성단위인 글루코오스를 가스화하는 연구가 시작되었다. 글루코오스는 초임계수에서 아래와 같이 스팀 개질반응과 물-가스 교환반응에 따라 반응한다.

$$2\ C_6H_{12}O_6 + 7H_2O \rightarrow 9CO_2 + 15H_2 + CO + 2CH_4$$

생산된 가스는 수소, 이산화탄소, 일산화탄소 그리고 메탄가스 등이다. 초임계점 바로 위의 온도에서 생산 가스의 대부분은 액체를 유지한다. 그리고 글루코오스로부터 가스 상으로 전환하는 탄소율(가스화 효율)은 낮다. 그러나 600°C 이상의 온도에서 글루코오스는 액체 생성물이 존재하지 않고 완전히 가스화한다[23]. 그 이후에는 모델화합물(단리된 셀룰로오스, 헤미셀룰로오스, 리그닌)과 초임계수, 모델화합물들의 혼합과 초임계수의 반응 그리고 초임계수에서 바이오매스 성분과 열, 금속, 미량원소의 영향 등이 연구되었다. 초기연구 결과에 따르면 글루코오스를 임계점 이하의 온도에서 가수분해하면 목탄과 소량의 가스가 생산되고, 임계점 이상의 온도에서는 목탄은 없고 수소, 이산화탄소, 일산화탄소, 메탄가스 및 탄소 두 분자로 구성된 가스가 생산된다. 즉, 600°C, 34.5MPa에서 글루코오스 0.1M을 30초간 반응시키면 완전 가스화가 일어나며, 동일 온도와 압력 조건에서 글루코오스의 농도만을 높이면 가스화 효율은 감소하고, 반응온도를 녹이면 가스화가 상당히 증가한다. 최근에는 초임계수에서 수분이 많은 바이오매스로 주로 H_2를 생산되는 가스화[24], 그리고 촉매의 종류, 바이오매스 종류, 반응 조건에 따른 가스 수율과 가스화 효율도 연구되었다[25]. 또한 젖은 바이오매스나 유기폐기물에 KOH나 K_2CO_3를 촉매로 넣고 600°C, 250기압에서 초임계수로 분해하면 전부 가스화함이 확인되었다[26].

3.5.3.2 바이오매스 가스화

1) 원료

(1) 재생 가능한 바이오매스류: 수분을 다량 함유한 목질 바이오매스, 농산물 잔재, 해조류 등

(2) 폐기물 류: 폐수, 하수슬러지, 과일 및 식품 가공폐기물 등

2) 가스화

가스화장치는 그림 6-27에서와 같이 원료 주입펌프, 열교환 장치와 연소로(반

응로) 및 분리기로 구성되어 있다. 가스화용액 분리기는 고압분리기와 저압분리기로 구성되어 있으며 고압분리는 50~100°C 범위에서 실시한다[27]. 최근에는 열교환 장치를 지닌 연소로의 역할을 유동상 가스화장치로 대신한 파일럿 장치들이 실용화되고 있다.

반응온도 600~650°C, 압력 300기압에서 0.5~2분간 반응시키면 2상(相)의 산물흐름으로 배출되는데 이것을 고압분리기에서 가스-용액으로 분리된다. 대부분의 이산화탄소는 액상인 물에 남고 또한 HCl, NH_3, H_2S와 같은 오염물질들도 용해성이 높기 때문에 액상에 용해되므로 가스는 스스로 세정된다. 고압분리기에서 나온 가스흐름은 주로 수소, 일산화탄소, 메탄가스를 함유하고 있고 일부 이산화탄소도 함유하고 있다. 고압분리기에서 분리된 가스와 액상을 저압 분리기에서 다시 한번 분리한다. 저압분리기에서 분리된 두 번째 가스흐름은 비교적 많은 량의 이산화탄소를 함유하고 있으며 약간의 연소성을 지니고 있다. 이 가스는 내부 가열 목적으로 사용할 수 있다[28,29].

현재 BTG사의 경우 시간당 10~30리터의 단위용량을 지닌 파일럿공장을 가동하고 있다. 여기서 생산한 건조된 가스의 조성분은 수소, 일산화탄소, 이산화탄소, 메탄가스가 각각 56, 4, 33, 7vol%로 구성되어 있다[29].

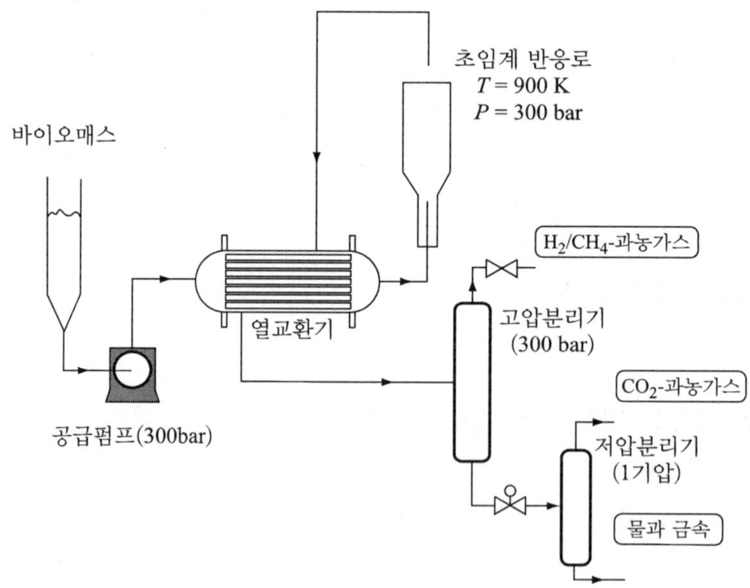

| 그림 6-27 | 초임계수에서 바이오매스의 가스화 과정

3) **적용** [29]

초임계수에 의해 제조된 가스는 기존 가스화장치에서 생산한 가스와 다르다. 초임계수 가스화의 장점은,

(1) 수분이 많은 바이오매스와 폐기물(>80% 수분)도 가스화 가능
(2) 제조된 가스는 깨끗하고 타르와 다른 오염물질이 없다.
(3) 제조된 가스에는 H_2량(50 ~ 60 vol%)이 높다.
(4) 고압에서 제조된 가스이므로 별도의 비용이 필요한 압축이 필요 없다.

초임계수에서 생산한 가스는 이상의 특성을 지니고 있으며, 제조방법에 따라 가스조성분의 비율도 조금씩 조절할 수 있다. 즉, 일산화탄소와 메탄가스는 제조조건에 좌우한다. 즉, 탄소의 완전한 전환은 상대적으로 짧은 체류시간에서 이루어지며 많은 양의 일산화탄소 생성되며 메탄가스는 적게 생성된다. 긴 체류시간에서는 가스평형이 이루어져서 일산화탄소가 거의 없어지며 메탄가스 양은 상당히 증가한다. 이러한 가스화 조건에 따라 가스의 적용 범위를 달리할 수 있다.

생산한 가스는 수소생산(최대 H_2)과 대체 천연가스(최소 CO)로 사용할 수 있다. 합성가스(최소 CH_4)로부터 피셔-트로프슈(Fischer-Tropsch) 산물, 메탄올(methanol) 및 DMF 등과 같은 차량연료를 생산할 수 있다.

3.6 가스의 조성과 안전성

3.6.1 가스의 조성

가스화장치에서 제조된 가스는 이미 앞에서 언급한 바와 같이 연소 가스와 비연소 가스가 있다. 이들 가스들은 연료의 종류 및 반응 조건에 따라 그 비율에 차이가 있다.

일산화탄소는 이산화탄소의 환원반응으로 생성되면 가스 전체량의 15 ~ 30%를 차지한다. 일산화탄소는 옥탄가가 106으로 높다. 그러나 인화 속도는 낮다. 인체에 유해하며 조심스럽게 다루어야 한다.

수소도 환원반응에서 생성된다. 전체 가스의 10 ~ 20% 정도를 차지하며 옥탄가는 60 ~ 66이다. 수소 가스는 제조가스의 인화 능력을 증가시킨다.

전체 가스량의 약 2~4% 정도인 메탄가스는 수소와 함께 제조가스의 대부분의 열량을 차지한다.

일산화탄소 함량이 높으면 불완전한 환원을 의미한다. 이산화탄소와 질소는 열량이 없다. 그러나 제조된 가스는 공기 중의 질소 때문에 질소를 약 45~60%를 함유하고 있다.

수증기도 6~8% 정도 함유하는데 이것은 바이오매스의 수분, 가스화 반응에서 넣어주는 스팀, 그리고 산화과정 중에 넣어주는 공기 중의 수분이 가스 제조과정 중에 수증기를 생성하는데 기인한다[3].

3.6.2 가스의 안전성

여러 종류의 가스가 혼합되어 있는 제조가스를 다루는데 안전성이 필요하다. 제조가스 중에서도 가장 독성이 높고 위험한 것은 일산화탄소 가스이다. 이런 가스들은 화재 위험, 폭발 위험, 인명 피해 및 환경 피해를 초래할 수 있다. 화재 피해는 장비 표면의 높은 온도, 원료 연료를 입재할 경우에 스파크, 가스화장치로부터의 화염에 기인한다. 따라서 화재피해가 가능한 부위는 격리시설과 장치로 위험성을 최소화해야 한다. 가스 시스템에 공기가 유입되어 폭발하는 경우는 거의 없다. 그러나 제조가스가 존재하는 차가운 시스템에 점화시킬 경우 폭발 위험성이 증가한다.

환경적 측면에서 회분은 큰 문제가 되지 않는다. 즉, 조심스럽게 모아서 폐기처분하면 된다. 그러나 타르 성분 중에서도 페놀 성분과 축합한 타르는 생물학적 분해가 어렵다. 제조가스로 엔진을 가동할 때에 공기 중으로 배출하는 물질은 공해기준에 해당되지 않는다.

일산화탄소 가스는 이미 언급한 바와 같이 인체에 매우 위험하다. 0.005%(50ppm) 이하에서는 전혀 문제가 되지 않으나 0.02%(200ppm)에서는 2~3시간 내에 두통과 어지럼증을 동반한다. 0.64%에서는 10~15분, 그리고 1.28% 이상에서는 1~3분 내에 사망에 이른다[3]. 따라서 가스 제조 공장은 확 트인 곳에 설립하고 실내에는 흡인장치를 설치하여 일산화탄소를 항상 제거하는 것이 바람직하다.

3.7 가스의 이용

3.7.1 동력과 전기

제조가스는 동력이나 전기를 발생하기 위하여 내연기관에 사용한다. 가스화장치에서 생산한 제조가스의 효율은 70%이다. 엔진의 실제효율은 주행 조건, 설계 디자인 및 크기에 좌우되나 이론적으로 가솔린 엔진의 효율은 20%, 그리고 디젤 엔진은 30%로 간주한다. 그러나 이들 엔진에 제조가스를 넣어 운행하면 엔진의 효율은 25 ~ 60% 정도 더 감소한다.

전형적인 제조가스의 조성은 27%의 일산화탄소, 4.5%의 이산화탄소, 14%의 수소, 3%의 메탄, 그리고 51%의 질소로 구성되어 있다. 한편 1기압 15°C에서 저위열량은 5.7MJ/m^3이다. 에너지 밀도는 제조가스가 2.5MJ/m^3, 디젤-공기는 3.35MJ/m^3,그리고 가솔린-공기는 3.5MJ/m^3이다.

기존 가솔린 엔진에 제조가스를 넣으면 제조가스의 질에 따라 차이는 있으나 동력 손실이 30 ~ 50%에 달한다. 손실된 효율의 일부는 과급기(supercharger, turbocharger)를 통해 압축비를 5에서 10 정도로 상승시키고 가솔린과 제조가스와 공기를 함께 넣어서 회복할 수 있다[3].

디젤엔진은 압축 점화엔진이며 직접연소실, 전연소실, 4행정 및 2행정에 따라서 압축비는 16 ~ 24이다. 디젤엔진은 제조가스만으로는 작동되지 않는다. 따라서 2종 연료(dual fuel)를 넣거나 완전히 스파크 점화엔진으로 바꾸어야 한다. 전체 엔진을 바꾸는 것은 고가의 부담이다[3].

가스터빈은 비행기의 동력이나, 또한 공장에서 콤프레셔, 펌프, 전기발생기와 같은 기계적 장비를 추진하는 등 여러 분야에 폭 넓게 이용한다. 가스터빈은 1축과 2축 모델이 있다. 콤프레셔는 연소로에서 연료와 반응하는 연소 공기를 압축한다. 이 고온의 압력 연료가스가 터빈으로 확장하여 콤프레셔와 전기 발생장치를 추진한다. 제조가스를 가스터빈에 직접 사용하는 데는 약간의 문제점이 있다. 터빈에 들어가는 연소로에서 나오는 연료가스의 온도는 최고 약 1,250°C에 달한다. 스팀터빈의 경우 스팀 온도는 525 ~ 560°C 정도이다. 따라서 가스 온도를 낮추려면 열량을 동력으로 이용하는 효율이 낮아진다. 큰 규모의 가스터빈으로 전환, 압축된 연소공기를 가열하여 배출가스로부터 약간의 열을 회수함에 의해서, 또는 온도를 낮추는 중간냉각 열교환장치를 적용하여 1축 가스터빈의 효율을 증가시킬 수 있다.

3.7.2 열 생산

열 생산에 제조가스를 사용하는 것은 2단계 연소에 비교된다. 즉, 이들 간에 차이는 1단계(가스화장치)와 2단계(버너)사이에 있는 약간의 거리(간격)이다. 즉, 뜨거운 제조가스를 가스 파이프를 통하여 버너에 유입시킨다. 타르 축합을 억제하기 위하여 파이프관을 배열하고 이송 거리를 너무 길게 하면 안 된다.

연료의 직접 연소의 장점은 1) 상대적으로 높은 효율을 가능하게 하는 가스화와 연소 모두 낮은 공기과잉율, 2) 낮은 NO_x 배출 수준, 3) 연소 가스에 비산 회분이 적기 때문에 열교환 장비와 가열된 산물들의 부식과 막힘 현상이 적다. 한편 가스화장치와 전달 파이프에서 열 손실이 일어나는 것은 큰 단점이다[1].

열 생산은 1990년대부터 핀란드와 스웨덴에서는 이미 일반화되었다. 주로 전술한 바이오니어(bioneer)[9,10]와 나블(novel)고정상[11] 가스화장치를 이용하여 상업용으로 열을 생산하고 있다. 독일과 오스트리아도 순환식유동층(CFB) 가스화장치의 가스로 스팀을 생산하고 있다.

3.7.3 합성 가스

생산된 합성가스(최소 CH_4)를 세정하여 차량 연료로 사용할 수 있는 피셔-트로프슈(Fischer-Tropsch) 산물, 메탄올 및 DMF 등을 생산한다. 이 분야는 제 4장에서 자세히 설명한다.

제조가스를 합성하여 대체 천연가스(substitute natural gas, SNG)로도 사용할 수 있다. SNG는 주로 메탄(1)을 함유하고 있으므로 천연가스와 비슷하다.

$$CO + 3H_2 = CH_4 + H_2O \cdots\cdots (1)$$

바이오매스로부터 SNG를 제조하는 것은 매우 복잡하며 특히 제조가스의 세정과 타르 제거가 필수적이다. 현재 여러 연구소에서 바이오매스로부터 SNG 제조를 연구하고 있다[30].

참고문헌

1. Quoak, P. Knoef, H., Stassen, H., Energy from Biomass, A review of conbustion and

gasification technologies, World Bank Technical Paper no. 422, Energy series, The World Bank, Washington, D.C., pp. 26-39, 1999

2. Deglise, X., Magne, P., Chap. 10 Pyrolysis and industrial charcoal, pp. 221-232, 262-269. In. Hall, D. O., Overend, R. P., Biomass regenerable energy, John Wiley & Sons. 1987
3. http://members.tripod.com/~cturare/bio.htm, 2003.10.01, Turare, C., Biomass Gasification, Technology and utilization, Uni. of Flensburg, Germany.
4. www.woodgas.com/fuel-densities.htm, 2006.06.25
5. Bain, R. L., Biomass gasification, The thermochemical conversion workshop, USDA, Pacific Northwest National Lab., Richmond, WA, Sep. 6. 2006
6. Kurkela, E., Review of Finnish Biomass gasification, OPET Report 4, Espp: VTT Energie, pp. 3-17, 2002
7. Dinjus, E., German developments in Biomass gasification, IEA Renewable working party Bioenergy, Tark 33, Thermal Gasification, Innsboruck, 25. Sep. 2005
8. Stassen, H. E., Small-scale biomass gasifiers for heat and power, A global review, world bank technical paper no. 296, Energy Series, The world bank, Washington, D.C., pp. 29-36, 1995
9. Swaay., W. P. H., Van Aarsen, Van Der., Bridgwater, A. V., Heesink, A. B. M., A review of biomass gasification, A report to the european community, DGX11 Joule Programms, 2005
10. Wilen, C., Kurkela, E., Gasification of biomass for energy production-state of technology in Finland and global market perspectives, Espoo: VTT. 64 p. VTT Research Notes 1842, 1997
11. Kurkela, E., Ståhlberg, P., Simell, P., Leppälahti, J., Updraft gasification of peat and biomass. Biomass, Vol. 18, pp. 34-76, 1989
12. Kurkela, E., Novel ultra-clean concepts of biomass gasification for liquid fuels, In: Synbios, the syngas route to automotive biofuels, conference held from 18-20 May 2005, Stockholm, Sweden, 2005
13. Kurkela, E., Formation and removal of biomass-derived contaminants in fluidized-bed gasification processes, Espoo: VTT Energy, 1996. 47 p. +app. 87 p. (VTT Publication 287), 2007
14. Kurkela, E. Simell., P., Ståhlberg, P., Berna, G., Barbagli, F., Haavisto, I., Develpment of novel fixed-bed gasification for biomass residues and agrobiofuels, Espoo, VTT Research Notes 2059. 42 p. +5 app. 2000
15. Palonen, J., Nieminen, J., Berg, E., Thermie demonstrates biomass CFB gasifier at Lahti, Modern Power Systems. February 1998
16. Kwant, K. E., Status of biomass gasification in countries participating in the IEA

Bioenergy Task 33 Biomass Gasification and EU gasnet, IEA, Country report, pp. 10-11, 60-61, 2004

17. van der Drift, A., Boerrigter, H. B., Synthesis Gas from biomass for fuels and chemicals, ECN-C-06-001, pp. 14-23, 2006
18. van der Drift., Hoerrigter, H., Coda, B., Cieplik, M.K., Hemmes, K., Entrained flow gasification of Biomass, Ash behaviors, feeding process and system analysis, ECN report, ECN-C-04-039, pp. 41-42, 2004
19. Schingnitz, M., Possibilities of entrained-flow gasification of biomass, Moglichkeiten zur Vergasung von Biomasse im Flugstrom. In: Foerdergemeinschaft Oekologische Stoffverwertung e.V., Halle, Germay, Dec 2003, pp. 47-57, 2003
20. Sander, H., Daradimos, G., Hirschfelder, H., Operating results of the BGL gasifier at the Schwarze Pumpe, In: Gasification Technologies, 12-15 October 2003, San Francisco, CA, USA, 2003
21. Kanaar, M., Wolter, C., Fuel flexibility NUON Power Buggenum. In: Gasification, a versitile solution, IChemE conference 10-12 May 2004, Brighton, UK, 2004
22. www.energy.iastate.den/renewable/biomass, 2007.01.11, Supercritical water gasification of biomass
23. Modell, M., Gasification and Liquefaction of Forest Products in SCW, Fundamentals of Thermochemical Biomass Conversion, Elsevier, Amsterdam, 95, 1985
24. Holgate, H. R., Meyer, J. C., Tester, J. W., Glucose Hydrolysis and Oxidation in SCW, AIChE J., 41, 637, 1995
25. Xu, X., Matsumura, Y., Stenberg, J., Antal, M. J., Carbon-Catalyzed Gasification of Organic Feedstoks in Supercritical Water, Ind. Eng.Chem.Res., 35:2522-2530, 1996
26. Xu.X., Antal, M. J., Gasification of sewage sludge and other biomass for hydrogen production in SCW, Environmentl Progres, 17, 1997
27. Kruse A., Meier D., Rimbrecht P., Schacht M., Gasification of pyrocatechol in supercritical water in the presence of potassium hydroxide, Ind. Eng. Chem. Res., 39:4842-4848, 2000
28. Matsamura Z., Biomass gasificatino in near and supercritical water: Status and Prospects, Biomass & Bioenergy 29:269-292, 2005
29. Potic, B., van der Beld, L., Assink, D., Prins, W., van Swaaij, W.P.M., Gasification of biomass in supercritical water, 12th European conference and exhibition on biomass for energy, Industry and climate protection, Amsterdam, 2002
30. www.btgworld.com/technologies/. 2007.01.11
Biomass gasification in supercritical water

액화
Liquefaction

Chapter 04

4.1 액화란?

바이오매스의 액화란 바이오매스로부터 액체연료를 생산하는 것으로 주로 석탄 액화공정에 근거를 두고 있다. 바이오매스의 액화공정은 직접적 액화, 간접적 액화, 발효에 의한 액화 및 천연적(자연적) 액화 방법이 있다.

직접적 액화는 고온, 고압 조건에서 촉매에 수소를 포함하거나 또는 수소 없이 바이오매스 성분을 수소나 일산화탄소와 같은 성분으로 저분자화하는 방법이다. 간접적 액화는 바이오매스를 가스화시켜 얻은 합성가스(biosyngas)를 여러 처리 과정을 거쳐 액체연료로 전환시키는 공정이다. 합성가스는 전술한 가스화, 급속열분해 및 메탄가스를 분해하여 제조하고, 이 합성가스를 세정한 후에 피셔-트로프슈(Fisher-Tropsch)반응을 거쳐 액체연료를 생산한다. 또는 이 합성가스를 촉매반응으로 메탄올화하고 제오라이트(geolites)를 통하여 액체연료로 전환한다.

바이오매스로부터 생물학적인 방법으로 액체연료인 에탄올과 메탄올을 생산할 수 있다. 이 분야는 7편에서 자세히 설명한다. 자연적인 액화는 척박한 땅에서 자라는(arid-land) 식물과 해조류의 성장과 연관하여 생성된 리피드(lipids)나 탄화수소의 추출, 몇 임목 수종으로부터 추출하여 직접 연료로 사용이 가능한 세스퀴테르펜(sesquiterpenes) 및 유지 식물의 기름 등이 있다[1].

1970년대를 거치면서 화석자원의 고갈, 석유자원의 공급 불안 등으로 재생에너지원인 바이오매스로부터 에너지를 획득하려는 많은 연구가 진행되었다. 그러나 곧 이은 석유 에너지의 가격 인하와 기술의 발전에 따른 새로운 화석자원의 발견 등은 이 분야의 연구를 어렵게 만들었다. 한편 80년대 후반부터 화석자원의 과다 이용으로 인한 CO_2배출로 지구온난화와 기후변화가 세계적인 문제로 대두되면서 다시 바이오매스의 액화 연구가 부각되었다. 현재 기술적인 많은 발전이 이루어졌으나 아직도 실험실 단계에 머물러 있는 것이 대부분이다.

4.2 액화 방법

4.2.1 간접적인 방법

간접적인 액화 방법은 그림 6-28과 같이 바이오매스를 가스화하여 합성가스(biosyngas)를 생성한 후에 피셔-트로프슈(Fisher-Tropsch)합성이나, 메탄올을 거친 액상 탄화수소를 생산하는 공정이다[2]. 이들 공정은 이래에서 자세히 설명한다.

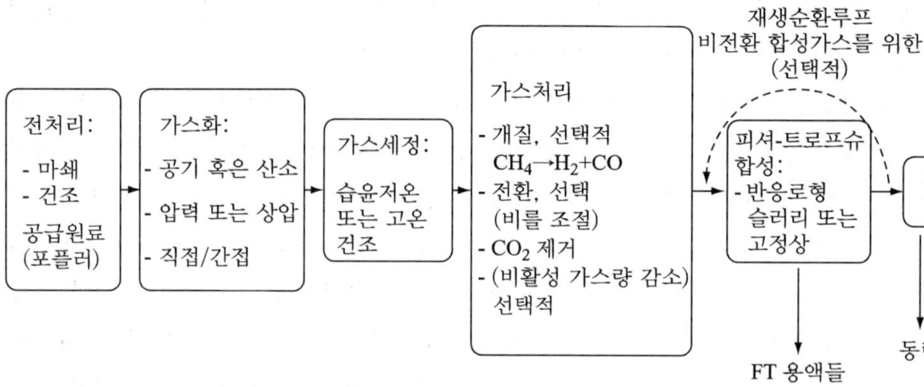

| 그림 6-28 | 바이오매스로부터 FT액체로의 전환단계

4.2.1.1 피셔-트로프슈(Fisher-Tropsch, FT) 액체연료

최근 연구 결과에 따르면 바이오매스를 합성 탄화수소로 전환시키는 FT기술은 기존의 디젤, 등유 및 가솔린을 대체할 수 있는 가능성이 있으며 더욱이 이산화탄소도 방출하지 않는 기술이다[3,4]. FT공정은 합성가스로부터 탄화수소 액상연료를 생산할 수 있는 과정이다. FT 액체연료는 유황을 전혀 함유하고 있지 않으며 기존의 가솔린과 디젤에 비하여 방향족 화합물도 극미량만 함유하고 있다. Shell사는 천연가스로부터, Sasol사는 석탄으로부터 합성가스(syngas)를 얻고 FT 합성으로 서로 다른 체인 길이를 지닌 액상 탄화수소를 합성하였다. 그러나 바이오매스로부터 합성가스의 FT합성은 아직 시범단계이다. 그림 6-29는 바이오매스를 FT 액체연료로 전환시키는 단계들이다[5].

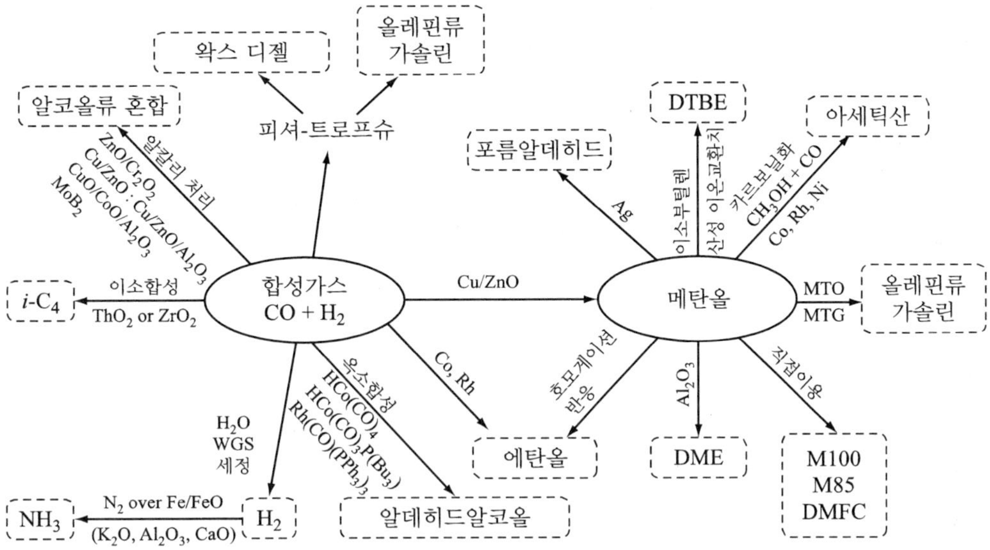

| 그림 6-29 | FT합성을 통하여 합성가스로부터 액체연료 생산 경로

1) 마쇄와 건조

깨끗한 바이오매스를 사용해야 비교적 깨끗한 가스를 생산할 수 있다. 바이오매스의 수분함량을 10 ~ 15% 범위로 조절한다. 건조는 FT공정에서 발생되는 저질의 스팀이나 또는 배연 가스를 사용하여 실시한다[6].

2) 가스화

가스화는 압력의 차이, 가열방법이 다른 직접 또는 간접 가열, 산소 또는 공기 유입 등 서로 다른 조건에서 실시할 수 있다. 가스화 방법과 가스화장치에 따른 특성 및 장·단점은 앞 장에서 이미 서술하였다. 가스화장치에 따라 액화의 주성분인 수소와 일산화탄소의 비가 다양하다. 또한 여러 종류의 가스화장치에서 생산된 합성가스는 여러 종류의 오염물질 즉 분진, 축합타르, 알칼리 화합물, H_2S, HCl, NH_3, HCN, COS 등을 함유하고 있다[7].

표 6-16은 포플러 목분(수분 함량: 15%)을 가스화장치(CFB)에서 상압상태, 공기주입, 850°C의 조건에서 가스화하여 생산한 가스 조성분이다.

표 6-16 ▸ 순환유동층 가스화장치를 이용한 포플러재의 가스화에서 생성된 주요 가스 조성분[8]

주요 성분	vol%, 건조	저위열량 (%)	불순물	(mg/m_n^3)
CO	18	27.8	NH_3	2,200
H_2	16	21.1	HCl	130
CO_2	16	–	H_2S	150
H_2O(가스에 대한 비)	13	–	모든 COS, CS_2, HCN, HBr	< 25
N_2	42	–	분진, 검댕, 회분	2,000
CH_4	5.5	24.1		
C_2H_2	0.05	0.4	타르 classes	[mg/m_n^3]
C_2H_4	1.7	12.4	class 2(헤테로 원소)	350
C_2H_6	0.1	0.8	- 페놀	160
benzene (BTX)	0.42	7.9	class 3(1-ring, BTX제외)	370
toluene (BTX)	0.07	1.6	class 4(2,3-ring)	5,300
xylenes (BTX)	0.04	1.0	- 나프탈렌	2,250
타르 총량	0.12	2.8	class 5(≥4-ring)	650
합 계	100	100	class 1(미확인)	330

주. 포플러재의 수분함량은 15%, 850°C에서 가스화, 대기압, 공기 주입

표 6-16에서와 같이 바이오가스의 주성분인 수소와 일산화탄소 비는 0.9였고 전체 가스의 34 vol%를 차지하고 있다. 그 외의 가스로서 이산화탄소, 메탄가스, 에틸렌(C_2H_4)이 있으며 BTX도 함유하고 있다. 가스 중의 타르 함량은 $7g/m^3$이며 그리고 먼지, 검댕 및 회분인 고형분 총량은 $2g/m^3$이다. 특히 질소가 42vol%인데 이것은 공기를 유입한데 기인한다. 어떻든 FT합성에 불리한 가스와 오염물질은 세정하는 과정에서 제거한다[9].

3) 가스 세정

바이오 합성가스를 가스엔진에 사용하려면 사이클론에 의한 분진 제거, 2개의 세정기의 가스 냉각, 타르 응축과 흡착에 의한 NH_3, HCl제거, 정전기 침전에 의한 미세먼지와 타르 에어로졸을 제거해야 한다. 그러나 FT합성에 적합한 합성가스는 표 6-17에서와 같이 보다 더 엄격하다. 이상의 허용 한도 내에서는 경제성이 고려되어야 한다.

표 6-17 ▸ 피셔-트로프슈 원료 가스에 요구되는 불순물 제거 수준

불순물	제거 수준
$H_2S + COS + CS_2$	<1ppmV
$NH_3 + HCN$	<1ppmV
HCl + HBr + HF	<10ppbV
알칼리 금속	<10ppbV
고형물질(검댕, 분진, 회분)	완전 제거
유기화합물(타르)	이슬점 이하
- class 2 (헤테로 원소)	<1ppmV

고형분(검댕, 분진, 회분)을 완전하게 제거하고 질소와 황 계통은 1ppm 이하로, 알칼리 금속과 할로겐 수소는 100ppb 이하로 세정해야 한다. FT합성에서 합성가스는 25 ~ 60bar의 압력에 놓이게 된다. 따라서 유기화합물(타르)의 농도는 타르의 축합과 막힘 현상을 피하기 위해서 FT압력에서 이슬점 아래에 놓여야한다[9].

세정방법은 기존의 습윤 저온세정(wet low temperature cleaning)과 최초 개발된 건조 고온가스 세정(dry hot gas cleaning)이 있다. 여기서는 기존의 습윤 저온세정에 국한해서 설명하며 그 세정 절차는 그림 6-30과 같다[7].

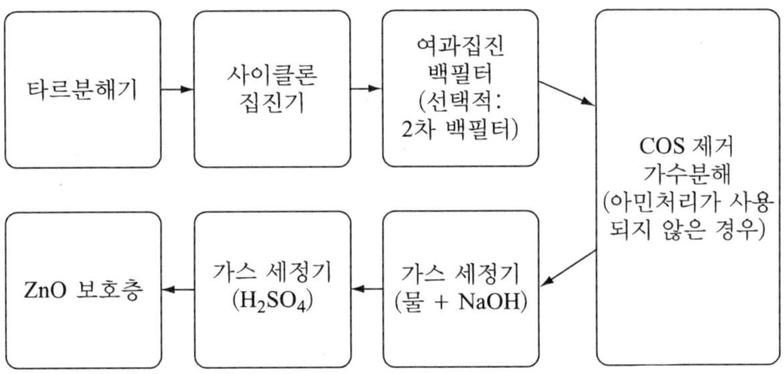

| 그림 6-30 | 가스세정 순서[10]

(1) **타르 파쇄기**: 합성가스가 500°C 이하로 냉각될 경우 타르가 장비 통과 분진에 축합, 염소(HCl)가 타르 분쇄기에서 돌미트(dolmite)에 흡착

(2) **사이클론 분리기**: 회분(분진)을 분리 제거

(3) **백 필터(1,2차)**: 회분(분진)을 제거, Cl(HCl)이 백 필터에서 분진과 반응

(4) **카르보닐 설파이드(carbonyl sulfide, COS) 가수분해**: 황($H_2S + COS$)제거 (아민 처리를 한 경우에만 적용)
(5) **세정기(물과 NaOH 함유)**: 염소(HCl)제거
(6) **세정기(H_2SO_4 함유)**: NH_3, HCN제거
(7) **산화아연 필터**(보호층으로 사용): 황($H_2S + COS$)제거
(8) **활성탄 필터**: 남아있는 미량의 무기불순물 제거(NH_2, HCl, HCN, CS_2, COS)
(9) **알칼리**: 가스가 냉각할 때에 분진에 알칼리 축합
납과 구리는 분진에 축합한다고 본다.

4) 가스조정

바이오매스를 가스화하여 얻은 바이오 합성가스는 주로 수소, 일산화탄소, 이산화탄소, 메탄가스로 구성되어 있다. 가스화장치와 조건에 따라 수소와 일산화탄소 비는 0.45~2.0 정도로서 바이오매스로부터 수소와 일산화탄소로 전환될 수 있는 모든 양이 전환된 것이 아니다. 이론적 합성 비율인 수소와 일산화탄소 비를 2:1로 조절하려면 수소 전환율을 높여야 한다. 수소 전환율을 높이는 방법으로는 스팀처리로 일산화탄소를 수소와 이산화탄소로 전환시키는 물-가스-전환 과정을 적용하여 수소:일산화탄소의 비를 조절한다[9]. 또한 메탄가스를 스팀으로 처리하여 일산화탄소와 수소로 전환하는 메탄개질을 자동열개질장치(autothernal reformer, ATR)에서 실시하여 FT합성에 필요한 바이오 합성가스량을 증가시켜준다. 한편 FT합성에 불필요한 이산화탄소 제거는 아민(amine)처리 과정을 적용한다[6,11].

5) FT합성

FT반응의 주 반응은 일산화탄소와 수소가 1:2 몰비(mol ratio)로 반응하여 올레핀계 직쇄 탄화수소(C_xH_y)를 생성하는 반응이다.

$$CO + 2H_2 \rightarrow -(CH_2)- + H_2O \quad \cdots (1)$$

수소:일산화탄소 비가 2 이하일 경우는 전술한 바와 같이 물-가스-전환반응으로 조절한다.

$$CO + H_2O \rightleftarrows CO_2 + H_2 \quad \cdots (2)$$

촉매는 코발트(Co)나 철(Fe)을 사용하는데 반응(2)는 Fe촉매 첨가에서 활력적으로 진행하므로 합성 반응기 내에서 수소 : 일산화탄소 비를 조절한다. 그러나 Co촉매에서는 수소 : 일산화탄소 비를 FT합성 직전에 조절해야 한다[11]. FT합성 조건에서 긴 체인 생성물을 고려할 경우 온도는 180 ~ 210°C, 그리고 압력은 20 ~ 60기압이다[12].

FT반응기는 여러 가지 형태가 있다. 즉, 유동 FB반응기, 고정 FB반응기와 슬러지상 반응기가 있다. 일반적으로 고정상과 슬러지상 반응기가 주로 사용된다. 고정상은 노동 집약적이며 촉매를 넣어줄 경우 주기적으로 조업중단과 생산 확장이 간단하며 왁스와 촉매 분리가 쉽고 비용도 적게 든다. 한편 슬러지는 촉매 소비가 적고 연속적으로 촉매를 넣어주기 때문에 조업중단이 거의 없다. 생산 확장이 가능하지만 실제로는 어렵다[13]. 왁스와 촉매 분리도 어렵다. 그러나 전환율은 80% 이상이며 탄소 다섯 개 이상으로 구성된 화합물의 생성 가능성은 90% 이상으로 두 반응기 모두 동일하다[14-16].

FT합성을 통한 최종산물인 왁스 디젤이나 올레핀계 가솔린을 생산하기 위해서는 수소 첨가 열분해 과정을 거쳐야한다. 수소는 이중결합을 제거하기 위해 첨가하며 그 다음 FT합성으로 생성한 용액들이 수소에 의해 촉매적으로 열분해한다. FT산물은 광물오일에서 전형적으로 나타나는 황, 질소, 금속촉매 및 방향성 물질을 함유하고 있지 않다.

체인 성장반응에서와 같이 폴리머화하여 경탄화수소(C_1과 C_2), LPG(C_3-C_4), 나프타(C_5-C_{11}), 디젤(C_9-C_{20}) 그리고 왁스(>C_{20}) 부분을 생성한다. 이들 생성물의 분포는 촉매나 반응 조건에 따라 다르게 나타난다. FT-디젤은 대단히 높은 세탄(cetane)가를 지녔으며 정상 디젤의 질을 개선하기위한 배합디젤로도 사용할 수 있다. FT-나프타(nahtha)는 정상적인 나프타보다 매우 낮은 옥탄가를 지녔다. 항공용으로 FT-케러신(kerosene)의 이용은 아직 생성물의 여러 가지 특성을 증명할 필요가 있다. FT-디젤은 그린디젤(green diesel)이라고도 부르며 연료셀 차량(FCVs)에 사용하기 적합하여 가장 많이 연구되고 있는 FT산물이다[8,17].

4.2.1.2 메탄올로부터 액체연료

1) 메탄올 생산

석탄 또는 천연가스를 가스화시켜 생산한 일산화탄소와 수소로 또는 메탄가스를 개질하여 메탄올(methanol, CH_3OH)을 합성하는 것은 아주 오래된 방법이다.

또한 바이오매스를 가스화하여 발생하는 일산화탄소와 수소로 메탄올을 합성하는 것은 오래 전부터 연구되어 왔으나, 최근에서 상대적으로 FT 합성방법이 더 많이 연구되고 있다. 바이오매스로부터 생산된 메탄올의 에너지양은 바이오매스의 본래 에너지양의 약 20% 정도에 불과하다[18].

일산화탄소와 수소는 아래 반응과 같이 반응하여 메탄올을 생성한다.

$$CO + 2H_2 \leftrightarrow CH_3OH \quad (\Delta H = -92KJ/mol) \cdots (1)$$

$$CO_2 + 3H_2 \leftrightarrow CH_3OH + H_2O \quad (\Delta H = -50KJ/mol) \cdots (2)$$

$$CO + H_2O \leftrightarrow CO_2 + H_2 \quad (\Delta H = -41KJ/mol) \cdots (3)$$

이 반응은 고압 조건(350기압, 660K) 또는 저압 조건(40기압, 500 ~ 550K)에서 진행하며 촉매도 필요하다. 메탄올보다 열역학적으로 더 안정한 여러 부산물이 생산된다. 또한 모든 반응이 발열반응이므로 반응기 내부의 온도 조절이 중요하다. 촉매는 메탄올에 활성과 선택성이 있어야한다. 촉매로는 구리(Cu)/ZnO를 주로 사용한다. 구리는 구리-탄소결합을 강하게 형성한다. ZnO는 수소를 화학적으로 강하게 흡착을 하지만 일산화탄소를 잘 흡수하지 못한다. 그러나 구리를 넣으면 ZnO에 의한 일산화탄소 흡착력을 증가시킨다[19]. 촉매 첨가에 의한 메탄올 합성의 메커니즘은 그림 6-31과 같다. 또한 공장 규모의 메탄올 합성에서 적용하고 있는 반응조건들은 표 6-18과 같다.

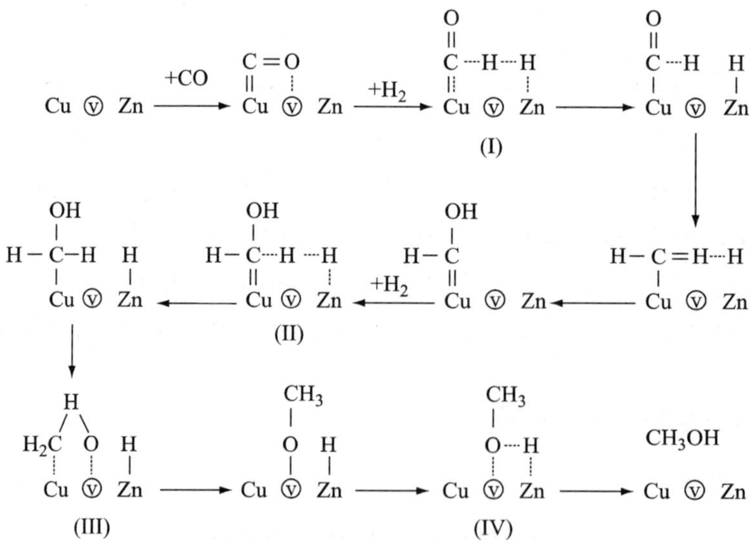

| 그림 6-31 | Cu/ZnO 촉매에서 메탄올의 합성 메커니즘[20]

표 6-18 ▸ 메탄올 합성에 사용되는 반응 조건들 [20,21]

공 정	온 도 (°C)	압 력 (bar)	촉 매
Lind/ICI 저압	240 ~ 260	50 ~ 00	Cu-Zn-Al 산화물
Lurgi 저압	250 ~ 260	50 ~ 80	CuO-ZnO
Mistubishi 가스화학	200 ~ 280	50 ~ 150	CuO + 촉진제
BASF 고압	320 ~ 380	340	ZnO/Cr_2O_3(7/3)
UK-Wesseling 고압	350	300	ZnO/Cr_2O_3

이상의 반응은 그림 6-32와 같은 반응기에서 일어난다. 반응기는 여러 종류가 있으나 여기서는 급속냉각(quench)상에서 수소 : 일산화탄소 : 이산화탄소 = 2.1 : 1.0 : 0.7 비율로 혼합된 가스를 파이프를 통해 층계상 베드에 흡착시킨다. 저압합성의 경우 압력은 50기압, 온도는 540K 정도이다. 이 경우 메탄올 생산율은 $3 \times 10^4 kg/m^3 \cdot h$이다.

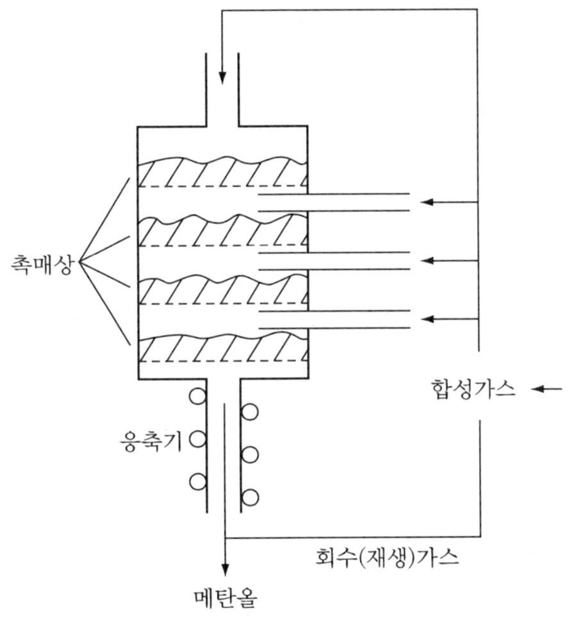

| 그림 6-32 | 다층모델을 사용하는 메탄올합성 반응기의 기본 디자인 [21,22]

2) M-가솔린 생산

M-가솔린(gasoline)은 Mobil Oil Corporation이 처음으로 메탄올을 합성 제오라이트(geolite)인 ZSM-5에 반응시켜 생산한 올레핀계 가솔린이다. 따라서 M-가솔린이란 명칭이 붙었다.

반응과정은 다음과 같다. 메탄올로부터 일차적으로 중간생성체인 디메틸에텔(dimethylether DME)을 생산하고 이것을 두 번째 생성물인 저분자올레핀 화합물(C_2-C_5)로 전환한다. 저분자 올레핀 화합물인 $(CH_2)_2$가 기본 단위가 되어 고분자화한다.

$CH_3OH + CH_3OH \rightarrow CH_3OCH_3 + H_2O$ ·························· (1)

$CH_3OCH_3 \rightarrow (CH_2)_2 + H_2O$ ·························· (2)

$(CH_2)_2$ ~ 카르보늄 이온 → 고분자 화합물

반응 (1)과 (2) 모두 탈수반응이다. 그러나 반응 (1)은 큰 의미가 없지만 반응 (2)의 탈수반응은 제오라이트에 기인한다. 즉, 대부분의 산화물 촉매는 에텔에서 탈수반응을 유도할 수 없다. 그러나 ZSM-5의 다공성 구조에 의해 제공된 특수하게 반응하는 미세구조에 의해 탈수반응이 일어난다. 결국 메탄올로부터 물(H_2O)을 빼내가고 $(CH_2)_2$와 같은 탄화수소가 남게 된다. $(CH_2)_2$는 단량체가 되어 계속 성장할 수 있다[23].

M-가솔린 생성량은 반응 온도 및 메탄올과 촉매의 접촉 시간에 따라 크게 변화한다. 메탄올은 촉매와 접촉 초기에 급격히 감소하며 디메틸엘텔의 생산량이 급격히 증가한다. 그러나 C_2-C_5 올레핀계는 점차 증가하다가 최고점을 이루고 다시 감소한다. 한편 파라핀계와 C_6올레핀과 방향성 화합물은 반응 종결점까지 계속 증가한다. 반응 온도의 영향은 375°C의 경우 메탄올 양이 가장 적어지고 파라핀(C_2-C_4), 올레핀계(C_5^+aliphatics) 및 방향성 화합물이 최고로 생성된다[23,24].

최근에는 일산화탄소와 수소를 슬러지형 F/T반응기에서 ZSM-5를 촉매로 사용하여 M메탄올을 거치지 않고 직접 1단계로 M-가솔린을 제조하는 방법이 연구되고 있다. 또한 식물성 오일을 ZSM-5 존재하에 670 ~ 780K의 온도에서 처리하여 옥탄가가 90 ~ 96 정도인 합성가스를 생산한다[25].

4.2.1.3 생물학적 방법

생물학적 방법은 미생물에 의해서 바이오매스를 액체연료로 전환하는 것이다. 여기에는 미생물에 의한 에탄올(C_2H_5OH) 생산과 아래 반응에서와 같이 메탄올 생성이 있다. 이 분야는 제 7편에서 자세히 설명한다.

$$CH_4 \rightarrow CO + H_2 \rightarrow CH_3OH$$

↑ 미생물

4.2.2 직접적인 방법

직접적 액화는 바이오매스 조성분을 촉매 존재 하에 그리고 액상시스템(액체 수송체)에서 직접 환원열 전환에 의해 액상(기름) 또는 용해 성분으로 변환시키는 것을 의미한다. 즉, 바이오매스의 조성분인 셀룰로오스, 헤미셀룰로오스 및 리그닌이 적당한 촉매의 존재 하에 수소화 및 수소화 분해반응으로 저분자화 한다. 바이오매스에 함유된 산소는 일산화탄소와 이산화탄소로 제거되고 나머지는 높은 열량을 지닌 탄화수소로 전환한다. 그러나 바이오매스 조성분에는 여러 종류의 관능기들이 존재하고 서로간의 결합 구조가 복잡하므로 주반응 이외의 많은 부반응도 일어난다. 즉, 2차분해, 분해물들 사이에 축합과 재결합이 일어난다. 따라서 순수한 탄화수소(기름류)뿐만 아니라 산소를 함유한 페놀류(phenols), 카테콜류(catecols), 푸란(furans) 및 가스류, 고분자 화합물인 타르(tar), 고형물인 숯(char) 및 물이 생성된다.

4.2.2.1 BOM과 LBL방법

BOM방법은 Pittsburgh Energy Research Center(PERC)의 the Bureau of Mines (BOM)에서 연구되었으므로 PERC방법이라고도 한다. LBL방법은 Lawrence Berkeley Laboratory(LBL)에서 개발한 방법이다. 이 두 방법이 직접적인 액화방법의 근간을 이룬다. 이들 두 가지 방법의 근본적 차이는 BOM에서는 회수기름을 액체 운반체로 재사용하지만, LBL에서는 원료를 산 가수분해시킨 후에 수소첨가화반응을 유도하여 액화시킨다. 이 이후의 절차에는 큰 차이가 없다. 즉, 고온의 액상기름을 냉각시켜 세정하고 다시 온도를 올려 진공건류로 분획한다[26]. 이 두 가지 방법의 구체적인 차이는 표 6-19와 같다[26,27].

표 6-19 ▸ BOM과 LBL 방법의 차이점

항 목	BOM	LBL
시 료	건조칩 → 마쇄	목분
슬러리	생산된 기름 일부 재사용(68%) 물(25%), 시료(7%) 비율 (최초기름은 anthracene oil)	0.05% H_2SO_4 180°C, 45분
촉 매	5% Na_2CO_3 → 예열기	Na_2CO_3 → 예열기
반응기	CO / H_2: 13.8 ~ 27.6 MPa 300 ~ 370°C, 20 ~ 90분	CO / H_2: 17 ~ 24MPa 330 ~ 360°C, 5 ~ 60분
기름수율	40 ~ 55%	36.7%(22분 반응)

근본적으로 이상의 과정은 고온, 고압 조건에서 H_2, CO, 및 Na_2CO_3 용액과의 아래와 같은 화학반응을 의미한다.

$$Na_2CO_3 + H_2 + 2CO = 2HCOONa + CO_2$$

$$2C_6H_{10}O_5 + 2HCOONa = 2C_2H_{10}O_4 + H_2O + CO_2 + Na_2CO_3$$

기본이 되는 BOM과 LBL이외에도 여러 가지 방법들이 개발되어 왔다. 캐나다 토론토대학에서는 포플러칩을 고온의 스팀으로 처리하고 아세톤으로 용해시키는 방법[28], 그리고 미국 아리조나대학에서는 익스트러드(extruder)에 고온의 스팀과 일산화탄소를 넣어 바이오매스와 반응시키는 방법을 개발하였다[29]. 여기서 스팀과 일산화탄소 첨가는 물-가스-전환반응을 이끌어서 액화를 위한 수소발생을 촉진시킨다. 한편 독일 함부르크 목재화학 및 화학공업연구소는 그림 6-33과 같이 생산된 기름을 일부 재사용하며 촉매로 활성탄에 팔라디움(Pb/C)을 넣고 20Mpa, 380°C에서 15분 동안 반응시켜 액화시키는 방법을 개발하였다[30]. 이상의 방법들 중에서 BOM과 LBL을 근거로 한 액화 개념도는 그림 6-34, 6-35와 같다[31,32].

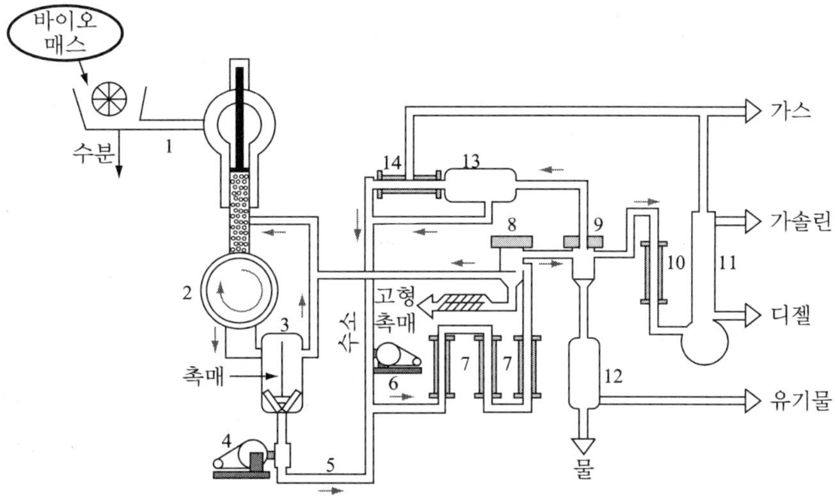

| 그림 6-33 | 함부르크대학 고압액화 공정 개념도(1. 원료투입(입자크기감소), 2. 호모믹서(250°C), 3. 믹서, 4. 고압펌프(200bar), 5. 가열기(380°C), 6. 수송압축기, 7. 반응기(액화), 8. 고온분리기(산물, 운반체, 고형물), 9. 저온분리기(기름, 가스, 물), 10. 가스상 정제, 11. 건류, 12. 불처리(유기물 분리), 13. 가스세척(수소분리), 14. 스팀개질(수소발생))

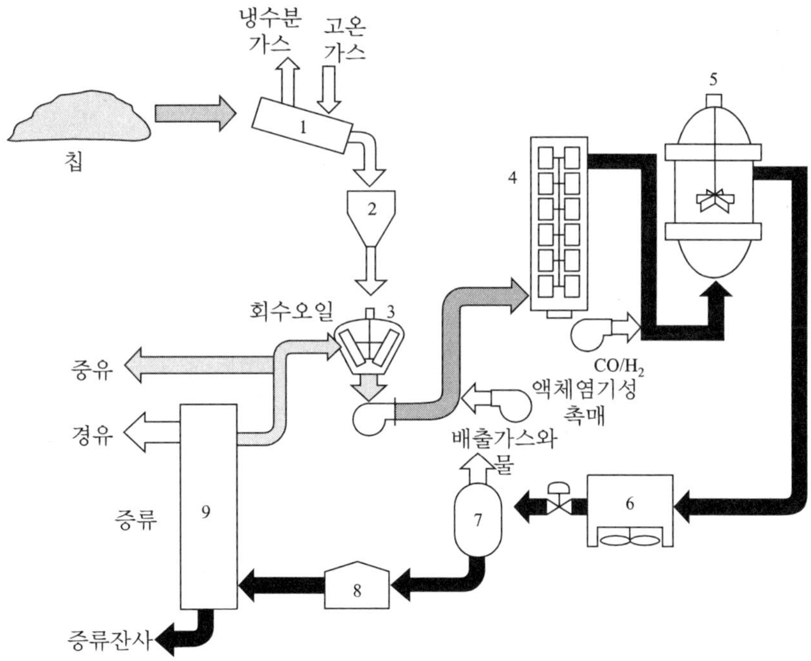

| 그림 6-34 | BOM 액화공정 개념도(1. 건조기, 2. 쇄기, 3. 혼합분쇄기, 4. 예열반응기, 5. 반응기, 6. 공기냉각기, 7. 플래시탱크, 8. 예열증류기, 9. 진공증류탑)

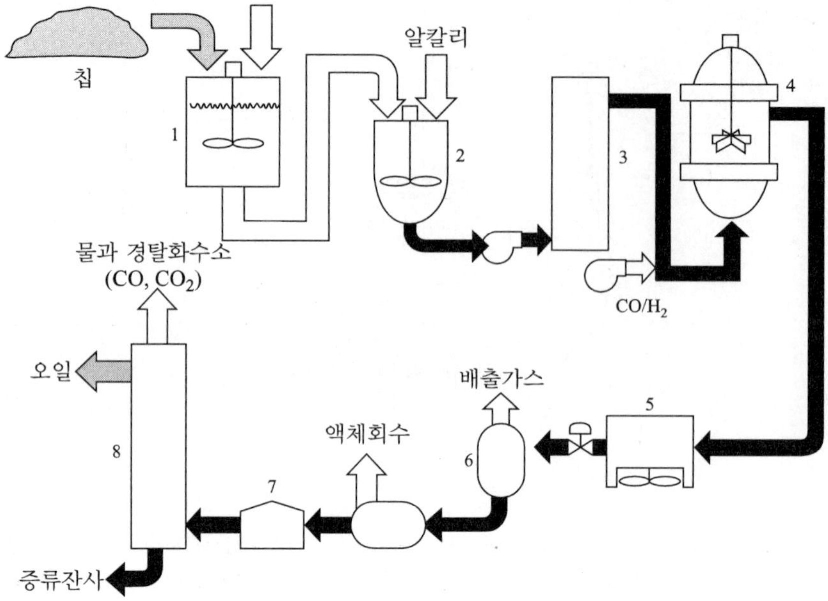

| 그림 6-35 | LBL 액화공정 개념도(1. 가수분해조, 2. 중화조, 3. 예열반응기, 4. 반응기, 5. 공기냉각기, 6. 플래시탱크, 7. 예열증류기, 8. 진공증류탑)

BOM산물과 LBL산물들 사이에는 특성에 약간의 차이가 있다. 증류 전에 LBL오일은 상당히 많은 양의 용해 상태거나 유화된 수분을 지니고 있다. 또한 BOM오일보다 약간 더 많은 산소를 함유하고 있다. 따라서 표 6-20에서 같이 LBL산물의 열량은 BOM오일보다 조금 낮다. 물리적 그리고 화학적으로 생성물들은 거의 비슷하다. 그러나 LBL오일의 경우 페놀성 성분의 농도가 낮다[26].

표 6-20 ▸ 몇 가지 연료 오일들의 비교

	C (wt %)	H (wt %)	N (wt %)	O (wt %)	S (wt %)	회 분 (wt %)	수 분 (wt %)	고위열량 (MJ/kg)	밀 도 (g/ml)
LBL오일 (목재)	72.3	8.6	0.2	17.6	0.006	0.78	8.5	33.7	1.19
BOM오일 (목재)	82.0	8.8	0.6	9.2	–	0.66	3.1	36.8	–
연료오일 (No.6)	85.7	10.5	2.0	0~3.5	0~3.5	<0.05	0.20	42.3	0.98
급속열분해오일	57.5	7.6	0.9	33.4	0.2	0.5~1.0	14	24.4	1.30

바이오매스의 액화물들을 거의 순수하게 분리하기가 어렵고 또한 잔사를 제거하기도 어렵다. 액화 공장은 자본집약적이며, 보고에 따르면 급속열분해보다도

경제성이 낮다고 한다. 따라서 현재는 직접적인 액화방법보다는 간접적인 방법인 F/T 합성방법에 연구를 치중하고 있다[27].

참고문헌

1. Deurwaarder, E., Boerrigter, H., Mozaffarian, H., Rabou, L. P. L. M., van der Drift, L. P. L. M., Methanation of MILENA product gas for the production of bio-SNG, 14th European biomass conference & exhibition, 17-21 October 2005, Paris, France, 2005
2. www.journeytoforever.org/biofuel_library/, 2007.01.03
   de Piolenc, F. M., Liquefaction
3. www.biorefining.cfans.umn.edu/publications/, 2007.01.03
   Ruan, R. R., Biorefining apprach for renewable energy production (progress report), 2006
4. Faaij, A., Hamelinck, C., Tijmensen, M., Long term perspectives for production of fuel from biomass, intergrated assessment and R&D priorities-preliminary results. In: Kyritsis S. et al.(edi.), Proceedings of the first world conference on biomass for energy and industry, London, UK: James & James Ltd., vol. 1/2, pp. 687-90, 2001
5. Larson, E. D., Jin, H., Biomass conversion to Fischer-Tropsch liquids: preliminary energy balances. In: Overend R, Chornet E.(edi.), Proceedings of the fourth biomass conference of the americas. Kidlington, UK: Elsevier Science, vol. 1/2, pp. 843-54, 1999
6. Tijmensen, M. J. A., Faaij, A. P. C., Hamelinck, C. N., van Hardeveld, M. R. M., Exploration of the possibilities for production of Fischer Tropsch and power via biomass gasfication, Biomass and Bioenergy, 23:129-152, 2002
7. Katofsky, R., The production of fluid fuels from biomass. Princeton, NJ: USA: Princeton University/Center for Energy and Environmental Studies, 1993.
8. Van Ree, R., Oudhuis, A. B. J., Faaij, A., Modelling of a biomass integrated-gasfier/combined-cycle (BIG-CC) system with the flowsheet simulation program, Aspen-plus, 2002
9. Johansson, T. B., Kelly, H., Reddy, A. K. N., Williams, R. H., Renewables for fuels and electricity, UNCED. 1992
10. Boerrigter, H., den Uil, H., Calis, H-P., Green diesel from biomass via Fisher-Tropsch synthesis: New insights in gas cleaning and process design, pyrolysis and gasification of biomass and waste, Expert meeting, 2002, 9. 30-10.1, Strasbourg, France, 2002
11. Tijmensen, M., The production of Fischer-Tropsch liquids and powef Fischthrough biomass gasification, Utrecht, The Netherlands: Utrecht University/Science Technology

and Society, 2000
12. Dry, M., E., The Fischer-Tropsch Synthesis, In: Anderson, J. R. M., Boudart, M.(edi.), Catalysis-science and technology, Vol. 1, Springer-Verlag, New York, pp. 159-255, 1981
13. Sie, S, T., Krishna, R., Fundamentals and selection of advanced FT-reactores, Applied Catalysis A: General 186:55-70, 1999
14. Espinoza, R. L., Steynberg, A. P., Low-temperature Fischer-Tropsch synthesis from a Sasol perspective, Applied Catalysis A: General 186:13-26, 1999
15. Geerlings, J. J. C., Wilson J. H., Fischer-Tropsch technology from active site to commercial process, Applied Catalysis A: General 186:27-40, 1999
16. Agee, M. A., Studies in surface science, Catalysis A: General 185:119-193, 1998
17. Pierik, J. T. G., Curvers, A. P. W. M., Logistics and pre-treatment of biomass fuels for gasification and combustion, Petten, The Netherlands. Netherlands Energy Research Foundation ECN, 1995
18. Ogden, J. M., Steinbugler, M. M., Kreutz, T. G., A comparison of hydrogen methanol and gasoline as fuels for fuel cell vehicles: implications for vehicle design and infrastructure development Journal of Power Sources 1999, 79:143-68
19. Tillman, D. A., (In): Anderson, L. L., Tillman, D. A., (edi) Fuels from Waste, p. 34, New York, Academic Press, 1977
20. Campbell, lan M., Biomass, Catalysts and Liquid Fuels, 7. The route to methanol, Technomic Publishing Co. Inc., pp. 126-154, 1992
21. Herman, R. G., Klier, K., Simmons, G. W., Fin, B., Bulko, J. R., Kobylinskl, T. P., Catalytic synthesis of methanol from CO/H_2. I. Phase composition, electronic properties and activities of the $Cu\text{-}ZnO/M_2O_3$ catalysts, J. Catal., 56, 407, 1979
22. www.thoe.tech.chemic.tu-muenchem.de/index, 2009.06.04
DOCMAN/Industrie lle chemische Prozesse II-skrpten, 51Methanol-Le, 2008, 529. 29KB, 2009
23. Lee, S., Methanol synthesis technology, CRC Press Inc., pp. 1-21, Boca Raton, Florida, 1989
24. Chang, C. D., Silvestry, A. J., The Conversion of methanol and other O-compounds to hydrocarbons over zeolite catalysts, J. Catalysis, 47/2, 249-259, 1977
25. Chang, C. D., Kuo, J. C. W., Lang, W. H., Jacob, S. M., Wise, J. J., Silvestri, A. J., Process studies on the conversion of methanol to gasoline, Industrial & Engineering Chemistry Design and Development, 17/3, pp. 255-260, 1978
26. Weisz, P. B., Werner, O. H., Rodewald, P. G., Catalytic production of high-grade fuel(gasoline) from biomass compund by shape-selective catalysis, Science 2006, no.

4414, pp. 57-58, 1979

27. Elliott, D. C., process development for direct liquefaction of biomass, pp. 435-450, In: (edi) Klass, D. L., Emert, G, H., Fuels from biomass and wastes, Ann Arbor Science, Publishers / The Butterworths group, England, 1981
28. Meier, D., Rupp, M., Direct catalytic liquefaction technology of biomass: Status and Review, pp. 93-102, In: (edi) Bridgwater, A.U., Grassi, G., Biomass pyrolysis liquids upgrading and utilisation, Elsevier applied Science, London a, New York, 1991
29. Boocock, D. G. B., Poretta, F., Physical aspects of the liquefaction of poplar chip by rapid aqueous thermolysis, J. Wood Chem. Technol., 6, pp. 127-144, 1986
30. White, D. H., Wolf, D. & Zhao, Y., Biomass liquefaction utilizing extruder-feeder systems, In Preprints of ACS Symp. on Production, Analysis and Upgrading of Oils from Biomass, 32:106-116, 1987
31. Meier, D. & Faix, O., Production of synfuels and chemical feedstocks by direct & Failiquefaction of lignocellulosic biomass, In Euroforum New Energies, Proc. Int. Congress, Sa, Orücken, FRG, by-28 Oct. 1988, pp. 670-672, 1988
32. www.journeytoforever.org/biofuel_library/, 2008.9.15, Friedman, S., Mehta, A. S., Thigpen, P. L., Wood-to-oil process.

PART

07

생물학적 변환

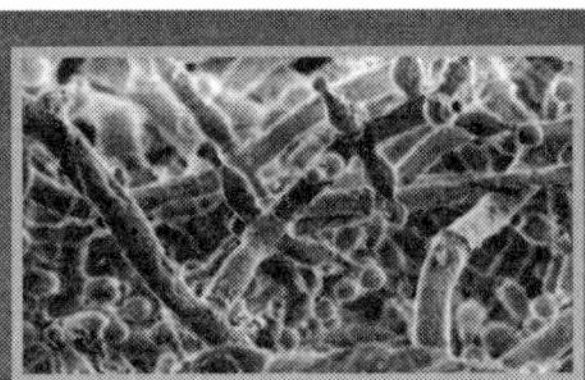

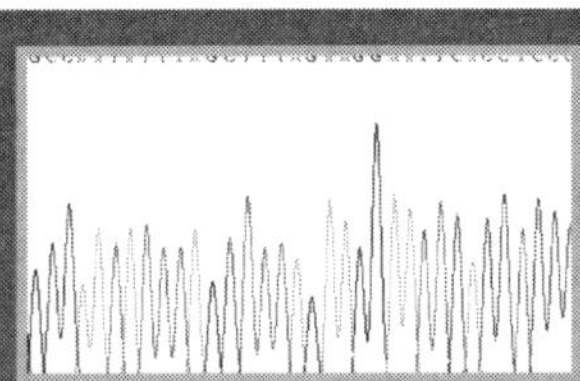

바이오 에너지 분야에서 생물학적 전환은 바이오 가스인 메탄(CH_4), 수소가스(H_2) 그리고 액체 연료인 에탄올(C_2H_5OH)과 부탄올(C_4H_9OH) 생산을 의미한다.

Chapter 01

바이오에너지 생산 원료

Raw Material for Bio-energy Production

1.1 당과 전분

직접적인 발효가 가능한 당은 사탕수수 자당(sucrose), 사탕무우, 당밀, 신선한 과일, 수수, 장뇌, 탈지유 등이 있다. 사탕수수나 사탕무우로부터 나오는 자당은 대량 생산과 재생산이 가능하므로 경제적 측면이나 산업적 측면에서 이점이 있다. 사탕수수에서 자당을 추출한 후에 남는 버거스(bagasse)는 가격이 저렴하므로 에탄올 생산에 이미 이용되고 있다. 이 경우 주로 *Saccharomyces* gene같은 효모(yeast)를 발효산업에 적용하였으나 최근에는 효모 추출비용을 절감하기 위해 *Zymomonas mobilis*의 변이종을 개발하여 실용화하고 있다[1].

전분계는 주로 곡물들이며 에탄올의 주원료이다. 일반적으로 당보다 전분의 에탄올 전환 비용이 더 저렴하다고 하나 그 반대 의견도 많다. 그 이유는 전분이 당보다 저장성이 양호하기 때문이다. 또한, 곡물을 증류할 경우에 동물용 단백질 사료를 부산물로 얻을 수 있는 이점이 있다. 그러나 전분은 당(글루코오스)으로 가수분해되고, 그 다음에 에탄올로 전환시키는 당화과정을 반드시 거쳐야 한다. 또는 곡물 가격이 높은 단점도 있다.

$$\text{전분}(C_6H_{10}O_5)_n + H_2O \xrightarrow{\text{효소}} \text{글루코오스}(C_6H_{12}O_6) \xrightarrow{\text{효모}} 2C_2H_5OH + 2CO_2$$

당과 전분의 에탄올화는 이미 기술적·산업적으로 정립되어 있으며 또한 관련 분야에서 많은 연구가 이루어졌으므로 그 분야의 서적과 논문을 참조하기를 바란다. 본서에서는 주로 셀룰로오스의 가수분해에 관하여 집중적으로 설명하고자 한다.

1.2 바이오매스

이미 언급한바와 같이 모든 종류의 바이오매스는 바이오에너지 원료로 사용할 수 있다. 그러나 에너지로 활용하기 위해서는 바이오매스가 함유하고 있는 셀룰로오스(cellulose)와 헤미셀룰로오스(hemicellulose)를 당으로 전환시키고 난 다음에 발효시켜 에탄올을 생산한다. 바이오매스를 당으로 전환시키기 위해서는 전처리 과정을 거쳐야 한다. 바이오매스를 전처리(前處理; pretreatment)하지 않으면 셀룰로오스의 분해율과 반응력이 현저히 낮기 때문이다. 이렇게 바이오매스의 효소 가수분해를 저해하는 요인으로는 바이오매스의 입자 크기, 비표면적, 셀룰로오스의 결정영역, 점도, 리그닌의 구조, 리그닌과 헤미셀룰로오스의 결합 등이 거론되고 있다. 따라서 전처리는 바이오매스를 효소분해에 잘 적응하도록 변화시키기 위해 실시한다.

1) 입자 크기

담체의 평균 입자가 작을 수 록 표면적이 증가하므로 효소 가수분해율도 증가할 것으로 기대된다. 그러나 이 문제는 아직도 논쟁의 대상이 되고 있다. 목화 린터와 정제한 결정 셀룰로오스로 실험한바, 입자의 평균 크기와 가수분해율과는 전혀 상관이 없다는 결론[2]과, 칩을 스팀 폭쇄처리하면 입자 크기가 감소하여 가수분해율이 증가한다는 결과도 있다. 이 경우 폭쇄처리 조건을 높이면 효소 가수분해율도 증가하므로 입자 크기와 가수분해율은 상관관계를 이루고 있다고 본다[3].

입자가 작으면 비표면적이 증가하지만 효소 가수분해율의 증가는 효소의 흡착에 유용한 비표면적이 커야 한다. 즉, 담체의 외부 표면적(길이, 폭의 변화에 따른 표면적 증가)보다는 내부의 표면적(루멘의 크기, 포어의 수 등)이 더 중요하다[4].

2) 비표면적

섬유의 가수분해율은 처리 전 섬유의 비표면적과 상관관계를 유지한다. 이러한 이유는 전처리를 통하여 효소에 대한 섬유의 반응 부위의 접근성이 증가하며, 세포벽이 벌어지며 분해하기 때문이다. 전처리는 섬유의 물리적 성질의 변화를 초래한다. 즉, 입자 크기의 감소에 따른 외부 표면적과 내부 표면적의 변화가 일어난다[5]. 그런데 효소 가수분해율은 표면적의 증가 중에서도 셀룰라아제(cellulase)가 흡착 할 수 있는 비표면적의 증가에 의해 좌우된다. 즉, 셀룰라아제가 흡착되고 침투할 수 있는 내부 표면적의 증가, 공극(pore)과 세포벽의 갈라진 틈(cracks) 등이 많을 수록 효소 가수분해율이 증가한다[5,6]. 건조된 셀룰로오스 섬유의 크기는 15 ~ 40μm이며, 이 경우 외부 비표면적은 0.6 ~ 1.6m^2/g, 그리고 내부 비표면적은 이보다 더 작다. 섬유가 물을 흡수하면 내부 비표면적만 증가한다. 그러나 건조되면 전자와 후자 모두 면적이 감소한다[7].

셀룰라아제는 단백질 덩어리로서 분자량은 약 30,000 ~ 90,000달톤(dalton)이며 그 형상은 올챙이 모양으로 평균 직경은 약 6nm, 길이는 약 20nm 정도이다. 한편 목질계 바이오매스에 존재하는 모세관 공극의 직경은 약 1 ~ 2nm이므로 셀룰라아제가 모세관 공극을 통해 내부로 침투·확산하기는 쉽지 않다. 바이오매스의 내부 비표면적은 매우 크나 효소가 침투하여 접촉하는 순수 접근 표면적은 전체 표면적의 20% 정도이다[8]. 그러나 비표면적 문제는 효소가수분해 초기의 문제이며 가수분해가 진행되면 셀룰로오스의 결정지역의 범위에 의해 좌우된다[7].

3) 결정구조

이미 4편 3장에서 언급한 바와 같이 셀룰로오스 중합체는 결정구조와 비결정구조로 이루어졌다. 결정화도가 높으면 효소 가수분해율이 낮으며, 또한 셀룰로오스 사슬의 경우 한계중합도(leveling-off degree of polymerization, LDP)가 높은 경우에 효소분해율이 낮다고 알려져 있다. 이러한 근거는 결정 셀룰로오스를 볼밀이나 감마선으로 처리하여 입자를 작게 하면 효소 가수분해율이 급격히 증가한다는데 근거를 두고 있다[9]. 그러나 이러한 견해에 반대하는 연구도 다수 발표되었다. 즉, 평균입자 크기나 DP가 효소 가수분해율과 상관관계가 없으며[2], 소나무 및 자작나무 칩을 폭쇄 처리한 경우 결정화 지수가 50%에서 약 70%로 증가하였으며 가수분해율도 여전히 증가하였다[3]. 즉, 결정화도는 바이오매스의 효소 가수분해에 중요한 인자이지만 유일한 것은 아니다. 일반적으로 가수분해율은 효소가 섬유 표면에 흡착하는 형태와 질에 좌우된다고 본다.

4) 리그닌 함량

바이오매스에 리그닌 함량이 높을 수록 효소 가수분해율이 낮아진다는 것은 이미 오래전부터 밝혀져 왔다. 그 이유는 리그닌은 가수분해효소가 섬유 표면에 고착되는 것을 억제하기 때문이다[10]. 가수분해율은 리그닌 함량, 조성 및 분포에 따라 다르다. 침엽수 리그닌은 주로 구아이아실(guaiacyl)로, 그리고 활엽수는 구아이아실과 시링길(syringl) 리그닌으로 구성되어 있는데, 일반적으로 침엽수 리그닌이 활엽수 리그닌보다 섬유 팽창에 저항이 크며 또한 효소 접근성에서도 불리하다[11].

폭쇄 처리한 섬유의 경우 가수분해율은 증가하지만, 섬유의 세포벽 외·내부에 갈색의 오일 물질로 나타나는 리그닌이 섬유 표면을 덮으면 효소 분해율이 저조하므로 가능한 한 탄수화물로부터 많은 리그닌을 제거하는 것이 유리하다[12,13]. 한편 전처리로 용해된 리그닌은 셀룰로오스계와 헤미셀룰로오스계 효소에 억제인자로 작용하며, 그 억제 정도는 효소에 따라 차이가 있다[14].

바이오매스 종류에 따라 리그닌 함량이 거의 비슷한데도 효소 가수분해율이 크게 차이가 있는 것으로 미루어보아, 리그닌과 탄수화물의 결합위치와 성질이 효소 가수분해에 더 큰 영향을 미칠 수도 있다[15]. 일반적으로 리그닌 제거에 의한 효소 가수분해율의 증가는 리그닌 제거로 공극수의 증가와 효소에게 더 좋은 표면 접근성이 제공된 것에 기인한다고 본다.

4) 헤미셀룰로오스 함량

헤미셀룰로오스가 셀룰로오스와 효소 간의 접촉을 방해한다. 따라서 헤미셀룰로오스를 제거하면 가수분해효소의 비접촉 면적 및 담체의 다공성이 증가하기 때문에 효소 가수분해율이 증가한다[2,16]. 특히 목질계 바이오매스인 활엽수재에서 자일란(xylan)을 제거하면 효소 가수분해율이 급격히 증가한다[17]. 전처리 중에 SO_2처리 후 섬유를 온수로 세척하는 방법이 있는데 이는 섬유 표면의 헤미셀룰로오스 성분을 물로 제거시키는 이론에 근거를 두고 있다. 그러나 다량의 헤미셀룰로오스와 리그닌을 제거하려면 동시에 셀룰로오스도 분해되어 수율이 낮아진다. 또한 헤미셀룰로오스 그 자체도 에탄올 생산의 원료이므로 헤미셀룰로오스의 제거는 바이오매스의 다른 조성분들과의 관계를 고려하여 적정선에서 이루어져야 한다.

1.3 바이오매스 전처리

전처리는 가수분해효소가 바이오매스에 결합하고 잘 침투하도록 섬유조직과 조성분의 변화를 유도하는 방법이 있고, 또 한편은 바이오매스로부터 화공약품,

사료 및 식량을 생산하기 위한 최적방법으로 인정되고 있는 조성분 단리(fractionation)방법도 포함된다. 따라서 여기서는 이 두 범위를 모두 포함하고자 한다.

전처리는 물리적 방법, 물리·화학적 방법, 화학적 방법 및 미생물학적 방법들이 있다. 물리적 방법으로는 분쇄와 마쇄, 물리·화학적인 방법은 고온의 물이나 스팀 처리를 거치는 증자, 아스플룬드(asplund) 처리, 폭쇄(steam explosion)방법이 있다. 화학적인 방법은 바이오매스에 함유된 리그닌을 연화시키거나 용해시키는 방법이 주를 이루므로 NaOH, H_2SO_4, SO_2, C_2H_5OH/H_2O 등의 화공약품을 주로 사용한다. 미생물학적 방법에서는 백색 부후균을 이용하여 탈리그닌화를 촉진시킨다. 전처리 방법들은 표 7-1과 같다.

표 7-1 ▸ 효소가수분해를 증가시키기 위한 전처리 방법

물리적 처리	화학적 처리	물리·화학적 처리	생물학적 처리
마쇄와 분쇄 해머 밀링 볼 밀링 바이브레이션 밀링 γ선 조사 마이크로웨이브 스 팀	알칼리 NaOH, $NaOH(H_2O_2)$, $Ca(OH)_2$, NH_4OH 무기산, 가스 HCl, H_2SO_4, SO_2 유기용매 초산, 알코올류 습식산화 오 존	폭 쇄 물, CO_2, SO_2 암모니아(AFEX) 자가가수분해 액체고온수 (LHW, PHW) 마 쇄 스팀, 알칼리, SO_2 알칼리와 볼밀 NO_2와 γ선 조사	백색부후균

주. AFEX: ammonia fiber explosion, LHW: liquid hot water, PHW: pressurized hot water

한편 효과적인 전처리를 위해서는 바이오매스가 함유한 모든 탄수화물의 회수, 탄수화물 중에 잔존 리그닌 함량의 최소화, 효소 가수분해율의 현저한 상승, 높은 당 농도로 회수 및 저렴한 처리 에너지와 작업 비용이 요구된다[18].

전처리 과정을 수행함에 있어서 가장 중요한 것은 가능한 한 저온에서 처리하여 탄수화물의 분해를 최대한 억제하고 에너지를 절약하는 것이다. 물론 이와 동시에 헤미셀룰로오스는 푸르푸럴(furfural)과 같은 저분자 화합물로 분해되지 않고 회수할 수 있을 정도의 고온을 유지해야 한다. 또한 전처리 후에 세척이나 중성화와 같은 새로운 처리 단계가 최대한 생략되어야 한다[19]. 이러한 목적을 충족시키기 위해 새로운 전처리 방법들이 계속 개발되고 있다. 여기서는 현재 산업

화가 되었거나 파일럿(pilot) 규모로 실제 적용하고 있는 전처리 방법에 좀 더 중점을 두고자 한다.

1.3.1 물리적 방법

1) 분쇄와 마쇄 (milling and grinding)

분쇄 및 마쇄 방법으로는 주로 진동형 볼 밀(ball mill)을 가장 많이 이용한다. 이러한 전처리를 거치면 셀룰로오스의 결정화도가 낮아지고, 셀룰로오스의 평균 분자량이 낮아지며 입자의 크기도 감소한다. 따라서 효소의 셀룰로오스 반응력을 증진시키며 또한 효소와 셀룰로오스의 접촉면을 넓혀 효소의 가수분해 능력을 개선한다[20,21]. 최근에는 목재 칩을 SO_2로 처리한 후에 폭쇄하고 볼 밀로 마쇄한 경우와 볏짚을 스팀으로 폭쇄하고 마쇄한 경우 모두 효소 가수분해율이 현저히 증가하였다는 보고도 있다[22,23]. 볼 밀링 이외에도 해머 밀링(hammer milling) 등 다수의 분쇄방식이 있으나 어느 방법이든지 처리 시간이 길며, 에너지 소비가 높아 비경제적이다. 또한 처리 효과가 바이오매스 종류에 따라 큰 차이를 나타나는 단점도 있다[24].

2) 고에너지조사(high energy radiation)와 마이크로웨이브(microwave)

전자의 경우 고 에너지조사로 셀룰로오스 분자의 산화분해, 탈수소 반응 및 글루코오스 단리로 인하여 CO_2가 방출되며 셀룰로오스 체인이 끊어져서 효소분해력이 증가한다. 후자의 경우도 전처리 전후에 효소 가수분해력을 증가시킨다. 그러나 전처리 전후 셀룰로오스의 결정화도에는 변화가 없는 것으로 미루어보아 효소와 결합할 수 있는 섬유 표면적이 증가한 것으로 추정된다[25]. 고에너지조사 방법은 비용이 많이 들어 산업에 적용이 어렵다.

물리적 처리 방법은 어느 방법이든 현재로서는 경제성이 없다는 것이 큰 문제이다. 특히 목질계 바이오매스 전처리로서는 비용이 더욱 고가이다. 목질계 바이오매스의 전처리는 칩화, 분쇄 및 마쇄의 조합으로 세분화하는 과정을 거친다. 일반적으로 칩화된 바이오매스의 치수는 1 ~ 3cm 정도이며, 분쇄한 것은 0.2mm, 마쇄한 것은 2.0mm 정도이다. 또한 담체로서 목분을 사용할 경우에는 60mesh ($250\mu m = 0.25mm$)를 주로 사용하고 있다[17].

1.3.2 물리·화학적인 방법

증기처리로는 크게 두 가지 방법이 이용되고 있다. ① 고온(150 ~ 200°C)에서 증기처리 후에 아스플룬드 해섬기(asplund defiberator)나 리파이너(refiner)를 이용한 해섬, ② 고압(20 ~ 40kg/cm^2)상태에서 칩을 2 ~ 4분간 증기로 처리한 후에 대기압 상태로 몇 초 내로 방출하여 폭쇄(explosion)시키는 방법 등이 있다.

1) 증기처리 후 해섬

증기 전처리는 고압 용기 내에서 칩을 증자하는 방법인데, 이 경우에 헤미셀룰로오스 측쇄(side chain)인 아세틸(acetyl)기가 유리되어 초산(acetic acid)을 생성한다. 이로 인하여 바이오매스의 헤미셀룰로오스가 약산에서 가수분해되어 가용성이 되고 리그닌은 저분자화하는데 원리를 두고 있다.

활엽수인 자작나무 칩이나 짚을 그림 7-1과 같은 아스플룬드 디파이브레이터(asplund defiberator, 해섬기)에서 185 ~ 195°C로 8분간 증기처리 후에 45초 동안 해섬하면 효소가수분해율이 현저히 증가한다. 아스플룬드 디파이브레이터에서 해섬된 섬유를 온수나 0.5 ~ 1.0% NaOH로 추출하여 얻어지는 자일란 또는 자일로오스를 알코올 및 기타 유용한 화학공업 기지물질로 전환시킬 수 있다[26,27]. 이상의 방법으로 현사시나무[28]칩으로 조사료, 그리고 가중나무 및 신갈나무[29] 칩으로부터는 자일로오스를 분리, 정제한 보고도 있다. 아스플룬드에서 처리한 후에 셀룰로오스의 향상된 가수분해율은 표 7-1과 같다.

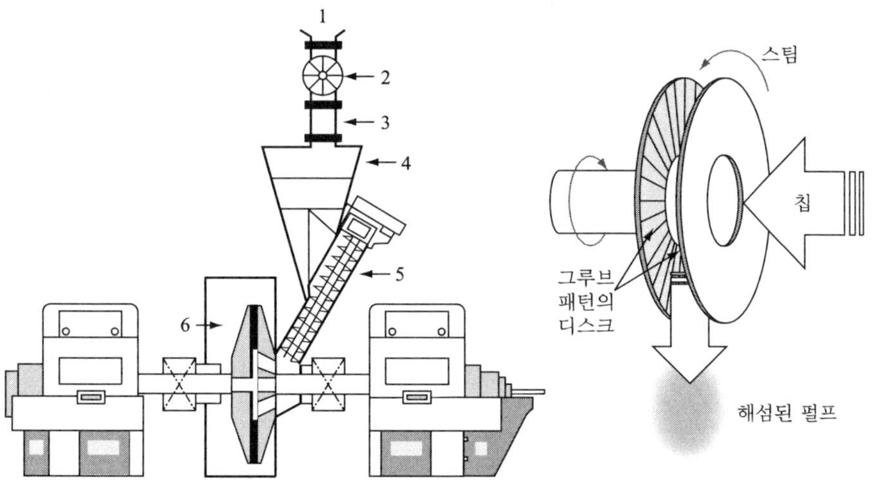

| 그림 7-1 | 디파이브레이터 장비와 내부 해섬 원리(1. 증기처리된 시료, 2. 회전형, 3. 슈트, 4. 스팀 배출실, 5. 스크루형, 6. 리파이너)

표 7-2 ▸ 아스플룬드에서 증기처리 후 해섬 시의 셀룰로오스 효소 가수분해율

수 종	효소 가수분해율 (%)
Populus sieboldii	80 ~ 90
Cornus controversa *Prunus donarium, Quercus serrata* *Paulownia tomentosa*	70 ~ 80
Acer mono, Fraxinus mandshurica *Morus bombycis, Betula maximowicziana* *Fagus crenata, Carpinus laxiflora*	60 ~ 70
Populus maximowiczii, Fagus japonica *Alnus hirsuta, Quercus acutissima* *Castanea crenata*	50 ~ 60
Alnus firma, Shiia cuspidata *Juglans sieboldiana, Tilia japonica*	40 ~ 50
Ulmus davidiana, Morus bombycis *Aesculus Trubinata*	30 ~ 40
Zelkova Serrata, Machilus thunbergii *Castanopsis cuspidata*	20 ~ 30

농작물 잔사는 아스플룬드 디파이브레이터에서 마쇄하기 전에 세단하여 약품으로 전처리하고 2차적으로 스팀처리를 거치면 효소 당화율이 상승한다. 밀짚을 2 ~ 10mm로 세단하여 0.2% H_2SO_4 용액에 1h 동안 침적한 후에 프레스에서 용액을 제거하고, 190°C에서 10분간 스팀으로 전처리하면 높은 수율의 글루코오스와 자일로오스를 회수할 수 있다[30].

2) 폭쇄(explosion)

폭쇄법에는 기존 폭쇄 방법, 산처리 폭쇄(SO_2, H_2SO_4), 암모니아처리 폭쇄, 및 CO_2처리 폭쇄 등이 있다.

(1) 기존 폭쇄법

바이오매스를 그림 7-2와 같이 200 ~ 260°C에서 1 ~ 20분 동안 포화 수증기로 증자한 후에 수초 정도 대기압에 방출·폭쇄하여 해섬하는 방법인데 일명 메이소나이트(Masonite)법이라고도 부른다[31]. 일반적으로 처리 온도, 압력 및 시간은 목적에 따라 조정할 수 있으므로 고정된 처리 조건은 없다.

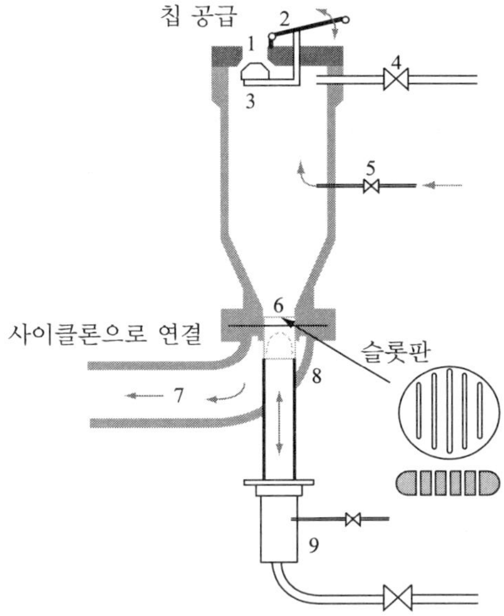

| 그림 7-2 | 메이소나이트 폭쇄장치의 종단면(1. 칩공급, 2. 상부밸브 기동장비, 3. 상부밸브, 4. 고압증기밸브, 5. 증기밸브, 6. 슬롯판, 7. 단섬유, 8. 하부밸브, 9. 하부밸브용 유압식 기동장비)

폭쇄할 때의 물리·화학적인 작용으로 칩은 섬유화되고 화학적 조성분의 변화가 일어난다. 즉, 헤미셀룰로오스는 저분자화되고 수용성으로 변한다. 또한 리그닌도 연화된다. 그 결과 섬유소의 체인이 끊어져서 섬유의 중합도가 감소하므로 효소 가수분해율이 크게 증가한다. 더불어 처리 압력과 시간이 증가함에 따라 섬유의 결정화도 및 미세폭이 증가한다. 그러나 처리 시간이 길면 용해된 헤미셀룰로오스의 일부가 섬유 표면에 재흡착하여 효소 가수분해율을 저하시킨다. 따라서 섬유를 물로 세척해야하는데 이 경우 수율이 낮아진다. 220°C 이상에서 처리시간이 길면 헤미셀룰로오스 분해가 많이 일어나며 리그닌도 크게 변화한다. 헤미셀룰로오스가 용해되면 미세 공극이 열리고, 폭쇄로 섬유에 기계적 절단력이 가해져 피브릴(fibril)구조가 팽창하여 벌어진다. 따라서 섬유가 벌크해지며 효소와 섬유가 결합할 수 있는 표면적이 증가하여 효소분해력이 촉진된다[32].

포플러(*populus nigra*)재를 210°C에서 4분 처리하여 폭쇄할 경우 95% 이상의 셀룰로오스가 회수되었으며 효소 가수분해 수율은 60%에 달하였다. 또한 액상 부분에서 자일로오스를 41% 회수하였다[33]. 또한 포플러나 유칼립투스 칩을 210°C에서 4분, 밀짚을 190°C에서 8분, 사탕수수의 버거스를 210°C에서

2분, 및 겨자박을 210°C에서 8분간 스팀처리하여 각각 폭쇄하면 효소 가수분해율이 현저히 향상된다는 보고도 있다[34].

최근에는 스팀폭쇄와 열 전처리(thermal pretreatment)를 병합하여 바이오가스 생산에 이용하거나[35,36], 또는 NaOH와 같은 염기를 첨가하여 열처리하는 방법도 연구되고 있다[37].

폭쇄처리 과정 중에 분해된 폴리머들 간에 축합물을 형성하면, 이들이 효소 가수분해를 저해할 수 있다. 따라서 셀룰로오스의 화학적 물리적 성질의 과도한 영향을 피하기 위하여 폭쇄처리 조건을 잘 고려해야 한다[38].

(2) 산처리 폭쇄

폭쇄 전처리가 활엽수 바이오매스 이용에는 큰 효과가 있으나 침엽수재에는 어려움이 많다. 그러므로 침엽수 칩에 SO_2가스(0.5 ~ 5%)나 H_2SO_4(0.2 ~ 2%)를 주입시키고 160 ~ 230°C에서 약 10분 정도 스팀으로 처리한 후에 폭쇄시키는 방법을 시도하고 있다. 이 경우 폭쇄처리의 선택성을 개선할 수 있다. 즉, 이용할 수 있는 수종의 범위가 넓어지며 폭쇄 처리 온도와 압력을 낮출 수도 있다. 또한 이러한 전처리로 미세 공극의 크기가 증가하므로 효소 가수분해율이 현저히 증가한다[39,40].

(3) 암모니아처리 폭쇄

침엽수재를 폭쇄할 경우 유기산이나 유기염을 촉매로 사용하여 침엽수 칩의 효소 가수분해를 향상시킬 수 있다. 여러 가지 무기염 중에서도 NH_4Cl 또는 NH_4OH를 첨가하면 효과가 크다. 액체 암모니아로 전처리하고 폭쇄시키는 방법을 암모니아-섬유-폭쇄(ammonia fiber explosion, AFEX)라고 한다. 즉, 칩과 액체 암모니아(중량비, 1 : 1)를 고압 용기에 넣고 90°C, 1.24MPa(180 psi)에서 15 ~ 30분 동안 처리하고 압력을 제거한 후에 폭쇄 처리를 한 결과, 미세 공극의 크기가 증대하였고, 셀룰로오스의 팽창과 결정지역 감소, 및 헤미셀룰로오스와 일부 리그닌의 용출로 인하여 효소 분해율이 증가하였다. 용해된 일부 리그닌과 추출물이 셀룰로오스 표면을 덮고 있으므로 물로 세척해야 한다. 암모니아는 회수하여 재이용할 수 있다[41]. 목재보다 리그닌 함량이 낮은 옥수수대나 짚과 같은 농산폐잔재를 폭쇄 처리를 할 경우에는 더 양호한 결과를 얻을 수 있다[42].

일반적으로 폭쇄 처리를 하면 부분적 가수분해, 섬유화 및 목재의 물리적 구조 등의 변화가 일어나서 탄수화물이 효소와 산에 의한 가수분해가 잘 일어나며, 리그닌도 알칼리나 유기용매에 양호하게 추출된다. 폭쇄법으로 처리한 섬유를 그림 7-4와 같은 절차로 조성분을 분리하여 이용할 수 있다. 폭쇄된 펄프를 온수로 추출하여 대부분의 헤미셀룰로오스와 소량의 리그닌을 분리한다. 잔사 셀룰로오스와 리그닌을 메탄올로 추출하여 리그닌의 대부분을 메탄올 층으로부터 분리하고 잔사 셀룰로오스를 분리하여 이용한다.

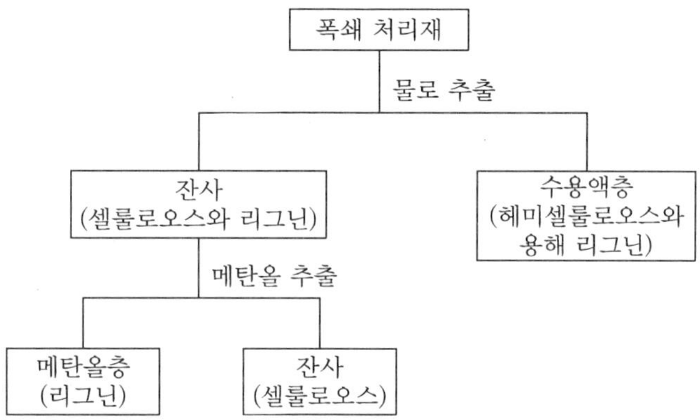

| 그림 7-3 | 폭쇄처리재로부터 조성분 분리 단계

(4) CO_2처리 폭쇄

기존 스팀이나 암모니아-스팀 처리 대신에 CO_2로 처리한 후에 압력을 제거하여 폭쇄한다. 알파파(alfalfa)의 경우 압력 용기에 원료와 CO_2를 중량대비 약 1 : 4 비율로 넣고 실온에서 5.62MPa 압력으로 일정 시간 양생한 후에 압력을 급히 제거하여 폭쇄시키면, 24시간 효소 가수분해에서 글루코오스 생산량이 이론치의 75%에, 그리고 암모니아처리 폭쇄에서는 90%에 이른다는 보고가 있다[43]. 바이오매스를 고압의 스팀과 CO_2로 일정 시간 양생시킨 후에 폭쇄할 수도 있다. 이 경우 바이오매스의 수분이나 고압 스팀이 CO_2를 카보닉(carbonic)산으로 전환시켜 자가가수분해를 촉진시키는데 근거한다[44].

바이오매스에 함유된 왁스, 레진 및 리그닌의 초임계 유체(supercritical fluid, SCF)추출에 근거한 다양한 전처리가 연구되어왔다. 초임계 유체 자체에 관해서는 바이오 디젤 부분에서 자세히 설명한다.

대기압 상태에서 가스인 용매를 사용하는 초임계 유체 전처리가 매력적이다. 그 이유는 가스가 액체에 비하여 회수하여 재사용하는데 편리하기 때문이다. 초임계 유체 전처리에 사용하는 가스에는 CO_2, 에틸렌(ethylene), 부탄(butane) 및 아산화질소(nitrous oxide)가 있다. 이들 가스 중에서도 불이 붙지 않으며, 부식성과 폭발성이 없고 독성도 없는 CO_2를 가장 많이 이용한다. 그러나 CO_2 초임계 유체와 바이오매스는 서로 반응하지 않는다. CO_2 와 SO_2의 초임계 혼합유체로 사시나무칩을 130°C에서 4시간 동안 처리한 결과, 효소 가수분해 속도와 수율이 증가하였다는 보고도 있다. 이 처리로 리그닌의 약 61%가 제거되고, 전체 탄수화물의 83%는 그대로 잔존하였다[45]. 이러한 초임계 CO_2 압력 폭쇄처리는 셀룰로오스 구조를 파괴시켜 효소가 담체에 흡착할 수 있는 비표면적을 넓혀 가수분해를 촉진시킨다. 셀룰로오스의 가수분해에서는 반응 온도와 압력이 중요한 인자이다. 따라서 아임계온도 조건에서도 연구되었으나, 그 결과는 전자보다 못하다. CO_2의 압력이 높으면 CO_2 분자가 담체의 포어 내부로 더 빨리 침투되어서 글루코오스의 수율을 증가시킨다[46].

암모니아 초임계 유체도 바이오매스 전처리 방법으로 이용하고 있다. 헤미셀룰로오스의 가수분해 수율은 버거스의 경우 이론치의 65% 그리고 옥수수대는 90%에 달했으나 참나무는 수율이 낮다. 일반적으로 침엽수재는 효과가 더 낮다. 암모니아 초임계 유체 전처리 효과는 리그닌과 헤미셀룰로오스 사이의 에스테르결합에 가암모니아분해(ammonolysis)를 일으키지만 리그닌을 용해하지는 않는다[47]. 전처리로 리그닌-탄수화물 결합이 감소하여 섬유의 팽창이 커지고 전체 공극량도 증가한다. 전처리로 활엽수인 참나무재의 최대 공극 폭은 50 Å, 그리고 침엽수인 전나무재의 최대 공극 폭은 12 ~ 38 Å로 좁다. 즉, 효소가 침투하기 위해서는 공극폭이 43 Å 이상은 되어야하는데 침엽수의 경우 전처리로서 이 정도의 공극을 확보하기는 어렵다[48].

3) 액체 고온수 처리

액체 고온수 처리(hydrothermolysis, liquid hot-water, LHW)에서는 바이오매스를 물로 포화시킨 후 반응기에 넣고 200 ~ 240°C로 15분 정도 열처리한다. 고온에서 물을 액체상으로 그대로 유지시킬 수 있는 압력 반응기가 사용된다. 이 처리로 바이오매스의 결정지역이 수화(hydrate)되어 섬유 표면에 효소의 접근성이 개선되어 효소 가수분해율이 증가한다[49]. 액체 고온수 처리로 헤미셀룰로오스는 거의 완전하게 용해되며 리그닌은 약 45%, 셀룰로오스는 20%까지 용해된다[50]. 일반적으로 폭쇄법과 비슷하나 처리 온도 및 압력이 낮고, 대부분의 탄수화물이 올리고당이나 다당류로 분해된다. 옥수수 섬유(corn fiber)를 220°C에서 2분간 처리할 경우 헤미셀룰로오스는 거의 전부 용해되고 리그닌도 일부 용해한다[51]. 또한 190°C에서 15분간 처리한 콘스토버의 셀룰로오스는 약 90%가 효소에 의하여 가수분해되었다[52].

산으로 전처리한 후에 기존의 고온수 세척 방법을 이용하면 더 효과적이다. 즉, 약 1.0%의 황산으로 전처리하여 헤미셀룰로오스 성분을 용출시키고, 그다음에 고형물(리그닌과 셀룰로오스)과 용액(가수분해물)을 분리한다. 아직도 내부 압력이 잔존하므로 온도가 130°C 정도를 유지하고 있다. 이때에 고형물을 고온수로 세척한다. 이렇게 세척을 하면 리그닌의 표면에 헤미셀룰로오스의 재흡착을 억제하므로 효소 분해를 증가시킬 수 있다. 용해된 당은 활엽수재일 경우 주로 자일로오스나 자일로오스 올리고머로서 이론치의 95%가 용해한다. 백합나무 톱밥을 산과 고온수로 처리한 경우 90%의 효소 가수분해율을 달성하는데 4일이 소요되었으나, 미처리의 경우는 7일이 소요되었다. 따라서 적은 효소로서 단 시일에 가수분해를 달성할 수 있다[53,54].

그 외의 다른 고온수 처리 방법은 다음에 설명하는 자가가수분해의 장점이면서 단점인 분리된 단당류가 푸르푸럴로 분해되어 다음의 발효 단계에서 저해요소로 작용하는 것을 방지하는데 착안을 둔 것이다. 즉, 염이나 완충액을 넣어 pH를 5.5 ~ 7.0으로 조절한 140 ~ 220°C의 고온수에서 백합나무 톱밥이나 옥수수대/잎을 10 ~ 30분 동안 처리하면 가수분해물로 상당량의 올리고당(oligosaccharides)과 고형물을 분리할 수 있다. 중성 영역에서 고온수로 처리하므로 단당류 대신 올리고당이 생성된다. 이들 올리고당은 산이나 효소에 의해 가수분해시켜서 발효 기질로 사용한다[55,56].

4) 자가가수분해

자가가수분해(autohydrolysis)반응에서 고압 용기에 목재 칩과 물만 넣고 고온(180 ~ 220°C)에서 증해하면 헤미셀룰로오스의 측쇄(side chain)인 아세틸(acetyl)기와 우론닐(uronyl)기가 유리되어 초산과 다양한 유기산을 생성한다. 유기산에 의하여 용액은 산성으로 변화하여 바이오매스의 조성분을 가수분해 시키는데 이 것을 자가가수분해 반응이라 한다[57].

자가가수분해 반응으로 세포벽의 공극이 커지고 리그닌과 헤미셀룰로오스 사이의 결합이 느슨해지므로 효소가 잘 침투하여 효소 분해율이 증가한다. 자가가수분해 반응에서 생성된 가용성 리그닌은 산성용액 내에서 용매에 녹을 수 없는 불용성 리그닌으로 일부 축합 또는 재결합한다.

자가가수분해의 결과는 수종에 따라 큰 차이를 나타내고 있다. 활엽수나 버거스는 100 ~ 200psi에서 30 ~ 120분간 처리해도 효소 분해율이 상당히 증가한다. 일반적으로 활엽수 수종이 침엽수 수종보다 효소 가수분해율이 높은데, 이것은 활엽수에 헤미셀룰로오스와 아세틸기가 많고, 리그닌 함량과 섬유소 중합도가 낮은데 기인한다[58].

자가가수분해 과정을 통해 바이오매스 조성분을 분리하여 이용할 수 있다. 그림 7-4에서와 같이 자가가수분해를 통해 저분자인 헤미셀룰로오스가 용해되어 유동층으로 분리되며 나머지 잔사를 알칼리로 추출하면 셀룰로오스 잔사가 남는다. 목질계 바이오매스로부터 조사료 제조에도 이 방법을 이용할 수 있다[59,60].

자가가수분해 과정 중에 용해된 리그닌의 경우 산에 의한 축합반응이 자주 일어나는데 이를 극복하기 위해 2-나프톨(naphthol)을 첨가하면 축합을 억제할 수 있다[61]. 알칼리로 추출한 리그닌은 산을 첨가할 경우 침전되어 분리할 수 있다[62]. 이렇게 단리된 셀룰로오스는 셀룰로오스 유도체를 제조하거나 또는 당화시킨 후에 에탄올 발효에 이용한다. 리그닌은 공업용 플라스틱과 접착제 제조에서 페놀 대용으로, 한편 헤미셀룰로오스는 에탄올 발효에 사용할 수 있다.

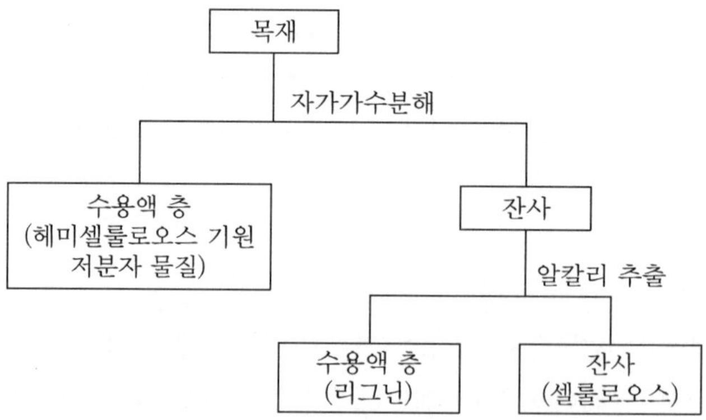

| 그림 7-4 | 자가가수분해를 이용한 조성분 분리 단계

1.3.3 화학적 전처리

화학적 처리 방법은 섬유소를 팽창시키거나 또는 리그닌을 제거시켜 효소분해력을 높이는데 주안점을 두고 있다.

1) 알칼리 처리(alkali treatment)

알칼리 처리에는 NaOH와 NH_3처리를 가장 많이 이용하고 있다. 바이오매스를 2~6% NaOH(시료 무게기준), 실온~120°C로 처리하면 헤미셀룰로오스 분자 사이에 또는 헤미셀룰로오스와 리그닌 분자 사이에 존재하는 에스테르(intermolecular ester)결합을 검화함으로써 물에 대한 섬유소의 팽창보다 더 큰 팽창이 일어난다. 따라서 모세관 사이즈, 공극 사이즈 및 다공성이 증가하고 결정구조의 변화도 일어나 효소 침입이 촉진된다[15].

NaOH로 처리 한 후에 효소 가수분해율은 리그닌 함량에 따라 좌우된다. 침엽수재는 리그닌 함량이 높아 알칼리 처리의 효율이 낮다[18]. 따라서 포플러 계통을 제외한 다른 수종에는 여러 가지 문제점이 있다. 즉, NaOH 처리로서 헤미셀룰로오스의 일부가 용출되어 수질오염을 야기하며, 섬유에 잔존하는 Na이온은 효소가수분해를 억제한다. 현재까지의 보고에 따르면 NaOH 처리는 리그닌 함량이 낮은 짚류에는 경제성이 있는 것으로 밝혀졌다.

목질계 톱밥, 옥수수대/잎(corn strover) 그리고 짚과 같은 농업 부산물을 가스나 액체 상태의 암모니아(NH_3)로 처리함으로써 분해율이 증가한다는 것은 암모니아가 전술한 에스테르결합의 검화 대신에, 여기서는 가암모니아분해를 일으켜 아마이드(amides)를 형성하고 이 결과 섬유가 팽창하는데 기인한다. 그러나 NaOH처리보다 팽창 정도가 낮으며 섬유소 I이 섬유소 III으로 변화한다. 또한 NH_3처리로 그 결정화도는 변화지 않는다[63]. 암모니아 처리 온도와 압력이 낮을 경우 처리 시간이 길며 냄새에 의한 공해도 문제점으로 지적되고 있다. 또한 목재의 경우 수종에 제한이 있고 암모니아 투여량이 다량임에도 불구하고 효소분해율의 증가는 한계가 있다. 그러나 장비부식이 없고 NaOH보다 가격이 저렴하다.

석회(lime)처리는 초본류에 주로 적용한다. 10% $Ca(OH)_2$(전건무게 기준), 액비 9 : 1로 100~120°C에서 2시간 정도 바이오매스를 처리한다. 리그닌의 연화로 처리된 바이오매스의 효소가수분해율이 조금 증가한다[64]. 또한 포플러 톱밥을

150°C 14기압에서 산소를 넣고 처리한바 탈리그닌이 현저히 개선됨을 확인하였다[65].

과산화수소와 알칼리(H_2O_2/NaOH) 전처리는 밀짚, 볏짚과 옥수수대/잎같은 농업부산물의 리그닌을 제거하는데 주로 적용한다. 바이오매스와 0.25% H_2O_2(원료 무게기준)를 실온 상태의 물에 넣고 NaOH로 pH를 11.5로 조절하여 처리한다. 이 경우 약 50% 정도의 탈리그닌(delignification)이 일어나며 헤미세룰로오스는 거의 전부 완전하게 용해된다. 처리한 5%의 농도의 원료에서 셀룰라아제로 분해시킨바, 글루코오스 수율은 거의 100%에 이른다[66].

암모니아 회수 퍼코레이션(percolation)전처리는 퍼코레이터 상(床; bed)이나 칼럼반응기(column reactor)에 바이오매스를 넣고 160 ~ 180°C에서 325psi압력으로 5 ~ 15%액상 NH_3로 세척·순환시킨다. 암모니아수 처리로 리그닌과 헤미셀룰로오스 사이의 체인이 개열된다. 이러한 전처리로 리그닌은 23 ~ 63%, 그리고 헤미셀룰로오스는 20 ~ 36%까지 제거된다. 잔존 셀룰로오스는 셀룰라아제에 의해 거의 전부 가수분해 된다. 곡물, 옥수수대/잎 및 짚 종류에 적합한 전처리 방법이다[65,67]. 이 방법을 암모니아에 의한 섬유 팽창처리(ammonia fiber/freeze expansion, AFEX)이라고도 하며, 폭쇄처리의 암모니아-섬유-폭쇄(ammonia fiber explosion, AFEX)와는 다르다.

2) 산 전처리

산 전처리는 황산, 염산 및 인산을 적용하며 묽은 산이나 농산으로 사용할 수 있다. 그러나 경제성과 가수분해 효율을 고려하여 주로 묽은 황산을 주로 사용한다. 산처리에서는 회분식, 퍼콜레이숀(percolation), 압출류형(plug flow), 역류형(countercurrent), 응축상(shrinking-bed) 등의 여러 형태의 반응조가 이용되고 있다.

묽은 황산 처리의 주목적은 바이오매스에 함유된 헤미셀룰로오스를 전부 용출시키는 것인데, 이러한 헤미셀룰로오스가 용출하면 바이오매스의 다공성이 증가하여 효소분해율이 증가한다. 용량이 적으며 고농도로 연속작업이 가능한 장점도 있다. 그러나 반응 생성물 중에 카르복실산, 푸란 및 페놀성 화합물 등과 같은 당화저해 성분들이 생성되며 당화 수율과 생산성이 낮은 단점도 있다[68].

전처리 방법은 바이오매스를 1mm 정도로 세분하고 액비 10/1 ~ 4/1 정도에서 0.5 ~ 1.4%(w/w)의 황산 용액을 침투시켜 160 ~ 5°C에서 3 ~ 12분 정도 반응시킨다. 여기서 헤미셀룰로오스는 거의 전부 용해되며 리그닌도 파괴되나 용출되지는 않는다. 이 반응은 고온 고압에서 실행하므로 가수분해된 단당류가 푸르푸럴이나 HMP(hydroxymethylfurfural)로 분해될 수 있다. 처리 조건, 즉 반응 온도와 시간을 바이오매스 종류에 따라 변화시킬 수 있다[69]. 주로 묽은 황산으로 농산 폐잔재를 전처리하는 데 이용한다. 그러나 황산 이외에도 염산, 질산 및 아세트산으로 폐신문지나 활성슬러지를 전처리하거나[70], 염화아연이 함유된 0.5% HCl로 버거스를 전처리한 결과도 보고되었다[71].

유칼립투스(*Eucalyptus grandis*)재를 0.087 ~ 0.175%(w/w) H_2SO_4 용액으로 210°C에서 2분 간 처리하면 헤미셀룰로오스의 거의 전량이 용해되며 셀룰로오스는 200°C에서 전처리하여도 효소 당화율이 90%에 달한다[72]. 그러나 목질계 바이오매스는 2단계로 처리하는 것이 더 효과적이다. 백합나무의 경우 1단계에서는 묽은 황산으로 150 ~ 174°C에서 가수분해시켜 자일란을 용해시키고 2단계로 온도를 상승시켜 나머지 자일란을 용해시킨다. 여기서 원료에 함유된 자일란의 97%가 용해하며 푸르푸럴도 2.9%나 생성한다. 잔사 리그닌이 함유된 셀룰로오스는 SSF방법으로 에탄올 생산에 이용된다[73]. 테다소나무를 2단계로 묽은 황산에서 전처리한 바, 셀룰로오스의 결정화도는 증가하였고 리그닌의 축합도 증가하였다. 전자의 경우는 산처리에 의하여 상대적으로 비결정지역이 분해된 것에 기인하며 후자는 높은 온도와 산 촉매 조건에서 리그닌의 분해와 축합으로 β-O-4 결합이 감소하였기 때문이다[74].

강산으로도 전처리가 가능하다. 이 경우 강산에 의하여 셀룰로오스 사슬들 사이의 수소결합이 파괴되어 비결정화한다. 여기에 물로 적당한 온도에서 가수분해하면 거의 전부 글루코오스로 전환한다. 반응 조건은 일반적으로 65% 황산에 넣어 40°C에서 1시간 정도 처리하면 충분하다[75]. 강산도 낮은 온도에서 대부분의 헤미셀룰로스를 용해시키지만 리그닌과 축합반응을 일으키며 용해된 당의 수율이 낮고 당이 다른 물질로 분해되어 효소 분해를 억제하는 경우가 많다. 산의 회수와 내산성 장비가 요구되는 단점이 있다[76].

개미산과 초산 등의 유기산도 이용되고 있다[77]. 초산을 예로 들면 93%의 초산 용액에 1.7% 염산을 첨가하여 110°C에서 칩을 증해시켜 목재의 조성분인 셀룰로오스, 헤미셀룰로오스 및 리그닌을 분리, 이용할 수 있는 경제적인 방법이다[78,79].

3) 유기용매 전처리

유기용매 추출은 기존의 펄핑 조건을 개선하기 위한 방법으로 시도되었으나 최근은 바이오매스 전처리로도 주로 이용하고 있다. 유기용매 중에서 에틸알코올, 아밀 알코올, 이소아밀 알코올, 부틸 알코올, 및 이소부틸 알코올류 및 여러 종류의 유기산도 널리 이용한다. 유기용매로 전처리한 바이오매스는 효소에 의한 가수분해가 현저히 증가하는데, 이는 전처리로 셀룰로오스와 리그닌이 물리·화학적으로 변화되었기 때문이다. 그러나 이 방법은 사용한 용매를 경제적으로 회수하는데 문제가 있다[80].

n-부탄올(butanol)과 물을 1 : 1의 비율로 혼합하여 증해시킬 경우 탈리그닌화가 가장 높으며 침엽수재보다는 활엽수재에서 효과가 더 크다. 사시나무 톱밥을 174°C에서 4시간 증해하면 리그닌의 87%가 제거된다[81].

에탄올-물로 증해할 경우는 50 : 50비가 가장 양호하며 활엽수는 180°C, 침엽수는 220 ~ 230°C의 온도에서 탈리그닌화가 가장 효과적으로 일어난다[82]. 일반적으로 유기용매 증해에서 용해된 리그닌 양은 헤미셀룰로오스 분해량과 비례한다.

알코올류 이외에도 페놀에 염산을 첨가하거나 크레졸-물 혼합용액[83]으로 바이오매스를 증해한 후에 폐액으로부터 다량의 단당류가 함유된 용액을 분리하기도 한다. 그러나 유기용매 증해에서 가장 큰 문제점은 용매의 회수율이 낮아 비경제적이라는 점이다. 이상의 알코올, 페놀, 크레졸 이외에도 아민류, 케톤류, 에틸렌 글라이콜, 등의 유기용매가 이용하고 있다. 최근에는 아세톤-물(1/1, vol)을 pH 2.0으로 조절하고 195°C에서 5분간 처리한 후 당화와 발효를 시킨바 에탄올 수율을 99.5%까지 달성할 수 있다는 결과도 보고되고 있다[84].

그림 7-5는 유기용매 전처리에 의한 조성분 분리 방법이다. 즉, 알코올-물 혼합용액으로 목분을 처리하면 상당량의 헤미셀룰로오스와 리그닌이 동시에 가용화된다. 폐액에서 알코올을 증발시키고 잔존하는 수용액으로부터 당을 회수하고 리그닌은 침전물로서 분리한다. 가용부의 당은 침엽수재에서는 만난(mannan), 활엽수재는 자일란을 주로 하는 헤미셀룰로오스에서 분리된 단당류들이다.

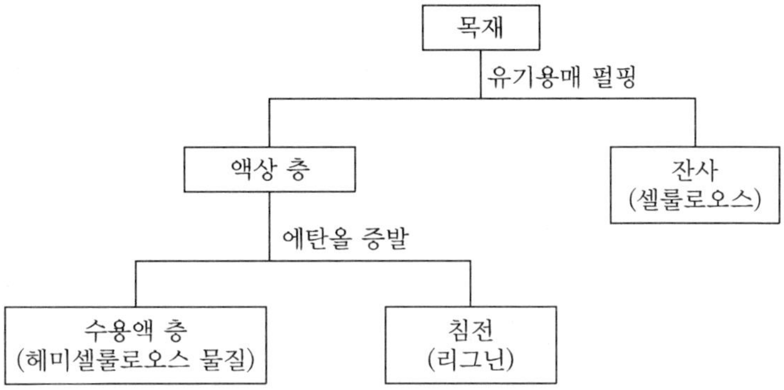

| 그림 7-5 | 유기용매 펄핑을 이용한 목재로부터 조성분 분리 단계

4) 습식산화(wet oxidation)

습식산화에서는 바이오매스에 물과 공기(산소)를 넣어 주면서 140 ~ 220°C 범위에서 약 30분 정도 반응시킨다. 이 경우 반응 온도는 산소 압력과 반응 시간에 따라 조절한다. 반응 과정 중에 산화반응과 가수분해 반응에 의하여 유기산이 생성되며, 이들 유기산이 헤미셀룰로오스를 단당류로, 그리고 리그닌을 산화 및 개열시키며 동시에 셀룰로오스를 효소에 가수분해가 쉽게 일어나도록 개선시킨다[85].

습식산화에서 Na_2CO_3와 같은 알칼리를 조금 넣어주고 반응시키면 푸르푸럴과 같은 가수분해 저해성분이 적게 발생한다[86]. 또한 과산화수소와 같은 산화제를 첨가하여 습식산화를 유도하는 경우도 있다[87].

5) 오존 전처리

오존 처리(ozonolysis)는 리그닌과 일부의 헤미셀룰로오스를 효과적으로 분해시킨다. 이 반응은 실온과 산성조건에서 일어나며 당화나 발효 억제 물질들이 생성되지 않는 장점이 있다[88]. 오존 처리는 담체의 수분 함량, 입자 크기, 오존 농도 및 가스 유속 등에 영향을 받으나, 그 중에서도 특히 담체의 수분 함량이 중요하다. 일반적으로 바이오매스의 최적 수분 함량은 섬유포화점인 30% 정도이다[89]. 한편 오존 처리에서는 많은 양의 오존이 요구되므로 처리 비용이 높은 단점이 있다[90].

1.3.4 생물학적 방법

미생물로 바이오매스를 처리하면 효소 가수분해율이 향상된다. 바이오매스 처리 미생물로는 백색 부후균이 효과적이다. *Phanerochaete chrysosporium*, *Trametes versicolor*, *Ceriporiopsis subvermispora* 및 *Pleurotus ostreatus*와 같은 백색 부후균이나[91], *Sphingomonas paucimobilis*와 *Bacillus circulans* 같은 세균이 전처리 미생물로 널리 이용되고 있다[92]. 한편 바이오매스를 백색 부후균으로 여러 주 동안 분해시킨 후에, 2차적으로 유기용매(에탄올) 전처리를 시행하고, 여기서 분획한 펄프 잔사를 SSF 방법으로 직접 에탄올로 전환시킬 수도 있다[93].

생물학적 전처리는 약품이 투여되지 않고, 실온에서 온화한 조건으로 반응시키므로 에너지 소비가 낮은 장점이 있으나, 반응 속도, 즉 처리율이 너무 느린 단점도 있다[90].

참고문헌

1. Lawford, H. G., Rousseau, J. D., Cellulose fuel ethanol, Alternative fermentation process designs with wild-type and recombinant *Zymomonas mobilis*, Appl. Biochem. Biotechnolo., 98-100:429-448, 2002
2. Sinitsyn, A. P., Gusakov, A. V., Vlasenko, E. Y., Effect of structural and physico-chemical features of cellulosic substrates on the efficiency of enzymatic hydrolysis. Appl. Biochem. Biotechnol., 30:43-59, 1991
3. Tanahashi, M. Takada, S., Aoki, T., Goto, T., Higuchi, T., Hanai, S., Characterization of explosion wood. 1. Structure and physical properties. Wood Research 69:36-51. 1983
4. Nahzad, L. P., Ramos, L. P., Paszner, L., Saddler, J. N., Structural constraints affecting the initial enzymatic hydrolysis of recycled paper, Enzyme Microb. Tech., 17: 68-74, 1995
5. Grous, W. R., Converse, A. D., Grethlein, H. E., Effect of steam explosion pretreatment in pore size and enzymatic hydrolysis of poplar, Enzyme Microb. Tech., 8:274-280, 1986
6. Grethlein, H. E., The effect of pore distribution on the rate of enzymatic hydrolysis of cellulosic substrates, Bio. Technology, 3:155-160, 1985
7. Fan, L. T., Lee, Y. H., Beardmore, D. H., Mechanism of the enzymatic hydrolysis of cellulose: Effects of major structural features of cellulose on enzymatic hydrolysis, Biotecnol. Bioeng., 22:177-199, 1980
8. Lee, S.(edi.), Alternative fuels, Chap. 10, Biomass conversion, Taylor & Francis, pp. 432-435, 1996
9. Puri, V. P., Effect of crystallity and degree of polymerization of cellulose on

enzymatic saccharification, Biotechnol. Bioeng. 26:1219-1222, 1984.
10. Chang, M. M., Chou, Y. C. T., Tsao, G. T., Structure, pretreatment and hydrolysis of cellulose, Adv. Biochem. Eng., 20:15-42, 1981
11. Wyman, C. E., Handbook on bioethanol: production and utilization, Taylor & Francis: Washington DC, USA, 1996
12. Donaldson, L. A., Wong, K. K. Y., Mackie, K. L., Ultrastructure of steam exploded wood. Wood Sci. Technol., 22:103-114, 1988
13. Tarkow, H., Feist, W. C., A mechanism for improving the digestibility of lignocellulosic materials with dilute alkali and liquid NH_3; Advance Chemistry Series 95:197-218 American Chemical Society: Washington, DC, 1969
14. Berlin, A., Balakshin, M., Gilkes, N., Kadla, J., Maximenko, V., Kubo, S., Saddler, J., Inhibition of cellulase, xylanase and beta-glucosidase activities by softwood lignin preparations, J. Biotecnol., 125:198-209, 2006
15. Cowling, E. B., Kirk, T. K., Properties of cellulose and lignocellulosic materials as substrates for enzymatic conversion processes, Biotech. Bioeng. Symp., 6:95-123, 1976
16. Tanaka, M., Ikesaka, M., Matsuno, R., Converse, A., Effect of pore size in substrate diffusion of enzyme on hydrolysis of cellulose materials with cellase, Biotechnol. Bioeng., 32:698-706, 1988
17. Grohmann, K., Torget, R., Himmel, M., Optimization of dilute acid pretreatment of biomass. Biotechnol. Bioeng. Symp. 15:59-80, 1985
18. Weil, J., Westgate, P. Kohlmann, K., Ladisch, M. R., Cellulose pretreatments of lignocellulosic substrates, Enzyme Microb. Technol., 16:1002-1004, 1984
19. Lynd, L. R., van Zyl, W. H., McBride, J. E., Laser, M., Consolidated bioprocessing of cellulosic biomass: An. pdate, Curr. Opin. Biotechnol., 16:577-583, 2005
20. McMillan, J. D., Enzymatic conversion of biomass for fuels production, Himniel, M. E., Baker, J. O., Overend, R. P.(edi.), Pretreatment of lignocellullosic biomass, ACS Symposium Series 566, p. 303, 1994
21. Fan, L. T., Lee, Y. H., Gharpuray, M. M., The nature of lignocellulosics and their pretreatments for enzymatic hydrolysis, Adv. Biochem. Eng., 23:157-187, 1982
22. Mais, U., Esteghlalian, A. R., Saddler, J. N., Mansfield, S. D., Enhancing the enzymatic hydrolysis of cellulosic materials using simultaneous ball milling, Appl. Biochem. Biotechnol., 98:815-832, 2002
23. Jin, S., Chen, H., Superfine grinding of steam-exploded rice straw and its enzymatic hydrolysis, Biochem. Eng. J., 30:225-230, 2006
24. Millett, M. A., Baker, A. J., Satter, L. D., Fermentation ethyl alcohol, Biotech. Bioeng. Symp., 6:125-153, 1976
25. Saeman, J. F., Millet, M. A., Lawton, E. J., Effect of high-energy cathode rays on

cellulose, Ind. Eng. Chem. 44:2848-2852, 1952

26. Puls, J., Dietrich, H. H., Separation of lignocellulosics into highly accessible fibre materials and hemicellulose fraction by the steaming-extraction process. In: Energy from Biomass, Proceedings of the International Conference of Biomass, Brighton, UK, November, pp. 348-353. 1980
27. Dietrich, H. H., Sinner, M., Puls, J., Potential of steaming hardwoods and straw for feed and food production. Holzforschung, 32:193-199, 1978
28. 강진하, 백기현, 열해섬 및 폭쇄처리에 의한 현사시나무의 조사료화 연구, 목재 공학, 17(4), 57-69, 1989
29. Jeong, C., Paik, K. H., Xylose production from hardwoods, Tappik, 18(1), 14-22, 1986
30. Linde, M., Jakobsson, E-L., Galbe, M., Zacchi, G., Steam pretreatment of dilute H_2SO_4-impregnated wheat straw and SSF with low yeast and enzyme loadings for bioethanol production, Biomass and Bioenergy, 32, 326-332, 2008
31. Koran, Z., Kokta, B. V., Valade, J. L., Law, K. N., Fiber characteristics of masonite pulp, Pulp and Paper Canada, 79:T107-T113, 1978
32. Schultz, T. P., Biermann, C. J., McGinnis, G. D., Pyrite catalysis of coal liquefaction, hydrogenation, and intermolecular hydrogen transfer reactions, Ind. Eng. Chem. Prod. Res. Dev., 22:344-348, 1983
33. Negro, M. J., Manzanares, P., Ballesteros, I., Oliva, J. M., Cabanas, A., Ballesteros, M., Hydrothermal pretreatment conditions to enhance ethanol production from poplar biomass, Appl. Biochem. Biotechnol., 105:87-100, 2003
34. Ballesteros, M., Oliva, J. M., Negro, M. J., Manzanares, P., Ballesteros, I., Ethanol from lignocellulosic materials by a simultaneous saccharification and fermentation process(SFS) with *Kluyveromyces marxianus* CECT 10875, Process Biochem., 39: 1843-1848, 2004
35. Ward, A., Stensel, H. D., Ferguson, J. F., Ma, G., Hummel, S., Effect of autothermal treatment on anaerobic digestion in the dual digestion process, Water Sci. Technol., 38: 435-442, 1998
36. Bougrier, C., Delgenes, J. P., Carrere, H., Impacts of thermal pre-treatments on the semicontinuous anaerobic digestion of waste activated sludge, Biochem. Eng. J., 34: 20-27, 2007
37. Distefano, T. D. and Ambulkar, A., Methane production and solids destruction in an anaerobic solid waste reactor due to post-reactor caustic and heat treatment, Water Sci. Technol., 53:33-41, 2006
38. Sun, X. F., Xu, F., Sun, R. C., Fowler, P., Bairdd, M. S., Characteristics of degraded cellulose obtained from steam-exploded wheat straw, Carbohyd. Res., 340:97-106, 2005
39. Mackie, K. L., Brownell, H. H., West, K. L., Saddler, J. N., Effect of sulphur dioxide

and sulphuric acid on steam explosion of aspenwood, J. Wood Chem. Technol. 5: 405-425, 1985

40. Schwald, W., Breuil, C., Brownell, H. H., Chan, M., Saddler, J. N., Assessment of pretreatment conditions to obtain fast complete hydrolysis on high substrate concentrations. App. Biochem. Biotechnol., 20/21:29-44, 1989
41. Gollapalli, L. E., Dale, B. E., Rivers, D. M., Predicting digestibility fiber explosion (AFEX)-treated rice straw, Appl. Biochem. Bioeng., 98:23-35, 2002
42. Belkacemi, K., Turtotte, G., de Halleux, D., Savoie, P., Ethanol production from AFEX-treated forages and agricultural residues, Appl. Biochem. Biotechnol., 70-72: 441-462, 1998
43. Dale, B. E., Moreira, M. J., Freeze-explosion technique for increasing cellulose hydrolysis: United States, Biotech. Bioeng. Symp., 12:31-43, 1982
44. Puri, V. P., Mamers, H., Explosive pretreatment of lignocellulosic residues with high-pressure carbon dioxide for the production of fermentation substrates, Biotechnol. Bioeng., 25:3149-3161, 1983
45. Shah, M. M., Lee, Y. Y., Torget, R., Pretreatment of aspen wood aimed at high hemicellulose retention, Proceedings of the ethanol from biomass annual review meeting, National renewable energy laboratory, Golden, Co., 1990
46. Zheng, Y., Lin, H.-M., Wen, J., Cao, N., Yu, X., Tsao, G. T., Supercritical carbon dioxide explosion as a pretreatment for cellulose hydrolysis, Biotechnol. Lett., 17: 845-850, 1995
47. Weimer, P. J., Chou, Y. C. T., Weston, W. M. and se, D. B., Effect of supercritical ammonia on the physical and chemical structure of ground wood, Biotech. Bioeng. Symp., 17:5-18, 1986
48. Chou, Y. C. T., Supercritical ammonia pretreatment of lignocellulosic materials, Biotech. Bioeng. Symp., 17:18-32, 1986
49. Weil, J. R., Sarikaya, A., Rau, S. L., Goetz, J., Ladisch, C. M., Brewer, M., Hendrickson, R., Ladisch, M. R., Pretreatment of corn fiber by pressure cooking in water, Appl. Biochem. Biotechnol., 73:1-17, 1998
50. Mok, W. S. L., Antal, M. J., Uncatalyzed solvolysis of whole biomass hemicellulose by not compressed liquid water. Ind. Eng. Chem. Res. 31:1157-1161, 1992
51. Sreenath, H. K., Koegel, R. G., Moldes, A. B., Jeffries, T. W., Straub, R. J., Enzymic saccharification of alfalfa fibre after liquid hot water pretreatment, Process Biochem., 35:33-41, 1999
52. Mosier, N., Hendrickson, R., Ho, N., Sedlak, M., Ladisch, M. R., Optimization of pH controlled liquid hot water pretreatment of corn stover, Bioresource Technol., 96: 1986-1993, 2005

53. Torget, R., Hatzis, C., Haywood, T., Hsu, T., Philippidis, P., Optimization of reverse flow, two temperature ilute acid pretreatment to enhance biomass conversion to ethanol, Appl. Biocehm. Biotechnol., 57/58:85-101, 1996
54. Nagle, N., Elander, R., Newman, M., Rohrback, R., Ruiz, R., Torget, R., Efficacy of a hot washing process for pretreated yellow poplar to enhance bioethanol production, Biotechnology Progress, 18:734-738, 2002
55. Weil, J., Sarikaya, A., Rau, S. L., Goetz, J., Ladisch, C. M., Brewer, M., Hendrickson, R., Ladisch, M. R., Pretreatment of yellow poplar sawdust by pressure cooking in water, Appl. Biochem. Biotech. 68, 21-40, 1997
56. Mosier, N., Hendrickson, R., Ho, N., Sedlak, M., Ladisch, M. R., Optimization of pH controlled liquid hot water pretreatment of corn stover. Biores. Technol., 96:1986-1993, 2005
57. Fujii, T., Shimizu, K., Sudo, K., Yamamoto, K., Ultrastructual changes of the three diffuse-porous hardwoods upon autohydrolysis and enzymatic saccarification, Mokuzai Gakkatshi, 31:366, 1985
58. Wayman, M., Lora, J. H., Delignification of wood by autohydrolysis and extraction, Tappi, 62:113, 1979
59. 백기현, 임재원, Autohydrolysis와 steaming extraction 처리된 활엽수 펄프로부터 유기용매에 의한 리그닌 추출, 한국펄프제지공학회지 19(2):16-25, 1987
60. 강진하, 위흡, 백기현, 화학 전처리에 의한 현사시나무의 조사료화 연구(I), 목재공학, 18(1):15-23, 1990
61. Wayman, M., Lora, J. H., The effects of 2-naphtol and other aromatic compounds, Tappi, 61:55, 1978
62. Meshitsuka, G., Advanced Technologies for Utilization of Forest Resources, Japan Wood Research Society, p. 68, 1985
63. Wang, P. Y., Bolker, H. I., Purves, C. B., Uronic acid ester groups in some softwoods and hardwoods, Tappi, 50:123-124, 1967
64. Chang, V. S., Burr, B., Holtzapple, M. T., Lime pretreatment of switchgrass. Appl Biochem Biotechnol. 63/65:319, 1977
65. Mosier, N., Wyman, C., Dale, B., Elander, R., Lee, Y. Y., Holtzapple, M., Ladisch, M., Features of promising technologies for pretreatment of lignocellulosic biomass. Biores. Technol., 96:673-686, 2005
66. Patel, M. M., Bhatt, R. M., Optimization of the alkaline peroxide pretreatment for the lignification of rice straw and its applications, J. Chem. Technol Biotechnol., 53: 253-263, 1992
67. Luer, P. V., Wu, Z. W., Kim, S. B., Lee, Y. Y., Ammonia recycled percolation process for pretreatment of biomass feedstock, Appl. Biochem. Biotechnol, 57/58:

121-132, 1996
68. Taherzadeh, M. J., Karimi, K., Enzymatic-based hydrolysis processes for ethanol from lignocellulosic materials: A review, BioResources, 2:707-738, 2007
69. McMillan, J. D., Pretreatment of lignocellulosic biomass. ACS Symp. Ser. 566, pp. 292-324, 1994
70. Xiao, W. P., Clarkson, W. W., Acid solubilization of lignin and bioconversion of treated newsprint to methane, Biodegradation, 8:61-66, 1997
71. Chen, Y. G., Jiang, S., Yuan, H. Y., Zhou, Q., Gu, G. W., Hydrolysis and acidification of waste activated sludge at different pHs, Water Res., 41:683-689, 2007
72. Emmel, A., Mathias, A. L., Wypych, F. and Ramos, L. P. Fractionation of Eucalyptus grandis chips by dilute acid-catalysed steam explosion, Bioresource Technol., 86: 105-115, 2003
73. Torget, R., Hatzis, C., Hayward, T. K., Hsu, T. A., Philippdis, G. P., Optimization of reverse-flow, two temperature, dilute-acid pretreatment to enhance biomass conversion to ethanol, Appl Biochem Biotechnol, 57/58:85-101, 1996
74. Sannigrahi, P., Ragauskas, A. J., Miller, S. J., Effects of two-stage dilute acid pretreatment on the structure and composition of lignin and cellulose in Loblolly Pine, BioEnerg. Research, 1:205-214, 2008
75. Bungay, H. R., Fractionation and Pretreatment, Chapter 7, In: Energy, The Biomass Options, John Wiley & Sons, New York. pp. 347, 1981
76. Torget, R. W., Kim, J. S., Lee, Y. Y., Fundamental aspects of dilute acid hydrolysis/fractionation kinetics of hardwood carbohydrates. 1. cellulose hydrolysis. Ind. Eng. Chem. Res. 39:2817-2825, 2000
77. 백기현, 안병준, 남원석, Organosov 방법에 의한 활엽수 주요 조성분의 분리 및 이용, 목재공학, 16(4), 70-76, 1988
78. Nimz, H. H., Casten, R., Proceedings of International Symposium on Wood and Pulping Chemistry, Vancouver, Canada, pp. 265, 1985
79. 백기현, 남원석, 안병준, 문창국, 상압 조건에서 초산에 의한 목재 조성분 분리 및 이용, 펄프제지공학회지, 21(3), 70-78, 1988
80. Rughani, J., McGinnis, G, D., Combined rapid-steam hydrolysis and organosolv pretreatment of mixed southern hardwoods. Biotechnol. Bioeng. 33:681-686, 1989
81. http//pubs,acs.org/doi/pdf/10 1021/.....2009.08.29, Aronovsky, S. I., Gortner, R. A., The cooking process, X. Pulping wood with alcoholic nitric acid solutions, Ind. Eng. Chem, 29:1431, 1937
82. Kleinert, T. N., Thermal wood digestion in alcohol-water mixtures, Holzforsch. Holzverwert., 19(4):60-65, 1967
83. Sano, Y., Sakakibara, A., Delignification of woods by solvolysis II, Mokuzai

Gakkaishi, 30:857, 1984

84. Araque, E., Parra, C., Freer, J., Contreras, D., Rodriguez, J., Mendonca, R., Baeza, J., Evaluation of organosolv pretreatment for the conversion of Pinus radiata D. Don to ethanol, Enzyme Microb. Tech., 43:214-219, 2007
85. Garrote, G., Dominguez, H., Parajo, J. C., Hydrothermal processing of lignocellulosic materials, Holz Als Roh-und Werkst., 57:91-202, 1999
86. Martin, C., Klinke, H. B., Thomsen, A. B., Wet oxidation as a pretreatment method for enhancing the enzymatic convertibility of sugarcane bagasse, Enzyme Microb. Tech., 40:426-432, 2007
87. Azzam, A. M., Pretreatment of cane bagasse with alkaline hydrogen peroxide for enzymatic hydrolysis of cellulose and ethanol fermentation, J. Environ. Sci. Heal., 24: 421-433, 1989
88. Vidal, P. F., Molinier, J., Ozonolysis of Lignin - Improvement of in vitro digestibility of poplar sawdust, Biomass, 16:1-17, 1988
89. Neely, W. C., Factors affecting the pretreatment of biomass with gaseous ozone, Biotecnol. Bioeng., 26:59-65, 1984
90. Sun, Y., Cheng, J., Hydrolysis of lignocellulosic materials for ethanol production: A review, Bioresource Technol., 83:1-11, 2002
91. Taniguchi, M., Suzuki, H., Watanabe, D., Sakai, K., Hoshino, K., Tanaka, T., Evaluation of pretreatment with Pleurotus ostreatus for enzymatic hydrolysis of rice straw, J. Biosci. Bioeng., 100:637-643, 2005
92. Kurakake, M., Ide, N., Komaki, T., Biological pretreatment with two bacterial strains for enzymatic hydrolysis of office paper, Curr. Microbiol., 54:424-428, 2007
93. Itoh, H., Wada, Masanori, Honda, Y., Kuwahara, M., Watanabe, T., Bioorganosolve pretreatments for simultaneous saccharification and fermentation of beech wood by ethanolysis and white rot fungi, J. Biotechnol., 103:273-280, 2003

Chapter 02

바이오매스의 당화
Biomass Saccharification

앞 장에서 서술한바와 같이 바이오매스로부터 에탄올을 생산하기 위한 수많은 전처리 방법들이 있으나, 여기서 전처리된 기질 대부분과 가수분해 산물의 일부는 또다시 효소나 산에 의해 발효 최종 기질인 글루코오스나 자일로오스와 같은 단당류로 당화시켜야 한다.

2.1 산 가수분해

본 절에서 설명하는 산 가수분해는 직접 발효 최종 기질인 글루코오스나 자일로오스와 같은 단당류를 생산하는 과정이다. 바이오매스의 산 가수분해 방법은 약 150년 전부터 연구되어 왔으며 주로 전쟁 또는 오일파동 시기에 연구되어 왔다. 따라서 이 분야의 연구는 세계대전을 주도한 국가에서 발전하였다. 근년에 들어 목재자원이 풍부한 북미와 남미에서도 상업화에 성공한 경우도 있다.

산 가수분해 방법(당화)은 산의 종류, 반응 방법 등의 차이에 따라 표 7-3에서와 같이 여러 공정들이 개발되었으나 크게 나누면 진한 산 저온법과 묽은 산 고온법으로 대별할 수 있다. 산으로는 황산과 염산을 이용한다. 그러나 바이오매스로부터 에탄올 생산과정 중의 산 가수분해에서는 여러 가지 이유로 황산을 사용하고 있다. 여기서는 현재 당화에 이용되고 있는 방법들만 간단히 설명하고자 한다.

표 7-3 ▸ 산 가수분해 방법

당화법	당화법
진한 산 저온법	묽은 황산 고온법
진한 황산 저온법	Scholler-Tornesh법
Perio법	Madison법
북해도법	TVA법
러시아법	염산 가스법
진한 염산 저온법	Proder법
Bergius-Rheinau법	노구찌연구소법

2.1.1 진한 산 가수분해

진한 산 저온 가수분해(concentrated acid and low temperature hydrolysis) 방법들 중에서 가장 기본이 되는 방법은 미국 에너지부(Department of Energy, DOE)의 NREL(national renewable energy lab.)이 개발한 Peoria법과 일본에서 개발한 북해도법이 있다. Peoria법은 1980년대 TVA(tennessee valley authority) 팀에 의해 개선되었으며 최근 Arkenol사는 개선된 Peoria법을 알코올 생산을 위한 농산 고온 가수분해 방법으로 이용하고 있다[1]. 일본은 생산 공정을 완결하고 1963년 북해도법에 따라 100t목재/1일 규모의 공장을 가동하였으나 1년 만에 폐쇄하였다.

Peoria법은 옥수수대/잎, 짚 등 농산폐기물을 묽은 산(약 5%)으로 처리하여 헤미셀룰로오스를 회수하고(전 가수분해; prehydrolysis), 원료를 건조시킨 후에 농황산으로 가수분해(주 가수분해; main hydrolysis)하여, 마지막으로 그리고 묽은 황산으로 가수분해(후 가수분해; post hydrolysis)를 시켜 당을 회수하는 방법이다[2].

Arkenol사는 그림 7-6과 같이 기존 Peoria법과 비슷하게 원료의 수분 함량을 10% 이하로 조절하고 70 ~ 77%의 황산을 원료가 함유한 셀룰로오스와 헤미셀룰로오스의 비를 1.25 : 1로 하여 50°C 이하에서 반응시킨다. 여기에 황산의 농도가 20 ~ 30%가 되도록 물을 가하고 100°C에서 1시간 동안 반응시킨 후에 당과 산을 회수한다. 여기서 회수된 당인 자일로오스와 글루코오스는 이론치의 각각 85%와 92%가 에탄올로 발효한다[3,4]. 자체 발표에 따르면 산을 회수하여 재 농축할 경우 98%가 회수되며 산 손실은 3% 이하이다[5]. 황산 사용량을 감소시키고, 회수하여 재사용하는 것이 본 방법의 요체일 것이다[6].

Arkenol사는 DOE와 협력하여 가격이 저렴하고 실리카 문제를 자체 극복한 볏짚을 본 방법으로 가수분해하고 *Zymomonas mobilis* 균주로 발효시켜 알코올을 생산하려고 한다[7]. 또한 Masada 자원그룹도 DOE와 NREL의 공동연구로 도시 고형폐기물(municipal solid waste, MSW)을 진한 황산으로 가수분해시켜 에탄올로 발효시키는 공장을 건설 중에 있다[1].

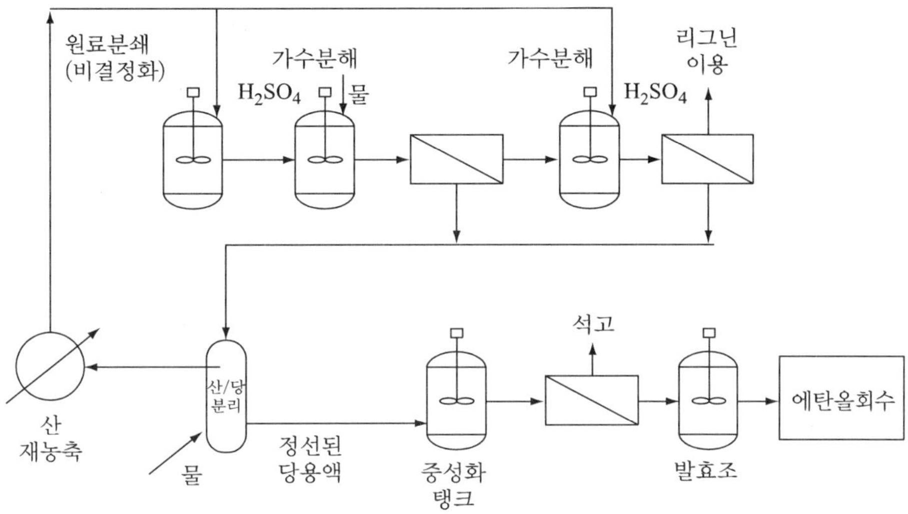

| 그림 7-6 | 진한 황산에 의한 바이오매스의 가수분해 공정

북해도법은 그림 7-7과 같이 3단계, 즉 전 가수분해, 주 가수분해, 후 가수분해로 구성되어 있다. 목재 칩을 185°C의 뜨거운 스팀 조건에서 2시간 동안 전 가수분해 시켜 헤미셀룰로오스를 제거한다. 여기서 단당류와 푸르푸럴(furfural)을 회수한다. 그 다음 원료를 물로 세척하고 건조시켜 작은 입자로 재 세분한다. 80% H_2SO_4를 넣고 60 ~ 65°C에서 3 ~ 5분간 혼합한 후 가수분해 시킨다. 당화액을 여과하여 리그닌을 제거하고 당과 황산이 섞인 여액에서 황산을 회수한다. 주 가수분해에서 회수한 황산은 분해 여액을 40% 트리에틸아민(triltylamine)을 함유한 등유(kerosene)로 처리하여 회수한다. 주 가수분해에서 얻은 당은 다당류 상태이므로 잔여 황산으로 7.5%를 맞추어 100 ~ 120°C에서 80 ~ 120분간 후 가수분해를 시킨다. 후 가수분해 여액에 중화 및 침전용 $Ca(OH)_2$를 넣어 당액과 잔여 황산을 분리한다. 당을 이온교환수지와 활성탄 등 여러 가지 여과단계를 거쳐 정

제 · 농축한다[8].

목재 100kg을 진한 산 가수분해법으로 처리하면 당밀 22kg, 결정 포도당 30kg, 석고 16kg, 리그닌 23kg, 메탄올 1kg 그리고 푸르푸럴 7kg이 생산된다[9]. 이 공정에서 생산된 글루코오스는 순도가 낮고 비교적 푸르푸럴 생산량이 높다. 그리고 황산 소비량이 많고 강산에 의한 장비의 부식도 크다. 회수된 리그닌은 화학적으로 상당히 변화되었으므로 이용 범위가 제한된다.

농산 가수분해법의 장점은 저온에서 작업하며, 글루코오스의 회수가 이론치의 90%가 가능하다는 점이다. 한편 다량의 산을 이용하기 때문에 장비부식이 일어나며, 사용한 산을 회수하는데 다량의 에너지가 소요되는 단점도 있다.

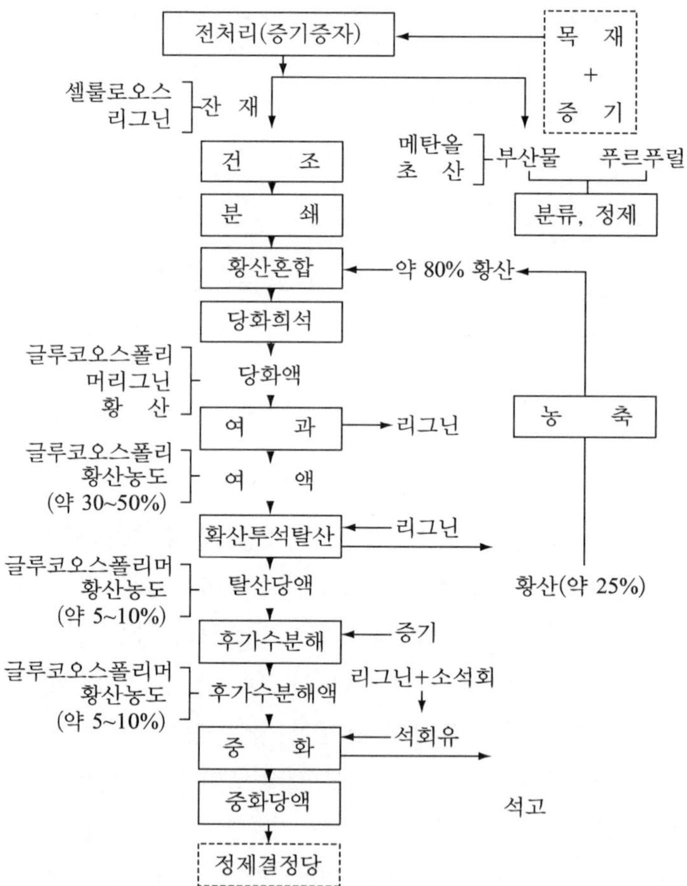

| 그림 7-7 | 북해도법 공정에 따른 진한 황산에 의한 가수분해

2.1.2 묽은 산 가수분해

묽은 산(희산) 고온 가수분해(dilute acid and high temperature hydrolysis)의 기초는 독일의 Scholler-Tornesh 방법[10]으로 거름침출기(percolator) 통에 원료와 0.8 ~ 1.2% 황산을 넣고 초기 130 ~ 150°C에서 180°C까지 10 ~ 14시간에 걸쳐 12회 정도로 새로운 산 용액을 넣어 당을 회수한다. 회수한 당 농도는 4% 정도이다.

이 방법을 근거로 하여 미국에서 Madison방법[11]을 개발하였는데 최고 온도를 160 ~ 165°C에서 190°C로 올리고 매분 0.5°C씩 상승시킨다. 반응 시간도 3 ~ 3.5시간으로 단축하였고, 스팀 소비도 절약하였으며, 회수한 당 농도는 4 ~ 5%이다. 여기서 더 발전한 것이 TVA방법[12]인데 전술한 두 방법과 마찬가지로 거름침출 방법을 이용하였다. 이전의 방법에 비하여 공정을 세밀화 하였으며, 기계적 측면을 단순화하고 수율도 글루코오스의 경우 70%까지 향상시켰다.

TVA방법은 그림 7-8과 같다. 1 단계에서는 0.7% 황산을 190°C에서 3분 체류시키고 동일한 온도의 산액으로 세척하여 다량의 헤미셀룰로오스를 회수한다. 2 단계에서는 0.4% 황산을 215°C에서 3분간 체류시킨 후에 세척하여 저항성 있는 셀룰로오스를 분해한다. 나머지 잔사인 리그닌과 일부 셀룰로오스는 반응조에 고체로 남는데 이것은 전기·스팀 발생용 보일러의 연료로 사용한다[2].

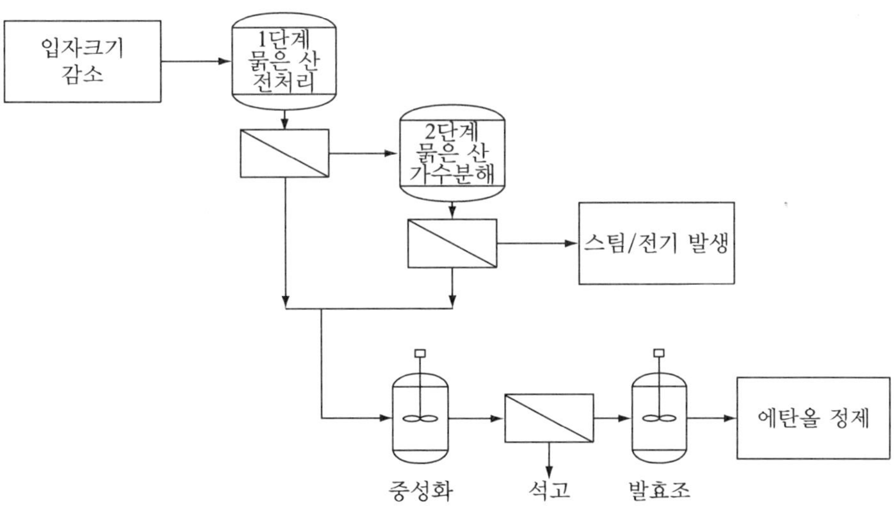

| 그림 7-8 | 묽은 황산에 의한 바이오매스의 2단계 가수분해공정

TVA방법으로 바이오매스에 함유된 글루코오스의 50%, 갈락토오스의 82% 그리고 만노오스의 89%가 분해된 당 용액을 *Saccharomyces cerevisiae*로 발효시킬 경우 이론치의 90%에 달하는 에탄올을 생산한다.

BC International사는 DOE와 함께 묽은 황산과 유전자 변이 미생물을 이용하여 버거스로부터 연간 2천만 갤런(gallon)의 에탄올을 생산하려고 계획을 수립해 놓고 있다[13,14].

희산 가수분해의 장점은 산을 비교적 적게 소비하는 것이다. 한편 공정상 높은 온도를 요구하며, 이에 따라 헤미셀룰로오스가 파괴되어 발효 저해물질로 전환되며 글루코오스의 수율도 이론치의 50 ~ 60%에 그치는 단점도 있다.

2.2 효소 가수분해

본 절에서는 바이오매스의 주성분인 셀룰로오스와 헤미셀룰로오스를 글루코오스와 자일로오스 등의 단당류로 전환시키는 효소가수분해에 관하여 다룬다.

2.2.1 셀룰로오스의 효소가수분해

2.2.1.1 셀룰로오스의 분해균

자연계에는 셀룰로오스를 분해하는 미생물이 수없이 많이 존재하지만 이 중에서 소수의 미생물만이 *in vitro*에서 셀룰로오스의 결정지역을 완전하게 가수분해할 수 있는 체외효소(cell-free enzyme)를 다량 분비한다. 셀룰로오스를 분해하는 대표적인 미생물은 표 7-4와 같다.

셀룰라아제는 주로 곰팡이류에 속하는 미생물들이 분비한다. 단지 몇 종의 세균들과 방선균이 셀룰라아제 활성을 나타내는 것으로 보고되고 있다. 셀룰로오스를 분해할 수 있는 세균은 호기성 또는 혐기성으로 *Cellumomonas, Cellbibrio, Cytophga* 등 6속이 있다. 또한 반추동물의 제1위(rumen)에 분포하는 *Ruminococcus*속도 주요한 셀룰로오스 분해 세균이다. 호열성 세균인 *Thermomonospora, Thiela* 등도 비교적 고온(50 ~ 70°C)에서 안정성을 유지하며 결정성 셀룰로오스를 분해하는 세균이다[15,16].

표 7-4 ▸ 셀룰로오스를 분해하는 미생물들

균류 명칭
I. Basidiomycetes(담자균류) *Coriolus versicolor (Polyporus versicolor)* *(Polystictus versicolor)* *Phanerochaete chrysosporium (Sporotrichum pulverulentum)* *Irpex lacteus (Polyporus tulipiferae), Fomes annosus,* *Polyporus schweinitzii (Phaeolus schwinitzii), Poria placenta (Poria monticola)* *Poria vailantii Coniophora cerebella (Coniophora puteana)* *Tyromyses palustris (Polyporus palustris), Serpula lacrymans, Lentinus lepideus*
II. Ascomycetes and Fungi Imperfecti(자낭균류와 불완전균류) *Chaetomium theromophile, Trichoderma viride, Trichoderma reesei,* *Trichoderma koningii, Penicillum funiculosum, Fusarium solani,* *Aspergillus aculeatus, Aspergillus niger, Sporotrichum thermophile*
III. Bacteria(박테리아) *Cellvibrio gilvus, Clostridium thermocellum, Acetovibrio cellulolyticus,* *Cellulomonas sp., Bacteroides succinogenes, Ruminococcus albus,* *Pseudomonas fluorescens var cellulosa*
IV. Actionomycetes(방선균류) *Thermomonosprora sp.* *Thermoactinomycete sp.*

셀룰로오스 분해균 중에서 가장 많이 연구되고 있는 곰팡이 균주는 *Trichoderma* spp.와 *Aspergillus* spp. 등이다. 특히 *Trichoderma reesei*의 야생주(wild type)인 QM6a는 다른 야생 균주에 비하여 많은 조(粗)효소(crude enzymes)를 생산한다. 그러나 상업적인 에탄올 생산에 적용시키기 위해서는 효소 생산성과 수율을 증가시킬 필요가 있다.

1960년대 중반부터 육종작업을 통해 *T. reesei* QM6a로부터 효소 생산력이 높은 변이균주(mutants, hypercellulase)를 개발하였다. 이러한 개발들 중에서 가장 많이 연구된 것은 미국 육군 Natick Lab.에서 개발한 *T. reesei* QM9414이다. 각국의 연구소들은 QM9414에 UV조사, kabicidin처리, nitrosoguanidne(NGT) 및 monoclony isolation (MI) 방법을 거쳐 Natick의 경우 MCG77 그리고 Rut M-7 (Rutgers)을 거쳐 MCG80을 개발하였다[17].

일본도 QM9414를 MI을 통해 KY-746, 이어서 UV조사와 변이주들을 여러 번의 NGT처리를 거치면서 현재 CDU-11로 개발시켰다. CDU-11균주는 *T. reesei*에 결핍된 β-글루코시다아제(glucosidase)의 활력을 현저히 증가시킨 것이다. 표 7-5는 이상에서 언급한 *T. reesei*의 변이주와 야생주 간의 셀룰라아제 생산을 비교한 것이다[18].

표 7-5 ▸ *T. reesei*의 변이주와 야생주 간의 셀룰라아제 생산

균 주	CMC에 대한 활성(units/ml)	필터페이퍼에 대한 활성 (units/ml)	β-글루코시디아제 (units/ml)	생산성 (FPU/liter · h)	단백질
QM6A	88	5	0.3	15	7
QM9414	109	10	0.6	30	14
MCG77	104	11	0.9	33	16
C30	150	14	0.3	42	19
NG14	133	15	0.6	45	21
L27	–	18	–	94	22
D1-6	94	11	–	57	19
KY-746	88	7.2	3.5	–	11
K-14	106	12	1.1	–	17
KDG-3	324	19.5	7.7	–	23
PCD 10	385	22.4	6.4	–	28

주. 비연속배양, 5L jar 발효조, 6% Avicel, 28°C에서 7일

2.2.1.2 셀룰라아제계 효소

셀룰로오스에 대한 셀룰라아제의 작용기구에 대해서는 Reese 등이 최초로 $C_x \sim C_1$(엔도-엑소, endo-exo)설을 통해 설명을 시도한 이래 많은 연구가 진행되었다. 셀룰라아제는 β-1,4 글루칸(glucan)으로 연결되어 있는 셀룰로오스를 가수분해시켜 글루코오스로 전환시키는 반응이지만, 한 개의 효소에 의해서 셀룰로오스가 글루코오스까지 완전히 분해되는 것이 아니고 여러 개의 효소가 함께 상호작용하여 셀룰로오스를 분해하여 글루코오스를 생성하기 때문에 셀룰라아제를 복합효소계(cellulase complex)라 한다. 이 복합효소에는 최소한 3개의 효소 즉 셀로비오히드로라아제(cellobiohydrolase), 글루키나히드로라아제(glucanohydrolase), 그리고 셀로비아제(cellobiase)가 작용한다. 그 외에는 셀룰라아제는 저분자량의

글루키나히드로라아제와 저분자의 비가수분해성 효소 조성분을 포함하고 있다.

1) 엑소-셀룰라아제

엑소-셀룰라아제는 결정성 셀룰로오스(crystalline cellulose)를 분해시키는 효소로서 보통 1,4-β-D-글루칸 셀로비오히드로라아제(EC 3.2.91), 아비셀라아제(avicelase), C_1-셀룰라아제라고도 칭한다. 이 효소는 섬유소의 쇄상고분자의 비환원성 말단에서부터 작용하여 셀로비오스(cellobiose)를 생성하며 사상균의 셀룰라아제 복합효소 중에 가장 많이 들어있다[19].

이 효소를 생산할 수 있는 대표적인 균류로는 *Trichoderma*속, *Aspergillius*속, *Chaetomium*속, *Penicillium*속, *Fusarium*속 등이 있다. 흥미롭게도 목재의 셀룰로오스를 주로 분해하여 갈색부후(brown rot)를 일으키는 담자균(Basidiomycetes)에는 이 같은 C_1형의 셀룰라아제가 없는 것으로 보고되고 있다.

이 효소는 유도효소로서 셀로비오스나 소포로오스(sophorose)가 존재할 때만 유도되어 생성된다. 유도물질이 존재하지 않을 때는 이 효소는 생성되지 않는다. 글루코오스 또는 그 대사물질이 존재할 때는 이 효소의 생성은 억제된다. 또한 이 효소의 반응에 의해 생성되는 셀로비오스에 의해 효소 생성이 저해(inhibition)되기도 한다. 이 효소의 분자량은 42,000 ~ 72,000이며 촉매영역(catalytic domain)과 결합영역(binding domain)으로 구성되어 있다[20].

2) 엔도-셀룰라아제

이 효소는 비결정지역의 셀룰로오스 쇄상분자에 무작위적으로 작용하여 글루코오스, 셀로비오스 및 올리고머를 생성하는 효소작용을 한다. 그러나 주로 비환원성말단기 글루코오스가 공격을 받는다[21]. 이 효소는 엔도-1,4-β-D-글루키나히드로라아제(EC 2.2.1.4), 시엠시에이즈(CMCase), β-글루카나아제(glucanase), C_x-셀룰라아제라고도 칭한다. 담체로는 물에 녹는 시엠시에이즈(CMCase)와 비결정 셀룰로오스가 대상이며, 결정성인 아비셀(avicel), 셀로비오스 및 목화 섬유는 부적당하다[22].

섬유소나 소포로오스 등이 존재할 때 유도적으로 생성되나, 글루코오스나 그 대사산물이 존재할 때는 엑소-글루카나아제와 마찬가지로 그 생성이 억제된다. 이 효소 역시 반응 생성물인 셀로비오스에 의해 저해 받는다는 점에서 엑소-글루카나아제와 상승작용을 한다[22].

3) β-글루코시다아제(glucosidase)

이 효소는 셀로비오스를 글루코오스로 전환하는 반응을 촉매하며 흔히 β D-글루코시드 글루코히드로라아제(EC 3.2.1.21)라고도 칭한다. *T. viride*로부터의 β-글루코시다아제(glucosidase)는 β 1-2, 1-3, 1-4, 1-6 결합을 지닌 2당류를 분해한다. 또한 셀룰라아제계 효소에서 β-글루코시다아제의 주 역할은 엔도, 엑소-셀룰라아제를 억제하는 셀로비오스를 분해하여 제거하는 것이다.

한편 헤미셀룰라아제(hemicellulases)의 구성은 다양하며, 자일란의 가수분해에는 여러 가지 효소가 관여한다[23]. 즉, 엔도-β-1,4-자일라나아제(EC 3.2.1.8), β-자일로시다아제(xylosidase)(EC 3.2.1.37), 그리고 여러 가지 조효소로 α-L-아라비노퓨라노시다아제(arabinofuranosidase), α-글루쿠로니다아제(glucuronidase), 아세틸자일란 에스테라아제(acetylxylan esterase), 페룰산 에스테라아제(ferulic acid esterase), 및 ρ-코우마닉산 에스테라아제(coumanic acid esterase)가 관여한다[9]. 여기서 엔도-자일라나아제는 자일란 분자의 주쇄를 공격하는 효소이며 β-자일로시다아제는 자일로비오스나 자일로올리고당을 자일로오스(xylose)로 전환시킨다. 침엽수 헤미셀룰로오스의 대부분을 차지하는 만난(mannan)을 분해하는 효소는 β-만나아제(mannase)와 β-만노시다아제(mannosidase)로서 자일란의 분해효소와 유사한 분해기작을 갖는다.

헤미셀룰로오스를 분해하는 많은 미생물 중에서 곰팡이류는 *Penicillium chrysogenum*, *Talaromyces emersonii* 등과 같은 기존의 셀룰로오스 분해균들이 속하며, 세균류는 *Bacillus* sp., *Clostridium acetobutylicum*, *C. stercorarium*, *Streptomyces thermoviolaceus*와 고온성 방선균인 *Thermomonospora fusca* 등이 자일란을 잘 분해시키는 것으로 알려져 있다.

헤미셀룰라아제도 셀룰라아제와 마찬가지로 효소의 상승효과가 나타난다. 그러나 여기서는 자일란 주쇄가 분해되기 전에 먼저 측쇄가 분해되어야한다. 한편 몇 가지 조효소의 경우는 주쇄가 일부 먼저 분해되어야 측쇄가 분해되는 경우도 있다. 일반적으로 자일란은 분자량이 낮고 결정지역이 적어 효소 가수분해에 적응성이 높다. 자일란의 측쇄가 분해하면 주쇄는 결정화하지만 셀룰로오스처럼 일정하지는 않다[24].

2.2.1.3 복합효소계의 상승효과

상승효과(synergism)란 복합 셀룰라아제의 활성이 개개의 효소들의 활성의 총합보다 더 큰 활성을 나타내는 것을 의미한다. 반응에 관여하는 효소들이 아무리 다수라도 각 셀룰라아제 단독으로는 셀룰로오스의 결정지역을 약 5% 정도 밖에 분해하지 못한다. 그러나 2종 또는 2종 이상의 효소가 함께 관여하면 결정 셀룰로오스의 분해가 쉽게 일어난다[25]. 이런 현상은 이미 언급된 바와 같이 셀룰라아제계의 C_1-C_x설을 뒷받침해준다.

표 7-6도 한 종의 효소 조성분보다도 여러 종류의 효소 조성분을 조합하여 분해시킬 경우 효소활성이 높아짐을 보여주고 있다[26]. 즉, 엔도, 엑소 및 β-글루코시다아제가 전부 포함될 경우가 셀룰라아제의 활성이 가장 높다.

표 7-6 ▸ 목면의 분해에 미치는 *Trichoderma koningii*의 엔도-, 엑소-셀룰라아제 및 β-글루코시다아제의 단독 및 조합효과

효 소	목면 용해 (%)
엑소-셀룰라아제(C_1)	1
엔도-셀룰라아제(C_x)	1
β-글루코시다아제	–
C_1과 C_x	53
C_1+β-글루코시다아제	20
C_1+C_x+β-글루코시다아제	72
효소 분리 전에 기존 배양액	71

상승효과는 한 균주 안에서 균주 조성분들의 조합에서도 이루어지고 2종 이상의 균주 사이에도 분해에 부족한 활성을 서로 채워준다면 셀룰로오스 분해 활성이 전체적으로 증가한다. *T. koningii*와 *F. solani*의 목면셀룰로오스의 분해력은 각각 54%, 55%였다. 그러나 전자를 엑소-셀룰라아제로 그리고 후자를 엔도-셀룰라아제로 조합할 경우는 분해력이 79%고 증가하였다. 즉, 결정 셀룰로오스를 분해하는 엑소 – 가 엔도 – 보다 분해능력이 높아야 한다[27]. 표 7-7은 *T. longibrachiatum*의 셀룰라아제 조성분들의 분포이다.

표 7-7 ▸ *Trichoderma*와 *Humicola* 계통의 셀룰라아제 조성분의 분포

조성분	*Trichoderma longibrachiatum* RutC30 (%)	*Humicola* insolens DSM 1800 (%)
CBH I	50	20
CBH II	20	< 5
EG I	10	50
EG II	5	5
EG III	< 5	5
EG5	< 5	10
β-글루코시다아제	1 ~ 2	1 ~ 2
기타(비-셀룰라아제)	10	10
합 계	100	100

주. CBH: cellobiohydrolase, EG: endoglucanase

표 7-7에서와 같이 *Trichoderma* 계통이 분비하는 셀룰라아제는 셀로비오히드로라아제(CBH I과 II), 엔도-글루카나아제(EB, II, III 및 5), 및 β-글루카나아제로 구성되어 있는데 주 조성분은 CBH이며 셀로비오스를 글루코오스로 전환시키는 β-글루카나아제는 극히 낮다[28]. 따라서 전처리된 바이오매스를 글루코오스로 전환시킬 경우는 *Trichoderma* spp.에 *Aspergillus* spp.를 함께 넣고 분해시켜야 글루코오스 생산량이 높다.

결정 셀룰로오스의 효소 가수분해에서 일반적으로 관찰되는 상승효과는 그림 7-9에서와 같이 서로 다른 3 단계의 가수분해가 연속적인 합동작용으로 일어난다[22]. 첫 번째로 엔도-셀룰라아제(C_x)가 엑소-셀룰라아제(C_1)의 반응 위치를 제공하기 위하여 셀룰로오스 담체의 비결정지역을 무작위로 분해시킨다. 그 다음 엑소-셀룰라아제(C_1)는 셀룰로오스 체인 말단기 쪽에서 하나씩 셀로비오스 단위로 분해시킨다. 즉, 연속적인 가수분해 반응이 반복되면서 셀룰로오스 다발이 잘게 분해된다. 이렇게 형성된 셀로비오스와 셀로-올리고당(cello-oligosaccharides)들이 β-글루코시다아제에 의해 글루코오스로 가수분해한다.

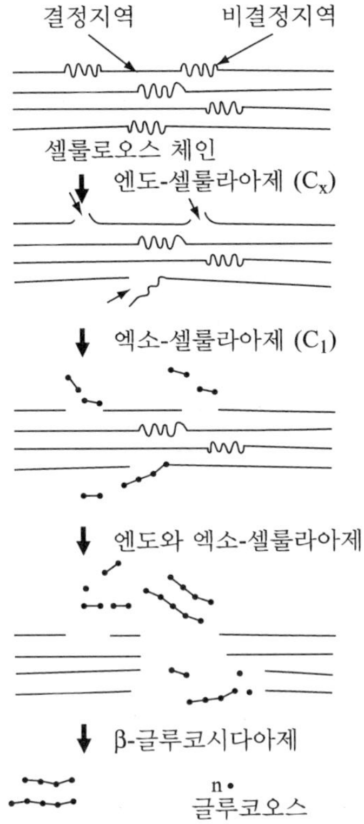

| 그림 7-9 | 셀룰라아제계 효소에 의한 셀룰로오스의 순차적인 가수분해 메커니즘

셀룰라아제계 효소의 상승효과로는 엔도-엑소 상승효과, 엑소-엑소 상승효과, 그리고 분자 내 상승효과가 있다. 엔도-엑소 상승효과는 엔도-글루카나아제가 체인을 무작위로 끊어서 셀로비오히드로라아제(엑소)가 공격할 수 있는 더 많은 말단기를 생성하는 것이다. 엑소-엑소 상승효과는 2개의 엑소가 작용하는 효소활동이다. 그들 각자의 활성에 비하여 함께 작용함으로써 효소활성이 증가한다. 예를 들면 *T. reesei* 셀룰라아제 시스템의 경우 CBH I은 체인의 환원성 말단기를, 한편 CBH II는 비환원성 말단기부터 각각 공격한다[25]. 분자 내 상승효과는 효소가 담체에 흡착하는 상대적 활성을 의미한다. 즉, 셀룰라아제 복합효소에 의해 셀룰로오스 결합 영역과 촉매결합 영역의 흡착정도를 증가시킨다[29].

최근에는 DNA재조합 기술의 발전으로 셀룰라아제 조성분들을 보강하거나 결핍시키기도 한다. 즉, EG I과 EG II의 결합영역처럼 셀룰라아제 효소의 일부를 제거할 수 있으며 또한 효소의 특성을 변화시키기 위하여 특정 아미노산을 변경할 수도 있다[30].

참고문헌

1. http://www.arkenol.com/arkenol%20inc/index.html 2009.02.24
   Our technology: concentrated acid hydrolysis
2. http://www1.eere.energy.gov/biomass/printable_versions/concentrate...
   2009.02.24, Biomass program: Concentrated acid hydrolysis
3. Yancey, M. A., Kadam, K. L., Biomass to ethanol facility design, cost estimate, and financial evaluation, Volume I. National Renewable Energy Laboratory, Golden, Co., 1997
4. Farone, W. A., Cuzens, J. E., Method of producing sugars using strong acid hydrolysis of cellulosic and hemicellulosic materials, U.S. Patent No. 5, 562, 777. October 8, 1996
5. Farone, W. A., Cuzens, J. E., Method of separating acids and sugars resulting from strong acid hydrolysis, U.S. Patent No. 5, 580, 389. December 3, 1996
6. Broder, J. D., Barrier, J. W., Lightsey, G. R., Conversion of cotton trash and other residues to liquid fuel, In: liquid fuels from renewable resources: Proceedings of and alternative energy conference, Cundiff, J. S.(ed), American Society of Agricultural Engineers, St. Joseph, MI, pp. 189-200, 1992
7. Anonymous, Two new cellulosic ethanol plants in late preconstruction stages, New Fuels & Vehicle Report, March 14, 1997
8. 민두식, 조남석, 목재당화학, 선진문화사, pp. 101-103, 1990
9. Kobayashi, T. and Oshima, M., Wood chemistry process engineering aspects, Noyes Development Corp., New York, 1965
10. Wengl, H. F. Z., The Chemical Technology of Wood, Academic Press, New York, London, p. 157, 1970
11. Gilbert, N., Hobbis, I. A., Levine, J. D., Wood saccharification, Ind. Eng. Chem., 44: 1712, 1952
12. Harris, J. F., Baker, A. J., Conner, A. H., Jeffries, T. W., Minor, J. L., Pettersen, R. C., Scott, R. W., Springer, E. L., Wegner, T. H., Zerbe, J. I., Two-stage, dilute acid hydrolysis of wood: An investigation of fundamentals. USDA Forest Serv. Gen. Tech. Rep. FPL Forest Prod. Lab., Madison, WI, 1985
13. Wooley, R., Ruth, M., Glassner, D., Sheehan, J., Process design and costing of bioethanol technology: A tool for determining the status and direction of research and development, Biotechnology Progress, 15:794-803, 1999
14. Wald, M. L., A new bacterium helps turn agricultural waste into energy to fuel cars, The New York Times, October 25, 1998
15. Viikari, L., Alapuranen, M., Puranan, T., Vehmaanperä, J. and Siika-aho, M.,

Thermostable enzymes in lignocellulose hydrolysis, Adv. Biochem. Engin/Biotechnol., 108:121-145, 2007

16. Bok, J. D., Yernoll, D. A. and Eveleigh, D. E., Purification, characterization, and molecular analysis of thermo stable celluloses celA and celB from *thermotoga neapolitana*, Appl. Environ. Microbiol., 64:4774-4781, 1998
17. Tolan, J. S. and Foody, B., Cellulose from submerged fermentation, Adv. Biochem. Eng. Biotechnol., 65:41-67, 1999
18. http://www.fao.org/docrep/w7241e/w7241e08.htm 2008.04.25
    Miyamoto, K.(edi.), Renewable biological systems for alternative sustainable energy production, FAO, ISBN 92-5-104059-1, pp. 4-11, 1977
19. Wood, T. M., McCrae, S. I., The purification and properties of the C_1 component of *Trichoderma koningii* cellulase, Biochem, J., 128:1183-1192, 1972
20. Fagerstam, L. G., Pettersson, L.G., Engstrom, A. J., The primary structure of a 1,4-β -glucal cellbiohydrolase from the fungus *Trichoderma reesei* QM 9414, FEBS Lett., 167:309325, 1984
21. Storvick, W. O., Cole, F, E., King, K. W., Mode of action of a cellulase component from *Cellvibrio gilvus*, Biochemistry, 2:1106-1110, 1963
22. Wood, T. M., McCrae, S. I., Synergium between enzymes involved in the solubilization of native cellulose, Adv. Chem. Ser., 181:181-209, 1979
23. Saha, B. C., Bothast, R. J., Enzymology of xylan degradation, In: Imam, S. H., Greene, B. R., Zaidi, B. R., Biopolymer, Utilizing nature's advanced materials, Am. Chem. Soc., Washington, DC, pp. 164-194, 1999
24. Gilbert, H. J., Hazelewood, C. P. J., Bacterial cellulases and xylanases, Gen, Microbiol., 139:187-194, 1993
25. Cen, P., Xia, L., Production of cellulase by solid-state fermentation, Adv. Biochem. Eng./Biotechnol., 32:61-93, 1985
26. Wood, T. M., Cellulolytic enzyme system of *Trichoderma koningii*, separation of components attacking native cotton, Biochem. J., 109:127, 1968
27. Wood, T. M., Enzyme and other factors affecting the microbial generation of soluble sugars from cellulosic materials, Proc. Tappi Res. Deve. Div. Conf., Asheville, N.C., pp. 327-334, 1982
28. Walter, A. H., Elphick, J. J.(edi.), Biodeterioration of materials, Elsevier, New York, pp. 460-485, 1968
29. Vrsanska, M., Biely, P., The cellobiohydrolase from *Trichoderma reesei* QM 9414; Action on cello-oligosaccharides, Carbohydrate Research, 227:19-27, 1992

30. Medve, J., Karlsson, J., Lee, D., Tjerneld, F., Hydrolysis of microcrystalline cellulose by cellobiohyrolase I and endoglucanase II from *Trichoderma reesei*, and synergism of the enzyme, Biotechnol. Bioeng., 59:621-634, 1998

Chapter 03

에탄올 생산

Ethanol Production

에탄올은 석유의 대체 에너지이며 석유 소비를 감소시키기 위해 석유와 함께 사용해온 주요 에너지원이다. 이러한 목적으로 브라질을 비롯한 여러 국가에서 가소린/에탄올 혼합 연료를 사용해왔고 지금은 그 사용 범위가 더 넓어지고 있다. 특히 최근 들어 과다한 화석 연료 사용에 의한 온실가스 방출로 지구 온난화가 문제됨에 따라 에탄올 이용은 더욱 각광을 받고 있다. 그러나 한편으로는 문제점도 발생시키고 있다. 현재 에탄올 생산 원료로 주로 옥수수 전분을 이용하고 있는데 미국의 경우 상당량의 곡물을 에탄올 생산으로 전용함에 따라 곡물의 가격이 상승하고 이에 따른 다른 곡물 가격 인상, 사료 값 인상 그리고 육유 값의 인상 등 또 다른 식량문제를 불러일으키고 있다.

에탄올은 에틸렌으로부터 합성하거나, 어떤 화학공정 중에 부산물로 생산되거나 또는 당, 전분 및 셀룰로오스를 발효시켜 생산한다. 이 분야에서는 많은 연구가 이루어졌으므로 해당 분야의 서적과 논문을 참조하기를 바란다. 여기서는 바이오매스를 가수분해하여 생성된 당을 발효에 의해 에탄올로 전환시키는 부분에 국한하여 설명한다.

3.1 글루코오스로부터 에탄올 생산

곰팡이류, 효모류 및 세균류는 글루코오스를 에탄올로 전환시킨다. 옥수수, 밀, 보리 같은 곡류 전분을 곰팡이류에 의해 당화시킨 후 효모나 다른 곰팡이류를 접종하여 에탄올로 전환시킨다. 당, 당밀 및 아황산펄프 폐액은 효모 또는 세균에 의해서 에탄올로 발효된다. 본 절에서는 곡류의 에탄올 발효는 생략하고 바이오매스를 전처리하여 얻을 수 있는 당, 당밀과 아황산펄프 폐액에 효모 또는 세균을 이용한 에탄올 발효에 관한 부분으로 국한하고자 한다.

3.1.1 에탄올 생성의 대사경로

효모, 곰팡이류 및 대부분의 세균에 의한 에탄올 생성경로는 그림 7-10과 같이 엠덴-마이어호프-파나스 경로(Embden-Meyerhof Parnas pathway, EMP)를 거친다[31]. 그러나 세균 중에서 *Zymomonas mobilis*는 그림 7-11에서와 같이 엔트너-도우도로프 경로(Entner-Doudoroff pathway, EDP)에 따라 에탄올을 생성한다[1,2].

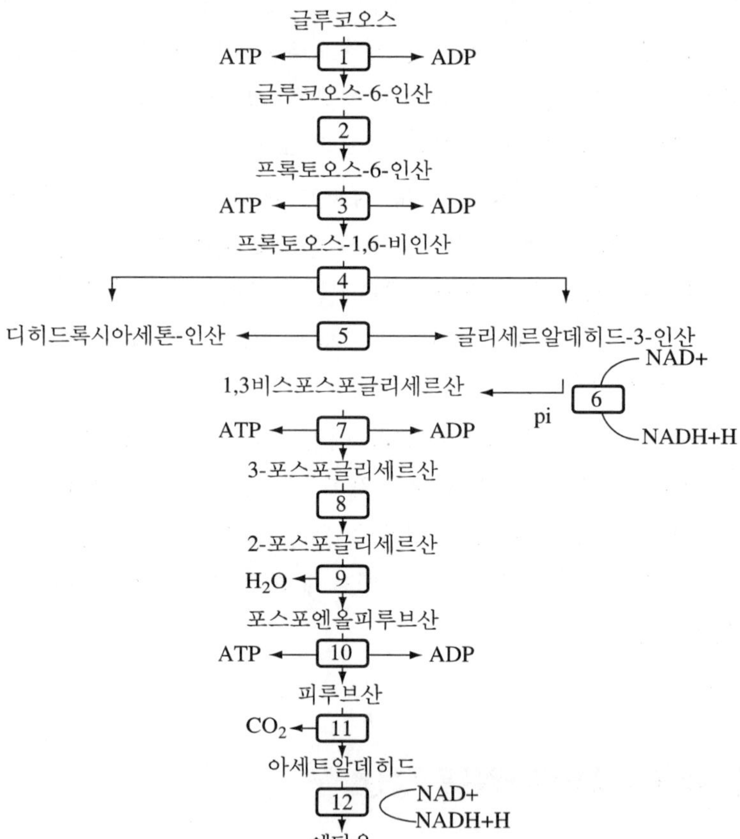

| 그림 7-10 | Embden-Meyerhof Parnas 대사경로에 따른 에탄올생산(1. 헥소키나제, 2. 글루코-6-포스포헥소오스, 3. 포스포프록토-키나제, 4. 알도라제, 5. 트리오스-포스포헥소오스-이소메라제, 6. 글리세르알데히드-3-인산-데히드케나제, 7. 포스포글리세레이트산-키나제, 8. 포스포글리세르산-무타제, 9. 엔올라제, 10. 피루브산-키나제, 11. 피루브산-데카르복실라제, 12. 알코올-데히드로게나제)

EMP경로에서는 글루코오스는 헥소키나제(hexokinase)의 촉매작용으로 글루코오스 C_6-위치가 인산화되어 글루코오스-6-인산으로 전환(인산기의 공급체는 ATP) → 포스포헥소오스-이소메라제(phosphohexose isomerase)에 의해 프록토오스-6-인산으로 이성화 → 포스포프록토오스-키나제(phosphofructosekinase)의 작용으로 프록토오스-1,6-비스인산으로 전환(ATP를 소비) → 알도라제(aldolase)에 의해 디히드록시아세톤-인산과 글리세르알데히드-3-인산으로 분해 → 글리세르알데히드-3-인산-데히드로게나제(glyceraldehyde-3-phosphate dehydrogenase)에 의해 1,3-비스포스포글리세르산으로 변환(수소이탈반응으로 1몰의 $NADP^+H$ 생성, 1몰의 인산 소비) → 포스포글리세레이트산-키나제(phosphoglycerate kinase)의 작용으로 3-포스포글리세르산 생성(ATP 생성) → 포스포글리세르산-무타제(phosphoglycerate mutase)에 의해 2-포스포글리세르산으로 전환 → 엔올라제(enolase)의 작용으로 탈수되며 포스포엔올피루브산 생성 → 피루브산-키나제(pyruvate kinase)에 의해 피루브산으로 전환(ATP 생성)된다.

피루브산은 조효소인 티아민-이인산을 필요로 하지 않는 피루브산-데카르복실라제(pyruvate decarboxylase)에 의해 아세트알데히드로 전환 → 알코올-데히드로게나제(alcohol dehydrogeanse)의 촉매작용으로 아세트알데히드에 수소가 전달되면서 에탄올과 NAD^+가 생성된다.

EDP경로에서는 그림 7-11과 같이 글루코오스가 글루코나제(glucokinase)에 의해 글루코오스-6-인산으로 산화 → 글루코오스-6-인산-데히드로게나제(glucose-6-phosphate dehydrogenase)에 의해 6-포스포-글루코노-γ-락톤으로 전환(NAD^+ NADH로 환원) → 락토나제(lactonase)에 의해 6-포스포-글루콘산으로 가수분해 → 6-포스포-글루콘산-데히드로게나제(6-phosphogluconic acid dehydrogenase)에 의해 2-케토-3-데옥시-6-포스포-글루콘으로 변환 → 알도라제(aldolase)에 의해 피루브산과 글리세르알데히드-3-인산으로 분열 → 효소 활성에 티아민-이인산을 필요로 하지 않는 피루브산-데카르복실라제(pyruvate decarboxylase)에 의해 아세트알데히드와 이산화탄소로 전환 → 알코올-데히드로게나제(alcohol dehydrogeanse)의 촉매작용으로 아세트알데히드가 에탄올로 환원되고 NADH를 산화시킨다[1,3].

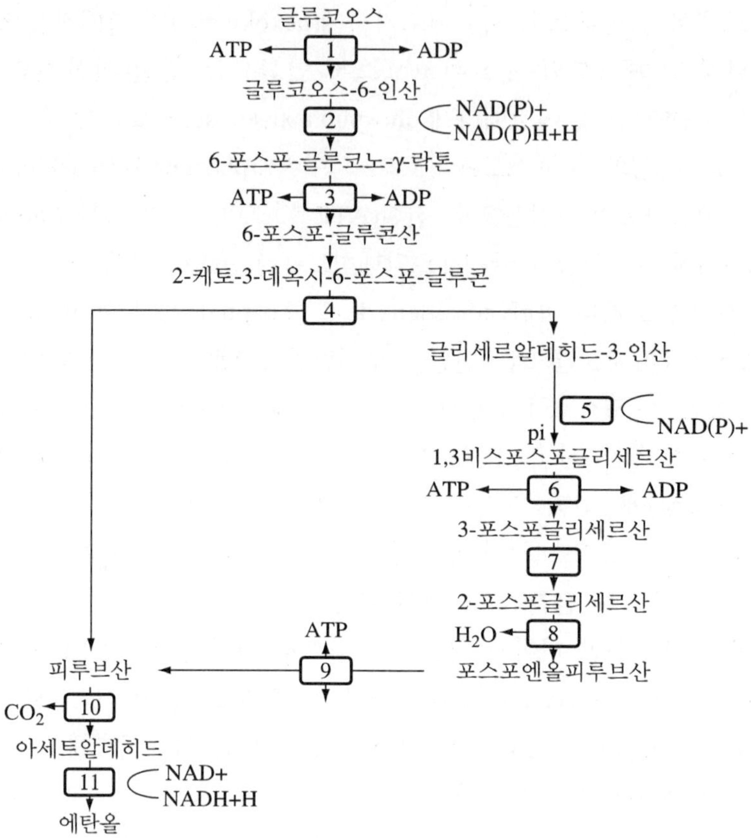

| 그림 7-11 | 엔트너-도우도로프 경로에 따른 에탄올 생산(1. 헥소키나제, 2. 글루코오스-6-인산-데히드로게나제, 3. 포스포프록토-키나제, 4. 2-케토-3-데옥시-6-포스포-글루콘 알도라제, 5. 글리세르알데히드, 6. 포스포글리세레이트산-키나제, 7. 포스포글리세르산-무타제, 8. 엔올라제, 9. 피루브산-키나제, 10. 피루브산-데카르복실라제, 11. 알코올-데히드로게나제)

EMP경로에서는 한 분자의 글루코오스에서 각각 2몰의 에탄올과 ATP가 생성된다. 따라서 이론적으로 1g의 글루코오스에서 0.51g의 에탄올이 생성된다. 그러나 일부 영양분이 새로운 균체 생성과 세포의 유지에 소모되므로 실제 에탄올 수율은 95%를 초과하기가 어렵다. EDP경로에서도 한 분자의 글루코오스에서 2몰의 에탄올이 생성되나 ATP는 1몰만 생성된다[1-3].

3.1.2 세균류에 의한 에탄올 발효

에탄올을 생산하는 세균류는 표 7-8과 같다[4].

표 7-8 ▸ 발효물로 에탄올을 생산하는 세균류

중온성 세균	고온성 세균
Clostridium sporogenes	*Thermoanaerobacter ethanolicus*
Clostridium indolis (병원성)	*Clostridium thermohydrosulfuricum*
Clostridium sphenoides	*Bacillus stearothermophilus*
Clostridium sordelli (병원성)	*Thermoanaerobium brockit*
Zymomonas mobilis	*Clostridium thermosaccharolyticum*
Spirochaeta aurantia	*Clostridium thermocellum*
Erwinia amylovora	
Leuconostoc mesenteroides	
Sterptococcus lactis	
Sarcina ventriculi	

중온성 세균들 중 *Zymomonas mobilis*에서 높은 농도의 에탄올 수율을 얻을 수 있다. *Zymomonas mobilis*는 용설란 주(pulque)에서 분리한 에탄올을 생산할 수 있는 최초의 세균이다. *Zymomonas mobilis*는 길이가 2 ~ 6μm 폭은 1 ~ 4μm의 크기를 지녔으며 모양은 끝이 원형인 막대형이다. 단세포나 쌍세포로 발견되며 그람(Gram)음성이다. 혐기성세균이지만 약간의 산소에는 견딘다. 또한 글루코오스와 수크로오스를 거의 당량비로 에탄올로 전환시킨다. 한편 증식 최적온도는 25 ~ 31°C이며 증식 최적pH는 5 ~ 7이다.

*Zymomonas mobilis*의 발효동력학적 특성은 표 7-9와 같다[5],

표 7-9 ▸ 몇 가지 탄소기질로 비연속식 배양시에 *Zymomonas mobilis* ZM4 균주의 성장 카이네틱 파라메터 (최초농도 250g/L)

카이네틱 파라메터	글루코오스	프룩토오스	수크로오스
비증식 속도, $\mu(h^{-1})$	0.18	0.10	0.14
비기질 소비율, q_s(g/g/h)	11.3	10.4	10.0
비에탄올 생산율, q_p(g/g/h)	5.4	5.1	4.6
세포수율, Y(g/g)	0.015	0.009	0.014
에탄올수율, Y_P/s(g/g)	0.48	0.48	0.46
에탄올수율 (이론치에 대한 %)	94.1	94.1	90.2
에탄올 최대농도 (g/l)	117	119	89
최대에탄올수율을 얻는데 요구되는 배양시간 (h)	0 ~ 19	0 ~ 28	0 ~ 15

표 7-9와 같이 *Z. mobilis* ZM14로 글루코오스, 프록토오스(fractose, 과당) 및 수크로오스(sucrose, 자당)를 회분식 배양으로 발효시킬 글루코오스 배지를 사용할 경우 생산 속도가 가장 높으며 에탄올 수율도 0.48(g/g)로서 이론치의 94.1%에 달한다. 또한 *Z. mobilis* 로 10%농도의 글루코오스에서 연속식 배양을 행할 경우 에탄올 농도가 49g/L까지도 균체의 안정된 성장이 이루어진다. 연속배양에서도 글루코오스 135g/L을 지닌 배지를 희석율 0.07/h로 900시간 이상 계속 공급할 경우에 약 60g/L의 에탄올을 생산하였다[6].

고온성(Thermophilic) 세균은 생육 최적온도가 50°C 이상 되므로 여러 가지 장점을 지니고 있다. 즉, 발효시간의 단축, 발효 효율 증가 및 생산량 증가를 가져오며 또한 살균 후 냉각과 교반에 필요한 에너지 소비량을 감소시킬 수 있다. 더욱이 고온에서 발효할 경우에는 혐기성 조건을 오랫동안 유지시킬 수 있는 장점도 있다[34].

특히 *Clostridium thermocellum, Clostridium thermosaccharolyticum, Clostridium thermohydrosulfuricum* 및 *Thermoanaerobacter ethanolicus*는 바이오매스를 직접 에탄올로 발효시킬 수 있는 혐기성세균이다. *C. thermocellum*는 퇴비에서 처음 발견되었으며, 생육온도는 60°C이다. 주로 셀룰로오스, 자일란, 기타 단당류들을 발효하여 에탄올, 초산, 젖산, 이산화탄소 및 수소를 생산한다. *C. thermosaccharolyticum*의 생육온도는 55 ~ 60°C로서 글리코겐, 전분 및 펙틴을 포함하는 다양한 탄수화물을 발효하여 에탄올, 초산, 부티르산, 젖산, 이산화탄소 및 수소를 생산한다. *C. thermohydrosulfuricum*은 생육온도가 *C. thermosaccharolyticum* 보다 더 높으나, 이용하는 탄수화물 종류는 비슷하다. 1몰의 글루코오스로 1.5몰의 에탄올과 초산, 젖산, 이산화탄소 및 수소를 생산한다. 특히 고온성 혐기성세균인 *T. ethanolicus*은 최적온도가 69°C이고 적정 pH범위도 5.5 ~ 8.8로 폭 넓으며 전분, 셀룰로오스, 락토오스 및 여러 종류의 5탄당과 같은 탄수화물도 거의 정량적으로 에탄올로 발효시킨다.

3.1.3 효모와 세균에 의한 에탄올 생산능력 비교

에탄올 생산에 이용되는 대표적인 *Saccharomyces*속 효모주와 세균인 *Zymomonas mobilis*에 의한 에탄올 생산능력을 비교하면 표 7-10과 같다[7].

표 7-10 ▸ *Z.mobilis*와 *S.carlsbergensis*에 대한 에탄올 발효공정 비교 (250g/L 글루코오스, 30°C, pH 5.0, 회분배양)

	Z. mobilis				*S. carlsbergenesi*
글루코오스 농도 (%)	10	15	20	25	25
비증식속도 μ (h^{-1})	0.212	0.165	20.146	0.133	0.055
비에탄올생산율, q_P (g/g/h)	2.50	2.52	2.49	2.53	0.87
비글루코오스비율 q_S (g/g/h)	5.47	5.22	5.15	5.45	2.05
세포수율 Y (g/g)	0.038	0.036	0.028	0.019	0.033
에탄올수율 $Y_{P/S}$ (g/g)	0.491	0.490	0.496	0.472	0.438
에탄올수율 (이론치에 대한 %)	96.3	96.1	97.2	92.5	85.9

표 7-10에서와 같이 글루코오스의 농도가 10 ~ 20%일 경우 *Z. mobilis*는 에탄올 생산량이 0.49 이상으로 이론치의 96 ~ 97%에 달한다. 글루코오스의 농도를 25%로 증가하면 에탄올 생산율이 다소 낮아져 92.5%를 나타내지만 효모에 비해서는 월등히 높다. *S. carlsbergenesis*는 25%의 글루코오스 농도에서 에탄올의 생성률이 86% 정도이다. *Z. mobilis*가 *S. carlsbergenesis*에 비하여 비증식 속도가 2.4배, 에탄올 생산성은 2.9배, 그리고 글루코오스 비생산성은 2.6배 크다. 연속공정에서도 최대에탄올 생산성이 세균에서 효모보다 높다. 즉, 글루코오스 농도 100g/L로 수행한 세포재순환 공정에서 에탄올생산성이 *Z. mobilis*가 *S. carlsbergenesis*에 비하여 4.1배 높다.

생성되는 균체양도 그림 7-12와 같이 양자 간에 현저한 차이가 나타난다. 즉, 세균에 의한 생성 균체양은 효모와 비교하여 절반 수준에도 못 미친다. 이와 같은 현상은 에탄올 생성경로가 달라 ATP의 생성량의 차이에 의한 것이지만, 생성균체가 반 이하이면서 효모의 경우와 같이 30 ~ 40시간에 발효를 끝내며 거의 동량의 에탄올을 생성한다는 것은 단위균체 당 대사속도, 에탄올의 생산속도가 세균이 효모보다 훨씬 크다는 것을 의미한다[7].

결과적으로 *Z. mobilis*는 *S. carlsbergensis*보다 에탄올 수율과 생산성이 높다. *Z. mobilis*는 비생산성도 높고 pH는 낮으며 알코올에 대한 높은 내성을 지니고 있다. 이러한 이유는 전자는 EDP경로를 따라 1몰의 ATP가 발생하지만 EMP경로에서는 2몰의 ATP가 발생하기 때문이다. 낮은 균체량 생성은 담체의 높은 전환을 의미한다. 또한 *Z. mobilis*를 사용하여 에탄올을 생산할 경우 당 대사속도, 에탄올 수율과 에탄올 생산속도가 높은 장점 이외에도, 산소공급이 필요 없고,

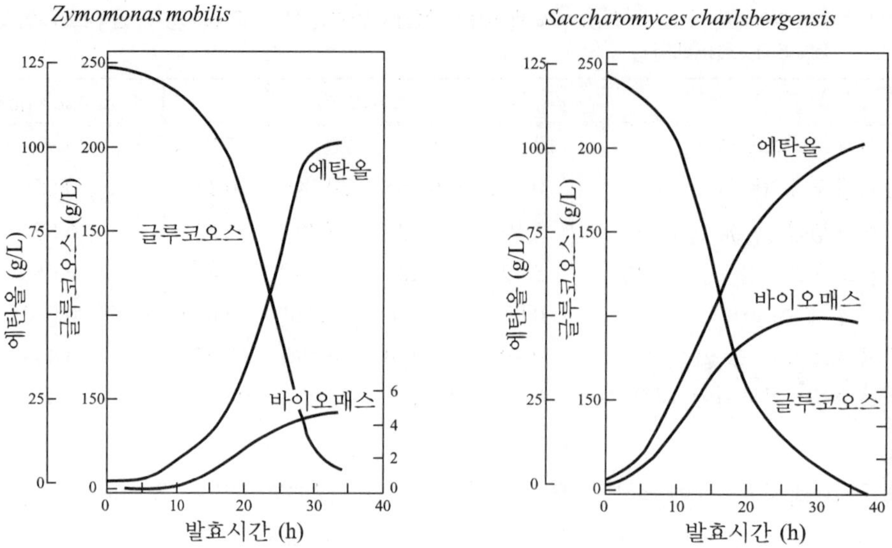

| 그림 7-12 | 세균과 효모의 생육과 에탄올 생산 비교

보다 높은 온도에서도 발효가 가능하다. 더욱이 에탄올 내성이 강한 변이주를 얻을 수 있으며, 유전자 조작에 의한 탄소원의 범위 확대는 균의 다양한 개량을 생각할 수 있다. 이런 이유로 해서 *Z. mobilis*에 의한 에탄올 생산은 많은 연구자들의 관심을 끌고 있다.

최근에는 글루코오스를 피루브산으로 전환할 목적으로 *E. coli* W3310에서 유도한 *E. coli* TC44에 관심이 높다. 이 세균은 호흡을 최저로 유지할 목적으로 ATP수율이 낮고 세포성장이 저조하게 유전자 재조합을 시행하였고 또한 초산염과 기타 생성물을 억제하기 위하여 유전자 결핍도 유도하였다. 이 세균은 0.75g의 피루브산/글루코오스(g)을 생산(이론치의 77.9%)하는데 이 결과는 효모나 세균과 비슷하거나 우수하다[8].

3.2 오탄당으로부터 에탄올 생산

오탄당(pentose)은 바이오매스가 함유한 헤미셀룰로오스의 주성분들이다. 에탄올 생산에는 오탄당 중에서도 특히 자일로오스(xylose)를 주로 이용한다. 활엽수 수종으로부터 자가가수분해, 아스플룬드처리/알칼리 추출, 폭쇄처리/알칼리 추출,

산 가수분해를 통해 얻은 당용액 등에 다량 함유되어 있는 자일로오스를 에탄올로 전환시키는 것이 주목적이다.

3.2.1 발효억제물질

바이오매스로부터 열, 기계적 및 화학적 전처리를 거쳐 회수한 추출물이나 전처리 가수분해물은 에탄올 발효에 악영향을 주는 여러 종류의 물질을 함유하고 있다. 이들 발효억제 물질들을 크게 분류하면 아래와 같다[8-11].

1) 바이오매스가 본래 함유한 성분: 추출물, 유기산, 헤미셀룰로오스 주쇄에 에텔화된 당산(acetic, glucuromic, galacturonic), 리그닌의 가수분해에 의한 화합물(페놀성화합물)
2) 용해된 올리고당이나 단당류가 분해해서 형성한 화합물(자일란에서 푸르푸럴, 글루코오스로부터 히드록시메틸푸르푸럴(hydroxymethyl furfural, HMF), 그 외에 (1)에서 생성된 물질)
3) 고온, 고압에 의한 장비의 부식에 기인한 화합물(M^{++}, M^{+}/화합물 및 기타 화합물)

발효억제 정도는 억제물질의 종류, 농도 및 균의 종류에 따라 다르다. 예를 들면 저해물질인 리그닌 분해물인 시린직산(syringic acid)은 *P. stipitis*에는 0.4 mmol(0.08g/l), 그리고 *K. punemoniae*에는 0.4mmol(0.08g/l) 수준에서 저해인자로 작용하지만[12], *Candida utilis*에는 20mmol(4g/l) 이상에서 저해인자로 작용한다[13]. 한편 *S. cerevisia*에게는 5mmol(1 ~ 8g/l)까지도 저해인자로 작용하지 않는 것으로 알려져 있다. 푸르푸럴(furfural)도 균의 종류와 농도에 따라 저해영향에 차이가 있다[14,15]. 이러한 발효 유해물질을 제거하는 여러 가지 방법들이 연구되어 왔다[9].

(1) 중성화: 산을 사용하여 리그닌을 침전, 과잉의 석회투여로 pH조절
(2) 휘발에 의한 제거: 스팀 처리, 진공건류, 로터리 증발기로 제거
(3) 이온교환: 양이온과 음이온 교환수지
(4) 추출: 물로 세척, 유기용매로 추출 포함
(5) 흡착: 활성탄 또는 분자체로 처리
(6) 기타: 높은 초기 균체 농도에서 배양, 억제물질에 보다 강한 균주 개발 등

3.2.2 오탄당의 대사

오탄당의 대사에는 세균, 효모 및 곰팡이가 관여한다. 그림 7-13에서 보는바와 같이 세균은 일반적으로 이성화효소를 이용하여 D-자일룰로오스(D-xylulose)로 전환시키지만[16,17], 효모나 곰팡이는 2단계의 산화-환원반응을 통하여 D-자일룰로오스로 전환시킨다[18-20].

세균에서는 D-자일로오스(D-xylose)가 이성화하여 직접 D-자일룰로오스로 전환한다. D-자일로오스 이소메라제(D-xylose isomerase)는 가역적인 이성화반응(D-자일로오스 ↔ D-자일룰로오스 또는 D-글루코오스 ↔ D-프록토오스)를 촉매한다. 평형상태에서 D-자일로오스 이소메라제의 최적 pH와 온도는 균에 따라 차이가 있으나, 50 ~ 90°C와 pH 6.0 ~ 9.5의 범위에 있다. 이성화효소의 활성에는 보통 Co^{2+}, Mg^{2+}, Mn^{2+}의 2가 양이온이 필요하다. 한편 *Enterobacter sp.*나 *Corynebacterium sp.*의 세균들은 효모처럼 D-자일로오스를 한단계로 환원-산화반응을 통하여 자일리톨(xylitol)로 전환시킨다.

효모에서는 자일로오스가 자일로오스-리덕크타제(xylose-reductase, XR)에 의해 NADPH/NADH를 사용하여 자일리톨로 환원한다. 자일리톨은 NAD와 연관되어 자일리톨 디히드로게나제(xylitol dehydrogenase, XDH)에 의해 조정된 자일룰로오스로 산화한다. 자일룰로오스 키나제(xylulose kinase)는 자일룰로오스에서 인산화반응을 촉매하여 자일룰로오스-5-인산(xylulose-5-phosphate)으로 전환하며 그 다음은 이미 전술한 EMP나 EDP경로를 따라 에탄올을 생산한다.

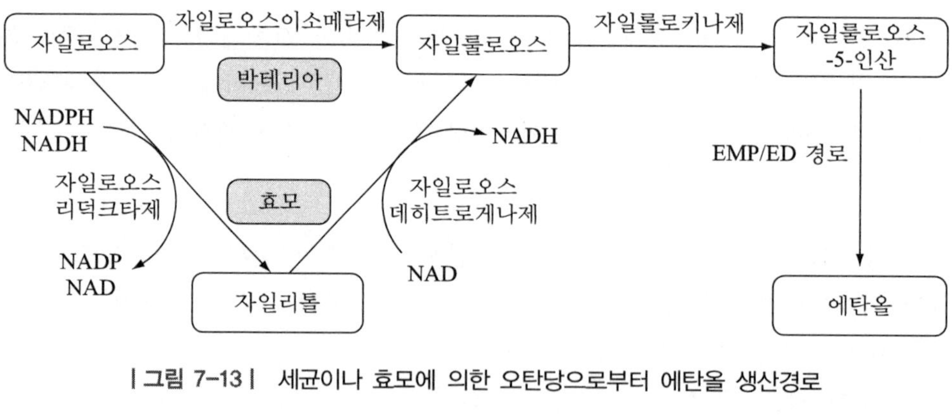

| 그림 7-13 | 세균이나 효모에 의한 오탄당으로부터 에탄올 생산경로

자일로오스로부터 에탄올 생산을 주도하는 반응은 아래와 같다.

$$3xylose + 3ADP + 3P \rightarrow 5ethanol + 5CO_2 + 3ADP + 3H_2O$$

자일로오스의 전체 탄소 중의 2/3는 에탄올 생성에 그리고 나머지 1/3은 CO_2로 상실된다. 이론적으로 에탄올 수율은 약 0.51g/자일로오스g에 해당된다[21].

3.2.3 효모에 의한 에탄올 생산

효모인 *Pachysolen tannophilus*가 D-자일로오스를 직접 에탄올로 전환할 수 있다는 것은 일반 자일로오스 이성화효소를 사용하여 알코올로 전환이 쉽게 일어날 수 있다는 것을 의미한다.

자일로오스로부터 에탄올을 생산하는 효모는 여러 종류가 있으나 그 중에서도 많은 양의 에탄올을 생산하는 균주는 단지 몇 종에 지나지 않는다. 그러나 에탄올의 효율적 생산은 용해 산소의 규제, 자일로오스를 이용하는 대사에서 보조인자(cofactor)의 불균형에 의해 제한 받는다. 또한 자일로오스를 에탄올로 발효시키는 과정에 자일리톨이 축적되면 에탄올 수율이 낮아진다.

자일로오스를 에탄올로 발효시키는 주요 효모들과 그 특성은 아래와 같다.

1) 천연 효모균주

(1) *Pachysolen tannophilus* [22]

에탄올 생산 전에 약 20시간의 대수 증식기(log phase)가 관찰된다. 에탄올 수율은 소비된 자일로오스 g당 약 0.34g으로 이론치의 68%이다. 균체성장의 최적 pH는 2.5, 에탄올 생산도 pH 2.5가 최적이다. 에탄올 생산은 담체농도(35g/L 자일로오스)와 최종산물 (30g/L 에탄올)의 억제를 받는다. 발효 중에 자일리톨이 축적된다.

(2) *Candida shehatae* [23,24]

최대에탄올 생산을 위해서는 적은 양의 DO가 필요하다. 균체성장은 에탄올 농도 37.5g/L에서 제한을 받으며 최대 에탄올 수율은 이론치의 약 84%인 0.43 g/g 자일로오스이다. 에탄올 최대 생산속도는 50g/L 자일로오스에서 0.48 g/g/h이다.

(3) *Pichia stipitis* [25]

다른 균주에 비하여 에탄올 농도(64g/L)가 높아도 생육한다. 균주 생장과 유지를 위해서 극미량의 산소가 필요하다. 전술한 두 균주에 비하여 에탄올 수율은 높으나 비에탄올 생산력은 낮다. 이 균주로 에탄올을 57g/L까지 축적할 수 있다.

이상의 균주로 자일로오스로부터 에탄올을 생산한 결과들은 표 7-11과 같다[26].

표 7-11 ▸ 천연 효모균주에 의한 자일로오스로부터 에탄올 생산

균 류	자일로오스 ($g\,l^{-1}$)	에탄올 ($g\,l^{-1}$)	수 율 ($g\,g^{-1}$)	생산성 ($g\,l^{-1}\,h^{-1}$)
Candida blankii ATCC 18735	50	5.1	0.10	0.07
C. shehatae ATCC 22984	57	22.3	0.39	0.56
C. shehatae CBS 4705	50	24.0	0.48	0.19
C. shehatae CSIR-117 A11	50	20.7	0.41	0.43
Pachysolen tannophilus CBS 4044	20	2.1	0.10	0.01
P. tannophilus NRRL Y-2460	20	6.2	0.31	0.06
P. tannophilus RL 171	50	13.8	0.28	0.28
Pichia segobiensis CBS 6857	20	5.0	0.25	0.02
P. stipitis CBS 5776	50	22.3	0.45	0.34
P. stipitis CSIR-Y633	50	21.5	0.43	0.45
P. stipitis NRRL Y-7124	50	21.0	0.42	0.60
Schizosaccharomyses pombe ATCC 2478	50	5.0	0.10	0.07

표 7-11에서와 같이 높은 에탄올 생산력은 *C. shehatae*와 *P. stipitis*에서 나타난다. *P. stipitis* 발효에서 에탄올 수율이 가장 높으며 자일리톨도 거의 발생하지 않는다. *Candida*와 *Pachysolen*은 발효 부산물로 자일리톨을 생성한다.

2) 유전자 조작 효모

(1) *Saccharomyces cerevisiae* [27]

*Saccharomyces*는 오탄당을 대사하지 못한다. 따라서 *P. stipitis*에서 2개의 주요 효소인 자일로오스-리덕크타제(XR-XYL1)와 자일로오스-디히드로게나제(XDH-XYL2)를 유도하여 *Saccharomyces*에 넣고 발현시켜 자일로오스 이용에

사용한다. 그러나 발효조건에서 위의 형질전환체는 이용 가능한 자일로오스의 단지 절반만을 자일리톨과 에탄올로 전환시킨다. 그 외에 표 7-12와 같이 오탄당을 대사하는 효모들의 XYL1, XYL2, XYL3 및 유전자를 *Saccharomyces*에 넣어 발현시키는 수많은 연구가 발표되었다[28-30]. 최근에 코끼리 배설물에서 분리한 셀룰로오스의 혐기성분해균인 *Piromyces* sp. E2의 XI를 인코딩(encoding)한 xylA 유전자를 *S. cerevisiae*에서 발현시켜 xylose로부터 에탄올 생산에 새로운 길이 열렸다[31].

한편 세균인 *E.coli*나 *Bacillus* sp.로부터 자일로오스 이성화효소를 인코딩하는 유전자를 클로닝(cloning)하여 *Saccharomyces*에 발현시켰으나 활성이 나타나지 않았다[32]. 그 다음에 자일로오스(글루코오스) 이성화효소를 인코딩하는 *Thermus thermophilus* xylA유전자를 클로닝하고 효모 PGK1 프로모터(promoter)의 조절 하에서 *Saccharomyces*에서 발현시켰다. 이 재조합 자일로오스 이성화효소는 1.0 U/단백질 mg의 비활성을 지녔고, 85°C에서 가장 높은 활성을 보였다[33].

*S. diastaticus*와 *S. uvarum*의 융합(fusion)산물인 S.1400 그리고 S.1400 (pLNH33)과 같은 재조합 효모균주가 개발되었는데 이들 재조합 균주들은 자일로오스로부터 에탄올 생성이 우수한 효모로 인정받고 있다[34].

표 7-12 ▸ *Saccharomyces cerevisiae*의 유전자 재조합 균주에 의한 자일로오스로부터 에탄올 생산

균 주	관련된유전자형/표출형	당 조성분	자일로오스 소비율 (%)	에탄올 수율 (%)	자일리톨 수율 (%)
H1693	XYL1, XYL2	50g/l xyl	0.09	0.04	0.47
H1691	XYL1, XYL2, XKS1	50g/l xyl	0.20	0.12	0.41
TMB3256	XYL1, XYL2, XKS1, ZWF1 W/O promoter	50g/l xyl	0.06	0.36	0.13
RWB217	Z1, XK, ΔGRE3, overpressed PPP	20g/l xyl	–	0.43	0.003

3.2.4 세균에 의한 에탄올 생산

세균류 중에서 *Clostridium, Thermoanaerobacter, Thermoanaerobacterium* 및 *Bacillus* sp.도 육탄당과 오탄당을 대사하지만 활성이 높은 세균은 *Klebsiellae*, *Erwinia*, 및 *Escherichia coli* 등이다. 이들 세균은 육탄당과 오탄당을 발효시켜 중

성화합물(butanediol, acetone 및 ethanol)과 혼합산을 생산한다. 한편 *Zymomonas mobilis*는 오탄당을 대사하지 못한다.

1) 야생 세균

세균에 의한 자일로오스로부터 에탄올 생산 결과는 표 7-13과 같다[26].

표 7-13 ▸ 야생 세균에 의한 자일로오스로부터 에탄올 생산

균 주	자일로오스 (g l^{-1})	에탄올 (g l^{-1})	수 율 (g g^{-1})	생산성 (g l^{-1} h^{-1})
Bacillus macerans DSM 1574	20	3.3	0.16	0.03
Clostridium polypragmatus NRCC 2288	44	6.5	0.15	0.09
C. saccharolyticum ATCC 35040	25	5.2	0.21	0.05
C. saccharolyticum NRCC 2533	20	2.1	0.11	–
C. thermohydrosulfuicum 39 E	5	2.0	0.39	–
C. thermosacchrolyticum ATCC 31925	6	1.8	0.30	0.13
Erwinia chrysanthemi B374	50	–	0.23	–
Thermoanaerobacter ethanolicus ATCC 31938	4	1.5	0.36	–

표 7-13에서 보는 바와 같이 *E. chrysanthemi*가 에탄올 생산 균주로서 가능성이 가장 크다. 야생균주 *E. chrysanthemi* B374는 자일로오스 g당 0.23g의 에탄올을 생산한다. *Clostridia* 속의 몇 종은 셀룰로오스와 헤미셀룰로오스를 에탄올, 초산염, 젖산염의 혼합물로 전환시킨다. *Clostridium thermocellum*은 1g의 섬유소로부터 0.57g의 에탄올을 생산한 기록도 있다.

세균에 의한 에탄올 생산력은 효모나 곰팡이류보다 일반적으로 낮다. 따라서 유전공학을 이용한 우수한 균주 개발에 집중하고 있다. 현재 연구된 몇 종류를 소개하면 다음과 같다.

2) 유전자조작 세균

(1) *Klebsiella oxytoca*

초기에는 *K. oxytoca*에서 *Z. mobilis*의 pdc와 adh유전자를 발현하는 연구가 시작되었다. 그 후에 에탄올 생산을 위해 *Z. mobilis*로부터 염색체로 통합

(integrated) 유전자(pdc와 adh)를 넣어서 *K. oxytoca* M5A1 및 *K. oxytoca* 균주 P2를 개발하였다[35]. *K. oxytoca* 균주 P2에 *E. chrysanthemi*가 분비하는 엔도-글루카나아제(CelY, celZ)를 함께 넣어 주면, 이 균주들은 오탄당 이외에는 별도의 셀룰라아제의 첨가 없이 결정 셀룰로오스를 에탄올로 직접 발효시킨다[36]. 표 7-14는 P2와 KO11의 에탄올 생산 능력을 나타내고 있다[37].

표 7-14 ▸ 유전자 재조합 박테리아에 의한 오탄당으로부터 에탄올 생산

균 주	유전자형	자일로오스 ($g\,l^{-1}$)	에탄올 생산 ($g\,l^{-1}$)	에탄올 수율 ($g\,g^{-1}$)	생산성 ($g\,l^{-1}\,h^{-1}$)
Erwinia chrysanthemi B374	*pdc*	11.3	5.0	0.44	–
Klebsiella planticola (pZM15)	*pdc*	80.0^{c}	32.0	0.40	–
Klebsiella planticola SDF20	*pdc, pfl-*	41.0	17.8	0.43	–
Escherichia coli B (pL01297)	*pdc, adhB*	80.0	39.2	0.49	0.7
Klebsiella oxytoca M5A1	*pdc, adhB*	100.0	46.0	0.48	2.0
Escherichia coli B K011	*pdc, adfB, frd-*	80.0	41.6	0.53	1.3

주. *pdc*: pyruvate decarboxylase, *pfl*: pyruvate formate lyase, *adhB*: alcohol dehydrogenase ll, *frd*: fumarate reductase.
비연속배양, 자일로오스와 아라비노오스 혼합액

(2) *Escherichia coli*

처음으로 *Z. mobilis*의 pdc가 *E. coli*에 발현되었다. 그 후에 *Z. mobilis*의 pdc, adhB가 발현된 *E. coli* B(pL01297)도 개발되었다. 이 세균은 자일로오스 80g/L에서 39.2g/L 에탄올을 생산하며, 이 균주에 frd(푸마르산 환원효소)도 함께 발현된 *E. coli* B K011은 80g/L의 자일로오스에서 41.6g/L 에탄올, 수율은 0.53g/L을 나타내었다[20]. *E. coli* K011에 의한 바이오매스 종류에 따른 에탄올 생산 능력은 표 6-14와 같이 우수하다.

(3) *Zymomonas mobilis*

*Z. mobilis*는 오탄당을 대사하지 못한다. 따라서 *Klebsiella* 또는 *Xanthomonas*의 xylA(자일로오스 이소메라제)와 xylB(자일룰로오스키나제) 유전자를 *Z. mobilis*에 삽입시켜 보았으나 제한된 효과만을 얻었다[38]. 그 후 오탄당 인산화 과정의 효소인 트랜스알돌오라아제와 트랜스케토라아제(transaldololase, transketolase)와 자일로오스 동화효소(자일로오스 이소메라제와 자일룰로오스

키나제, 자일로오스 이소메라제와 자일룰로오스키나제)를 발현시키는 2개의 오퍼놀(opernol)을 만들어서 *Z. mobilis*에 삽입시켰다. 이 균주 *Z. mobilis* CP_4 (pZB_5)는 생육뿐만 아니라 혐기조건에서 자일로오스를 에탄올로 전환시킬 수도 있다. 이 균주는 글루코오스와 자일로오스 모두를 동시에 발효하는데 글루코오스의 발효 속도가 더 빠르다. 글루코오스/자일로오스(1 : 1)가 각각 25g/L씩 혼합된 당 용액에서 30시간 동안 이론치의 95%인 25g/l 에탄올을 생산한다[39].

3.2.5 곰팡이류에 의한 에탄올 생산

Fusarium oxysporum 단독 또는 *Saccharomyces cerevisiae*과 혼합해도 에탄올 생산이 가능하다는 것이 오래전부터 알려져 왔다. 그러나 곰팡이류에 의한 오탄당 대사는 별로 연구되지는 않았다. 표 7-15에서 보는 바와 같이 곰팡이류 중에서 *Fusarium* sp, *Monilia* sp., *Mucor* sp. 등이 있으나 그 중에서도 *Fusarium oxysporum*가 대표적이며 에탄올 발효능력도 가장 높다. 그러나 발효가 너무 느리므로 곰팡이에 의한 자일로오스로부터의 에탄올 생산은 경제적인 측면에서 더 많은 연구가 요구된다.

한편 *F. oxysporum*에 의해 오탄당으로부터 에탄올과 초산을 같은 양적 비율로 생산할 수 있다. 그러나 이 곰팡이류는 리그닌과 페놀 화합물이 잔존한 기질에서는 아주 민감하게 작용하여 에탄올 생산이 현저하게 떨어지는 단점도 있다.

표 7-15 ▸ 곰팡이류에 의한 자일로오스로부터 에탄올 생산

균 주	자일로오스 ($g\,l^{-1}$)	에탄올 ($g\,l^{-1}$)	수 율 ($g\,g^{-1}$)	생산성 ($g\,l^{-1}\,h^{-1}$)
Fusarium avenaceum VTT-D-80146	50	12.0	0.24	0.07
F. lycopersici ATCC 16417	50	16.0	0.32	0.17
F. oxysporum VTT-D-80134	50	25.0	0.50	0.17
F. oxysporum VTT-D-80134	50	21.3	0.43	0.22
F. oxysporum VTT-D-80134	50	17.4	0.35	0.35
F. sambucium VTT-D-77056	50	13.0	0.26	0.08
Monilia sp.	50	12.6	0.25	0.08
Mucor 105	50	8.0	0.16	0.08
Paecilomyces sp. NFI ATCC 20766	100	39.8	0.40	0.24

자일로오스를 대사하는 다른 곰팡이류로는 *Rhizopus* sp.와 *Mucor* sp.가 있다. 전자는 오탄당을 에탄올과 초산으로 전환시키며, 후자는 단지 에탄올만을 생산한다. 그러나 *Mucor*류의 곰팡이는 글루코오스뿐만 아니라 D-자일로오스, 자일리톨 및 수크로오스를 에탄올로 전환시키지만 L-자일로오스, D-아라비노오스 및 L-아라비톨에서는 에탄올을 생산하지 않는다.

3.3 혼합당으로부터 에탄올 생산

에탄올은 주로 옥수수의 전분이나 사탕수수의 수크로오스를 *S. cerevisiae*로 발효시켜 생산한다. 그러나 최근에는 이들 자원의 품귀현상에 따른 가격 인상으로 농산물잔사, 산업폐기물 및 도시폐기물과 같은 바이오매스를 에탄올 생산에 이용하고자 수많은 연구가 진행되고 있다. 전분이 주성분인 경우에는 가수분해물에 글루코오스가 주종이므로 문제가 없으나, 바이오매스를 원료로 사용하면 헤미셀룰로오스의 주성분인 자일로오스도 상당량 함유되어 있다. 따라서 글루코오스와 자일로오스를 동시에 발효시킬 필요성이 있다. 에탄올 발효에 가장 많이 사용되는 *S. cerevisiae*는 오탄당을 발효시킬 수 없으며 *Candida*나 *Pichia*가 자일로오스를 알코올로 발효시킨다는 것이 발견되었지만 발효가 너무 느려 경제성이 낮다.

따라서 유전공학을 이용한 새로운 균주 개발을 시도하고 있다. 새로운 균주는 자일로오스와 글루코오스를 동시에 발효시키며 에탄올 생산량이 많고 생산속도와 안정성이 높아야 한다.

최근에는 표 7-16에서와 같이 유전자 재조합을 시행한 새로운 균주로 혼합당으로부터 에탄올 생산량을 증가시키고 있다.

표 7-16 ▸ 유전자 재조합을 시행한 균주로 혼합당으로부터 에탄올 생산 (다음 페이지에 계속)

균 주	당 조성 ($g\ l^{-1}$)	에탄올 수율 ($g\ g^{-1}$)	에탄올 ($g\ l^{-1}$)/ 이론치 (%)
Saccharomyces cerevisiae			
1400(pLNH32)	glu.40/xyl.40	0.46	–
1400(pLNH33)	glu.53/xyl.56	0.46	–
TMB3001	glu.15/xyl.50	0.30	–
H2684	glu.24/xyl.24	0.34	–

표 7-16 ▸ 유전자 재조합을 시행한 균주로 혼합당으로부터 에탄올 생산

균 주	당 조성 ($g\,l^{-1}$)	에탄올 수율 ($g\,g^{-1}$)	에탄올 ($g\,l^{-1}$)/ 이론치 (%)
RWB218	glu.100/xyl.25	0.38	–
Escherichia coli KO11	버거스	–	37/90
	콘스토버	–	44/94
	소나무류	–	35/100
	버드나무류	–	4.5/-
Klebsiella oxytoca P2	결정셀룰로오스	–	43/76
	사무실용 혼합폐지	–	39/83
	버거스	–	39/70
Zymomonas mobilis			
CP4(pZB5)	glu.50/xyl.50	0.46	–
	glu.65/xyl.65	0.46	–
ZM4(pZB5)	glu.50/xyl.50	0.48	–
	glu.65/xyl.65	0.48	–

주. glu: 글루코오스, xyl: 자일로오스

S. cerevisiae 1400에 XR, XD 및 XK를 넣은 *S. cerevisiae* 1400 pLNH(31-34)를 개발하였으며 pLNH33에서 글루코오스(52.8gL)와 자일로오스(56.3g/L) 혼합당을 48시간 동안 배양한 결과, 47g/L 에탄올을 생산하였다. 이 생성량은 이론치의 84%이다[40]. 균체성장과 발효과정 중에 압력을 조절할 필요 없이 자일로오스 발효 능력이 안정적으로 유지되는 *S. cerevisiae* 1400에 XR, XD 및 XK를 넣은 LNH-ST와 4종의 유전자를 넣어준 *S. cerevisiae* 259 A(LNH-ST)가 집중 연구되었다[34].

이미 언급한바와 같이 *K. oxytoca* 균주 P2에 엔도-글루카나아제를 분비하는 *E. chrysanthemi* (CelY, CelZ)를 함께 넣어 주면 글루코오스와 자일로오스를 동시에 발효시킨다. 자일로오스와 글루코오스 40g/L을 발효시켜 자일로오스 g당 0.48g의 에탄올 그리고 글루코오스 g당 0.50g의 에탄올을 생산한다. 두 당의 최대 단위 부피당 에탄올 생산력은 거의 비슷하다[36].

전술한 *Z. mobilis* CP_4 (pZB_5)도 글루코오스와 자일로오스를 동시에 발효시키는 우수한 균주이다. 글루코오스 25g/L과 자일로오스 25g/L를 혼합한 당을 발효시킬 경우 자일로오스는 이론치의 86%, 그리고 글루코오스는 이론치의 94%가 에탄올로 전환되었다[39].

3.4 에탄올 생산공정

바이오매스로부터 에탄올 생산공정은 크게 가수분해와 발효공정이 분리된 SHF(separate hydrolysis and fermentation)방법과 당화와 발효가 동시에 일어나는 SSF(simultaneous saccharification and fermentation)방법으로 구분된다. 그러나 최근에는 오탄당 또는 오탄당과 육탄당의 혼합당 발효에 많은 진전이 이루어져서 SSCF(simultaneous saccharification and cofermentation)가 일반화되고 있다.

3.4.1 SSF 공정

동일 반응조에 셀룰로오스, 발효미생물 및 영양분을 넣어 에탄올을 생산한다. 가수분해에 의한 글루코오스가 발효에 의해 계속 제거되므로 최종산물억제 현상은 경감된다[41].

SSF공정은 주로 당화정도, 온도, 셀룰로오스의 접근성에 따라 좌우된다. 일반적으로 당화 온도는 45 ~ 55°C(최적 50°C)이며 발효 온도를 높이면 반응이 빠르고 에탄올 생산량도 많다. 또한 오염도 적고 에탄올 회수도 쉽다. 실제 산업용으로 사용하는 대부분의 효모의 최적온도는 30 ~ 37°C이다. 따라서 고온성 효모를 개발하는 것이 중요하다[42,43].

이러한 SSF방법은 SHF방법보다 여러 가지 장점이 있다. 최종산물 억제현상이 적고, 수율도 높으며, 글루코오스 산물농도도 높다. 더불어서 효소 소비량도 적다. 따라서 에탄올 생산비용이 SHF보다 저렴하다[44]. 그러나 반응 시간이 긴 단점도 있다. SSF에서는 7일이 필요하나, SHF에는 당화 2일 그리고 발효 2일 총 4

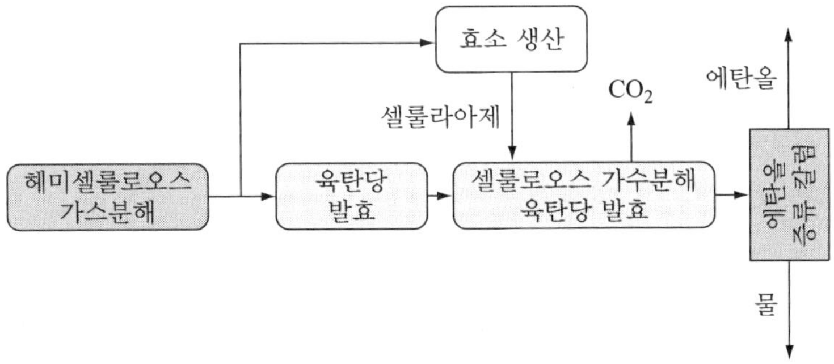

| 그림 7-14 | SSF방법에 따른 에탄올 생산 공정

일이면 에탄올 생산이 종결된다. SSF를 실제로 적용한 예는 걸프오일화학(gulf oil chemicals Co.)에서 개발한 방법이 있다. 원료는 농업부산물, 톱밥, 폐신문지 등이며 그림 7-14에서와 같이 처리한다[45].

폐신문지를 볼 밀(ball mill)로 전처리하여 *T. reesei*와 *S. cerevisiae*로 당화와 발효를 거쳐 에탄올을 생산한다. 발효가 되지 않는 오탄당은 *Torula* 효모의 기질로 SCP(single cell protein)생산에 이용한다[45].

한편 Iogen Corporation에 따르면 옥수수줄기와 잎(corn stover), 활엽수 잔사 및 짚을 분쇄 또는 저농도의 황산으로 일차 가수분해 후에 폭쇄로 전 처리한 다음에, 당화와 발효과정을 거쳐 에탄올을 생산한다. 발효가 되지 않은 잔사 오탄당은 동물사료로 이용한다[46].

3.4.2 SHF 공정

SHF에서는 당화와 발효공정이 분리되므로 2개의 반응조가 필요하다. 원료에 함유된 셀룰로오스와 헤미셀룰로오스가 48시간 내에 에탄올로 전환한다. 이 방법에서는 효소 생산에 많은 비용이 든다. 왜냐하면 최종생산물 억제를 극복하기 위해서는 많은 효소를 넣어야 하며 더욱이 효소 생산 속도도 낮기 때문이다. 가수분해용 반응조도 크며 교반을 위한 에너지 비용도 크다.

SHF의 가장 중요한 파라미터는 가수분해율, 생산량 및 첨가한 효소량이다. 에탄올 수율은 낮은 담체 농도에서 높으며 이 조건에서 셀로바이오스와 글루코오스에 의한 효소억제가 가장 적다. 효소 첨가량을 증가하면 최종산물 억제효과를 극복할 수 있고 수율과 농도도 증가한다. 반응 시간을 연장하면 단당류의 수율과 농도가 높아진다. 셀룰로오스가 분해되면서 엔도, 엑소-글루카나아제 조성분을 용액쪽으로 방출한다. 셀룰로오스의 친화성 때문에 이들 효소가 회수되어 새로운 원료와 다시 반응한다. β-글루코시다제는 담체에 흡착되지 않기 때문에 회수가 잘되지 않는다.

이 방법의 구체적인 예는 그림 7-15와 같다. 농산부산물이나 활엽수 잔사를 저농도의 황산으로 일차 가수분해시켜 자일로오스를 얻고, 2차 가수분해에서는 셀룰로오스를 고농도의 황산으로 가수분해시켜 글루코오스를 생산한다. 발효는 각각 다른 발효조에서 실시하여 생성된 에탄올을 한 곳에 모아 처리한다. BC International Corporation에서도 이 공정을 적용하고 있다[46,47].

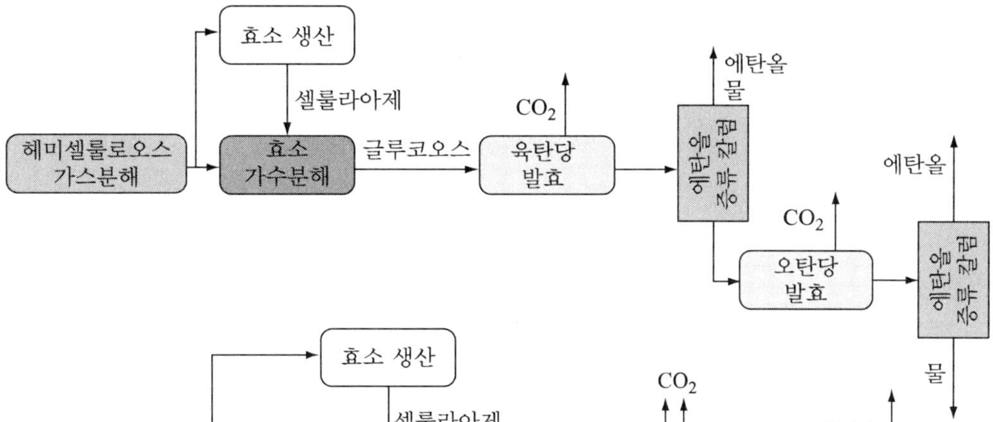

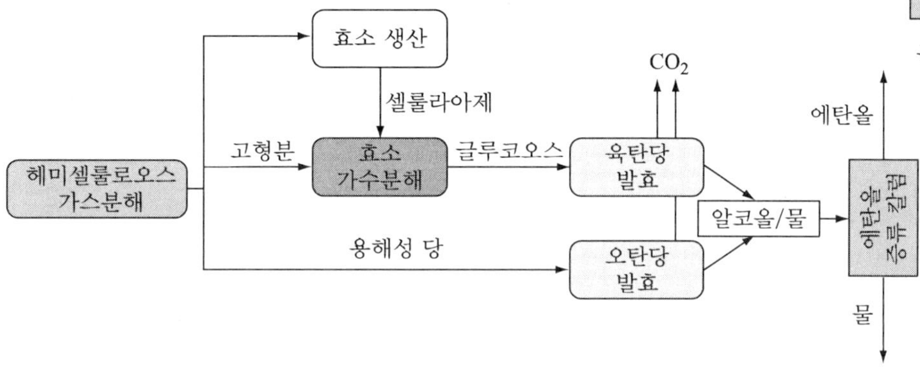

| 그림 7-15 | SHF방법에 따른 에탄올 생산 공정

자일로오스 발효에는 *F. oxysporum*을 그리고 글루코오스는 *S. cerevisiae*를 주로 사용하였으나 최근에는 유전자 조작된 균주를 이용한다.

3.4.3 기타 방법

Arkenol사에서는 그림 7-16의 SSCF방법으로 에탄올 공정을 계획하고 있다 [31]. 여기서 1차 가수분해는 고농도 황산으로 처리하고, 그다음 황산 농도를 40%

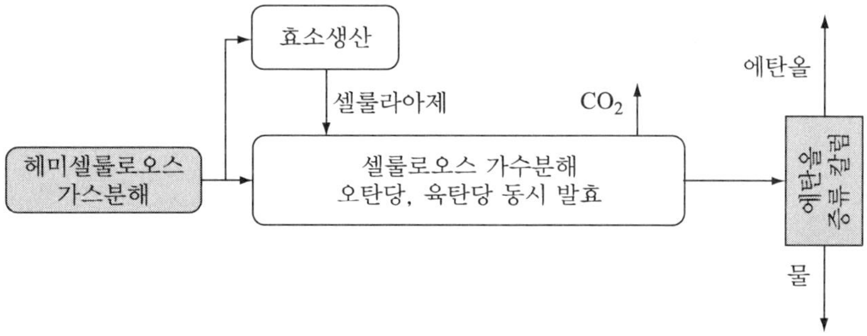

| 그림 7-16 | SSCF방법에 따른 에탄올 생산 공정

로 조절하여 2차 가수분해를 실시한다. 한편 그림 7-17과 같이 1개 발효조에서 1개 미생물로 가수분해와 발효를 유도하는 CBP(consolidated bioprocessing)도 가능하다[47].

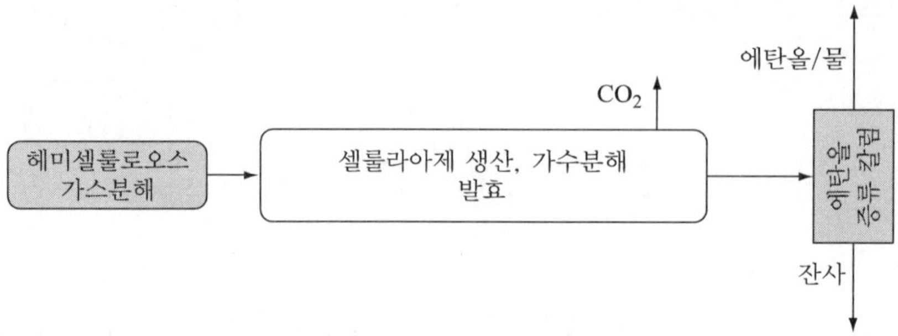

| 그림 7-17 | CBP방법에 따른 에탄올 생산 공정

3.5 에탄올 회수[48,49]

비어(beer)로부터 알코올을 회수하는 증류작업은 많은 에너지를 요구한다. 또한 1차 증류만으로는 무수알코올을 생산할 수 없다. 그 이유는 증류에 의한 에탄올 농도 증가는 아제오트로피(azeotrope; 공비혼합물)의 형성으로 제한받기 때문이다. 즉, 에탄올 용액이 끓고, 분획 증류탑에서 증기가 축합할 때, 증기 중의 에탄올 농도는 증기의 조성과 용액의 조성이 동일하게 될 때까지 증가한다. 이 지점에서 에탄올-물이 함께 끓는 혼합물은 최소 비점혼합물(boiling mixture)을 형성하므로 더 이상의 증류와 농축으로 에탄올 농도를 증가시킬 수 없다. 에탄올-물이 함께 끓는 혼합물의 에탄올 농도는 95.57wt%(89mol%)이며 공비점은 78.15°C이다.

따라서 비점이 78.40°C인 순수한 에탄올을 회수하기 위해서는 분리용 매제를 첨가하여 증류, 탈수제로 탈수, 분자체 흡수, 막기술 등을 이용한다.

3.5.1 단순 분별증류

여기서는 알코올 농도를 94 ~ 95% 범위 내로 단순 분별증류하여 다음 단계에서 무수 알코올로 탈수시킨다. 가장 일반적인 알코올 연속증류 시스템은 그림

7-18과 같다.

증류 장치는 증류관(beer still)이라고 칭하는 스트리핑 칼럼(stripping column, 휘발성분 분리탑)과 정류기(rectifying column)로 구성되어 있다. 스트리핑 칼럼은 20 ~ 40여 개의 계단식 판으로 구성되어 있으며 각각의 판은 체(sieve) 모양의 구멍이 있다. 물-에탄올을 스트리핑 칼럼 상부에 넣어 주며, 하부에서는 상부로 스팀을 보내 에탄올을 증기화시킨다. 휘발된 증기는 정류기에서 농축되어 아제오트로피알코올(azeotropic alcohol)이 된다.

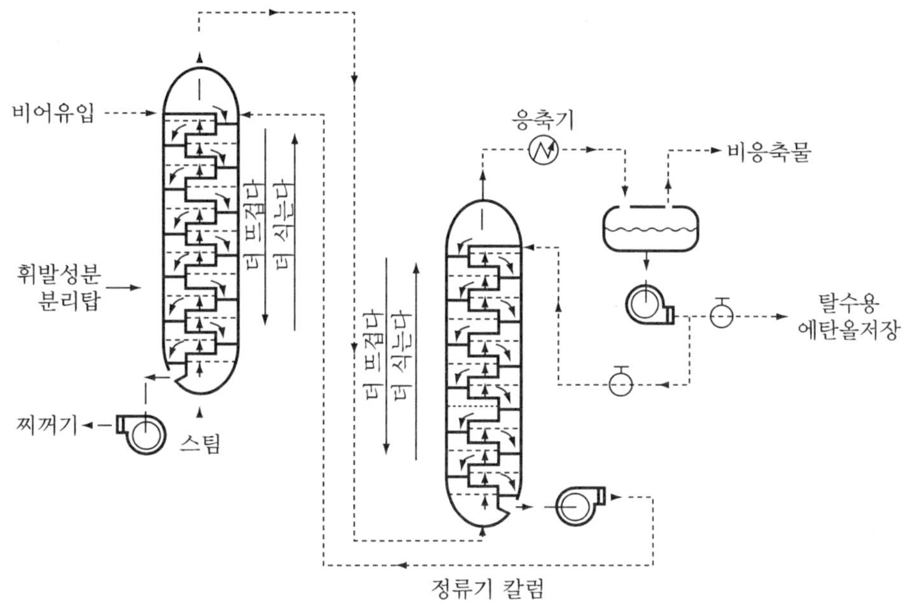

| 그림 7-18 | 알코올 증류 장치

3.5.2 무수에탄올 증류

3.5.2.1 아제오트로피 증류

현재 산업체에서 가장 많이 이용하고 있는 방법이 아제오트로피 증류 방법이다. 이 방법에서 분리 매제로는 벤젠, 사이클로헥세인(cyclohexane), 에텔, 에틸렌글리콜(ethylene glycol) 등을 사용한다.

그림 7-19는 약 89%의 아제오트로피알코올(azeotropic alcohol)을 벤젠을 사용하여 무수알코올로 공비증류하는 공정을 나타내고 있다. 아제오트로피알코올을

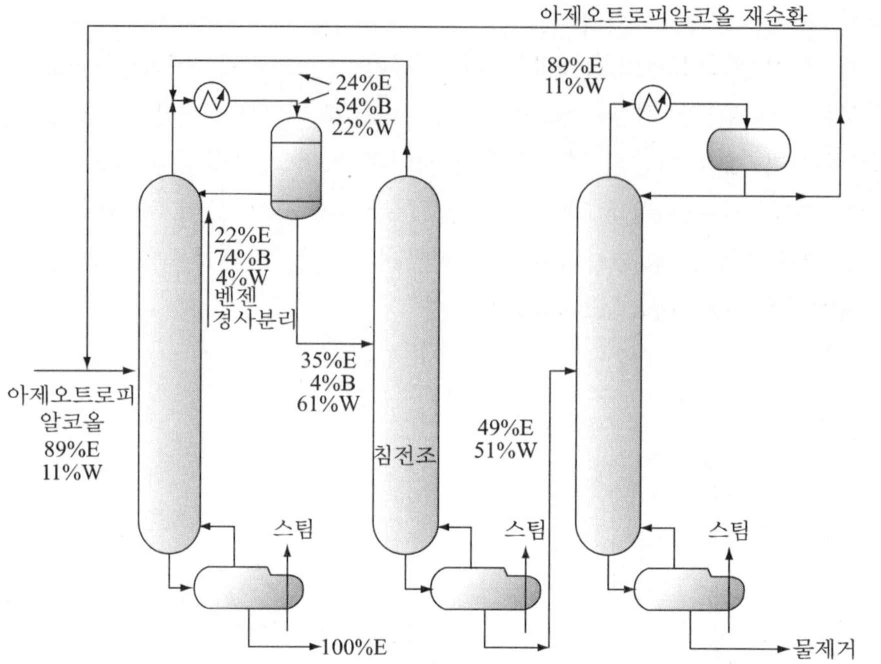

| 그림 7-19 | 벤젠을 분리 매체로 이용한 아제오트로피 증류

첫 번째 탑(azeotropic column)에 넣으면 물은 벤젠과 섞이지 않으므로 비등점에서 에탄올-벤젠-물 혼합액의 수증기압은 크게 상승한다. 여기서 상부는 54%B, 24%E, 22%W의 농도로 구성된 세 가지 상(相)의 혼합물이 농축되면서 침전조로 넘어간다. 한편 거의 순수한 에탄올은 하부로 회수된다. 침전조에서는 2상으로 경사 분리되는데 상층부인 벤젠이 풍부한 층(74% B, 22% E, 4% W)은 첫 번째 탑으로 되돌린다. 그리고 4% 벤젠을 함유한 물 층(4% B, 35% E, 22% W)은 벤젠을 회수하기 위하여 두 번째 탑으로 보낸다. 여기서 다시 증류하여 알코올 용액(49% E, 51% W)을 정류탑에 넘겨 대부분의 물을 회수하고 아제오트로피알코올(89% E, 11% W)을 첫 번째 칼럼의 공급원으로 재순환 시킨다. 이러한 과정을 통해 85 ~ 95% 알코올을 99.9% 이상으로 탈수시킬 수 있다.

3.5.2.2 분자체 흡착

이 방법은 아제오트로피 증류에서 분리 매체의 사용으로 인한 건강상의 우려에서 연구되었지만, 장비설치와 조업이 쉬우므로 새로운 시설에서는 자주 채택하고 있다.

제올라이트(zeolite)는 선택적으로 특정 크기보다 적은 분자를 흡착하므로 알코올 회수에 사용할 수 있다. 특히 제올라이트의 일종인 천연에 존재하는 글리노프틸로라이트(clinoptilite)는 물을 흡착하기에는 적당하나 알코올을 흡착하기에는 적당하지 않은 흡수공을 갖는 적합한 흡착제이다.

실제로 95%의 알코올을 분자체로 채운 칼럼을 통과시켜 물을 흡수시킨다. 즉, 정류탑에서 상부로 나오는 증기를 분자체 칼럼 하부로 넣어 주면 물은 흡착되고 무수에탄올은 전진 배출된다. 칼럼이 포화되면 처리 용액을 새로운 칼럼으로 대체하고 포화된 칼럼을 재생하여 이용한다. 분자체에 흡수된 물질 중에 약 25%는 에탄올이므로 재생칼럼의 유출액을 일차 증류 칼럼으로 재순환시킨다.

3.5.2.3 CO_2 추출

그림 7-20에서와 같이 에탄올-물 용액으로부터 액체 이산화탄소를 이용하여 에탄올을 추출한다. 이 공정에서는 에탄올이 풍부한 상(相)을 약 4.8MPa로 순간 증류시키면 방출된 에탄올과 액체상의 모든 발효 산물이 대기압으로 분출되어 응축한다. 이 방법의 장점은 이산화탄소 용매는 발효의 부산물이기 때문에 용매 손실은 큰 문제가 안 되며 유기 용매의 사용에서 오는 환경 문제도 피할 수 있는 점이다.

초임계CO_2 추출 방법도 이용하고 있다. 즉, 초임계CO_2를 이용한 급속증류 과정이다. 알코올 농도 20~30%용액을 초임계CO_2로 추출하면 85~95%농도의 알코올 수율 90% 정도를 얻을 수 있다. 만일 최저 압력과 온도 조건에서 추출기의 상부에 미스트(mist)분리기가 있다면 아제오트로피의 결과와 비슷하다.

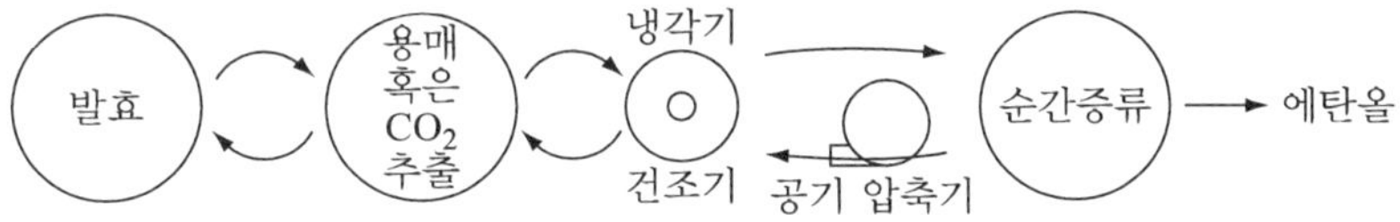

| 그림 7-20 | 액체 이산화탄소를 이용한 에탄올-물 용액으로부터 에탄올 추출

3.5.2.4 막기술

막을 알코올 정제를 위해 사용할 수 있다. 역삼투압(reverse osmosis)은 상대적으로 에탄올은 통과시키지 않으나 물은 통과시키는 막을 사용한다. 그러나 농축된 에탄올-물 용액에 대한 삼투압은 매우 높아 역삼투압 단위에 대한 실용적 한계치는 7,000kPa로 약 14%에탄올 용액을 얻을 수 있다. 역삼투압은 증류 단계에서 요구되는 에너지를 절약하기 위해 약 10%의 에탄올로의 초기 농축 시 뿐만 아니라 발효 배양액에서 에탄올을 분리할 시에 유용한 것으로 판명되고 있다. 다른 접근법은 에탄올은 통과시키나 물을 통과시키지 않는 막을 사용하는 것이다.

소수성의 다공성 복합막을 사용하는 새로운 기술이 일본에서 개발되었으며 에탄올 농도를 92.5%까지 올리는 것이 가능하다. 마이크로파 에너지는 에탄올 함유 화합물(ethanol enclosure compound)이 정상적으로 함유하는 물분자로부터 에탄올-물 용액에서 형성되는 이들 화합물을 분리하는데 이용된다. 물분자는 최종적으로 소수성 막에 의해 분리된다. 이와 같은 목적을 위해 100 ~ 1,000kHz의 고주파를 막에 부착되어 있는 전극에 걸어준다.

최근에도 전통적인 탈수와 증류 칼럼을 증기 투과막으로 대치하는 연구가 진행되어 왔는데, 이들 막은 에탄올과 물의 완전한 분리를 가능하게 하며 매우 농축된 에탄올 혼합물의 최종 탈수에도 적합하다.

참고문헌

1. Picataggio, S. K., Zhang, M., Finkelstein, M., ACS Symposium series 566 Enzymatic conversion of biomass for fuels production, ACS, Chap. 17, pp. 342-362, 1994
2. Gottschalk, G., Bacterial metabolism, 2nd, Springer-Verlag, New-York, NY, pp. 114-118, 1986
3. Postma, E., Verduyn, C., Scheffers, W. A., van Dijken, J. P., Enzymic analysis of crab tree effect in glucose-limited chemostat cultures of *Saccharomyces cerevisiae*, Appl. Environ. Microbiol., 55:468-477, 1989
4. Wiegel, J., Formation of ethanol by bacteria, A pledge for the use of extrem the thermophilic bacteria in industrial ethanol fermentation processes, Experientia, 36: 1434-1446, 1980
5. Lee, K. J., Skotnicki, M. L., Tribe, D. E., Rogers, P. L., Kinetic of ethanol production by *Zymomonas mobilis* on fructose and sucrose media, Biotechnol. Lett., 3:207-212, 1981
6. Bringer, S., Sahm, H., Sahm, W., Ethanol production by *Zymononas mobilis* and its application on an industrial scale, Biotechnol. Bioeng. Symp., 14:311-319, 1986
7. Rogers, P. L., Lee, K. J., Tribe, D. E., High productivity ethanol fermentation with *Zymomonas mobilis*, Process Biochem., 15(6):7-11, 1980
8. Causey, T. B., Shanmugam, K. T., Yomano, L. P., Ingram, L. O., Engineering

Escherichia coli for efficient conversion of glucose to pyruvate, Proceeding of National Academy of Sciences of the USA, 101, pp. 2235-2240, 2004
9. McMillian, J. D., Enzymatic conversion of biomass for fuels production, Chap. 21, pp. 411-437, In: ACS Symposium Series 566, ACS Washington DC, 1994
10. Schneider, H., Crit, R., Jeffries, T. W., Conversion of pentoses to ethanol by yeasts and fungi, Biotechnol., 9:1-40, 1989
11. Stanek, D. A., A study of the low-molecular weight phenols formed upon hydrolysis of aspenwood, Tappi, 41:601-609, 1958
12. Tran, A. V., Chambers, R. P., Ethanol fermentation of red oak acid prehydrolysate by the yeast *Pichia stipitis* CBS 5776, Enzyme Microb. Technol., 8:439-444, 1986
13. Mikulasova, M., Vodny, S., Pekarroviecova, A., Influence of phenolics on biomass production by *Candida utilis* and *Candida albicans*, Biomass, 23:149-154, 1990
14. Ando, S., Arai, I., Kiyoto, K., Hanni, S., Identification of aromatic monomers in steam-exploded poplar and their influences on ethanol fermentation by *Saccharomyces cerevisiae*, Ferment. Technol., 64:567-570, 1986
15. Detroy, R. W., Cunningham, R. L., Herman, A. I., Fermentation of wheat straw hemicelluloses to ethanol by *Pachysolen tannophilus*, Biotech. Bioeng. Symp., 12: 81-89, 1982
16. Deng, X. X., Ho, N. W., Xylulokinase activity in various yeasts including *Saccharomyces cerevisiae* containing the cloned xylulokinase gene, Appl. Biochem. Biotechnol., 24/25:193-199, 1990
17. Hickman, J., Ashwell, G., Purification and properties of D-xylulokinase in liver, Biol. Chem., 232:737-748, 1958
18. Bolen, P. L., Roth, K. A., Freer, S. N., Affinity purifications of aldose reductase and xylitol dehydrogenase from the xylose-fermenting yeast *Pachysolen tannophilus*, Appl. Environ. Microbiol., 52:660-664, 1986
19. Wang, V. W., Jeffries, T., Purification and properties of xylitol dehydrogenase from the xylose fermenting yeast Candida shehatae, Appl. Biochem. Biotechnol., 26:197-206, 1990
20. Rizzi, M., Elrlemann, P., Bui-Thahn, N-A., Dellweg, H., Xylose fermentation by yeasts, 4. Purification and kinetic studies of xylose reductase from *Pichia stipitis,* Biochem. Biotechnol., 29:148, 1988
21. El-Mansi, E. M. T., Bryce, C. F. A.(edi.), Fermentation microbiology and biotechnology, pp. 254-278, CRC Press, Taylor & Francis Group, 2007
Fermentation Microbiology and Biotechnology, pp. 266, 2007
22. Slininger, P. J., Bothast, R. J., van Cauwenberge, J. E., Kurtzman, C. P., Conversion

of D-xylose to ethanol by the yeast, Biotechnol. Bioeng., 24:371, 1982

23. du Preez, J. C., van der Walt, J. P., Fermentation of D-xylose to ethanol by a strain of *Candida shehatae*, Biotechnol. Lett., 5:357, 1983
24. du Preez, J. C., van Driessel, B., Prior, B. A., Ethanol tolerance of *Pichia stipitis* and *Candida shehatae* strains in fed-batch cultures at controlled low dissolved oxygen levels, Appl. Microbiol. Biotechnol., 30:53-58, 1989
25. Toivola, A., Yarrow, D., van den Bosch, E., Dijken, J. P., Scheffers, W. A., Alcoholic fermentatin of D-xylose by yeasts, Appl. Envron. Microbiol., 47:1221-1223, 1984
26. Hahn-Hägerdal, B., Hallborn, J., Jeppsson, H., Olsson, L., Skoog, K., Walfridsson, W., Pentose fermentation to alcohol, Bioconversion of Forest and Agricultural Plant Residues, Saddler, J. N.(edi.), CAB International, pp. 231-290, 1993
27. Kotter, P., Ciriacy, M., Bao, X., ahn-Hägerdal, B., Xylose fermentation by *Saccharomyces cerevisiae*, Appl. Microbiol. Biotechnol., 38:776, 1993
28. Walfridsson, M., Anderlund, M., Bao, X., Hahn-Hägerdal, B., Expression of different levels of enzymes from the Pichia stipitis XYL1 and XYL2 genes in *Saccharomyces cerevisiae* and its effects on produce formating during xylan utilization, Appl. Microbiol. Biotechnol., 48:218, 1997
29. Karhumaa, K., Fromanger, R., Hahn-Hägerdal, B., Gorwa-Grauslund, M. F., High activity of xylose reductase and xylitol dehydrogenase improves xylose fermentation by recombinants *Saccharomyces cerevisiae*, Appl. Microbiol. Biotechnol., 73:1039, 2007
30. Rizzi, M., Hawart, K., Bui-Thahn, N-A., Dellweg, H., A kinetic-study of the NAD^+-mxylitol dehydrogenase from the yeast Pichia pastoris, Ferment. Bioeng., 67: 25-30, 1989
31. Kuyper, M., Harhangi, H. R., Stave, A. K., Winkler, A. A., Jetten., M. S., de Latt, W. T., den Rider, J. J., Op den Camp, H. J., van Dijken, J. P., Pronk, J. T., High level functional expression of a fungal xylose isomerase: The key to efficient ethanolic fermentation of xylose by *Saccharomyces cerevisiae*, FEMS, Yeast Res., 4:69-78, 2003
32. Sarthy, A. V., McConaughy, B. L., Lobo, Z., Sundstrom, J. A., Furlong, C. E., Hall, B. D., Expression of the *Escherichia coli* xylose isomerase gene in *Saccharomyces cerevisiae*, Appl. Microbiol. Biotechnol., 53:1996-2000, 1987
33. Walfridsson, M., Bao, X., Anderlund, M., Lilius, G., Bulow, L., Hahn-Hägerdal, B., Ethanolic fermentation of xylose with *Saccharomyces cerevisiae* harboring the *Thermusthermophilus xylA* gene which expresses an active xylose(glucose) isomerase, Appl. Environ. Microbiol., 62:4648, 1996
34. Ho, N. W., Chen, Z., Brainard, A. P., Genetically engineered *Saccharomyces* yeast capable of effective cofermentation of glucose and xylose, Appl. Environ. Microbiol.,

64:1852, 1998

35. Ohta, K., Beall, D. S. Mejia, J. P., Shanmugam, K. T., Ingram, L. O., Metabolic engineering of Klebsilla oxytoca M5A1 for ethanol production from xylose and glucose, Appl. Environ. Microbiol., 57:2810-2815, 1991
36. Zhou, S., Ingram, L. O., Simultaneous saccharification and fermentation of amorphous cellulose to ethanol by recombinant *Klebsiella oxytoca* SZ21 without supplemental cellulase, Biotechnol. Lett., 23:1455-1462, 2001
37. Gregorg, W., Laura, J. and Ingram, L. O., The development of anologenic bacteria for fuel ethanol production, In: Wall, D. J., Harwood, C. S., Demain, A.(edi.), Bioenergy, ASM Press, pp. 129-138, 2008
38. Chen, C. S., Chan, E., Gong C. S., Chen, L. F., Prediction of bed height in a self-aggregating yeast ethanol tower fermenter, Appl. Biochem. Biotechnol., 28/29: 719-724, 1991
39. Zhang, M., Franden, M. A., Newman, M., McMillan, J., Finkelsten, M., Picataggio, S., Promising ethanologens for xylose fermentation, Appl. Biochem. Biotechnol., 51/52: 527-536, 1995
40. Krishnan, M. S., Ho, N. W. Y., Tsao, G. T., Fermentation kinetics of ethanol production from glucose and xylose by recombinant *Saccharomyces* 1400(PLNH33), Appl. Biochem. Biotechnol., 77-79:373-388, 1999
41. Gong, C. S., Cao, N. J., Tsao, G. T., Ethanol production from renewable resources, Adv. Biochem. Engin/Biotechnol., 108:208-239, 2007
42. Hogsett, D. A., Ahn, H. J., South, C. R., Lynd, L. R., Direct microbial conversion; prospects, progress, and obstacles, Appl. Biochem. Biotechnol., 34/35:527-541, 1992
43. KLapatch, T. R., Hogsett, D, A. L., Baskaran, S., Pal, S., Lynd, L. R., Organism development and charcterization for ethanol production using thermophillic bacteria, Appl. Biochem. Biotechnol., 45/46:209, 1994
44. Emert, G. H., Conversion of cellulose to chemicals including ethanol, In: Chahal, D. D.(edi.), Food, feed and fuel from biomass, Oxford and IBH, New Delhi, pp. 313-333, 1991
45. http://www1.eere.energy.gov/biomass.............2007.91.08
    Process description
46. http://www.journeytoforever.org/biofuel..........2007.06.27
    Wood ethanol report
47. Hamelinick, C. N., Hooijdonk, G., Faaij, A. Pc., Ethanol from ligocellulosic biomass: techno-economic performance in short-, middle- and long-term, Biomass & Bioenergy, 28:384-410, 2005

48. Wayman, M., Parekh, S. R., Biotechnology of biomass conversion, Chap. 9, pp. 127-141, Open Uni. Press, Milton Keynes, 1990
49. http://www.ces.purdue.edu/extmedia/AE-117.html........2010.08.29
Alchol distillation: Basic principles, equipment, performance relationships, and safety, Prude University Cooperative Extension Service West Lafayette, IN 47907

Chapter 04

부탄올 생산
Butanol Production

4.1 부탄올의 화학구조

부탄올(butanol)은 탄소 4개로 이루어진 알코올로 분자식은 $C_4H_{10}O$으로 일반적으로 용매, 화학합성 매체 또는 연료로 활용된다. 그림 7-21에서와 같이 일반적으로 부탄올은 직선상의 체인으로 이루어진 n-부탄올을 의미한다. 그러나 자연계에는 수산기의 위치와 마지막 탄소원자(terminal carbon)의 배열에 따라 3종의 부탄올 이성질체가 존재한다.

이러한 구조적인 차이 때문에 부탄올 이성질체들은 기본적인 화학적 성질에 차이를 나타낸다. 모든 알코올은 구조적으로 수산기가 부착되어 있으므로 극성을 띠며 물과 잘 섞이는 특성을 보인다. 그러나 탄소수가 많아지면 이들이 물에 대한 용해도를 저해시키는 역할을 한다. 메탄올이나 에탄올은 탄소수가 적어서 물에 완전하게 섞이지만 부탄올의 경우는 물에 다소 섞이는 경향을 보인다.

부탄올은 에탄올에 비해 대체연료로서 많은 장점을 지니고 있지만, 에탄올과는 달리 아직 기술적인 측면에서 보완해야 할 요소가 많아 대량생산 및 상업화 단계 까지는 많은 시간을 요할 것으로 보인다.

n-부탄올 1-부탄올	*sec*-부탄올 2-부탄올	*iso*-부탄올 2메틸-1-프로파놀	*tert*-부탄올 2메틸-2-프로파놀
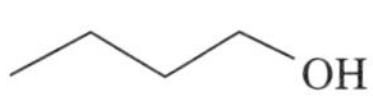	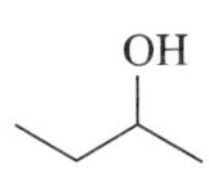	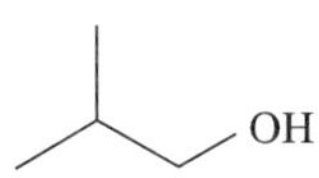	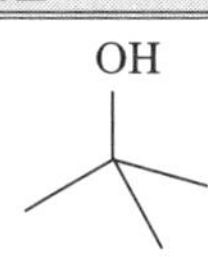

| 그림 7-21 | 부탄올 이성질체와 분자구조

4.2 부탄올의 연료특성

화석연료를 대체할 차세대 친환경 연료로서 부탄올은 현재 가장 널리 활용되고 있는 에탄올과 비교하여 부식성이 낮아서 기존의 가솔린용 파이프라인을 그대로 이용할 수 있는 장점을 보인다. 부탄올은 4개의 탄화수소 체인으로 이루어져 에탄올보다 비극성이어서 가솔린과 보다 잘 섞이며, 어떠한 차량 개조 없이 부탄올/가솔린 혼합유를 이용할 수 있으며, 혼합비율도 에탄올의 경우보다 훨씬 높일 수 있다. 표 7-17에 부탄올과 에탄올, 그리고 가솔린의 연료특성을 비교하였다[1]. 에너지밀도는 단위부피당 발열량으로서 부탄올은 29.2MJ/L로 가솔린(32 MJ/L)보다 약 10% 정도 낮지만 에탄올(19.6MJ/L)과 비교하여 약 50% 정도 효율적이다.

알코올류는 대기 중에서 부분적으로 산화되는 특성을 지니고 있기 때문에 엔진 등에서 연소될 때 가솔린에 대한 공기배합비율(air to fuel ratio)을 낮추어야 한다. 부탄올은 에너지 밀도와 이러한 공기배합비율이 가솔린과 유사하여 에탄올보다 많은 양을 혼합하여 사용할 수 있다. 비에너지(specific energy)는 공기배합비율을 감안하여 엔진이 발생하는 순수에너지(net energy)로서 부탄올이 에탄올과 가솔린보다 우수한 것으로 증명되었다.

표 7-17 ▸ 부탄올, 에탄올과 가솔린의 연료특성 비교

	에탄올	부탄올	가솔린
화학구조	C_2H_5OH	C_4H_9OH	–
에너지 밀도 (MJ/L)	19.6	29.2	32
연료에 대한 공기 비율	9.0	11.2	14.6
비에너지 (MJ/kg 공기)	3.0	3.2	2.9
기화열 (MJ/kg)	0.92	0.43	0.36
옥탄가 (MON)	102	78	81~89
옥탄가 (RON)	129	96	91~99
증기압 (psi@100F)	2	0.33	4.5
점도, 20°C (cSt)	1.52	3.64	0.4~0.8

일반적으로 엔진용 연료는 기화된 상태로 실린더에 분사되어 연소된다. 부탄올은 기화에 필요한 에너지는 약 0.43MJ/kg으로 에탄올의 절반 정도 수준이지만, 가솔린보다는 약간 높은 편이다. 반면, 부탄올은 에탄올과 가솔린에 비해 증기압(vapor pressure)이 각각 6배와 14배 이상 낮아 수송 등 취급상에서 안전하다. 일반적으로 탄화수소 체인이 길수록 점도가 높아지므로 부탄올은 에탄올이나 메탄올보다 높은 점도를 유지하며, 가솔린보다 훨씬 높아 고품질 디젤유(약 3cSt)와 비슷하다. 옥탄가(octane number)가 높은 연료는 노킹(knocking) 현상을 억제하여 엔진의 마모를 막아주고 에너지 효율을 높여준다. 각 연료들의 옥탄가를 비교해 보면, 에탄올이 가장 높은 옥탄가를 나타내며, 부탄올은 가솔린과 비슷한 수치를 나타낸다.

미국이나 브라질을 포함한 여러 나라에서 가솔린에 대한 에탄올의 배합에 관한 표준수치를 규정하여 시행되고 있는데, 가장 널리 통용되는 에탄올 배합비율은 약 5%에서 10% 범위에 있다. 가솔린/에탄올 혼합연료에 적용한 엔진의 특성을 고려하면 부탄올과 가솔린의 혼합비율은 에탄올보다 60%까지 상승하여 이론적으로 대략 8%에서 32% 범위까지 혼용이 가능한 것으로 나타난다. 그러나 위에서 언급한 부탄올의 에너지밀도, 점도특성과 기화열 등을 고려하면 가솔린/부탄올의 적정 혼합비율은 변할 수 있다.

4.3 부탄올 생산 공정

부탄올은 1950년대부터 미국에서 화석자원을 이용한 화학적인 공정으로 생산되기 시작하였다. 가장 널리 알려진 부탄올 생산공정은 프로펜(propene)을 하이드로포밀반응(hydroformylation reaction)에 의해 부탄알(butanal)로 변환시키고 이를 수소를 이용한 환원반응으로 부탄올을 획득하는 방식이다. 부탄올은 생물학적인 공정을 통해서도 생산이 가능한데, 이렇게 생산된 부탄올을 바이오부탄올(biobutanol)이라 부르기도 한다. 생물학적 공정을 통한 부탄올 생산에는 바이오에탄올과 마찬가지로 모든 곡물과 목초, 볏짚, 옥수수 대나 에너지 작물 등 셀룰로오스로 이루어진 모든 바이오매스가 이용될 수 있다. 유일하게 다른 점은 부탄올 생산을 위한 마지막 단계인 발효공정에 사용되는 미생물에 차이가 있을 뿐이다.

4.4 바이오매스로부터 바이오부탄올 생산

그림 7-22에서 보듯 바이오매스는 원료공급과 원료 가격 면에서 전분류나 곡류 등 다른 원료에 비해 매우 유리하여 앞으로 부탄올뿐만 아니라 다른 대체연료 생산에 널리 활용될 가능성이 높다. 바이오매스를 이용한 부탄올 생산은 기술적인 제한 때문에 아직 상용화 단계에 진입하지 못하고 있지만 부탄올 생산을 위한 여러 혁신적인 공정이 개발되고 있다.

에탄올 생산 공정에서 이미 언급했듯이 전분류나 곡류는 적절한 셀룰라아제 효소들의 작용에 의해 단당류로 전환되고 이들은 부탄올 발효용 박테리아에 의해 부탄올로 전환된다. 에탄올은 Sangi-hydroxyaptite라는 촉매를 이용한 탈수반응을 거쳐 부탄올로 전환된다. 단당류, 전분류나 곡류를 이용한 부탄올 생산 공정은 이미 개발이 완료되어 상용화에 근접한 단계에 있다. 바이오매스로부터 부탄올을 생산하는 공정은 현재 개발단계에 있다.

바이오매스의 주성분 중에서 글루코오스로 이루어진 셀룰로오스와 복합당류로 구성된 헤미셀룰로오스는 앞 장에서 언급한 효소들에 의해 단당류로 전환한 후에 직접 ABE(acetone-butanol-ethanol) 발효공정이나, 에탄올 발효 및 탈수반응을 통해 부탄올을 생산할 수 있다. 최근 영국의 “Green Biogic’s”사에서는 고온호기성 미생물을 이용하여 바이오매스를 가수분해하는 기술을 개발하였다. 고온호기성 미생물들은 생장속도가 빨라서 생산성이 높으며, 모든 바이오매스에 적용이 가능하며, 가수분해 효율과 비용이 적게 든다.

이러한 생물학적 부탄올 생산법과 동시에 고도의 기술력을 요하는 열화학적인 부탄올 생산 공정도 개발단계에 있다. 이러한 열화학적 공정은 가스화공정과 촉매반응으로 구성되는데, 바이오매스를 800 ~ 900°C에서 가스화하면 다양한 형태의 합성가스(syn-gas)가 생성되고, 이를 Fisher-Tropsch 합성 촉매나 MoS_2 촉매 및 기타 촉매를 이용하여 부탄올로 변환시키는 공정을 의미한다.

부탄올은 대체연료로서 많은 장점에도 불구하고 생산 공정상에 극복해야 할 많은 난제가 존재하고 있다. 첫째가 부탄올 발효공정에 이용하는 미생물은 낮은 농도의 부탄올 자체에 의해 활동의 저해를 받는 점이다. 따라서 저농도의 부탄올 발효액에서 부탄올을 획득하기 위한 증류과정에 많은 에너지가 소모된다. 또한 부탄올 발효 미생물은 전처리 단계인 바이오매스의 가수분해과정에서 생성된 저분자 화합물에 의해서도 활동의 저해를 받는다.

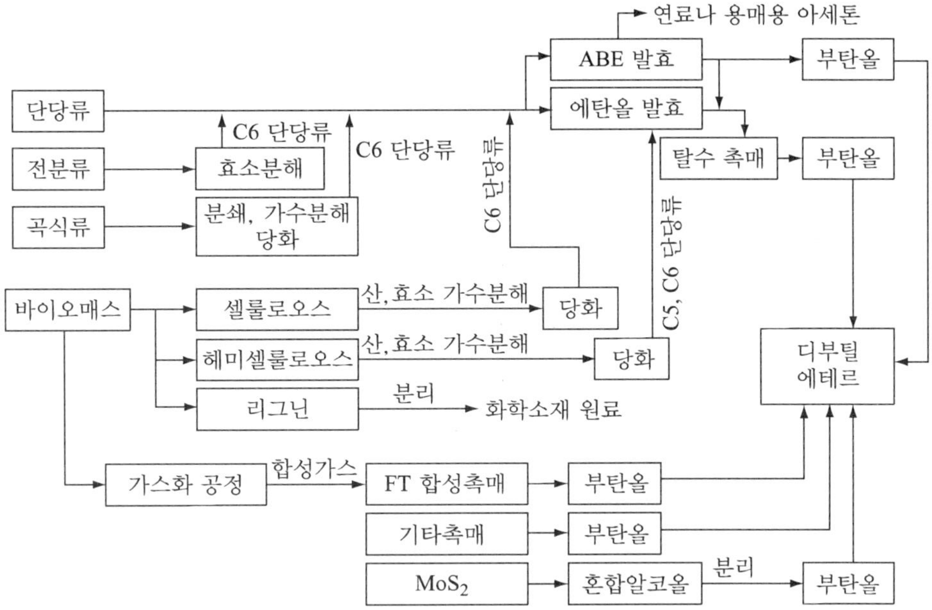

| 그림 7-22 | 바이오매스 원료에서 부탄올 생산 공정

4.5 생물학적 부탄올 발효공정

지구상에서 단당류 대사에 의해 부탄올을 생산하는 미생물들은 많이 존재하지만 바이쯔만 유기물(Weizmann Organism)이라 불리는 혐기성 박테리아인 *Clostridium acetobutylicum* [2,3]과 *Clostridium beijerinckii* [4]가 부탄올 발효에 주로 이용된다. *Clostridia* 속에 속하는 박테리아들은 발효과정에서 부탄올 외에 아세톤과 에탄올을 동시에 생산하기 때문에 이들에 의한 부탄올 발효공정을 ABE 발효공정(acetone-butanol-ethanol fermentation)라고 부르며, 이 과정에서 아세톤 : 부탄올 : 에탄올의 수율은 약 3 : 6 : 1로서 부탄올 수율이 가장 높다. 바이오매스로부터 부탄올을 생산하기 위한 혐기성 발효법에는 ABE 발효공정, 부틸레이트 발효공정, 그리고 이 두 방식을 혼합한 ABE-부틸레이트 발효공정이 있다. 본 절에서는 위의 세 가지 발효법의 특성에 대하여 살펴보기로 하겠다.

4.5.1 ABE 발효

4.5.1.1 대사 메커니즘

혐기성 박테리아인 *Clostridia* 류는 지구상의 광범위한 탄소원(글루코오스, 갈락토오스, 셀로비오스, 만노오스, 자일로오스, 아라비노오스)들을 이용하여 부탄올, 아세톤, 에탄올과 같은 용매로의 변환능력을 보유한 미생물(solventogenic microorganism)들이다. 이러한 용매변환능력 때문에 바이오매스로부터 부탄올을 생산하는 발효공정에서 *Clostridia* 류가 주목을 받고 있다. 그림 7-23은 전분질계 또는 셀룰로오스계 바이오매스로부터 바이오부탄올을 생산하는 전 과정을 보여준다. 우선 전분이나 셀룰로오스/헤미셀룰로오스 등 탄수화물 기반 다당류는 산이나 효소 등에 의해 글루코오스나 자일로오스 등과 같은 단당류로 가수분해되면 *Clostridia* 류의 체내 효소 분해시스템에 의해 아세톤, 부탄올, 에탄올로 변환된다. *Clostridia* 류의 발효시스템은 다시 용매생성과정(solventogensis)과 락테이트, 아세테이트, 부틸레이트 등 유기산을 생성하는 산 생성(acetogenesis) 과정으로 구분된다.

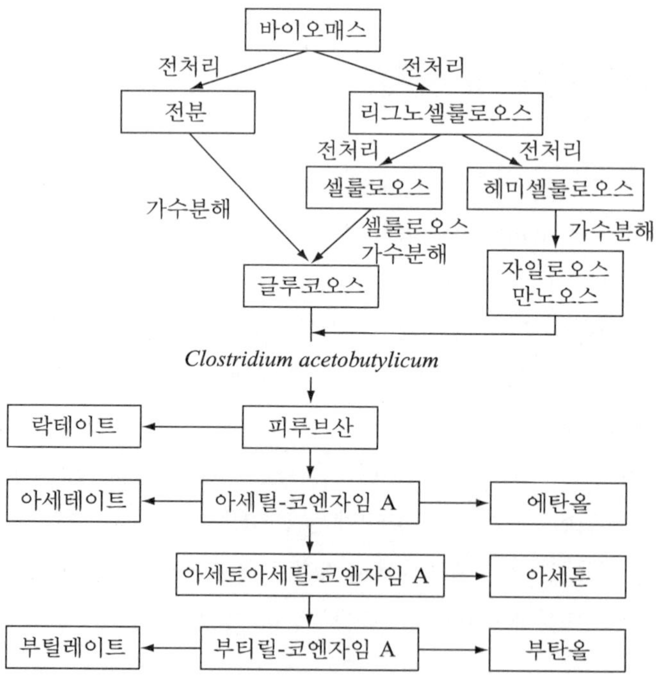

| 그림 7-23 | *Clostridia* 류 박테리아에 의한 바이오매스로부터 부탄올/에탄올/아세톤 생성 대사과정

먼저 전분이나 셀룰로오스/헤미셀룰로오스 등의 효소가수분해시스템을 살펴보면, 전분은 α-아밀라아제(amylase), α-글루코시다아제(glucosidase), β-아밀라아제, β-글루코시다아제, 풀루라아제(pullulase)와 아밀로풀루라아제(amylopullulase) 등과 같은 효소작용에 의해 글루코오스로 가수분해 되고, 셀룰로오스는 4-글루카노히드로라아제(glucanohydrolase, EG), 셀로비오히드로라아제(cellobiohydrolase, CBH1) 및 β-글루코시다아제(glucosidase) 등과 같은 셀룰로오스 가수분해효소에 의해 글루코오스 단당류로 분해된다. 헤미셀룰로오스(자일란)는 자일로오스 주체인을 분해하는 자일라나아제(xylanase)와 함께 α-아라비노후라노시다이제(rabinofuranosidase), α-갈락토시다이제(galactosidase), 페룰로일에스텔라아제(feruloylesterase)와 α-글루코시다아제 등 여러 복합효소들을 분비하여 헤미셀룰로오스의 다양한 측쇄 구조를 분해시킨다.

전분/셀룰로오스/헤미셀룰로오스 가수분해 시스템에 의해 생성된 주요 단당류들은 *Clostridia* 류의 체내로 흡수, 탄소원으로 활용되면서 아세테이트나 유기산 등으로 변환된다. 단당류 중에서 자일로오스/아라비노오스는 트랜스케톨라아제(transketolase-transaldolase)에 의해 프록토오스-6-인산(fructose-6-phosphate)으로 전환된 후에 Embden-Meyerhof Parnas(EMP) 경로에 의해 글리세르알데히드-3-인산(glyceraldehyde-3-phosphate)으로 분해된다. 반면, 글루코오스는 포스포트랜스페라아제 시스템(phosphphtransferase system, PTS)과 EMP 경로에 의해 피루브산(pyruvate)으로 변환된다. 생성된 피루브산은 계속해서 피루브산-페로독신 산화환원효소(pyruvate-ferrodoxin oxidoreductase)(3), 티올라아제(thiolase)(4)와 3-하이드록시부티릴-코엔자임A 탈수소효소(3-hydroxybutyryl-CoA dehydrogenase)(5)에 의해 연속적으로 아세틸-코엔자임A(acetyl-CoA), 아세토아세틸-코엔자임A(acetoacetyl-CoA)와 부티릴-코엔자임A(butyryl-CoA)로 변환된다. 이러한 중간생성물들은 용매생성과정(solventogenesis)에 관여하는 다양한 효소들, 즉 아세트알데히드((acetaldehyde), 탈수소효소/에탄올 탈수소효소(dehydrogenase/ethanol dehydrogenase)(7), 아세토아세틸-코엔자임A 전이효소/아세트아세테이트 탈수소효소(acetoacetyl-CoA transferase/acetoacetate decarboxylase)(8), 부티르알데히드 탈수소효소/부탄올 탈수소효소(butyraldehyde dehydrogenase/butanol dehydrogenase)(10)의 작용에 의해 에탄올/아세톤/부탄올로 변환된다. 한편으로 산 생성(acetogenesis)과정에 관여하는 다양한 효소들, 즉 인산 아세틸전이효소/아세테이트키나아제(phosphate acetyltransferase/acetate kinase(6), 인산 부틸전이효소/부틸레이트

키나아제(phosphate butyltransferase/butyrate kinase)(9)의 작용으로 락테이트, 아세테이트와 부틸레이트로도 변환된다.

4.5.1.2 ABE 발효 공정

혐기성 박테리아인 *Clostridia* 류를 이용한 부탄올 발효는 기질인 바이오매스 원료조성도 중요하지만 이와 함께 발효를 수행하는 방식, 즉 발효 프로세스도 발효효율에 커다란 영향을 미친다. 농업용 바이오매스로부터 부탄올을 생산하는 ABE 발효 프로세스로 세 가지 방식이 그림 7-24와 같이 제시되었다[4]. 첫 번째 방식(A)은 가수분해, 발효와 생산물 회수단계를 각각 분리하는 방식이고, 두 번째 방식(B)은 가수분해와 발효는 동일한 반응기에서 동시에 실시하되, 회수단계만 분리하는 방식이고, 세 번째 방식(C)은 가수분해, 발효, 회수를 모두 한 반응기에서 발효에 적합한 조건하에서 실시하는 방식을 의미한다. 첫 번째 방식은 각 단계마다 별개의 반응기가 필요하기 때문에 비경제적이기 때문에 주로 바이오매스를 이용한 ABE 발효공정은 두 번째나 세 번째 방식으로 실시된다.

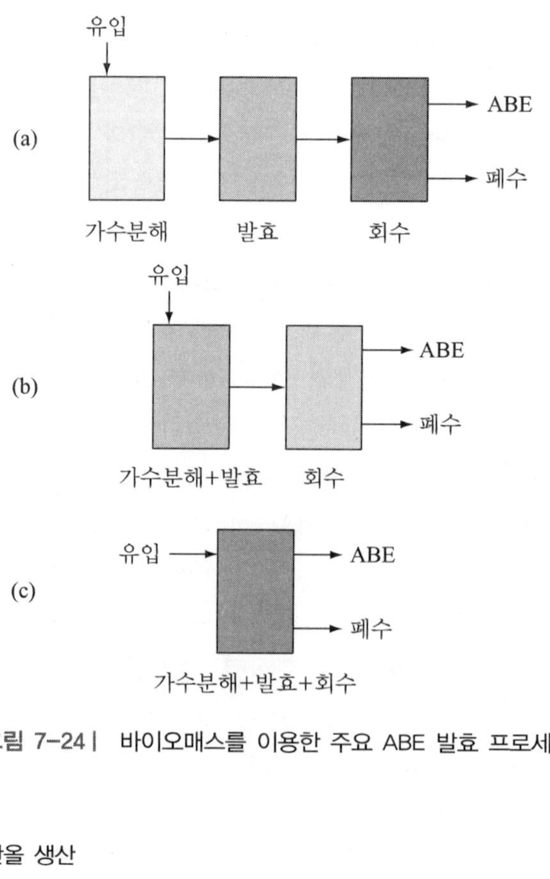

| 그림 7-24 | 바이오매스를 이용한 주요 ABE 발효 프로세스

4.5.1.3 *C. acetobutylicum*에 의한 단당류 발효특성

Clostridium acetobutylicum(P260)을 이용한 ABE 발효공정 동안 주요 단당류(글루코오스, 자일로오스, 갈락토오스, 아라비노오스)들의 발효특성을 표 7-18에 제시하였다[5]. 글루코오스, 자일로오스, 갈락토오스, 아라비노오스는 각각 72시간 동안의 발효과정에서 생산된 총 ABE(아세톤+부탄올+에탄올) 양은 대략 21.4, 11.1, 10.1과 15.2(g/L)로 글루코오스가 가장 발효에 적합하였다. 표에서 보듯이, 글루코오스는 *C. acetobutylicum*에 의한 ABE 발효과정에서 약 60% 이상이 발효과정에서 소모된 반면, 같은 육탄당인 갈락토오스는 32% 정도에 불과하였다. 발효 후 배양액 내의 박테리아 세포 농도는 글루코오스, 아라비노오스, 갈락토오스와 자일로오스 순으로 각각 2.50, 1.41, 1.88, 1.94(g/L)이었다. 즉, 발효과정에서 글루코오스는 다른 당류보다 박테리아의 증식 및 활동에 가장 적합한 탄소원임을 의미한다.

표 7-18 ▸ *C. acetobutylicum*에 의한 ABE 발효공정에서 주요 단당류의 발효특성 [5]

발효 파라미터	글루코오스	자일로오스	갈락토오스	아라비노오스
전 ABE(g/L)	21.37	11.12	10.09	15.18
전 산(acids)(g/L)	3.74	4.08	4.34	3.30
당 이용(g/L)	59.4	36.2	31.9	37.0
세포 농도(g/L)	2.50	1.41	1.88	1.94
ABE 생산성(g/L·h)	0.30	0.15	0.14	0.21

4.5.1.4 ABE 발효 영향인자

부탄올 발효에 영향을 미치는 주요 영향인자는 pH 수치(내부 pH와 외부 pH)와 발효과정에서 부산물로 생성되는 부틸레이트와 아세테이트 농도이다. 위에서 언급했듯이 혐기성 박테리아인 *Clostridia* 류는 부탄올 발효과정 동안 산 생성(acetogenesis) 과정에 의한 부틸레이트와 아세테이트 등 유기산의 생산으로 인하여 미생물 내부와 외부 배지가 산성으로 변한다. 박테리아 생장 배지의 pH는 약 5.9~4.3을 유지하는 반면, 박테리아 세포 내부의 pH는 약 0.9~1.3을 유지한다. 부탄올 생산을 극대화하기 위해서는 적절한 양의 부틸레이트와 아세테이트의 생산이 필수적이지만 이에 대한 적정 농도와 pH에 관한 논쟁은 아직 해결되지 않은 상태이다. 현재까지의 연구 결과에 의하면, 용매생성 과정에 가장 적합한 유기산 농도는 약 10mM로서 부틸레이트 농도 약 0.88g/L와 아세테이트 농도 약 0.6g/L로 나타났다[6,7]. 이 외에 발효공정온도, 비타민 농도와 배지조성 등이 부탄올 생산 능력에 영향을 미친다. *Clostridium acetobutylicum*의 경우 37°C가 적정온도이며, 비오틴(biotin)과 p-아미노벤조산(aminobenzoic acid, PABA)은 박테리아 생장을 유지하는 데 매우 중요한 비타민 성분이다.

*Clostridium acetobutylicum*는 발효에 의해 생산된 부탄올 자체에 의해서 생장저해를 받는다. 부탄올 발효액에 부탄올의 농도가 10g/L를 넘어서면 박테리아 세포의 생장이 억제되기 시작하여 발효효율이 크게 떨어진다. 따라서 발효액의 부탄올 농도는 최소 13g/L 미만으로 유지해야 한다.

이와 함께 ABE 발효에 영향을 미치는 요인으로 바이오매스의 가수분해 단계에서 발생하는 부산물들을 들 수 있다. 이들은 크게 세 그룹으로 구분되는데, 첫째가 헤미셀룰로오스의 가수분해 과정에서 유래하는 부산물, 즉 초산, 우론산, p-쿠마르산(coumaric acid)과 페룰산(ferulic acid) 등을 들 수 있다. 실험적 결과에 의하면 p-쿠마르산과 페룰산은 발효공정에서 이들의 농도가 약 0.3g/L를 초과하면 발효 저해인자로 작용한다. 두 번째 그룹은 단당류에서 유래하는 저분자 산물인 푸르푸럴(furfural), 하이드록시메틸 푸르푸럴(hydroxymethyl furfural, HMF)과 레블린산(levulinic acid) 등이며, 마지막으로 리그닌 분해산물인 바닐린/시링알데히드(vanillin/syringaldehyde)나 바닐린산/시링산(vanillic acid/syringic acid) 등인데, 이들은 바이오매스의 전처리 과정에서 불가피하게 발생하는 발효억제인자로 이들의 생성을 억제하기란 쉽지 않다.

표 7-19에는 *C. abeijerinckii BA101*를 이용한 ABE 발효공정에서 바이오매스로부터 생성되는 부산물들에 대한 발효저해 농도와 세포 농도 및 ABE 수율을 제시하였다[7]. 표에서 보듯이 어떤 발효저해 화합물은 세포의 생장에는 독성을 미치지만, ABE 수율에는 영향을 미치지 않는다. 이와 반대로 페룰산과 같은 저해인자는 0.3g/L 농도에서 박테리아 세포에 치명적인 독성을 나타내어 세포 생장을 억제할 뿐만 아니라 ABE 수율에도 커다란 영향을 미친다.

표 7-19 ▸ *C. abeijerinckii BA101*를 이용한ABE 발효공정에 미치는 바이오매스 유래 발효저해 화합물 및 세포농도와 ABE 수율[8]

화합물	저해물질 농도와 ABE 수율		
	저해물질 농도 (g/L)	세포 농도 (g/L)[1)]	ABE 수율 (g/g)
대조구	0.0	2.25	0.39
푸르푸럴	2.0	2.45	0.40
하이드록시메틸 푸르푸럴	1.0	2.55	0.43
글루쿠론산	0.5	2.24	0.41
p-쿠마르산	0.3	2.08	0.38
시링그알데히드	0.3	2.21	0.10
페놀	0.3	2.20	0.42
페룰산	0.3	0.91	ND

주. ND: ABE 수율이 미량으로 측정 불가능
1) 제시된 발효언제인자의 농도에서 측정한 최대 세포농도

4.5.2 부틸레이트 발효공정

*Clostridium tyrobutyricum*은 막대모양의 포자를 형성하는 혐기성 박테리아로 *Clostridium acetobutylicum*과는 달리 산발성(acidogenic) 박테리아로 분류되어 단당류 등 바이오매스의 발효과정에서 주로 부틸레이트와 아세테이트를 생산한다. 부틸레이트는 화학, 식품, 의약 등 광범위한 분야에서 활용되기 때문에 *C. tyrobutyricum*를 이용하여 농업 바이오매스나 폐기물에서 부틸레이트를 생산하는 발효공정에 많은 관심이 모아지고 있다.

*Clostridium tyrobutyricum*에 의한 글루코오스의 대사과정을 살펴보면그림 7-25, 최종산물인 부틸레이트와 아세테이트의 생성과정에서 아세틸-코엔자임A와 부티릴-코엔자임A는 가장 중요한 중간단계 물질이다. 이러한 코엔자임A(Co-A) 중간단계 물질로부터 인산아세틸기 전이효소(phosphotransacetylase, PTA)와 인산부티릴기 전이효소(phosphotransbutyrylase, PTB)의 작용으로 아세틸인산(acetyl phosphate)과 부틸인산(butyryl phosphate)이 생성되고, 다시 아세테이트 키나제(acetate kinase, AK)와 부틸레이트 키나제(butyrate kinase, BK)에 의해 최종적으로 아세테이트와 부틸레이트가 생성된다. 이러한 부틸레이트/아세테이트 발효과정에서 부산물로 이산화탄소, 수소와 락테이트가 발생한다.

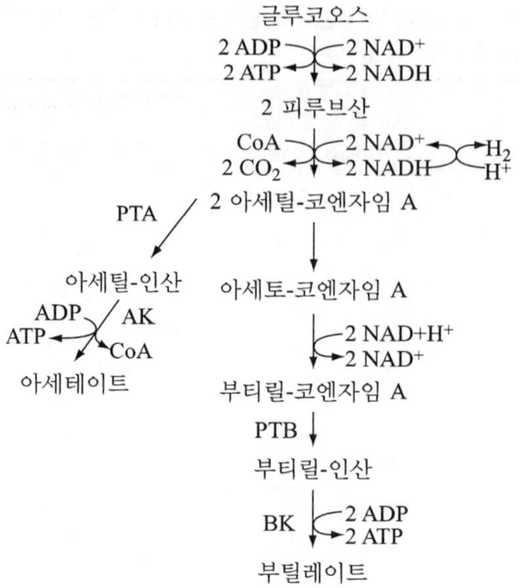

| 그림 7-25 | *Clostridium tyrobutyricum*에 의한 글루코오스의 부틸레이트/아세테이트 발효

표 7-20은 3종의 산발성 박테리아를 다양한 발효조건하에서 수행하여 획득한 부틸산 발효 결과들을 제시하였다. 부탄올 발효와 마찬가지로 부틸산 발효공정에도 낮은 세포농도, 낮은 발효효율과 발효 속도 등과 같은 제약으로 인하여 아직 상용화 단계에는 이르지 못하고 있다. 따라서 이러한 제약 요소들을 개선할 목적으로 다양한 발효법이나 발효장치들이 개발되고 있다. 이 중에서 면직물이나 폴리에스터로 제조한 막에 박테리아 세포를 고정시키는 세포 고정형 바이오-발효 반응기(fibrous bed bioreactor)의 개발에 의해 부탄올/부틸산 발효효율 및 발효수율을 높일 수 있었다.

표 7-20 ▸ 부틸레이트 발효공정에 따른 부틸산 농도와 수율 비교 (다음 페이지에 계속)

발효 조건	최종 부틸레이트 농도 (g/L)	부틸레이트 수율 (g/g)	생산성 (g/L·h)	문 헌
C. butyricum; 비연속발효	7.3	0.24	0.24	9
C. butyricum; 비연속발효	45	0.45	0.9	10
C. tyrobutyricum; 비연속발효	44	0.38	0.59	11
C. tyrobutyricum; 반연속 발효	42.5	0.36	0.82	11
C. tyrobutyricum; 반연속 발효 (고정화 세포)	43.4	0.42	6.77	12

표 7-20 ▸ 부틸레이트 발효공정에 따른 부틸산 농도와 수율 비교

발효 조건	최종 부틸레이트 농도 (g/L)	부틸레이트 수율 (g/g)	생산성 (g/L·h)	문 헌
C. tyrobutyricum; 비연속발효	62.8	0.45	1.25	13
C. thermobutyricum; 연속배양 (로터리 발효조)	18.4	–	2.54	15
C. tyrobutyricum; 연속배양(저농도)	16.8	0.35	1.68	15
C. tyrobutyricum; 세포를 회수하며 연속배양	33.0	0.41	5.3	16
C. butyricum; 추출발효 (Hostarex A327/oleyl alcohol)	11	0.36	0.35	9
C. butyricum; pertractive 발효 (Hostarex A327/oleyl alcohol)	20	0.3	0.21	9
C. tyrobutyricum; pertractive 발효 (고정화 세포와 Alamine336/oleyl alcohol)	301	0.45	7.37	12

따라서 부틸레이트 발효공정의 경제성 제고를 위해 분자생물학적 기술을 도입하여 아세테이트 생성과 관련된 효소, 즉 PTA와 AK 효소 생성을 조절하는 유전자의 발현을 억제함으로써 이들의 수율을 최소화하고 반대로 부틸레이트의 수율을 극대화하려는 연구에 초점이 맞추어져 있다. 이와 함께 *Clostridium tyrobutyricum*에 의한 발효과정에서 부틸레이트의 선택적 생성에 영향을 미치는 실험적 인자로는 세포생장속도, 글루코오스 농도 및 공급방식과 수소압력을 들 수 있다.

바이오발효기에 의한 부틸산과 아세테이트는 글루코오스 1mol 당 각각 약 0.9mol과 0.27mol 정도 생산되지만[17], 발효과정에서 분자생물학적으로 아세테이트의 생성을 완전히 억제시키면 부틸산 수율은 글루코오스(1mol)로부터 최소한 1mol 이상, 자일로오스(1mol)로부터 0.83mol 이상으로 높아질 수 있다.

4.5.3 ABE-부틸레이트 복합발효

실험적으로 기존의 *Clostridium acetobutylicum*를 이용한 ABE 발효공정에 글루코오스와 함께 부틸산을 또 다른 기질로 첨가한 결과, 용매생성 과정이 우세하게 일어나 부탄올 발효효율이 기존의 ABE 발효보다 향상되어 4.6g/L/h로 증가했으며, 부탄올 수율도 0.42g (2.2갤런/부셸 옥수수무게 vs. 1.29갤런/부셸 옥수수무게까지 향상되었다.

이러한 실험결과를 바탕으로 지금까지 부탄올 발효공정의 취약점으로 제시되

어 온 낮은 발효효율을 상승시키기 위해 *Clostridium tyrobutyricum*에 의한 부틸레이트 발효공정을 *Clostridium acetobutylicum*에 의한 ABE 발효공정 전에 배치하는 두 단계 연속 부탄올 발효 프로세스인 ABE-부틸레이트 복합발효공정이 개발되었다(그림 7-26).

이러한 방식은 부틸레이트 발효공정에서 생산된 부틸산을 부탄올 발효공정인 ABE 발효공정에 글루코오스와 함께 투여하여 부탄올 발효효율과 부탄올 수율을 극대화하는데 목적이 있다. 실제로 ABE-부틸레이트 복합발효공정에 의해 보다 많은 글루코오스들이 부탄올 생산용으로 활용되었으며, 부탄올 수율도 40% 이상 증가하였다. 또한 ABE-부틸레이트 복합발효공정에서 각 반응기마다 박테리아의 활동에 가장 적합한 pH와 온도조건을 조성해 줌으로서 부틸산과 부탄올의 생산성을 높여줄 수 있다.

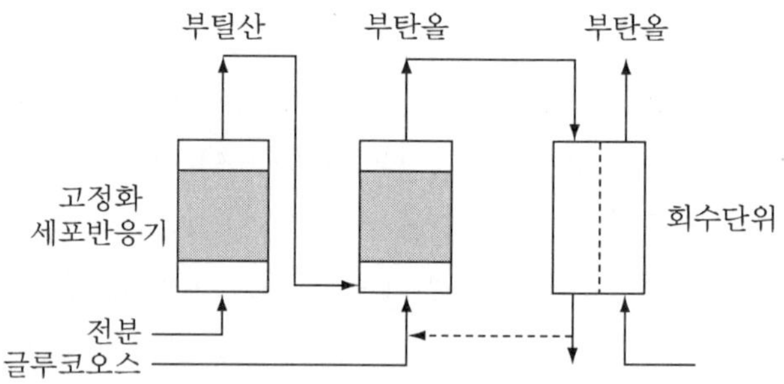

| 그림 7-26 | ABE-부틸레이트 복합발효공정에 의한 전분/글루코오스로부터 부탄올 생산공정 모식도

4.6 세포 고정형 바이오 발효반응기(Cell immobilized fibrous bed bioreactor)

혐기성 박테리아를 이용한 주요 단당류들의 부탄올/부틸산 발효는 유동 박테리아 세포를 이용하는 발효기(free cell fermentation)를 이용하는 고전적인 방법과 함께 최근 들어 박테리아 세포를 면직물이나 폴리에스터 원료의 섬유상 매트릭스에 고정시켜 이용하는 바이오발효기(immobilized cell fibrous bed bioreactor, FBB)가 개발되었다. 위에서 언급한 고전적인 발효기는 낮은 박테리아 세포농도, 반응기의 생산성 저하 및 낮은 부탄올/부틸산 수율 등 많은 문제점들이 발견되어 이를 극복할 방안으로 박테리아 세포를 면직물이나 폴리에스터의 섬유상 매트릭스에 고정시켜 발효에 활용하는 새로운 양식의 발효반응기가 개발되었다(그림 7-27). 이렇게 세포를 매트릭스에 고정시키면 세포 농도를 높여줄 수 있어 발효기의 반응효율과 함께 최종 부탄올/부틸산 농도를 증가시킬 수 있는 장점이 있다. 바이오발효기는 판상의 매트릭스를 말아서 원통형의 반응기에 삽입하고 탄소원을 함유한 배양액을 넣어준 후에 pH를 맞추고 동일한 배양액을 유량조절펌프로 일정하게 흘려준다. 반응기 내의 혐기성 조건을 유지하기 위해 질소가스도 함께 흘려준다. 이러한 과정을 일정 시간 동안 지속한 후에 박테리아 세포를 면직물에 접종시키기 위해 반응기에 주입시키고 세포 생장 및 적정 세포밀도와 면직물에 대한 고정을 유도하기 위해 2 ~ 3일 동안 동일한 배양액을 흘려주어야 한다.

박테리아 세포가 섬유질 매트릭스에 고정되는 과정은 크게 세 단계로 구분되는데, 첫 단계는 박테리아 세포의 매트릭스로 이동, 두 번째 단계는 박테리아 세

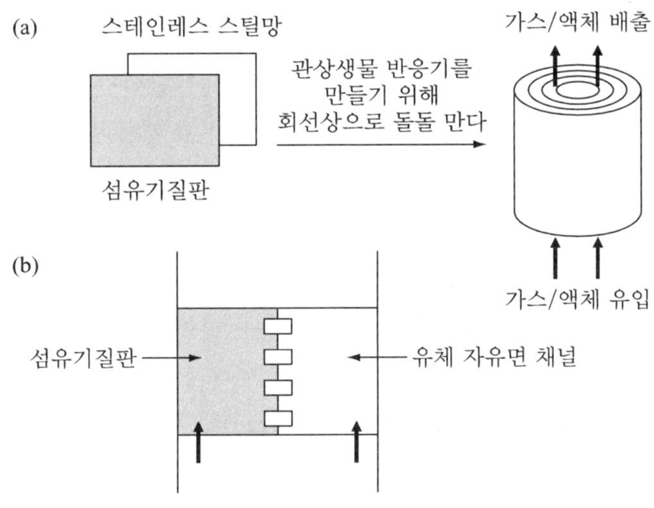

| 그림 7-27 | 세포 고정형 바이오 발효기(cell immobilized fibrous bed bioreactor; b)에 사용되는 섬유상 매트릭스 구조(a)

포의 매트릭스 점착, 세 번째 단계는 매트릭스 표면에 콜로니 형성이다. 이 과정에서 두 번째 단계인 박테리아 세포 점착이 세포 고정 매트릭스를 형성하는데 가장 중요한 단계이다. 박테리아 세포는 면직물이나 폴리에스터 섬유와는 화학적으로 아무런 반응성을 띠지 않으며, 단지 정전기적 상호작용(electrostatic interaction), 반데르발스의 힘(van der Walls forces), 쌍극자 상호작용(dipole interaction)과 소수성 상호작용(hydrophobic interaction) 등과 같은 작용에 의해 점착이 이루어진다.

4.7 부탄올 분리·회수공정

Clostridia 류 박테리아를 이용하는 바이오매스의 발효에서 부탄올/부틸산은 발효공정의 최종 산물임에도 불구하고 발효가 진행되면서 이들의 농도는 높아지고 이는 박테리아의 생장 및 발효효율을 억해하는 인자로 작용한다. 따라서 발효기에서 생성된 부탄올/부틸산을 효과적으로 분리·회수하는 공정은 전체적인 발효과정에서 매우 중요한 과정이다. 발효 생성물인 부탄올/부틸산을 분리·회수방법에는 흡착법(adsorption), 가스 방출(gas stripping), 투석증발(pervaporation), 용매-용매 추출법(liquid-liquid extraction), 역삼투압법(reverse osmosis)과 투과추출(perstraction) 등이 있다.

4.7.1 탈기

이 방법은 ABE 발효공정 동안 발생하는 가스(이산화탄소와 수소)를 부탄올/에탄올/아세톤 회수에 이용하는 방법이다. ABE 발효과정 동안 발효기에서는 계속해서 가스가 끓어오르는데, 이들은 발효 생성물인 부탄올/에탄올/아세톤을 함유하게 되고, 이를 연속적으로 냉각장치로 이송하여 냉각시키면 가스와 함께 이송된 부탄올/에탄올/아세톤은 응축되어 회수할 수 있다. 냉각장치를 통과한 가스는 다시 발효기로 보내주어 배양액으로부터 부탄올/에탄올/아세톤을 함유한 가스 성분과 혼합되어 다시 냉각장치로 보내진다. 이러한 과정은 배양액 내에 탄소원인 글루코오스가 모두 소모되어 발효가 종료될 때까지 지속된다.

4.7.2 용매-용매 추출법

이 방법은 ABE 용매분리효율과 발효공정에 통합하여 수행하기가 편리하여 가장 널리 이용되는 방법이다. 일반적으로 물에 섞이지 않는 용매를 발효액에 첨가하면 첨가해준 용매와 발효액 사이에 상분리가 일어나고 ABE 용매는 발효액에서 유기용매 층으로 이동하여 발효액과 분리가 일어난다. 이러한 용매-용매 추출법은 발효액으로부터 영양분이나 다른 발효기질의 손실 없이 ABE 용매만 분리할 수 있다는 장점이 있다. 이 방법에 사용되는 용매로는 주로 올레일(oleyl)알코올과 폴리프로필렌글라이콜(polypropylene glycol)이 적합하다.

4.7.3 투과추출

투과추출법은 용매-용매 추출 방법에서 나타난 문제점, 즉 용매에 의한 세포독성이나 추출용매의 손실 및 추출용매와 배양액의 경계부분에 형성된 에멀션이나 세포들이 집중되는 현상을 해결하기 위해 개발된 방법이다. 이 방법은 서로 섞이지 않는 수용성 발효액과 추출 유기용매 사이에 막을 사이로 서로 분리된 상태로 존재하여 두 상이 서로 직접 접촉하지 않으므로 용매-용매 추출법에서 나타난 문제점을 해결할 수 있다. 이러한 분리법에서는 단지 부탄올만 확산(diffusion)에 의해 막을 통과하여 수용성 발효액에서 유기용매 상으로 이동하고 다른 생성물이나 발효 배양성분들은 수용성 발효액 층에 그대로 남게 된다.

4.7.4 투석증발

투석증발법은 막(membrane)을 이용하여 발효액 중에서 휘발성 유기성분만을 선택적으로 분리하는 방법을 의미한다. 발효액 상층에 막을 덮고 휘발성 유기성분만이 증기 상으로 확산에 의해 분리되고 이를 다시 응축시켜 유기성분을 획득할 수 있다. 따라서 투석증발법은 발효액에서 분리할 액상의 유기성분을 증기 상으로 변화시킬 충분한 에너지가 요구된다. 용매-확산법이라 불리는 투석증발법의 효율성은 막을 투과하는 동안 용매의 선택성(selectivity)과 막 단위 면적당 용매 투과 속도인 플럭스(flux)로 평가된다.

참고문헌

1. www.europeanenergyfair.com/download_06/session4_Gunter-Festel.pdf 2000.10.10, European Energy Venture Fair 2006, Plenary Session IV: 2nd generation bioenergy & biofuels, Rueschlikon, Sep. 12, 2006
2. Qureshi, N., Saha, B. C., Cotta, M. A., Butanol production from wheat straw by simultaneous saccharification and fermentation using *Clostridium beijerinckii*: Part II—Fed-batch fermentation, Biomass and Bioenergy, 32:176-183, 2008
3. Ennis, B. M., Gultierrez, N. A., Maddox, I. S., The acetone-butanolethanol fermentation: a current assessment, Process Biochem., 21:131-147, 1986
4. Formanek, J., Mackie, R., Blaschek, H. P., Enhanced butanol production by Clostridium beijerinckii BA 101 grown in semidefined P2 medium containing 6 percent maltodextrin or glucose, Appl. Environ. Microbiol., 63:2306-2310, 1997

5. Qureshi, N., Li, X. L., Hughes, S., Saha, B. C., Cotta, M. A., Butanol production from corn fiber xylan using *Clostridium acetobutylicum,* Biotechnol. Prog. 22:673-680, 2006
6. Gottschalk, J. C., Morris, J. C., The induction of acetone and butanol production in cultures *Clostridium acetobutylicum* by elevated concentrations of acetate and butyrate, FEMS Microb. Letters., 12:385-389, 1981
7. Terracciano, J. S., Kashket, E. R., Intercellular conditions required for initiation of solvent production by *Clostridium acetobutylicum*, Appl. Environ. Microbiol., 52: 86-91, 1986
8. Ezeji, T., Qureshi, N., Blaschek, H. P., Butanol production from agricultural residues: Impact of degradation products on *Clostridium beijerinckii* growth and butanol fermentation, Biotechnol. Bioeng., 97:1460-1469, 2007
9. Zigova, J., Sturdik,E. Vandak, D., S. Schlosser, S., Butyric acid production by *Clostridium butyricum* with integrated extraction and pertraction, Proc. Biochem., 34: 835-843, 1999
10. Vandak, D., Telgarsky, M., Sturdik, E., fluence of growth factor components on butyrate production from sucrose by *Clostridium butyricum*, Folia Microbiol., 40: 669-672, 1995
11. Michel-Savin, D., Marchal, R., Vandecasteele, J, P., Control of the selectivity of butyric acid production and improvement of fermentation performance with Clostridium tyrobutyricum, Appl. Microbiol. Biotechnol., 32:387-392, 1990a
12. Wu, Z., Yang, S. T., Extractive fermentation for butyric acid production from glucose by *Clostridium tyrobutyricum*, Biotechnol. Bioeng., 82:93-102, 2003
13. Fayolle, F., Marchal, R., Ballerini, D., Effect of controlled substrate feeding on butyric acid production by *Clostridium tyrobutyricum*, J. Indust. Microbiol., 6:179-183, 1990
14. Canganella, F., Wiegel, J., Continuous cultivation of *Clostridium thermobutyricum* in a rotary fermentation system. J. Membr. Sci., 75:131-149, 2000
15. Michel-Savin, D., Marchal, R., Vandecasteele, J, P., Butyrate production in continuous culture of *Clostridium tyrobutyricum*: Effect of endproduct inhibition, Appl. Microbiol. Biotechnol., 33:127-131 1990b
16. Michel-Savin, D., Marchal, R., Vandecasteele, J, P., Butyric fermentation: Metabolic behavior and production performance of *Clostridium tyrobutyricum* in a continuous culture with cell recycle, Appl. Microbiol. Biotechnol., 34:172-177, 1990c
17. Zhu, Y., Yang, S. T., Adapation of *Clostridium tyrobutyricum* for enhanced tolerance to butyric acid in a fibrous-bed bioreactor, Biotech. Prog. 19. 365-372, 2003

Chapter 05

메탄 생산

Methane Production

바이오매스로부터 생산할 수 있는 바이오가스(biogas) 종류는 여러 가지가 있으나 여기서는 메탄가스(methane gas)와 수소가스(hydrogen gas)에 국한한다. 또한 지하 매립지(land fill)에서 나오는 바이오가스는 제외한다.

메탄 발효는 여러 형태의 고분자 화합물이 혐기적 조건에서 다양한 생물공학적 방법에 의해 메탄(CH_4)과 이산화탄소로 전환하는 것이다. 이 과정은 산 발효, 가스 발효 등 여러 단계의 분해과정을 거쳐 이루어진다. 메탄 발효는 공해감소를 위한 효과적인 방법이며 또한 연료가스로서 화석연료를 절약할 수 있는 경제적인 이익도 제공한다. 더불어서 농업 폐잔재 및 도시폐기물을 처리하는 등 유기폐기물의 안정화도 기할 수 있다. 최근 생물공학의 발전과 새로운 발효장치의 개발은, 이 분야의 많은 발전을 가져올 것이다. 여기서는 메탄가스의 특성과 이용, 그리고 메탄가스 생산 방법 및 바이오메탄화 기술에 관하여 간단히 기술하고자 한다.

5.1 메탄가스의 특성

바이오가스(메탄가스)는 메탄과 이산화탄소의 혼합물로서 메탄 함유량은 50 ~ 80%, 이산화탄소는 15 ~ 45%, 물은 5% 그리고 황화수소(H_2S)를 미량 포함하고 있다[1,2].

바이오가스의 열량은 표 7-21에서와 같이 다른 연료에 비하여 낮은데 이러한 이유는 CO_2함량에 기인한다. CO_2함량이 높으면 상대적으로 메탄 함량이 낮고 이에 따라 전체 에너지량도 낮아진다[1,2].

표 7-21 ▶ 메탄 비율에 따른 바이오가스 및 기타 연료와의 열량 비교

	CH_4 함량	CO_2 함량	저위 열량	
	(% 부피)		MJ/kg	MJ/l
	50	50	13.4	17.9
바이오가스	65	35	20.3	23.3
	80	20	29.9	28.7
메 탄	100	0	50.0	35.9
석 유	–	–	45.0	33.3
가솔린	–	–	42.1	34.5

메탄은 메탄화 과정 중의 온도에서 가스 상태를 유지하며 물에 극히 적게 용해된다. 따라서 메탄가스는 발효 혼합용액에서 순간적으로 빠져나가므로 회수를 위해 에탄올처럼 특수한 장비는 필요 없다. 메탄가스(60% 메탄함유)는 1bar(100kpa) 압력에서 35°C의 물에 10mg/l 용해한다. 순수 메탄가스의 녹는점은 −82.1°C이며 그 이상의 온도에서 액화할 수 없다[1].

5.2 메탄가스 생산

국내에서 메탄가스의 경제적 생산은 독일과 일본의 경우에서 보는 바와 같이 축산분뇨 또는 축산분뇨와 바이오매스의 혼합을 원료로 할 경우에만 가능하다고 본다. 독일의 경우 2007년 메탄 생산량은 220억4천 kWh/년 전력으로서 이 중에 51%가 분뇨와 바이오매스의 혐기소화에 의한 생산이다[3]. 돼지 1천두가 분뇨 8.6t/일을 배설하며, 이 양은 메탄가스 120.4m^3에 해당한다. 전력으로 계산하면 연간 161.5MWh/년(발전효율 0.75의 경우)이다. 국내 돼지 사육 두수는 890만 두(2005년)이므로 이들로부터 얻어진 돼지분뇨로 전력을 생산할 경우 1,437GWh/년에 상당한다. 바이오가스 생산을 최대화하려면 사육 두수의 규모화, 혐기소화 후 부산물인 퇴비의 소비 활성화 및 생산기술의 지원 등이 우선적으로 해결되어야 할 것이다[4]. 표 7-22는 몇 가지 농산물 잔재의 바이오가스 수율과 메탄 함량을 나타내고 있다[5].

표 7-22 ▸ 농산물 잔재로부터 바이오가스 수율과 메탄 함량

원 료	총 고형물 (% DS)[1]	휘발성고형분 (% DS)	체류기간 (일)	바이오가스 수율[2] (m^3/kg VS)	메탄수율 (%)
돼지 분뇨	3~1[3]	70~80	20~40	0.25~0.20	70~80
우 분	5~12[3]	75~85	20~30	0.20~0.30	55~75
계 분	10~30[3]	70~80	<30	0.35~0.60	60~80
장 유	1~5	80~95	3~10	0.80~0.95	60~80[5]
나무 잎	80	90	8~20	0.10~0.30[4]	–[6]
짚	70	90	10~50[4]	0.35~0.45[4]	–[6]
정원 폐기물	60~70	90	8~30	0.20~0.50	–[6]
초본사이리지	15~25	90	10	0.56	–[6]
과일 폐기물	15~20	75	8~20	0.25~0.50	–[6]
음식물쓰레기	10	85	10~20	0.50~0.60	70~80

주. [1] dissolved solids, 용존물질, [2] 발효 기간에 의존, [3] 농도에 의존,
[4] 건조율에 의존, [5] 입자 크기에 의존, [6] 이용 가치 적음.

본 절에서는 실제 메탄가스 생산 과정보다는 이론적인 면을 주로 설명하고자 한다. 메탄가스 생산에는 수많은 미생물들이 관여하는 아주 복잡한 과정이다. 그러나 일반적으로 4단계로 설명할 수 있다.

(1) 용해화(solubilization) – 가수분해(hydrolysis)
(2) 산 발효(acidogenesis) – 발효(fermentation)
(3) 아세트화(acetogenesis)와 탈수소화(dehydrogenation)
(4) 메탄가스화(methanogenesis)

1) 제 1단계: 가수분해

메탄가스 생산 원료로는 모든 바이오매스 자원이 가능하다. 바이오매스를 구성하고 있는 지질, 단백질, 탄수화물과 같은 고분자물질이 미생물들이 분비하는 가수분해 효소, 즉 리파아제(lipases), 프로테아제(protease), 셀룰라아제, 아밀라아제 등에 의해 그림 7-28에서와 같이 저분자 물질, 아미노산, 펩티드, 단당, 고급 지방산 및 글리세롤로 분해된다. 지질은 *Clostridia* 등에서 분비하는 리파아제에 의해 긴 쇄상 지방산으로, 단백질은 *Bacteriodes*, *Butyrivibrio*, *Clostridium*, *Fusobacterium*, *Selenomonas, Streptococcus, Lactobacillus* 및 *Bifidobacterium*가 분비하는 프로테

아제에 의해 아미노산과 펩티드로 분해된다. 탄수화물의 셀룰로오스는 셀룰라아제에, 전분은 아밀라제에, 펙틴은 펙틴아제에 의해 각각 단당류로 가수분해 한다. 자일란도 이미 언급한 자일라나아제에 의해서 분해된다[1,6,7].

이 분해 과정은 시료의 종류, 크기 및 전처리 방법에 따라 크게 영향을 받는다. 즉, 단위 발효조에 원료 투여량 및 처리 기간에 따라 차이가 생긴다. 짚의 경우 건물 1kg/m^3 · 일이 12 ~ 20일 내에 분해되며, 녹초는 건물 3 ~ 5kg/m^3 · 일이 10 ~ 12일, 그리고 전분도 영향을 받으나 5 ~ 7일이면 충분하게 가수분해가 일어난다[1].

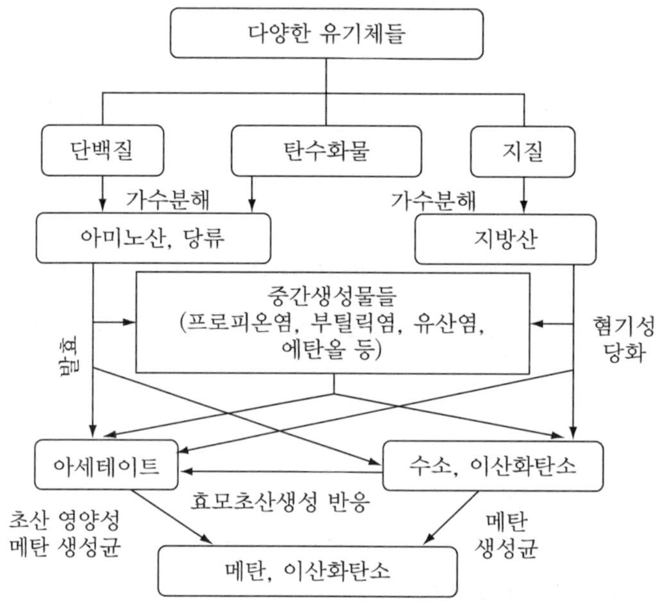

| 그림 7-28 | 유기물의 혐기성 소화에서 전환 단계

2) 제 2단계: 산 발효(유기산 생성) [1,6,9]

이 과정은 모든 단계의 동시 다발적인 반응으로서 1 단계에서 가수분해된 아미노산과 지방산 등이 저분자화한 후에 발효 과정을 거쳐서 분해한다. 즉, 단백질과 펩타이드는 *Clostridia* 같은 발효성 박테리아에 의해서 휘발성 지방산, CO_2, H_2, NH_4^+ S^{2-}로 발효된다. 긴 쇄상 지방산은 산화반응에 의해 아세틸 조효소(acetyl CoA)로 분해한다. 가수분해된 당인 육탄당과 오탄당은 일반적으로 C_2와 C_3 중간 생성체로 전환되고 기존 경로에 따라 환원된 전자 수용체(NADH)로 전환한다. 대부분의 혐기성 박테리아는 EMP경로를 따라 피루브산(pyruvate)을 생산하는 육탄당 대사를 진행한다. 이렇게 생성된 피루브산과 NADH는 다른 효소들의 작용에 의해 발효 최종물인 에탄올을 생성한다. 결국 가수분해 산물인 당, 아미노산 지방산이 수 많은 미생물들의 효소작용으로 발효 최종산물인 에탄올(ethanol), 아세테이트(acetate), 프로피온염(propionate), 유산염(lactate), CO_2 및 H_2로 전환한다. 이 과정에 관여하는 미생물은 산 가수분해에 관여한 동일한 발효성 세균인 *Bacteriodes*, *Peptococcus*, *Clostridium*, *Campylobacter*, *Selenomonas* 등이 있다.

a) $C_6H_{12}O_6 + 4ADP + 4pi = 2CH_3COOH + 2CO_2 + 4ATP + 8H$

b) $2CO_2 + 4H_2 + nADP + npi = CH_3COOH + H_2O + nATP$

3) 제 3단계: 아세트화 및 탈수소화

당과 아미노산을 산 발효시킬 경우 생산되는 일부 초산과 수소는 수소영양 메탄생성균(hydrogenetrophic methanogenesis)에 의해 직접 메탄가스로 전환된다. 그러나 대부분의 초산과 수소는 고급 휘발성 지방산들의 아세트화와 탈수소 과정을 통하여 메탄을 생산한다[8]. 일부 수소와 CO_2는 호모 초산생성 반응(homo-acetogenesis)을 통해 기존의 초산염에 합쳐진다.

산 발효 과정에서 생성된 수많은 최종산물들을 전부 메탄화 과정에서 담체분자로 사용할 수는 없다. 즉, 초산염(아세트염, 아세테이트, acetate), H_2, C_3 이상을 지닌 휘발성 지방산 음이온, 젖산, 에탄올, 방향성화합물, 고가지 지방산, 그리고 프로피온산 및 부틸릭산은 메탄균에 의해 직접 메탄으로 전환되지 않는다. 이들 화합물의 혐기성 산화는 수소발생 초산생성 박테리아(hydrogen-producing acetogenic bacteria)와 동시에 수소소비 초산생성 박테리아(hydrogen-consuming acetogenic bacteria, homoacetogens)의 공존 속에서 이루어진다. 이 반응은 수소소비 초산생성 박테리아가 수소를 제거하여 수소 분압이 낮게 유지될 경우에 유도된다. 프로피온산은 수소 분압이 10^{-4}기압, 부틸릭산은 10^{-3}기압, 그리고 에탄올은 1기압에서 아래 반응식과 같이 초산염으로 각각 산화된다[1,8].

c) $CH_3CH_2CH_2COO^- + 2H_2O \rightleftharpoons 2CH_3COO^- + 2H_2 + H^+$

d) $CH_3CH_2COO^- + 3H_2O \rightleftharpoons CH_3COO^- + HCO_3^- + H^+ + 3H_2$

e) $CH_3CH_2OH + H_2O \rightleftharpoons CH_3COO^- + H^+ + 2H_2$

호모 초산생성 반응(homoacetogenesis)에 관여하는 세균은 독립영양성 초산생성 박테리아(autotrophic homoacetogens)와 종속영양성 박테리아(heterotrophic homoacetogens)가 있다. 전자는 CO_2나 CO를 그리고 후자는 포름산(formate)과 메탄올과 같은 유기물을 탄소원으로 한다. 중온성 호모 초산생성 박테리아인 *Clostridium aceticum*과 *Acetobacterium woodii*가 하수슬러지로부터 분리된바 있다[10].

호모 초산생성 박테리아에 의한 초산생성 반응식은 아래와 같다.

f) $CO_2 + H_2 \rightarrow CH_3COOH + 2H_2O$

g) $4CO + 2H_2O \rightarrow CH_3COOH + CO_2$

h) $4HCOOH \rightarrow CH_3COOH + 2CO_2 + 2H_2O$

i) $CH_3OH + 2CO_2 \rightarrow 3CH_3COOH + 2CO_2$

폐액에 황산염이 많이 함유되어 있을 경우에는 반응조의 황산염 환원지역을 통과시켜 메탄 발효지역으로 배수시킨다. 이 경우 황산염 환원 박테리아(sulfate-reducing bacteria)가 전술한 산 가수분해 산물을 환원시키며, H_2 소비 메탄생성균과 공동으로 생육할 경우에는 초산과 수소로 전환된다. 황산염 환원 박테리아에 의한 초산 생성 반응식은 아래와 같다[9].

j) $H_2 + SO_4^{2-} + CO_2 \rightarrow HS^- + HCO_3^- + 3H_2O$

k) $CH_3COO^- + SO_4^{2-} \rightarrow HS^- + 2HCO_3^-$

l) $2CH_3CH_2CH_2COO^- + HCO_3^- + H_2O \rightarrow 4CH_3COO^- + H^+ + CH_4$

m) $4CH_3CH_2COO^- + 3SO_4^{2-} \rightarrow 4CH_3COO^- + 4HCO_3^- + H^+ + 3HS^-$

4) 메탄화

메탄화 발효는 메탄생성균(methanogens)의 메탄생성 반응(methanogenesis)에 의해 일어난다. 메탄생성균은 박테리아가 아니고 메탄생성 고세균(archaea)에 속한다.

메탄화 과정은 크게 세 그룹으로 구분할 수 있다. 즉, 수소/이산화탄소 소비균(수소 영양성 메탄생성균; hydrogenotrophic methanogens), 초산 소비균(초산 영양성 메탄생성균; acetotrophic methanogens, 일명 초산분해균; aceticlastic methanogens), 및 메틸영양 메탄생성균(methylotrophic methanogens)에 의한 메탄 생산 반응이 있다[6,9].

수소 영양성 메탄생성균은 전체 메탄 생성량의 28%를 담당한다. 여기서 이용되는 H_2는 가수분해와 산 발효 과정의 수소발생 발효성 박테리아 또는 수소발생 초산생성 박테리아에 기인한다(반응식, j). 한편 대부분의 H_2 소비 메탄생성균은 CO_2를 메탄으로 환원시키기 위한 전자원으로 포름산(formate)을 이용한다(반응식, k). 초산 영양성 메탄생성균에 의한 메탄 생성은 전체 메탄의 72%에 달한다. 초산 영양성 메탄생성균에는 *Methanosarcina spp*(8련 구균형)와 *Methanosaeta*가 대표적이며 화학반응은 (l)과 같다[1,11]. 반응식 (o, q, r, s, t)와 간혹 반응 (n)도 초산 영양성 메탄생성균에 의해 메탄을 생성한다. *Methanosaeta*는 25°C와 중성 영역에서 생육이 양호하다. 초산에서 배가시간은 1 ~ 2일이다. 한편 *Methanosaeta*는 막대기 모양이며, 단지 초산에서만 생육하고 배가시간은 4 ~ 9일이다[9,12].

메틸영양 메탄생성균은 메탄올, 메틸아민, 디메틸설파이드(dimethyl sulfide)의 메틸기를 대사하여 메탄으로 환원한다. 메틸기를 환원시키는 전자는 메틸기의 일부를 CO_2로 산화시켜서 얻거나 또는 전자 공여체로 H_2를 사용하여 얻는다(반응식, s, t, u).

n) $4H_2 + CO_2 \rightarrow CH_4 + 2H_2O$

o) $HCO_3^- + 4H_2 + H^+ \rightarrow CH_4 + 3H_2O$

p) $CH_3COO^- + H_2O \rightarrow CH_4 + HCO_3$

q) $HCOO^- + H^+ \rightarrow 0.25CH_4 + 0.75CO_2 + 0.5H_2O$

r) $CO + 0.5H_2O \rightarrow 0.25CH_4 + 0.75CO_2$

s) $CH_3OH \rightarrow 0.75CH_4 + 0.25CO_2 + 0.5H_2O$

t) $4CH_3NH_2 + 2H_2O + 4H^+ \rightarrow 3CH_4 + CO_2 + NH_4^+$

u) $(CH_3)_2S + 2H_2O \rightarrow CH_4 + CO_2 + H_2S$

메탄 생산량을 증가시키기 위하여 메탄화에 관여하는 여러 미생물들의 분자생물학적 연구가 여러 연구실에서 진행되어 왔다. 그러나 아직까지 다른 박테리아 종에 비해서는 연구와 이용이 미진한 상태이다. 현재 주로 *Methanosarcina*와 *Methanosaeta*를 유전자 표지, 유전자의 클로닝 및 유전 형질전환을 통한 연구가 진행 중이다[6,12,13,14].

5.3 바이오 메탄화 기술

5.3.1 배양 조건 [1,7,9,15,16]

생산가스의 질이 양호하려면 박테리아의 최적 생산, 그리고 최적 환경조건 즉 질이 좋은 담체, 적정 pH, 높은 습도, 온도, 낮은 황화물 함량을 고려해야 한다.

1) 원료(C/N, C/P 및 C/N/P 비)

미생물의 에너지 공급원으로 질소(N)와 인(P)이 우선적으로 필요하다. 질소는 단백질이 가수분해 할 때에 아미노산, 펩티드, NH_3 및 NH_4로 존재하며 미생물은 NH_4를 질소원으로 생육한다. 이론적으로 100g의 유기물이 혐기조건에서 분해하는데 12g의 질소가 필요하다. 인의 요구는 질소의 1/7 ~ 1/5 정도이다. 최적 C/N 비는 30/1로서 탄소 소비가 질소보다 30배 더 빠르다. 한편 C/P 비는 100 ~ 500 정도이다. 인은 인산이나 인산염으로 보충될 수 있다. 혐기 발효에서 유기물/질소/인산 적정 비는 저농도 유기물 함유(0.2 ~ 0.8kgCOD/kgVSS · 일)에서는 350 : 7 : 1, 고농도로 유기물을 함유(<0.5kgCOD/kgVSS · 일)할 경우에는 1,000 : 7 : 1로 계산하는 것이 일반적이다.

2) 금속

미량원소가 결핍된 담체(원료)에 금속을 첨가하면 메탄 생산과 휘발성 유기산의 이용이 증가한다. 미량원소 중에서 Fe, Co, Mo, Cu, Zn, W, B, Ca, Mg는 mg/L, 그리고 비타민 B_{12}은 μg/L이 요구된다. 특히 Ni은 메탄생성세균의 구조성분이며, Co는 비타민 B_{12}의 구조성분이다. 또한 비타민 B_{12}는 메탄생성 반응을 촉매한다. 2가 금속은 100ppm 정도에서는 무난하다.

3) 혐기성 조건

산 발효 과정에서는 통성혐기성세균, 그리고 메탄화 과정에서는 절대적으로 산소가 없는 조건에서 생육할 수 있는 편성혐기성세균을 이용한다.

4) 온도

저온성 세균은 1 ~ 15°C, 중온성 세균은 35 ~ 40°C 및 고온성 세균은 약 55°C

까지 최고 효율을 나타내며 한계온도는 60°C이다. 고온성 세균의 분해 속도는 중온성 세균보다 2 ~ 3배 높다. 온도가 10°C 증가하면 공정의 반응속도는 약 2배로 증가한다.

중온성 세균의 발효조는 혐기성발효를 통하여 생산된 메탄가스를 이용한다.

5) pH

산 발효는 pH5.5 ~ 6.5에서, 메탄가스화는 pH7.8 ~ 8.2가 최적이며 pH5.0 이하에서는 발효 저해인자로 작용한다. 낮은 pH는 메탄생성균의 활력을 감소시켜서 초산과 H_2의 축적을 야기한다. H_2의 부분압이 높으면 프로피온산(propionic acid)을 분해하는 세균이 심각하게 저해 받으며, 고분자 휘발성 지방산(VFAs)의 과도한 집적 및 일부 프로피온산과 부티르산(낙산, butyric acid)의 집적을 초래한다. 그 다음 초산 생성이 느려지며 pH는 더 낮아진다. 이것과 반대 현상이 일어나면 메탄생성 반응은 실패하게 된다.

6) 억제물질

메탄 생성균은 여러 종류의 억제물질에 민감하다. 즉, 산소, NO_3, SO_4, HS, 염소를 함유한 탄화수소, 휘발성 유기산, 암모니아, 음이온 등에 민감하다. 억제 정도는 pH, 온도, 물질 농도, 및 수리학적 체류시간(HRT, hydraulic retention time) 등에 좌우된다.

① 암모니아: 암모니아(NH_4^+)는 50 ~ 100mg/L 정도는 미생물 생육에 유리하지만, 200mg/L 이상은 효과가 없고 1,500mg/L에서는 오히려 유해하다.

② 황화물: 황화물은 유황 농후폐기물을 혐기 조건에서 황환원세균으로 분해시킬 경우에 생성된다. 또한 유황을 함유한 단백질이 분해할 경우에도 황화물이 생성된다. 이온화하지 않은 황화물(H_2S)은 이온화한 형태(HS^-)보다 메탄생성 반응에 더 유해하다.

③ 중금속: 중금속은 황화물과 결합하여 침전하므로 유리하다. 1.0mg의 중금속은 0.5mg의 황화물을 침전시킬 수 있다. 그러나 일정한 농도 이상의 중금속은 유해하다. 중금속 독성은 Ni > Cu > Pb > Cr > Zn 순으로 감소한다. Fe는 단점보다 장점이 많다.

④ 짧은 체인 지방산: 유기물은 암발효 조건에서 가수분해와 발효 과정을 거치면서 짧은 지방산(C-2-C-6)을 포함하는 저분자 화합물로 전환된다. 이들

짧은 지방산에는 초산, 프로피온산 및 낙산이 주를 이루며, 약간의 이소낙산, 발레르산(valeric acid), 이소발레르산(이소길초산; isovaleric acid) 및 카프로산(caproic acid) 등도 포함되어 있다. 이러한 휘발성 지방산 농도가 2,000mgHAc/L이면 메탄생성 반응을 억제한다. 그러나 중성 pH에서 초산이나 낙산의 농도가 10,000mgHAc/L 이상이더라도 메탄생성은 영향받지 않는다. 프로피온산은 중성 pH에서 6,000mg/L이면 억제물질로 작용한다. 실제로 메탄생성균의 생육에 적합한 pH(6.8 ~ 7.4)가 유지되면 휘발성 지방산에 의한 우려는 거의 없다.

⑤ 긴 체인 지방산: 혐기성처리 과정 중에 지방, 기름 및 그리스(grease)와 같은 지질(lipids)이 가수분해되어 긴 체인의 지방산, 즉 팔미틴산 (palmitic acid), 스 테아린산 (stearic acid), 올레인산(oleic acid) 리놀레인산(linoleic acid) 및 리놀레닌산(linolenic acid) 등을 생성한다. 이러한 긴 체인의 지방산은 혐기적 조건에서 아세트산 영양성 메탄생성균과 수소 영양성 메탄생성균에 유해하게 작용한다.

5.3.2 바이오리액터 기술

혐기성소화 반응기(bioreactor)는 공정 방법에 따라 회분식과 연속식, 그리고 활성 바이오매스의 순환, 비순환 및 트래핑(포집) 등으로 다양하다. 또한 미생물의 자기입상화와 여재에 미생물의 고착에 근거한 반응기 및 단상식과 2상식 반응기 등 특성에 따라 다양하게 구분할 수 있다.

혐기성소화 반응기 중에서 미생물의 자기입상화와 여재에 미생물의 고착에 근거한반응기는 크게 저속(율) 반응기와 고속 반응기로 나눈다. 고속 혐기성 반응기는 본질적으로 연속 흐름식 반응조(continuous stirred tank reactor, CSTR)이며 주로 미생물의 부유성장(suspended growth)과 부착성장(attached growth)에 따라 세분한다. 전자에 속하는 대표적인 반응기는 상향류식 혐기성 슬러지브란키트(upflow anaerobic sludge blanket, UASB)반응기와 혐기성 시퀀싱회분식 반응기(anaerobic-sequencing batch reactor, ASBR)가 있으며, 후자로는 혐기성 여상(anaerobic filter, AP)과 혐기성 유동층 반응기(anaerobic fluidized bed reactor, AFBR)가 대표적이다. 혐기성 여상은 폐액을 넣는 부위에 따라 상향식, 하향식 및 분산식이 있다[9].

5.3.2.1 상향류식 혐기성 슬러지브란키트 (upflow anaerobic sludge blanket, UASB)

이 방법은 1970년대 네델란드에서 개발되었으며 주로 다량의 당이 용해된 폐액을 처리하는데 유리하다. UASB는 부유성장 시스템이며, 이 조건에서는 입상(granules)이라고 알려진 치밀한 바이오매스 입단(aggregates) 형성을 촉진시키기 위하여 적당한 수력학적 조건과 유기물 농도 조건이 유지되어야 한다. 입상의 직경은 1 ~ 3mm 정도이며 우수한 침전 특성을 지녔다(~60m/h). 이 반응기는 2m/h 이하의 상향 속도로 운전된다[17].

그림 7-29에서와 같이 발효조 밑의 분배기를 통해 들어간 폐액은 슬러지 상을 통과하여 유기물이 혐기적 조건에서 분해되는 슬러지 브란키트를 통과한다. 여기서 생산된 가스와 크고 치밀한 활성 혐기성입자가 상승 속도에 따라 상부로 올라간다. 활성 혐기성 입자들은 슬러지 층에서 부유되고 가스 입자는 가스/고형분 분리기에 모여서 분리된다. 메탄가스는 상부로 배출되고 고형분인 작은 슬러지 입자는 침전조에 들어간다. 그다음 다시 혐기성 미생물의 자기입상화(self

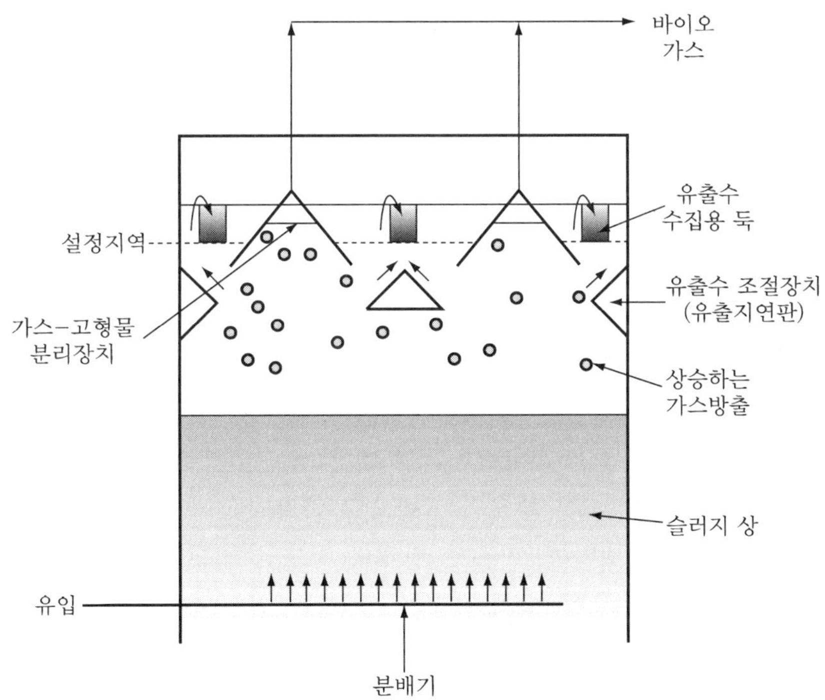

| 그림 7-29 | 상향류식 혐기성 슬러지브란키트(UASB)

granulation, flocculation)를 통해 활성화된 메탄균이 발효조에 되돌아 와서 발효조 바닥에 정착한다. 한편 세정된 용액은 상부 유출 수로(위어, weir)로 흘려 보낸다. 이 방법은 주로 주정 폐수, 전분 공장 폐수, 감자, 사탕무우, 구아검, 콩 처리 공장, 등에서 널리 이용하고 있다[1,6,18].

5.3.2.2 혐기성 필터 공정(anaerobic filter process, AFP)

그림 7-30과 같이 폐액의 유입 방법에 따라 상향류식(a), 하향류식(b) 및 다분지 혐기성 여상식(c)이 있다. 상향류식 필터는 폐액이 하부로 들어가서 돌과 플라스틱 여재로 채워진 필터를 통해서 상부로 흐른다. 필터 전체가 물 속에 잠겨져 있다. 상향류식 여상은 고정된 필름 반응조이지만 바이오매스의 상당히 많은 부분이 여재 사이의 틈에 붙어 있다. 미부착 바이오매스는 보다 큰 플록(floc)를 형성하며 결국에 상승하는 가스 기포의 회전운동에 의해 둥근 입자 형태를 취한다. 그래서 이 미부착 바이오매스는 생물학적 활성에 상당히 관여한다. 즉, 미생물은 발효조에서 여재 내부와 표면에 붙어 체류함으로써 높은 미생물 밀도를 유지시킨다. 상부에서 생성된 가스와 처리된 물은 프리보드(free board)의해 분리된다[6,9,19]. 한편 여재로 사용된 돌은 대단히 적은 공극량(40 ~ 50%)을 지니고 있으므로 심각한 막힘문제가 자주 일어난다. 최근에는 이런 문제를 극복하기 위하여 공극율이 80 ~ 95%되고, 비표면적이 $100m^2/m^3$ 정도되는 합성플라스틱이나 세라믹 타일을 이용한다.

하향류식 혐기성 여상은 바이오매스가 여재에 실제로 부착된다는 것을 제외하고는 상향류식 필터와 동일하다. 하향류식에서는 약간의 부유고형물을 함유한 폐액도 처리가 가능하고, 막힘 문제도 적다. 또한 황산염이 다량 함유된 폐수처리도 다른 처리 방법보다 유리하다. 그 이유는 황산염 환원은 상부 지역에서, 그리고 메탄 생성 반응은 하부에서 일어나기 때문이다.

다분지 혐기 여상은 여상 깊이를 따라 여러 지점에서 폐액을 넣어준다. 이 방법의 장점은 바이오매스의 고른 분포와 혼합으로 단락(short-circuiting) 억제와 휘발성 지방산의 축적이 억제된다. 반응조 전체의 농도가 비교적 균일하므로 반응조 하부에 바이오매스의 과도한 생장이 억제되므로 필터의 막힘 현상은 적다[20].

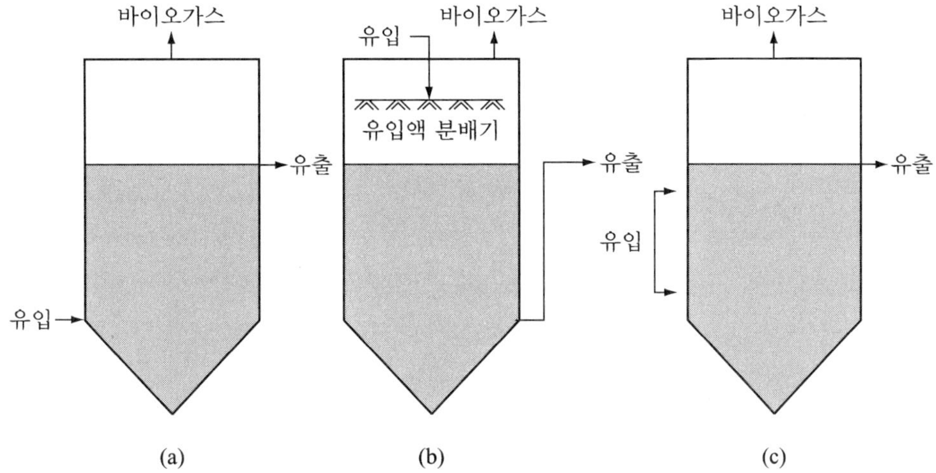

| 그림 7-30 | 혐기성 필터(a. 상향류식, b. 하향류식, c. 다분지식)

5.3.2.3 혐기성 팽창층 반응기 및 유동층 반응기(anaerobic expanded-bed reactor, AEBR; anaerobic fluidized bed reactor, AFBR)

그림 7-31에서와 같이 여재에 부착한 미생물이 유기물 분해를 촉진시킨다. 이들 생물담체는 유입수의 상향속도와 유출수 재순환에 의해 팽창된다. 따라서 이 반응조를 팽창된 상(床)반응조라고 칭한다. 한편 이들 생물담체는 부분적으로 유체의 흐름이나 또는 인접한 담체의 접촉에 의해 유지된다. 하지만 이들은 상 내에서는 비교적 동일한 간격을 유지하려는 경향이 있다.

유동층 반응기에서는 미생물들이 여재에 균일하게 부착하고, 이들을 반응조 안에서 유동시켜 유입수 처리의 극대화를 기하는데 있다. 유동층 반응기의 구조는 팽창층 반응기와 동일하지만, 유입수의 상향속도(10 ~ 15m/h)가 상당히 높기 때문에 부유 미생물이 반응기로부터 씻겨 나가는 경향이 있다. 혐기성 유동층반응기에서는 막힘과 단락 문제가 없고, 바이오필름 내부에서 담체의 확산이 잘 일어나서 여재의 겉보기 부피를 팽창시킨다.

여재는 모래, 석영, 알루미늄, 안트라사이트(anthracite), 입자 활성탄 등을 사용하며 그 크기는 0.5mm 정도이다[6,9,21]. 국내에서는 아직 기술 축적이 낮고 운전비가 많이 소요되는 단점이 있다. 이 반응기는 메탄 발효는 물론이고 부탄올 생산에 더 자주 이용된다.

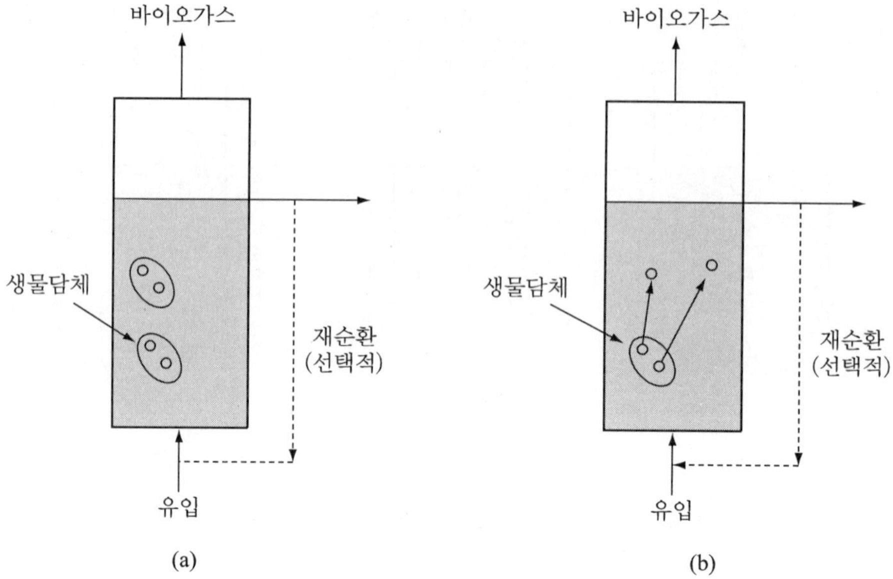

| 그림 7-31 | 혐기성 유동층반응기(a. 팽창층 반응기, b. 유동층 반응기)

5.3.2.4 2단계(2상) 발효 공정 [1,6,9]

메탄생산 과정은 이미 언급한 바와 같이 크게 나누어 산 발효와 메탄가스 발효가 있다. 산 발효와 메탄가스 발효를 1개 발효조에서 작업할 경우 1상 발효공정, 그리고 산 발효와 메탄가스 발효를 그림 7-32와 같이 독립된 2개의 발효조에서 연이어 작업할 경우를 2상 발효 공정이라고 한다. 1상 발효일 경우는 발효조가 1개이며 기타 공정은 동일하다.

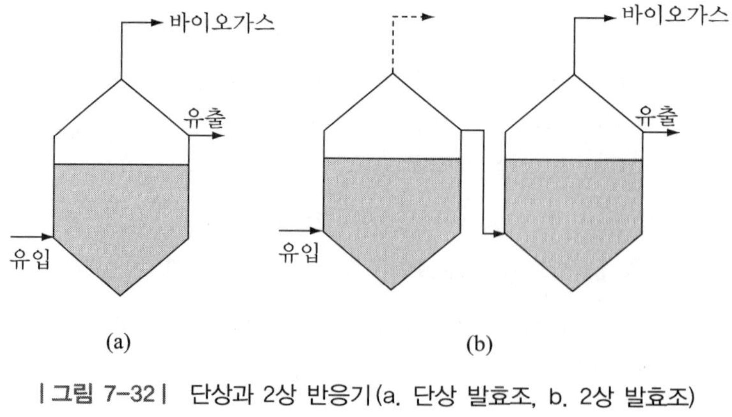

| 그림 7-32 | 단상과 2상 반응기(a. 단상 발효조, b. 2상 발효조)

단상 발효의 경우 원료를 주기적 또는 계속적으로 넣을 수 있으며 반응으로 생성된 메탄가스가 발효조에서 계속 생산된다. 메탄가스와 함께 산성 가스인 이산화탄소 및 황화수소(H_2S) 가스가 혼합되어 나오는데 이들 가스를 건조, 압축시켜 제거한다. 발효조에서 나오는 폐수를 탈수하여 분리한 물 일부는 재사용하고, 일부는 수처리하여 흘려보낸다. 잔사 슬러지는 매립, 라군(lagooning) 및 소각시켜 처리한다.

단상 발효에서는 산 발효와 메탄발효가 동일한 발효조에서 일어나므로 양질의 메탄가스를 생산하기 위한 최적 환경조건을 유지하기가 어렵다. 발효 농도가 느리면 생산속도도 느려지므로 발효조를 대형화할 필요가 있다. 또한 메탄 발효를 저해하는 여러 가지 문제점이 발생하는 단점이 있다. 즉, 전술한 UASB, AFP 및 AFBR와 같은 발효조에는 고농도 폐액이 투여되면 메탄발효 박테리아보다 산 발효 박테리아의 번식이 약 10배 정도 빠르며, 이 결과 발효조에는 휘발성 지방산과 H_2가 집적하여 전체 반응을 느리게 유도한다. 또한 황산염에서 생기는 황화합물은 메탄생성균에 독성으로 작용하기 때문에 메탄 수율을 감소시킨다. 단상 발효는 주로 분뇨 처리, 도시하수 처리, 알코올 증류 및 폐수 등에 적용하고 있다.

2상 발효공정은 산 발효와 메탄발효를 분리하여 실시하므로 발효조 내의 최적 환경조건을 조절할 수 있다. 즉, 단상 발효에서 문제되는 황화합물의 메탄발효 저해 및 발효조 내부터 수소분압 상승을 억제할 수 있으므로, 황산염이 많이 함유되고 고농도 폐액일 경우도 처리할 수 있고 생산된 메탄가스의 농도도 높다. 또한 담체인 바이오매스가 고체인 경우, 1단계 발효조는 고체를 액체로 전환시키거나 고체로부터 액체를 추출하는 단계로 적용할 수 있다. 더불어서 1단계 발효조는 전체 처리시스템에서 폐액의 량, 유속, 농도 및 질에 따른 발효조의 수력학적 안정성을 유도할 수 있다. 단점으로는 발효조가 대형화되고, 열이 필요하므로 비용이 많이 들고, 초기 투자비가 높다. 2상 발효공정은 주로 도시쓰레기, 농수산 폐기물, 제당 산업과 같은 식품공업의 폐액에 이용한다.

5.4 메탄가스의 정제

생산된 메탄가스는 메탄가스 이외에 이산화탄소, 물, 질소, 황화수소(H_2S) 등을 함유하고 있다. 이러한 이물질을 제거해야 장비의 부식 및 유해성을 방지할 수 있고 메탄가스의 열량과 개질화를 기할 수 있다.

이산화탄소는 절대적인 오염 물질은 않이다. 그러나 바이오가스의 에너지, 즉 열량을 낮춘다. 이산화탄소 제거는 비용이 많이 든다. 단지 천연가스의 질 정도로 개질하여 판매할 경우 경제성이 있다. 전력 생산장비에 바이오가스를 사용할 경우는 CO_2가 30 ~ 50% 정도만 함유되어 있어도 이용 가능하다. 따라서 전력 생산을 위한 CO_2 제거는 불필요하다. 이산화탄소를 제거한다면 카르바민산(R_2NCOOH)에 이산화탄소를 흡수시킨 후 열분해(130 ~ 135°C)시켜 이산화탄소를 탈리한다. 분자체로 제오라이트에 이산화탄소를 흡수시키거나 또는 석유산업에서 사용하고 있는 막 분리법을 적용할 수 있다[9,22].

수분이 냉각 파이프관에서 응축하여 바이오가스에 함유된 H_2S와 반응하여 장비를 부식시킨다. 수분은 파이프의 낮은 부분에 모여 파이프의 압력을 낮추고, 반응조의 압력을 높이며 가스 흐름을 방해한다. 또한 수분은 레귤레이터, 가스미터, 배출 밸브, 체크 밸브에 있는 막이나 격막을 부패시킨다. 수분(증기)제거는 압축과 냉각 후 축합, 또는 냉축이나 냉각 후 축합시켜 응축수로 전환시켜 배관 중간에 드레인을 설치하여 제거하는 것이 일반적이다. 글리콜(glycol) 용액에 또는 규소 분자체와 같은 고형물질에 물리적으로 흡착시키는 방법도 있다[9].

황화수소(H_2S)는 바이오가스 중에 20 ~ 2,000ppmv 정도 함유되어 있는데 바이오가스를 이용하기 전에 반드시 제거해야 한다. 황화수소는 수분이 있으면 황산을 형성하는 극도로 반응성이 높은 가스이다. 0.011ppmv에서 냄새가 감지되며 28ppmv에서는 현기증과 두통, 그리고 750ppmv에서는 치명적인 가스이다. 황화수소 제거 방법은 20°C, 1기압에서 물로 바이오가스를 세정하여 제거하거나, 수산화 제2철을 펠릿화(iron sponge)해서 충전탑에 넣고 생산된 바이오가스를 통과시켜 황화수소(H_2S)를 제거한다. 황화수소(H_2S)와 이산화탄소 혼합물은 고압조건에서 물에서 물리적 흡착에 의해 동시에 제거될 수 있다. 또한 염화제2철 첨가는 바이오가스에 함유된 황화수소를 제거할 수는 없으나 반응조 내에서 발생하는 황화수소를 근원적으로 감소시킬 수 있다. 이들 제거 반응은 아래와 같다[9,23].

$$Fe_2O_3 \cdot H_2O + \rightarrow Fe_2S_3 + 4H_2O$$
$$3H_2S + 2FeCl_3 \rightarrow 2FeS + 6HCl$$

거품과 침전물은 거품 분리기(foam separator)에서 제거한다. 즉, 상부로부터 노즐을 통해 물을 분사하고, 그 사이를 거품이 있는 가스를 횡방향으로 가로 질러 통과시켜서 제거한다[9].

실록세인(siloxane)은 저온 건조나 흑연 분자체 세정기를 통해 제거된다. 실록세인은 유기실리콘 중합체로서 도시고형 폐기물이나 도시 하수슬러지에 배출된 화장품이나 세정제에서 온다. 이들 물질은 가스 공장에서 산화되어 모래와 비슷한 마모 물질을 형성하여 열교환 표면이나 열 이동 영역에 집적한다. 제거 방법은 이미 언급한바와 같이 −23°C로 냉각하여 건조시킨다. 또는 흑연 분자체 세정기와 활성탄 조를 연결허여 세정한다. 반응조에서 나오는 바이오가스를 세정하는 모듈은 그림 7-33과 같다.

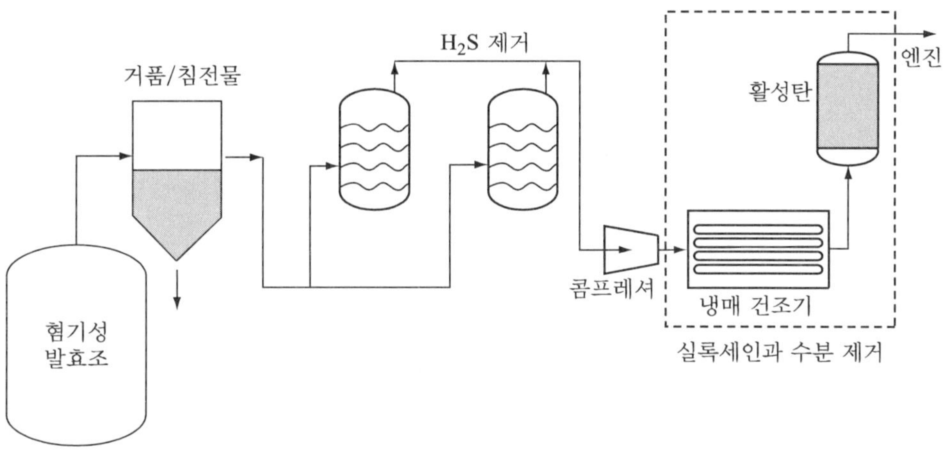

| 그림 7-33 | 반응조에서 나오는 바이오가스 처리 모듈

5.5 메탄가스의 이용

메탄가스의 이용 범위는 그림 7-34와 같이 요약할 수 있다[9].

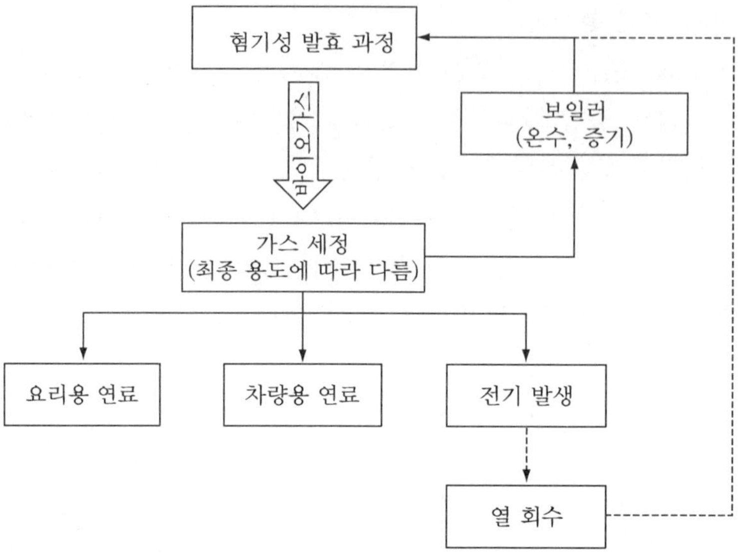

| 그림 7-34 | 메탄가스의 이용 방안

1) 반응조의 온도 조절용 열

반응조를 가동할 경우 발효에 필요한 온도를 유지하기 위한 열과 반응조의 벽과 지붕을 통해 상실되는 열을 대체할 새로운 열이 요구된다. 이 경우 그림 7-33과 같이 세정한 메탄가스를 보일러에 보내서 온수나 스팀을 생산하여 반응조에 이용할 수 있다.

2) 전력 제공

메탄가스를 엔진 발전기나 터빈 발전기에서 연소시켜 전력을 생산할 수 있다. 메탄가스에 함유된 CO_2를 정제할 필요는 없다.

3) 조리용

메탄가스를 기존 저압 가스 버너에서 태워 조리용 에너지로 사용한다. 저개발국가에서는 지역사회의 에너지 소비의 큰 축을 담당한다. 메탄가스 $1m^3$은 석유

0.7kg에 버금가며, 5 ~ 6명의 가구의 3식 요리를 준비할 수 있다[6]. 조리용 연료로 메탄가스를 사용할 경우에는 그림 7-35와 같이 가스 미터기, 황화수소 세정기, 가스 저장탱크, 후방압력 안전장치, 유량 제한기 및 역화 방지기 등이 부착되어야 한다.

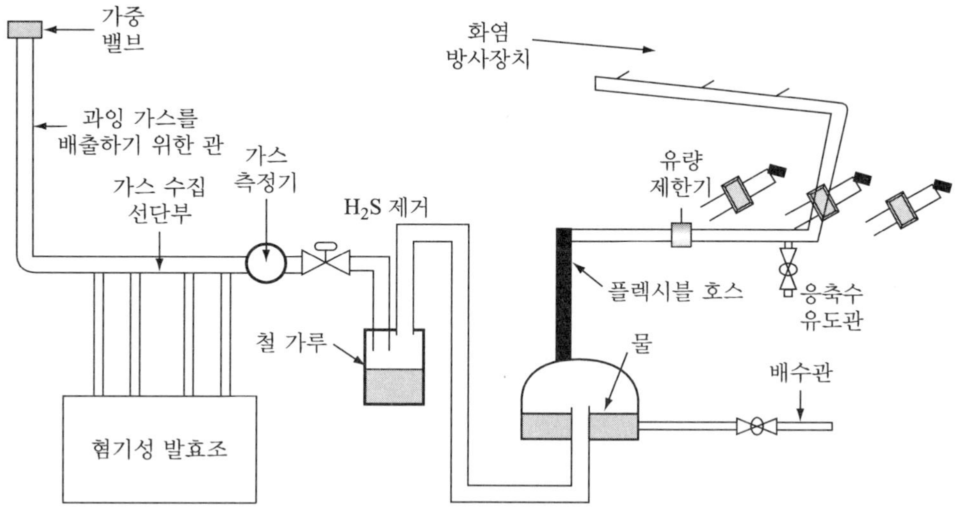

| 그림 7-35 | 조리용 연료로 메탄가스 사용

4) 차량 연료

메탄가스를 자동차 연료로 사용하려면 천연가스 정도로 개질을 거쳐야 한다. 즉, 입자상 물질, CO_2, H_2S, 수분 등을 제거하여 95% CH_4로 세정할 필요가 있다. 세정된 메탄가스와 천연가스를 혼합하여 차량에 이용한다. 현재 유럽, 특히 스웨덴의 여러 도시에서 메탄가스와 천연가스가 혼합된 연료를 사용하는 차량이 운행되고 있다. 더욱이 이 연료는 표 7-23과 같이 공해도 적다. 특히 메탄가스나 천연가스를 차량 연료로 사용할 경우 NO_x와 CO_2의 배출이 현저히 낮다[2].

표 7-23 ▸ 연료 종류에 따른 대형차량으로부터 배출되는 가스 비교(g/km)

연 료	CO	탄화수소	NO_x	CO_2	입자상 물질
디 젤	0.2	0.4	9.73	1,053	0.1
천연가스	0.4	0.6	1.1	524	0.022
메탄가스	0.08	0.35	5.44	223	0.015

참고문헌

1. Pauss, A., Naveau, H., Nyns, E.-J., Chap.13, Biogas production, In: Biomass regenerable energy, (edi.) Hall, D. O., Overland, R. P., pp. 273-291, John Wiley & Son Ltd, 1989.
2. www.biogasmax. en/media/9_biogas 2007.06.25.
   Landahl, G., Biogas as vehicle fuel_ A. european overview, Trendsetter Report No. 2003-3, pp. 8-12, 2003.
3. www. renewables-made-in-germany.com/en/biogas/ 2008.07.16.
   Renewables made in germany, The german biogas industry
4. www.knec.or.kr/servlet/FileDownServlet?bbs 2008.07.16.
   이혜경, 바이오에너지 보급 및 촉진을 위한 정책제안, -축산농가의 FTA대책 방안으로서 신산업 창출-, 21C 재생에너지 포럼/(주)IUT, 바이오에너지 보급 정책 토론회, 2006.
5. Steffen, H., Szolar, O., Braun, R., Feedstocks for anaerobic digestion, Technical paper, 1998-09-30, Institute for agro biotechnology, Tulln University of Agricultural Sciences, Vienna, Austrial, 1998
6. www.fao.org/docrep/w7241e/w7241e0.5.htm 2007-07-11.
   (edi.) Miyamoto, K., Renewable biological systems for alternative sustainable energy production, FAO, Corporate document repository, Chap. 1-5, 1-87, 1997
7. Ferry. J. G., Acetate-based methane production, pp. 155-170, Wilkie, A. C., Biomethane from biomass, biowaste, and biofuels, pp. 195-205, (In): Bioenergy, (Ed): Wall, J. D., Harwood, C. S., Demain, A., ASM press, Washington, 2008
8. McCarty, P. L., Smith, D. P., Anaerobic wastewater treatment, Environ. Sci. Technol. 20:1200-1206, 1986
9. Khanal, S. K.(edi.), Anaerobic biotechnology for bioenergy production, Priciples and applications, Wiley-Blackwell, pp. 1-24, 43-60, 93-113, 133-156, 267-290, 2008
10. Novaes, R. F. V., Microbiology of anaerobic digestion, Water Sci. Technol., 18(12): 1-14, 1986
11. Daniels, L., Sparling, R., Sprott, G. D., The bioenergetics of methanogenesis, Biophys. Biochim. Acta. 768 pp. 113-163, 1984.
12. Zhang, J. K., White, A. K., Kuettner, H. C., Boccazzi, P., Metcalf, W. W., Directed mutagenesis and plasmid-based complementation in the methanogenic Archaeon Methanosarcina acetivorans demonstrated by genetic analysis of proline biosynthesis, Jour of Bacterio., 184:1449-1454, 2002
13. Pritchett, M. A., Zhang, J. K., Metcal, W. W., Development of the markerless genetic exchange method for Methanosarcina acetivorans C2A and its use in construction of new genetic tools for methanogenic Archaea, Applied and Environ. Microbio., 70:

1425-1433, 2004

14. Apolinario, E. E., Jacson, K. M., Sowers, K. R., Development of a plasmid-mediated reporter system for in vivo monitoring of gene expression in the Archaeon Methanosarcina acetivorans, Applied and Environ. Microbio., 71:4914-4918, 2005
15. www.habmigern2003.info/biogas/ 2007.04.21
    Biogas production
16. www.unu.edu/unupbooks/80434e/80434EO/chtm 2007.04.21
    The biogas plant-some technical considerations
17. Hulshoffpol, L.W., Lopes, C. I. S., Lettinga, G., Lens, L. N. P., Anaerobic sludge granulation, Water Res., 38:1376-1389, 2004
18. Lettinga, G., van Velsen, A. F. M., Hobma, S. W., de Zeeuw, W., and Klapwijck, A. Use of the upflow sludge blanket (USB) reactor concept for biological wastewater treatment, especially for anaerobic treatment, Biotechnol, Bioengin., 22:699-734, 1980.
19. Young, J. C., McCarthy, P. L., The anaerobic filter for waste treatment, Jour. Wat. Poll. Contr. Fed., 41:160-173, 1969
20. Púnal, A., Ménal, R., Lema, B. E., Multi-fed upflow anaerobic filter: Development and features, J. Environ. Eng. ASCE 124:1188-1192, 1998
21. Jeris, J., Industrial wastewater treatment using anaerobic fluidized bed reactors, Wat. Sci. Technol. 15:167-187, 1983
22. www.cypenv.org/worldenv/filer/methane.htm 2009.05.21
    Methane
23. Wubs, H. J., Bencockers, A A. C. M, Kinetics of H_2S adsorption into aqueous ferric solutions of EDTA and HEDTA, AICHE Jour. 40:443-444, 1994

Chapter 06

수소 생산
Hydrogen Production

생물학적 수소 생산은 화석연료를 대체할 수 있는 에너지로서 환경적 측면에서 여러 가지 장점을 지니고 있다. 즉, 수소에너지는 단위 질량당 에너지 함량이 높고(142kJ/g), 바이오매스를 생산할 필요없이 생물학적 물 분해에 의하며, ATP 생산이 요구 되지 않는다. 또한 공기 중의 CO_2를 제거하여 온실효과를 완화시키며, 수소에너지가 연소할 경우 부산물로 물을 생성하는 청정에너지이다. 특히 유기성 폐자원을 처리할 경우는 환경오염 감소와 대체에너지 획득이라는 두 가지 장점을 동시에 얻을 수 있다. 물론 생물학적 물 분해에서 생산된 산소가 수소 생산을 억제하는 문제 등, 과학적, 기술적으로 해결되어야 할 여러 가지 문제점은 남아 있다[1,2].

6.1 수소 생산 공정과 미생물

수소 생산 공정에 관여하는 주요 미생물들은 그림 7-36과 같다[1-4]. 수소 생산은 조류와 박테리아에서 이루어지는데 조류인 녹조(직접)와 남조(간접)는 광합성에 의한 수소 공정을 거친다.

조류의 경우 종에 따라 다양한 생화학적 메커니즘을 지니고 있다. 박테리아의 경우, 광합성 세균은 광합성의 일부 단계를 이용하고 발효를 통해 수소를 생산한다. 혐기성 발효균은 암조건에서 유기물을 이용하여 배양액 중에 유기산, 유기용매를 축적하고 동시에 수소와 CO_2를 발생한다. 수소 생산에 관여하는 효소는 히드로게나제(hydrogenase; 수소화효소) 및 니트로게나제(nitrogenase; 질소고정효소) 등이 있다[1,2,5,6].

조류(mycroalgae)
  광합성계(PSII, PSI)
    녹조(green algae)
      Clamydomomas reinhardtii, Clamydomomas moewusii
      Scenedesmus obliguus
      Chlorella fusca, Chlorella vulgaris
      Platymonas subcordiformis, Tetraselmis kocbinensis
    남조(blue algae, cyanobacteria)
      Anabaena sp., *Nostoc* sp., *Synechococcus* sp.
      Calothrix sp. *Oscillatoria* sp., *Gloebacter* sp.
세균(bacteria)
  광합성(PSI)/발효
    광합성박테리아(photosynthetic bacteria)
      홍색비유황세균(purple non-sulfur bacteria);
        Rhodobactria capsulatus, Rhodobactria spbaeroides
        Rhodopseudomonas palutris, Rhodospirillum rubrum.
      홍색유황세균(purple sulfur bacteria); *Chromatium* sp.
      녹색유황세균(green sulfur bacteria); *Chlorobium* sp.
  혐기성발효(dark fermentation)
    혐기성세균(fermentative bacteria, non-photosynthetic bacteria)
        Enterobacter sp., *Clostridium* sp., *Desulfovibrio vulgaris*

| 그림 7-36 | 수소를 생산하는 조류와 세균

6.2 수소 생산

바이오매스로부터 수소를 생산할 수 있는 원료는 이미 언급한 바와 같이 녹조, 남조, 홍색비유황세균 및 혐기성세균이 있다. 이러한 세균의 종류에 따라 수소 생산 방법에도 차이가 있다.

6.2.1 녹조류

녹조류는 엽록체를 지니고 있으며 진핵세포이지만 질소고정 능력은 없다. 녹조류가 혐기조건에서 CO_2를 고정하는 과정 중에 전자공여체로 수소를 이용하거나 수소를 생산한다는 것은 오래전부터 알려져 왔고, 녹조류 중에서도 *Chlamydomonas reinhardtii*에서 광수소 생산에 관한 연구가 집중되어왔다[2,6].

녹조나 남조와 같은 조류는 광합성 박테리아보다 수소 생산에서 유리하다. 즉, 물이 기질이며 유기 희생(sacrifical)공여체가 필요 없다. 조류 중에서도 녹조의 [FeFe]수소화효소(hydrogenase, H_2ase)는 남조나 광합성 박테리아에서 발견되는 [NiFe]수소화효소보다 촉매작용을 더 잘 수행하므로 수소 생산량이 많다. 즉, 녹조의 수소생산 효율이 남조보다 몇 배 높다[7]. [FeFe]수소화효소는 박테리아에도 널리 함유되어 있으므로 유전자 조작의 기회가 넓다[2].

조류에 의한 광수소 생산은 물 분해와 수소 발생이 동시에 일어나는 1단 광수소(직접 광분해)와 물 분해와 수소 발생을 일시적 또는 공간적으로 분리하는 2단 광수소 생산 공정(간접 광분해)이 있다. 녹조류는 직접광분해로 수소를 생산한다.

식물의 탄소동화작용은 녹조의 엽록체 안에 위치한 틸라코이드(thylakoid)막에서 일어난다. 1단 광수소 생산의 경우 그림 7-37, 7-38에서와 같이 광합성-II(PSII, p680)와 광합성-I(PS-I, p700)의 두 개의 다른 광합성 시스템이 작동한다. 즉, PS-II에서는 녹조내의 스트로마(stroma)와 내강(lumen side)의 물 분자가 강한 산화력을 지닌 680nm의 적색광인 광자(photon)를 흡수하여 산화 분해되며 여기서 산소분자(O_2), 양성자(H^+) 그리고 여기된 전자 (e^-)를 생성한다. 즉, 바닥 상태인 p680은 들뜬 상태로 전위되며 이 경우에 전자 (e^-)를 방출한다.

$$2H_2O + \text{광에너지} \rightarrow 4H^+ + O_2 + 4e$$

여기된 전자(excited electrons)는 에너지의 전달 안테너 역할을하는 물질 Q에 흡수되고 플라스트키논(plastoguinone, QA)을 거쳐 플라스토지아닌(plastocyanin, QH_2)까지 전달된다. 그 다음 더 높은 에너지로 다시 여기되는 PS-I으로 전달된다. 근적외선이며 약한 산화력을 지닌 p700은 QH_2로부터 전자를 수용하여 물질 Z와 전자 수용체인 수용성 철-황단백질(Fe-S분자 집합체)을 통해 계속적으로 전송한다. 즉, 스트로마에서 전자전달체인 단백질 페레독신(ferredoxin, Fd)을 거쳐 최종적으로 수소 생산 효소로 전달된다. 즉, [2Fe-2S]를 함유한 페레독신(Fd)로 전환된 다음, 수소화효소의 촉매 작용으로 양성자와 전자를 통해 수소를 생성한다[8,9,10]. 한편 녹조 중에서도 *Dunaliella salina*와 *Chlorella vulgaris*처럼 수소화효소 활성을 지니지 못한 것들도 있다[11].

$$2H^+ + 2e \rightarrow H_2$$

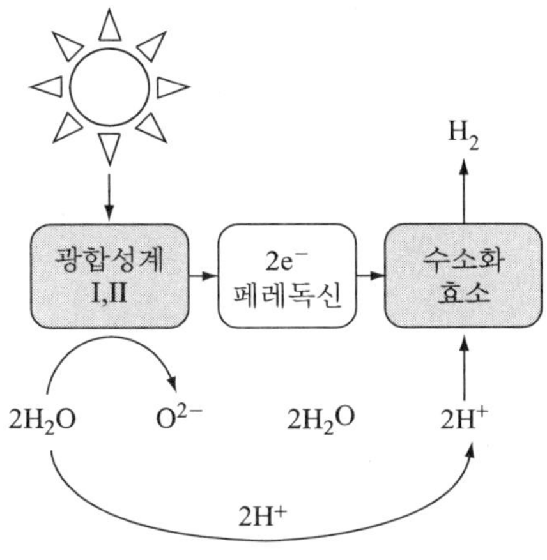

| 그림 7-37 | 녹조에 의한 1단 광수소(직접 광분해)

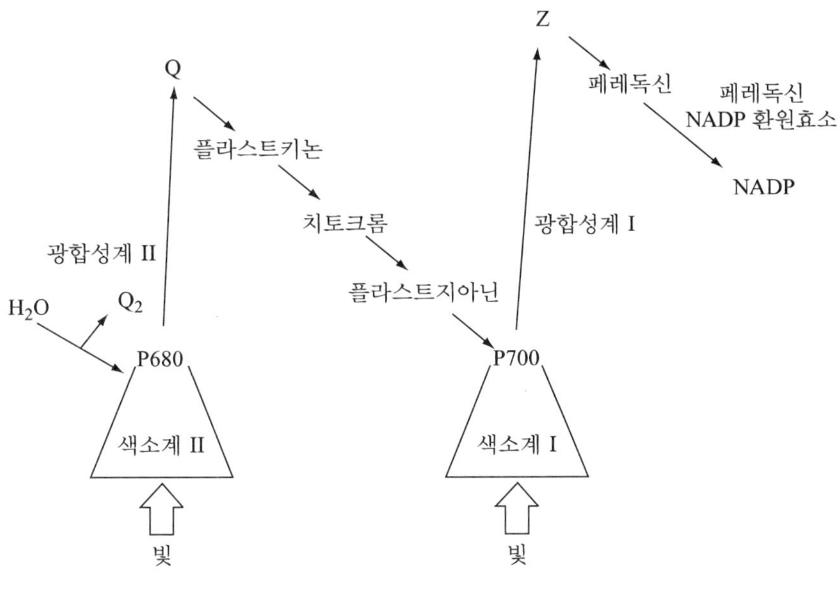

| 그림 7-38 | 엽록체와 수소화효소에 의한 수소 생성계

물이 광에 의해서 분해될 때에 양성자와 전자 이외에도 산소를 생성한다. 여기서 생성된 산소는 수소 생산을 억제한다. 이런 문제를 극복하기 위한 연구로 *C. reinhardtii*의 배양 발효조에 황성분을 고갈시키면 이산화탄소 고정과 산소 발생의 광포화율이 현저히 감소한다는 것이 발견되었다. 또한 배지에 황이 고갈되면 수소발생은 계속되나, 황을 넣어주면 황성분이 고갈될 때까지 수소 생산이 억제되며 황성분이 고갈된 후 다시 수소가 발생한다[12,13,14].

한편 이러한 문제를해결하기 위하여 고전적인 육종방법을 통해 산소에 상당한 내성을 지닌 변이주도 개발되고 있다. 예를 들면 *C. reinhardtii* 104G5, 155G6, 76D4 및 141F2는 녹조의 가역적 H_2ase의 산소 민감도를 야생주보다 더 경감 시키거나, 또는 산소가 존재할 경우에도 상당히 유리하게 수소 생산을 유지 시킬 수 있다[14]. 또한 산소에 내성을 증가시키기 위한 변이주를 생산할 목적으로 *C. reinhardtii*에 hyd A1[Fe]-히드로게나제(hydrogenase) 유전자를 클로닝하여 염기서열을 결정하는 연구도 진행되었다[15]. 앞으로 고전적인 육종방법과 DNA 재조합 또는 유전자기술을 결합하면 가역적 H_2ase의 산소 저항과 수소 생산력을 증가시킬 수 있을 것이 분명하다[16]. 최근 녹조게놈의 구조적 그리고 성숙 분열유전자의 기질화에 관한 총설에서 이 분야에 관하여 자세하게 설명하고 있다[17,18].

6.2.2 남조류 (cyanobacteria)

남조류는 푸른색-녹색의 조류로서 형태학적으로 단세포로서 여러 세포들이 모여 실 모양으로 균체를 이루는 종으로, 종이 넓고 다양하며 광합성적 독립영양 미생물이다. 따라서 엽록체와 색소 등을 함유하고 있다. 남조류는 종에 따라 호기성 및 혐기성 기능은 지니고 있으며 질소 고정 능력도 있는 것과 없는 종들이 있다[19,20].

남조류는 PS-II와 PS-I가 있어서 수소 생산은 이산화탄소를 중간 전자 전달체로 이용하는 광합성 부분과 수소 생산 부분을 분리한 공정으로 간접적 광분해라고도 한다.

$$12H_2O + 6CO_2 + \text{광에너지} \rightarrow C_6H_{12}O_6 + 6O_2$$
$$C_6H_{12}O_6 + 12H_2O + \text{광에너지} \rightarrow 12H_2 + 6CO_2$$

그림 7-39에서와 같이 1단계로 광합성에 의해 물을 산소, 수소이온 및 전자로 산화 분해하고 동시에 이산화탄소를 고정시켜 탄수화물을 축적한 고분자 저장물질(cell materials)을 균체 내에 합성한다. 즉, PS-II, PS-I 및 Fd를 거친 H^+와 공기중 이산화탄소를 고정시킨 고분자 저장물질(H_2-rich endogeneous cell material)이다. 2단계로는 광합성에 의한 혐기성 수소생산 과정인 PS-I을 거쳐 수소를 생산한다. 즉, 그림 7-40과 같이 고분자 저장물질로부터 전자가 Fd를 거쳐(질소 고정 박테리아), 또는 광인산화 반응에서 ATP생성과 연관된 역 전자전달에 의해

공급받은 전자가 질소 환원효소(nitrogenase, Nase)에 전달된다(질소 미고정 박테리아)[3,21,22].

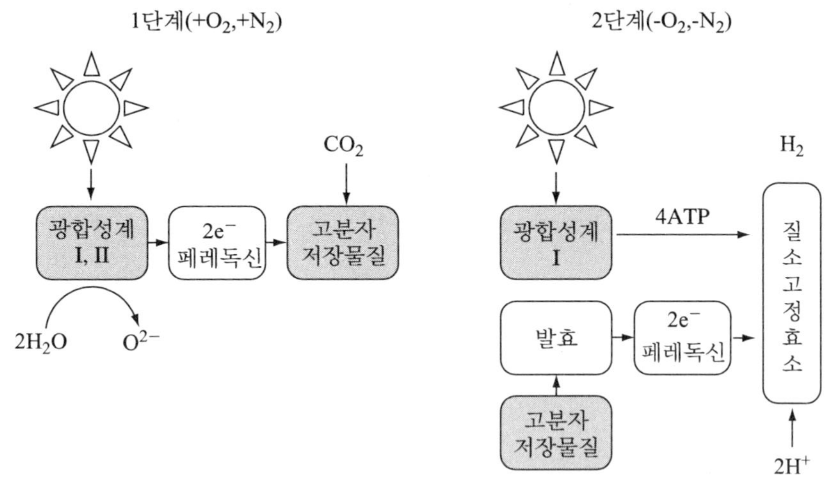

ㅣ그림 7-39ㅣ 남조에 의한 2단 광수소 생산 공정(간접 광분해)

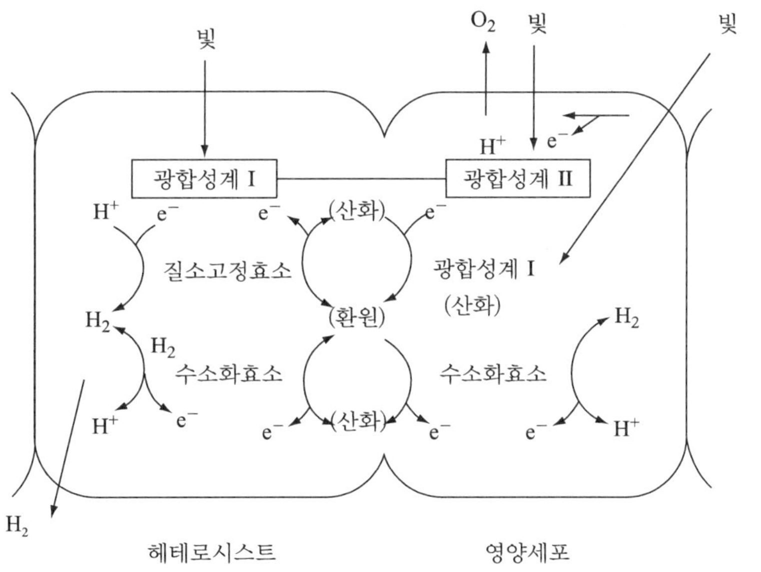

ㅣ그림 7-40ㅣ 남조균에 의한 수소 생성계

질소환원효소는 디니트로게나제(dinitrogenase; MoFe 단백질)와 디니트로게나제 환원효소(Fe 단백질) 성분으로 구성되어 있으며 산소와 질소가 없는 조건에서 아래와 같이 수소를 발생한다. 그러나 양방향성 수소화효소(bidirectional H_2ase)가 결핍된 변이종의 경우 수소 생산력이 높아진다[22].

$$N_2 + 8H^+ + 8e^- + 16ATP^{4-} \rightarrow 2NH_3 + H_2 + 16ADP^{3-} + 16pi$$
$$8H^+ + 8e^- + 16ATP^{4-} \rightarrow 4H_2 + 16ADP^{3-} + 16pi$$

질소 환원효소에 의한 수소생산은 수소화효소에 의한 방법보다 산소가 없다는 측면에서 유리하나, 그 반대로 ATP를 이용하는 비효율성과 그리고 수소를 소비하는 수소화효소(uptake hydrogenase)가 병존하므로 수소 생산이 낮은 단점이 있다.

$$H_2 \rightarrow 2H^+ + 2e^-$$

최근에는 이들 문제점을 극복하기 위한 여러 연구들이 진행되고 있다. 예를 들면 *Anabaena* PCC 7/20에서 수소 소비화효소(uptake H_2ase) 결여, 양방향성 수소화효소 결여 및 두 유전자가 동시에 결여된 변이주를 개발하여 수소 생산 속도를 야생 균주에 비하여 4 ~ 7배 향상시키고 있다[6,19,23]. 또한 1차로 기존 시아노박테리아로, 그리고 2차로 홍색 비유황박테리아 등을 적용하여 질소 환원효소가 관여하는 광합성 수소 생산 연구가 진행되고 있다.

6.2.3 광합성 박테리아

광합성 박테리아는 생육 과정 중에 유황을 요구하는 것과 그렇지 않은 것에 따라 홍액 비유황세균, 홍색 유황세균, 녹색 유황세균으로 구분한다. 이들 세균은 광학계-I(PS-I)만 갖고 있으므로 분자상 산소를 발생시킬 수 없으나 질소고정능력은 있다.

광합성 박테리아 중에서도 가장 많은 연구의 대상이 되는 것은 혐기성 조건에서 유기물을 기질로 하여 생육하는 홍색 비유황세균이다. 홍색 비유황세균에 의한 수소 생산 공정은 그림 7-41에서와 같이 유기산으로부터 광합성발효(photosynthetic fermentation)에 의해 수소를 생산한다.

$$CH_3COOH + 2H_2O + \text{광에너지} \rightarrow 4H_2 + 2CO_2$$

박테리아 광합성 시스템에 존재하는 박테리아 안의 엽록소와 색소에서 장파장의 빛 에너지를 흡수한다. 이러한 에너지 흡수로서 반응센터 복합체의 양면에 전위차가 발생하며 이러한 전위차는 순환적 전자 전달계를 생기게 한다. 이러한 순환적 광인산화(cyclic photophosphorylation)를 통하여 다시 ATP 등의 고에너지 화합물을 만들게 한다. 이때 전자 공여체(환원제)인 유기화합물과 일부 무기물이 산화하면서 배출한 전자가 페레독신을 환원시킨다. 이때의 환원력과 ATP를 이용하여 질소 환원효소가 질소원(N_2, NH_3, NH^+_4)이 없는 조건에서 수소이온을 수소로 환원시켜 분자상의 수소를 생산한다. 여기서 프로톤은 물로부터 유리되어 얻거나 유기화합물이 산화할 때 발생하는 전자들과 함께 온다[24-26].

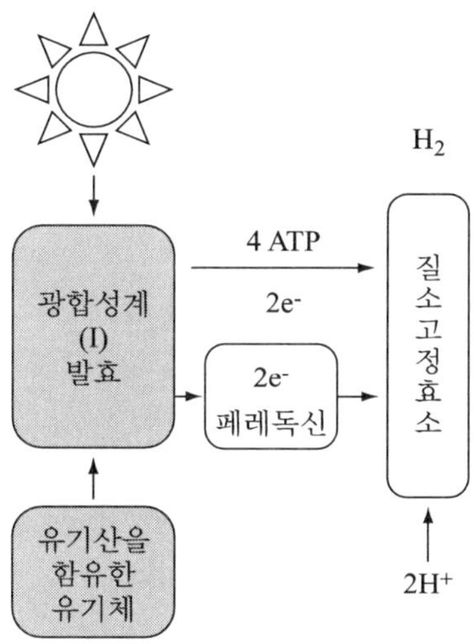

| 그림 7-41 | 광합성 박테리아에 의한 유기물의 광 분해

홍색 비유황세균은 유기화합물을 산화시켜 수소 생산에 필요한 전자들을 획득할 경우 전형적으로 낮은 전위의 전자를 필요로 한다. 이런 목적을 위해 선택된 일정한 무기화합물도 산화시킬 수 있다. 대부분의 홍색 비유황세균 종들은 발효폐액에 존재하는 화합물을 산화할 수 있다. 따라서 홍색 비유황세균은 수소 생산과 동시에 폐수 처리에도 동시에 적용할 수 있다[25,27].

홍색 비유황세균은 수소 생산에서 혐기성세균보다 유리하다. 홍색비유황세균은 전자 100%를 전자공여 담체로부터 수소 생산으로 전환시킬 수 있으나, 혐기성세균은 새로이 강화된 탄수화물에 존재하는 전자의 약 15%만이 수소 생산으로 전환이 가능하다[28]. 또한 홍색비유황세균은 녹조와 남조와는 달리 산소가 생성되지 않고 생산에 이용되는 전자 수도 낮으므로, 산소의 불활성화 및 수소생산효소를 보호하는 문제로부터 자유로운 장점이 있다[29].

최근에 들어 질소 환원효소의 합성과 활성의 규제[2,30], 수소를 소비하는 수소화효소의 무활성화[31,32], 수소 생산을 증가시키기 위하여 유전적으로 질소 환원효소의 조작[33], 다른 대사과정으로 환원제의 전환 억제[34], 배양기의 디자인[35-37]을 통한 수소 생산성 향상에 관한 연구 등이 발표되고 있다.

6.2.4 혐기성세균(암발효)

유기물의 혐기성 분해 공정에는 산성화(acidification), 메탄 생성 및 혐기발효가 있다. 앞에서 설명한 바와 같이 산성화는 탄수화물, 단백질, 지방과 같은 유기물을 단당류, 단당, 펩시드, 아미노산, 글리세린, 및 지방산으로 분해시키는 것이며, 이 경우 부산물로서 수소가 발생한다. 메탄 생성에서는 메탄과 CO_2를 생성하는데 글루코오스의 경우 메탄 전환율이 85%이다. 그러나 글루코오스에 있는 에너지의 대부분은 수소로 전환된다.

한편 혐기성발효에 의한 수소 생산은 산성화에 비하여 수소 생산량이 더 많으며, 메탄가스보다도 질적인 면에서 우수하다. 또한 전술한 광합성을 이용한 수소 생산공정에 비하여서도 장점들이 있다. 즉, 수소 생산 수율은 낮으나 광이 없는 상태에서도 수소 생산이 가능하며 폐수처리와 폐자원으로부터 수소 생산의 이중 목적을 달성할 수 있다.

수소생산을 위한 혐기발효는 분자상 산소가 존재하면 생육이 저해되는 편성(절대) 혐기성세균(strict anaerobe, obligate anaerobe)과, 분자상 산소를 필요하지 않으나 분자상 산소가 존재하여도 생육에 저해를 받지 않는 통성혐기성세균(facultative anaerobe)에 따라 수소 생산 방법에 차이가 있다.

통성혐기성세균으로 암발효를 통하여 바이오수소를 생산하는 가장 알려진 세균은 장내세균(*Enteric bacteria*)인 *E. coli*와 *Enterobacter*가 있다. 이들은 막대 모양이며 그람-음성균이다. 한편 편성혐기성세균으로는 클로스트리듐속(*Clostridia*)인 *Clostridium butyricum*, *Clostridium arcticum*, *Clostridium coccoides* 및 *Clostridium barkeri*가 알려져 있다. 클로스트리듐속 세균은 환경 조건이 불리하면 내생포자(endospore)를 형성할 수 있으며, 간혹 둥글거나 끝이 뾰족한 막대 모양이다. 막대 모양은 길이는 30μm, 직경은 0.5 ~ 2μm 정도로서 직선 또는 약간 굽은 형태를 지니고 있다[38].

*Enterobacter sp.*와 같은 통성혐기성균은 그림 7-42와 같이 균 자체 내에 존재하는 생화학적인 반응인 EMP경로를 거쳐 담체인 유기물을 피루브산염(pyruvate)

화하고, 아래 반응에서와 같이 포르메이트 하이드러전 리아제(formate hydrogen lyase, FHL)에 의해 수소와 이산화탄소로 분해한다[4,39,40].

$$\text{피루브산염} + \text{CoA} \rightarrow \text{acety1-CoA} + \text{포르메이트(formate, HCOOH)}$$

$$\text{포르메이트} \xrightarrow{\text{formate hydrogen lyase}} H_2 + CO_2$$

통성혐기성균은 산소에 덜 민감하므로 환원제를 넣어줄 필요가 없으며 수소 생산 속도와 공정이 단순한 장점이 있으나 편성혐기성균에 비해 수소 생산 수율이 낮은 단점도 있다[40-42].

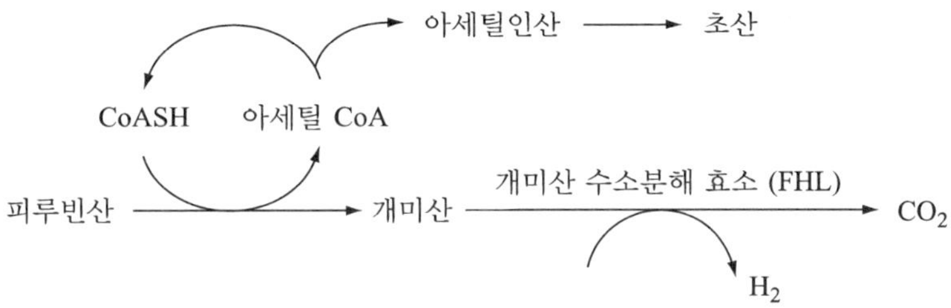

| 그림 7-42 | 암발효에서 통성혐기성세균에 의한 수소 생산 경로

편성혐기성균인 *Clostridium sp.*는 그림 7-43과 같은 과정을 거쳐 수소를 생산한다. 즉, 수소 발효과정에서 담체인 유기물이 당분해(glycolysis)과정에 의해서 주로 피루브산염으로 전환되고, 이것이 아세틸-코엔자임에이(acety1-CoA)로 산화하여 아세틸인산(acetyl phosphate)으로 전환된다. 여기서 ATP와 아세트산염의 배출이 이루어진다. 피루브산염이 아세틸-코엔자임에이로 산화할 때에 Fd(red)가 필요하다. 이 환원된 Fd는 전자와 Fd(ox)를 발생하는 수소화효소에 의하여 산화되며 동시에 수소를 발생시킨다[40,43-45].

$$\text{피루브산염} + \text{CoA} + 2\text{Fd(ox)} \xrightarrow{\text{Pyruvate:ferredoxin oxidoreductase(PFOR)}} \text{acety1-CoA} + CO_2 + 2\text{Fd(red)}$$

$$2H^+ + \text{Fd(red)} \rightarrow H_2 + \text{Fd(ox)}$$

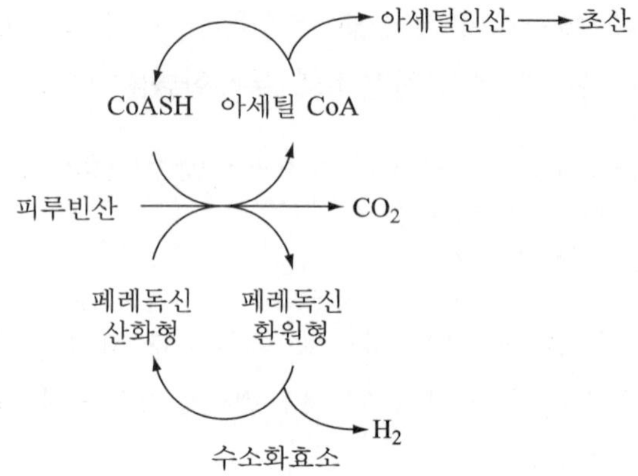

| 그림 7-43 | 암발효에서 편성혐기성세균에 의한 수소 생산 경로

Clostridium butyrium 및 *Clostridium pasteurianum* 등은 수소와 CO_2 이외에도 낙산염(butyrate), 유산염(lactate), 초산염(acetate), 부탄올 및 에탄올을 동시에 생산한다. 이상의 대사산물의 비는 배양조건에 따라 달라질 수 있다. 그러나 유기물 담체는 탄수화물, 그 중에서도 글루코오스가 주종을 이루며 이것은 주로 초산과 낙산으로 발효한다[46].

$$C_6H_2O_5 + 2H_2O \rightarrow 4H_2 + 2CH_3COOH + 2CO_2$$
$$C_6H_2O_5 + 2H_2O \rightarrow 2H_2 + CH_3(CH_2)_2COOH + 2CO_2$$

수소 생산의 목표는 글루코오스의 이론적인 수율인 1mol 당 12mol이다. *Clostridia*의 경우 글루코오스에서 4mol의 수소와 2mol의 아세틱산을 생산한다. 따라서 수소량은 이론치의 33% 수준에 지나지 않는다. *Clostridia*는 유산, 포름산 등의 여러 가지 산들을 생산한다. 이 경우 여기서 생산된 초산염을 광합성 박테리아에 의한 수소 생산 기질로 사용하면 높은 효율의 수소 발생을 유도할 수 있다[47,48].

$$2CH_3COOH + 4H_2O \rightarrow 8H_2 + 2CO_2$$

미생물과 기질의 종류, 반응조건 및 배양방법에 따른 수소 발생량은 표 7-24과 같다. 이들 결과는 최근 발표된 논문에서 재 인용한 것이다[47,49].

표 7-24 ▸ 미생물, 기질, 및 반응조건에 따른 암발효에서의 수소 발생량

적용 미생물	기 질	작업 방법	pH/온도	최대수소 생산량
C. butyricum ATCC19398	글루코오스 (3g/L)	회분식	7.2/35°C	1.8mol H_2/mol Sub.
C. thermolacticum	락토오스(10g/L)	연속식	7.0/58°C	3.0mol H_2/mol Sub.
Klebsiella oxytoca PH1	글루코오스 (10g/L)	회분식	7.0/65°C	1.0mol H_2/mol Sub.
T. thermosaccharolyticum PSU-2	수크로오스 (10g/L)	회분식	6.25/60°C	2.53mol H_2/mol Sub.
T. maritima DSM3109	글루코오스 (7.5g/L)	회분식	6.5/65°C	1.67mol H_2/mol Sub.
폐수처리 공장 슬러지	감자처리 폐수 (21g COD/L)	회분식	6.0/~	0.1L H_2/g COD
하수 슬러지	식품폐기물	연속식	6.5/35°C	0.39L H_2/g COD
고온성세균과 혼합배양	과육	회분식	5.5/60°C	6.33L H_2/g POME
C. acetobutylicum X9 + *Ethanoligenens harbinense* B49	결정성 셀룰로오스	회분식	~/37°C	1.8L H_2/g POME
C. saccaroperbutylacetonicum ATCC27021	치즈유장(49.2g lactose/L)	회분식	6.0/30°C	2.7mol H_2/mol 락토오스
*Lactobacillus delbrueckii*와 *Rhodobacter sphaeroides* RV	글루코오스 (16mM 초산과 10mM유산)	–	–	7.1mol H_2/mol 글루코오스
C. butyricum, E. aerogenes HO-39, *Rhodobacter* sp. M-19	전분 제조 폐기물	–	–	7.2mol H_2/mol 글루코오스

혐기성 박테리아인 *C. butyricum* ATCC19398는 글루코오스로부터 1.8mol H_2/mol 글루코오스를 생산하였다. *C. thermolacticum*는 고온성 박테리아로서 용액 상태의 유산염, 에탄올, 아세트산염이 함류된 유산으로부터 3.0mol H_2/mol의 수소를 생산한다. 통성혐기성세균인 *Klebsiella oxytoca* PH1과 *T. thermosaccharolyticum* PSU-2은 고온성으로서 전자는 수소 생산량이 1.0mol H_2/mol 글루코오스, 후자는 야자오일 공장의 슬러지에서 분리한 균으로 pH 6.25 60°C에서 2.53mol H_2/mol 수크로오스를 생산하였다. 이 경우 유기산의 축적으로 발효가 느리다.

전분, 폐수, 및 셀룰로오스가 주성분인 기질은 가격이 저렴하며 폐수처리와

동시에 수소를 생산할 수 있으므로 많은 연구가 진행되고 있다. 탄수화물 농도가 높게 설정된 감자 처리 폐수를 폐수처리 공장 슬러지로 혼합배양하여 0.1L H_2/g COD를 생산하였다. 식품폐기물을 연속식 침출상 반응조에서 하수슬러지와 혼합배양할 경우 0.39L H_2/g COD의 수소가 발생하였다. *Ethanoligenens harbinense*는 당단류를 수소로 잘 전환시키지만, 셀룰로오스에서는 수소를 발생시키지 못한다. 그러나 *C. acetobutylicum*와 같은 다른 박테리아를 혼합하면 수소 발생량이 현저히 증가한다. 과육을 고온성세균과 혼합배양한 경우 6.33L H_2/과육g을 얻었다. 치즈장유는 약 5%의 락토오스를 함유하고 있으므로 암발효의 좋은 기질이다. 락토오스가 함유된 폐수를 다른 산물로 전환시키는 많은 기술이 적용되어 왔으나, 폐수의 이용과 처리는 유제품 산업에서 아직 문제 중의 하나로 남아 있다.

수소 생산은 2단계 발효과정을 적용하면 현저히 증가한다. 유산박테리아인 *Lactobacillus delbrueckii*와 광합성박테리아인 *Rhodobacter sphaeroides* RV를 혼합고정화배양 방법으로 글루코오스로부터 7.1mol H_2/mol 글루코오스를 생산하였다. 전분 생산 폐기물을 3 종류의 박테리아로 2단계 발효 과정을 거친바 7.2mol H_2/mol 글루코오스를 생산하였다.

현재 생물학적 수소 생산은 다른 에너지와 비교하여 경쟁력은 없다. 그러나 더 많은 연구가 진행되면, 가격이 저렴한 바이오매스가 원료이며 또한 환경적인 기술이 강조되고 있는 측면에서 생물학적 수소 생산은 새롭게 각광 받는 에너지 생산 공정이 될 것이다[50].

참고문헌

1. www.fao.org/docrep/w7241e/w7241e0.5.htm 2007.07.11.
   (edi.) Miyamoto, K., Renewable biological systems for alternative sustainable energy production, FAO, Corporate document repository, Chap. 1-5, 1-87, 1997
2. Seibert, M., King, P. W., Posewitz, M. C., Melis, A., Ghirardi, M. L., Chap.22 Photosysthetic water-spliting for hydrogen production, In: Wall, J. D., Harwood, C. S., Demain, A., Bioenergy, ASM Press, pp. 273-291, 2008
3. Das, D. and Veziroglu, T. N., "Hydrogen production by biological processes: a survey of literature", Int. J. Hydrogen Energy, 26:13-28, 2001
4. 신종환, 박태현, 생물학적 수소생산공정, 화학공학 44(1), pp. 16-22, 2006

5. Schulz, R., Hydrogenases and hydrogen production in eukaryotic organisms and cyanobacteria, J. Mar. Biotechnol., 4:16-22, 1996
6. Winkler M, Hemesehemeier A, Gotor G, Melis A, Happe T. [Fe]-hydrogenase in green algae: photo-fermentation and hydrogen evolution under sulfer deprivation, Int J. Hydrogen Energy, 27:1431-1439, 2002
7. Frey, M. Hydrogenases: hydrogen-activating enzymes. Chem-biochem., 3:153-160, 2002
8. Ghirardi, M. L., Hydrogen production by photosysthetic green algae, Indian J. Biochem. Biophys., 43:201-210, 2006
9. Appel, J., Schultz, R., Hydrogen metabolism in organisms with oxygenic photosysthesis: hydrogenases as important regulatory devoices for a proper redox poising, J. Photochem. Photobiol., B 47:1-11, 1998
10. Cournac, L., Redding, K., Ravenell, J. D., Rumeau, D., Josse, E. M., Kuntz, M., Peltier. G., Electron flow between photosystem II and oxygen in chloroplast of photosystem Ⅰ-deficient algae is mediated by a quinol oxidase involved in chlororespiration, J. Biol. Chem., 275:17256-17262, 2000
11. Nandi, R., Sengupta, S., Microbial production of hydrogen: an overview, Crit. Rev. Microbial., 24:61-84, 1998
12. http//web.mit.edu/~pweigele/www/PBH2 2007.06.21
Ghirardi, M. L., Zhang, L., Lee, J. W., Flynn, T., Seibert, M., Greenbaum, E., Microalgal: a green source of renewable H_2, Tibtech December, vol.18, pp. 506-511, 2000
13. Melis, A., Zhang, L., Forestier, M., Ghirardi, M. L., Seibert, M., Sustained photobiological hydrogen gas production upon reversible inactivation of oxygen evolution in the green algae *Chlamydomomnas reinhardtii.,* Plant Physiol., 122: 127-136, 2000
14. Laurinavichene, T. V., Tolstygina, I. V., Galiulina, R. R., Ghirardi, M. L., Seibert, M., Tsygankov, A. A., Dilution methods to deprive *Chlamydomomnas reinhardtii c*ultures of sulfur for subsequent hydrogen photoproduction, Int. J. Hydrogen Energy, 27:11-12, pp. 1245-1249, 2002
15. www.eere.energy.gov/hydrogenandfuelcells/pdfs/ 2007-06-21
Seibert, M., King, P., Zhang, L., Met, L., Ghirardi, M., Molecular engineering of algal H_2 production, pp. 1-10, 2002
16. Flynn, T., Ghirardi, M. L., Seibert, M., Accumulation of O_2-tolerant phenotypes in H_2-producing strains of *Chlamydomomnas reinhardtii* by sequential applications of chemical mutagenesis and selection, Int. J. Hydrogen Energy, 27: 1421-1430, 2002

17. Happe, T., Hemschemeier, A., Winkler, M., Kaminski., A., Hydrogenases in green algae: do they save the algae's life and solve our energy problems?, Trends Plant Sci., 7:246-250, 2002
18. Ghirardi, M., Posewitz, L., Maness, P-C., Dubini, A., Yu, J., Seibert, M., Hydrogenases and hydrogen photoproduction in oxygenic photosysthetic organisms, Annu. Rev. Plant Biol., 58:71-91, 2007
19. Levin, D. B., Pitt, L., Love, M., Biohydrogen production: prospects and limitations to practical application, Int. J. Hydrogen Energy, 29:173-185, 2004
20. Pinto, F. A. L., Troshina, O., Lindblad, P., A brief look at three decades of research in cyanobacterial hydrogen evolution, Int. J. Hydrogen Energy, 27:1209-1215, 2002
21. Das, D., Veziroglu, T. N., Hydrogen production by biological processes: a survey of literature, Int. J. Hydrogen Energy, 26:13-28, 2001
22. Hallenbeck, P. C., Benemann, J. R., Biological hydrogen production; fundamental and limiting processes, Int. J. Hydrogen Energy, 27:1185-1193, 2002
23. Liu, J., Bukutin, V. E., Tsygankov, A. A., Light energy conversion into H_2 by anabaena variables mutant PK84 dense culture exposed in nitrogen limitaations, Int. J. Hydrogen Energy, 31:1591-1596, 2006
24. Lindblad, P., Christensson, K., Lindberg, P., Fedorov, A., Pinto, E., Tsygankov, A., Photoproduction of hydrogen by wild-type anabaena PCC 7120 and a hydrogen uptake deficient mutant: from laboratory experiments to outdoor culture, Int. J. Hydrogen Energy, 27:1271-1281, 2002
25. Prince, R. C., Kheshgi,H., S., The photobiological production of hydrogen: potential efficiency anad effectiveness as a renewable fuel, Crit. Rev. Microbiol., 31:19-31, 2005
26. Rey, F. E., Heiniger, E. K., Harwood. C. S., Redirection of metabolism for biological hydrogen production, Appl. Environ. Microbial., 73:1665-1671, 2007
27. Bolton, J. R., Solar photoproduction of hydrogen, Sol. Energy, 57:37-50, 1996
28. Barbosa, M. J., Rocha, J. M., Tramper, J., Wijffels. R. H., Acetate as a carbon source for hydrogen production by photosynthetic bacteria, J. Biothechnol. 85:25-33, 2001
29. Angenent, L. T., Karim, K. Al-Dahhan, M. H., Wrenn, B. A., Domiguez-Espinosa. R., Production of bioenergy and biochemicals from industrial and agricultural wastewater, Trends Biotechnol., 22:477-485, 2004
30. Zhang, Y., Pohlmann, E. L., Conrad, M. C., Roberts, G. P., The poor growth of *Rhodospirillum rubrum* mutants lacking PII proteins is due to an excess of glutamine synthetase activity, Mol. Microbial, 61:497-510, 2006
31. Zhang, Y., Wolfe, D. M., Pohlmann, E. L., Conrad, M. C., Roberts. G. P. Effects of AmtB homologues on the post-translational regulation of nitrogenase activity in

response to ammonium and energy signals in *Rhodospirillum rubrum,* Microbiology, 152:2075-2089, 2006

32. Rey, F. E., Oda, Y., Harwood, C. S., Regulation of uptake hydrogenase and effects of hydrogen utilization on gene expression in *Rhodopseudomonas palustris*, J. Bacteriol., 188:6143-6152, 2006
33. Vignais, B. M., Toussaint. B., Molecular biology of membrane-bound H_2 uptake hydrogenases, Arch. Micribiol., 161:1-10, 1994
34. Barney, B. M., Igarashi, R. Y., Dos Santos, P. C., Dean, D. R., Seefeldt, L. C., Substrate interaction at an iron-sulfur face of the FeMo-cofactor during nitrogenase catalysis. J. Biol. Chem., 279:53621-53624, 2004
35. Vincenzini, M., Marchini, A., Ena, A., Philippis, R. D., H_2 and poly-β -hydroxybutyrate, two alternative chemicals from purple non sulfur bacteria, Biotechnol, Lett., 19:759-762, 1997
36. Gosse, J. L., Engel B. J., Rey, F. E., Harwood, C. S., Scriven, L. E., Flickinger. M. C., Hydrogen production by photoreactive nanoporous latex coatings of nongrowing *Rhodopseudomonas palustris* CGA009, Biotechnol. Prog., 23:124-130, 2007
37. Carlozzi, P., Pushparaj, A., Degl'Innocenti, B., Capperucci. A., Growth characteristics of *Rhodopseudomonas palustris* cultured outdoors, in an underwater tubular photobioreactor, and investigation on photosynthetic efficiency, Appl. Micribiol. Biotechnol., 73:789-795, 2006
38. Khanal, S. K.(edi.), Anaerobic biotechnology for bioenergy production, Priciples and applications, Wiley-Blackwell, pp. 189-219 2008
39. Hallenbeck, P. C., Fundamentals of the fermentative production of hydrogen, Water Sci. Technol., 52:21-29, 2004
40. Fascetti, E., Todini, O., *Rhodobacter sphaeroides* RV cultivation and hydrogen production in a one-and two-stage chemostat, Appl. Micribiol. Biotechnol., 22:300-305, 1995
41. Tanisho, N., Kuromoto, M., Kadokura, N., Effects of CO_2 removal on hydrogen production by fermentation, Int. J. Hydrogen Energy, 23:559-563, 1998
42. Yokoi, H., Tokushige, T., Hirose, J., Hayashi, S., Takasaki, Y., Hydrogen production by immobilized cells of aciduric *Enterobactor aerogenes* strain HO-39, J. Ferment. Bioeng., 83:481-484, 1997
43. Rachman, M. A., Furutani, Y., Nakashimada, Y., Kakizono, T., Nishio, N., Enhanced hydrogen production in altered mixed acid fermentation of glucose by enterobacter aerogenes, J. Fermen. Bioeng., 83:358-363, 1997

44. Dabrocks, B., Bahl, H., Gottschalk, G., Parameters affecting solvent production by *Clostridium pasteurianum*, Appl. Environ. Microbiol., 58:1233-1239, 1992

45. Nath K., Das D., Improvement of fermentative hydrogen production-various approach, Appl. Micribiol. Biotechnol., 65:520-529, 2004

46. Miyake, J., Mao, X. Y., Kawamura, S., Photoproduction of hydrogen by a co-culture of a photosynthetic bacterim and *Clostridium butyricum*, J. Ferment. Technol., 62:531-535, 1984

47. Nath, K., Das, D., Hydrogen production by *Rhodobacter sphaeroides* strains O.U. 001 using spent media of *Enterobacter cloacae* strain DM11, Appl. Microbiol. Biotechnol., 68:533-541, 2005

48. Das. D., Veziroglu, T. N., Advances in biological hydrogen production processes, Int. J. Hydrogen Energy, 33:6046-6057, 2008

49. Lee, G. M., Chen, P. G, Wang, G. G., Tung, Y. G., Photohydrogen production using purple non-sulfur bacteria with hydrogen fermentation reactor effluent, Int. J. Hydrogen Energy, 27:1308-1314, 2002

50. Chong, M-L., Sabaratnam, V., Shirai, Y., Hassan, M. A., Biohydrogen production from biomass and industrial waste by dark fermentation, Int. J. Hydrogen Energy, 34:3277-3287, 2009

PART 08

바이오디젤

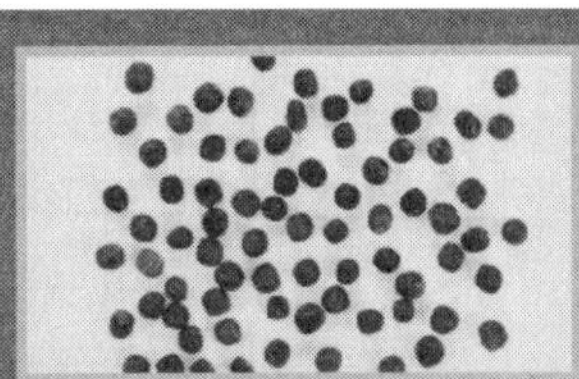

Chapter 01

바이오디젤이란?
Biodiesel?

식물성 기름의 전이에스테르화(transesterification), 즉 바이오디젤(bio-diesel)의 생성 반응은 이미 1853년부터 입증되어 왔다. 디젤엔진(CI엔진)이 발명(1893년)된 후 프랑스 파리에서 개최된 엔진시연(1900년)에서는 완전한 식물성 바이오디젤은 아니지만 땅콩기름이 이용되었다[1]. 그 후 엔진연료로서 식물성 기름의 사용이 계속 예견되었으나, 기름 자체의 높은 점도와 불완전 연소로 인한 연료로서의 문제점이 많고, 더욱이 1900년대 초 가격이 저렴한 화석연료인 석유디젤(petrodiesel)의 출현으로 디젤엔진도 석유디젤에 적합하게 변화되었다. 따라서 식물성 바이오디젤의 생산공정 및 활용은 거의 사장되어 왔다[2].

그러나 바이오디젤은 1990년대 들어 유럽을 주축으로한 독일, 프랑스 및 스웨덴, 그리고 2000년대에는 미국의 경우에도 많은 사람들의 관심의 대상이 되었다. 이들 국가들은 바이오디젤의 활용을 촉진하기 위해 여러 종류의 감세나 보조금 등을 지급하고 있다. 이렇게 바이오디젤 연료에 세계적 관심이 모아지는 데에는 다음과 같은 여러 가지 이유가 있다[3-5].

1) 화석자원의 고갈, 가격 불안정 및 해외 의존도를 극복할 수 있다.
   또한 폐유와 같은 자국의 자원을 재활용할 수 있다.
2) 바이오디젤은 환경친화적, 즉 온실가스 감축 및 대기 오염물질의 배출을 감소시킨다. 전과정 평가(life cycle assessment, LCA) 관점에서 기존 디젤유와 비교하면 바이오디젤의 경우 이산화탄소 배출량을 75% 정도 감소시킬 수 있다.
3) 기존 디젤엔진을 변경하지 않고 그대로 사용할 수 있다.
4) 바이오디젤은 독성이 적고 생물학적 분해력이 높다. 윤활성이 좋아 엔진 수명이 연장된다. 인화점(155°C)이 높아 취급, 저장, 운반에 안전하다 (석유디

젤은 77°C).

5) 기존 연료분배 인프라를 그대로 사용한다.
6) 원료작물 재배로 농가소득 증대 및 일자리 창출이 가능하다.
7) 기본 원료인 메탄올의 가격이 비교적 저렴하다.

바이오디젤에는 이상의 여러 가지 이점이 있지만 고려해야 할 점들도 있다. 바이오디젤을 대량으로 생산하려면 많은 양의 유지 자원이 필요하며, 이를 위해 병충해 내성을 지닌 유전자조작 작물재배와 과도한 토지 이용이 요구된다. 따라서 식량작물과 경쟁을 완화하고, 토양침식을 최소화하고 과도한 농약과 비료사용에 의존하지 않는 조방적 재배방법으로 충분한 양의 유지자원 작물을 재배하는 방안을 찾아야 한다.

바이오디젤에 대한 산업자원부의 정의에 따르면 「"바이오디젤"이라 함은 식물성 유지(油脂; 쌀겨, 폐식용유, 대두유, 유채유 등)와 알코올을 반응시켜 만든 지방산(脂肪酸)메틸에스테르로서 순도가 96.5% 이상인 것」을 말한다[6]. 또한 제시한 바이오디젤 품질 기준에도 합당해야 한다.

한편 외국의 정의에는 원료 측면에서 식물성 유지 이외에 동물성 유지 그리고 폐유지도 포함하고 있다. 또한 기존 디젤엔진(CI)을 거의 또는 전혀 개조함이 없이 완전하게 연소하는 대체 또는 재생에너지이며, 미국의 경우는 ASTM D 6751의 품질기준에 합당해야 한다. 바이오디젤은 Clean Air Act 조항 211(b)에 따라 미환경청(US EPA)에 연료와 연료 첨가제로 등록되었다[5-7].

바이오디젤 100%의 경우에서는 여러 가지 문제점이 발견되고 있으며 가격도 비싸므로 기존 석유디젤과 혼합하여 사용한다. 국내의 경우 산업자원부 고시에 따르면 「"바이오디젤 혼합유"(BD20)라 함은 석유제품인 자동차용 경유 80%와 바이오디젤 20%를 혼합하여 대체하여 사용할 수 있는 연료」를 말한다. 국내에서는 BD라고 표시하나, 외국의 경우는 B100, B20, B2 등으로 표시한다. 혼합 비율은 바이오디젤의 vol.%이다.

BD100은 추운 지방에서 조작성, 엔진과 연료 시스템의 일치성, 그리고 바이오디젤의 용해특성에 문제가 있다고 알려져 있다. 즉, BD100은 유동이 느려서 추운 지역에서는 특수 첨가제나 연료가열 시스템이 필요하다. 또한 석유디젤에서 바이오디젤로 교환하여 사용하면 초반에 바이오디젤이 기존 디젤연료 탱크의 침전물을 녹여 연료필터를 막는다는 보고도 있다. 물론 미국 캘리포니아주 버클리에서 관용차에 B100을 성공적으로 도입한 사례도 있다[4].

국내의 경우 BD2나 BD5는 모든 정유사의 주유소를 통하여 일반 경유 차량에 보급중이며 BD20(바이오디젤 20±3%)은 자기책임하에 관리 가능한 일부사업장(지자체 등)의 버스, 트럭 등에 제한 보급하고 있다. 바이오디젤의 가격 경쟁력을 확보하기 위하여 면세기간의 연장, 차량 부품의 품질 보증과 결부하여 바이오디젤의 품질기준을 유럽 EN 14214수준으로 상향 조정하는 문제, 그리고 바이오디젤 원료의 확보 및 수급안정화 차원에서 유채 생산 공급체계의 구축, 국내 폐식용유의 수거율향상 및 해외 유지자원의 확보 등을 해결해야 한다[8].

바이오디젤 원료로 유럽에서는 주로 유채유와 해바라기유, 미국과 브라질은 대두유, 캐나다와 호주는 유채유와 폐식용유, 일본은 폐식용유를 사용한다. 국내에서는 폐식용유를 비롯하여 정제대두유, 유채유, 팜유 및 자트로파유 등 다양한 원료를 사용하며, 2008년 초 20여 사에서 81만 kL/년의 바이오디젤을 생산하였다.

참고문헌

1. Nitseke, W. R., Wilson, C. M., Diesel, R., Pioneer of the age of power, Norman, UK: University of Oklahoma Press, 1965, In: Demirbas, A., Biodisel, Springer, pp. 112-116, 2008
2. Demirbas, A., Biodiesel, Springer, pp. 112-116, 122-138, 141-173, 2008
3. Ma, F., Hanna, M. A., Biodiesel production: a review, Bioresour. Technol., 70:1-15, 1999
4. http://www.ucsusa.org/clean_vehicles.... 2007.08.21
   Clean Vehicles, Biodiesel
5. http://www.eere.energy.gov/afdc/altfuel.... 2007.08.20
   Biodiesel Benefits
6. 지식경제부 고시 제 2002-54호, 바이오디젤 시범보급사업추진에 관한 고시, 2002
7. http://www.biodiesel.org/resources/definitions.... 2007.08.21
   Biodiesel
8. 지식경제부 고시 제 2007-83호, 이용 및 보급확대 연료의 인정에 관한 고시, 2007

유지자원

Oil & Fat Resources

2.1 유지자원의 분류

유지는 식용유 및 공업원료에 이르기까지 실제 모양과 종류가 다양하다. 유지자원은 그림 8-1과 같이 분류한다. 유지는 글리세롤(glycerol)의 지방산 에스테르(ester)로서 상온에서 육안상으로 액체인 지방유(脂肪油; fatty oil)와 고체인 지방(fat)을 총칭한다.

유지는 취득원에 따라 식물성유과 동물성유 그리고 식물성 지방과 동물성 지방으로 분류한다[1]. 식물성 지방유는 기름을 공기 중에 얇은 층으로 도포하고 방치할 경우 산화중합이 일어나서 경화되는 건성유와 액체 상태를 그대로 유지하

- 유지
  - 기름
    - 식물유
      - 건성유 — 아마인유, 해바라기유, 동유 등
      - 반건성유 — 면실유, 옥수수유, 대두유, 유채유, 참기름 등
      - 불건성유 — 올리브유, 낙화생유, 아주까리 유 등
    - 동물유
      - 어유류 — 어유(정어리유 등)
  - 지방
    - 식물지
      - 체인길이 보통 — 팜유, 카카오지방 등
      - 체인길이 짧음 — 코코넛유, 팜핵유
    - 동물지
      - 체인길이 보통 — 우지, 돈지(라드) 등
      - 체인길이 짧음 — 유지(버터 등)

| 그림 8-1 | 유지의 분류

는 불건성유 그리고 그 중간 상태를 유지하는 반건성유로 구분한다. 한편 유지를 단순히 먹을 수 있는 식용 식물유와 못 먹는 식물유로도 구별할 수 있다.

2.2 유지자원의 종류

유지자원의 종류는 표 8-1에서 언급한 바와 같이 다양하다. 기후와 풍토에 따라 지역 고유의 유지자원과 종(species)이 생육하고 있다. 여기서는 몇 가지 주요 유지자원만 선발하여 설명하고자 한다.

1) 유채유(rapeseed oil, rape oil, oilseed rape, canola oil)

유채는 1~2년생 초본으로 *Brassicaceae*과(科), *Brassica*속(屬)에 속하는 *B. napus*(흑종)와 *B. campestris*(적종)이 기름생산을 목적으로 재배되고 있다. 적종의 원산지는 스칸디나비아 반도, 핀란드, 시베리아 지역이며, 흑종은 적종이 양배추와 자연교잡하여 생긴 것으로 중부 유럽이 원산지이다[2].

유럽의 경우 1991년 이후 유채유는 기름에 에루신산(erucic acid)과 글루코지노레이트(glucosinolates)의 함량이 낮은 품종으로 전환되었다. 캐나다에서는 1970년대에 에루신산(2% 이하)과 글루코지노레이트(30μmoles)가 적게 함유된 유채를 육종하여 카놀라(canola)라고 칭하였다. 1930~40년대 들어온 아르헨티나의 *B. napus*와 폴란드에서 들어온 *B. rapa*를 근간으로 하여 *B. juncea*와 기타 다수의 카놀라 변종들을 생산하였다. 이들 카놀라에 유전자 조작을 통해서 제초제에 내성이 있는 라운드업레디(roundup ready)와 리버티링크(liberty link) 변종, 그리고 기존 돌연변이 육종으로 클리어필드(clearfield) 변종이 만들어졌다. 이 외에도 잡종 카놀라 변종이 육종되어 2007년 현재 캐나다 유채 재배면적의 약 80%를 점하고 있다[3]. 유럽은 2007년 제초제(glyphosate)에 저항성이 강한 GT 73의 유통 승인을 결정함에 따라서 앞으로 10년간 유전자 변형 채종유를 수입, 사료용, 및 가공용으로 허용하였다.

국내의 경우 유채가 언제 전래되었는지 명확하지는 않지만 농사고문헌인 「산림경제」에 「운대」라는 이름으로 기록되어 있는 것으로 보아 1600년도 중엽에도 재배된 것으로 짐작된다. 품종은 외국에서와 같이 과거부터 흑종이 재배되어 온 것으로 여겨진다. *B. napus*의 일부 품종은 춘파가 가능하며 *B. rapa*의 품종은 대부분 춘파가 가능하다. 재배지역은 평균 최저기온이 −5°C 이남지역 즉, 연평균 기온이 12°C 선을 통과하는 곳이 유채 월동지역으로 볼 수 있다. 따라서 제주도, 경상도, 전라도 남부지역이 이에 해당한다[2].

유채는 십자화과의 쌍떡잎 식물이며 잎은 피침형이다. 줄기는 약 80 ~ 150cm 정도로 표면이 매끈하고 녹색을 띤다. 꽃은 원줄기와 각 분지의 선단에 총상화서로 핀다. 꽃은 노란색으로 긴 꽃자루에 홑꽃으로 꽃잎과 꽃받침이 각 4쪽으로 갈라진다. 종실은 둥글며 1,000립(粒)의 무게는 2.5 ~ 4.5kg이고, 1L의 무게는 650g 정도이다. 종실은 개화 후 약 2개월에 익으며 종피색은 흑색 또는 적갈색을 나타낸다. 생육 중인 유채와 종자는 그림 8-2, 8-3과 같다.

| 그림 8-2 | 꽃이 만개한 유채

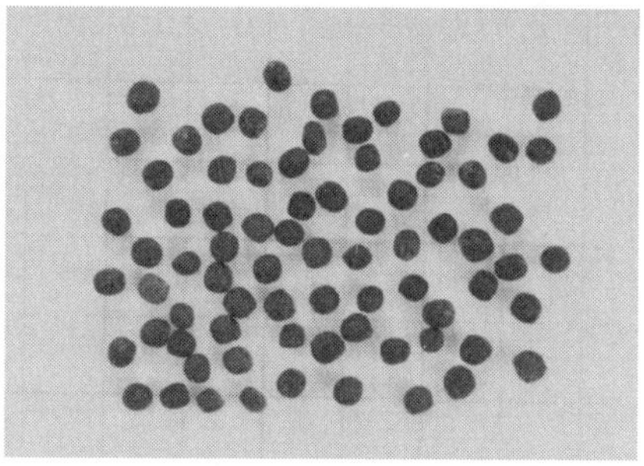

| 그림 8-3 | 유채 종자

국내 장려 유채품종의 주요 특성은 표 8-1과 같다[4].

표 8-1 ▶ 유채품종의 주요 특성

구 분	수 량 (kg/10a)	기 름 (%)	올레산 (%)	에루신산 (%)	글루코지노레이트 (%)
유달유채	242	45.0	10	56	11.12
내한유채	275	43.0	59	0	1.03
영산유채	289	43.9	69	0	0.42
청풍유채	412	44.5	65	0	1.79
한라유채	279	45.0	65	0	1.51
탐라유채	300	45.6	56	0	2.69
탐미유채	287	45.2	62	0	2.30

1960년대 유채를 재배하던 초기 단계에는 일본 품종을 선발 도입하여, 전남과 경남 지역은 미유기, 제주에는 아사히가 식재되었다. '60년대 말에는 성분개량이 안된 품종인 유달을 보급하였고, '80년대부터 성분이 개량된 품종을 육종하여 보급하였다[5]. 최근 들어 유채 경작 면적을 확대하기 위하여 과잉 생산되고 있는 보리를 유채로 대체할 경우, 보리 재배 소득에 버금가는 보조금을 지급하고 있다. 또한 겨울철에 논 재배용인 선망을 적극 보급하고 있는데, 이 품종은 10a에 유채종자 448kg을 생산하며 기름 함유량도 45%에 달하는 우수한 품종으로 알려져 있다.

2) 팜유·팜핵유(palm oil·palm kernel oil)

팜유는 대두유에 버금가는 세계의 주요 유지자원이다. 팜유의 주요 생산지는 적도를 기준으로 남·북반부 10° 내외인 말레이시아, 인도네시아, 중남미 및 서아프리카 지역으로 동남아시아의 경우 전체 팜유 생산량의 85%를 차지하고 있다.

기름야자나무로는 5000년 이상 된 이집트 무덤 단지 내의 잔사에서 발견된 서아프리카가 원산지인 *Elaeis guineensis,* 중남미가 원산지인 *E. oleifera*와 *E. odora*가 알려져 있으나, 현재 동남아시아에서 주로 재배되고 있는 것은 *E. guineensis*의 재배품종인 테너라(tenera)종이다[6].

기름야자나무는 식재 후 3년이면 결실을 맺기 시작하고 1년에 여러 차례 결실을 맺는다. 식재 후 8~13년 사이에 생산량이 가장 많고 25~30년이 지나면 생산량이 감소하여 벌채한다. 연평균 생산량은 헥타당 약 3.5~5t 정도이다. 야자나무 1그루는 8~12개의 과실뭉치를 지녔고 그 각각은 15~25kg 그리고 1000개 이상의 과실을 지니고 있다[3]. 기름야자나무와 과방(과실과 공과방)은 그림 8-4, 8-5와 같다.

| 그림 8-4 | 기름야자나무

| 그림 8-5 | 과실과 공과방

팜유는 과실의 중과피(mesocarp)를, 그리고 팜핵유는 핵(kernel)을 압착하여 채취하며 비율은 일반적으로 10 : 1로 팜유가 대부분을 차지한다. 조팜유는 카로틴을 함유하고 있으므로 붉은 오렌지색이며 정제, 표백, 탈취하면 밝은 금색기름이 된다. 팜유는 반건성유에 속한다. 한편 팜핵유는 불건성유이다. 기름을 생산할 때에 부산물로 공과방(空果房; empty fruit bunch), 중과피 섬유(mesocarp fiber), 쉘(shell), 그리고 팜핵 박(palm kernel cake)을 얻을 수 있다. 이들 부산물은 사료, 연료, 활성탄 등에 이용하며 폐액은 폐기 처분한다[6].

팜유의 약 80% 정도는 식용이며, 나머지 20%와 팜핵유 70% 정도가 식품 외의 용도인 비누제조, 유지화학품(oleochemicals), 종이, 가죽, 고무, 섬유 등에 이용된다. 팜유는 독성이 없으며 생분해가 잘 일어난다. 팜디젤유는 3주 내에 약 98%가 생분해된다[7]. 최근 들어 팜유 산업이 바이오디젤 생산에 참여하고 있다.

표 8-2는 몇 가지 유지작물의 생산량과 제배 면적을 나타내고 있다. 여기서 보는바와 같이 오일팜 생산량은 2006년 36.9백만t이며, 평균 기름생산은 연간 약 3.74t/ha로 다른 유지작물에 비하여 월등히 높다[3].

표 8-2 ▸ 몇 가지 유지작물의 생산량 및 재배면적

유지작물	생산 (백만t)	전체생산 (%)	평균 유지수율 (t/ha/yr)	전체면적 (백만ha)	면적비율 (%)
대 두	35.19	34.24	0.38	92.63	42.27
해바라기	11.09	10.79	0.48	22.95	10.47
유 채	18.34	17.84	0.67	27.29	12.45
오일팜	36.90	35.90	3.74	9.86	4.50
계	102.78[1)]			219.15[2)]	

주. [1), 2)] 7종의 유지작물에 국한한 면적

3) 대두유(soy oil, soya oil, soybean oil)

대두는 *Glycine max(L)*로 콩과의 1년생 초본이다. 원산지는 중국 동북부이나 오늘날에는 온대지역에서 광범위하게 재배되고 있다. 대두의 주요 생산국은 미국, 브라질, 아르헨티나, 중국, 인도이며 최근에는 남미의 대두 생산이 북미를 넘어섰다[2,3]. 유전자 조작 대두도 1996년 이후 상업화되고 있다.

대두유는 세계 식물 생산유 중에서 가장 많은 양을 차지하고 있다. 대두는 약

16~22%로 비교적 소량의 기름을 함유하고 있다. 세계 대두 생산량 중에서 약 85%가 식용이나 채유용으로 사용한다. 채유용 중에서는 95%가 식용유이며 나머지 5%가 지방산, 비누류 및 바이오디젤(soy methyl esters)과 같은 공업용으로 사용된다[3].

4) 해바라기유(sunflower oil)

해바라기(*Helianthus annuus*)는 국화과 해바라기속으로 1년생 초본이다. 원산지는 중앙아메리카에서 러시아에 걸쳐 넓은 지역이다. 해바라기 종자의 기름 함유량은 28~47%이다. 해바라기유는 주로 식용, 그리고 해바라기 종자는 식용 및 새 먹이로 이용한다[2,3]. 미국의 경우 해바라기 기름을 일가 불포화지방산, 다가 불포화지방산 및 포화지방산 함량에 상품명을 달리하여 판매하고 있다[3].

5) 자트로파유(physic nut oil)

*Jatropha curcas*는 아프리카, 라틴 아메리카 및 동남아시아의 300~1,000m 이하의 열대 건조지역에서 생육하는 아교목으로 약 50년간 생육할 수 있다. 자트로파는 지역에 따라 여러 종들이 있으나 가장 일반적으로 생육하는 종은 *Jatropha curcao*로 자트로파를 대표한다. 일반명으로 피직넛(physic nut) 또는 퍼르징넛(purging nut)라고도 한다.

자트로파는 수고 약 8m, 직경 20cm 정도로 건기에는 낙엽이 지는 활엽수이다. 최적 생육온도는 20~28°C이지만 적은 서리에는 잘 견딘다. 척박하고 건조한 토양에서도 생육이 가능하며, 인공식재, 관수, 토양비배 등으로 열매 생산량을 증가시킬 수 있다. 자트로파의 재배비용은 옥수수의 1/2, 그리고 유채씨의 1/3 정도이므로 다른 유지식물에 비하여 경제성이 있다고 알려져 있다.

자트로파는 3~5년생부터 열매를 맺기 시작하여 약 30년간 열매를 채취할 수 있다. 꽃은 우기에 피지만 습한 지역에서는 꽃이 연중 개화한다. 개화 3개월 후에 열매가 성숙한다. 종자는 약한 검은색의 난상 타원형으로 길이는 1.5~2.0cm이며 직경은 1cm 정도이다. 종자수율은 약 1,500~10,000kg/ha이며, 기름은 약 540~3,400l/ha 정도로서 수령과 입지에 따라 차이가 크다. 카보베르데(Cape verde)형의 경우 종자밀도는 440~549g/l이며 100개의 종자는 67.5~70g 정도이다[8,9]. 자트로파나무와 종자는 그림 8-6, 8-7과 같다.

| 그림 8-6 | 자트로파 나무

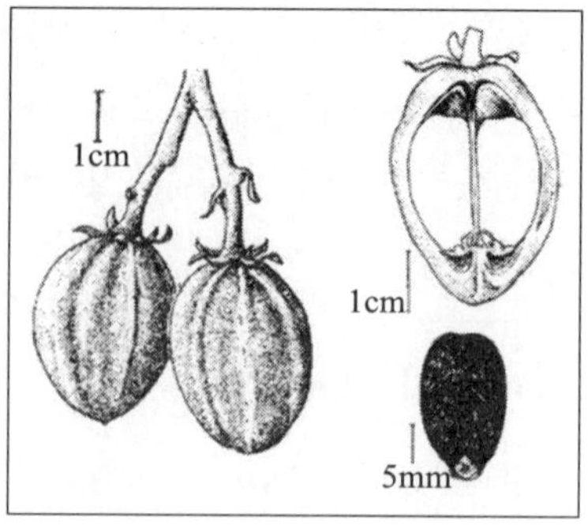

| 그림 8-7 | 자트로파의 종자

종자의 조성분을 분석한 결과는 표 8-3과 같다[8,9].

표 8-3 ▸ 자트로파 종자의 조성분

항 목	성 분 (%)
수 분	6.25
단백질	18.0
지 방	38.0
탄수화물	17.0
조섬유	15.5
회 분	5.3

주. 지방 중 FFA는 최대 1.5% 미만

자트로파의 종자는 지역과 품종 및 추출방법에 따라 차이는 있으나 약 32~35%의 유지를 함유하고 있다. 과거에는 비누제조, 비료, 살충제, 전통약으로 사용하였으나 최근에는 바이오디젤 생산에 적극 이용되고 있다

자트로파 종자로 바이오디젤을 생산할 경우 생태·환경적 측면에서 자트로파가 건조 척박지에서도 생육 가능한 점, 토양침식과 보존에 유리한 점, 그리고 자체 독성이 있어 병충해에 강한 점 등을 장점으로 들 수 있다. 기타 경제적 특성은 다른 바이오작물과 동일하다[8].

6) 폐식용류

국내 바이오디젤 생산량(약 10만t)의 1/4이 폐식용유로부터 생산된다. 폐식용류의 재이용은 연료 생산이라는 측면과 폐기물 처리라는 측면에서 일석이조의

효과가 있다. 한편 원료 측면에서는 유지식물의 기름보다 저렴하나, 폐식용류의 수거 방법이 제도적으로 확립되어 경제성이 확보되어야 한다.

7) 기타 주요 식물성유 [10]

아마인유(linseed oil): *Linum usitatissimum*, 1년생 초본, 유분은 28 ~ 44%
동유(tung oil): *Aleurites fordii*, *A. cordata*, 낙엽 교목, 유분 35%
홍화유(safflower oil): *Carthamus tinctorius*, 1년생 초본, 유분 26 ~ 37%
면실유(cottonseed oil): *Gossypium*속 총칭, 1년생 초본, 종자의 유분 15 ~ 25%
옥수수유(corn oil): *Zea mays*, 1년생 초본, 배아부의 유분 40 ~ 45%
참기름(sesame oil): *Sesamum indicum*, 1년생 초본, 종자의 유분 35 ~ 56%
미강유(rice bran oil): *Oryza sativa*, 1년생 초본, 쌀눈의 유분 15 ~ 21%
올리브유(olive oil): *Olea europaea*, *O. sylvestris*, 상록 교목, 과실의 유분함량은 40 ~ 60%
낙화생유(groundnut oil, peanut oil): *Arachis hypogaea*, 1년생 초본, 콩의 유분 함량이 40 ~ 50%
피마자유(castor oil): *Ricinus communis*, 다년생 초본, 종자는 유분 35 ~ 57%
카카오유(cacao butter): *Theobroma caca*, 상록 교목, 카카오두(豆)는 유지함량이 50 ~ 57%
코코넛유(coconut oil): *Cocos nucifera*, 교목, 압착법에 의하여 채취한 지방, 핵내부의 지방질을 건조한 코프라는 유분이 65 ~ 75%

8) 우지(牛脂; beef tallow, grease)

소의 지육에 함유된 유지를 증기로 가열하여 용출하는 방법으로 추출하여 얻은 기름으로 미국과 호주에서 주로 생산

9) 돈지(豚脂; lard)

10) 기타 동물성유

어유(fish oil)
유지(butter) 등이 있다.

2.3 유지의 채취 및 정제

2.3.1 유지의 채취

생물체에 함유된 유지는 다양한 형태의 과실, 견과류 및 종자 조직의 세포 내에서 작은 입자로 존재하고 있다. 따라서 유지를 산업적으로 채취하기 위해서는 세포를 여러 가지 방법으로 처리하여 유지를 밖으로 유출시켜야 한다.

식물성 유지의 원료에는 흙, 모래, 나무조각, 쇠조각, 잡곡 등의 협잡물이 들어 있으므로 우선적으로 정선 작업을 거쳐야 한다. 금속 조각은 전자석분리기에, 그리고 가벼운 협잡물은 중력분리기를 거친다. 종피가 얇은 콩, 유채 및 쌀겨는 기존 정선장비로도 충분하지만, 피마자, 면실 등 종피가 단단한 것은 탈각과 분쇄롤(roll)을 통과시켜 마쇄한다.

현재 유지를 채취하는 방법으로는 일반적으로 동물성 원료에서는 용출법을 그리고 식물성 원료에는 압착법 및 추출법을 이용한다.

1) 용출법(rendering)

우지, 돈지와 같은 동물성 원료로부터 채유할 경우 주로 이용한다. 원료를 세척하여 불순물을 제거하고 원료를 적당한 크기로 절단한다. 원료를 가마에 넣고 열을 직접 원료에 가열하는 건식법과 원료를 물과 함께 끓이거나 직접 고압 증기를 접촉시켜 유지를 용출시키는 습식법이 있다. 후자의 경우가 유지의 품질이 좋고 채취율도 우수하다[11].

2) 압착법(mechanical expression)

유지를 채취하기 전에 우선적으로 원료의 정선, 분쇄, 열처리를 거친 후 기계적 압착(pressing)에 의해 유지를 채취한다. 즉, 유착기(expeller)로 원료를 기계적으로 압착하여 기름을 채취한다. 압착법은 대두나 쌀겨 이외의 유지함량이 높은 원료에 사용한다.

열처리 방법은 분쇄한 원료를 직접 압착하는 냉압법과 원료를 가열하여 세포막을 파괴하고 단백질을 응고시켜서 유지의 유동성을 높여 기름 채취율을 증가시키는 온압법이 있다. 전자는 양질의 유지를 얻을 수 있으나 수율이 낮고, 후자는 수율은 양호하나 처리 조건에 따라 색소나 냄새 물질이 혼입될 수 있다. 열처리 작업은 소규모일 경우는 시루같은 장치를 사용하고 대규모 공장에서는 케틀(kettle)을 사용하여 50 ~ 60lb의 증기를 직접 불어 넣어 찌는 수도 있다. 한편 유채, 땅콩 및 쌀겨는 분쇄 전에 솥에 넣고 교반하면서 직화식으로 가열한다.

열처리된 원료를 압착기에 넣고 기름을 채취하는 공정으로 회분식과 연속식이 있다. 압착기는 쐐기압착기(wedge press), 나사압착기(screw press) 및 수압기(hydraulic press)가 있으나 주로 수압식 압착기가 사용된다. 회분식에서는 케이즈프레스(cage press)와 피스톤(piston press)과 같은 수압기를 주로 사용한다. 연속식은 연속유착기에서 착유한다. 상부의 원료 투입구로 원료를 넣고 다공 원통 내의 스크루를 회전시키면 스크루가 원료에 압력을 가하여 유지가 유출된다. 유채의 경우도 스크루형인 회분식 또는 연속식유착기를 사용한다[11,12]

3) 추출법(solvent extraction)

원료를 용제로 추출하여 기름을 채취하는 방법으로 채유법 중에서 채유율이 가장 높고 유지함량이 적은 대두와 같은 원료에 적합하다. 한편 최근에는 유지함량이 많은 원료에서도 압착법과 추출법을 병용한 착유법을 이용하고 있다.

추출용 용제로는 석유벤젠, 벤졸, 이유화탄소 등이 주를 이루었으나 현재는 노르말헥산(n-hexane)을 주로 사용한다. 용제는 유지를 잘 추출하고 유지 이외의 물질은 추출하지 않으며, 회수하기 알맞은 비점을 지녀야한다. 또한 기화열과 비열이 낮고, 인화와 독성 등의 위험성이 적고 가격도 저렴해야 한다. 그러나 공해문제로 몇 종류의 용제는 사용이 금지되고 있다.

기존 추출방법은 원료의 압편(壓扁), 건조 및 추출의 단계를 거치는 방법과 압착법과 추출법을 병용하는 방법, 즉 유지 함량이 높은 유지종자 원료를 연속식 압착기(expeller)로 예비압착하여 잔유 유지함량이 15 ~ 20%로 한 후에 얇은 조각(flake)으로 재압편하여 2차로 착유하고 남은 압착박(粕)을 용제로 추출하여 착유하는 두 가지 방법이 있다. 압편은 원료의 세포를 파괴하여 용제가 침투하기 쉽도록 마쇄 압착시켜 얇은 조각 상태로 만드는 것이다. 압편에서는 크기가 균일한 조각으로 제조하는 것이 중요하다. 압편기는 롤(roll)로 구성되어 있으며 롤 간격으로 입자 크기를 조절한다. 용제 추출 시 수분함량은 최소한 낮은 것이 유리하다. 일반적으로 3 ~ 5%가 적당하다. 추출방법은 추출장치에 따라 회분식, 반향류식 추출 및 연속식 추출이 있다. 연속식 추출기로 Rotocel 또는 Dessmet 연속 추출장치가 사용되고 있다. 이 분야는 유지공업에 관한 다른 서적을 참조하기를 바란다[11,12].

최근에는 초임계 이산화탄소로 식물성 유지를 효과적으로 추출한다. 이 경우 시료 전처리 과정에 필요한 시간을 단축시킬수 있으며 채취한 기름도 기존 방법에서 채취한 기름보다 우수하거나 그에 버금간다[13,14].

2.3.2 유지의 정제

미정제 원유(crude oil)는 단백질, 유리 지방산, 검질, 점질물, 색소 등의 여러 가지의 불순물을 함유하고 있다. 이러한 물질들을 사용 목적에 따라 제거할 필요가 있다. 전형적인 정제 방법으로는 탈검, 화학적 및 물리적 정제, 탈색, 및 탈취 공정이 있다.

1) 탈검공정(degumming)

채유된 유지에는 0.3 ~ 2.0%의 글리세라이드(glyceride)와 기타 불순물들이 함유되어있는데 이런 물질들은 유지 정제공정을 곤란하게 하므로 탈산처리 전에 제거한다. 이 불순물은 75 ~ 80°C에서 1 ~ 3%의 물이나 수증기로 처리하면 유지가 수용성에서 불용성으로 전환한다. 불용성인 불순물은 정치법이나 원심분리법으로 제거한다.

2) 탈산공정(deacidification)

채유된 유지에 존재하는 유리지방산과 탈검작용에서 제거되지 않은 인지질 및 기타 불순물 등을 제거한다. 탈산 방법으로는 원유에 알칼리를 반응시키거나 원유를 용제에 용해시키는 방법, 지방산 증류법, 및 에스테르화법이 있다. 가장 일반적인 방법으로는 알칼리(NaOH)를 첨가하여 유리지방산을 검화물과 함께 원심분리로 제거하는 것이다. 일부 색소 물질도 제거되어 색상이 개선된다. 한편 NaOH가 유리지방산 및 인지질과 선택적으로 완전하게 반응하는 것이 아니므로 약간의 트리글리세라이드(triglyceride)가 가수분해되어 감화한다[14]

3) 탈색공정(decolorization)

미정제 유지에서 색을 나타내는 물질은 주로 황적색계의 카로텐노이드(carotenoid)류와 엽록소(chlorophyll) 등인데, 이들은 산처리로 활성화시킨 활성백토 또는 활성탄에 흡착시켜 제거할 수 있다. 즉, 교반기와 가열장치가 있는 탱크에 탈산유지를 넣고 100 ~ 110°C로 가열한 후에 흡착제(0.5 ~ 3.0%)를 넣어 1시간 동안 교반한 후에 필터프레스로 여과한다[12].

4) 탈취공정(deodorization)

탈산, 탈색공정을 거쳤음에도 유지 중에는 유리지방산, 카르보닐화합물, 알데하이드류, 불포화 탄화수소, 케톤류, 잔존 색소, 스테롤(sterol)류, 정제 중에 생성된 자동 산화물 등이 미량으로 존재하여 악취와 독특한 냄새를 풍긴다. 탈취공정은 감압(1 ~ 6mmHg) 조건에서 고온(220°C)의 수증기를 유지에 흡입시켜 휘발성 물질을 유출, 제거함과 동시에 불순물을 열분해시키고 불활성화시킨다[13]. 대두원유를 이상의 여러 가지 공정을 거치는 동안 불순물 함유량의 변화는 표 8-4와 같다[12].

표 8-4 ▸ 대두유 정제공정에 따른 불순물 함유량의 변화

	유리지방산 (%)	인 (ppm)	금속 Fe(ppm)	전체 토코페롤 (ppm)	스테롤 (ppm)	스쿠알렌 (ppm)
원 유	0.61	600	2.8	1,132	3,870	143
탈검유	0.31	58	2.1	1,116	3,730	142
탈산유	0.05	13.1	0.2	997	3,010	140
탈색유	–	–	–	863	3,050	137
탈취유	0.02	0.16	0.2	726	2,620	89

참고문헌

1. 藤川坂馬, 油化学便覧, 日本油化学会編, 丸善, 東京, pp. 602-606, 2001
2. 이정일, 채영암, 강광희, 조재성, 공예작물학, 향문사, pp. 76-93, 100-121, 1996
3. http://www.soyatech.com 2006.09.08
   Canola facts, Palm oil facts, Sunflower facts, Soy facts
4. http://www.mokpo.nics.go.kr 2006.09.08
   유채
5. http://www.maf.go.kr/index.jsp 2007.03.16
   농림수산부, 바이오디젤용 유채생산 시범사업 시행계획
6. Malaysian Palm Oil Board, 2004 Malaysian oil palm statistics, Selangor, Malaysia, pp. 1-148, 2005, In: 坂 志朗, バイオディーゼルのすべて, 洋文 社, pp. 2-10, 2006

7. 大木道則, 化学便覧 基礎編Ⅰ (改訂4版), 日本化学会編, 丸善, 東京, p. 270, 1993
8. Achten, W. M. J., Verchot, L., Franken, Y. J., Mathijs, E., Singh, V. P., Aerts, R., Muys, B., Review: Jatropha bio-diesel production and use, Biomass and Bioenergy, 32: 1063-1084, 2008
9. http://www.jatropha.de/oil.htm. 2008.01.16
Properties of Jatrophacurcasoil
10. 坂 志朗(編著者), バイオディーゼルのすべて, 洋文社, pp. 2-138, 304-327, 2006
11. 양한철, 식품공업, 세문사, pp. 171-189, 1991
12. 生稲淳一, 油脂·脂質の基礎と応用, 日本油化学会編, 日本油化学会, 東京, pp. 204-207, 2005
13. Fang, T., Goto, M., Wang, X., Ding, X., Geng, J., Sasaki, M., Hirose, T., Separation of natural tocopherols from soybean oil byproduct with supercritical carbon dioxide, J. Supercrit. Fluids, 40:50-58, 2007
14. Demirbas, A., Biodiesel from vegetable oils via transesterification in supercritical methanol, Energy Convers. Mgmt., 43:2349-2356, 2002

Chapter 03

유지 화학

Oil Chemistry

3.1 지방과 유지

지방질(lipids)에 대한 명확한 정의는 없지만 일반적으로 물에 녹지 않고 유용성 용매(fat solvents)에 잘 녹는 물질로서 지방산의 에스테르(fatty acid ester)로 존재하거나 지방산의 에스테르를 형성할 수 있는 물질을 의미한다. 지방을 다시 감화할 수 있는 지방(saponifiable lipids)과 감화할 수 없는 지방으로 구분하는데 유지는 전자에 속한다[1].

유지(fats and oils)는 지방산(fatty acid)과 글리세롤(glycerol, GL)의 에스테르인 트리글리세라이드(triglycerides; TG)의 혼합물이다. 유지는 실온에서 액체인 경우 “oils” 그리고 고체인 경우 “fats”라고 표현하나 이것은 융점의 차이에서 오는 외견상 명칭이며 화학적 구조로는 동일하다.

3.2 지방산

3.2.1 지방산의 종류 및 구성

지방산은 자연에 존재하며 가수분해할 경우에 유기산을 형성한다. 대개의 경우 탄소 수는 4개 이상이며 직선 쇄상의 카르복실기(-COOH)를 하나만 지닌 유기산들이다. 유지는 이미 언급한바와 같이 지방산과 글리세롤의 트리글리세라이드의 혼합체이다. 따라서 유지의 특성은 글리세롤이 아닌 지방산의 종류에 따라

정해진다. 지방산은 그 구조에 이중결합의 유무에 따라 포화 지방산과 불포화 지방산으로 구별한다.

1) 포화 지방산

자연에서 발견되는 포화지방산들 중에서 $C_{12} \sim C_{24}$에 달하는 지방산은 표 8-5와 같다.

표 8-5 ▸ 주요 포화지방산

포화지방산의 이름	탄소수	구 조
로오린산 (lauric acid)	C_{12}	$CH_3(CH_2)_{10}COOH$
미리스틴산 (myristic acid)	C_{14}	$CH_3(CH_2)_{12}COOH$
팔미틴산 (palmitic acid)	C_{16}	$CH_3(CH_2)_{14}COOH$
스테아린산 (stearic acid)	C_{18}	$CH_3(CH_2)_{16}COOH$
아라키딘산 (arachidic acid)	C_{20}	$CH_3(CH_2)_{18}COOH$
베헤닌산 (behenic acid)	C_{22}	$CH_3(CH_2)_{20}COOH$
리그노세린 산 (lignoceric acid)	C_{24}	$CH_3(CH_2)_{22}COOH$

리오린산(lauric acid)은 실온에서 고체 상태인 지방으로 끓는 물에도 거의 녹지 않는다. 리오린산은 코코넛 야자유와 팜야자씨 기름의 주성분이다. 팔미틴산과 스테아린산은 각종 유지의 주요 지방산이다. 베헤닌산과 리그노세린산은 땅콩기름에 일부 함유되어 있다.

2) 불포화 지방산

지방산 중에서 그 분자 속에 이중결합이나 드물게는 삼중결합을 지닌 탄소사슬로 연결된 경우 불포화 지방산이라 한다. 대표적인 불포화 지방산들은 표 8-6과 같다.

표 8-6 ▸ 주요 불포화지방산 (다음 페이지에 계속)

불포화 지방산	탄소수	구 조
팔미티올레인산 (palmitoleic acid)	$C_{16:1}$	$CH_3(CH_2)_5CH{=}CH(CH_2)_7COOH$ (cis)
올레인산 (oleic acid)	$C_{18:1}$	$CH_3(CH_2)_7CH{=}CH(CH_2)_7COOH$ (cis)

표 8-6 ▸ 주요 불포화지방산

불포화 지방산	탄소수	구 조
엘라이딘산 (elaidic acid)	$C_{18:1}$	$CH_3(CH_2)_7CH{=}CH(CH_2)_7COOH$ (trans)
리놀레인산 (linoleic acid)	$C_{18:2}$	$CH_3(CH_2)_4CH{=}CHCH_2CH{=}CH(CH_2)_7COOH$ (cis, cis)
리놀레닌산 (linolenic acid)	$C_{18:3}$	$CH_3CH_2CH{=}CHCH_2CH{=}CHCH_2CH{=}CH(CH_2)_7COOH$ (cis, cis, cis)

불포화 지방산 중에서도 가장 대표적인 것이 올레인산(oleic acid)이다. 이 산은 탄소 수가 18개이며 이중결합은 9번 탄소위치에 하나 존재한다. 불포화 지방산에 이중결합이 하나 있을 때마다 시스형(*cis* form)과 트랜스형(*trans* form)의 두 개의 이성질체가 생긴다. 올레인산과 엘라이딘산은 화학구조가 동일한 시스형과 트랜스형인 이성질체이다.

리놀레인산은 탄소 수가 18개이며, 9번과 12번 탄소위치에 이중결합이 존재하고, 리놀레닌산은 탄소 수가 18개이지만 이중결합이 9번, 12번과 15번 탄소위치에 3개의 이중결합이 존재한다. 이들 이중결합은 안정성이 높은 공액형 이중결합(conjugated double bond systems)을 갖고 있지 않고 독립형 이중결합(isolated double bond systems)으로 존재하고 있다. 한편 드문 경우이지만 3중결합이나 환상구조를 지닌 지방산도 있다.

3.2.2 유지에 함유된 지방산 조성

주요 유지의 지방산 조성은 표 8-7와 같다[2,3,4].

표 8-7 ▸ 유지의 지방산 조성 (%) (다음 페이지에 계속)

	유채유	팜 유	대두유	쌀겨유	자트로파유	해바라기유	쇠기름
$C_{12:0}$	–	0.4	–	–	5.9	–	–
$C_{14:0}$	–	1.0	–	0.3	2.7	–	3.1
$C_{16:0}$	3.1	39.5	10.7	16.2	13.5	6.7	0.7
$C_{16:1}$	0.1	0.2	–	0.2	–	–	23.9
$C_{18:0}$	1.0	4.1	3.2	1.8	6.1	4.2	17.5
$C_{18:1}$	15.3	43.2	25.0	43.4	21.8	24.0	43.9

표 8-7 ▸ 유지의 지방산 조성 (%)

	유채유	팜 유	대두유	쌀겨유	자트로파유	해바라기유	쇠기름
$C_{18:2}$	13.1	10.6	53.3	35.3	47.4	63.5	2.3
$C_{18:3}$	8.3	0.2	5.4	1.2	–	0.4	0.1
$C_{20:0}$	0.7	0.4	0.4	0.7	–	0.3	0.1
$C_{20:1}$	0.6	0.2	0.2	0.5	–	0.1	0.3
$C_{22:0}$	0.7	–	0.4	0.2	–	0.8	–
$C_{22:2}$	48.4	–	–	–	–	–	–
기타	3.3	0.2	1.6	0.4	2.7	1.2	2.5

표 8-7에서 보는 바와 같이 대부분의 유지는 올레인산(18 : 1), 리놀레인산(18 : 2), 팔미틴산(16 : 0), 그리고 스테아린산(18 : 0)이 주종을 이루고 있다. 한편 개량하기 전의 유채유는 에루신(erucic acid)이 48.4%로 높게 함유되어 있다. 그러나 글루코지노레이트(glucosinonate)와 에루신산 함량이 낮은 유채종이 육종되어 전세계적으로 재배되고 있다. 일명 카놀라유(canola oil)는 올레인산이 60%, 리놀레인산이 23%, 리놀레닌산이 8%, 그리고 에루신산 함량은 단지 1% 미만이다. 팜유는 팔미틴산이 39.5% 그리고 올레인산이 43.2%인 것이 특징이다. 유지와 돈지는 식물성 유지와 달리 팔미틴산과 리놀레닉산이 현저히 높다. 자트로파 종자유는 C_{18}의 불포화지방산인 올레인산과 리놀레인산이 주종을 이루고 있다. 그러나 지역과 품종에 따라서 조성 지방이 다양하다[5]. 국내의 경우도 전술한바와 같이 성분 개량형인 영상유채는 에루신산이 없으며 올레인 산이 주종을 이룬다.

3.2.3 유지의 성질 [6–12]

유지의 조성은 식물성유지의 경우 품종과 재배조건 등에 영향을 받으며 동물의 경우도 종자, 사료 및 영양관계에 따라 약간의 개별적 차이가 있다. 이에 따라 물리적, 화학적 성질에도 차이가 있으나 일반적으로 종(species)에 따라 대체로 특징적인 조성을 지니고 있다.

1) 융점(melting point)

유지는 순수한 화합물과는 달리 일정한 온도에서 용융하지 않고 일정한 범위의 온도에서 녹는다. 그 이유는 성질이 다른 수많은 트리글리세라이드의 혼합물이며 동일 트리글리세라이드 분자라도 그 결정형(무정형, α-, β-, β'-)에 따라 고유의 용융점을 갖고 있기 때문이다. 포화 지방산의 경우 탄소수가 증가함에 따라 표 8-8과 같이 융점이 증가한다.

표 8-8 ▸ 지방산과 그 에스테르에 따른 융점, 비점 및 점성

	융 점 (°C)		비 점 (°C/Pa)		점 성 (mPa·s/°C)	
	RCOOH	$RCOOCH_3$	RCOOH	$RCOOCH_3$	RCOOH	$RCOOCH_3$
로오린산	44.2	5.1	298.9	262	5.34/60	1.25/70
팔미틴산	63.1	30.6	351.5	136/133	8.89/65.2	3.00/60
스테아린산	69.6	39.1	376.1	186/266	9.58/70	3.67/60
올레인산	13.3	−19.8	234/2,000	217/2,000	13.2/48.9	2.21/70
리놀레인산	−5.0	−	202/200	194/800	−	−
리놀레린산	−10.0	−	197/500	173/333	−	−

2) 비중(specific gravity)

유지의 비중은 액체나 고체 상태에 상관없이 비교적 일정한 수준의 수치를 나타낸다. 표 8-9에서와 같이 유지들 간에는 비중의 차이가 크지 않다. 일반적으로 불포화 지방산의 함량이 높을수록 증가하며, 지방산기의 길이(fatty acid residue)가 길어질수록 감소한다.

표 8-9 ▸ 주요 유지의 비중, 옥도가 및 감화가

유 지	비 중	옥도가	감화가
채종유	0.913~0.917	94~105	169~179
대두유	0.924~0.927	122~134	189~194
팜유	0.924	49.2~58.9	200~205
해바라기유	0.924~0.926	129~136	188~193
자트로파유	0.920	13	190~198
쇠기름	0.859	35.4~42.3	196~120

3) 인화점(flash point)과 연소점(fire point)

유지가 계속적으로 연소를 지속하는 온도를 연소점이라고 하며 정유 정제정도, 순도, 유지 내의 유리지방산 함량 등의 영향을 받는다. 인화점은 유지에서 발

생되는 증기(fumes)가 공기와 섞여서 발화하는 온도를 의미한다. 예를 들면 옥수수 기름의 경우 발화점은 178°C, 인화점은 284°C, 그리고 연소점은 346°C이다. 대두유들도 정제방법에 따라 차이가 있다. 엑소펠리추출한 조제 대두유의 인화점과 연소점은 각각 296°C, 356°C이며, 용매추출 조제 대두유는 각각 317°C, 354°C이다.

4) 굴절률(refractive index)

불포화도가 클수록, 즉 이중결합의 수가 많을수록 굴절률이 크다. 또한 유지분자들의 지방산기의 탄소 수가 증가할수록 굴절률도 증가한다. 유채유의 굴절률은 1.4649 ~ 1.4721이며 팜유는 1.4603 ~ 1.4639 범위를 지니고 있다.

5) 비점(boiling point)

표 8-9와 같이 분자량에 비례하여 비점은 증가한다. 지방산이 지방산 에스테르보다 비점이 높다. 또한 극성이 높을수록 비점도 높다.

6) 점성(viscosity)

표 8-9에서 보는 바와 같이 지방산이 에스테르보다 점성이 높다. 탄소수가 증가하면 점성도 증가한다. 동일 탄소 수에서는 불포화도가 높으면 점성은 감소한다.

7) 용해성(solubility)

대표적인 지방산 및 에스터의 유기용매에 대한 용해성은 표 8-10과 같다.

표 8-10 ▸ 주요 지방산 및 지방산에스테르의 용해성 (용질g/용매100g)

	메탄올	에탄올 (95%)	에테르	글로로포름
로오린산	120	91.2	60.5	83
로오린산메틸	∞	∞	∞	∞
팔미틴산	3.6[1)]	4.9	5.4[1)]	15.1
팔미틴산메틸	27	30.4	250	290
스테아린산	0.8[1)]	1.1	1.7[1)]	6.0
스테아린산메틸	0.6	1.2	19.9	120

주. [1)] 추정수치

지방산과 에스테르의 분자량이 증가하면 용해성은 감소한다. 전부는 아니지만 일반적으로 극성이 높은 용매에 대한 용해도는 낮은 경향이다. 이러한 현상은 지방산에서 현저하다. 에스테르의 극성은 지방산보다 낮고 유기용매에 대한 용해도는 에스테르가 지방산보다 높다. 포화지방산보다 불포화 지방산 쪽이 분자의 직선성이 크므로 용해도가 높은 경향이다. 한편 물에 대한 지방산 에스테르의 친화성은 극히 낮다. 물의 친화성은 지방산 100g에 대해서 물 무게(%)로 나타내는데 팔미티산은 1.25(61.8°C), 스테아린산 0.92(68.7°C) 그리고 팜유의 팔미틴산 트리글리세라이드는 0.23(60°C)으로 매우 낮다.

8) 감화가(saponification number)

감화가는 유지 1g을 감화하는데 필요한 수산화칼륨(KOH)의 밀리그램 수(number of milligrams)로 표시하는데 유지를 가수분해시키는데 필요한 KOH량이다. 표 8-9의 몇 가지 유지들의 검화가는 170 ~ 200 범위에 속한다.

9) 옥도가(iodine value)

요오드값은 100g의 유지가 흡수하는 옥도(I_2)의 그램 수이며 이 값은 유지의 불포화도를 나타내는 척도이다. 표 8-9에서와 같이 건성유(해바라기)의 옥도값이 가장 높고 그 다음이 반건성유(채종유), 그리고 불건성유가 옥도가가 제일 낮다. 팜유의 옥도가는 낮으며 쇠기름은 가장 낮은 40 정도이다.

3.3 유지의 화학반응

3.3.1 유지의 산화 반응 [12–14]

유지나 지방성분의 산화는 크게 세 종류로 나누어 설명할 수 있다. 유지나 지방을 실온 부근에서 저장 중인 경우 장기간에 걸쳐 공기 중의 산소와 반응하여 일어나는 자동산화(autoxidation), 유지나 지방성분에 클로로필류(chlorophylls), 미오글로빈(myoglobin), 헤모글로빈(hemiglobin)이나 이들의 산화생성물이 소량이나마 함유된 상황에서 광선을 조사할 경우 감광체에 의한 산화(photosensitized oxidation), 그리고 유지나 지방성분을 높은 온도에서 가열할 경우(식용

폐유) 가열산화(thermal oxidation)가 일어난다.

3.3.1.1 자동산화 (autoxidation)

유지나 지방성분은 실온에서 공기 중의 산소와 천천히 결합하여 자동산화를 일으킨다. 초기에는 반응속도가 매우 느린 유도기간(induction period)을 거쳐서 중간생성물인 하이드로퍼옥사이드(hydroperoxide)를 형성한다. 이 과산화물은 안정성이 낮으므로 계속해서 산화, 분해되어 휘발성 카아보닐화합물, 알코올류, 락톤류, 에스테류 등의 최종산물을 생성한다.

자동산화반응은 불포화 지방산이나 불포화 지방산을 많이 함유한 식용유나 지방산일수록 잘 일어난다. 하이드로퍼옥사이드들의 형성과정은 유리라디칼 반응(free radical reaction)으로 초기반응, 연쇄반응 및 종결반응으로 구성된다.

1) 초기반응

$$AX \rightarrow X^{\cdot}$$

$$RH + X^{\cdot} \rightarrow R^{\cdot} + XH$$

유지 중에 이미 존재하는 또는 새로이 형성된 유리라디칼은 불포화 지방산의 이중결합 바로 앞에 위치한 알릴위치(allyl position)에 있는 수소와 탈수소화 반응을 통해 알릴라디칼(allyl radical)을 형성한다.

$$R^{\cdot} + -CH_2 - CH = - \xrightarrow[\text{탈수소화반응}]{} RH + -\dot{C}H - CH = CH-$$

2) 연쇄반응

$$R^{\cdot} + O_2 \rightarrow RO_2^{\cdot}$$

$$RH + RO_2^{\cdot} \rightarrow R^{\cdot} + ROOH$$

아릴라디칼은 공명에 의해서 어느 정도 안정화가 되지만 일부는 공기 중의 산소분자와 빠른 속도로 결합하여 퍼록시 라디칼(peroxy radical; ROO$^{\cdot}$)을 형성한다.

$$-CO-CH = CH- \leftrightarrow -CH = CH-CH-$$

공명에 의한 아릴라디칼의 안정화

$$-CH-CH=CH- \; + \; \cdot O-O\cdot \;\xrightarrow{\text{분자상 산소와 결합}}\; -CH-\underset{\displaystyle |\atop \displaystyle O-O\cdot}{CH}=CH-$$

(퍼록시 라디칼)

퍼록시 라디칼은 유지분자의 이중결합 바로 앞에 위치한 알릴위치의 수소를 탈수소화 반응을 통해 교환하여 하이드로퍼옥사이드와 새로운 라디칼을 형성한다.

3) 종결반응

$$RO_2^{\bullet} + RO_2^{\bullet} \rightarrow ROOOOR$$
$$RO_2^{\bullet} + RO_2^{\bullet} \rightarrow ROOR$$
$$R^{\bullet} + R^{\bullet} \rightarrow R-R$$

중간 생성체인 하이드로퍼옥사이드는 계속 산화 분해되어 그림 8-8과 같은 생성물을 형성한다.

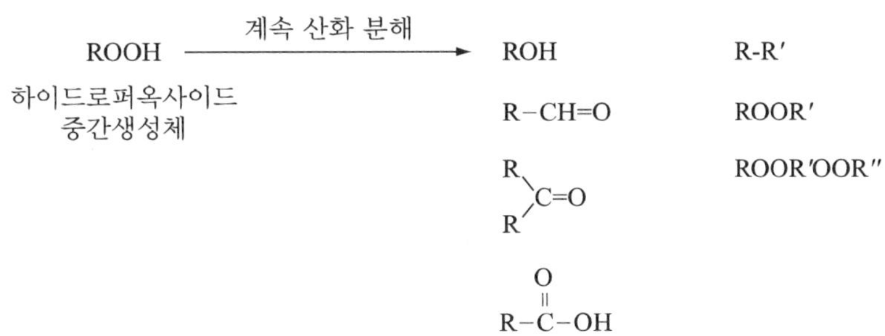

| 그림 8-8 | 유지의 자동산화에서 생성된 산화물

스테아린산과 같이 알릴위치가 없는 포화지방산의 경우 자동산화는 일어나기 어려우며 이중결합수가 많을수록 자동산화 속도가 더 커진다. 각종 라디칼의 재결합에 의한 중합이 진행되어 결과적으로 유지의 점도는 급격하게 증가한다.

3.3.1.2 감광체에 의한 산화

일반적으로 감광체에 의한 산화는 자동산화와 그 반응기구가 다르며 형성된 하이드로퍼옥사이드를 비롯한 산화 생성물들의 종류와 조성도 다르다. 감광체에 의해서 기저상태의 삼중항 산소(ground state triple oxygen, $^3O_2$)가 여기상태의 일중항 산소(excited state singlet oxygen, $^1O_2$)로 되는 과정은 그림 8-9와 같다.

Sensitizer	+	$h\upsilon$	→	$Sensitizer^*$
(정상상태의 감광체)		(광양자)		(여기상태, 즉 활성화된 감광체)

$^3O_2$	+	$Sensitizer^*$	→	$^1O_2$	+	Sensitizer
(정상상태의 삼중항 산소)				(여기상태의 일중항 산소)		(정상상태의 감광체)

| 그림 8-9 | 감광체와 삼중항 산소 및 여기된 일중항 산소

일중항 산소($^1O_2$)와 이중결합과의 반응 양식 중에서 중요한 것은 아래와 같다.

① 이중결합에 대한 일중항 산소($^1O_2$)의 1,2-환원형 부가반응

일중항 산소가 올레핀 화합물의 이중결합에 직접 부가하여 1,2-dioxetane유도체를 형성하는 반응이다. 이렇게 형성된 과산화물들은 불안정하여 광선, 열에 의해 두개의 카르보닐화합물로 분해한다.

② 이중결합에 대한 일중항 산소의 "엔" 부가반응

이 반응은 알릴위치에 수소를 가진 올레핀화합물과 일중항 산소 사이에서 일어난다. oleate의 경우 "en" 부가반응으로 R-OOH 생성한다.

③ 공액이중결합에 대한 일중항 산소의 1,4 환원형 부가반응

공액이중결합(conjugated double bond)을 가진 화합물에 대한 올레핀화합물 중의 이중결합의 부가반응이다. 즉, 공액이중결합을 지닌 화합물의 1,4 위치에 일중항 산소가 결합하여 고리(ring)를 형성한다.

3.3.1.3 가열반응에 의한 산화

가열산화(thermal oxidation)반응은 150°C 이상의 온도에서 일어나는 산화반응을 의미한다. 이 가열산화반응은 자동산화반응이 좀 더 가속적인 형태로 일어나는 반응이다. 그러므로 가속된 자동산화반응, 고온 열분해 반응 및 가열중합반응 등이 함께 일어난다. 이런 반응에서 형성된 산화생성물, 열분해 생성물 및 중합체들은 그림 8-10과 같다[15].

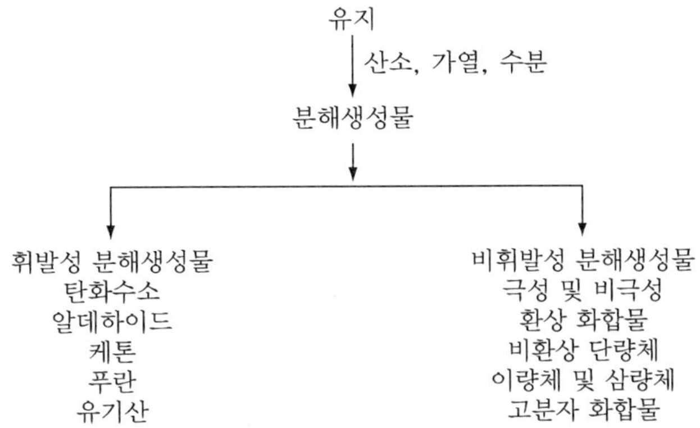

| 그림 8-10 | 수분 존재 하에서 가열산화 중인 유지에서 형성되는 휘발성 및 비휘발성 분해생성물

1) 휘발성 성분

(1) 불포화 지방산의 가열산화 생성물

불포화 지방산을 가열 산화시키면 표 8-11과 같은 산화물을 형성한다.

표 8-11 ▸ 산화 온도에 따른 휘발성 산화 생성물

지방산	산화온도	휘발성 산화생성물
트리올레인	185°C	heptane, heptanal, octane, octanal nonanal, 2-decenal, 2-undecenal
리놀레인산	250°C	hexanol, 2-heptenal, ethyl-8-oxooctanoate trans-2 trans-4-decadienal, ethyl octanoate
리놀레닌산	250°C	pentane, hexenal, ethyl-9-oxo-nonanoate non-adienal, ethyl octanoate

(2) 비산화적인 가열변화

유지를 산소 없이 가열하는 반응으로는 (a) 유지분자 내 에스테르 결합의 분해, (b) 이중결합의 공액화 (double bond conjugation), (c) 중합반응, (d) 유지분자 내 탄소-탄소결합의 분열(scission)에 의한 분자의 분해, (e) 탈수소반응 (dehydrogenation) (f) 분자 내 탈수반응(dehydration), (g) 탈탄산반응(decarboxylation) (h) 탈수소 및 고리형성 반응(dehydrocyclization), (i) 방향족화합물의 형성(aromarization) 등이 있다.

산소가 없는 조건에서 가열할 경우 유지분자 내에서 에스테르결합 분해는 표 8-12와 같다.

표 8-12 ▸ 비산화적으로 가열된 트리글리세라이드(random triglycerides)의 에스테르결합의 분해와 에스테르결합이 분해된 지방산의 종류

유지 A		유지 B	
구성지방산의 탄소수	에스테르 결합분해 (%)	구성지방산의 탄소수	에스테르 결합분해 (%)
C_4: 이중결합 없음	54.2	C_{14}: 이중결합 없음	18.0
C_8: 이중결합 없음	31.6	C_{16}: 이중결합 없음	14.0
C_{12}: 이중결합 없음	27.2	C_{18}: 이중결합 한개	16.6

주. 200°C, 3시간 반응

탄소 수가 적은 지방산 에스테르 일수록 쉽게 분해한다. 수분이 존재하지 않은 경우의 지방산 에스테르를 가열하였을 경우 결합의 분해는 먼저 킬레이트환(chelating ring)을 형성한 후 유리지방산과 올레핀(olefins)으로 열분해한다. 또한 트리글리세라이드는 무수물, 락톤류, 케톤류들과 같은 카르보닐 화합물들을 형성한다.

한편 가열분해할 때 형성되는 것으로 알려진 메틸 케톤류(methyl ketones)는 구성 지방산의 소위 β-산화(β-ketoester)가 계속 가열 분해됨으로서 형성되는 것으로 생각되고 있다.

구성하고 있는 지방산이 불포화지방산의 경우에는 이중결합 옆의 탄소-탄소결합의 균일분열(homolytic cleavage)에 의해서 형성된 각종 라디칼들이 계속 여러 반응을 통해서 휘발성 카르보닐 화합물들을 형성한다.

2) 비휘발성성분

(1) 산소를 함유하지 않은 중합체

한 지방산의 탄소원자와 다른 지방산의 탄소원자사이에 직접적인 결합에 의한 중합체들을 형성한다. 즉, 파토키시그룹(-O-O-) 또는 비에텔그룹(-O-)을 통하지 않고 직접 결합한 비 함산소중합체(non-oxidation polymer)를 형성한다.

올레인산의 에스테르의 경우 불포화지방 분자중의 알릴위치(allylic position)에서 탈수소반응에 의해 형성된 알릴 라디칼들의 상호반응 또는 알릴라디칼과

다른 불포화지방산 그룹의 이중결합과의 상호작용으로 중합체를 형성한다.

한편 리놀레인산의 에스테르의 경우는 라디칼반응에 의한 중합과정을 거치면서 삼환포화 이중체(saturated tricyclic dimers), 단환 디이엔 이중체(monocyclic diene dimers) 및 무환 트라이엔 이중체(cyclic triene dimers)를 형성한다.

(2) 딜즈-알더 부가반응(Diels-Alder addition reaction)

이 부가반응은 그림 8-11과 같이 어떤 지방산 그룹에 있는 한 개의 이중결합과 다른 지방산 그룹의 한 개의 공액이중결합사이의 비산화 가열중합(non-oxidative polymerization)을 통해 환상이중체를 형성한다. 한편 그림 8-12와 같이 서로 다른 트리클리세라이드 분자 내의 지방산 그룹과 그룹 사이에도 부가반응은 일어난다[16].

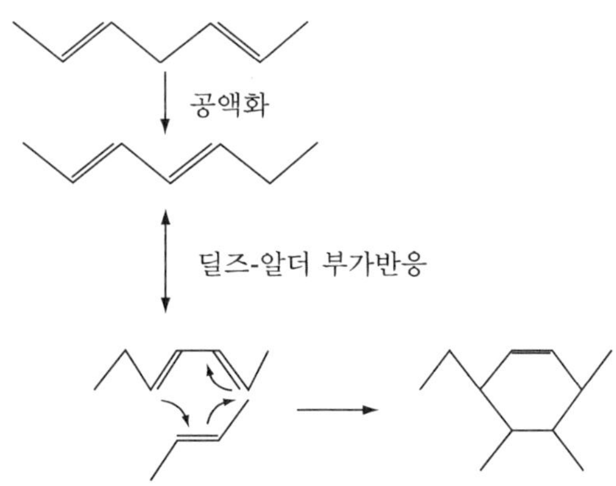

| 그림 8-11 | 딜즈-알더 부가반응

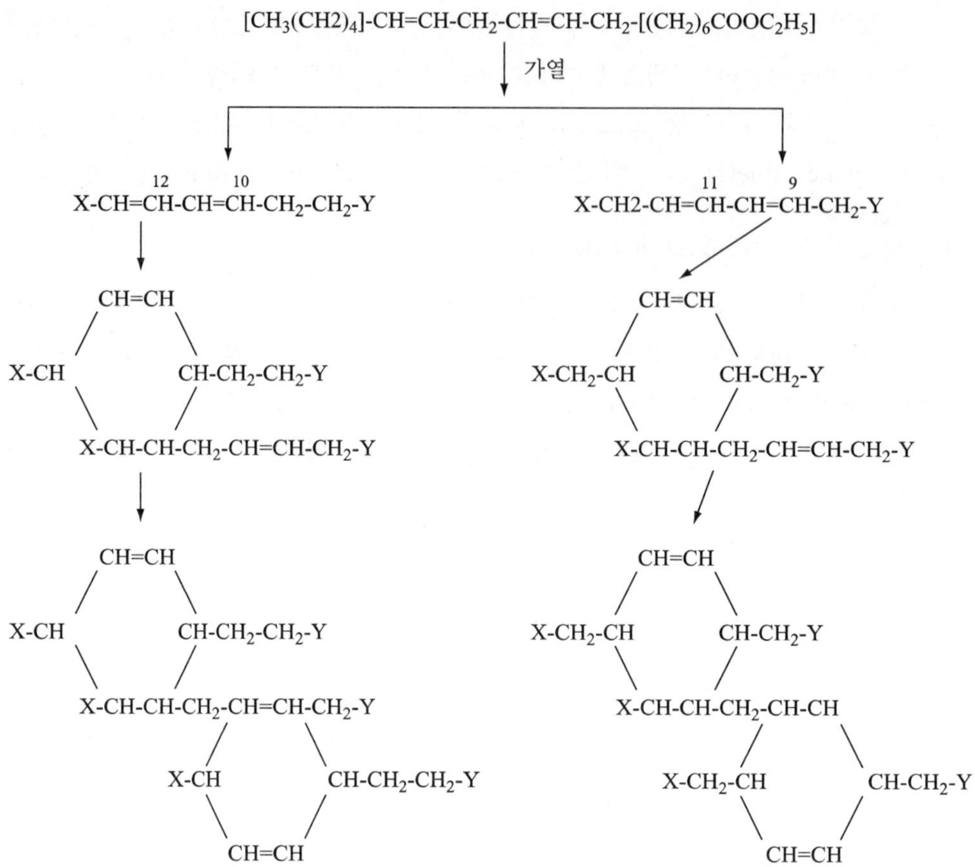

| 그림 8-12 | 리놀레인산 에틸 에스터의 가열중합

(3) 산소를 함유한 중합체

산화과정 중에 생성된 각종 하이드로퍼옥사이드(RCOOH)는 쉽게 분해하여 여러 종류의 알킬(alkyl), 알콕시(alkoxy) 및 퍼록시라디칼(peroxy radical)을 형성한다.

$$ROOH \rightarrow R^{\bullet},\ RO^{\bullet},\ ROO^{\bullet}$$

이들 라디칼들의 상호반응으로 비함산소중합체(non-oxypolymer) 외에 각종의 함산소이중체(oxydimers), 함산소삼중체(oxytrimers), 함산소중합체(oxypolymers) 등을 형성한다. 이러한 함산소중합체들도 지방산 에스테르들의 가열산화 중에 형성되는 극성중합체(polar dimers, trimers, polymer)의 주요 구성 성분들이다.

3) 포화 지방산의 산화

지방산은 많은 양의 불포화 지방산으로 구성되어 있으나 소량의 포화 지방산을 함유하지 않은 지방산은 없다. 포화 지방산은 실온 근처에서는 산화가 거의 일어나지 않으나 100°C 또는 그 이상의 온도에서는 산화가 일어난다.

포화 지방산의 가열산화의 반응기구는 그림 8-13에서와 같이 가열산화에 의해 퍼록시그룹(-OOH)이 지방산의 카르복실그룹의 α-, β- 및 γ-위치에서 선택적으로 반응을 일으켜 분해산물을 형성한다.

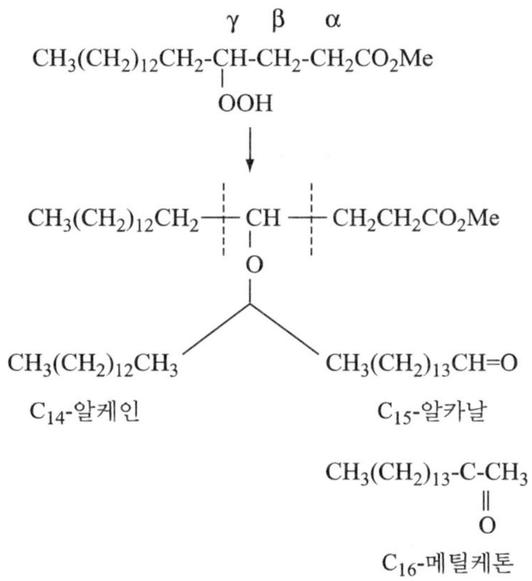

| 그림 8-13 | 포화지방산에스터의 가열산화에 의한 반응기작

β-위치에 -OOH기가 결합된 하이드로퍼옥사이드가 형성되었다면 분해물로 n-알칸(alkane), 2-알카날(alkanal), 3-알카날, 메틸(methyl), 케톤(ketone), α-위치에 2-알칸, α-케톤 acid, γ-위치에 γ-락톤(lactone) 그리고 최종적으로 카르보닐화합물, 락톤류, 탄소수가 적은 탄화수소류로 산화분해한다.

3.3.2 유지의 가수분해 [12,17]

유지의 구성 성분인 트리글리세라이드가 물과 접촉하여 그림 8-14에서와 같이 지방산과 글리세린으로 분해한다.

$$
\begin{array}{l}
CH_2OCOR_1 \\
| \\
CHOCOR_2 \\
| \\
CH_2OCOR_3
\end{array}
+ 3H_2O \rightleftharpoons
\begin{array}{l}
CH_2OH \\
| \\
CHOH \\
| \\
CH_2OH
\end{array}
+
\begin{array}{l}
R_1COOH \\
R_2COOH \\
R_3COOH
\end{array}
$$

| 그림 8-14 | 유지의 가수분해 반응

지방산의 물에 대한 용해도는 매우 낮아 큰 의미가 없다. 로오린산은 용해도가 2 ~ 3%이며 팔미딘산과 스테아린산은 1.0% 이하이다. 또한 온도를 10 ~ 60°C 범위로 변화시키며 용해도를 측정하여도 모두 1.0% 미만으로 의미가 없다.

3.3.3 유지의 수소첨가 반응[18,19]

유지 분야에서 수소첨가는 그림 8-15와 같이 불포화 지방산의 탄소-탄소 사이의 이중결합에 수소를 부가시켜 유지의 불포화도를 감소 또는 소멸시키는 반응이다. 즉, 수소를 첨가시켜 용융점이 높은 포화유지로 전환시킨다. 반응 조건은 200°C, 390kPa, 니켈(Ni)촉매에서 불포화기에 수소를 포화시킨다. 그러나 수소농도가 낮으면 다시 이중결합을 형성한다.

$$
\underset{\text{올레인산}}{CH_3(CH_2)_7CH{=}CH(CH_2)_7COOH} + H_2 \xrightarrow{Ni} \underset{\text{스테아린산}}{CH_3(CH_2)_{16}COOH}
$$

$$
\underset{\text{리놀레인산}}{CH_3(CH_2)_4CH{=}CHCH_2CH(CH_2)_7COOH} + H_2 \xrightarrow{Ni} \underset{\text{스테아린산}}{CH_3(CH_2)_{16}COOH}
$$

| 그림 8-15 | 불포화 지방산의 수소첨가 반응

참고문헌

1. 金東勳, 식품화학, 탐구당, pp. 449-454, 547-571, 1992
2. Demirbas, A., Biodiesel, Springer, pp. 112-116, 122-138, 141-173, 2008
3. Foidl, N., Foidl, G., Sanchez, M.,Mittelbach, M., Hackel, S., *Jatropha curcas* L as a source for the production of biofuel in Nicarague, Bioresource Technology, 58:77-82, 1996
4. USA Oilseed, 2004 USDA (US Department of Agriculture), 2005

5. Achten, W. M. J., Verchot, L., Franken, Y. J., Mathijs, E., Singh, V. P., Aerts, R., Muys, B., Review: Jatropha bio-diesel production and use, Biomass and Bioenergy, 32: 1063-1084, 2008
6. 大木道則, 化学便覧 基礎編 I (改訂4版), 日本化学会編, 丸善, 東京, p. 270, 1993
7. Hilditch, T. P., The chemical composition of natural fats, Chapman & Hall Ltd., pp. 555-558, 1956
8. 鈴木正夫, 平尾宗樹, 油化学便覧(第4版), 脂質・界面活性剤, 日本油化学会編, 丸善, 東京, pp. 192-203, 2001
9. Hodgman, C. D. (ed): Handbook of Chemistry and Physics, 39th ed., Chemical rubber Pub. Co., Ohio, pp. 1405-1411, 1957
10. Meyer, L. H., Food chemistry, Reinhold Pub. Corp., New York, p. 27, 1960
11. 岩橋槇夫, 南 英之, 油化学便覧(第4版), 脂質・界面活性剤, 日本油化学会編, 丸善, 東京, pp. 258-263, 2001
12. 荒木孝次, 務台俊樹, 油化学便覧(第4版), 脂質・界面活性剤, 日本油化学会編, 丸善, 東京, pp. 302-315, 2001
13. Demirbas, A., Biodiesel from vegetable oils via transesterification in supercritical methanol, Energy Convers. Mgmt., 43:2349-2356, 2002
14. 김동훈, 식용유지의 산패, 고려대학교 출판부, pp. 56-71, 174-183, 202-231, 1994
15. White, P. J., Methods for measuring changes in deep-fat frying oils, J. Am. Oil Chem. Soc., 55:75-81, 1991
16. Perkins, E. G., Formation of non-패;atile decompostion products in heated fats, Food Technol., 14:611-616, 1967
17. Sontag, N. O. V., Fatty acids in industry, In: Johnson, R. W., Fritz, E., Marcel Dekker, Inc., N. Y., pp. 28-31, 1989
18. 坂 志朗(編著者), バイオディーゼルのすべて, 洋文社, pp. 2-138, 304-327, 2006
19. 安田耕作, 食用油とその生産, 幸書房, 東京, pp. 143-148, 1992

Chapter 04

바이오디젤 생산
Biodiesel Production

4.1 원료

바이오디젤(biodiesel, BD) 생산에 이용하는 원료는 생산방법에 따라서 조금씩 차이가 있다. 일반적으로 유지, 알칼리(NaOH, KOH, CH_2N_2), 메탄올(CH_3OH), 산(H_2SO_4, HCl, BF_3)은 기존 방법에서 필수적이며, 최근 새로운 생산방법에 따라 효소(lipases)와 초임계 메탄올 등이 새로운 원료로 등장하고 있다. 여기서는 중요한 몇 가지 기존 원료들에 대해서만 약술한다.

1) 유지

이미 언급한바와 같이 식물성 기름, 동물지방 및 재생이 가능한 폐유가 주원료로써 그 성분은 트리글리세라이드(triglycerides, TG)와 유리지방산(free fatty acids, FFA)이다.

유지를 선택할 경우 유리지방산의 함량과 오염물질을 고려해야 한다. 색과 냄새를 좌우하는 오염물질들은 생산된 글리세린의 가치를 하락시키며 최종 연료에 냄새를 야기할 수 있다. 대부분의 식물성 기름은 극히 적은 양의 유리지방산을 포함하고 있으나 조제 식물성 기름은 어느 정도 양의 유리지방산과 인지질을 함유한다. 인지질과 유리지방산은 각각 탈검과정(degumming)과 정제(refining)과정에서 제거한다. 원료 식물성 기름은 조제(미정제)기름, 탈검한 기름 및 정제기름으로 시판한다.

동물기름(tallows)과 재생 폐유는 많은 양의 유리지방산을 함유하고 있다. 특히 주방에서 배출하는 폐유는 유리지방산이 50 ~ 100% 정도인 경우도 있다. 이렇게 유리지방산 함량이 높으면 바이오디젤 생산에서 기름의 겔(gel)화를 억제하기 어려우며, 장비손상, 높은 수분함량 및 진한 색과 냄새를 야기하므로 일부 전처리를하여 사용한다.

바이오디젤 생산용으로 식물성 기름은 대두유, 팜유, 유채유, 자트로파유, 해바라기유, 미강유, 폐식용유 등, 그리고 동물성 지방은 쇄기름, 돼지기름, 가금류 지방, 생선 기름 등을 주로 사용한다. 폐유는 식물성 기름과 동물성 기름이 혼합돼 있어서 좋은 원료는 아니지만 가격이 저렴한 장점이 있다[1].

2) 알코올

가장 일반적으로 사용하는 알코올은 메탄올이다. 바이오디젤이 모노 알킬 지방산 에스테르(mono-alkyl fatty acid ester)이므로 1가 알코올을 사용한다. 따라서 에탄올, 이소프로판올(isopropanol) 및 부탄올(butanol)도 사용할 수 있다.

초임계 메탄올법에서는 메탄올 이외의 다른 알코올류로 대치할 수 있다. 그러나 메탄올의 경우 낮은 온도와 단시간에 반응을 완결할 수 있는 장점이 있다. 일반적으로 알코올 종류에 따라 임계점에 차이가 있다. 예를 들면 C_1인 메탄올은 임계점이 239°C/8.09MPa이지만 C_{10}인 옥탄올은 임계점이 385°C/2.86MPa이다. 즉, 탄소수가 증가하면 임계온도는 높아지고 임계압력은 낮아진다. 초임계 처리법에서 온도를 고정하고 압력을 10MPa에서 40MPa로 상승시키면 메틸에스테르 수율은 5 ~ 10% 증가한다. 그러나 온도와 처리시간은 이보다 더 큰 영향을 준다. 따라서 임계온도가 가장 낮은 메탄올이 가장 효율적이다[2].

알코올류를 선택할 경우에는 알코올 가격, 반응에 소요되는 알코올 양의 비교, 회수 난이성, 국가보조 및 지구 온난화 문제 등을 고려해야 한다. 이런 조건에 합당한 것이 현재로는 메탄올이다.

알코올의 질적인 문제는 수분함량이 좌우한다. 메탄올에 수분이 많으면 에스테르화 반응을 억제하여 바이오디젤의 수율저하를 초래한다. 또한 바이오디젤에 많은 양의 비누, 유리지방산 그리고 트리글리세라이드를 잔존시켜 바이오디젤의 질을 하락시킨다[35].

3) 촉매

촉매를 사용하는 이유는 알코올이 유지와 혼합 시에 조금밖에 용해하기 않으므로 반응속도가 느리다. 따라서 촉매를 넣어주면 용해력이 증가하여 에스테르화를 촉진하기 때문이다. 바이오디젤 생산에 사용하는 촉매로는 염기, 산 및 효소 등이 있다. 식물성 기름을 이용할 경우는 일반적으로 염기 촉매를 사용하며, 염기 촉매에는 가성소다(NaOH), 가성칼리(KOH), 메톡사이드나트륨(CH_3Na)이 있다. 염기 촉매를 사용할 경우에는 식물성 기름의 유리지방산 함량을 2% 이하로 낮추어야 만족할 만한 바이오디젤을 생산할 수 있다. 유리지방산 함량이 높으면 염기 촉매가 유리지방산과 반응하여 물과 비누를 형성한다. 이 비누화 반응은 매우 빨리 일어나며 에스테르화가 일어나기 전에 완전하게 일어난다. 또한 염기 촉매들은 높은 친수성을 지니고 있으므로 저장 시 공기 중의 수분을 흡수하며, 더욱이 알코올에 촉매가 녹을 경우 화학적 수분을 형성한다. 너무 많은 물을 흡수하면 촉매작용이 감소하고 이에 따라 바이오디젤과 글리세린의 질도 낮아진다.

현재 상업용 바이오디젤을 생산할 경우 대부분 염기 촉매를 사용한다. 염기 촉매반응은 매우 빨리 일어난다. 즉, 반응속도, 농도, 혼합알코올과 TG의 비에 따라 5 ~ 60분간의 체류시간에 일어난다. 염기 촉매로 가성소다(NaOH)와 가성칼리(KOH)를 주로 사용하는데 글리세린 정제과정에서는 가성소다 사용이 더 유리하다. 가성칼리는 가성소다보다 가격은 비싸지만 중성화 과정 중에 인산을 사용하면 K성분은 K_3PO_4로 침전하여 비료로 사용할 수 있다. 그러나 인화합물이 배출수에 혼합되므로 폐수처리에 문제를 야기하는 경우가 있다.

산 촉매들도 전이에스테르화 반응에 사용할 수 있다. 그러나 반응이 너무 느리다는 큰 단점을 지니고 있다. 따라서 산 촉매들은 주로 유리지방산의 에스테르화에 사용한다. 산 촉매로는 황산과 인산을 주로 사용한다. 산 촉매와 메탄올을 혼합하고 이 혼합액을 유리지방산 또는 유리지방산을 다량 함유하고 있는 기름에 넣으면 이들 유리지방산이 바이오디젤로 전환한다. 반응이 종결되면 알칼리를 넣어 산을 중화시킨다. 여기서 넣은 알칼리는 염기 촉매처럼 남아있는 약간의 트리글리세라이드를 바이오디젤로 전환시켜주는 역할도 한다.

이미 언급한 바와 같이 산 촉매는 반응이 느리고 높은 비율의 알코올/트리글리세라이드(20% 이상)를 필요로 한다. 일반적으로 산 촉매는 유리지방산을 에스테르화합물 또는 유리지방산 함량이 높은 원료기름의 전처리 단계로 비누를 에스테르화합물로 전환시키는데 사용한다. 산 촉매 반응시간은 10 ~ 120분으로 보고되고 있다[1,3].

4) 중화제

중화제는 최종산물인 바이오디젤과 글리세롤에 잔존하는 염기 또는 산 촉매를 제거하는데 사용한다. 바이오디젤 생산과정에서 염기 촉매를 사용했다면 산으로 또는 산 촉매의 경우는 염기로 중화한다. 바이오디젤을 물로 세정할 필요가 있으면 물에 중화제를 넣고 세정하면 두 가지 목적을 동시에 얻을 수 있다. 한편 염기법에서는 중화제를 주로 염산을 사용한다. 인산을 사용할 경우에는 이미 언급한 바와 같이 인산염이 얻어지며 비료로 사용할 수 있다[1].

4.2 바이오디젤 생산방법

바이오디젤 생산방법은 기본적으로 3가지 방법이 있다[1,2,4-6].

i) 염기 촉매에 의한 유지의 전이에스테르화 반응
ii) 직접 산 촉매에 의한 유지의 전이에스테르화 반응
iii) 유지를 지방산으로 전환시킨 다음에 지방산을 바이오디젤로 전환

이외에도 효소법(lipase) 및 촉매를 사용하지 않는 초임계 메탄올법도 집중적으로 연구되고 있다[2,4,6-10].

생산방법은 여러 가지가 있으나 기본 화학적 반응은 그림 8-16과 같이 동일하다. 즉, 트리글리세라이드(TG)는 알코올과 촉매 존재 조건에서 화학적으로 반응(전이에스테르화; transesterification)하여 글리세롤(GL)이 혼합된 메틸에스테르(methyl ester, mono-alkyl fatty acid esters, ME)를 생산한다[11,12]. 아래 반응에서 R^1, R^2 및 R^3는 탄화수소체이므로 주로 팔미틴산(palmitic acid), 스테아린산(stearic acid), 올레인산(oleic acid) 그리고 리놀레인산(linoleic acid)의 지방산 체인이다.

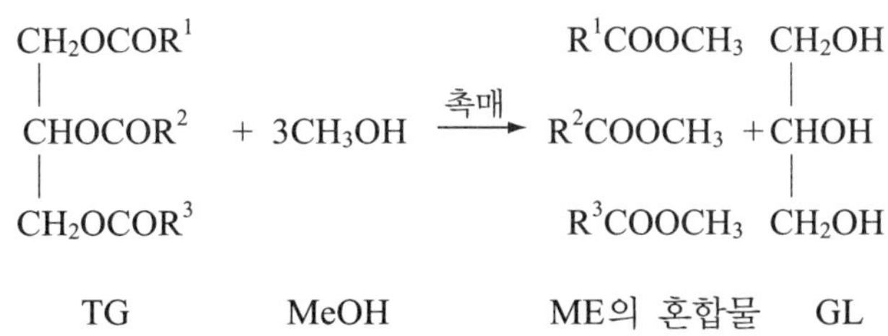

| 그림 8-16 | 바이오디젤 생산에서 유지의 전이에스테르화 반응

4.2.1 알칼리 촉매법 [1,2,4–6,13]

알칼리 촉매법이 가장 일반적이다. 그 이유는 반응이 낮은 온도와 압력에서도 가능하며, 반응시간이 짧고 부반응이 적어서 바이오디젤로의 전환율이 98% 이상이기 때문이다.

알칼리 촉매법은 유리지방산(free fatty acids, FFA) 함량이 적은 유지에 적용하며 그림 8-17에서와 같은 과정으로 이루어진다. 즉, 알코올과 촉매의 혼합, 유지와 반응, ME와 GL분리, 메탄올 회수 및 ME와 GL의 세정으로 구성되어 있다.

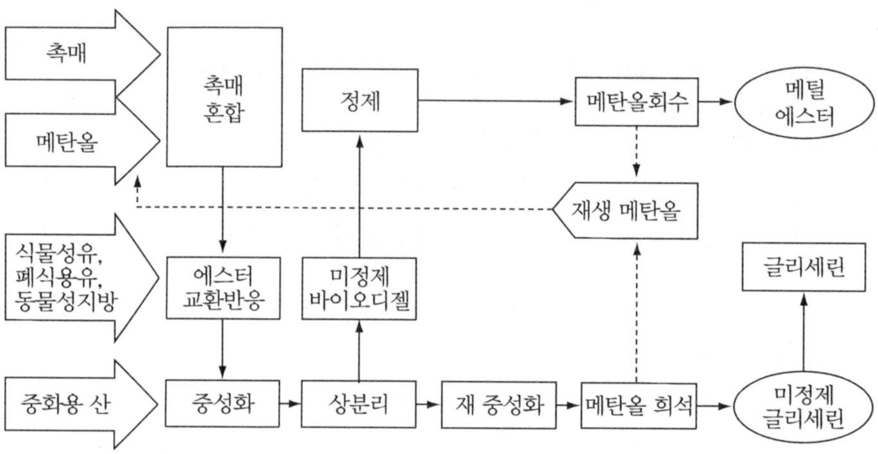

| 그림 8-17 | 알칼리 촉매법의 공정도

1) 알코올과 촉매의 혼합

촉매인 가성소다(또는 KOH)를 혼합기를 이용하여 알코올(메탄올; MeOH)에 용해시킨다. 가성소다 양은 유지량의 0.3 ~ 1.5% 정도를 넣으며, 메탄올 양은 주로 유지와의 4 : 1 ~ 20 : 1의 몰(mole)비 범위이지만 가장 일반적인 비는 6 : 1이다.

2) 반응

화학반응은 이미 언급한 그림 8-17과 동일하다. 반응조에 메탄올/가성소다 혼합액과 유지를 넣고 약 65°C를 유지하며 1 ~ 8시간 정도 반응시킨다. 그러나 어떤 경우에는 실온에서 반응을 유도하는 경우도 있다. 반응시간은 반응온도에 따라 다르다. 유지와 메탄올/가성소다를 혼합할 경우 처음에는 격렬하게 교반을 하고, 마지막에는 천천히 교반한다. 그 이유는 이 경우 반응이 증가하여 글리세린을 적게 생성하고 액체 상(相)분리에도 도움이 되기 때문이다. 바이오디젤 전환율을 높이기 위해서는 과잉의 메탄올 양이 필요하다.

3) 생산물 분리

생산물은 글리세린과 바이오디젤인데 이들 두 생산물 모두 반응에 이용된 과잉의 메탄올을 함유하고 있다. 이 과잉의 메탄올은 공정 중에 회수된다. 필요하다면 이 과정 중에 생성물을 중화시킨다.

글리세린과 바이오디젤은 비중 차이가 있으므로 정치 또는 원심분리기를 이용하여 쉽게 분리할 수 있다. 글리세린이 바이오디젤보다 무거워서 아래에 위치하고 그 위에 바이오디젤 층이 생긴다. 이러한 상 분리는 10분 이내부터 관찰되며 교반이 끝난 2~18시간 후에 완전히 완결된다. 상 분리가 일어난 후에 유지량의 약 5%에 해당하는 물을 넣고 5분간 교반하면 글리세린이 다시 침전한다. 침전이 완전히 일어나면 바이오디젤 층은 남겨 두고 우선 글리세린을 회수한다.

4) 알코올회수

글리세린과 바이오디젤 각각에 함유된 과잉의 메탄올을 급속증발 또는 증류과정을 통해 회수한다. 어떤 경우에는 메탄올을 먼저 회수하고 중성화시킨 후에 글리세린과 바이오디젤을 분리한다. 어느 경우이든 메탄올은 회수하여 재이용한다. 단지 조심스러운 것은 알코올 회수공정 중에 어떠한 수분도 집적되지 않도록 유의해야 한다.

5) 글리세린 중성화

글리세린은 미 반응 촉매와 비누를 함유하고 있으므로 산으로 중성화하여 조(粗) 글리세린을 생산한다. 분리된 조(粗)글리세린은 글리세린이 50%, 가성소다, 메탄올 및 비누를 함유하고 있다. 따라서 조 글리세린의 정제가 필요하다. 첫 단계로 산으로 처리하여 비누를 유리지방산과 염으로 분해시킨다. 이 경우 촉매로 가성카리(KOH)와 인산을 사용하였다면 염으로 비료를 부수적으로 생산할 수 있다. 유리지방산은 글리세린에 녹지 않고 상부에 뜨므로 쉽게 제거하여 재생한다. 염의 일부는 침전하고 일부는 글리세린과 섞여 있다. 그 다음 진공급속건조기로 메탄올을 제거하면 약 85% 글리세린을 생산한다. 이것을 진공증류와 이온교환수지를 거쳐 정제하면 99.5~99.7% 글리세린을 얻을 수 있다.

6) 메틸에스테르 세정

글리세린을 제거한 후에 메틸에스테르를 중화시킨다. 진공급속증발기나 필름증발기와 같은 메탄올 탈기장치를 통해 메탄올을 먼저 제거한다. 그 다음 산을 첨가하여 그림 8-18에서와 같이 잔여 가성소다를 중화하여 반응 중에 형성된 비누를 분해시킨다. 여기서 분리한 비누혼합물을 산으로 처리하면 지방산을 회수할 수 있으며, 이것을 산으로 처리하여 ME를 생산할 수 있다.

$$Na^{+}{-}OOCR^{-} + HCl \rightarrow RCOOH + NaCl$$

| 그림 8-18 | 산으로 잔여 가성소다 중화반응

세정과정의 마지막으로 미지근한 온수로 잔존하는 염, 가성소다, 비누, 메탄올 등을 제거하면 글리세린이 전혀 없는 바이오디젤을 얻을 수 있다. 이것을 진공고속건조를 시켜 물을 제거하여 최종 바이오디젤을 생산한다. 이런 과정을 거친 바이오디젤은 석유디젤과 비슷한 점도를 지니며 맑은 갈색 용액이 된다. 무색의 바이오디젤을 생산하려면 부수적인 증류과정을 더 거쳐, 적은 양의 잔사 색소물질을 제거해야 한다.

한편 유지에 유리지방산 함량이 1 ~ 2% 정도면 직접 알칼리법으로 바이오디젤을 생산할 수 있으나 5% 정도로 높으면 그림 8-19, 8-20에서와 같이 가성소다를 투여하여 비누를 형성시켜 제거한다(caustic stripping). 비누를 분리할 때에 TG에서 약간의 손실이 일어난다. 또한 첨가한 가성소다가 비누화하므로 가성소다 소비량이 크다. 이런 처리로 유리지방산 함량이 낮아진 TG을 건조시켜 수분을 제거하고 전술한 알칼리방법으로 바이오디젤을 생산할 수 있다.

$$RCOOH + NaOH \rightarrow Na^{+}{-}OOCR^{-} + H_2O$$

| 그림 8-19 | 가성소다 첨가에 의한 유리지방산 제거 반응

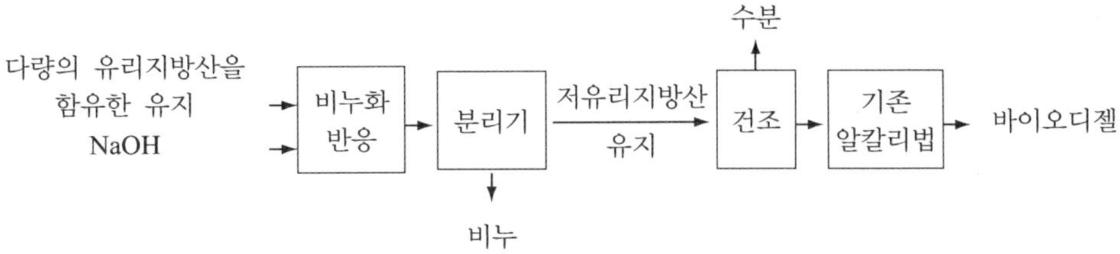

| 그림 8-20 | 고 유리지방산을 지닌 유지의 전처리 과정

바이오디젤 생산공정은 회분식과 연속식이 있다.

(1) 회분식

그림 8-21에서와 같이 펌프를 통해서 이미 조제된 메탄올/가성소다 혼합액을 유지가 함유된 밀폐된 반응조에 넣는다. 반응조는 메탄올의 휘발을 막기 위하여 대기에 완전하게 밀폐시키거나 냉각관을 설치하여 외부와 차단한다. 주어진 조건에서 교반하며 반응시키면 에스터와 글리세롤 층으로 분리된다. 반응조에서 직접 층 분리를 하든지 또는 반응 혼합물을 다른 침전조로 이송시켜 분리한다. 그다음 에스터와 글리세롤로부터 증발 또는 급속장치를 이용하여 메탄올을 회수한다. 그 이후 처리는 전술한바와 동일하다[1,6].

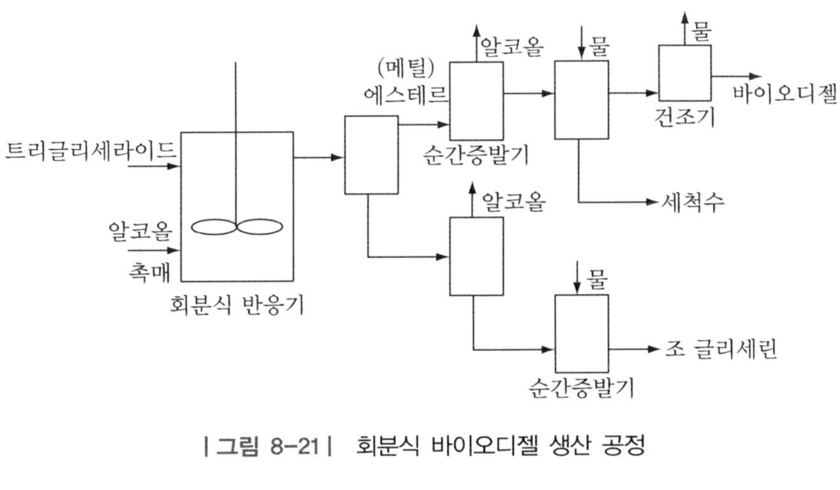

| 그림 8-21 | 회분식 바이오디젤 생산 공정

(2) 연속식

연속식에서는 주로 연속교반 탱크 반응기(continuous stirred-tank reactor, CSTR)나 플러그 흐름 반응기(관형반응기; plug-flow reactor, PFR) 등을 사용

한다.

CSTR에서는 주로 CSTR1과 CSTR2의 2개의 반응조를 이용한다. CSTR1은 전체 용액들이 서로 반응하므로 CSTR2보다 용량이 크다. 1단계반응(CSTR1)에서는 소요되는 전체 가성소다/메탄올 양의 80%만 넣고 반응을 시킨 후에 글리세린을 제거하고 나머지 20%로 CSTR2에서 2단계 반응을 실시한다. 글리세린은 용해도가 낮으므로 침전조에 정치시키거나 원심분리를 이용하여 분리한다. 과잉의 메탄올이 용매로 작용하므로 분리를 더욱 느리게 한다. 그러나 과잉의 메탄올을 먼저 제거하면 에스테르교환반응의 가역화가 일어날 수 있으므로 이것을 억제하기 위해서는 메틸에스테르와 글리세린을 완전히 분리한 후에 반응흐름에서 메탄올을 제거한다[1]. 상압 운전 조건으로 에너지를 절감할 수 있으며 초기 투자비도 상대적으로 저렴한 장점이 있다.

PFR은 반응조가 관(tubular)모양으로 여러 개가 나열되어 있으며, 반응물이 거의 교반없이 연속 흐름에서 반응조의 관을 통해 수직방향으로 움직인다. 연속 시스템에서는 반응은 6 ~ 10분이면 거의 완전하게 일어난다. PFR에서는 반응속도를 올리려면 반응온도와 압력을 높여 조절한다.

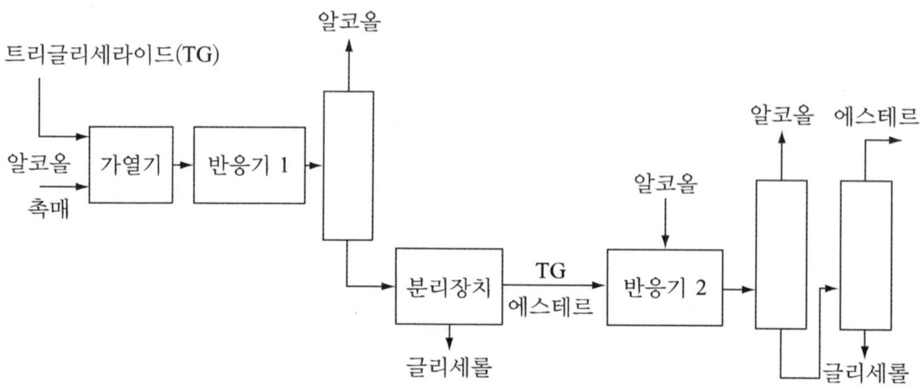

| 그림 8-22 | 플러그 흐름 반응기에서 바이오디젤 연속생산 공정

현장에서 가장 널리 적용하고 있는 연속식 공정으로는 Henkel 공정과 CD 공정이 있다. 전자는 그림 8-23과 같이 직렬식 튜브반응기(PFR)를 이용한 2단 반응정제방식과 증류방식을 채택하고 있다. 따라서 글리세린의 순도가 92%로 우수하고, 바이오디젤도 상당히 밝은 색이며 순도와 질이 높다. 그러나 가압(4 ~ 5bar) 운전 조건으로 에너지 비용이 상승하고, 정제 방법도 증류공정을 사용하므로 생

산수율이 4~5% 정도 감소하며 생산된 바이오디젤의 산화 안정성이 낮은 문제점이 있다[14]. 한편 CD(continuous deglycerolization) 공정은 그림 8-24와 같이 일정한 흐름을 유지하는 연속식 2단 반응칼럼에서 일어나며 반응 중에 글리세린이 제거된다. 글리세린의 추출에는 물의 폐쇄루프(closed loop)를 채택하였으며, 메탄올 회수는 폐쇄사이클에 의해 조성된 원심분리기를 이용한다. 또한 상압 조건에서 운전하므로 에너지 비용을 절감할 수 있다. 그러나 지방산 함량이 높은 저렴한 원료는 사용할 수 없으며 스팀을 바이오디젤의 수세공정에 사용하므로 폐수가 발생하는 문제가 있다[15].

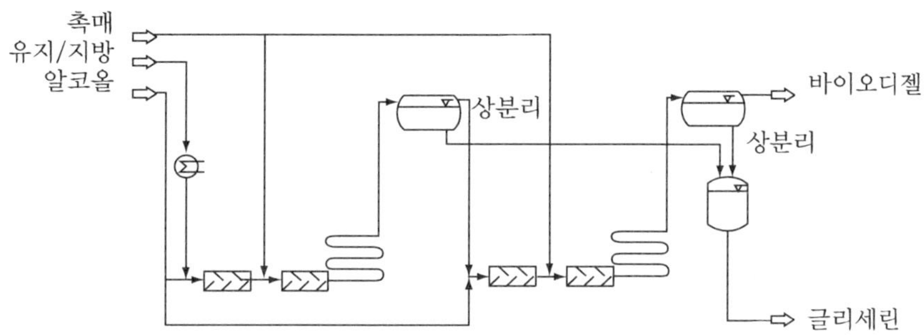

| 그림 8-23 | 헨켈 공정

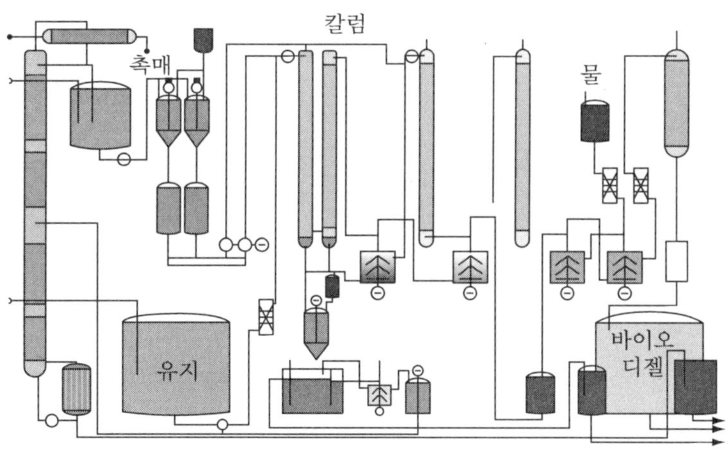

| 그림 8-24 | CD 공정

4.2.2 산촉매법 [1,2,4–6,16]

유지는 산촉매에 의해서도 그림 8-25와 같이 직접 에스테르화 반응을 진행한다.

$$\underset{\text{지방산}}{RCOOH} + \underset{\text{메탄올}}{CH_3OH} \xrightarrow{H_2SO_4} \underset{\text{지방산 ME}}{RCOOCH_3} + \underset{\text{물}}{H_2O}$$

| 그림 8-25 | 산촉매법에 의한 직접 에스테르화 반응

그러나 직접 산촉매에 의한 에스테르화 반응은 느리며, 많은 양의 메탄올이 요구되고, 반응 중에 생성된 물을 제거해야하는 단점이 있다. 산 처리과정 중에 메탄올과 유리지방산의 비(比)가 20/1 ~ 40/1로써 높으며 산 소비량도 많다. 따라서 바이오디젤의 산업적 생산에는 적용하지 않는다.

산촉매법은 수분 함량과 유리지방산 함량이 높은 유지를 유리지방산 함량이 적은 유지로 전환시키는 전처리 과정에 주로 사용한다. 한번 조리한 유지(폐식용유)는 2 ~ 7%의 유리지방산을 함유하며 동물지방은 5 ~ 30%, 그리고 회수 구리스는 약 100%가 유리지방산이다. 일반적으로 유리지방산을 약 5% 이상 함유한 유지는 알칼리를 사용할 경우 비누를 다량 생성하므로 ME와 GL의 분리가 어렵고 세척과정에도 현탁액을 형성한다. 따라서 그림 8-26에서와 같이 처음에 산으로 처리하여 유리지방산을 감소시킨 후에 바이오디젤 생산 공정을 계속한다.

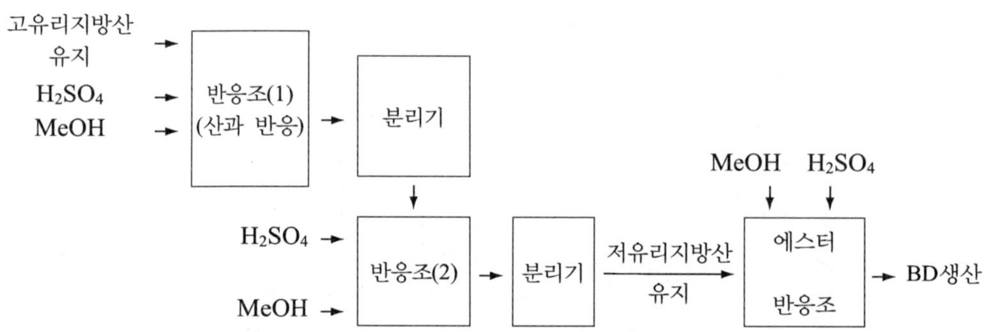

| 그림 8-26 | 산촉매 직접 에스터화 공정도

산과의 반응조(2)는 생략할 수도 있다. 수분이 집적되면 반응이 종결되므로 신속한 반응을 위해서는 수분제거가 중요하다. 메탄올/물은 증발, 정치 및 원심분리법으로 제거한다. 분리기에서 알칼리로 중성화 과정을 거치면 알칼리 촉매에 의한 바이오디젤(biodiesel, BD)생산 공정으로 연결될 수도 있다.

4.2.3 초임계 메탄올법

기존의 알칼리 촉매법과 산 촉매법에서는 원료가 함유하고 있는 유리 지방산과 물이 바이오디젤 생산에 불리한 영향을 미친다. 또한 기존 방법들은 반응시간이 길고, 촉매와 생산물을 분리하는데 비용이 많이 들며, 에너지 소비도 높은 단점이 있다. 한편 초임계 메탄올법은 원료가 함유한 유리 지방산과 물의 함량에 관계가 없으며 촉매도 필요로 하지 않는다. 더불어서 반응시간이 짧고 생산물의 분리 및 정제도 쉬운 장점을 지니고 있다[2,7,8].

4.2.3.1 초임계 유체

모든 물질은 온도와 압력이 변함에 따라 기체, 액체, 고체상태로 존재할 수 있다. 또한 모든 물질은 기체와 액체가 서로 상존하는 고유한 온도와 압력 조건이 존재하는데, 이러한 조건을 임계점(supercritical point)이라 한다. 초임계유체(supercritical fluids)란 그림 8-27과 같이 온도와 압력이 임계점 이상의 상태에 존재하는 물질을 의미한다. 임계점은 가스-액체 평행선의 종말에 위치하고 있으며 이 영역이 초임계 유체영역이다[17].

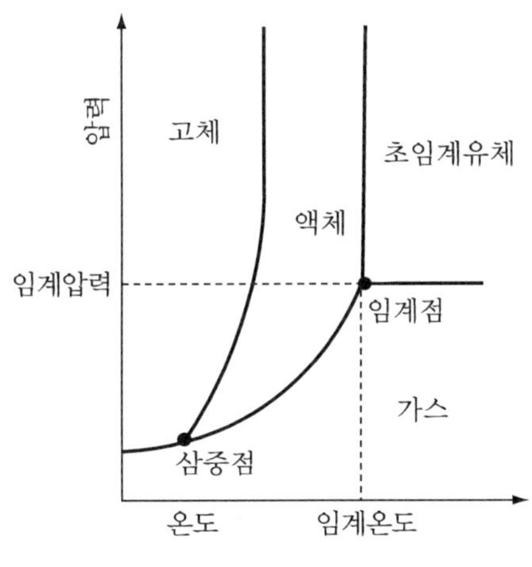

| 그림 8-27 | 초임계 유체 영역

물, 이산화탄소와 메탄올은 초임계 유체로 널리 이용되는 물질들이며, 이들의 임계온도, 압력 및 밀도는 표 8-13과 같다[18].

표 8-13 ▶ 초임계 유체들의 특성

	H_2O	CH_3OH	CO_2
임계온도 *Tc*, (°C)	374.35	239.65	31.17
임계압력 P_0, (MPa)	22.12	8.09	7.38
임계밀도 ρ*c*, (g/cm^3)	0.348	0.272	0.469

초임계 이산화탄소는 낮은 온도와 압력을 요구하며 화재 위험성과 독성이 없어 환경 친화적 유체이나, 비극성이어서 극성, 이온성 및 고분자화합물에는 친화성이 낮다. 초임계 수는 정상 상태의 물과 비교하여 산성을 띠며, 극성이 많이 낮아져서 비극성화합물부터 극성화합물에 이르기까지 넓은 범위의 용해력을 나타낸다. 그러나 물의 임계압력과 온도가 매우 높아 여기(excitation)에 이르는데 많은 에너지가 요구되는 단점이 있다. 초임계 메탄올은 임계압력과 온도가 초임계 이산화탄소와 물의 중간에 해당한다. 초임계 유체는 이미 언급한 바와 같이 가스와 액체간의 상(相)경계가 없다. 따라서 초임계 유체는 표 8-14에서와 같이 가스와 액체의 중간특성을 지닌다[19].

표 8-14 ▶ 초임계유체, 가스 및 액체의 물리적 성질 비교

물리적 성질	가 스	초임계유체	액 체
밀도 (g/ml)	0.001	0.1~1.0	1.0
점도 (g/ms)	0.0001	0.001~0.0001	0.01
확산계수 (cm^2/s)	0.1	0.001	0.00001

초임계 유체는 기존 액체나 가스의 특성과 차이가 있다. 임계점 부근에서 유체의 온도와 압력을 변화시키면 유체의 밀도가 급격히 변화한다. 또한 밀도에 의존하는 용매 특성들, 즉 점도와 유전율(dielectric constant)은 가스와 비슷한 수치에서 용액과 유사한 수치로 변한다. 그리고 용질용매화(solute solvation)에서도 이에 버금가는 변화가 일어난다. 초임계 유체의 이러한 특별한 용매화는 정상상태의 용매에서는 발견되지 않으며 이런 특성은 화학 반응속도와 선택성에 영향을 준다.

초임계 유체의 용해력은 기존 유체보다 현저히 낮다. 그러나 정상상태의 유체가 초임계 유체로 전환되는 동안 독특한 분자집단화(cluster)-용매화가 일어나며,

균일한 상태에서 조립체및 국부밀도(local density)의 증가 등으로 용해력이 크게 향상되어 화학반응력과 선택성이 높아진다. 초임계 유체의 용해력은 유체의 밀도에 의존하기 때문에 압력과 온도의 증가와 함께 향상된다[20]. 표 8-15는 기존 메탄올과 초임계 메탄올의 몇 가지 특성을 비교하였다[21,22].

표 8-15 ▸ 초임계 메탄올과 기존 액상 메탄올의 특성

	초임계 메탄올	메탄올
밀도 (g/cm^3)	0.272	0.80
유전체상수	8.10(512.6K)	32.66(473K)
점도 (Pa · s)	0.58×10^{-4}	5.4×10^{-4}
용해파라미터 $(MPa)^{1/2}$	4.1	7.1
수소결합 (Nr)	< 0.7	1.93

초임계 메탄올은 기존 메탄올에 비하여 밀도와 유전율 및 수소결합수가 낮다. 초임계 상태에서는 화학반응의 중요한 파라미터인 이런 특성들을 압력과 온도의 변화로 조절할 수 있다. 초임계 상태에서는 메탄올의 이온적(積)이 증가하여 알코올분해 기능을 갖게 되므로 산 또는 알칼리 촉매를 첨가하지 않아도 반응이 촉진된다.

물의 유전율은 상온에서 80 정도로 상당히 크다. 따라서 각 종의 극성물질과 전해질은 쉽게 용해시키지만 비극성물질은 용해하지 못한다. 그러나 온도가 상승하면 비유전율이 하락한다. 초임계수의 경우 유전율은 5 ~ 10 정도(지방산은 2.5 주위)까지 낮아져서 비극성물질을 용해시킬 수 있게 된다[22]. 물과 동일한 성질의 용매인 메탄올도 상온에서 유전율이 32.6으로 높으나 임계점에서는 8.1로서 비극성 유기물질과 무기가스를 용해시킬 수 있다. 즉, 소수성의 유지류가 초임계 메탄올에 쉽게 용해되어 균일한 반응이 일어난다[23].

4.2.3.2 1단계 초임계 메탄올법 [2,24–26]

바이오디젤의 생산은 주로 알칼리법에 의존하고 있으나 이 방법은 촉매의 사용과 회수, 글리세린의 회수 및 유리지방산 등에 민감한 문제점이 있다. 최근 초임계 메탄올을 사용하는 무촉매 바이오디젤 생산기술이 개발되었다. 그림 8-28은 1단계 초임계 메탄올법에 따른 바이오디젤 제조 공정도이다. 한편 화학반응식은

그림 8-16, 8-25와 동일하다. 단지 무촉매 그리고 메탄올 대신 초임계 메탄올을 적용한다.

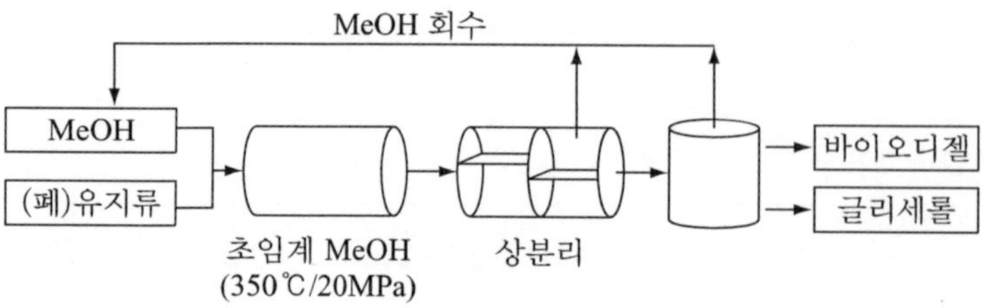

| 그림 8-28 | 1단계 초임계 메탄올법에 따른 바이오디젤 생산 공정

그림 8-28에서와 같이 폐유지류를 촉매 없이 메탄올과 함께 반응관으로 흘려 준다. 반응관(초임계 유체 반응장치)에서 폐유지류는 초임계 메탄올에 의해 에스테르화 반응이 일어난다. 즉, 유지의 주성분인 트리글리세라이드가 초임계 메탄올에 의해 지방산 메틸에스테르와 글리세린으로 변환된다. 이 과정은 기존 알칼리 촉매법과 동일한 전이에스테르 반응이다. 이와 함께 초임계 메탄올법에서는 유리지방산은 초임계 메탄올과 에스테르화 반응으로 지방산 메틸 에스테르와 물을 생성한다. 초임계 처리는 일반적으로 메탄올에 대한 유채유의 몰비(mol ratio)는 1/42, 반응온도는 250 ~ 350°C, 반응압력과 반응시간은 35 ~ 60MPa에서 120초가 여러 유지들에서 적당하다고 알려져 있다[26].

한편 1단계 초임계 메탄올법에서는 촉매를 첨가하지 않으므로 분리 · 정제는 용이하다. 그러나 트리글리세라이드(triglyceride, TG)의 중간생성물인 디글리세라이드(diglyceride, DG), 모노글리세라이드(monoglyceride, MG)가 존재하므로 상 분리에서 메탄올과 글리세린을 분리한 후에 회수한 바이오디젤을 증류하여 DG와 MG를 제거한다. 초임계 메탄올 조건은 고온 고압이므로 그림 8-29의 반응식에서와 같이 *k*TG(TG → DG)와 *k*DG(DG → MG)의 활성화가 현저히 저하된다.

초임계 메탄올법에서는 촉매의 첨가 없이 반응이 일어나는데 이에 대해서는 여러 가지 이유로 설명이 가능하다. 즉, 고온에서 글리세린이 메탄올에 용해하여 1상(相)의 균일한 반응을 일으켜 반응속도가 상승하며 활성에너지가 저하한다. 또 다른 이유로는 초임계 상태의 메탄올은 이온적(積)(ion product)의 증대로 인한 알코올분해(alcoholysis)의 기능을 유지하고 있기 때문에 초임계 메탄올 반응에서는 산이나 알칼리 촉매를 첨가하지 않아도 반응이 진행된다. 아울러 메탄올의 유전율은 상압·상온에서는 32 정도이지만 임계점(239°C, 8.09MPa)에서는 7 정도로 저하되기 때문에 적절한 초임계 조건(350°C, 40MPa)을 선택함으로써 소수성의 유지류가 메탄올에 잘 용해되어 균일하게 반응이 진행된다. 즉, 초임계 메탄올 중에서는 TG → DG → MG → G 순으로 에스테르 교환반응이 진행되어 높은 수율의 지방산 메틸 에스테르를 생산할 수 있다.

$$
\begin{aligned}
TG + R'OH &\xrightarrow{k} DG + R'COOR_1 \\
DG + R'OH &\xrightarrow{k} MG + R'COOR_2 \\
MG + R'OH &\xrightarrow{k} GL + R'COOR_3
\end{aligned}
$$

| 그림 8-29 | 연속반응으로서 바이오디젤의 합성반응(TG: triglyceride, DG: diglyceride, MG: monoglyceride, GL: glycerin)

4.2.3.3 2단계 초임계 메탄올법 [2,27]

1단계 초임계 메탄올법에는 여러 가지 한계점들이 발견되어 이를 보완하기 위한 새로운 방법들이 개발되었다. 이 중에서 물과 메탄올을 연속적으로 이용하는 2단계 초임계 메탄올법이 개발되었다. 즉, 낮은 온도와 압력조건의 아임계수(sub-critical water)를 이용하여 폐유지류를 가수분해한 후에 초임계 메탄올에 의한 메틸에스테르화 반응을 유도하는 방법이다. 2단계 초임계 메탄올법에 따른 바이오디젤 생산방법과 화학반응은 그림 8-30, 8-31과 같다.

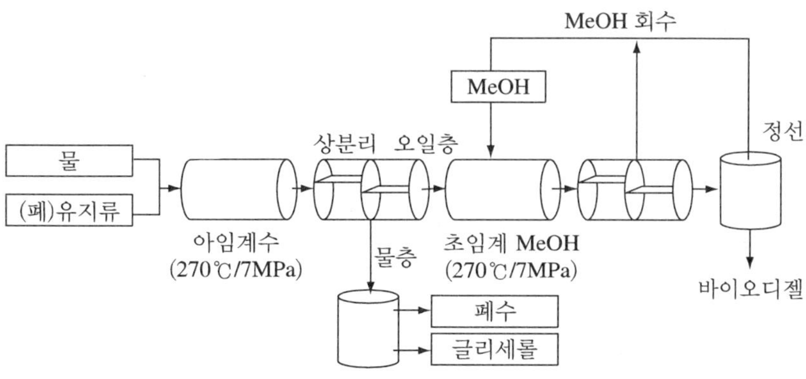

| 그림 8-30 | 2단계 초임계 메탄올법에 따른 바이오디젤 생산 공정

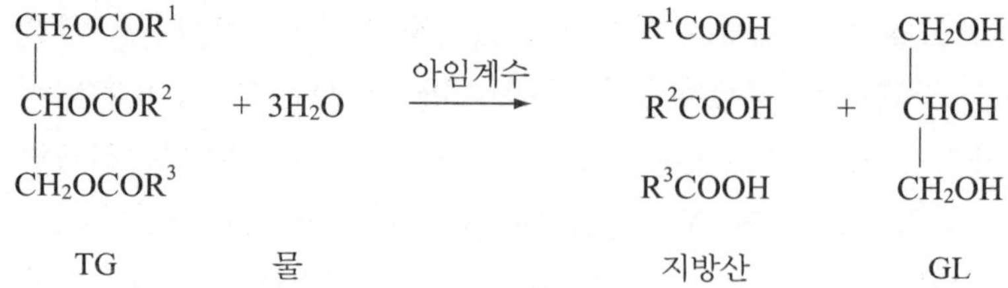

$$R'COOH + CH_3OH \xrightarrow{\text{초임계수}} R'COOCH_3 + H_2O$$

지방산 메탄올 지방산 ME 물

| 그림 8-31 | 2단계 초임계법에 따른 화학 반응

그림 8-31에서와 같이 유지(주로 폐유지)에 물을 넣고 아임계수(270°C, 7~20MPa) 조건에서 약 20분간 반응시켜 가수분해시킨다(1단계). 이 경우 그림 8-31 반응식에 따라 지방산과 글리세린이 생성된다. 이 가수분해산물을 정치분리하면 상층(유층)부에는 생성된 지방산이, 그리고 하층(수층)부에는 글리세린이 함유되어 있다. 유층부를 분리하여 여기에 메탄올을 넣고 초임계 메탄올 조건(270°C, 7~20Mpa)에서 약 20분간 처리하여 지방산 에스테르화 반응을 유도하면 지방산 메틸에스테르가 생산된다(2단계).

물은 메탄올보다 프로톤 공여성이 강하고 더욱이 아임계영역에서 높은 이온적을 지닌다. 이와 같은 조건에서 아임계수와 트리글리세라이드는 서로 수화하지 않고, 2상(相)의 반응계를 형성하고 있지만, 아임계수는 가용매 분해효과가 크고 2상 반응이더라도 가수분해 반응이 효과적으로 진행된다. 가수분해 후에 반응용액을 정치하면 지방산과 물을 효과적으로 분리할 수 있다. 반응생성물에 미량으로 존재하는 TG, DG, MG와 같은 중간생성물은 상부(유층)층에, 그리고 부산물로 생산되는 글리세린은 수층(하층)에 모여 분별된다. 상층의 지방산은 메탄올과 1상(相)을 형성하고 비교적 낮은 초임계 온도와 압력에서 에스테르 반응을 일으킨다.

한편 1단계 초임계 메탄법과 2단계 초임계법에서도 여러 가지 차이점이 존재한다. 일반적으로 2단계 초임계법은 1단계 초임계법보다 저온·저압에서 반응시킨다. 그림 8-32는 1단계법과 2단계법의 반응속도를 비교한 것이다. 1단계 초임계법에서는 350°C에서 TG의 에스테르 교환반응의 반응속도(k_{TE})는 17.8×10^{-3} s^{-1}였으나, 300°C 이하에서는 급격히 감소하여 270°C에서 $0.7 \times 10^{-3} s^{-1}$로 나타내고 있다. 한편 2단계 초임계 메탄올법에서도 300°C 이하에서는 TG의 가수분해 및 에스테르 반응의 반응속도(k_H와 k_E)가 큰 폭으로 감소한다. 270°C에서 $k_H = 2.6\times10^{-3}s^{-1}$, 그리고 $k_E = 2.9\times10^{-3}s^{-1}$이다. 그러나 이러한 반응속도는 1단계법의 270°C에서의 반응속도보다 현저히 크다. 이런 결과는 2단계법의 반응조건을 더 완화할 수 있는 가능성도 보인다.

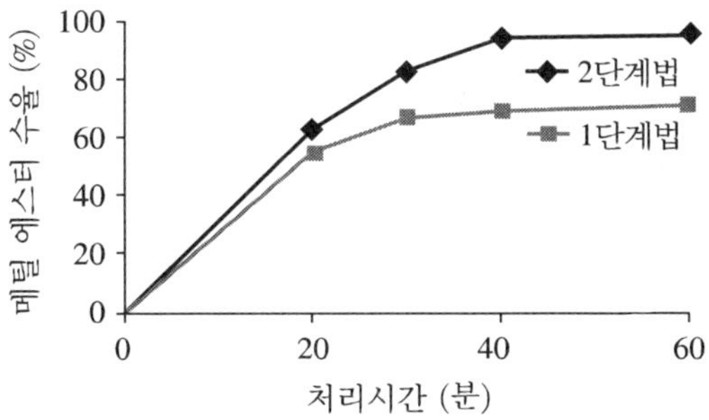

| 그림 8-32 | 초임계법에서 반응시간에 따른 지방산ME 수율 (1단계법: 270°C, 17MPa, 2단계법: 270°C, 27MPa/270°C, 17MPa)

그림 8-33은 처리압력에 따른 지방산ME 수율을 나타내고 있다. 2단계법에서는 처리압력을 5MPa에서 17MPa범위까지 변화시키며 온도는 270°C에서 40분(가수분해 20분, 에스터화 반응 20분)동안 반응시켰고 1단계법에서는 350°C에서 4분간 반응시킨 결과이다. 전자의 경우에는 7MPa에서 최고의 메틸에스테르 수율을 나타냈고 후자는 20MPa는 되어야 2단계의 최고수율에 이르렀다. 2단계법에서는 압력을 7MPa 정도로 낮출 수 있는 여유가 있다.

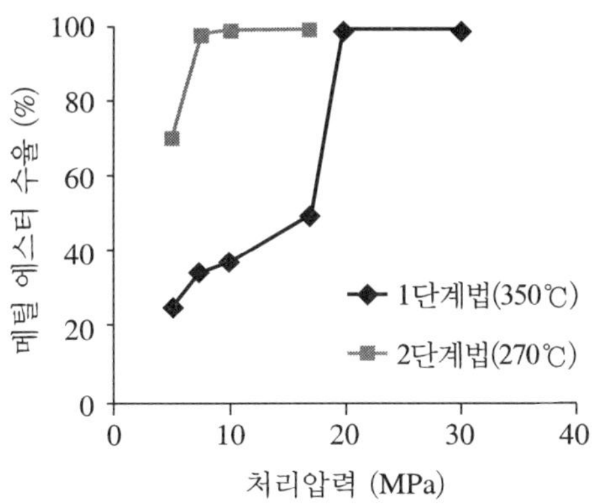

| 그림 8-33 | 초임계법에서 반응압력에 따른 지방산ME 수율(1단계법: 350°C, 4분, 2단계법: 270°C, 40분/270°C, 17MPa)

바이오디젤 연료 중에 중간 생성물질인 DG 및 MG의 잔존량은 1단계법과 2단계법에서 차이가 있다. 1단계법에서는 바이오디젤, 메틸에스터($C_{16\text{-}0}$: 팔미틴산 에스터, $C_{18\text{-}0}$: 스테아린산 에스테르, $C_{18\text{-}1}$: 올레인산 에스테르, $C_{18\text{-}2}$: 리놀레인산 에스테르, $C_{18\text{-}3}$: 리놀레닌산 에스테르)와 더불어 MG 및 DG가 잔존하나, 2단계법에서는 MG와 DG가 잔존하지 않는다. 바이오디젤 중의 TG, DG, MG, GL의 총합을 전글리세린양(Gs)이라고 하는데 Gs양은 바이오디젤의 품질에 영향을 준다. 일반적으로 Gs가 높으면 엔진계 필터를 막아서 엔진트러블을 야기한다.

한편 최근에는 촉매를 함유한 초임계법이 연구되고 있다. 즉, 525K에서 촉매로 NaOH, CaO, 및 MgO를 1 ~ 5% 첨가하고 기존의 1단계 초임계법을 적용하면 1분 내에 ME 전환율이 60%에서 90%로 증가한다. 보고에 따르면 촉매로 CaO를 첨가할 경우 3.0%(유지 기준), 525K, 유지/초임계 메탄올 몰비는 1/40에서 전이에스테르 반응이 적당한 것으로 연구되고 있다[28].

4.2.4 바이오디젤 제조방법들의 비교 [4,5]

전술한 바이오디젤 제조 방법들의 특성을 종합하여 비교하면 표 8-16과 같다.

표 8-16 ▸ 바이오디젤 생산방법들의 비교 (다음 페이지에 계속)

	알칼리촉매법	산촉매법	초임계법
반응온도	20 ~ 90 (65°C)	알칼리법보다 높음	350°C (1단계법)
반응압력	0.1MPa		20 ~ 50MPa
반응시간	0.5 ~ 6h	알칼리법보다 길다	2 ~ 4min
화학반응	전이에스테르반응	에스테르반응/ 전이에스테르반응	전이에스테르반응/ 에스테르반응(1단계법) 가수분해/ 에스테르반응(2단계법)
촉 매	NaOH(KOH)	H_2SO_4	–
원료의 유리지방산상태	비누화산물	에스테르화합물	에스테르화합물
수분함량	<6%	<2%	<98%
유리지방산함량	<2%	<10%	100%
정선에서 제거 물질	메탄올, 촉매, 비누화산물	촉매, 메탄올	메탄올
글리세린 회수	어렵다	어렵다	무 난

표 8-16 ▸ 바이오디젤 생산방법들의 비교

	알칼리촉매법	산촉매법	초임계법
냄 새	비누 맛	-	단 맛
공 정	복 잡	복 잡	간단(압력, 온도높음)
수 율	97%	알칼리법 보다 낮다	98.5%

주. 원료의 수분함량과 유리지방산 함량은 일반적인 함량 수준을 나타낸 것이다.

반응온도와 압력은 초임계법에서 현저히 높고 기존 알칼리 촉매나 산 촉매법은 상압조건에서 65°C 정도에서 진행한다. 그러나 반응온도를 올리면 반응시간을 단축시킬 수도 있다. 초임계법은 반응진행 속도가 매우 빨라 촉매 없이 120~240초에 반응이 완결되는 장점이 있다. 따라서 초임계법이 온도와 압력은 높아도 반응시간이 짧아 전체 에너지소비량은 적다고 한다. 알칼리법의 경우 바이오디젤 생산에 소비되는 에너지는 17.9MJ/L이며 에스테르 교환반응에서는 4.3 MJ/L이지만 초임계법은 3.3MJ/L로서 매 L당 1.0MJ의 에너지를 절약 할 수 있다[29].

바이오디젤 생산량은 초임계법의 경우 약 98.5%로 가장 높고 그 다음으로 산촉매법, 알칼리 촉매법이라고 보고되고 있으나 어느 방법이든지 96.5%(BD 100, EN 14214 기준)는 상외한다. 바이오디젤 생산량은 원료의 조건, 즉 유지 중에 함유된 수분과 유리지방산함량에 좌우되므로 직접 비교하기가 어렵다.

그림 8-34, 8-35는 유지원료에 함유된 유지지방산과 수분함량에 따른 바이오디젤 생산량을 나타내고 있다[2]. 그림 8-34에서와 같이 초임계 메탄올법은 유지함유량에 무관하게 바이오디젤 수율이 일정하다. 그러나 산 촉매나 알칼리 촉매법에서는 원료에 유리지방산 함유량이 많을수록 바이오디젤 생산량은 현저히 낮아진다. 특히 알칼리 촉매법의 경우 더욱 현저히 감소한다. 또한 원료의 수분함량에 따른 결과도 그림 8-35에서 보는바와 같이 기존 촉매법에서 생산율이 현저히 감소한다. 이러한 경향은 유리지방산 함량과는 달리 산 촉매법에서 수율이 급격히 감소한다.

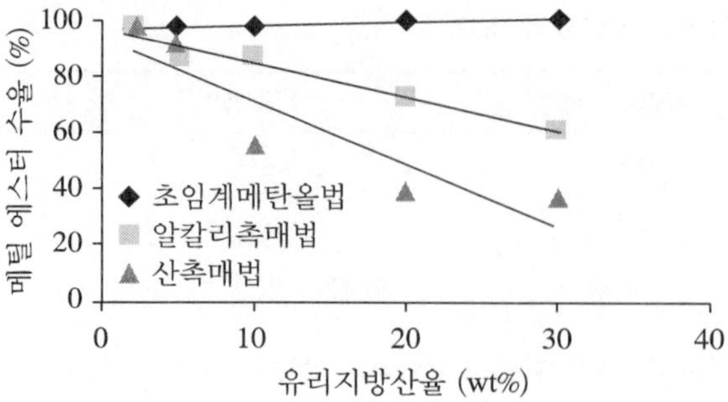

| 그림 8-34 | 유지 원료의 유리지방산 함량과 바이오디젤 수율

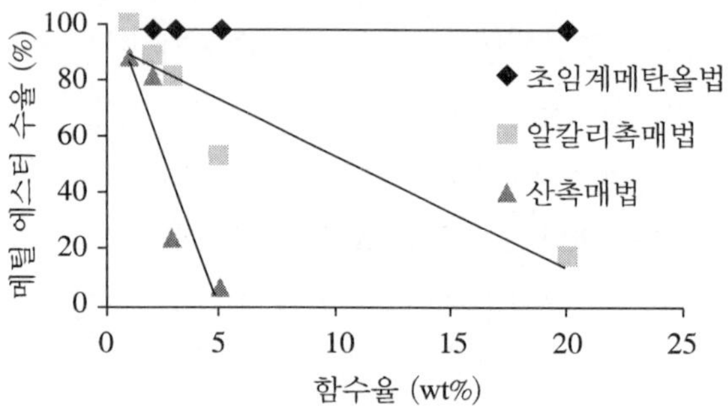

| 그림 8-35 | 유지 원료의 수분 함량과 바이오디젤 수율

따라서 원료에 함유된 수분과 유리지방산 함량의 정도에 따라 바이오디젤 생산방법을 선택해야 한다. 그림 8-36 및 표 8-16에서와 같이 미사용유(정제유)로서 수분과 유리지방산 함량이 낮은 원료는 알칼리 촉매법으로 그리고 그 다음은 산 촉매법을 권장한다. 그러나 수분과 유리지방산 함량이 극히 높은 원료는 초임계법에서나 처리가 가능하다[30].

초임계 메탄올법은 다른 방법에 비하여 유리지방산 함량에 거의 영향을 받지 않는다. 포화지방산은 400°C 이상에서 그리고 불포화지방산은 350°C의 낮은 온도에서 ME로 전환하며 더 높은 온도에서는 생성물이 분해된다. 다행스럽게도 350°C 이상에서는 TG의 에스테르 교환반응도 거의 완전하게 일어난다. 따라서 350°C 이상에서 처리하면 유지원료에 함유된 유리지방산과 TG 모두 큰 문제가 없다. 예를 들면 알칼리 촉매법은 수분 6%이내와 유리지방산 2%, 산 촉매법은 수분 2%와 유리지방산 10% 이내, 그러나 폐팜유는 유리지방산이 15 ~ 30% 내외 그리고 수분함량이 40 ~ 80% 내외이며 공장폐유는 수분은 10 정도이나 유리지방산이 30 ~ 50%를 차지한다. 이렇게 수분과 유리지방산 함량이 높을 경우에는 초임계 메탄올법만이 가능하다. 또한 초임계 메탄올법은 이미 언급한 바와 같이 중화공정, 세척공정 및 폐수처리 공정이 필요 없으며 반응에서 수반된 열은 증류에 이용할 수 있다.

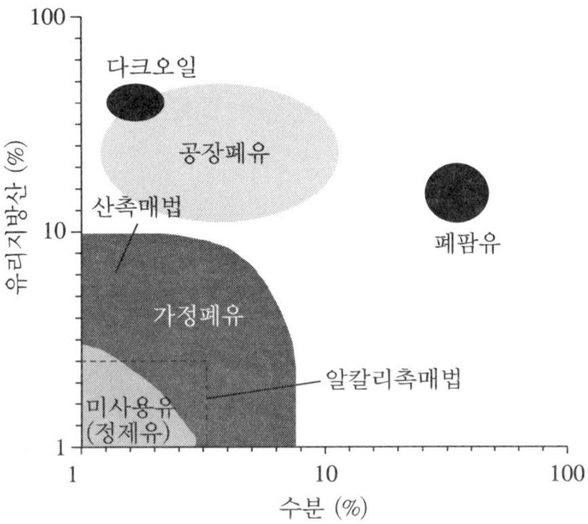

| 그림 8-36 | 여러 종류의 유지에 함유된 수분과 유리지방산 함량에 따른 바이오디젤 제조방법

4.2.5 효소에 의한 바이오디젤 생산

바이오디젤 생산 방법은 이미 언급한 바와 같이 알칼리 촉매법, 산 촉매법, 초임계메탄올법 이외에도 최근에는 효소를 이용한 방법도 널리 연구되고 있다. 효소에 의한 바이오디젤 생산은 기존 알칼리법이나 산 방법보다 여러 가지 장점은 지니고 있다[10,31]. 즉, 부산물인 글리세롤를 쉽게 회수할 수 있으며 유리지방산과 지방이 완전하게 ME로 전환된다. 비교적 낮은 온도에서 실시하므로 에너지 소비가 적고, 반응이 효율적이며 선택성이 높다. 또한 부반응도 적고, 폐기물 생산량도 적어 친환경적이다. 한편 무수알코올이 요구되며 반응시간이 기존의 다른 방법과 비교하여 길다. 더불어서 효소가 물과 알코올에 민감한 단점도 있다[5].

4.2.5.1 효소

효소인 리파아제(lipases) 자원은 다양하다. 리파아제는 거의 모든 살아 있는 생물체, 즉 미생물 동물 및 식물에 균체 내 및 균체외 효소로 존재한다. 그 중에서도 세균과 균류가 많은 량의 효소를 함유하고 있다. 현재 주로 이용하고 있는 미생물은 아래와 같다[32].

Candida antarctica, Candida cylindracea, Candida rugosa, Rhizopus oryzae, Rhizopus miehei, Mucor miehei, Pseudomonas cepacia 등

최근에는 효소 가격을 저렴하게 유도하기 위하여 효소 고정화(immobilized enzyme), 전세포 고정화(whole cell immobilization), 단백질 엔지니어링 및 효소 재조합 등의 방법을 통하여 효소의 재생과 효율성을 개선하고 있다.

4.2.5.2 반응 메커니즘

효소에 의한 바이오디젤 생산은 리파아제의 작용으로 TG가 유리지방산과 글리세롤로 전환는데 근거를 두고 있다. 이 경우 물이 적은 상태에서는 가역반응인 가수분해 보다는 새로운 에스텔결합(ester-bond)을 생성한다. 이 에스텔화합물은 알코올류와 반응하여 바이오디젤을 생산한다[19].

효소에 의한 바이오디젤 합성은 전이에스테르 반응 중에서 그림 8-37과 같은 반응에 따라 진행된다.

(1) 알코올분해(alcoholysis)

$$\underset{\text{TG}}{R_1CO-OR_2} + \underset{\text{알코올}}{R-OH} \xrightarrow{\text{효소}} \underset{\text{ME}}{R_1CO-OR} + \underset{\text{GL}}{R_2OH}$$

(2) 에스터-에스터 교환반응(ester-ester interchange)

$$\underset{\text{TG}}{R_1CO-OR_2} + \underset{\text{트리메틸아세테이트}}{R_3CO-OR_4} \xrightarrow{\text{효소}} \underset{\text{3ME}}{R_1CO-OR_4} + \underset{\text{트리메틸아세테이트}}{R_3CO-OR_2}$$

| 그림 8-37 | 효소(리파아제)에 의한 바이오디젤(ME) 생산 반응

4.2.5.3 영향인자

1) 메탄올

(1) MeOH와 효소 문제

MeOH는 유지에서 낮은 용해도를 지녔다. 따라서 MeOH의 농도가 일정 이상으로 높으면 새로운 용액상이 형성되어 용해되지 않은 MeOH가 효소의 활력을 떨어뜨리고 에스테르 화합물의 함량을 감소시킨다[9,33].

(2) MeOH 첨가량

탄소 수가 3개 이상인 알코올들은 몰랄당량 비로 유지에 완전하게 용해된다. 그러나 MeOH과 EtOH의 용해력은 몰랄당량의 각 각 1/2과 1/3이다. 즉, TG를 알코올 분해할 경우 화학당량보다 더 많은 양의 알코올이 요구한다. 낮은 알코올화 분해는 유지에 녹지 않은 MeOH이 리파아제를 불활성화 시키기 때문이다[9]. 따라서 이러한 문제를 극복하기 위하여 MeOH를 여러 번에 나누어서 첨가하는 방법이 적용되고 있다.

그림 8-38은 반응시간과 단계별 메탄올 첨가에 따른 바이오디젤(ME) 전환율이다. 3단계로 메탄올을 첨가할 경우 1차 메탄올 분해에서는 전체 몰랄당량의 1/3을 그리고 4wt% 고정화 리파아제를 처음 1회에 넣고 30°C에서 7h 반응시키면 ME로 전환율이 33.1%, 두 번째 1/3의 메탄올을 넣고 10h 더 반응시키면 66.4%, 그리고 마지막 1/3을 첨가하고 24h(총 48h) 후에는 97.3%의 전환율을 나타내었다. 한편 2단계로 메탄올을 첨가할 경우는 1차로 1/3을 넣고 12h 반응에 ME로 전환율이 33.2%, 두 번째 첨가는 나머지 2/3를 넣고 24h(총 34h) 반응시켜 96.8%의 전환율을 얻었다. 한편 이들 반응에 적용한 고정화 리파아제는 3단계 메탄올 분해에서는 50회전(104일), 그리고 2단계 메탄올 분해에서는 70회전(105일)을 재 사용에도 효소는 95%의 전환율을 유지하였다[9,34].

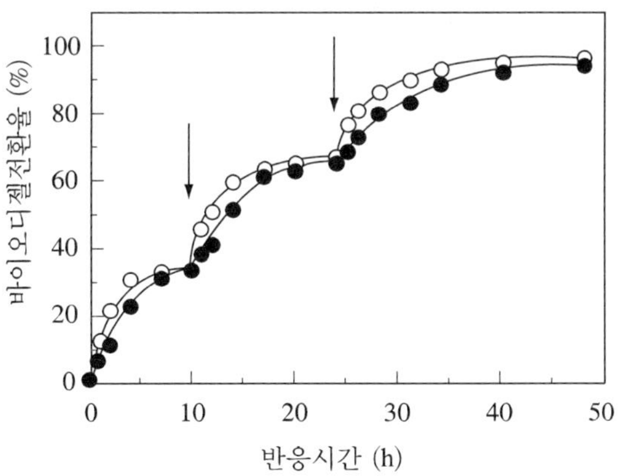

| 그림 8-38 | 단계별 메탄올 첨가와 반응시간에 따른 바이오디젤(ME) 전환율

한편 유채 기름량 20g에 6배의 MeOH를 3회로 순차적으로 넣어주며, 고정화 리파아제(*Thermomyces lanuginosus*) 430ug, 0.1g의 물 존재 하에서 40°C로 반응할 경우 ME의 수율이 90%였으며 효소역가도 상실되지 않고 10회 재 사용할 수 있다[10]. 정선된 대두유에 몰랄당량에 해당하는 MeOH량을 3회에 1/3씩 나누어 넣고 4wt% 고정화 리파아제(*C. antarctica*)를 처음 1회에 넣고 30°C에서 반응시킨바 48h에 수율 93.8% ME를 얻었고 고정화 효소를 25회 재 사용할 수 있다. 그러나 정선이 안된 경우는 주로 인지질인 검 물질이 고정화 효소에 결합하여 리파아제의 역가를 하락시키고 메탄올 분해에 저해 인자로 작용한다[35].

(3) 새로운 수용체(acceptors)

이미 언급한 바와 같이 효소법에는 MeOH에 의한 효소의 불활성화 그리고 부산물 글리세롤이 고정화 효소를 브로킹하여 효소의 역가가 하락시키는 문제점이 있다. 이러한 문제점을 극복하기 위하여 새로운 수용체들이 개발되었다. 즉, EtOH, 이소프로파놀(isopropanol)[36,37], t-부탄올(butanol)[38], t-부탄올(butanol)과 MeOH 및 오일혼합(보조용매)[39], 메틸아세테이트(methyl acetate), 에틸아세테이트(ethyl acetate) 등이 있다. 이들 용매를 사용하면 글리세롤이 생성되지 않으며 수분이 많은 폐유에도 적용이 가능하다는 장점이 있다. 특히 메틸아세테이트의 경우 25% 트리아세틸글리세롤(triacetylglycerol)이 생성되는데 이 약품은 글리세롤보다 고가이다. 또한 리파아제의 작업 안정성이 높아 100회 재 사용도 가능하다[40].

대두유에 메틸아세테이트를 몰랄당량 비의 1/12를 넣고 30% Novozyme435 존재 하에 40°C에서 10h 동안 반응시켜 92% 수율의 ME와 25% 트리메틸아세틸글리세롤을 생산하였으며 이 고정화 효소를 100회 재 사용할 수 있었다[9,40]. 또한 이상과 동일한 조건에서 *C, antarctica*를 적용하여 92%의 ME 수율을 얻었다[32]. 유지/에틸아세테이트 비 1/12에 고정 Novozym 435를 넣고 59°C에서 12h 동안 반응시키면 자트로파유에서는 91.3%, 그리고 해바라기유로는 수율 92.7%의 ME를 얻을 수 있었다[41].

2) 물의 영향

효소 반응에는 물이 필요하다. 많은 물은 반응을 느리게 하며 비경제적이다. 과도한 물은 고정화 효소의 미세환경을 파괴시켜 그 결과 효소의 활력과 안정성을 감소시킨다[42]. 그러나 리파아제는 물이 전혀 없으면 불활성이므로 최소한의 물은 필요하다.

수분을 0 ~ 10wt%(전체 반응 혼합물 기준) 함유한 유채유에 유지(1)/메탄올(6) 몰비와 고정화 효소 *T. lanuginosus*를 넣고 40°C에서 24h 동안 반응 시킨바, 유채유에 수분이 0%인 경우는 ME가 85.8%, 0.1%에서는 90.0%, 더 이상으로 수분이 증가하면 ME는 감소하여 수분이 2%인 경우에는 ME 수율이 31.9%로 급감하였다[43]. 폐유에 500ppm 이상의 물은 트리아세틸글리세롤의 메탄올 분해율을 감소시킨다. 그러나 반응의 평형에 영향을 주지는 않는다[33]. 이상과 같이 물 많으면 반응력이 하락한다. 그러나 아래와 같이 단계적으로 MeOH를 투여하면 수분에 의한 이러한 문제를 극복할 수 있다.

3) 3단계 메탄올 분해

수분 함량이 높은 폐식용유는 그림 8-39에서와 같이 3단계로 처리하는 것이 최적이다[44].

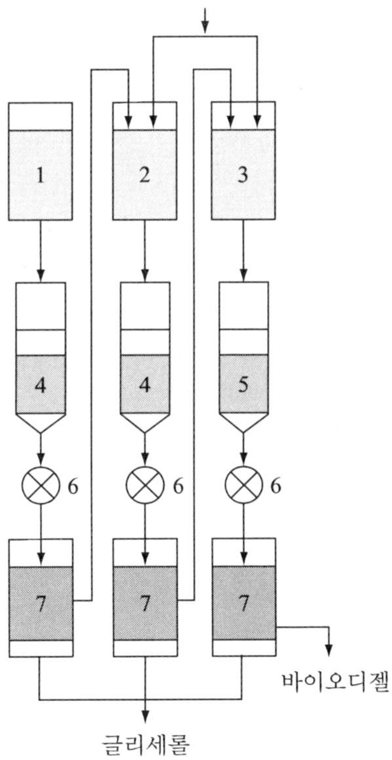

| 그림 8-39 | 3상의 발효조에서 연속유동식 바이오디젤 생산

유지와 화학당량의 1/3의 메탄올을 반응조(1) 안에 넣고 잘 혼합한다. 고정화 리파아제로 채워진 고정상의 반응조(4)에 30°C에서 6ml/h 속도로 흘려 보내준다. 반응물을 회수조(7)에서 회수한다. 반응물은 아실글리세롤(acylglycerols, AG)과 ME 혼합물이 주를 이루고, 일부 글리세롤도 함유하고 있다. 여기서 글리세롤를 제외한 기름층만을 2차 반응조(2)로 옮긴다. 여기에 처음과 같이 몰랄당량의 1/3의 메탄올을 반응조 안에 넣고 혼합한다. 그 이후 작업 방법은 전과 동일하다. 최종 적으로 얻은 반응 혼합물에서 글리세롤을 제외한 기름층인 바이오디젤을 분리한다.

이상의 방법으로 폐식용유에서 얻은 ME의 수율은 1단계에서 33.8wt%, 2단계에서 66.1wt% 그리고 3단계에서는 90.5wt%였으며, 미반응물인 MAG 3.3wt%, DAG 4.1wt%, TAG 1.9wt%, 그리고 유리지방산 0.2wt%가 존재하였다[34].

참고문헌

1. Van Gerpen, J., Shanks, B., Pruszko, R., Clements, D., Knothe, G., Biodiesel production technology, NREL/SR-510-36244, pp. 1-52, 2004
2. 坂 志朗(編著者), バイオディーゼルのすべて, 洋文社, pp. 2-138, 304-327, 2006
3. Demirbas, A., Biodiesel from vegetable oils via transesterification in supercritical methanol, Energy Convers. Mgmt., 43:2349-2356, 2002
4. Demirbas, A., Biodiesel, Springer, pp. 112-116, 122-138, 141-173, 2008
5. Nag, A., (ed): Biofuels refining and performance, McGraw-Hill Co., pp. 165-189, 2008
6. www.uiweb.uidaho.edu/bioenergy/biodiesel/publication 2008.10.21
   Gerpen, J. V., Biodisel production and fuel guality
7. Saka, S., Kusdiana, D., Biodiesel fuel from rapeseed oil as prepared in supercritical methanol, Fuel, 80:225-231, 2001
8. Kusdiana, D., Saka, S., Kinetics of transesterification in rapeseed oil to biodiesel fuels as treated in supercritical methanol, Fuel, 80:693-698, 2001
9. Shimada, Y., Watanabe, Y., Sugihara, A., Tominaga,Y., Enzymatic alcoholysis for biodiesel fuel production and application of the reaction to oil processing, J. Molecular Catalysis B: Enzymatic, 17:133-142, 2002
10. Akoh, C. C., Chang, S-W., Lee, G-C., Shaw,J-F., Enzymatic approach to biodiesel production, J. Agric. Food Chem., 55:8995-9005, 2007
11. Ma, F., Hanna, M. A., Biodiesel production: a review, Bioresour. Technol., 70:1-15,

1999
12. Schwab, A. W., Bagby, M. O., Freedman, B., Preperation and properties of diesel fuels from vegetable oils, Fuel, 66:1372-1378, 1987
13. Zhang, Y., Dub, M. A., McLean, D. D., Kates, M. Biodiesel production from waste cooking oil: 2. Economic assessment and sensitivity analysis, Bioresour. Technol., 90: 229-240, 2003
14. Gutsche, B., Technologie der Methylesterherstellung-Anwendung für die Biodiesel Produktion, Fett/Lipid, 99:418-427, 1997
15. www.biodiesel.de 2010.08.29
Connemann, J., Fioscher, J., Biodiesel in europe 1998, Biodiesel processing technologies
16. Goff, J. M., Bauer, S. N., Lopes, S., Sutterlin, W. R., Suppes, J. G., Acid-catalyzed alcoholysis of soybean oil, J. Am. Oil Chem. Soc., 81:415-420, 2004
17. Johnston, K. P., Dixon, D. J., Supercritical fluids, In: Encyclopedia of Chemical Technology, Vol. 23, Wiley. New York, pp. 452-477, 1993
18. Clifford, T., Fundamentals of supercritical fluids, Oxford Science Publications, Oxford, UK., pp. 210, 1998
19. Krukonis, V. J. Processing with supercritical fluids: overview and applications, ACS Symposium Series. 366:27-43, 1988
20. Yamaguchi, T., New horizons in hydrogen bonded clusters in solution, Pure Appl. Chem., 71:1741-1751, 1999
21. http://en.wikipedia.org/wiki/method 2009.10.03
Methanol (data page)
22. Franck, E. U., Deul, R., Dielectric behaviour of methanol and related polar fluids at high pressures and temperatures, Faraday Disc. of the Chemical Society, 66:191-198, 1978
23. Holzapfel, W. B., Effect of pressure and temperature on the conductivity and ionic dissociation of water up to 100kbar and 1000°C, J. Chem. Phys., 50:4424-4428, 1969
24. Kusdiana, D., Saka, S., Methyl esterification of free fatty acids of rapeseed oil as treated in supercritical methanol, J. Chem. Eng. of Japan, 34:383-387, 2001
25. Tan, K. T., Lee, K. T., Mohamed, A. R., Production of FAME by palm oil transesterification via supercritical methanol technology, Biomass and Bioenergy, 33: 1096-1099, 2009
26. Demirbas, A., Biodiesel from vegetable oils via transesterification in supercritical methanol, Energy Convers. and Mgmt., 43:2349-2356, 2002
27. http://www.ecs.energy.kyoto-u.ac.jp/english/kenkyu/kenkyu-1.html 2008.08.29
SAKA Lab., Biodiesel fuel production by supercritical methanol treatment, International

Symposium poster presentation, 2004, 2006

28. Demirbas, A., Biodiesel from sunflower oil in supercritical methanol with calcium oxide, Energy Convers. Mgnt., 48:937-941, 2002
29. http://www.biodieselgear.com/doc./Methanol_Super_Critical... 2008.08.29
Kusdiana, D., Saka, S., Biodiesel fuel for diesel fuel substitute prepared by a catalyst-free supercritical methanol
30. http://www.jgsee.kmutt.ac.th/see1/cd/file/C-043.pdf. 2008.08.29
Saka, S., NEDO biodiesel production process by supercritical methanol technologies, The 2nd Joint International Conference on "Sustainable Energy and Environment, Bangkok, Nov. 22, 2006
31. Ban, K., Hama, S., Nishizuka, K., Kaieda, M., Matsumoto, T., Kondo, A., Noda, H., Fukuda, H., Repeated use of whole-cell biocatalysts immobilized within biomass support particles for biodiesel fuel production, J. Mol. Catl. B: Enzym., 17:157-165, 2002
32. Xa, Y., Du, W., Liu, D., Zeng, J., A novel enzymatic route for biodiesel production from renewable oils in a solvent-free medium, Biotechnol. Lett., 24:1239-1241, 2003
33. Shimada, Y., Watanabe, Y., Samukawa,T., Sugihara, A., Noda, H., Fukada, H., Tominaga, Y., Conversion of vegetable oil to biodiesel using immobilized *Candida antarctica* lipase, J. Am. Oil Chem. Soc., 76:789-793, 1999
34. Watanabe, Y., Shimada, Y., Sugihara, H., Noda, H., Fukuda, H., Tominaga, Y., Continous production of biodiesel fuel from vegetable oil using immobilized *Candida antarctica* lipase, J. Am. Oil Chem. Soc., 77:355-360, 2000
35. Watanabe, Y., Shimada, Y., Sugihara, A., Tominaga, Y., Conversion of degummed soybean oil to biodiesel fuel with immobilized *Candida antarctica* lipase, J. Mol. Catl. B, Enzym., 17:151-155, 2002
36. Wu, W. H., Foglia, T. A., Marmer, W. N., Phillips, J. G., Optimizing production of ethyl esters of grease using 95% ethanol by response surface methodology, J. Am. Oil Chem. Soc., 76:517-521, 1999
37. Lee, G. C., Wang, D. L., Ho, Y. F., Shaw, J. F., Lipase-catalyzed alcoholysis of triglycerides for shot-chain monoglyceride production, J. Am. Oil Chem. Soc., 81: 533-536, 2004
38. Li, L., Du, W., Liu, D., Wang, L., Li, Z., Lipase-catalyzed transesterification of rapeseed oils for biodiesel production with a novel organic solvent as the reaction medium, J. Mol. Catal. B: Enzym., 43:58-62, 2006
39. Royon, D., Ellenrieder, G., Locatelli, S., Enzymatic production of biodiesel from cotton seed oil using t-butanol as a solvent, Bioresource Technology, 98:648-653, 2007
40. Du, W., Xu, Y., Liu, D., Zeng, J., Comparative study on lipase-catalyzed transfor-

mation of soybean oil for biodiesel production with different acyl acceptors, J. Mol. Catal. B: Enzym., 30:125-129, 2004

41. Modi, M. K., Reddy, J. R. C., Rao, B. V. S. K., Prasad, R. B. N., Lipase-catalyzed mediated conversion of vegetable oils into biodiesel using ethyl acetate as acyl acceptor, Bioresour. Technol., 98:1260-1264, 2007
42. Deng, L., Tan, T., Wang, F., Xu, X., Enzymatic production of fatty acid alkyl esters with a lipase preparation from *Candida* sp.99-125, European Journal of Lipid Sci. Technol., 105:727-734, 2003
43. Dizge, N., Keskinler, B., Enzymatic production of biodiesel from Canola oil using immobilized lipase, Biomass & Bioenergy, 32:1274-1278, 2008
44. Watanabe, Y., Shimada, y., Sugihara, a., Tominaga, y., Enzymatic conversion of waste edible oil to biodiesel fuel ina fixedbed bioreactor, J. Am. Oil Chem. Soc., 78:703-707, 2001

바이오디젤 연료의 특성

Properties of Biodiesel Fuel

5.1 바이오디젤의 기준

각 종의 바이오디젤 연료의 품질요구는 표 7-17과 같다. 바이오디젤의 기준은 국가간에 측정항목과 허용 수치에서 약간의 차이가 있다. 미국의 경우 품질기준 항목이 제일 적고 기준도 덜 엄격하다. EU의 경우 제일 엄격하고 한국은 이들 국가의 중간 정도이다[1-4].

표 8-17 ▸ 몇 국가들의 바이오디젤 연료의 품질기준 (다음 페이지에 계속)

항 목		단 위	EU	미 국	한 국[3]		
			FAME[1]	FAMAE[2]	FAME	FAMA (20%)	디젤유
에스터 함유량		질량%	≥96.5	–	≥96.5	20.0±3 10±3, 겨울	≤5
유동점(겨울)		°C	–	–	–	0.0≤ ≤−17.5(겨울)	0.0≤ ≤−17.5(겨울)
인화점		°C	≥120	≥130	≥120	≥40	≥40
동점도(40°C)		mm^2/s	3.5~5.0	1.9~6.0	1.9~5.0	1.9~5.5	9~5.15
증류성상(90%유출온도)		°C	–	≤360	–	<360	<360
10%잔류 탄소분		질량%	≤0.3	≤0.50	–	≤0.15	≤0.15
잔류 탄소분		질량%			≤0.10	–	–
황분		mg/kg	≤10	≤15	≤10	≤30	≤30
회분		질량%	–	–	≤0.01	≤0.02	≤0.02
세탄가(지수)		–	≥51	≥47	–	≥45	≥45
동판 부식	(50°C/3h)	등급	Class1	≤Class3	≤1	–	–
	(100°C/3h)					≤1	≤1

표 8-17 ▸ 몇 국가들의 바이오디젤 연료의 품질기준

항 목		단 위	EU	미 국	한 국[3]		
			FAME[1]	FAMAE[2]	FAME	FAMA (20%)	디젤유
필터막힘점(겨울)		°C	경유와 동일	–	–	≤−16	≤−16
밀도(15°C)		kg/m^3	860~900	880	860~900	815~845	815~855
물과 침전물		부피%			≤0.05	≤0.02	≤0.02
산 가		mg-KOH/g	≤0.5	≤0.8	≤0.5	≤0.1	–
전 글리세린량		질량%	≤0.25	≤0.24	≤0.24	–	–
산화안정도(110°C,h)		–	–	–	>6	–	–
수 분		mg/kg	≤500	<500	≤500	–	–
메탄올		질량%	≤0.2	–	<0.2	–	–
알칼리 금속	Na+K	mg/kg	≤5	–	≤5	–	–
	Ca+Mg	mg/kg	≤5	≤5	≤5	–	–
인		mg/kg	≤10	–	≤10	–	–
요오드가		$g\text{-}I_2/100g$	≤120	–	–	–	–
윤활성(60°C)		νm μm	–	–	–	≤460	≤460
PHA		질량%	–	–	–	–	≤11

주. 규격 (EU: EN 14214, 미국: ASTM D 6751-06 한국: KS M)
[1] FAME: fatty acid methyl ester, [2] FAMAE: fatty acid monoalkyl ester
[3] 산업자원부 고시 제2005-55호

5.2 바이오디젤 연료의 연료 특성

몇 가지 원료에 따른 바이오디젤의 연료특성을 경유와 비교하면 표 7-18과 같다[5-7].

표 8-18 ▸ 원료에 따른 바이오디젤 채종유 및 경유의 연료특성 비교 (다음 페이지에 계속)

	경 유	현 미		폐식용유 BD		대두유 BD		채종유 BD	채종유
		20%	100%	20%	100%	20%	100%	100%	100%
밀도 (15°C) g/cm^3	0.821	0.832	0.882	0.833	–	–	–	0.881	0.912
인화점 (PM °C)	57	58	170	75	162	61	146	163	246
90% 유출온도 °C	351	349	–	346	–	350	–	356	–
유동점(동절기) °C	−12.5	−12.5	−2.5	−15.0	−5.0	−20.0	0	−4	−32

표 8-18 ▸ 원료에 따른 바이오디젤 채종유 및 경유의 연료특성 비교

	경 유	현 미		폐식용유 BD		대두유 BD		채종유 BD	채종유
		20%	100%	20%	100%	20%	100%	100%	100%
회분 (무게%)	0.01	0.01	0.01	0.01	0.01	0.02	0.01	–	–
황분 (무게%)	0.022	0.018	0.011	0.002	0.014	0.02	0.01	0.02	–
동판부식 (100°C, 1h)	1	1	1	1	1	1	1	–	–
동점도 (40°C) mm^2/s	2.731	2.614	4.255	2.631	4.447	4.8	5.0	4.63	37.0
세탄지수	51	51	–	57	–	57	–	53.9	37.6
필터막힘점 °C	−28	−8	+5	−17	–	–	–	–	−4
윤활성 (HFRR, μm)	433	396	200	186	189	185	182	–	–

표 8-18에서 경유는 탄소수가 12～22 정도의 탄화수소로 구성되어 있고 바이오디젤 연료의 주성분은 탄소수 17(16+1) 또는 19(18+1)의 지방산 메틸에스테르이다. 경유와 바이오디젤의 물리적, 화학적 성질에는 큰 차이가 없다. 트리글리세라이드를 주성분으로 하는 유지류를 비교하면 바이오디젤 연료의 성상은 경유에 거의 근접한다. 이들 연료의 품질분석 항목 중에서 증류성상(90% 유출온도), 동점도 및 세탄지수는 디젤연료의 성상에 매우 중요하며 유황성분량은 환경성능과 밀접한 관계가 있다.

최근 관심이 높아지고 있는 자트로파 종자유, 자트로파 바이오디젤 및 기존 경유의 특성을 비교하면 표 8-19와 같다[8,9].

표 8-19 ▸ 자트로파 종자유, 자트로파 바이오디젤 및 경유의 연료 특성 비교

항 목	자트로파 종자유	자트로파 바이오디젤 (BD–100)	경 유
밀 도 (g/cm^3)	0.860～0.933	0.864～0.880	0.84～0.85
인화점 (°C)	210～240	170～192	80
응고점 (°C)	−3	–	−14.0
동점도 (mm^2/s)	37.00～54.80	4.84～5.65	2.73
세탄지수	38.0～51.0	50.0～56.1	47.8
유 황 (무게%)	0～0.13	0～0.0036	1.0～1.2
감화가	102.9～209.0	220.6	–
요오드가	92～112	92～106	

주. (–) 미측정 항목

자트로파 종자유는 지역이나 품종에 따라 특성에 차이가 있으므로 여기서는 여러지역의 다양한 품종에서 얻은 평균치를 열거하였다. 그러나 일반적으로 자트로파 바이오디젤의 연료특성은 디젤유와 비슷하다.

바이오디젤유들의 측정항목을 구체적으로 설명하면 다음과 같다[10,11].

(1) 밀도

밀도는 단위 체적만큼의 질량을 의미한다. 바이오디젤의 밀도는 15°C에서 0.88g/cm^3 전후이다. 경유는 0.86g/cm^3 이하로 바이오디젤의 밀도보다 낮다.

(2) 동점도

동점도는 시료의 절대 점성율(mPa, sec)을 시료의 밀도(g/cm^3)로 나눈 수치로 액체가 흐를 때 그에 저항하는 내부마찰력을 의미한다. 동점도가 높으면 내부마찰이 증가하여 온도상승, 압력증대 및 동력손실을 초래한다. 동점도가 너무 낮으면 마모가 심해지고 펌프 효율저하로 온도가 상승할 수 있다. 연료 중에 잔존하는 글리세린류나 유리지방산은 동전도를 상승시키는 원인이 된다. 유지의 동점도는 원료 유지의 지방조성분에 의존하며 유지 탄소수가 낮거나 불포화 2중결합수가 많으며 낮아진다.

(3) 증류 성상

상압하에서 연료를 가열하여 연료 전체의 90%가 증발하는 온도를 90% 유출온도라고 한다. 유출온도가 높으면 고비점(高沸点) 성분을 많이 함유한 것으로서 연소 과정에서 검댕과 입자상 물질을 많이 배출한다.

(4) 인화점

인화점은 위험물을 정하는 지표이다. 안정성을 고려하면 인화점이 높은 것이 유리하다. 인화점이 낮으면 취급상 주의가 필요하다. 바이오디젤의 인화점은 150 ~ 170°C 정도이다. 그러나 비이오디젤과 경유를 혼합하면 인화점이 50 ~ 70°C로 낮아지므로 경유와 마찬가지로 취급상 주의를 요한다.

(5) 유동점

저온시에 연료가 분사를 시작하지 않는 온도를 유동점이라고 한다. 즉, 연료가 응고하여 유동하지 않는 온도이다. 유동점은 추운 지방에서 연료로 사용할 경우 매우 주요한 지표이다.

(6) 황 성분

황 성분은 자동차 연료의 환경성능을 나타내는 지표이다. 황성분의 입자성 물질이 증가하면 산성비의 원인이 되며 엔진부식 및 배출가스 처리장치를 노화시킨다. 황 성분은 경유에서 바이오디젤보다 약간 높다.

(7) 잔유 탄소분

시료를 90%까지 증발시키고 남은 10% 가량의 찌꺼기 기름에 대한 잔류하는 탄소분으로서 시료를 증발시키는 과정에서 탄소들이 서로 축합하여 코오크스 모양의 탄화물을 생성한다.

(8) 회분

회분은 알칼리금속 또는 알칼리토금속으로서 연소실 내에 퇴적하여 실린더나 피스톤의 마모를 촉진시킨다.

(9) 수분

수세 공정에서 수분이 연료 중에 미량 분산되어 잔존한다. 연료 중에 수분이 많으면 연료 탱크를 녹슬게 하고 유동점을 상승시키는 원인이 된다.

(10) 동판 부식 시험

주어진 온도와 시간 동안 연료에 침식시킨 후에 부식상태를 4단계로 판정한다.

(11) 세탄가

세탄지수는 디젤기관에서 자기착화성의 지표이다. 유지의 세탄가는 40 전후이며 디젤기관에서 요구한 바이오디젤의 세탄가는 40 이상이다. 현재 연소기관이 고속화되면서 더 높은 세탄지수가 요구된다. 바이오디젤이 기존 경유보다 세탄지수가 높다.

(12) 산가

산가는 연료중의 유리지방산 함량의 지표이다. 1g의 연료에 함유된 유리지방산을 중화하는데 필요한 KOH의 양(mg)을 의미한다. 바이오디젤 연료에 유리지방산 함량이 높으면 연료계통의 재질이 쉽게 부식한다. 또한 산가가 높으면 동점도가 증가한다. 따라서 산가가 낮으면 유리하다.

(13) 메탄올 함량

바이오디젤의 정제공정에서 소량 잔존하게 되는 메탄올은 연료의 인화점을 낮추고, 연료 탱크의 부식 및 배기가스 중에 아데히드류의 증가 원인이다.

(14) 지방산 메틸 에스테르 함량

바이오디젤 연료의 주성분으로 불순물, 수분, 미반응 TG, DG, 및 MG를 제외한 것이다.

(15) 전글리세린량

전글리세린량은 바이오디젤 중에 미반응 원료(TG)와 반응 중간생성물질(DG, MG) 및 유리글리세린량으로서, 잔유량이 높을수록 연료특성, 즉 동점도, 잔유탄소분, 증류 성상, 휠터 걸림성 등 연료품질에 여러 나쁜 영향을 준다.

(16) 인 함량

원료 유지의 인지질에서 기인한다. 바이오디젤 연료 중에 인이 함유되면 검질을 생성하여 연료분사노즐을 막는 원인이 된다. 미정제 팜유나 다크유(dark oil)를 원료로 할 경우에는 문제가 있다.

(17) 요오드가

옥소가(지수)는 연료 중에 불포화 이중결합의 총수를 나타내는 지표이다. 연료 100g 중에 존재하는 이중결합이 반응하는 할로겐 양을 요오드로 환산하여 시료에 대한 백분율로 표시한다.

5.3 바이오디젤의 대기오염 저감효과

이미 언급한 바와 같이 바이오디젤의 장점은 자동차용 경유를 대체하는 연료로서 대기오염을 감소시키는데 있다. 따라서 경유의 배출가스기준을 조사하고 이 기준에 근거하여 바이오디젤(BD-100)과 바이오디젤 혼합연료(BD-20)들의 대기오염 저감효과를 비교하고자 한다.

5.3.1 바이오디젤유 및 디젤유의 배출가스 기준

자동차용 디젤유과 바이오디젤유의 배출가스 기준은 표 8-20과 같다[12,13].

표 8-20 ▸ 디젤유와 바이오디젤유의 배출가스 기준 (2006년)

평가 항목		기 준		시험방법
		바이오연료유	디젤유	
배출가스[1)]	CO	<0.74g/km	<0.50g/km	ECE-15및 EUDC모드
	HC	<0.46g/km	$+NO_2$<0.30g/km	및 경유 승용차
	NO_x	0.39/km	0.25/km	"
	PM	0.06/km	0.025km	"
매 연		>10%	>10%	"

주. [1)] 자동차유 경유와 비교하여 NO_x는 5% 이상 증가되지 않아야하며 총량은 감소하여야 한다.

5.3.2 바이오디젤유의 대기오염 저감효과

디젤유(100%)에서 발생하는 대기오염을 기준으로 하여 메틸에스테르를 일정한 비율로 혼합한 바이오디젤유의 대기오염 효과를 대형기관(heavy-duty engines)에서 평가한 것은 그림 8-40과 같다. 평가된 바이오디젤유는 대두유, 카놀라유, 폐식용유 및 유지로부터 생산하였고 시험엔진은 2002 Cummins ISB와 2003 DDC Series 60에서 수행하였다[14].

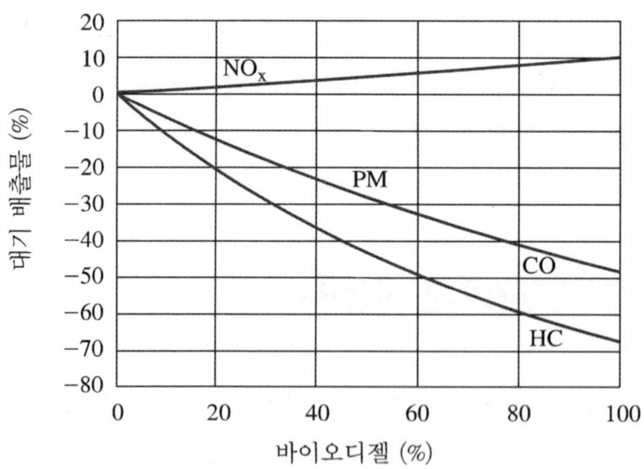

| 그림 8-40 | 대형기관에서 바이오디젤의 오염물질 배출 (미 환경청 평가보고, PM과 CO는 겹친선임)

그림 8-40에서와 같이 일산화탄소 배출량은 순수 바이오디젤(100%)에서 석유디젤(100%)보다 47%나 적게 배출되었다. 입자상 물질(particulate matter, PM)도 일산화탄소와 거의 동일한 경향으로 순수 바이오디젤에서 평균 47% 적게 배출하였다. 미연소 탄화수소(hydrocarbon, HC)의 배출비율은 바이오디젤에서 석유디젤보다 평균 67% 낮다. 바이오디젤로부터 질소산화물(nitrogen oxides, NO_x)의 배출비율은 시험엔진의 종류나 시험방법 등에 따라 증가하거나 감소한다. 평균적으로 바이오디젤(100%)에서 NO_x의 배출량이 10% 정도 높다. 그러나 바이오디젤은 유황(S)성분을 함유하고 있지 않기 때문에 NO_x 배출 억제기술을 도입하기가 상대적으로 쉽다. 최근에 바이오디젤에서 NO_x 배출을 절감시키기 위한 첨가제들이 개발되고 있다.

표 8-21에서는 미규제 항목이지만 인체에 위해를 미치는 물질의 저감율을 비교하였다[15].

표 8-21 ▶ 석유디젤과 비교한 바이오디젤의 미규제물질의 평균 배출 (%)

배출물	BD-100	BD-20
황화물(Sulfate)	−100	−20
다환방향족탄화수소(PAH)	−80	−13[1)]
질화 다환방향족탄화수소(nPAH)	−90	−50
탄화수소에서 기인할 오존	−50	−10

주. 1) BD-100의 결과로 추정

순수 바이오디젤(BD-100)에는 황화물들이 전혀 존재하지 않는 장점이 있다. 탄화수소들에 의해 야기될 수 있는 오존(스모크)이 순수 바이오디젤에서는 석유디젤보다 50%나 낮다. 인체에서 암을 유발하는 다환방향족탄화수소(polycyclic aromatic hydrocarbons, PAH)와 질화 다환방향족탄화수소(nitratedpolycyclic aromatic hydrocarbons, nPAH) 배출율도 비교하면, PAH화합물들은 바이오디젤에서 석유디젤보다 배출율이 평균 75~85% 감소하였다. 그러나 벤조 안트라센(benzo-anthracene)은 50% 정도만 감소하였다. nPAH의 경우도 2-니트로 플루오렌(nitrofluorene)과 1-니트로피렌(nitropyrene)은 바이오디젤에서 90%까지 현저하게 감소하였으나, 다른 nPAH는 배출이 단지 미량수준으로 감소하였다.

국내 교통환경 연구소에서도 표 8-22에서와 같이 대두유로 제조한 바이오디젤을 실제 차량에 적용하여 혼합비율에 따른 배출가스를 비교하였다[16]. 이미 언급한바와 같이 혼합디젤에 바이오디젤 함유량이 높을수록 초저유황경유(ultra-low sulfur diesel, ULSD)를 기준으로 일산화탄소(CO), 전탄화수소(THC) 및 입자상 물질(PM) 배출량은 감소한다. 한편 NO_x는 증가하고 CO_2는 거의 비슷한 수준이다.

표 8-22 ▸ 혼합바이오디젤 사용에 따른 배기가스 저감효과 (%)

	BD-1	BD-3	BD-5	BD-10	BD-20	BD-100
CO	−6.6	−7.3	−10.5	−12.8	−16.8	−20.3
THC	−4.4	−5.8	−8.4	−13.4	−20.6	−26.5
NO_x	+0.8	+0.7	+2.9	+4.9	+4.9	+18.9
PM	−6.1	−10.0	−12.6	−20.3	−20.3	−25.5
CO_2	−1.21	−1.7	−1.1	−2.1	−2.1	−1.2

한편 유채유, 팜유, 폐식용유, 대두유, 자트로파유 등으로 바이오디젤을 생산하여 각각의 연료특성과 자동차에 이용시에 배출량을 비교한 보고도 있다[17]. 이 보고에 따르면, 바이오디젤 혼합율이 높을수록 유황 함량은 미량씩 증가하며 윤활성은 낮아지고 인화점은 높아진다. 특히 BD20의 팜유(−7.5°C)는 다른 바이오디젤(−10 ~ 12.5°C)과 비교하여 유동점이 높기 때문에 응고현상이 빨리 일어나, 겨울철에는 자동차 연료로 사용할 경우 문제를 야기할 수 있다. NO_x 배출량은 대두유나 팜유 사용시에 가장 크게 증가하며, 자트로파에서는 낮다. PM 배출량은 대두유나 팜유에서 가장 적다. THC 배출량은 자트로파유에서 가장 많고 대두유에서 적다. CO는 폐식용유를 사용할 경우 가장 적게 배출된다.

BD20에서 규제기준 대비 배출수준은 DOC가 장착된 차량의 경우 바이오디젤 종류에 관계없이 NO_x는 55.1%, THC는 11.1%, PM은 41.1%, CO는 6.8%로 낮다. 또한 입자상 물질 제거 필터(diesel particulate filter, DPF)가 장착된 경우 NO_x는 91.2%, THC는 0.6%, PM은 7.8%, CO는 2.3%에 달한다. PAHs는 DPF 장착된 차량에서는 바이오디젤 혼합율에 영향받지 않으나, PDF에서는 바이오디젤 혼합율이 증가하면 감소한다. BTEX는 산화촉매장치(diesel oxidation catalyst, DOC)나 DPF 장착 모두에서 바이오디젤 함량의 증가로 감소한다. 한편 포름알데히드, 아세트알데히드 및 카보닐화합물은 증가하지만, 벤조알데히드는 감소한다.

참고문헌

1. EN14214, Automotive fuels- Fatty Acid Methyl Esters (FAME) for Diesel Engines-Requirements and Test Methods, CEN, EU, 2003
2. ASTM D6751-09a Standard Specification for Biodiesel Fuel Blend Stock (B100) for Middle Distillate Fuels, ASTM, USA, 2007
3. 산업자원부고시 제 2007-150호, 석유대체연료의 품질기준과 검사방법 및 검사 수수료에 관한 고시, 2007
4. http://www.me.go.kr 대기환경보전법 시행규칙 개정, 2006, 2008.08.29
5. Kinast, J. A., Production of biodiesels from multiple feedstocks and properties of biodiesels and biodiesel/diesel blends, National Renewable Energy Laaboratory(NREL, USA), Colorado, pp. 1-47, 2003
6. Tyson, S., 2004 Biodiesel handling and use guidelines, NREL, Colorado, pp. 1-60, 2004
7. Goering, C. E., Schwab, A. W., Daugherty, M. J., Pryde, E. H., Heakin, A., J., Fuel properties of eleven oils, Trans. ASAE 1982, pp. 1472-1483, 1982
8. Achten, W. M. J., Verchot, L., Franken, Y. J., Mathijs, E., Singh, V. P., Aerts, R., Muys, B., Review: Jatropha bio-diesel production and use, Biomass and Bioenergy, 32: 1063-1084, 2008
9. http://www.jatropha.de/ 2008.08.29 The jatropha website
10. 坂 志朗(編著者), バイオディーゼルのすべて, 洋文社, pp. 2-138, 304-327, 2006
11. Demirbas, A., Biodiesel, Springer, pp. 112-116, 122-138, 141-173, 2008
12. 산업자원부고시 제2007-151호, 석유대체연료의 성능평가기준과 품질시험방법 에 관한 고시, 2007
13. 환경부, 대기환경보존법 시행규칙 2002, 제67호, 2007
14. McCormick, R. L., Tennant, C. J., Hayes, R. R., Black, S., Ireland, J., McDaniel, T., Williams, A., Frailey, M., Sharp, C. A., Regulated emissions from biodiesel tested in heavy-duty engines meeting 2004 emission standards, SAE Technical Paper Series No. 2005-01-2200, 2005
15. http://epa.gov/otaq/models/analysis---------2008.08.29 Biodiesel, Biodiesel emissions
16. http://library.me.go.kr/DLiweb25/comp/search/---2010.01.21 김종춘, 임철수, 류정호, 임윤성, 임홍규, 이상일, 김상규, 연료 유형에 따른 배출가스 특성 연구(II), 교통환경연구소, 보고서 번호, NIER 2006-16-798, 2006
17. http://library.me.go.kr/DLiweb25/comp/search/---2010.01.21 임철수, 서충열, 임윤성, 임재현, 김종훈, 김상규, 김홍규, 김형민, 임태홍, 하현주, 친환경연료 환경성 평가 연구(II), 교통환경연구소, 보고서 번호, NIER 2008-35-985, 2008

찾아보기

D

E

O

P

ㅊ

ㅎ

바이오에너지 · 바이오매스

2011년 9월 10일 1판 1쇄 발행
2013년 2월 10일 1판 2쇄 발행

대표저자 ◎ 백기현 · 최준원 · 김재진
발행자 ◎ 조 승 식
발행처 ◎ (주) 도서출판 북스힐
서울시 강북구 수유 2동 240-225
등 록 ◎ 제 22-457 호

TEL (02) 994-0071(代)
FAX (02) 994-0073
E-MAIL bookswin@unitel.co.kr
www.bookshill.com

값 25,000원

잘못된 책은 교환해 드립니다.

ISBN 978-89-5526-787-7